Die EIBE

IN NEUEM LICHT

Eine Monographie der Gattung *Taxus*

FRED HAGENEDER

*Mit Fotos von Andy McGeeney,
Christian Wolf, Chris Worrall, Tim Hills,
Edward Parker, Archie Miles, Christopher Cornwell,
Paul Greenwood, dem Autor
und anderen*

NEUE ERDE

Morgensonne im Eibenhain auf dem Hambledon Hill, einer eisenzeitlichen Hügelanlage in Dorset

Seite 2 *Die uralte weibliche Eibe von Tandridge, Surrey, Stammumfang 1077 cm am Boden (1999)*

1 2 3 4 5 6 7 8 9 10 11 12 13 14 15 12 11 10 09 08 07

Fred Hageneder
Die Eibe in neuem Licht

Titelseite:
Gestaltung: Martin Latham und Dragon Design, GB
unter Verwendung eines Fotos von Edward Parker

Satz und Grafiken:
Dragon Design, GB
Gesetzt aus der Optima

Gedruckt auf Gardamatt.
Dieses Papier ist FSC-zertifiziert.
Gesamtherstellung: Legoprint, Lavis (TN)

Printed in Italy

ISBN 978-3-89060-077-2

Neue Erde GmbH
Cecilienstr. 29 · 66111 Saarbrücken · Deutschland · Planet Erde
www.neueerde.de

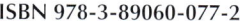

Die Eibe ist hochgiftig; keine der hier beschriebenen medizinischen Anwendungen sollte in Selbstexperimenten probiert werden. Falls Sie die ungiftigen roten Arillen sammeln sollten, stellen Sie bitte sicher, daß ggf. zuschauende Kinder über die darin befindlichen giftigen Samenkerne aufgeklärt werden.

Anmerkung

Aus den im Kap. 20 dargestellten Gründen werden in diesem Buch keine individuellen Alter von Eiben genannt. Sie werden lediglich als jung, reif, alt und uralt klassifiziert.

- **Jung** bezeichnet Bäume von geringem bis mittlerem Stammumfang, entsprechend der 2. Lebensphase (Siehe S. 75f).
- **Reif** bezeichnet solche, die ihre volle Kronengröße erreicht haben und (noch) einen kompakten Stamm aufweisen (3. Lebensphase).
- **Alt** werden hohlwerdende Bäume genannt (4. Lebensphase), was in Großbritannien gewöhnlich ab ca. 4,50 m Stammumfang beginnt.
- **Uralt** bezieht sich auf Bäume mit hohlen Stämmen (5.-7. Lebensphase) und Alterszahlen, die in den meisten Fällen deutlich im vierstelligen Bereich liegen.

Gedenke einer Aussage Homers, und würdige sie:
»Ein guter Botschafter«, sagte er, »erhöht
Die Ehre einer Nachricht.«
Sogar die Würde der Musen
Vergrößert sich, wenn gut über sie berichtet wird.

Pindar, *Pythian Ode*, IV, XIII

Wer nicht von dreitausend Jahren
sich weiß Rechenschaft zu geben,
bleib im Dunkeln unerfahren,
mag von Tag zu Tage leben.

Johann Wolfgang von Goethe,
West-östlicher Diwan

INHALT

IN NEUEM LICHT

EINLEITUNG

In den deutschsprachigen Ländern ist die Eibe ein seltener und unscheinbarer Baum geworden, den kaum jemand kennt. Das war nicht immer so, im Gegenteil. Ihr äußerst langsames Wachstum macht ihr Holz, zusammen mit dem des Buchsbaumes, zum härtesten und dauerhaftesten einheimischen Holz Europas, und so wurde ihr hoher praktischer Nutzwert bereits in der mittleren Steinzeit voll erkannt. Die Verarbeitung von Eibenholz zu einer Vielzahl von Gegenständen, Werkzeugen und Waffen hielt bis ins Mittelalter ungebrochen an. Dann kam es zur ökologischen Katastrophe, von der sich die Eibenbestände Europas bisher nicht wieder erholt haben.

Mit dem Verschwinden der Eibe aus dem Alltagsleben der Menschen fiel auch die einstmalige religiöse Bedeutung dieses Baumes der Vergessenheit anheim. Der Prozeß ihrer Überlagerung und Verdrängung durch andere Kulturphasen, Religionen und (Baum-)Kulte hatte allerdings schon lange vorher, noch vor der Verbreitung des Christentums, eingesetzt. Mag der Großteil der alten Überlieferungen auch verloren sein – selbst die wenigen kulturgeschichtlichen Belege, die uns erhaltengeblieben sind, sind für die Eibe reicher als für jeden anderen Baum der Erde.

Meine weltweite Detektivarbeit auf den Spuren dieses Baumes zeigte schnell, daß das philosophische Konzept des Weltenbaumes (oder Baumes des Lebens) genau in jenen alten Kulturen entstanden war und über lange Zeiträume Verbreitung gefunden hatte, in deren Territorium die Eibe wächst. Die wichtigsten Eigenschaften des mythologischen Welten-

Einer der ältesten Bäume Europas: die Eibe von Barondillo o Valhondillo in der Sierra Guadarrama westlich von Madrid

baumes – er ist immergrün, er ist älter als die anderen Pflanzen- und Tierarten, er lebt ewig, wurzelt tief und schlangengleich, ist vorwiegend ein Gebirgsbaum, trägt süße Früchte, kann sogar Axt und Feuer überleben und spendet sowohl lebensrettende Medizin als auch tödliches Gift – passen zudem genau und ausschließlich auf die Eibe, sie sind deckungsgleich. So wird hier die These vorgelegt, daß der mythische Baum des Lebens eine real existierende »Vorlage« hat. Teil II des vorliegenden Buches führt uns durch über 8000 Jahre Kulturgeschichte zu unseren eigenen Wurzeln.

Doch zuerst wird der Baum selbst vorgestellt, und das ist weit mehr als trockene Botanik. In fast jedem Themenbereich zeigt sich, was für ein ungewöhnlicher, ja, einzigartiger Baum die Eibe ist. Allem voran natürlich ihre Fähigkeiten der Regeneration und der langen Lebensdauer. Teil I führt uns durch 150 Millionen Jahre Entwicklungsgeschichte und zeigt die Vernetzung von Menschen, Tieren und Pflanzen.

Ich bin mir der enormen Bandbreite von Interessengebieten, die von der Eibe berührt werden, völlig bewußt und habe dieses Buch deswegen so angelegt, daß jedes Kapitel nahezu selbständig gelesen werden kann; Querverweise jedoch helfen den Quer-Lesern, Beziehungen herzustellen und in die Tiefe zu gehen. Die umfangreichen Anmerkungen enthalten nicht nur die Quellenangaben, sondern viele weitere Hintergrundinformationen.

Ich wünsche allen viel Freude und viele Überraschungen bei dieser Lektüre!

Fred Hageneder, Stroud, Cotswolds, Mai 2007

Eibensämling in Tomiyoshi, Japan

Teil I Natur

BACCATA – »DIE BEERENTRAGENDE«

Ein Nadelbaum, der statt Zapfen feuerrote Beeren mit süßem »Fruchtfleisch« trägt? Eine Baumart, die im regnerischen Edinburgh genauso gedeiht wie im heissen Istanbul, die in Kanada und Skandinavien vorkommt, aber auch in Mexiko, Nordafrika und Sumatra? Deren Höhenamplitude von Küstengebieten der Britischen Inseln und Nordamerika sowie der norddeutschen Tiefebene bis zu den Bergen Japans reicht, und noch höher im Himalaya? Was ist das für ein Baum, der in all seinen Teilen, außer dem roten »Fruchtfleisch«, äußerst giftig ist, aber dennoch stark von Wild- und Weidetieren verbissen wird? Ein Baum, der in vielen Nationen auf der Liste bedrohter Arten aber in genauso vielen Ländern nicht unter Schutz steht?

Eines ist sicher: Die Eibe hat seit jeher die Gemüter bewegt und Anlaß zu den verschiedensten Fragen gegeben. Wir sind auch heute weit davon entfernt, alle Antworten geben zu können, wir finden ständig Neues über sie heraus, aber viele dieser Antworten bringen nur neue Fragen. Die Eibe fährt fort, uns in Erstaunen zu versetzen ... Die Herausforderungen, die die Eibe an die Wissenschaft stellt, beginnen bereits mit ihrer Stellung im natürlichen System des Pflanzenreichs und der Abgrenzung von Arten.

***1.1** Der den Eibensamen umgebende Arillus ist keine Beere.*

EINE KONIFERE?

Schon die Stellung innerhalb der Klasse der Coniferophytina (gabel- und nadelblättrigen Nacktsamer) ist umstritten. Nach Stewart (1983) sind die Taxales (Eibenartige) eine eigenständige Ordnung *neben* den Coniferales (Zapfenträger). Sie umfassen die Gattungen *Taxus, Austrotaxus, Pseudotaxus, Torreya* und *Amenotaxus*.

Andererseits verbindet das Merkmal der einzelnstehenden Samenanlagen (siehe »Botanisches Glossar«) und die besondere Form des Samenmantels (Arillus) die Familie der Eibengewächse (Taxaceae) mit den Steineibengewächsen (Podocarpaceae, einer großen Familie von Koniferen hauptsächlich auf der Südhalbkugel) und den Kopfeibengewächsen (Cephalotaxaceae, einer kleinen Gruppierung von Koniferen, die sich bis auf zwei *Torreya*-Arten in den südlichen USA auf Ostasien beschränkt), so daß sie zusammen auch als Unterordnung Taxineae (neben der Unterordnung Pineae) in der Ordnung Pinales zusammengefaßt werden können.

1.2 Taxus *in einem botanischen Werk von 1888*

Neuere Lehrbücher[1] stellen die Familiengruppe der Taxidae jedoch nicht mehr getrennt neben die Pinidae, die eigentlichen Koniferen. Auch bei den Steineiben- und den Kopfeibengewächsen kommt es zur Ausbildung eines fleischigen Samenmantels. Dieser Samenmantel entsteht aus dem Stiel der Samenanlage oder dem Blütenboden und *nicht* aus dem Integument (der Deckhülle, s. Diagramm S. 38), womit sie jedenfalls eindeutig Nacktsamer (Gymnospermen) sind. Bei *Podocarpus* und *Cephalotaxus* ist die Blüte ursprünglich eine Samenschuppe, die in der Achsel einer Deckschuppe sitzt. Die enge Verwandtschaft von *Taxus* und *Cephalotaxus* deutet man so, daß es auch bei *Taxus* einst diese Verwachsung von Deck- und Samenschuppe gegeben hat, die dann im Lauf der Evolution zurückgebildet wurde. Daher stellt die neue Systematik die Eibengewächse in eine Reihe mit den anderen Familien der Koniferen (Pinidae), an denen tatsächlich Zapfen hängen.

So ist die Eibe schließlich doch zu einer Konifere geworden, nicht aufgrund von neuen Entdeckungen über den Baum selbst, sondern durch die Erweiterung des Begriffes Konifere.

EINE ODER VIELE?

Unter Botanikern gibt es keine Übereinstimmung darüber, ob die verschiedenen Vertreter der Gattung *Taxus* Arten oder Unterarten oder gar nur Varietäten von *Taxus baccata* L. sind, der Gemeinen oder Europäischen Eibe.[2] Es spricht manches für die Auffassung einer einzigen Art. Die verschiedenen *Taxus*-Sippen weisen einerseits in sich nur sehr geringe Unterschiede auf, während man andererseits ein unglaubliches Spektrum an morphologischer Plastizität innerhalb von *T. baccata* findet. Ferner hybridisieren zwei »Arten« leicht miteinander, wenn sich ihre Verbreitungsgebiete berühren.[3] Auch die Tatsache, daß aus *T. baccata* bisher über 70 Gartenformen[4] gezüchtet wurden, belegt das große Potential und die Anpassungsfähigkeit des genetischen Materials.

Richard W. Spjut, langjähriger Mitarbeiter des US National Cancer Institute (NCI), für das er weltweit Pflanzenproben sammelte,[5] schlug jedoch bereits vor einiger Zeit eine gründliche taxonomische Revision der Gattung vor. Im August 2000 präsentierte er seine Gliederung in 24 Arten und 55 Unterarten auf der Konferenz »Botany 2000« in Portland, Oregon. Seine Taxonomie beruht auf morphologischen Eigenschaften (siehe Anhang II).[6]

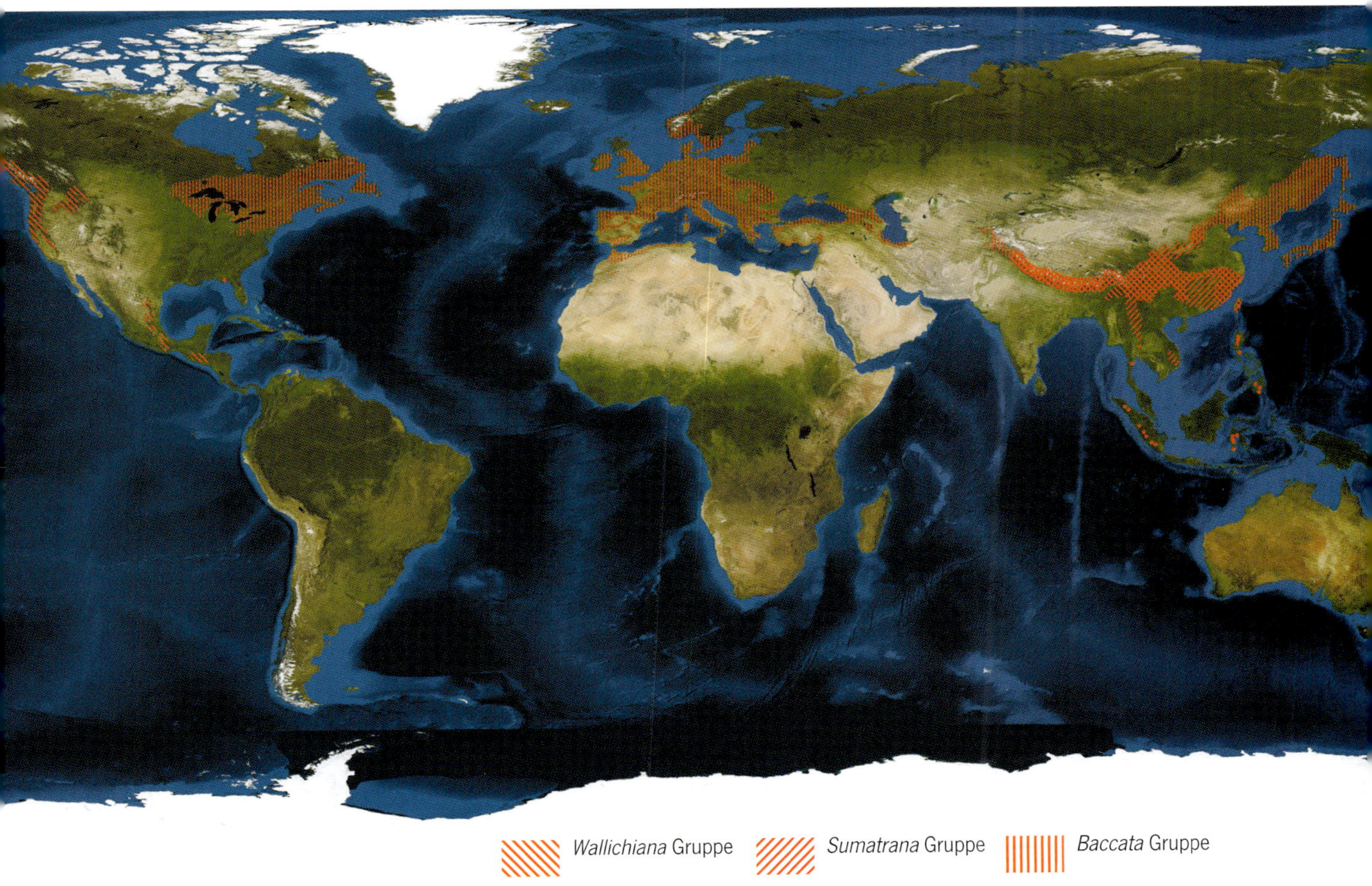

1.3 *Verbreitungszonen der Gattung* Taxus *weltweit (nach Ferguson 1978, de Laubenfels 1988, modifiziert)*

EVOLUTION UND KLIMAGESCHICHTE

FOSSILE BELEGE

Die ältesten Koniferen (Coniferales) gehen auf das späte Karbon (vor 360 – 286 Mio. J.) und das Perm (vor 286 – 245 Mio. J.) zurück. Die Taxadeen, welche die Taxaceae einschließen, entstanden vermutlich aus zapfentragenden Pflanzen der Familie Voltziaceae in der frühen Trias (ab 248 Mio. J.). *Paleotaxus rediviva*, der triassische Vorläufer der Gattung *Taxus*, wurde in 200 Mio. Jahre alten Schichten gefunden und war weit verbreitet, bevor sich die Kontinente ausbildeten, wie wir sie heute kennen.[1] *Marskea jurassica* aus dem oberen Jura ist etwa 140 Mio. J. alt und zeigt bereits viele Merkmale der heutigen Art.[2] Seit dem Känozoikum (66,4 Mio. J. bis heute) beschränkt sich die Gattung *Taxus* infolge der Kontinentalverschiebung auf die Nordhalbkugel. Jüngere Fossilien umfassen *Taxus grandis, T. engelhardtii* und *T. inopinata* aus dem Mittleren Oligozän vor 32 Mio. Jahren. *Taxus baccata* selbst erscheint im Oberen Miozän vor etwa 15 Mio. Jahren.[3]

Verschiedene Fundstücke aus dem Lower Deltaic von Yorkshire, die zuvor als *Taxus jurassica* bezeichnet worden waren, wurden 1958 als *Marskea jurassica* bestimmt.[4] *Marskea* kombiniert verschiedene Merkmale verschiedener Gattungen der Familie der *Taxaceae*, aber *Marskea* unterscheidet sich auch von jeder anderen Gattung in wenigstens einem wichtigen Aspekt. Die mikroskopischen Unterschiede zu *Taxus* betreffen u. a. die Spaltöffnungen, deren mitunter gewellte Zellwände, die Einzelständigkeit der Samenanlagen in den Blattachseln und die glatten Stiele der Samenanlagen, während diese bei *Taxus* winzige Schuppen haben. Auf der anderen Seite aber sind die Überschneidungen beider Gattungen so groß, daß *Taxus harisii* (ebenfalls aus dem Jura) als eine Form von *Marskea jurassica* angesehen wird.[5] Diese Schwierigkeit, die Eibe in ihren Merkmalen und Eigenschaften klar zu fassen, begegnet uns in fast allen wissenschaftlichen Disziplinen, die sich mit ihr beschäftigen.

DAS EISZEITALTER

Taxus-Pollenkörner sind kein einfaches Studienobjekt in der Vegetationsgeschichte. Sie können in den Pollenproben aus Sedimenten wie Torfen und Seeablagerungen von unerfahrenen Bearbeitern leicht übersehen werden, da sie sehr klein sind oder mit Pollenkörnern von Pappel, Eiche, Sauergräsern (*Populus, Quercus*, Cyperaceae) u. a. verwechselt werden. Trotzdem verraten uns Pollennachweise inzwischen, daß die Eibe während der Warmzeiten des europäischen Eiszeitalters ein konstitutives Element des Mischwaldes war, wenn auch in unterschiedlicher Häufigkeit. Sichere, aber keinesfalls die ältesten Belege stammen aus dem Cromer-Interglazial (700.000 – 450.000 J.), doch die größte Eibendichte erschien im milden, maritimen Klima des Hoxne-(Holstein-)Interglazials (400.000 – 367.000 J.). Das älteste uns bekannte von Menschenhand bearbeitete Holzfundstück ist der aus dieser Zeit stammende Eibenholzspeer, der bei Clacton, Essex (Südengland), gefunden wurde. In Nordwesteuropa war die Eibe besonders mit Esche (*Fraxinus*) und Erle (*Alnus*) auf grundwassernahen Standorten, z. B. im Bereich der Flußauen, vergesellschaftet.[6]

Im Eem- Interglazial (128.000 – 115.000 J.), der Warmzeit vor der letzten Eiszeit, erreicht *Taxus*-Pollen beträchtliche Werte, nämlich bis zu 20 % des gesamten Baumpollenniederschlags. Für 2 – 3000 Jahre wurde die Eibe zu einer wichtigen Baumart im (Kiefern-)Eichen-Hasel-Mischwald.[7] Im nördlichen Alpenraum erreichen örtliche Werte sogar 65 % (Mondsee im Salzkammergut) und 80 % (östliches Oberbayern), was darauf hindeutet, daß die Eibe dort etwa zur Hälfte am Waldaufbau beteiligt war.[8] Schließlich folgte jedoch ein stetiger Rückgang, da sich das Klima zur Kaltzeit hin änderte.

NACH DER EISZEIT

Während der letzten Kaltzeit (ca. 115.000 – 11.000 v. Ztr.) war die Eibe, wie die anderen Waldbaumarten auch, an die Südränder Europas gedrängt worden (Spanien, Italien, Griechenland). In Kleinasien verbrachte sie ihr glaziales Exil im Amanus- und Taurus-Gebirge (Süd-Türkei und Nordwest-Syrien), von wo sie sich nach Norden ausbreitete, als das Klima wärmer wurde. Die Überquerung der anatolischen Ebene dauerte vermutlich um die 2000 Jahre, woraufhin sie sich am Schwarzen Meer und im Kaukasus etablierte.[9]

Auch im westlichen Mittelmeerraum begann die Eibe ihren Weg nach Norden. Zwischen 7800 und 7200 v. Ztr. erschien sie in Deutschland, breitete sich die folgenden Jahrtausende hindurch stetig aus und erreichte ihr häufigstes Vorkommen in der Kiefern-Eichenmischwald-(Buchen-)Zeit der Späten Wärmezeit zwischen 3800 und 900 v. Ztr.[10] In England erschien sie im Übergang vom Kiefernwald zum Laubmischwald vor etwa 7000 Jahren. Im folgenden Jahrtausend war *Taxus* dort weit verbreitet u. a. auf kalkhaltigem Torf, z. B. in der Somerset-Tiefebene in von Erle, Birke und Eiche dominierten Moorrandwäldern, ebenso in East Anglia, wo sich die Esche dazugesellte.

Aber die Erwärmung des Klimas und zunehmender menschlicher Einfluß seit der Jungsteinzeit fuhren fort, Landschaft und Vegetation zu verändern. Im östlichen Schweizer Mittelland z. B. war die Eibe schon um 4600 v. Ztr. weitgehend verschwunden.[11] Nördlich der Alpen glich die Eibe ihre Gebietsverluste zum Teil dadurch aus, daß sie im Zuge des Ulmenrückgangs um 3800 v. Ztr. in trockenere Mischwälder vordrang und außerdem in Niederwäldern und anderen Gebieten extensiver Waldwirtschaft neue Lebensräume fand. So kommt es z. B. in England zu einem neuerlichen Anstieg des Pollenniederschlags um 2000 v. Ztr. Später begann jedoch ein allgemeiner Rückgang, einerseits durch klimatisch bedingte Vernässung, hauptsächlich aber durch das Wachstum menschlicher Siedlungen mitsamt Ackerbau und Weidewirtschaft. Im ostddeutschen Tiefland z. B. kulminierte der Bevölkerungsdruck und die Waldzerstörung in der Zeit von 1150 v. Ztr. bis zur Anpflanzung der Kiefernforste ab 1750.[12]

2.1 *(gegenüber)* Palaeotaxus rediviva *Nathorst aus Skromberga, Bjuv, Skåne, Schweden, Späte Trias*
2.2 Marskea jurassica, *aus Yorkshire, Oberes Jura*

KAPITEL 3

DER »UR-BAUM«

Taxus baccata L., die Europäische Eibe, wächst ursprünglich in den Wäldern West-, Süd- und Mitteleuropas, des Baltikums, des Atlasgebirges (Nordafrika), Kleinasiens und des Nordirans. Die größten erhaltenen Vorkommen jedoch befinden sich an der türkischen Mittelmeerküste und v. a. im Kaukasus, wo mehr als 130 Standorte bekannt sind.[1] Die Eibe ist ein immergrüner, harzloser Baum, der extrem langsam wächst: 20 – 30 cm jährliches Höhenwachstum sind normal im Freistand, im Wald weniger. Eiben werden selten höher als etwa 20 m, besonders im kühlen ozeanischen Klima scheinen sie eher in die Breite zu wachsen, im Wald von Killarney (Süd-Irland) z. B. befindet sich die Baumkrone zwischen 6 und 14 m Höhe.[2] Viele der monumentalen Eiben im Norden der Türkei jedoch erreichen deutlich über

Tabelle 1 Konstitutionsmerkmale der Eibe (*Taxus baccata* L.)

Im Vergleich mit der Waldkiefer (*Pinus sylvestris* L.) als typische Pionierbaumart und der Buche (*Fagus sylvatica* L.) als Klimaxbaumart *(nach Leuthold 1998, modifiziert)*[3]

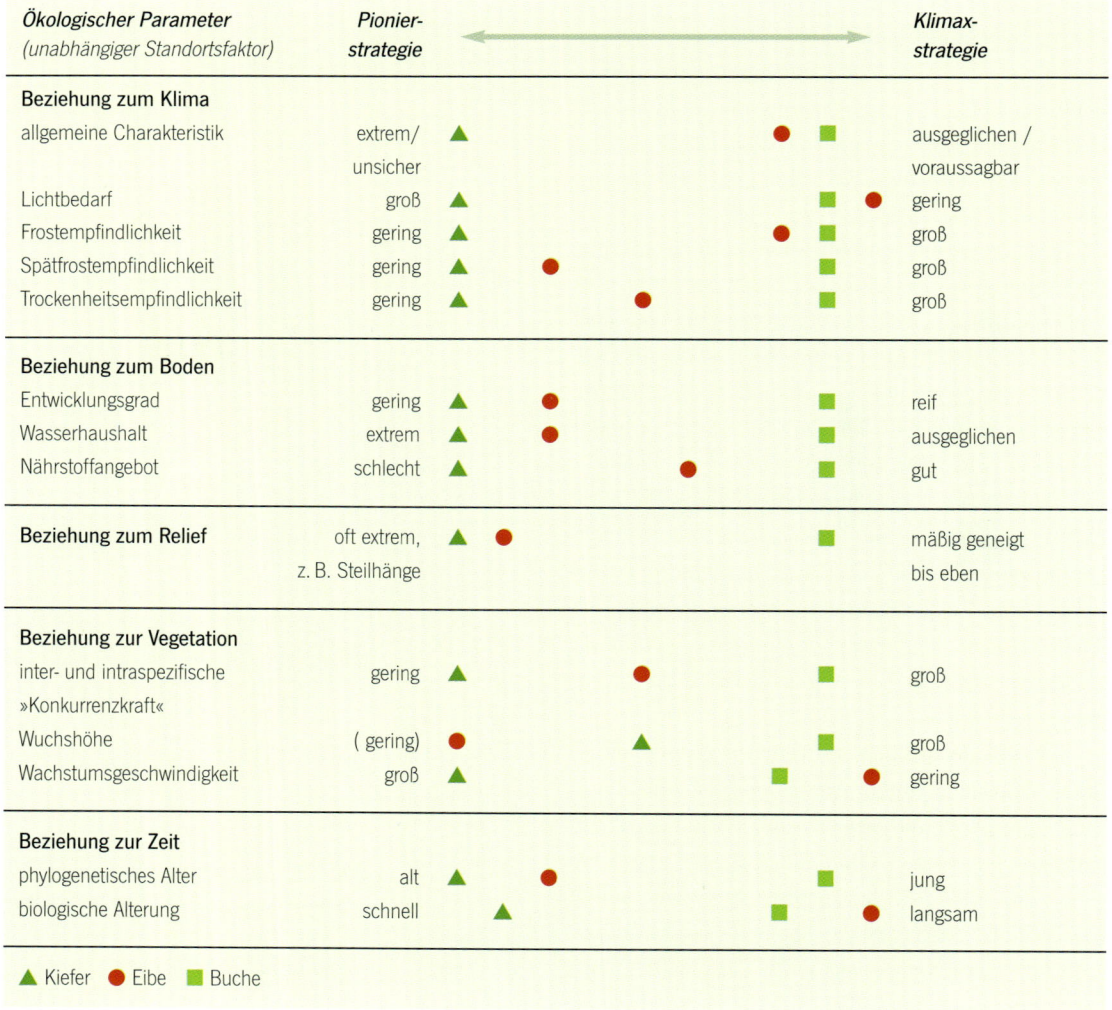

Ökologischer Parameter (unabhängiger Standortsfaktor)	*Pionierstrategie*	←							→	*Klimaxstrategie*
Beziehung zum Klima										
allgemeine Charakteristik	extrem/ unsicher	▲					●	■		ausgeglichen / voraussagbar
Lichtbedarf	groß	▲						■	●	gering
Frostempfindlichkeit	gering	▲					●	■		groß
Spätfrostempfindlichkeit	gering	▲		●				■		groß
Trockenheitsempfindlichkeit	gering	▲			●			■		groß
Beziehung zum Boden										
Entwicklungsgrad	gering	▲		●				■		reif
Wasserhaushalt	extrem	▲		●				■		ausgeglichen
Nährstoffangebot	schlecht	▲				●		■		gut
Beziehung zum Relief	oft extrem, z. B. Steilhänge	▲	●					■		mäßig geneigt bis eben
Beziehung zur Vegetation										
inter- und intraspezifische »Konkurrenzkraft«	gering	▲			●			■		groß
Wuchshöhe	(gering)	●			▲			■		groß
Wachstumsgeschwindigkeit	groß	▲					■		●	gering
Beziehung zur Zeit										
phylogenetisches Alter	alt	▲		●				■		jung
biologische Alterung	schnell		▲				■		●	langsam

▲ Kiefer ● Eibe ■ Buche

20 m, und für die höchste der alten Eiben in den Mischwäldern des Kaukasus werden 32 m angegeben.

Die Gattung *Taxus* geht bis in das obere Jura (140 Mio. J.) zurück, die Art *baccata* ist 15 Millionen Jahre alt. Damit ist die Eibe die *älteste Baumart Europas*. (In Asien ist *Ginkgo biloba* mit 160 Mio. Jahren die älteste Baumart.) Doch es ist nicht nur das hohe erdgeschichtliche Alter, das sie auszeichnet. Die Tatsache, daß sie heute noch vorkommt, spricht für ihre erstaunliche Plastizität (Anpassungsfähigkeit). So kommt die Eibe z. B. als geradstämmiger Baum, als mehrstämmiger Baum, als Strauch und in extremen Höhenlagen sogar als Kriechstrauch vor. Das sehr hohe vegetative Reproduktionsvermögen der Eibe zeigt sich nicht nur im Austreiben von Wurzelschößlingen, in Stecklingsvermehrung, Senkerwurzeln (Äste, die den Boden berühren, schlagen Wurzeln) und Adventivknospen (»schlafenden Augen«), sondern auch in der Ausbildung senkrechter Äste (aus anderen Ästen oder einem umgestürzten Stamm), sowie der Ummantelung eines absterbenden Stammes bei der Regeneration zu einem neuen Stamm. All dies ist Ausdruck einer fast einzigartigen ökologischen Strategie (siehe Kasten S. 23), die sich ganz erheblich von fast allen anderen europäischen Waldbäumen unterscheidet. *Taxus baccata* hat zudem eine auffällig große klimatische und geographische Amplitude (siehe Weltkarte S. 13).

Die Untersuchung der Stellung der Eibe in der Umwelt sowie im Waldverband zeigt *Taxus* in der einzigartigen Position einer »dreifachen Grenzgängerin« (Leuthold):[4] ökologisch in einer Zwischenstellung von Pionier- und Klimaxbaumart (Tab. 1), im Waldbestand als typische Nebenbaumart, die zwischen Oberschicht und Bodenbereich vermittelt, und morphologisch-physiologisch als eine plastische Zwischenform zwischen den Laubbäumen und den immergrünen Nadelhölzern (Tab. 2). So ist die Eibe stammesgeschichtlich (phylogenetisch) zwar die *älteste* Baumart Europas, in ihrer nach allen Seiten offenen Konstitution und ihrer unvergleichlichen Vitalität aber die *jugendlichste*. All diese Faktoren machen sie zu einem »Ur-Baum Europas« (Leuthold).[5]

3.1 *Hoch aufragende Monumentaleibe in Alapli, Türkei*
3.2 *Mit flachem Habitus in Powys, Wales*
3.3 *Als Kriechgewächs in Gait Barrows, Cumbria*

Tabelle 2 Eigenschaften der Eibe zwischen Laub- und Nadelbäumen *(nach Leuthold 1998, modifiziert)*

Laubbaumcharakter, mesomorph *(d. h. im ökophysiologischen Bauplan und in standörtlichen Verhalten an mittlere Bedingungen angepaßt wie etwa Linde und Ulme)*		***Nadelbaumcharakter, skleromorph*** *(d. h. im ökophysiologischen Bauplan und in standörtlichen Verhalten an trockene Bedingungen angepaßt wie z. B. die Waldkiefer)*
	Gestalt	
Gesamthabitus etwa ab Geschlechtsreife häufig mit der Tendenz zu strauchartiger Stammaufgliederung	sehr variabel und formbar, hohe Plastizität (auch unter den verschiedenen *Taxus*-Sippen), wird z.B. gärtnerisch genutzt	in der Jugend deutlicher Koniferenhabitus (Stamm mit deutlicher Hauptachse)
	Astwerk	
Astwerk tendiert zur Horizontalfläche (Blättern vergleichbar)		Einzelzweig hat die axial geprägte, geometrische Strenge und den Aufbau der Koniferen
	Belaubung	
• interne Architektur (Anatomie) blattähnlich • Energieaufwand für »Nadel«-Bildung relativ gering • sehr schnelle Reaktionsbereitschaft der Stomata, ähnlich dem Saisonblatt	dorsiventral, relativ breit, weich (unter den Coniferophytinen die einzige Nadel ohne Sklerenchym)	• nadelförmig • immergrün, dauernd assimilationsfähig • Nadeln langlebig
	Samen	
Einzelsamen mit farbigem, saftig-süßem »Fruchtfleisch« (Arillus), sonst eher ein Merkmal bei manchen Laubgehölzen (z. B. Kirsche, Eberesche, Holunder)	Scheinbeere, kein Samenstand	• Zweihäusigkeit als phylogenetisch altes Merkmal bei Gehölzen • Same steht mitunter aufrecht auf dem Zweig (ähnlich wie zahlreiche Zapfen)
	Holz	
Kurzfaserigkeit des Holzgewebes, sonst typisches Merkmal harter Laubhölzer	(s. o.) Holz mit sehr engen Tracheiden und Spiralverdickungen	große Elastizität des Holzes, sonst v. a. eine Eigenschaft von langfaserigen Nadelhölzern
	Wurzelwerk	
Wurzeltypus wie bei zahlreichen Laubhölzern: sehr leistungsfähiges Wurzel- und Leitungssystem, das einen raschen Wassernachschub auch unter Streßbedingungen gewährleistet	standortabhängig: fein verzweigt und tiefreichend (Herzwurzelsystem), oder weit und flach	(bei den meisten Nadelhölzern ist das Wurzelwerk im allgemeinen eher schwach gegliedert und weniger leistungsfähig)
	Vitalität	
Fähigkeit der Eibe zu Wurzelbrut, Senkerbildung und Stecklingsvermehrung, sonst v. a. typisch für Laubholzarten	hohe Regenerationsfähigkeit, extreme Langlebigkeit	Die ältesten Baumexemplare der Welt (z. B. Westliche Grannenkiefer, *Pinus longaeva*, Mammutbaum, *Sequoia giganteum*) finden sich nicht unter den Laubhölzern (Angiospermen), sondern unter den phylogenetisch alten Nadelhölzern (Gymnospermen). Auch das Alter von Eiben kann vierstellige Zahlen erreichen.

KAPITEL 4

KLIMA UND HÖHENLAGE

Die Eibe wächst am besten in den gemäßigten Temperaturen des milden ozeanischen Klimas. Besonders günstig sind milde Winter, kühle Sommer, viel Regen und hohe Luftfeuchtigkeit, auch Nebel. Strenge Winterkälte dagegen, Spätfrost oder starke kalte und trockene Winde an ungeschützten Lagen behindern ihr Wachstum. Die ökologischen Faktoren, die ihr Verbreitungsgebiet begrenzen, sind niedrige Temperaturen im Norden, strenges Kontinentalklima (östlich von Polen, im Binnenland Nordamerikas sowie im Inneren Nordostchinas und Ostsibiriens), lange Dürren (z. B. Anatolien) und Dürre und Hitze in Nordafrika. In der Nähe dieser Extreme beschränkt sich die Eibe auf feuchte Nischen wie die Nähe von Sümpfen und Mooren, Felsspalten oder den Mittelstand in einem schützenden Wald. Im Mittelmeerraum findet sie sich meist in den größeren Höhenlagen, da es dort kühler und feuchter ist.

WASSER

Taxus wächst oft in den Zonen mit dem höchsten Niederschlag einer Region, z. B. im Pazifischen Regenwald Nordamerikas (Unterart *brevifolia*), dem Reenadinna-Regenwald in Südwestirland oder im westlichen Taurus-Gebirge der Südtürkei. Die Niederschlagsmenge ist von besonderer Bedeutung im Juli und August, wenn die Blattknospen angelegt werden, und von März bis Mai, wenn die Blattknospen anschwellen und austreiben.[12] Auch das Dickenwachstum des Stammes wird durch reichen Regenfall in der Vegetationsperiode begünstigt.[13]

Tabelle 3 **Jahresniederschlag in versch. Eiben-Wuchsgebieten**

Standort	*Höhe ü. d. M.*	*Niederschlag*
Reenadinna, Irland[1]	20–30 m	1.585 mm
South Downs, England[2]	50–200 m	800–>1.000 mm
Paterzell, Bayern[3]	600–750 m	1.050 mm
Bakony-Gebirge, Ungarn[4]	300–510 m	795 mm
Karpathen, Ukraine[5]	–	650–1.080 mm
südliche Krim, Ukraine[6]	–	500–1.000 mm
westlicher Kaukasus[7]	–	400–2.500 mm
Hyrcanischer Wald, Nord-Iran[8]	800–1,800 m	580–1.850 mm
Amanus-Gebirge, Türkei[9]	100–518 m	785–1.173 mm
westlicher Taurus, Türkei[10]	20 m	1.288 mm
westl. Taurus, Tannen-Zedernwald[11]	1.000–2.200 m	1.500–2.000 mm

Bis zu einem gewissen Grad kann *Taxus* jedoch auch Dürre ertragen. Das ist in der schnellen Reaktionsfähigkeit der Spaltöffnungen als auch in der Holzstruktur begründet, da der geringe Durchmesser der Wasserleitungsbahnen den Wassertransport und somit auch den Wasserverlust gering hält. Außerdem investiert *Taxus* beständig in den Aufbau des Wurzelsystems,[14] in dem Reservestoffe gespeichert werden. Wenn es zu Dürreschäden kommt, äußern sich diese darin, daß die mehr als zweijährigen Nadeln besonders im oberen Teil der Krone von der Blattbasis her gelb werden und abfallen[15] und daß die Adventivtriebe (falls vorhanden) welken und absterben.

TEMPERATUR

Der Temperaturbereich der Netto-Photosynthese der Eibe ist außerordentlich groß und schließt denjenigen aller anderen europäischen Baumarten ein. Das bedeutet für die Eibe im Waldbestand, daß sie auch im Winter assimilieren kann (vergl. »Photosynthese«), wenn sie mehr Licht erhält, weil die Laubbäume der oberen Baumschicht unbelaubt sind. Durch die ausserhalb der Vegetationsperiode gespeicherten Assimilate (Kohlenhydrate, v. a. Zuckerverbindungen) kann die Eibe zudem die geringeren Photosyntheseleistungen des Sommerhalbjahres ausgleichen. Das häufigere Auftreten von derart günstigen Witterungsperioden (kühl, aber nicht zu kalt) im ozeanischen Klima bedingt daher das Verbreitungs- und Wuchsoptimum der Eibe.[16]

Im allgemeinen reagiert die Eibe viel weniger empfindlich auf jährliche Klimaschwankungen als z. B. die Buche. Das liegt zum Teil daran, daß sie im Unterstand der anderen Baumarten vorkommt, wo sie den Klimabedingungen nicht direkt ausgesetzt ist. Eine geringe Empfindlichkeit gegenüber wechselnden Umweltbedingungen ergibt sich u. a. durch eine gute Anpassung an Mangelsituationen, durch Speicherfähigkeiten zur Überbrückung von Mangelperioden

sowie ein geringes Ausnutzungsvermögen von Ressourcen in Überschußperioden.[17]

Sehr starken und langanhaltenden Frost sowie eisige Winde verträgt die Eibe nicht. Frostschäden wurden verschiedentlich beobachtet, z. B. im Westen Schottlands im Winter 1837/1838 oder im Süden Schwedens, wo die Nadeln ihre höchste winterliche Frostresistenz bei –33 bis –35°C zeigten und die männlichen Blütenknospen bereits zwischen –21 und –23°C geschädigt wurden. In den österreichischen Alpen stellte man fest, daß eine Temperatur von –23°C über drei Stunden sämtliche Nadeln schädigte.[18] Aber die Frostresistenz ändert sich mit den Jahreszeiten, ihr Maximum liegt im Winter (Januar) und fällt dann rapide ab, so daß die Gewebe im Frühjahr empfindlicher werden.

Tab. 4 Eibenbestände im Temperaturvergleich (in °C) ds. = durchschnittlich

Standort	*Jahresmittel*	*Sommertagestemp.*	*Januar*
Reenadinna, Irland[19]	10,5	18 max. (Aug.)	4,2 min.
South Downs, England[20]	10,5	20,5 max. (Aug.)	6,7 min.
Paterzell, Bayern[21]	7	15 ds. (Juli/Aug.)	0 ds.
Bakony-Gebirge, Ungarn[22]	9,8	20,2 max. (Juli)	-1,6
Karpathen, Ukraine[23]	5-9,3	-	-
südliche Krim, Ukraine[24]	10-16	-	-
westlicher Kaukasus[25]	3,5-14,5	-	-
Hyrcanischer Wald, Nord-Iran[26]	-	30	1,5
Amanus-Gebirge, Türkei[27]	18,5	28,0 ds. (Juli/Aug.)	8,9 ds.
westlicher Taurus, Türkei[28]	18,2	27,6 ds. (Juli/Aug.)	10,5 ds.
westlicher Himalaya[29]	-	19,2 ds. (Juni)	5,7 ds.

Auch in verschiedenen Regionen ist die Frostresistenz unterschiedlich ausgeprägt. In Britannien treten um die Wintermitte ab –13,4°C Schäden auf, im winterfesten Südengland vom März ab –9,6°C, aber im Nordosten des Landes bereits ab –1,9°C.[30] In den Fisht-Bergen im Kaukasus steigt *Taxus* bis 2000 m ü. d. M. und überlebt Winter, in denen 5–7 m Schnee liegen. Die Japanische Eibe (Unterart *cuspidata*) erträgt schweren Frost bis –40°C, bevor ihre Nadeln Schaden erleiden.[31]

Die Hitzeresistenz ändert sich dagegen im Jahreslauf nicht wesentlich. In kühlen, feuchten Sommern ist die Eibe jedoch hitzeempfindlicher als in heißen, trockenen Sommern, was darauf hindeutet, daß sich die Bäume in heißen Ländern wahrscheinlich zumindest teilweise angepaßt haben. Eine Temperatur von 48–50°C für eine halbe Stunde schädigt die Nadeln. Im Sommer kann sich das auf 52°C erhöhen, im Winter liegt der Wert mit 49°C immer noch erstaunlich hoch. Die hohe Empfindlichkeit im Frühjahr (um 44°C) dagegen ist wahrscheinlich auf die sensiblen Knospen und jungen Blätter zurückzuführen.[32]

Aufgrund seiner dünnen Borke ist *Taxus* nicht feuerfest wie z. B. Mammutbäume (*Sequoia*). Wegen des Fehlens von Harzen ist die Entflammbarkeit der Eibe jedoch sehr viel geringer als bei den anderen Koniferen und läßt sich eher mit

4.1 (links) In der trockenen Sommerhitze von La Tejeda de Carazo, Burgos, Spanien
4.2 (Mitte) Im kurzen maritimen Winter in Südengland 4.3 Im gemäßigten Regenwald von Reenadinna, Killarney, Irland

der von Laubbäumen vergleichen.[33] Ebenfalls hilfreich ist die Stellung der Eibe innerhalb der Vegetation: Die meisten »Waldbrände« im Mittelmeerraum sind Savannenbrände, und Eiben stehen in der Regel nicht zwischen entflammbaren Gräsern, Farnen oder Sträuchern, sondern im Mischwald, in Eibenhorsten und in höheren Lagen. Durch schattenwerfende Bäume verbleiben oft intakte Inseln in der Brandfläche, und das Feuer (selbst in Pinienpflanzungen) macht hin und wieder Halt an der Grenze zu altem Wald (z. B. in Spanien an der Rundblättrigen Eiche, *Quercus rotundifolia*).[34] Dennoch erlagen auf Westsardinien kürzlich zwei alte Eiben einem Wiesenfeuer.

HÖHENLAGE

Taxus baccata wächst im Norden bis ca. 62° 30′ n. Br. (Norwegen) und im Süden bis ca. 33° n. Br. (Algerien), wobei bedingt durch die Wasserversorgung die Meereshöhe der Eibenbestände von Nord nach Süd zunimmt.[35]

In Gebirgslagen neigt die Eibe dazu, auf den nordwestlichen bis nordöstlichen Hängen zu wachsen, und zwar aus ganz unterschiedlichen Gründen: In südlichen Ländern (z. B. der Türkei) meidet sie die volle Sonneneinstrahlung und trockene Hitze der Südlagen.[36] An den Grenzen zum nördlicheren, kontinentalen Klima (z. B. in den Alpengebieten) erwärmt die tiefstehende Frühjahrssonne die Südhänge, was die Eibe zu früher Öffnung der Knospen verleiten würde, die dann anfällig für die häufigen Spätfröste wären.[37] Ganz im Gegensatz dazu stehen die Eibenhaine der englischen South Downs (90–250 m ü. d. M.) in südlicher, östlicher und (etwas seltener) westlicher Exposition, wo sie den Wärmemangel der Nordhänge und die häufigen Westwinde meiden. Ein anderer wachstumshemmender Faktor in niedrigen Küstengebieten (oder an Meeresklippen wie beim Great Orme, Wales) sind die salzhaltigen Winde von der See. *Taxus* reagiert sensibel auf salzige Gischt, die die Blätter rötlich-braun färbt.[38]

Tab. 5 Höhenlage der Eibenbestände im Nord-Süd-Gefälle[39]
(in Metern über dem Meerespiegel)

0–*ca.* 470	Britische Inseln
660–1.200	Slowakei
1.100–1.400	in den Alpen
1.400–1.650	in den Pyrenäen
bis 1.660	in den Karpathen
1.600–1.950	Südspanien
bis 1.700	Sardinien
bis 1.800	Mazedonien
bis 2.000	Zentralgriechenland
0–2.000	Kaukasus
bis 2.500	Nordwestafrika
bis 3.333	Guatemala
2.800–3.570	Yünnan (China)

PFLANZENGEMEINSCHAFTEN

MISCHWÄLDER

Die Europäische Eibe erscheint in der Regel als verstreute Einzelexemplare oder in Gruppen oder Horsten, und zwar gewöhnlich im Unter- oder Mittelstand; selten erreicht sie die obere Baumschicht. Der Waldtyp ist vielfach Eichenmischwald, Rotbuchenwald oder Rotbuchen-Nadelbaum-Mischwald. Wichtige Begleitbaumarten sind Esche *(Fraxinus)*, Bergahorn *(A. pseudoplatanus)*, Tanne *(Abies)*, Fichte *(Picea)*, Weißbuche *(Carpinus)*, Linde *(Tilia)* und Ulme *(Ulmus)*. In den Mittelmeerländern sind es außerdem Steineiche *(Qu. ilex)*, weitere Eichenarten und Platane *(Platanus)*, in der unteren Baumschicht Myrte *(Myrtus)*, Lorbeer

***5.1** Artenreicher Biotop auf dem Stamm einer uralten Eibe; Ortachis, Sardinien*

(Laurus nobilis, Prunus laurocerasus), Seidelbast *(Daphne)* u. a. Die häufigsten Begleiter der Eibe im Mittelstand sind Stechpalme *(Ilex)*, Buchsbaum *(Buxus)*, Haselnuß *(Corylus)* und Weißdorn *(Crataegus)*, gelegentlich auch Mehlbeere *(Sorbus aria)*, Schlehe *(Prunus spinosa)* und Holunder *(Sambucus nigra)*.[1]

Oft wird die Rotbuche als großer und erfolgreicher Konkurrent der Eibe beschrieben, aber das ist Interpretationssache. In der Vegetationsgeschichte zeigen Pollendiagramme für verschiedene Gebiete tatsächlich Eibenrückgänge, die parallel mit einer Buchenausbreitung verlaufen, weswegen lange geglaubt wurde, daß sich die Eibe leicht durch die »konkurrenzstarke« Buche vertreiben ließe. Inzwischen wissen wir, daß die Eibe in verschiedenen Regionen sehr wohl in der Lage war, sich mit den noch heute dominierenden Baumarten zu behaupten.[2] Es ist festzustellen, daß die Buchenausbreitung in vielen Gegenden Mitteleuropas in die Periode der Besiedlung durch vorgeschichtliche Ackerbauern fällt. Somit kann auch eine für die Eibe nachteilige Beeinflussung der Waldstruktur durch den Menschen angenommen werden, die zeitlich mit der Buchenausbreitung zusammenfällt.[3] Dazu kommt eine bereits für die vorgeschichtliche Zeit belegte Wertschätzung des Eibenholzes, die mittelfristig in einigen Gebieten zu regionaler Übernutzung geführt haben dürfte. Und schließlich hat sich gezeigt, daß die Eibe auch heute noch nahezu im gesamten Bereich ihrer physiologischen Amplitude natürliche Vorkommen hat.[4]

Die Etablierung von Waldbaumarten ist eine Angelegenheit von Jahrhunderten (und nicht des »Kampfes« zwischen einzelnen Bäumen). Im allgemeinen ist an solchen Standorten eine Art dominant, für die sie besser als andere ausgestattet ist. Die Buche überwiegt auf tiefgründigen Böden, während die Eibe sich auf Böden ausbreitet, die zu naß oder zu arm für die Buche sind oder zu ungeschützt vor Licht und Wind. Wo Klima und Boden sehr günstig sind, wie z. B. in Paterzell, wachsen Eiben auch gut unter großen Buchen.

5.2 Junge Buchen und Eiben auf den Dolomitfelsen im Wald bei Schloß Prunn, Kelheim, Niederbayern

Einige Fachbegriffe aus der Ökologie

Anpassungsfähigkeit und Angepaßtheit

»In der Genetik«, so Dr. Pietzarka vom Forstbotanischen Garten Tharandt, »wird Angepaßtheit als der Zustand einer Population verstanden, unter bestimmten Umweltbedingungen dauerhaft zu überleben. Anpassungsfähigkeit ist deren Vermögen, sich durch Änderungen ihrer genetischen Struktur auf veränderte Umweltbedingungen erneut einzustellen. Strenggenommen kann daher in Bezug auf eine einzelne Pflanze nicht von Anpassungsfähigkeit gesprochen werden, da sie ihre genetische Struktur nicht ändern kann.«[5] Er fügt hinzu, daß jedoch auch das Individuum »Möglichkeiten hat, im genetisch fixierten Rahmen auf veränderte Umweltbedingungen zu reagieren«.

Strategie

Der Begriff »Strategie« – auf den Menschen bezogen – setzt eine Reflektion des eigenen Handelns voraus. Das wird generell für Pflanzen nicht angenommen, jedoch ist der Begriff in der ökologischen Literatur weit verbreitet. Er kann im Sinne eines dynamischen Geschehens unter aktiver Mitwirkung des untersuchten Organismus verstanden werden. Die ökologische Strategie einer Art umfaßt die Gesamtheit aller genetisch fixierten Merkmale, die Angepaßtheit und Anpassungsvermögen (auf Populations- wie auf Individuenebene) sicherstellen und somit das Überleben der Art ermöglichen.[6]

Konkurrenz

Konkurrenz bezeichnet den Wettbewerb von Organismen oder Arten um begrenzte Ressourcen. Dabei wird gegenseitig die Geburten- und/oder Wachstumsrate verringert und/oder die Sterberate erhöht. Die Ökologie mißt der Konkurrenz als Motor dynamischer Prozesse eine herausragende Bedeutung zu; die Konkurrenz um Licht war womöglich einer der stärksten Selektionsfaktoren bei der Entwicklung der Landpflanzen und der Ausbildung von aufrechten Stämmen.[7]

Es ist zu beachten, daß Analysen der pflanzensoziologischen Stellung und der Strategie der Eibe auf einer Beobachtung des *derzeitigen* Status beruhen. In Mitteleuropa kann das heutige Waldbild jedoch auf Grund der jahrtausendelangen intensiven Nutzung durch den Menschen nicht mehr als Urwald bezeichnet werden. Eine Beurteilung des ökologischen Verhaltens einer Baumart muß somit letztendlich unvollständig bleiben.

Taxus ist in Europa eine Klimaxwald-Baumart, »Klimax« (Leiter) ist der ökologische Begriff für das Endstadium einer Sukzessionsfolge von Pflanzengesellschaften unter den örtlichen Umweltbedingungen im Laufe der Zeit. Die Artenzusammensetzung einer Klimaxgesellschaft bleibt relativ gleich, da sich alle anwesenden Arten erfolgreich verjüngen und außenstehende Arten es nicht schaffen, einzudringen. Aufgrund langfristiger Standortveränderungen (z. B. Klima, Boden) und hinzutretender Arten kann sich jedoch auch eine Klimaxgesellschaft verändern.

5.3 *Diese uralte Eibe im Naturschutzgebiet Yenice (Türkei) »umarmt« eine alte Buche.*
5.4 *(darüber) Kontaktpunkt beider Bäume*

Innerhalb der verschiedenen Waldgesellschaften ist *Taxus* eine Art, die für ihr Überleben »auf Sicherheit setzt«. Das langsame Wachstum, die effektive Speicherung von Ressourcen, die Ausbildung von Innenwurzeln in hohlwerdenden Stämmen, die enorm hohe Regenerationsfähigkeit, die schwere Zersetzbarkeit und Giftigkeit der Organe, die geringe Photosyntheseleistung der Eibe sowie die besonders schnelle Reaktionsfähigkeit ihrer Spaltöffnungen stellen allesamt Sicherungsmechanismen dar. So wurde ihre ökologische Strategie mit »Sparen für die Sicherheit« umschrieben (Larcher 2001).[8]

Die Anpassungsfähigkeit der Eibe an vielfältige und wechselnde Umweltbedingungen ist sehr hoch. Hier ist v. a. ihre Schattenverträglichkeit zu nennen: Selbst im Unterstand mit weniger als 5% der Lichtmenge des Freilandes kann sie noch Blüten und Samen bilden.[9] Die meisten Waldbaumarten reagieren bei Lichtmangel – solange sie der Konkurrenz nicht gänzlich unterliegen – mit verstärktem Höhenwachstum. Einigen Baumarten investieren sogar dann in das Höhenwachstum, wenn es auf Kosten des Durchmesser-Höhe-Verhältnisses oder der Ausbildung des Wurzelsystems geht und so zu einer Instabilität des Baumes gegenüber anderen Umweltfaktoren (wie z. B. Sturm) führt.[10] Nicht so die Eibe: Auch unter schwierigen Lichtbedingungen investiert sie vornehmlich in die Ausbildung des Wurzelsystems, was ihr nicht nur eine gute Verankerung im Boden gewährt, sondern auch den Zugang zu weiteren Ressourcen.

Diese Anpassungsfähigkeit ist durch die hohe genetische Vielfalt der Eibe bedingt, die das Vorkommen unter unterschiedlichsten Umweltbedingungen ermöglicht.[11] In Verbindung mit den erwähnten Sicherheitsinvestitionen ergibt sich auch die hohe Lebenserwartung als Beweis für den Erfolg dieser Strategie. Das extrem hohe Alter,[12] das die Eibe erreichen kann, »stellt für die Population die Möglichkeit dar, sich mit großen Zeitabständen in besonders günstigen Perioden zu verjüngen. Auf der Ebene des Individuums ist es zugleich Ausdruck der guten Angepaßtheit und An-

5.5 *Eibe und Buche in Wakehurst Place, Sussex*

passungsfähigkeit an wechselnde Umweltbedingungen während dieser langen Zeit.« (Pietzarka)[13]

Die Eibe nimmt nur sehr begrenzt am dynamischen »Konkurrenz«-Geschehen des Waldes teil. Ihre Reproduktionsrate als auch bestimmte Wachstumsraten (Durchmesserzuwachs, Biomassezuwachs, nicht jedoch der Höhenzuwachs) werden durch andere Baumarten nur in relativ geringem Maß beeinflußt. Und nur in äußerst geringem Maße schränkt sie die Reproduktions-, Wachstums- und Sterberaten anderer Arten ein.[14]

Taxus baccata ist eine Baumart, die in ihrer ökologischen Strategie vollständig von allen anderen europäischen Baumarten abweicht. Ihre Strategie beruht auf einer optimalen Angepaßtheit an den jeweiligen Standort bei gleichzeitiger Erhaltung einer größtmöglichen Anpassungsfähigkeit.[15] So kann die ökologische Strategie der Eibe am besten als Anpassungs-Strategie bezeichnet werden.[16]

Die der Eibe nachgesagte »Konkurrenzschwäche« kann also nicht bestätigt werden. Taxus *erweist sich als ein perfekt auch an späte Sukzessionsstadien angepaßter Waldbaum, dem es gelingt, in den meisten Waldökosystemen zu überdauern – morphologisch fast unverändert seit 140 Mio. Jahren!*

Die verschiedenen Sicherungsmechanismen der Eibe sind die energetischen Voraussetzungen für ein langfristiges Überdauern unter suboptimalen Bedingungen, was eine Voraussetzung für die Erhaltung der Art im Unterstand ist.[17] Tatsächlich sind Eibe, Stechpalme und Buchsbaum die einzigen europäischen Bäume, die ausreichend schattenverträglich sind, um unter dem dichten Kronendach der Buche zu überleben. Extremer Lichtmangel fordert zwar auch von der Eibe einen Tribut – er beschränkt die Ausbildung einer vollen Krone und limitiert die Blüten- sowie die Samenproduktion. Andererseits ist es der Schutz des Mischwaldes und der oberen Kronenschicht, der die Eibe vor Sturm, Blitzschlag, und – am wichtigsten – vor harten Frösten und anderen Temperaturextremen bewahrt. Eiben gedeihen am besten in Mischwäldern mit *moderatem* Licht und können dort sogar Kronen entwickeln, die fast so groß sind wie im Einzelstand.

Obwohl eine reife Eibe wie die Buche ein dichtes Laubdach erzeugt und damit einen tiefen Schatten, in dem nur wenige Arten gedeihen können, ist die Bodenschicht in einem Eibenmischwald nicht zwangsläufig unbelebt. Neben verschiedenen Farnen und Moosen finden sich häufig Bingelkraut *(Mercurialis perennis)*, wilde Erdbeere *(Fragaria vesca)*, Gundelrebe *(Glechoma hederacea)*, Efeu, Brombeere, Brennessel[18] und Veilchen *(Viola)*. Eiben-Buchen-Mischwälder bieten außerdem dem Einblütigen Perlgras *(Melica uniflora)*, dem Waldmeister *(Galium odoratum)*, Blaugras *(Sesleria)*, Veilchen *(Viola, Cyclamen)* und verschiedenen Orchideenarten einen Lebensraum, während Eiben-Eichen-Mischwälder u. a. die Schlüsselblume *(Primula veris)*, die Pfirsichblättrige Glockenblume *(Campanula persicifolia)* und den Adlerfarn *(Pteridium aquilinum)* beherbergen.[19]

REINBESTÄNDE

Aufgrund der überaus großen Schattenverträglichkeit und des tiefen Schattens, den die Eibe erzeugt, kann sie sich langfristig auch über Nachbarbäume erheben (das mag fünf bis zehn Buchengenerationen dauern) und zu einer örtlich dominierenden Art werden oder sogar nach und nach einen reinen Eibenbestand ausbilden. Solche Wuchsorte sind zwar nicht sehr artenreich, aber nichtsdestoweniger sehr eindrucksvoll (z. B. Kingley Vale, Newlands Corner). Mehr als eine erfolgreiche Naturverjüngung durch Sämlinge ist es

5.6 *Eibe und Wacholder in Borrowdale, Nordengland*

5.7 *Eine Eibe erhebt sich aus einem Weißdorn; Kingley Vale, Sussex.*

das außergewöhnlich hohe Lebensalter der Eibe, das einen solchen Bestand über lange Zeit erhält. Durch umgestürzte Altbäume freiwerdende Lücken füllen sich eher wieder durch andere Arten (Buche, Esche) als durch Eibennachwuchs. Daher vollzieht sich die Naturverjüngung der Eibe *an den Rändern* des Eibenwaldes, was zu der These geführt hat, daß es sich bei reinen Eibenhainen um Vorkommen einzelner Generationen handeln könnte, die sich langsam durch die Landschaft »bewegen«.[20] Allerdings wird das meist durch die benachbarten Ökotope, Weideland und menschliche Siedlungen, verhindert, so daß der Eibenhain eingezäunt da bleibt, wo er ist. Wie dem auch sei, »die Umstände, unter denen sich die Eibe von einem verstreuten Bestandteil des Waldes zu einer dominanten Art entwickelt, bleiben weitgehend ungeklärt«. (British Ecological Society, 2003)[21]

FREILAND

Bei der Ausbreitung auf Weideflächen sind Weißdorn, manchmal Schlehe und Heckenrose, aber insbesondere der Wacholder starke »Verbündete« der Eibe.[22] Der Wacholder ist der geeignetste Wegbereiter, da er bereits auf Standorten wächst, die für die Eibe günstig sind (flache Böden an steilen oder ungeschützten Stellen). Die Früchte dieser Sträucher lokken zudem Vögel an, die dann dort die Eibensamen ausscheiden. Danach bietet das Wacholder- oder Weißdorngestrüpp den Eibensämlingen förderlichen Halbschatten und effektiven Schutz vor Pflanzenfressern. Mit der Zeit wächst die Eibe über den Schutzschirm ihrer Förderer hinaus und wird sich später als Baum über ihr trockenes Holz erheben.[23]

In der Regel findet sich die Eibe nicht auf nassen Lehmböden oder nassem sauren Torf. Im nördlichen Europa erscheint sie jedoch mit Eiche, Esche, Kiefer, Birke oder Erle auf kalkhaltigem Torf. Sie toleriert zwar vorübergehende Überschwemmung, meidet aber Böden mit permanenter Staunässe.

5.8 *Mit Flechten behangene Eibe; Duezce, Türkei*

5.9 *Verschiedene Epiphyten auf Eibenrinde: Algen (links), Flechten (Mitte) und Moose (Bryophyta, rechts)*

EPIPHYTEN

Epiphyten sind Pflanzen, die auf anderen Pflanzen wachsen, aber weder als Parasiten noch als Symbionten in deren Stoffwechsel eingreifen. Sie decken ihren Wasser- und Mineralbedarf durch den Regen und durch organisches Material, das sich auf den Gastgeberpflanzen ansammelt. Flechten, Moose und Algen sind Epiphyten der gemäßigten Zone.

Die glatte und in Schuppen abfallende Borke der Eibe macht diese eher unwirtlich für Epiphyten, aber auf Standorten mit besonders hoher Luftfeuchtigkeit werden auch Eiben besetzt. Reenadinna Wood bei Killarney, Irland, z. B. ist berühmt für seine Fülle an Flechten und Moosen[24] (siehe Abb.). Eine Studie von 1994 auf Inchlonaig, einer kleinen Insel im Loch Lomond, Schottland, zeigte, daß 60 von 791 Eiben Epiphyten beherbergten[25] und 28 hatten andere Bäume, die auf ihnen wuchsen. Diese Bäume waren Birke *(Betula pubescens* ssp. *carpatica)*, Eberesche *(Sorbus aucuparia)* und Stechpalme *(Ilex aquifolium)*. Diese Bäume hatten ihr Wachstum in Humustaschen auf den Eiben begonnen und konnten später ihre Wurzeln durch die hohlen Eiben in den Boden wachsen lassen. Schließlich wurden die Stämme der im Boden verwurzelten Bäume vom wachsenden Stamm der Eibe ummantelt und so zu »Partnerbäumen«.[26] Andere Berichte nennen Eiche,[27] Esche und *Rhododendron ponticum* als Partnerbäume auf Eiben in Südwest-Wales.[28] In Newlands Corner, Surrey, wächst eine mächtige Mehlbeere *(Sorbus aria)* aus einer alten Eibe.

DER EINFLUSS DES MENSCHEN

Zweifellos haben die Aktivitäten des Menschen allzu oft eine negative Wirkung auf die Ausdehnung und den Reichtum der Wälder. Aber der menschliche Einfluß läßt auch neue Lebensräume für viele Arten entstehen, auch für die Eibe. Die Eibenwälder der südenglischen South Downs z. B. entstanden im 18. und 19. Jahrhundert als Folge der Napoleonischen Kriege und der nachfolgenden Armut mit dem Zusammenbruch der Schafweidewirtschaft und der Myxomatose (für Kaninchen tödliche Virusinfektion).[29] Auch in der uralten Form der Niederwaldwirtschaft, in der gewisse Baumarten wie Hasel, Linde, Ulme, Hainbuche oder Esche alle 4–10 Jahre »auf den Stock gesetzt«, d. h. dicht über dem Boden abgeschnitten werden, was sie um so kräftiger wieder austreiben läßt, hatte die Eibe ihren Platz. Da sie zu langsam wächst, ließ man sie oft einfach für Jahrhunderte stehen. Doch durch das letzte Jahrtausend hindurch waren es die Kirch- und Friedhöfe, die der Eibe die langfristig sichersten und erfolgreichsten Wuchsorte boten. Hier sind besonders die Britischen Inseln zu nennen. In Asien erfüllen buddhistische und Shinto-Schreine eine ähnliche Aufgabe.

Auf den Britischen Inseln ist die Eibe außerdem oft in Hecken, Gärten und Parks anzutreffen. Auch auf dem europäischen Festland kann uns die Häufigkeit gepflanzter Bäume davon ablenken, daß *Taxus* in freier Natur noch immer eine gefährdete Art ist.

6.1 *Dieser Baum keimte in einer dunklen Felsspalte in 1.300 m Seehöhe; Mt Limbara, Sardinien.*

KAPITEL 6

DIE WURZELN

DER BODEN

Taxus wächst auf fast jedem Boden, bevorzugt jedoch tiefgründige, sickerfrische, humus- und basenreiche Böden, die mild bis mäßig sauer sind. Dabei ist Feuchtigkeit sehr wichtig und die Nähe von Quellen optimal.[1] Die Eibe gedeiht aber auch auf flachen, trockenen Rendzinen auf Kalkstein, die oftmals reich an ausgewaschenem Flint aber regenwurmarm sind, und sie gedeiht auf warmen Kreideböden und kalkhaltigem Torf, ebenso auf sandigen, sumpfigen und moorigen Böden, auf Sand oder lehmigem Sand (wenn genügend Feuchtigkeit vorhanden ist), und auf kieselhaltigen Böden auf Eruptiv- oder Sedimentgesteinen. Zwei Bodeneigenschaften, die Taxus vermeidet, sind stehendes Wasser (Staunässe) und (bis auf Ausnahmen) hoher Säuregehalt.

Einige Beispiele aus Westeuropa mögen genügen, um die volle Bandbreite der Bodenwahl von *Taxus* zu verdeutlichen. Im Südwesten Irlands wächst die Eibe auf karbonischem Kalkstein,[2] und einzelne Bäume stehen außerdem auf devonischem Sandstein (Killarney Woods).[3] In Südostengland stockt sie auf dem Sandstein des Lower Greensand und des Central Weald sowie auf Kalk der North Downs und South Downs. Dort ist das Gestein weich und sickerfrisch, hält aber viel Wasser in einer tieferen Schicht.[4] In Deutschland findet sich die Eibe meist auf Kalkhumusböden (Rendzinen), z. B. dem Jurakalk bei Kelheim, dem Muschelkalk bei Göttingen und ebenso im Thüringer Becken sowie dem Kalktuff bei Paterzell. Im Schwarzwald, im Bayerischen Wald und im schlesischen Gebirge stockt sie auf Gneis und Granit, und im Harz (Bodetal) auf Quarziten, Tonschiefer und Gneis. Hänge mit Mergel-, Löß- oder Kalkschuttböden bieten einen weiteren Lebensraum.[5] Die Eiben in den Bergen Sardiniens wiederum stehen auf so unterschiedlichen Böden wie Schiefer, Granit, Kalk und Basalt.[6]

Die Eibe zeigt die größte Amplitude in der Bodenwahl, wenn sie sich deutlich innerhalb des für sie optimalen Klimas befindet, während sie sich an den Grenzen ihres klimatischen Verbreitungsgebietes mehr an die kalkigen Böden hält.[7] Sie hat hohe Ansprüche an den Mineralgehalt des Bodens, insbesondere in Bezug auf Elemente wie Kalium, Phosphor und Calcium. Einer der Gründe ihres Verschwindens aus europäischen Wäldern könnte in der Bodendegradation und dem Mineralstoffrückgang liegen.[8]

Bäume passen sich nicht nur dem Standort an, sie haben auch einen verändernden Einfluß auf diesen. So ergab ein Vergleich der physikalisch-chemischen Bodeneigenschaften unter Eiben und unter Eichen, die auf dem selben Boden wachsen, daß Humussäuren unter *Taxus* stärker oxidiert sind, daß der Mineralgehalt geringer ist als unter Eichen und daß die Gesamtmengen von Kohlenstoff, Stickstoff und Calcium im Boden unter Eibe wesentlich höher sind als unter Eiche. Letzteres wird auf die Abwesenheit großer Regenwürmer unter Eiben zurückgeführt.[9]

6.3 *Diese alte oder sogar uralte Eibe klammert sich an einen Geröllhang in Low Scawdel, Cumbria.*

STEILHÄNGE

Da in der Kulturlandschaft Äcker, Grünland und Siedlungen den größten Teil der tiefgründigeren und gut wasserversorgten Böden in Anspruch nehmen, waren die schwierigeren Standorte, wie arme Böden, Hanglagen, Schluchten, Felsen und Steilhänge, schon immer ein wichtiger Lebensraum für Eiben.

6.2 *Der Erosion an einem steilen Hang in Alapli, Türkei, trotzend*

Steile Klippen sind oft unzugänglich für den Menschen und sogar für äsende Tiere wie die gelenkigen Ziegen. Heutzutage beherbergen senkrechte Felswände »einige der ältesten und unberührtesten Lebensräume für Gehölze, die wir auf der Erde haben ... sogar in der Nähe von Zonen intensiver landwirtschaftlicher oder industrieller Nutzung, die die meisten anderen natürlichen Lebensräume zerstört oder verändert hat«. (Doug Larson)[10]

Viele von diesen Eiben müssen mit wenig Nährstoffen auskommen und wachsen daher äußerst langsam, aber sie haben Zeit, und obwohl sie mißgebildet und kleinwüchsig sind, können sie so alt oder gar älter sein als so mancher riesige Baum auf günstigem Boden (siehe Abb. 6.3).

6.4 Eibenwurzeln durchdringen eine Kalksteinwand in Kentchurch, Herefordshire.

DAS WURZELSYSTEM

Die Eibe hat ein weitläufiges, aber dichtes Wurzelsystem, das eine wirkungsvolle Durchdringung des Bodens ermöglicht. Es versorgt den Baum effizient mit Wasser und Mineralstoffen und verleiht ihm außerdem einen ausgezeichneten Halt auf schwierigen Böden wie Felsgestein, Steilhängen und sogar an senkrechten Felswänden. Die Ausprägung des Feinwurzelsystems ist, wie so vieles an der Eibe, sehr variabel.[11]

Bereits als Keimling beginnt die Eibe, vor allem in ihr Wurzelsystem zu investieren. Selbst bei nur geringen Lichtmengen und folglich stark eingeschränktem Wachstum hat eine Stärkung des Wurzelsystems Priorität vor dem Höhen- oder Dickenwachstum.[12] Dies geschieht im Rahmen der Sicherheitsmechanismen dieser Baumart, denn wenn durch gar zu starke Beschattung die Photosyntheseleistung kein ausreichendes Wurzelwachstum mehr gewährleisten kann, stirbt die Eibe durch Austrocknung. Dieser Gefahr wirkt die Eibe einerseits durch einen englumigen Holzaufbau (enge Wasserleitungsbahnen) und andererseits durch den Aufbau des Wurzelsystems bereits bei geringen Strahlungsstärken entgegen.[13]

6.5 Das außergewöhnliche Wurzelsystem der uralten Eibe von Bridge Sollars, Herefordshire

Tatsächlich zeigt das Wurzelsystem der Eibe die größte Vitalität unter den Bäumen, wie bio-elektrische Untersuchungen bestätigen (s. Kap. 17). Das zeigt sich u. a. im Austrieb von Wurzelschößlingen sowie in der Möglichkeit, selbst nach komplettem Stammverlust aus dem Stumpf neu auszutreiben (s. Abb. 20.1). Das an den Standort optimal adaptierte, intensive Wurzelsystem ist die entscheidende Grundlage für das einzigartige Regenerationsvermögen der Eibe.[14] *Taxus*-Wurzeln vermögen auch in stark verdichtete Böden vorzudringen, so daß nur bei extremer Verdichtung eine unterdurchschnittliche Durchwurzelungsintensität festgestellt werden kann. Auch unter der Erdoberfläche scheint Konkurrenz keine große Rolle zu spielen: Es läßt sich kein Einfluß der Wurzeln anderer Bäume auf die Dichte der Eibenwurzeln nachweisen, was gegen die (etablierte) Vermutung einer möglichen Beeinträchtigung der Eiben durch Wurzelkonkurrenz anderer Baumarten spricht.[15]

Wurzelanatomie

Die Wurzeln aller höheren Pflanzen nehmen Wasser auf und führen es durch ein komplexes Filtersystem, das nur den benötigten Mineralstoffen Einlaß gewährt, in den Zentralzylinder der Wurzel, in dem sich die aus Xylem und Phloem befindliche Leitbündel befinden. Das Xylem ist das Transportsystem, das das Wasser bis hinauf zu den Blättern bringt, wo es für die Photosynthese gebraucht wird. Der in den Blättern erzeugte nährstoffreiche Saft hingegen wird durch das Phloem abwärts transportiert, um die lebenden Gewebe in den Ästen, im Stamm und in den Wurzeln zu versorgen.

Während der Wachstumsphase der Eibenwurzel befinden sich die Streckungszone und die angren-

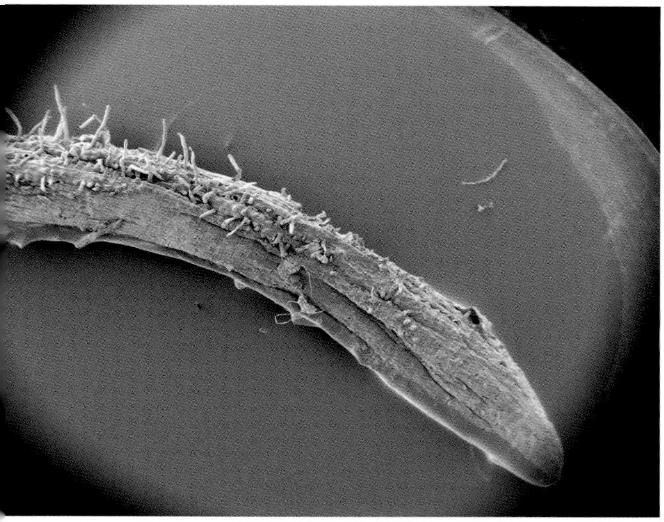

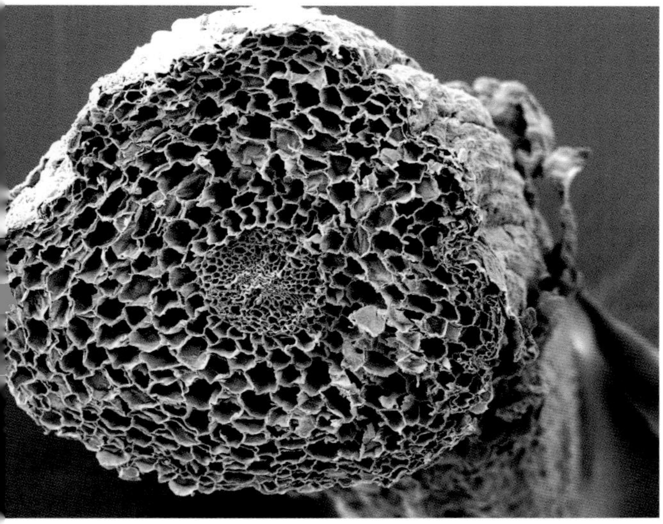

6.6 *Wurzelspitze mit Wurzelhaaren. Hier wird der größte Teil des nährstoffreichen Wassers absorbiert.*
6.7 *Querschnitt durch die Wurzelspitze. Deutlich sichtbar das zentrale Leitbündel*

zende Wurzelhaarzone nahe hinter der Wurzelspitze. Wenn die Wasseraufnahmefunktion der äußeren Wurzelhaut (Rhizodermis) beendet ist, stirbt sie ab, und durch Verkorkung der äußeren Schicht der Rinde (Cortex) entsteht eine schützende Außenschicht (Exodermis). Wenn das Wurzellängenwachstum gegen Ende der Vegetationsperiode zum Abschluß kommt, verkorkt auch die innere Schicht der Rinde, und es entsteht eine Überkappung (Metacutis), die das Wurzelinnere während der Winterruhe schützt. Ihre dicksten Lagen bedecken die empfindliche Wurzelspitze. Im Frühling, wenn das Wurzelwachstum wieder aufgenommen wird, fallen diese Zellschichten ab.

Die Struktur der jungen Eibenwurzel ist diarch, d. h., sie umfaßt zwei Leitbündel aus Xylem und Phloem. Die Phloembündel liegen senkrecht unter denen des Xylems. Bereits dünne Wurzeln ab ca. 1 mm beginnen mit der Ausbildung von Kambiumzellen. Im Querschnitt der älteren Wurzeln gleichen die konzentrischen Lagen aus Kambium und sekundärem Xylem und Phloem der Struktur des Holzes im Stamm und den Ästen. Eibenwurzeln haben keine Harzkanäle, aber einzelne Zellen, die harzige Substanzen enthalten.[16]

Mykorrhizen

Generell leben höhere Pflanzen in Symbiose mit bestimmten Pilzen, deren Fasergeflecht (Myzel) eine bedeutende Erweiterung ihres Wurzelsystems darstellt. In dieser Verbindung zu gegenseitigem Nutzen wandelt der Pilz organische chemische Substanzen im Boden zu anorganischen Pflanzennährstoffen (Mineralstoffen) um, die die Pflanze überhaupt erst aufnehmen kann. Im Gegenzug versorgt die Pflanze den Pilz (der selbst nicht zur Photosynthese fähig ist) mit Kohlenhydraten und Aminosäuren. Die Symbiose von Baum und Pilz wird Mykorrhiza genannt; für die meisten Bäume ist sie lebenswichtig.

Mykorrhizen werden generell in drei strukturell unterschiedliche Gruppen eingeteilt: ektotroph, endotroph und ektendotroph. Ektomykorrhizen haben einen Pilzmantel , und das Pilzgeflecht (die Hyphen) wächst in den interzellularen Zwischenräumen der Rinde der Primärwurzeln des Baumes (z. B. bei der Kiefer). Endomykorrhizen haben keinen Pilzmantel, sie wachsen innerhalb der Zellen (z. B. bei Orchideen). Ektendomykorrhizen haben einen Pilzmantel und wachsen sowohl in als auch zwischen den Zellen (z. B. bei Kiefer, Buche, Eiche, Fichte). Bei der Eibe kennt man nur Endomykorrhizen.[17] *Taxus* verbindet sich mit einer ganzen Reihe verschiedener Pilzarten: So fand man bei einer Untersuchung von vier Bäumen im Iran sieben Arten aus den Gattungen: *Glomus*, *Acaulospora* und *Gigaspora*.[18]

KAPITEL 7

DIE BLÄTTER

LICHT

Die Hauptaufgabe der Blätter der höheren Pflanzen ist die Photosynthese, d. h. die Verwertung von Sonnenenergie, um Wasser und Kohlendioxid in energiereiche organische Substanzen (Kohlenhydrate) zu verwandeln. Im Gegensatz zu Wasser ist Sonnenlicht in allen Klimagebieten reichlich vorhanden. Aber die Lichtmengen, die einer Pflanze zur Verfügung stehen, variieren mit der Tageslänge, den Jahreszeiten sowie mit ihrer möglichen Beschattung.

Die große Schattenverträglichkeit der Eibe bedeutet nicht, daß sie Schatten bevorzugt. Wie jede andere Pflanze benötigt die Eibe eine ausreichende Menge an Licht. Sie ist jedoch relativ flexibel in beiden Richtungen. Die Fähigkeit, auch intensive Besonnung zu ertragen, zeigt sich an den Eiben auf freien Felsflächen und an Steilhängen.

Als schattenverträgliche Baumart ist die Eibe aber bereits bei vergleichsweise niedrigen Lichtwerten photosynthetisch aktiv. Ihr Lichtkompensationspunkt (der Lichtwert, unter dem eine Pflanze keine effektive Photosynthese mehr ausüben kann[1]) liegt zwischen 175 und 3200 lux, je nach Jahreszeit und Temperatur. Bei niedrigen Temperaturen ist mehr Licht erforderlich, um die Photosynthese auszulösen.[2] *Taxus* ist die schattenverträglichste Baumart Europas. Wenn man der Schattenverträglichkeit des Lichtbaums Birke den Wert 1 gibt, liegt die Fichte bei 2,0 (d. h., sie kann noch bei halb soviel Licht wie die Birke photosynthetisch aktiv sein), die Eiche bei 1,6, die Rotbuche bei 2,1, die Tanne bei 2,2 und die Eibe bei 5,8. Dies zeigt, daß sie weit mehr Schatten verträgt als die typische Schattenbaumart Westeuropas, die Tanne.

Die verbreitete Ansicht, daß die Eibe bei vollem Lichtangebot schneller wächst als bei reduziertem,[3] scheint so nicht haltbar zu sein und ist inzwischen durch eine ausführliche Studie widerlegt.[4] In geschlossenen Baumbeständen kann die relative Lichtmenge auf Werte zwischen einem und zwei Prozent der Freilandstrahlung absinken. Dort, wo Eiben mittlerer Größe eine geschlossene zweite Baumschicht bilden und zudem noch bis zum Boden beastet sind, gelangt nur noch außerordentlich wenig Strahlung zu den Keimlingen am Boden. Unter solchen Bedingungen konnte gezeigt werden, daß Eibenkeimlinge selbst bei deutlich weniger als 1 % der Freilandstrahlung noch einen Höhenzuwachs zeigen. Überraschenderweise kann kein statistischer Zusammenhang zwischen dem Strahlungsgenuß und dem Höhenwachstum gefunden werden,[5] obwohl die Werte nahe der Existenzgrenze für Sproßpflanzen liegen.[6] *Auch bei stärkerer Lichteinstrahlung zeigen junge Eiben kein signifikant gesteigertes Höhenwachstum.*[7] Somit erweist sich die Eibe wie bei den Klimafaktoren auch in diesem Bereich als wenig sensitiv, d. h. sehr anpassungsfähig. Es zeigt sich wiederum ihre ökologische Strategie, »bei der die Sicherung eines zwar geringen, aber konstanten und von äußeren Einflüssen unabhängigen Wachstums zum Erhalt der Lebensfähigkeit beiträgt« (Pietzarka).[8]

7.1 *Die Nadeln des neuen Jahres sind in den ersten Wochen deutlich heller als die älteren.*

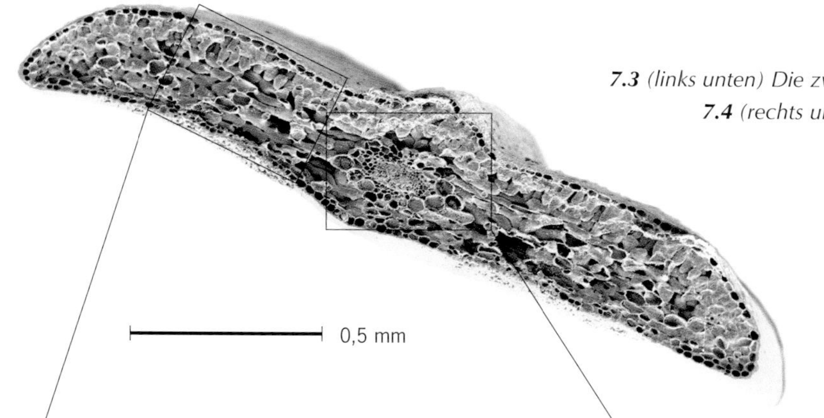

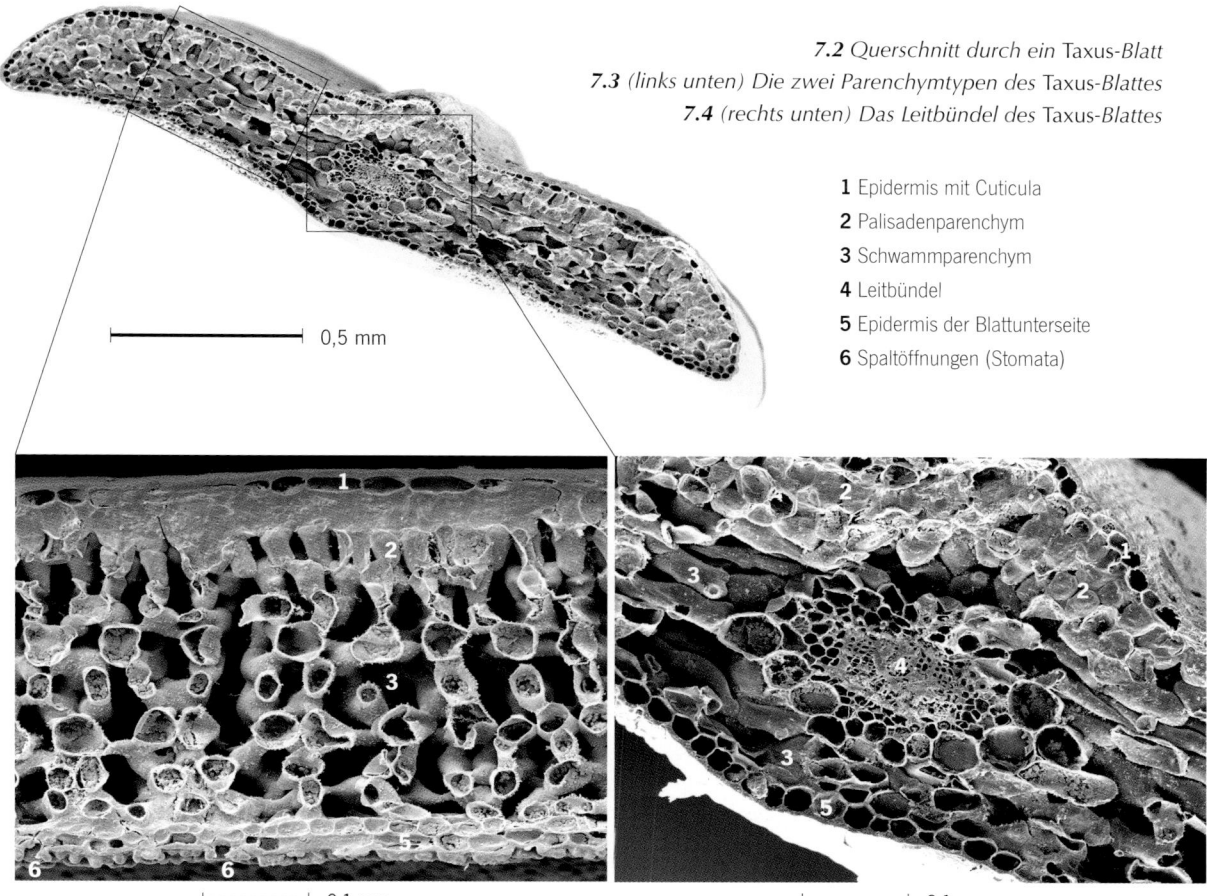

7.2 Querschnitt durch ein Taxus-*Blatt*
7.3 (links unten) Die zwei Parenchymtypen des Taxus-*Blattes*
7.4 (rechts unten) Das Leitbündel des Taxus-*Blattes*

1 Epidermis mit Cuticula
2 Palisadenparenchym
3 Schwammparenchym
4 Leitbündel
5 Epidermis der Blattunterseite
6 Spaltöffnungen (Stomata)

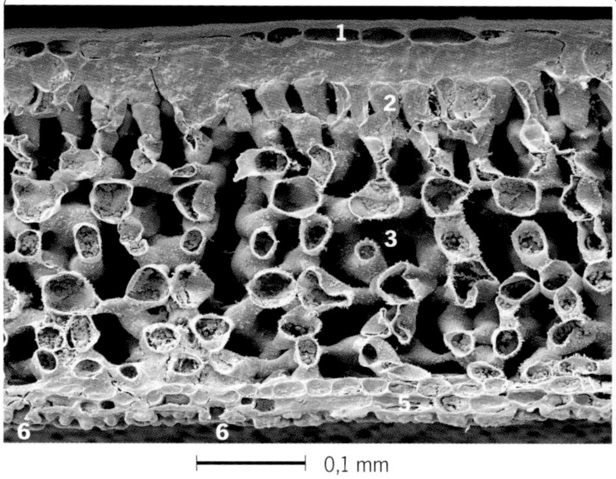

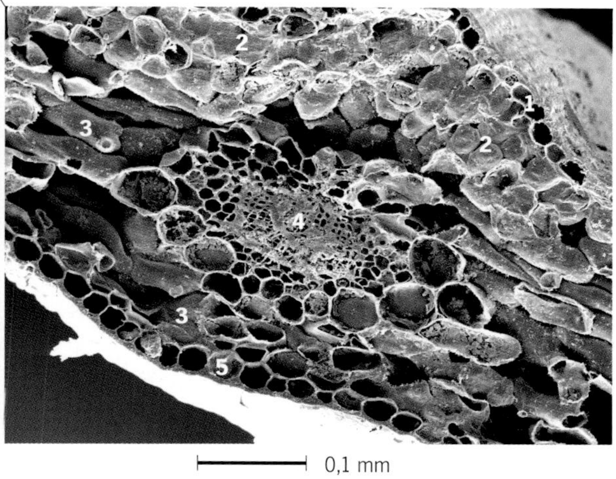

Geschlechtsreife Jungbäume können auch bei deutlich unter 5 % der Freilandstrahlung noch nennenswerte Mengen an Samen produzieren. Dennoch bringen (vor allem weibliche) Eiben durchaus mehr Blüten hervor, wenn sie intensiver bestrahlt werden.[9]

Nichtsdestoweniger ist der Halbschatten lichter Laubbaumbestände wie Esche und Erle für die Eibe recht ideal, da sie in deren Gesellschaft gewöhnlich auch gute Bodenfeuchte vorfindet. Unter dichten Koniferen finden sich Eiben sehr selten, da die immergrüne Überschattung ihnen die wichtige Wintersonne verwehrt. Da sich die Eibenblätter, die im Schatten gewachsen sind, strukturell von denen unterscheiden, die im direkten Sonnenlicht entstanden sind (siehe unten), braucht eine Eibe als Schattenbaum bis zu acht Jahre, um sich an die Freistellung anzupassen, und umgekehrt. Deshalb kann die *plötzliche* Freistellung einer Eibe (z. B. Verschwinden der Nachbarbäume durch Sturm, Alter oder menschliche Eingriffe) ihr vitales Gleichgewicht beeinträchtigen oder sie sogar töten.

DAS BLATT

Die nadelförmigen Blätter der Eibe sitzen spiralförmig an den Trieben, an Seitenzweigen sind sie zweizeilig angeordnet. Ihre Länge liegt üblicherweise zwischen 16 und 25 mm. Jedoch können einzelne Bäume nur um 10 mm kurze Nadeln haben, andere dagegen bis über 40 mm lange Nadeln. Die Breite beträgt in der Regel 2 – 3 mm. Die weichen Nadeln haben parallele Ränder, kurze Stiele und enden in einer kurzen, nicht stechenden Spitze.[10] Eibennadeln leben 4 – 8 Jahre, bevor sie an jüngeren Trieben[11] durch neue ersetzt werden. Ihre photosynthetische Aktivität sinkt jedoch mit dem Alter und ist in siebenjährigen Nadeln nur noch halb so groß wie bei jungen.[12]

Das Eibenblatt ist dorsiventral, d. h., es hat eine jeweils deutlich ausgeprägte Oberseite und Unterseite. Die äußere Zellschicht der dunkelgrünen, glänzenden Oberseite besteht aus der Oberhaut (Epidermis), die von einer schützenden Wachsschicht (Cuticula) bedeckt ist. Auf der hellgrün gefärbten Unterseite bildet die Cuticula unregelmäßige papillare

Verdickungen aus, vor allem in der Nähe der Spaltöffnungen (Stomata). Das Blatt besitzt weder eine Unterhaut (Hypodermis) noch Harzkanäle. Auch ein mechanisches Verstärkungsgewebe (Sklerenchym), wie es für die anderen Koniferen so typisch ist, fehlt.[13] An die Innenseite der Epidermis grenzt eine Schicht von ein bis drei Zellagen, das Palisadenparenchym, in dem sich die meisten der photosynthetisch aktiven Chlorophyllkörner befinden. Weiter innen folgt das Schwammparenchym (*Parenchym* bezeichnet Pflanzengewebe aus nicht spezialisierten Zellen). Das Verhältnis der beiden Parenchym-Typen hängt von den Lichtbedingungen während der Wachstumsphase des Blattes ab. Ein Lichtblatt bildet mehr Lagen Palisadenparenchym und ein dichteres Schwammparenchym aus als ein Schattenblatt.[14]

Generell sind bei Lichtnadeln deutlich höhere Photosyntheseleistungen festzustellen als bei Schattennadeln.[15] *Ausgeprägte* Lichtnadeln sind dicker und schmaler als schattenadaptierte Nadeln, wodurch die verdunstende Oberfläche deutlich vermindert wird. Die als Verdunstungsschutz dienende Cuticula ist ebenfalls stärker ausgebildet. Die Photosyntheseleistung solcher Nadeln ist jedoch nicht größer als bei den gewöhnlichen Lichtnadeln.[16] Ausgeprägte Schattennadeln wiederum entstehen erst bei deutlich unter 1 % der Freilandstrahlung.[17]

Im Inneren des Eibenblattes befindet sich ein einzelnes Leitbündel aus Xylem und Phloem. Das Leitbündel ist von großen, dünnwandigen Zellen des Parenchyms umgeben. Diese zwei Gewebestrukturen sind durch ein Transfusionsgewebe verbunden, das aus lebenden dünnwandigen Parenchymzellen und abgestorbenen, verholzten Tracheiden besteht. Die Tracheidenwände weisen an ihren inneren Oberflächen spiralförmige Verdickungen und behöfte Tüpfel auf (vgl. Kap. 18).[18]

Die winzigen Poren, meist auf der Unterseite eines Blattes einer höheren Pflanze, werden Spaltöffnungen (Stomata) genannt. Durch sie findet der Austausch von Kohlendioxid (CO_2), Sauerstoff (O_2) und Wasserdampf (Transpiration) mit der Umgebung statt.

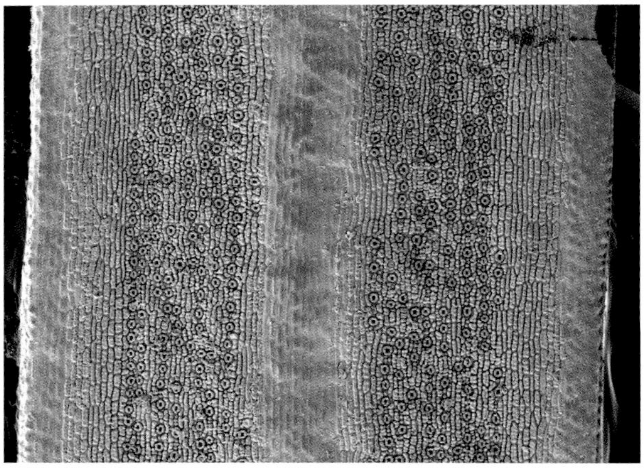

0,5 mm

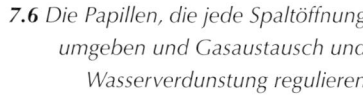

7.5 *Die Stomatabänder auf der Unterseite des Eibenblattes (ca. 2 mm breit). Ihre Anzahl variiert bei den verschiedenen* Taxus*-Arten.*

7.6 *Die Papillen, die jede Spaltöffnung umgeben und Gasaustausch und Wasserverdunstung regulieren*

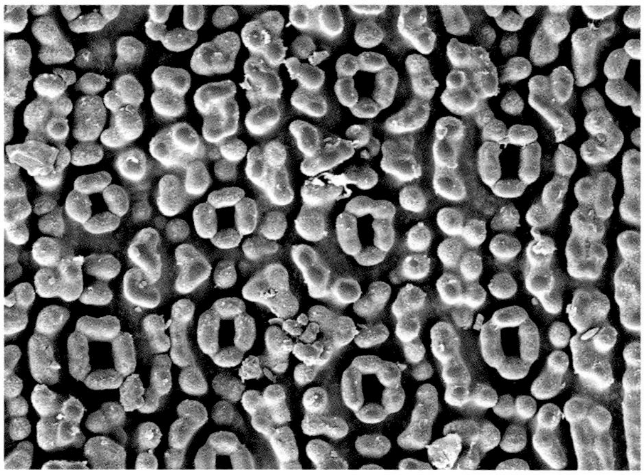

0,05 mm

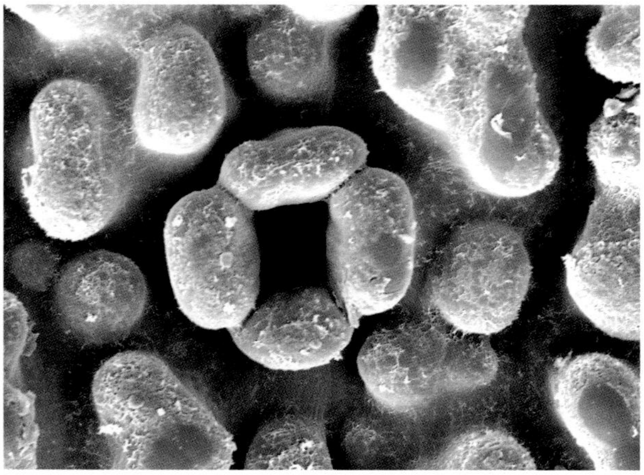

0,02 mm

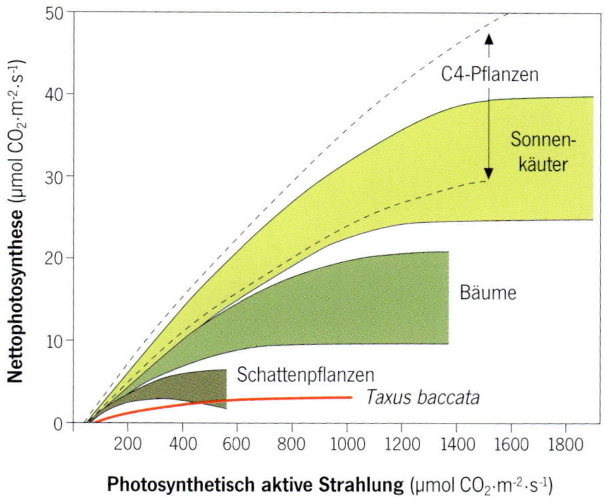

Diagramm 1 Nettophotosynthese von senkrecht beleuchteten Blättern in Abhängigkeit der Photonenstromdichte*

* bei optimaler Temperatur und natürlichem CO_2-Angebot.
Aus Pietzarka 2005, nach Larcher 2001, modifiziert

Bei der Eibe befinden sich die Stomata ausschließlich in der Blattunterseite, angeordnet in zwei hellfarbigen Bändern. Innerhalb dieser Bänder sind sie nicht, wie bei einigen anderen Baumarten, in Reihen angeordnet. Die Spaltöffnungen liegen in Vertiefungen der Epidermis, was die Luftbewegung über ihnen und somit die Verdunstung vermindert. Aber die bei den anderen Koniferen vorkommenden Dichtungswachse, die aus der Cuticula hervorgehen und die Wasserverdunstung des Baumes zusätzlich regulieren helfen, fehlen bei der Eibe vollständig.[19] Dafür sind ihre Stomata durch Papillen geschützt. Die Dichte der Spaltöffnungen wurde bei der Europäischen Eibe verschiedentlich mit 59, 92 und 115 Stomata per Quadratmillimeter ermittelt[20] (zum Vergleich: die Kiefer hat um die 100). Eine andere Untersuchung ergab, daß das Spektrum der Dichten (82 – 119 Stomata/mm²) bei 25 verschiedenen *Taxus*-Varietäten nicht größer ist als innerhalb der Europäischen Eibe selbst.[21] Auch ein Vergleich mit der Pazifischen Eibe zeigte keinen Unterschied in der Dichte der Stomata, allerdings eine deutlich größere Anzahl derselben pro Blatt (4684 gegenüber 1604), da die untersuchten Blätter der Europäischen Eibe generell größer waren als die der Pazifischen.[22] Der Blattstiel besitzt keine Stomata.

Während der niedrigsten Januartemperaturen erreicht der osmotische Druck der Eibe seinen Höchstwert von ca. 35 Atmosphären. Er geht ab Februar zurück und bleibt ab Ende April mit etwa 20 Atmosphären konstant. Diese Werte sind vergleichbar mit denen anderer Koniferen, z. B. der Kiefer.

Wasserknappheit bewirkt während des Blattwachstums eine verminderte Blattgröße und eine geringere Stomata-Dichte.[23] Wie verschiedene Koniferen hat auch die Eibe eine Lipidschicht (griech. *lipos* = Fett), die in den photosynthetisch aktiven Zellen das Zytoplasma umgibt und so die Trockenheitsresistenz erhöht.[24]

PHOTOSYNTHESE

Die Fähigkeit, bei niedrigen Licht- und Temperaturwerten Photosynthese zu betreiben, ermöglicht der Eibe, die günstigen Bedingungen des Winterhalbjahres (größere Bodenfeuchte sowie mehr Lichtangebot durch entlaubte Kronen im Oberstand) zu nutzen und Energiereserven anzulegen.[25] Ihre Nettophotosyntheseleistung ist jedoch auch bei optimalen Bedingungen außerordentlich gering. Eiben sind *nicht in der Lage, einen höheren Strahlungsgenuß effektiv zu nutzen*. Wenn im Sommerhalbjahr große Hitze herrscht, verliert *Taxus* durch die gestiegene Atmung viel Energie, ist aber nur sehr bedingt in der Lage, dies durch eine effektivere Photosynthese auszugleichen.[26] Dieses Charakteristikum ist typisch für schattentolerante Gehölzarten, die an späte Sukzessionsstadien angepaßt sind.[27] Die Photosyntheseleistung liegt im unteren Bereich aller Pflanzenarten und ist mit der von ausgeprägten Schattenpflanzen zu vergleichen.

Die Optimaltemperatur für die Photosynthese liegt bei der Eibe mit 14 – 25°C höher als bei anderen Koniferen (sommerliches Temperaturmaximum 38 – 41°C, sommerliches Minimum 3 – 5°C, winterliches Minimum –8°C).[28]

Die Photosyntheseprodukte (Zucker wie Fruktose, Glukose und Saccharose) finden sich das ganze Jahr über in der Eibe. Der Saccharosegehalt liegt höher als bei den anderen untersuchten Nadelbäumen Kiefer, Lärche und Hemlocktanne *(Tsuga)*. Ein großer Teil der Zuckerreserven wird in Form von Hemicellulose in den Vorjahrsnadeln gespeichert, von wo sie im Frühjahr für die Entwicklung der neuen Nadeln und Triebe freigesetzt werden. Über die Hälfte des Stickstoffs und der Stickstoffreserven der Eibe existiert in Form von Argenin, das z. B. auch in Apfel- und Birnbäumen vorkommt.[29]

KAPITEL 8

DIE BLÜTEN

Taxus hat sehr effektive Methoden der *vegetativen* Vermehrung (siehe Kap. 19), die die Lebensspanne eines einzelnen Baumes ausdehnen oder mit denen Klone erzeugt werden können (z. B. durch Senkerwurzeln). Aber so kann sich keine genetische Vielfalt erhalten, und daher kommt der geschlechtlichen Vermehrung große Bedeutung zu. Nur sie erschafft *neue* Individuen, die einen einzigartigen genetischen Code aufweisen. So erhöhen sich die Genotypen-Vielfalt einer Art und damit ihre langfristigen Überlebenschancen.

Die Eibe kommt meist zweihäusig vor, d. h., männliche und weibliche Blüten befinden sich an verschiedenen Bäumen. Die Geschlechtsverteilung in Eibenbeständen ist oft halb und halb, aber es finden sich auch Abweichungen, z. B. 44 % weibliche Bäume in Kingley Vale, Sussex, 67 % in einigen Wäldern im Kaukasus, und gar 70 % in den Bergen der Sierra Nevada Spaniens.[1] Es gibt bei der Eibe auch einhäusige Bäume, bei denen männliche und weibliche Blüten auf einer Pflanze stehen. Doch ist dies selten, die größte bekannte Häufigkeit beträgt 1 – 2 %.[2] Üblicherweise tragen solche Bäume nur einzelne Äste des anderen Geschlechts. Auch der Wechsel des Geschlechts auf einer Eibe kommt vor,[3] besonders bei sehr isoliert stehenden Eiben. Im Bakony-Wald in Ungarn jedoch, wo Eiben häufig sind, samentragende Eiben aber selten, markierten Mitarbeiter der Westungarischen Universität Sopron im Herbst 2002 einige weibliche Bäume, die außergewöhnlich viele Arillen trugen. Im folgenden Frühjahr entdeckten die Forstwissenschaftler zu ihrer Überraschung, daß diese Bäume fast zu 100 % *männliche* Blüten hervorbrachten.[4] Es ist ohnehin zu vermuten, daß wesentlich mehr Eiben als bisher angenommen einhäusig sind. Das liegt v. a. an ungenauer Beobachtung: Bereits einige wenige rote Kugeln an einem Baum reichen für den vorschnellen Befund »weiblich« aus, und auch zu jeder anderen Jahreszeit endet die Geschlechtsbestimmung meist, sobald die ersten der winzigen Blüten sichtbar werden.[5]

Die Geschlechtsreife setzt in der Regel mit 30 – 35 Jahren bei Einzelbäumen in offenem Gelände ein, sie kann aber in dichten Wäldern 70 – 120 Jahre auf sich warten lassen. Bei männlichen Bäumen beginnt sie tendenziell etwas früher als bei weiblichen.[6] Das Lichtangebot hat eine starke Wirkung auf die Blütenanzahl: Dichter Waldschatten kann sie auf ein Drittel reduzieren.[7]

Die kleinen grünen Blütenknospen bilden sich in den Blattachseln während der zweiten Sommerhälfte.

8.1 – 8.3 *(gegenüberliegende Seite) Makroaufnahmen einzelner weiblicher Blüten mit deutlich sichtbaren Empfängnistropfen*

8.4 – 8.6 *(oben) Makroaufnahmen einzelner männlicher Blüten*

Sie öffnen sich im darauffolgenden Frühling, in mildem Klima im Februar/März und in Regionen, in denen Schnee oder Kälte länger anhalten, erst im April oder Mai. Die frühe Blüte ermöglicht eine optimale Pollenverbreitung, da zu dieser Zeit die die Eibe überdachenden Laubbäume noch unbelaubt sind und dem Pollenflug wenig Widerstand entgegensetzen. Die Induktion der Blüte unterliegt verschiedenen äußeren Einflüssen (Lufttemperatur, Lichtangebot u. a.), aber auch inneren Steuerungsmechanismen der Pflanzen wie Ernährung und Assimilatzuteilung. So stimuliert z. B. ein hohes Kohlenstoff-Stickstoff-Verhältnis die Blüte von Bäumen: Blüh- und Mastjahre können erwartet werden, wenn unmittelbar vor der Anlage der Blütenknospen sonniges (hohe Kohlenstoff-Assimilation durch Photosynthese) und trockenes (geringe Stickstoff-Aufnahme mit dem Bodenwasser) Wetter überwiegt. Eine starke Blüten- und Samenbildung führt dann im Folgejahr oft zu einer Reduzierung der Blühintensität auf Grund fehlender Reservestoffe (verringerter C-Gehalt), und so kommt es bei den meisten Baumarten zu erheblichen jährlichen Schwankungen der Blühintensität und der Samenbildung. Bei der Eibe jedoch kann unter günstigen Bedingungen eine jährlich gleichmäßig starke Blüten- und Samenbildung beobachtet werden.[8]

Die zahlreichen männlichen Blüten sitzen relativ gleichmäßig in den Blattachseln verteilt, vornehmlich in der vorderen Hälfte der vorjährigen Triebe und zum Schutz vor Regen in der Regel an der Unterseite. Je nach Lichtangebot ist ein unterschiedlich langer Teil des Triebes mit Blüten besetzt. Diese winzigen Blüten sind 2 – 3 mm breit und bestehen aus 6 – 14 kurzgestielten Staubgefäßen (Mikrosporophyllen), jedes mit 4 – 9 Pollensäcken (Mikrosporangien). Wenn sich die Pollensäcke durch Wärme öffnen, bewirkt die kleinste Brise, daß Unmengen von Pollenkörnern freigesetzt werden. Die Eibe ist windbestäubt, was aber Bienen nicht davon abhält, sie gelegentlich aufzusuchen. Verglichen mit der gezielten Bestäubung durch Insekten, die sich von Blüte zu Blüte begeben, tritt bei Windbestäubung ein enormer Pollenverlust auf. Das gleicht die Eibe mit besonders reichlicher Pollenproduktion aus: Die Pollenzahl pro Blüte ist höher als bei jeder anderen Nadelbaumart und reicht für eine 100%ige Bestäubung der weiblichen Blüten aus.[9]

Gewöhnlich leben kleine Vorkommen einer Baumart mit einem hohen Risiko, einen Teil ihrer genetischen Information zu verlieren, insbesondere die selteneren Merkmale. Die langfristige Konsequenz geringer Populationsdichten ist eine Verarmung des Spektrums der Genotypen, also der besonderen Konstellationen von Erbmerkmalen. Eine große Bandbreite von Genotypen ist aber ein ausschlaggebender Faktor im Zusammenwirken mit der Umwelt. So greifen z. B. Epidemien bestimmte Genotypen stärker

***8.7** Männliche Blüten kurz vor der Öffnung*

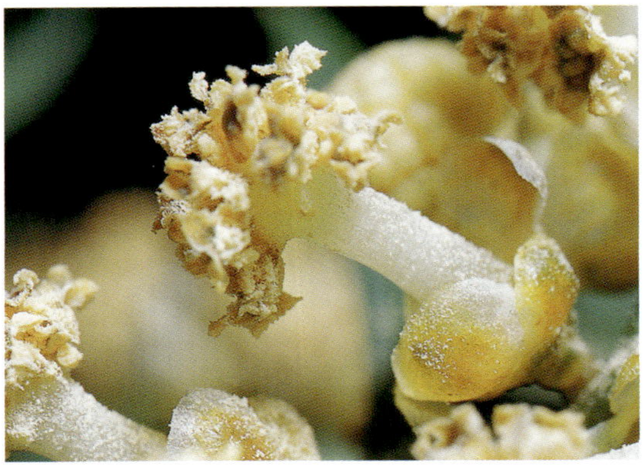

***8.8** Männliche Blüten nach dem Entlassen des Pollens*

an, während andere resistenter sind. Genetische Untersuchungen haben jedoch gezeigt, daß *Taxus*-Vorkommen im Vergleich mit anderen Koniferen erstaunlich vielfältig sind. Den Eiben gelingt es, ihre eigenen genetischen Informationen an ihre Nachkommen weiterzugeben und gleichzeitig eine große Menge »neuer« Informationen von außerhalb des Vorkommens einzubringen. Die genetische Variation innerhalb von Eibenbeständen ist besonders hoch und liegt deutlich über der anderer Gymnospermen. Dies gilt nicht nur für große Vorkommen, sondern sogar für isolierte kleine Gruppen.[10] Dies ist aus zwei Gründen möglich: Ihre Pollenkörner sind nicht nur sehr zahlreich, sondern auch sehr leicht. In unbewegter Luft beträgt ihre Sinkgeschwindigkeit nur etwa 2 cm pro Sekunde; das ist weniger als bei der Pionierbaumart Birke und nur ein Zwanzigstel des Wertes bei der Tanne. Eibenpollen fliegt weit – eine perfekte Angepaßtheit an das Vorkommen in kleinen und isolierten Beständen! Trotzdem gäbe es noch die Gefahr, daß alle Eibenweibchen eines Standortes von einem einzigen männlichen Baum befruchtet werden könnten, der nur dicht genug steht oder einfach als erster blüht. Doch Eibenbäume (oder -genotypen) blühen alle zu leicht unterschiedlichen Zeitpunkten, so daß selbst in einem dichten Eibenbestand die weiblichen Bäume von Pollenwolken unterschiedlicher Herkunft bestäubt werden.[11] Mit ihren populationsgenetischen Eigenschaften ist die Eibe optimal an das Vorkommen in kleinen, isolierten Beständen angepaßt.[12]

Die weiblichen Blüten stehen einzeln oder in Paaren in den Blattachseln der Unterseite der Triebe. Sie sind noch kleiner als die männlichen, etwa 1,5–2 mm lang. Sie bestehen aus sich überlappenden Schuppen, von denen die oberste fruchtbar ist und eine einzelne Samenanlage trägt,[13] selten auch zwei.[14] Die umgebende Deckhülle (das Integument) bildet an der Spitze der Blüte einen Kanal, dessen äußeres Ende, der Pollenmund, mit einem Tropfen klebriger, zuckriger Lösung verschlossen ist. Die Aufgabe dieses (Mikropylar- oder Empfängnis-)Tropfens ist es, Pollenkörner einzufangen: Auf seiner Oberfläche können über 1000 Pollenkörner auftreffen, was dem 260fachen des für die sichere Befruchtung Notwendigen entspricht.[15] Nach dem Auffangen des Pollens verdunstet ein Großteil des Tropfens, und die Pollenkörner sinken in die Pollenkammer, wo der Pollen seine Keimung beginnt. Die eigentliche Befruchtung geschieht dann etwa 6–8 Wochen nach der Bestäubung.[16]

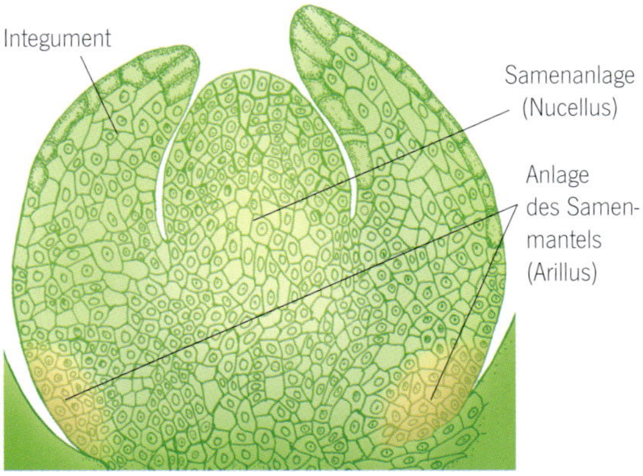

Diagramm 2 Schema eines Längsschnittes durch die sich entwickelnde Samenanlage

Die weibliche Blüte entwickelt sich, nachdem sie sich von der Blattknospenentwicklung abgesondert hat, zu einem generativen Vegetationskegel. Dessen Spitze (die sich sonst zu einer Blattknospe entwickelt hätte) wird zur Samenanlage (Nucellus). Die Anlage des Samenmantels (roter Arillus) entwickelt sich im Herbst und Winter aus der Basis des Integuments.

BESTÄUBUNG UND BEFRUCHTUNG

Einige Grundbegriffe der Genetik

Chromosomen sind fadenförmige Zellorganellen, die das Erbgut in Form von Genen tragen. Jede Gattung und Art hat eine charakteristische Anzahl von Chromosomenpaaren (z. B. Mensch 46, Pferd 64). Jedes Chromosom besteht aus zwei **Chromatiden**. Diese werden während des Vorgangs der Mitose voneinander getrennt. Es entstehen zwei Zellen mit jeweils einer Chromatide jedes Chromosoms. In der folgenden Phase der Chromosomen-Replikation wird dann die jeweils zugehörige Chromatide synthetisiert, so daß wieder ein kompletter diploider Chromosomensatz vorliegt.

Mitose ist der Vorgang der Zellteilung, in dem eine Mutterzelle zwei mit ihr genetisch identische Tochterzellen hervorbringt. Zwischen den Zellteilungen liegt das genetische Material (Chromatin) in Form langer ungeordneter Fasern (**Chromatiden**) im Zellkern vor. In der Mitose werden diese Fasern aufgewickelt, jeweils mit einer Eiweißschicht umgeben und bilden so die **Chromosomen**. Die Chromosomen reihen sich in der Mitte der Zelle auf, und jedes Chromatidenpaar (Chromosom) wird getrennt. Die einzelnen Chromatiden werden nun in die gegenüberliegenden Enden der Zelle gezogen. Die Zelle teilt sich, und beide Tochterzellen haben nach der Replikation der Chromatiden den kompletten (diploiden) Chromosomensatz. In den neuen Zellen wickeln sich die Chromosomen wieder auseinander und bilden das diffuse Fasergeflecht.

Meiose, auch Reduktionsteilung, bezeichnet einen doppelten Teilungsvorgang (ähnlich der Mitose), in dem aus einer (diploiden, 2n) Keimzelle vier Gameten hervorgehen, die nur den einfachen (haploiden, 1n) Chromosomensatz aufweisen.

Die **Gameten** sind Geschlechtszellen mit einem *einfachen* (haploid = 1n) Chromosomensatz. Sie entstehen durch Meiose. Die **Mikrospore** ist ein **Organ, das** den männlichen **Gametophyten**, d. h. die Mutterzelle für männliche Gameten (Pollen), erzeugt. Die **Megaspore** erzeugt einen weiblichen **Gametophyten**, d. h. die Mutterzelle für weibliche Gameten (Eizellen). Während der Befruchtung vereinigen sich zwei Gameten von unterschiedlichem Geschlecht und bringen eine **Zygote** (befruchtetes Ei) hervor, eine Einzelzelle, die wieder einen *doppelten* (diploiden) Chromosomensatz hat.

VORBEREITUNGEN IN DER WEIBLICHEN BLÜTE

Die weibliche Blüte besitzt eine einzelne Samenanlage, die von der Deckhülle (dem Integument) umgeben ist. Der Arillus wird sich nicht aus der Deckhülle entwickeln, sondern aus einer Region an ihrer Basis, sonst wäre die Eibe ein Bedecktsamer wie die Laubbäume und keine nacktsamige Konifere.

Zu Beginn der Entwicklung der Samenanlage bilden sich eine oder mehrere Mutterzellen unter der Oberhaut. Nach den meiotischen Teilungen erzeugt eine von ihnen vier Megasporen (Embryosäcke), von denen nur eine, meist die innerste, voll ausreift und zur Mutterzelle des Gametenträgers (Gametophyt) wird. Die direkt angrenzende Zellschicht übernimmt die Aufgabe eines Tapetums, d. h., sie nährt die

9.1 Taxus *erzeugt riesige Pollenmengen.*

Megaspore. Aber ein echtes haploides Tapetum, wie es typisch für Koniferen ist, bildet sich bei der Eibe nicht aus.

Intensive Kernteilungen in der stark wachsenden Megaspore führen zu einem vielkernigen, haploiden Vorkeim. Zur Zeit der ersten Zellwandformung hat der Vorkeim 512 Zellkerne (bei der Kiefer um 2048). Im Vorkeim beginnt die Entwicklung des Ei-Behälters (Archegonium). Dessen Urzelle teilt sich zuerst in eine Zentral- und eine Halswandzelle. Die Halswandzelle teilt sich weiterhin, während die Zentralzelle direkt zum Ei-Behälter wird. Aber ein Zellkanal, wie er für Koniferen typisch ist, entsteht nicht.

Der Ei-Behälter ist von Zellen des primären Endosperms umgeben, die nach der Befruchtung für seine Ernährung sorgen.

VORBEREITUNGEN IN DER MÄNNLICHEN BLÜTE

Bereits im Herbst zuvor befinden sich die Pollenmutterzellen in den Pollensäcken (Mikrosporangien). Der Pollen entsteht im Herbst oder am Winterende durch Reduktionsteilung (Meiose).[1] Die optimalen Temperaturen für die Meiose der Pollenmutterzellen der Eibe liegen bei 1–10°C. Wenn die Temperatur für mehrere Tage über oder unter diesen Werten bleibt, bewirkt das partielle oder völlige Sterilität.[2]

Das Pollenkorn der Eibe ist von unregelmäßiger, ovaler oder tetraedrischer Gestalt und hat eine rauhe Oberfläche. Es besitzt keine Luftsäcke und keine Poren. Die Größe liegt zwischen 22 und 30 µm. Seine Wände bestehen aus einer zweilagigen, undurchlässigen Außenschicht (Exine) und einer Innenschicht (Intine) aus Gallerte und zelluloseartiger Substanz. Die Intine dient während des Keimvorgangs dem Aufquellen und Aufplatzen des Pollenkorns.[3]

DIE ZUSAMMENKUNFT

Die Gameten von *Taxus* haben zwölf Chromosomen (n = 12).[4] Bei zehn von ihnen liegt die Einschnürung etwa in der Mitte (metazentrisch), bei zweien weiter außen an den Armen des Chromosoms (submetazentrisch), dabei in einem, dem kleinsten, liegt sie fast ganz am Ende.[5]

Bei der Ankunft des Pollens auf dem Tropfen des Pollenmundes (vgl. Kap. 8) ist der weibliche Vorkeim noch unentwickelt, und die Mutterzelle durchläuft erst die Meiose. Der Pollen wandert durch den Pollenmundkanal und landet in einer Mulde der Samenanlage, wo er seine zehn- bis zwölftägige Keimung beginnt. Das Pollenkorn schwillt an und läßt schließlich die äußere Wand an bestimmter Stelle aufplatzen. Der Pollenschlauch tritt aus und wächst der (weiblichen) Megaspore entgegen. Währenddessen scheidet er Stoffe aus, die ihre Entwicklung stimulieren. Auf halbem Wege hält das Wachstum des Schlauches inne, und die Aktivität konzentriert sich auf das Innere: die Kernteilung. Es entstehen zwei verschiedenartige Zellen. Die größere ist die vegetative Pollenschlauchzelle, die das weitere Wachstum des Pollenschlauchs bedingt. Die kleinere Zelle ist die generative Zelle. Sie teilt sich in eine Stielzelle und eine spermatogene Zelle. Kurz vor der Befruchtung teilt sich diese in die zwei eigentlichen Geschlechtszellen (Gameten), von denen nur eine an

9.2 *Das Pollenkorn der Eibe ist äußerst leicht.*

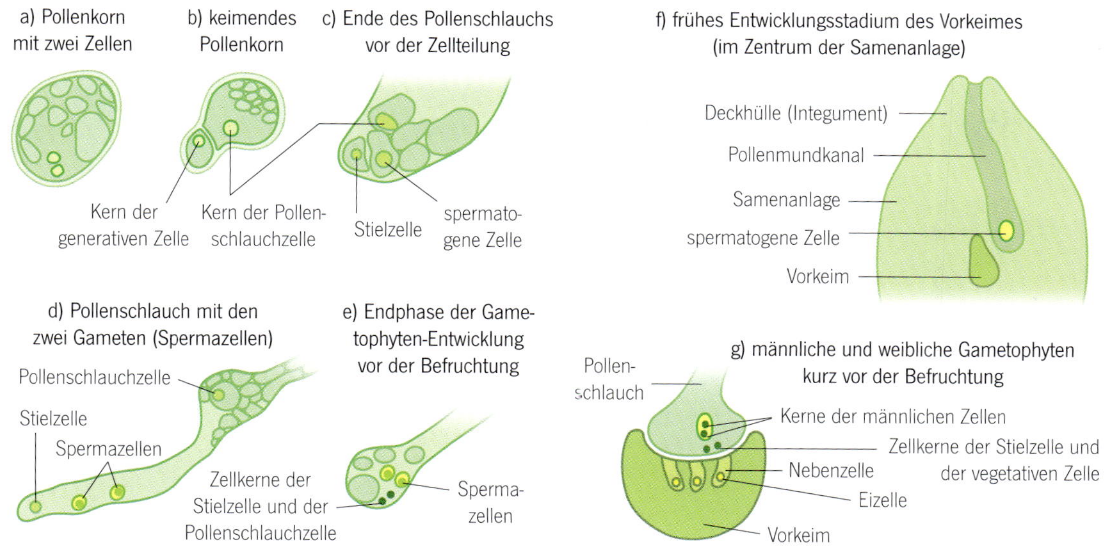

Diagramm 3 Der Befruchtungsvorgang

der Befruchtung teilnehmen wird. Zehn Tage nach dem Austreten des Pollenschlauches erreicht der Pollenschlauch den weiblichen Gametenträger. Bei seinem Eintritt in den Ei-Behälter werden die Nebenzellen aufgelöst. Der Inhalt des Pollenschlauches ergießt sich in den Ei-Behälter. Der Kern der Eizelle und der Kern der Spermazelle hüllen sich in eine Zytoplasmaschicht und verschmelzen.

Der Zeitraum von der Bestäubung bis zur eigentlichen Empfängnis beträgt sechs bis acht Wochen (selten bis zu drei Monaten).

DER EMBRYO

Die Entwicklung des Embryos vollzieht sich innerhalb von drei Monaten nach dem Zeitpunkt der Befruchtung. Der Embryo befindet sich im oberen Teil des 5 mm großen Samens und ist mit einer Länge von

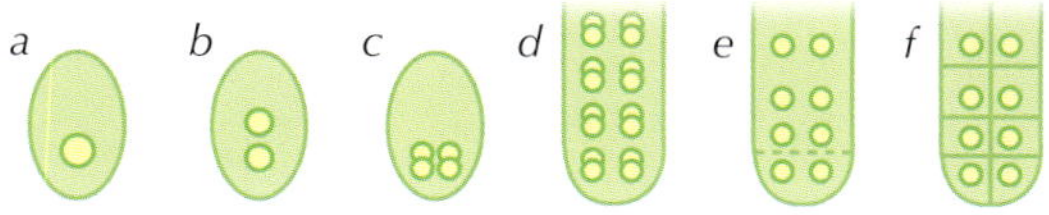

Diagramm 4 Die Entwicklung des Proembryos beginnt mit freien Teilungen des Zellkerns des befruchteten Eies (a). Zellwände entwickeln sich erst, wenn der Proembryo acht bis sechzehn, mitunter zweiunddreißig, Zellkerne hat (e).

1,2 – 1,5 mm vergleichsweise klein. Im reifen Samen ist der Embryo noch nicht voll entwickelt. Er besitzt zwei Keimblattanlagen, aber weder Wurzel noch Plumula (»Federchen«, Sproßpol des Embryos mit Endknospe zwischen den Keimblättern).

Das den Embryo umgebende weißliche Nährgewebe (Endosperm, jede Zelle enthält zwei bis zehn Kerne) ist reich an Reservestoffen, hauptsächlich an Eiweiß und Fetten. Der Embryo verdaut diese mit Hilfe der Keimblätter, die diese Aufgabe übernehmen, bis sich die ersten Blätter gebildet haben. Die aus dem Samen austretenden Keimblätter sind mit einer feinen Cuticula bedeckt, und in ihrer Oberhaut entwickeln sich Spaltöffnungen. Ihr Grundgewebe (Parenchym) ist einheitlich und noch nicht differenziert wie in den späteren Blättern. Ein Keimblatt hat ein einzelnes primäres Leitbündel. Die Wurzel jedoch ist bereits diarch (d. h., sie enthält zwei Leitbündel mit Xylem und Phloem) wie bei der erwachsenen Eibe.[6]

10.1 *Der Eibensamen ist von saftigem, nährreichem Fruchtfleisch umgeben.*

KAPITEL 10

DER SAMEN

DER ARILLUS

Die »Frucht« der Eibe umfaßt den Samen und den ihn umgebenden roten, fleischigen Arillus, welcher in der Regel eine Größe von 7 – 9 mm hat. Trotz des botanischen Namens des Baumes (*baccata* = beerentragend) erzeugt die Eibe weder eine Frucht (bei Gymnospermen gibt es keine Früchte) noch eine Beere (vergl. S. 12 und das Diagramm S. 38). Das saftige, süßschmeckende, etwas schleimige Fleisch des Arillus ist der einzige nicht-giftige Teil des Baumes (jedenfalls, wenn der Arillus reif ist; die grünen unreifen Arillen sind ebenfalls giftig). Die Arillen reifen in Europa und den nordöstlichen USA zwischen August und Oktober, in Rußland und Südirland mitunter erst im November. In günstigem, mildem Klima ist jedes Jahr ein gutes Samenjahr, in weniger geeigneten Klimaten kommt es alle 2 – 3 Jahre zu reichem Samenansatz.[1]

Die Hauptaufgabe des leuchtend roten, nahrhaften Arillus ist es, Vögel anzulocken, denn sie sind die Hauptträger der Samenverbreitung bei der Eibe (vgl. Kap. 14). Die volle Bedeutung dieser Eibe-Vogel-Beziehung läßt sich gut mit einer Untersuchung veranschaulichen, die 1975 und 1976 in den Killarney Woods in Irland durchgeführt wurde. Die Menge an Eibenfrüchten in diesen beiden Jahren wurde dort mit 2,6 und 6,2 Millionen Arilli/1000 m^2 geschätzt. Das entspricht etwa 96 bzw. 308 Kilogramm Früchte/1000 m^2 mit einer Gesamtenergiemenge von 0,6 bzw. 1,9 Milliarden Kalorien. Es wurde errechnet, daß die Vögel ca. 35 bzw. ca. 43 % des Gesamtgewichtes der Eibenarillen verzehrten.[2] Es ist also kein Geheimnis, warum eibenreiche Wälder mehr Vögel anziehen als Regionen ohne Eiben.

10.2 Grüne Arillen der Japanischen Eibe

Der Feuchtigkeitsgehalt der Arilli variiert von ca. 31 % (Polen)[3] bis zu über 60 % (Spanien).[4] Die Trokkenmasse besteht aus 94 % Kohlenhydraten, 2,6 % Fasern, 2,3 % Eiweiß, 1,4 % Asche (d. h. Mineralien) und 0,2 % Lipiden (Fetten). Man fand folgende Mineralgehalte: Calcium 0,2, Magnesium 0,1, Phosphor 0,4, Kalium 6,0, Natrium 0,2 g/100 g und Eisen 25, Mangan 1, Zink 5 und Kupfer 1 mg/100 g.[5] Verschiedene Messungen des Energiegehaltes ergaben 3,88 kcal/g^{-1} (per Zehntelgramm) im getrockneten Arillusfleisch, 5 kcal/g^{-1} im reifen Arillus und 8,4 kcal/g^{-1} im Embryo und den Keimblättern.[6] In der Tat, ein gesundes Festmahl für die Vogelwelt.

DER SAMEN SELBST

Der Samen[7] mit seiner verholzten Hülle ist im Gegensatz zum ihn umgebenden Arillus sehr giftig.

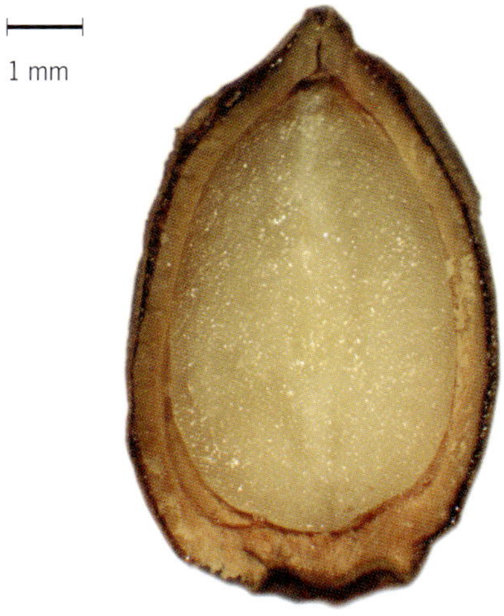

10.3 Längsschnitt durch den Samen

Das Durchschnittsgewicht frischer Eibensamen wurde in Europa und Amerika wiederholt gemessen. In Amerika liegt es zwischen 59 und 76 mg (Europäische Eibe). In England ist der Durchschnitt 56 mg, aber man fand, daß Samen aus dem maritimen Süden und Westen des Landes deutlich schwerer sind als aus den mittleren und östlichen Landesteilen. So wiegen Samen aus Surrey und Sussex über 69 ± 7 mg, solche aus Overton Hall, Derbyshire, aber nur 45 ± 7 mg. Yew Barrow in Cumbria (im Nordwesten Englands) allerdings überraschte mit einem Samengewicht von 61 ± 7 mg.[8] Für Schottland liegen keine Daten vor.

Eine ähnliche Tendenz ist auf dem europäischen Festland erkennbar. Die schwersten Samen finden

10.4 Arillen in der Abendsonne von Borrowdale

sich mit 77 mg in Holland und 70 mg auf der Iberischen Halbinsel, aber das Gewicht verringert sich nach Osten hin, bis es in Polen 43 – 59 mg erreicht. Man kann mit guten Gründen annehmen, daß dies auf die Auswirkungen verschiedener klimatischer Bedingungen zurückzuführen ist, die nach Westen hin zunehmend ozeanischer werden.[9] Die verbleibende Frage, warum Eibensamen in England durchschnittlich leichter sind als im Westen des europäischen Festlandes, könnte mit verschiedenen genetischen Eigenschaften der Bäume erklärt werden sowie mit jährlichen Schwankungen in der Samenproduktion und eventuell unterschiedlichem Wassergehalt der Samen zum Zeitpunkt des Wiegens.[10]

VERJÜNGUNG

DER KEIMVORGANG

Der reife Samen besteht aus dem ruhenden Embryo, der in die Überreste des weiblichen Gametophyten und der Megaspore eingebettet ist, und der Samenschale, die ihn umgibt. Der Embryo im Samen ist aber noch nicht ausgereift, wenn der Arillus reif ist. Der Eibensamen reift so gut wie nie im ersten Jahr, sondern in der Regel erst im zweiten oder gar dritten. Auch dieses mehrjährige Überliegen des Samens ist – trotz des verlängerten Risikos von Pilzinfektionen und Mäusefraß – ein Ausdruck der ökologischen Strategie (siehe Kap. 5) der Eibe: Es erhöht die Möglichkeit, unter günstigen (Wetter-)Bedingungen zu keimen und schafft zudem eine Samenbank im Boden, die auch dann zur Verfügung steht, wenn einmal ein sehr schwaches Blühjahr auftritt. Die Keimfähigkeit der Eibensamen ist oft erstaunlich hoch, manchmal bis zu 100 %, aber Raten von 50 – 70 % sind üblicher (und damit immer noch hoch). Der Samen kann problemlos über vier Jahre fruchtbar bleiben.[1]

11.1 Sämling auf einem Baumstumpf

Tatsächlich benötigen die Samen der meisten Nadelbäume in kühlen Zonen des gemäßigten Klimas eine winterliche Phase kühler, feuchter Stratifikation, um zu keimen. Wasseraufnahme, Zeitverlauf, Wärme, Sauerstoff- und Lichtangebot sind die Faktoren, die die Keimung in Gang setzen. Für die Eibe gibt es noch einen weiteren Faktor: das Passieren durch den Darmtrakt eines Vogels. Das beseitigt vornehmlich den Arillus, was für die Keimung unbedingt erforderlich ist (*mit* Arillus keimen nur etwa 2 % der Samen).[2] Es wurde auch vermutet, daß es die Samenschale chemisch stimulieren könnte.[3]

Die Keimung wird nicht durch vermehrte Lichtzufuhr im Frühjahr ausgelöst, sondern durch das Wärmeangebot. Der Embryo beginnt zu wachsen und Wasser aufzunehmen, und eine Keimwurzel bricht durch die Samenschale und wächst in den Boden hinab. Der Stiel unterhalb der Keimblätter verlängert sich und hebt sie über den Boden. Die Streifen mit den Spaltöffnungen befinden sich auf der Oberseite der Keimblätter (ganz im Gegensatz zu den Folgeblättern). Die Keimblätter beginnen mit der Photosynthese, wodurch sie Energie erzeugen, die für das erste Wachstum des jungen Triebes benötigt wird. Drei bis vier gegenständige Blattpaare bilden sich über den Keimblättern, darüber ein paar wechselständige Blätter um eine Endknospe. Am Ende des ersten Jahres ist der Sämling etwa 2 – 8 cm hoch und hat eine kleine, aber starke Pfahlwurzel mit Seitenwurzeln. Das Längenwachstum der nächsten Jahre ist gering, oft weniger als jährlich 2,5 cm.[4]

DER SÄMLING

Wie bei den meisten Pflanzenarten stirbt die große Mehrheit der Samen und Sämlinge ab – die jährliche Mortalitätsrate der Sämlinge liegt im Durchschnitt bei 10 %. Insgesamt gelangen über die Hälfte der Eibensämlinge nicht über die Keimlingsphase hinaus (bereits in der Jugendphase jedoch nehmen die Verluste beträchtlich ab).[5] Eibensamen haben keine

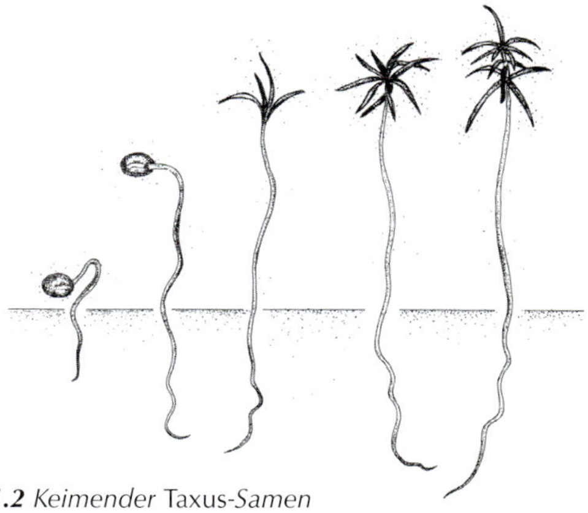

***11.2** Keimender* Taxus*-Samen*

***11.3** Eiben- und Buchensämlinge im Winter*

Chance auf Böden, die z. B. dicht mit Gräsern, Waldbingelkraut *(Mercurialis perennis)*, Adlerfarn *(Pteridium aquilinum)*, Brombeere *(Rubus fruticosus)* oder *Rhododendron* bedeckt sind. Auf dichtem Moos keimt der Samen zwar gut, aber die Sämlinge finden dann keinen Halt, weil die jungen Wurzeln nicht bis zur Bodenschicht reichen, um die Pflanze zu verankern. Und einige Orte sind mit Wurzelpathogenen wie *Phytophthora cinnamomi* durchsetzt, die zudem die günstigen symbiotischen Mykorrhiza-Pilze einschränken.[6] Der Hauptgrund für hohe Sterblichkeitsraten (abgesehen von längeren Trockenperioden während des ersten Lebensjahres von Keimlingen) ist jedoch die Äsung durch Schalenwild, gefolgt von Mäusefraß und dem Verbiß durch Hasen und Kaninchen. Davon abgesehen, geschieht das Absterben einzelner Pflanzen als ein Ausdruck der frühen Auslese einiger schwächerer Genotypen, was einen *positiven* Selektionsprozeß für die Erhaltung eines Bestandes darstellt.[7]

Der Höhenzuwachs der Sämlinge vollzieht sich langsam, aber stetig (siehe Tab. 6).[8] Mit wachsender Höhe der jungen Pflanze beschleunigt er sich beständig und kulminiert bei einer Gesamthöhe von 4 Metern und mehr. Der Höhenzuwachs von *Taxus baccata* ist deutlich geringer als bei allen anderen europäischen Baumarten – sogar einschließlich der anderen Arten des Unterstandes, Buchsbaum und Stechpalme – und läßt sich nur mit dem Wacholder *(Juniperus communis)* vergleichen.[9] Auffällig ist, daß die Eibe bereits im Sämlingsstadium ihre Tendenz zeigt, dem Höhenwachstum *keine* Priorität über die Ausdehnung in die Breite oder über das Wurzelwachstum zu geben.[10] Der Austrieb der Gipfelknospe erfolgt erst etwa eine Woche nach dem der Seitentriebe, und sein Wachstum wird während der ersten 4–6 Wochen von dem der Seitentriebe überflügelt.[11]

Tabelle 6 Die Jugendphasen der Eibe *(nach Pietzarka 2005)*

Höhe (geschätzt)	*jährlicher Höhenzuwachs*	*Phase*	*ungefähres Alter (geschätzt)*
bis 10 cm	–	**Keimlingsphase** Sämlinge, meist noch nicht verzweigt	1-2 Jahre*
10-50 cm	1,3-1,8 cm	**Jugendphase** Verzweigung setzt ein, noch einer möglichen Konkurrenz durch die Bodenvegetation ausgesetzt	2-20 Jahre
50-200 cm	4-8 cm	**Wachstumsphase** Verstärktes Höhenwachstum, aber noch im Bereich des Verbisses durch Schalenwild	10-60 (70) Jahre**
über 200 cm	9-17 cm	**Reifephase** Beginn der Blüte;*** außerhalb des Verbisses durch Schalenwild	50-200 Jahre****

* Es wurden jedoch bis zu achtjährige unverzweigte Keimlinge beobachtet.
** Man kennt auch einzelne Eiben, die bereits nach 10 Jahren 2 m Höhe erreichten.
*** Einige Eiben blühen bereits in der Wachstumsphase.
**** Da das Höhenwachstum von *Taxus* erst im Alter von etwa 160 Jahren seine größte Intensität erreicht, kann die eigentliche Reifephase (uneingeschränktes Wachstum und Blüte) auch deutlich länger andauern als hier angegeben.

Neben normalverzweigten Langtrieben treten auch Kurztriebe sowie Lineartriebe auf. **Kurztriebe** sind bei der Eibe ausschließlich mit Schuppenblättern besetzt und werden nur als Träger der weiblichen Blüten

11.4 *Sämling mit dominanter Seitenverzweigung*

11.5 *Konkurrierende Wipfeltriebe (vergl. S. 4)*

ausgebildet. Weibliche Blüten sitzen in der Regel an drei Arten von Zweigen: an den normalverzweigten Trieben und an ein- sowie mehrjährigen Kurztrieben. Mehrjährige Kurztriebe (bis zu siebenjährige Triebe sind bekannt[12]) finden sich an fast allen blühenden weiblichen Eiben. Die Bezeichnung Kurztrieb bezieht sich auf ihr extrem langsames Längenwachstum, das oft weit unter 1 mm/Jahr liegt.[13]

Lineartriebe dagegen sind Seitentriebe, die sich zwar im Längenwachstum normal entwickeln, bei denen aber die Seitenverzweigung ausbleibt. Das Auftreten von unverzweigten Trieben wird oft als ein Symptom nachlassender Vitalität gedeutet: Bei Eschen und Roßkastanien z. B. finden sich Lineartriebe als planmäßige Reaktion auf besonders schattige Bedingungen,[14] und bei älteren Bäumen sind sie meist eine Folge allgemein nachlassender Vitalität.[15] Obwohl Eibensämlinge mit Lineartrieben ein deutlich geringeres Höhenwachstum zeigen,[16] ist ein altersbedingtes Nachlassen der Vitalität bei *Taxus*-Sämlingen nicht zu erwarten. Andererseits sind auch uralte Bäume wie die Eibe beim Kloster Fonte Avellana in Umbrien, Italien, oder der Baum bei der Kirche von Wormley in Essex (England) sehr vitale Bäume mit üppiger, dichter Krone, die zudem in direktem Sonnenlicht stehen – und dennoch eine deutliche Neigung zu Lineartrieben aufweisen. Die Gründe für Lineartriebe bei *Taxus* sind also nicht bekannt; auch hier besteht noch Forschungsbedarf.

Eine Verzögerung des Wipfelaustriebes oder die Beschädigung der Gipfelknospe führen bei der Eibe sehr leicht zur Zwieselbildung oder **Mehrstämmigkeit**. Bereits 10 – 35 % der Eiben in den ersten drei Lebensphasen (vgl. S. 75) weisen *konkurrierende Wipfeltriebe* auf, durchschnittlich drei, maximal sechs.[17] Das Höhenwachstum junger Eiben mit konkurrierenden Wipfeltrieben kann sogar höher sein als das von solchen mit einem dominierenden Wipfeltrieb! Die Eibe reagiert schnell auf das Absterben oder die Schädigung der Wipfelknospe, was selbst in eingezäunten Waldflächen (kein Wildverbiß!) bei etwa einem Zehntel der Eibensämlinge vorkommt. Ein wichtiger Grund hierfür ist die Knospengallmilbe *Cecidophyes psilaspis*, die in den Knospen überwintert und bei wiederholtem jährlichen Befall erheblich zur Schädigung der Wipfeltriebe beitragen kann.[18] Es ist der Eibe möglich, den Verlust der Wipfelknospe durch das Aufrichten eines oder mehrerer oberer Seitentriebe auszugleichen. Es gibt alle Formen ein- und mehrfacher Verzwieselung, bis hin zu strauchförmigen Exemplaren.

Der Anteil mehrstämmiger Eiben steigt mit dem Alter weiter an. Eine Untersuchung von 1996[19] ergab 63 % mehrstämmige Eiben mit einer mittleren Stammzahl von 2,2. Die Mehrstämmigkeit variiert aber erheblich, was v. a. auf Wildverbiß und genetische Unterschiede zurückzuführen ist (mitunter auch auf örtliche Niederwaldwirtschaft). Es ist also nicht korrekt, mehrstämmige Eiben durchweg als Wurzelschößlinge zu bezeichnen oder gar auf angebliche »Stammfusion« (siehe Kasten S. 81) zu verweisen. Mehrstämmigkeit gehört bereits ab den frühen Lebensphasen zum Erscheinungsbild dieses Baumes.

KAPITEL 12

EIN WIRKSAMES GIFT

Mit Ausnahme des reifen (roten) Arillus sind alle Teile der Eibe giftig. Dies beruht auf einer Reihe toxischer Alkaloide, hauptsächlich dem Taxin, einem komplexen Gemisch von Alkaloiden,[1] das rasch im Verdauungstrakt von Menschen und anderen Säugetieren aufgenommen wird. Es wirkt als starkes Reizmittel auf die Verdauungsorgane und greift auch das Nervensystem und die Leber an. Seine Hauptwirkung betrifft die Herzmuskulatur, was zu Herzversagen und Tod führt. In der Eibe gibt es aber auch andere Verbindungen, namentlich die Taxane, die nicht giftig sind und außerdem hervorragende Eigenschaften in der Krebs-

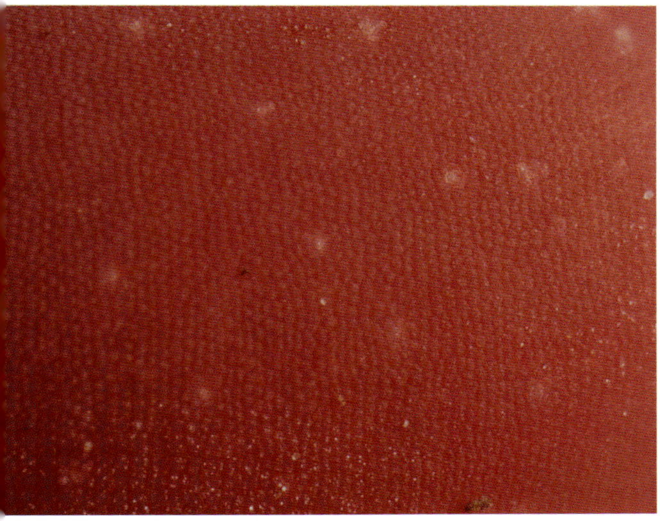

12.1 *Trotz seiner roten Warnfarbe ist der Eibenarillus der einzige ungiftige Teil des Baumes.*

bekämpfung aufweisen (siehe Kap. 25). Der Gehalt dieser Substanzen ist jedoch in den verschiedenen Teilen des Baumes unterschiedlich – am höchsten in den Samen und den Blättern – und ändert sich zudem im Jahreslauf: Die höchste Taxankonzentration besteht im Herbst (mit Höhepunkt im Oktober) und die niedrigste im Januar.[2] Die Taxanwerte schwanken zwischen einzelnen Bäumen der verschiedenen Unterarten (*baccata, cuspidata, brevifolia* und *floridana*) ganz beachtlich.[3] Bei einer Untersuchung in den USA variierten z. B. die Taxanwerte der Blätter von 92 kultivierten Eiben (vorwiegend Formen der Europäischen Eibe) von 0,0135 bis 0,1471 Gewichtsprozent[4] – ein Faktor von über 10,8! Eine pharmazeutische Studie sehr alter Eiben in Sardinien zeigte noch überraschendere Ergebnisse: An elf verschiedenen Standorten wurden Nadeln von männlichen Bäumen mit mehr als 4 m Stammumfang gesammelt und auf ihren Gehalt an 10-Deacetyl Baccatin III (DAB-III), Paclitaxel und Taxin untersucht. Die DAB-III-Werte variierten erheblich und ohne erkennbaren Zusammenhang mit dem Bodentyp oder der Höhenlage, was darauf hinweist, daß der DAB-III-Gehalt genetisch gesteuert ist. Nicht eine der Proben enthielt Paclitaxel. Nur zwei Proben enthielten Taxin, aber in wesentlich geringerem Umfang, als zu erwarten wäre: ca. 300 mg/kg getrockneter Nadeln statt 10 – 30 gr. Außerdem waren einige Bäume gänzlich frei von allen drei Stoffen.[5]

WIE GIFTIG SIND EIBEN?

50 – 100 Gramm Eibennadeln gelten als tödlich für Erwachsene, für Kinder noch weniger. 30 g gelten als tödliche Dosis für Hunde und auch Hühner, 100 – 200 g für Pferde und Schweine, 100 – 250 g für Schafe und 500 g für Rinder.[6] Ziegen, Katzen und Meerschweinchen sind weniger empfindlich, und Wildtiere wie Rehe, Hasen und Kaninchen sind weitgehend immun gegen Eibengift, ja, sie scheinen Eibenlaub als Leckerbissen zu äsen (Eibennadeln sind sehr viel zarter als diejenigen von Fichten) und benützen es womöglich auch zur Selbstmedikation gegen Parasiten in ihrem Verdauungstrakt. Besonders für Rehwild scheint Eibenlaub an erster Stelle ihrer Futtervorlieben zu stehen – ein gewaltiges Problem für die Eibenverjüngung.

1998 erfaßte eine weltweite Zählung von Eibenvergiftung (alle *Taxus*-Unterarten) bei Menschen 11.197 Fälle (davon 96,4 % Kinder unter 12 Jahren), darunter aber keinen einzigen Todesfall.[7] Ein Artikel im *Forensic Science International* von 1992 nennt dagegen zehn bestätigte Fälle von menschlicher Eibenvergiftung mit Todesfolge in den vorangegangenen 31 Jahren, aber sagt aus, daß sie alle absichtlich geschahen.[8]

Die Symptome einer Eibenvergiftung sind vielfältig aber gleichermaßen schrecklich. 30 bis 90 Minuten nach der Einnahme kommt es zu Erbrechen, Leibschmerzen, Durchfall unter schmerzhaften Koliken, Schwindel und Ohnmacht. Die Atmung ist zunächst beschleunigt, wird dann aber kontinuierlich langsamer und flacher. Auf Kreislaufstörungen und eventuell Erstickungskrämpfe folgen schwindendes Bewußtsein, Kollaps, Koma und schließlich Tod durch Herz- und Atemlähmung. Der Tod tritt binnen 24, mitunter bereits nach anderthalb Stunden ein.[9] Trotz alledem erwähnen um die letzte Jahrhundertwende gleich vier verschiedene Autoren mysteriöserweise einen »besonders heiteren Gesichtsausdruck« bei Taxusleichen.[10]

Die Erste Hilfe besteht im Rufen eines Krankenwagens, dem Auslösen des Erbrechens und der Gabe von 10 g Kohlepulver sowie einer Dosis Natriumsulfat. Die stationäre Behandlung umfaßt eine Magenspülung, die Gabe von Anti-Epileptica, um die Krämpfe zu unterdrücken, Blutplasmaexpander sowie die Kontrolle der Blutgerinnung und der Leber- und Nierenwerte. Bei Überlebenden bleibt zumindest ein Leberschaden zurück.[11]

Tiere, die sich eine Eibenvergiftung zugezogen haben, werden zuerst sehr aufgeregt, danach verlangsamt sich die Atmung und wird zunehmend flacher. Es folgen Speicheln, Krämpfe, Lähmung der Atemmuskeln und plötzliches Zusammenbrechen. Bei Pferden kommt es zu häufigerem Harnabsatz, Koliken und Lähmungen. Sie können binnen einer halben Stunde tot sein, mitunter sogar innerhalb von Minuten.[13] Im Laufe der Geschichte hat es immer wieder einmal Eibenvergiftungen von Weidetieren gegeben. Pferde und sogar Kühe starben, besonders wenn sie auf Winterweiden ohne anderes Grünfutter gestellt wurden, oder wenn sie Zugang zu geschnittenen Eibenzweigen hatten. *Verwelktes oder getrocknetes Eibenlaub kann sogar noch giftiger sein als frisches* (was wahrscheinlich mit dem Wassergehalt zusammenhängt).[14] Die wirkliche Gefahr liegt jedoch in der raschen Aufnahme einer zu großen Menge. Rinder, Schafe und Ziegen (und bis zu einem gewissen Grad sogar Pferde) können jedoch Immunität

Tab. 7 Tödliche orale Eibennadelmenge
in gr per kg Lebendgewicht[12]

Pferd	0,2–0,3
Esel und Maultier	1.6
Hausschwein	3
Hund	8
Schaf und Rind	10
Ziege	12
Kaninchen	20

***12.2** Ein guter Zaun sichert Bäume und Pferde.*

entwickeln, wenn sie sich daran gewöhnen, regelmäßig nur kleine Mengen zu verzehren.[15] So war Eibenlaub in weiten Teilen Europas ein traditioneller Teil der Tierfütterung (bis zur Einführung industrieller Futterstoffe im 20. Jh.), und zwar nicht nur in Zeiten der Knappheit, sondern weil es als krankheitsvorbeugend galt.[16] Oft wurden die Eibenzweige mit anderem Futter vermischt.[17] Dieser Brauch hält sich immer noch in einigen Regionen, z. B. in Albanien, wo das Eibenlaub sogar getrocknet verfüttert wird.[18]

In den frühen 1970ern fraßen fünf Ponies auf einer knapp sieben Hektar großen Weide im New Forest gelegentlich Eibenzweige, und erlitten durch die geringen Mengen keinerlei Schaden. Genauso weise waren drei Esel, die 1976 in derselben Gegend die Eiben nicht anrührten, obwohl es ein kahler, feuchter Winter war. Statt dessen fraßen sie lieber am (vermeintlich ebenfalls giftigen) Liguster.[19] *Aber niemand sollte mit seinen Tieren experimentieren (besonders nicht mit Pferden) und sie sicherheitshalber von den Eiben getrennt halten (gutes Zaunwerk).*

Die Giftigkeit der Eibe war bereits vor Beginn der Geschichtsschreibung bekannt und wurde erstmals von Theophrast (371 – 287 v. Ztr.) erwähnt.[20] Viele andere Schriftsteller des klassischen Griechenlands und später auch Roms erwähnten sie hernach, jedoch selten frei von Übertreibung oder Aberglaube. Korsischer Honig könnte durch Eibenblüten verdorben oder gar vergiftet sein, schrieb z. B. Vergil (70 – 19 v. Ztr.).[21] Wein aus Eibenbehältern würde Reisende vergiften, schrieb Plinius der Ältere (23 – 79 n. Ztr.).[22] Der griechische Arzt und Pharmakologe Dioskurides (40 – ca. 90 n. Ztr.), dessen Werk *De materia medica* für nicht weniger als sechzehn Jahrhunderte der führende pharmakologische Text blieb, gab an: »Die Eibe, die in Narvonien [Spanien] wächst, hat solch eine Kraft, daß diejenigen, welche in ihrem Schatten sitzen oder schlafen, Schaden nehmen können oder in vielen Fällen sogar sterben!«[23] Dies war vielleicht sogar ein nützlicher Hinweis auf einen besonders taxanreichen lokalen Genotyp (wie ihn die Pioniere der chemischen Krebsbekämpfung Ende des 20. Jahrhunderts verzweifelt suchten), aber schon bald nach Dioskurides' Bemerkung galt die Schlafpause im Schatten einer jeden Eibe vielen als gewiß todbringend,[24] und Variationen dieser Idee spukten für die folgenden neunzehn Jahrhunderte durch Brauchtum wie Arzneikunde Europas.

Wie der große mittelalterliche Heiler Paracelsus (1493 – 1541) sagt: »*Dosis sola fecit venenum* – die Menge macht das Gift«, so verschwand auch der Ruf der Eibe, wirksame Medizin zu enthalten, niemals. Doch was unterging, war das Wissen, *wie* man mit diesem Gift umzugehen hat, und im 18. und 19. Jh. starben sehr viele Menschen an unsachgemäßer Eiben-»Behandlung«. Eibenpräparate wurden für eine ganze Reihe von Beschwerden benutzt. Die empfohlene kleine Dosis, um die Monatsblutung anzuregen, war z. B. nie ein Problem, aber verzweifelte Abtreibungsversuche mit Taxanen in England, Frankreich, Deutschland und Österreich töteten unzählige Mütter und nicht nur die ungeborenen Babies.[25]

EIN HALLUZINOGEN?

Alkaloide (»alkali-artig«) sind organische, stickstoffhaltige Basen, die in bestimmten Familien der Blütenpflanzen natürlich vorkommen, allerdings nie in Nadelbäumen – mit Ausnahme der Eibe, versteht sich. Viele Alkaloide haben bei Einnahme vielseitige und bemerkenswerte physiologische und psychoaktive Wirkungen auf Tiere und Menschen. Bekannte Alkaloide sind Nikotin (aus der Tabakpflanze, *Nicotiana tabacum*), Morphin (ein starkes Betäubungsmittel aus dem Schlafmohn, *Papaver somniferum*), Ephedrin (das Blutgefäße zusammenzieht, aus *Ephedra*-Arten), Kokain (ein sehr starkes örtliches Betäubungsmittel aus dem Kokastrauch, *Erythroxylon coca*) sowie halluzinogene Drogen wie z. B. Meskalin (im Peyote-Kaktus, *Anhalonium*).

Außer dem Taxin-Komplex besitzt *Taxus* auch geringe Mengen an Ephedrin,[26] aber trotz dieser oben erwähnten illustren alkaloiden »Nachbarschaft« sind keine psycho-aktiven Wirkungen der Eibe aus der Literatur bekannt – oder waren es nicht, bis Dr. A. Kukowka, ein pensionierter Professor der Medizin, 1970 seine »Erfahrung« veröffentlichte.[27] Im Alter von 71 Jahren hatte er unter vier Eiben für etwa zwei Stunden im Garten gearbeitet, als ihn Schwindel, Übelkeit, Kopfschmerzen und eine plötzliche Unruhe überkamen. Er verlor die Orientierung und den Zeitsinn und begann zu halluzinieren. Visionen von Vampiren, Nattern und »diabolischen Szenen«, begleitet von kaltem Angstschweiß und gelähmten Gliedern, wichen bald Visionen eines paradiesischen Reiches, himmlischer Sphärenmusik und einer euphorischen, »unsagbar glücklichen« Stimmung. Als er das Alltagsbewußtsein wiedererlangte und seinen Arzt rief, fand dieser keinerlei Anzeichen einer Vergiftung, Überhitzung o. ä. Diese Wirkung der bloßen Nähe der Eiben auf ihn ließ sich wiederholen, weitere Experimente wurden von ihm jedoch angstvoll abgebrochen.

In seinem Artikel erwähnt Kukowka auch andere Menschen, die ähnliche Erfahrungen gemacht haben. Die Pharmakologie hat bisher noch keine Belege für psycho-aktive Wirkungen der Eibe erbracht, was aber nicht ausschließt, daß einige Eibenforscher und -besucher mitunter durchaus von »seltsamen Erlebnissen« unter bestimmten Eiben berichten.[28] Solche Erfahrungen sind zwar in der Regel zu subtil, als daß man sie klinisch messen oder »beweisen« könnte, aber es sind dennoch Anzeichen dafür, daß bei bestimmten Wetterlagen (heiß-trocken, windstill) eine Diffusion von Taxoiden aus den Nadeln stattfinden könnte. Ein Baum mit hohen Taxoidwerten könnte dann durchaus einen chemischen Einfluß auf Menschen und Tiere unter seiner Krone ausüben, was manchen altgriechischen Texten über die »Ausdünstungen« der Eibe im Kern recht gäbe.

13.1 *Rotwild im Winter*

13.2 *Fraßschäden durch Rehwild*

KAPITEL 13

SÄUGETIERE

PFLANZENFRESSER

Trotz der giftigen Eigenschaften der Eibe wird ihr Laub und mitunter auch die Rinde stark von Rotwild, Kaninchen, Hasen sowie Schafen, Ziegen und manchmal sogar Kühen beweidet. Eigentlich verträgt die Eibe Verbiß und Beschnitt gut, und etablierte junge Bäume können ihr Wachstum auch unter (mittlerem) Äsungsdruck fortsetzen.[1] Die hohen Populationsdichten von Pflanzenfressern (insbesondere Rotwild) verursachen jedoch Probleme für die Bestandsverjüngung nicht nur von Eiben.

13.3 *Nach über 20 Jahren Wildfraß hat diese Eibe noch keine 30 cm Höhe erreicht.*

Insbesondere das Rehwild *(Capreolus capreolus)* wird in vielen Regionen als Hauptfaktor angesehen, der eine erfolgreiche Eibenverjüngung verhindert. Wenn Rehe auf einen Eibenbestand treffen, äsen sie hauptsächlich die Bäume am Rand (bis zur Fraßlinie in etwa 1,35 m Höhe), da die Belaubung dort weiter herabreicht als im Inneren des Bestandes. Allerdings sind auch Fegeschäden durch die Böcke an der Stammrinde durchaus üblich. Aber der Hauptschaden, den Rehwild anrichtet, ist die Zerstörung der großen Mehrheit von Eibenkeimlingen und jungen Bäumchen: Da Rehwild im Oberkiefer keine Schneidezähne hat, wird Futter eher gerupft als geschnitten (wie Kaninchen und Hasen es tun), und so verschwinden Eibensämlinge mitsamt den Wurzeln. Der Wildverbiß variiert natürlich mit den Jahreszeiten und dem übrigen Nahrungsangebot. In Norwegen z. B. ist die Eibenbeweidung dann am höchsten, wenn die Heidelbeere *(Vaccinium myrtillus)* selten oder der Boden schneebedeckt ist.[2] Damwild *(Dama dama)* verursacht ebenfalls Schäden, ist aber nicht so häufig wie Reh- und Rotwild.

Auch Kaninchen und Hasen beweiden Eiben regelmäßig, ohne selbst Schaden zu nehmen.[3] Hoher

13.4 *Fraßlinie (Schaf, Ziege) an alter Eibe in Arzana, Sardinien*

Äsungsdruck wirkt sich jedoch drastisch auf die Wachstumsraten der Eibe aus, die ohnehin gering sind: In den South Downs (Südengland) fand man eine kleine Eibe, die nach Jahren des intensiven Verbisses durch Kaninchen nur 18 cm hoch war, aber 55 Jahrringe aufwies.[4] Während Kaninchen den Schutz der Wiese bevorzugen (wo sie u. a. an jungen Pionier-Eibensämlingen knabbern), bevorzugen Hasen den klaren und umsichtigen Überblick, weshalb der eher kahle Boden eines reinen Eibenwaldes ihnen sehr zusagt. Hier richten sie mitunter ihre oberirdischen Nester ein, in denen sie tagsüber ruhen. Abends kommen sie dann aus dem Wald auf die Wiese oder ernähren sich von Efeu, niedrighängenden Weißdorn- und Schwarzdornknospen oder -rinde sowie Brombeer-, Eichen- und Eibenzweigen.[5]

Das graue Eichhörnchen *(Sciurus carolinensis)* wurde im späten 19./frühen 20. Jh. aus Nordamerika in Großbritannien eingeführt und hat sich dort seither zu einem großen Problem für viele Waldbesitzer gemausert. Es frißt Blätter und Zweige vieler Bäume und schält sogar die Rinde der Weiß- und Rotbuche, Birke, Weide, Kiefer, des Bergahorns und der Eibe.[6] Mitunter ist ein Baum zur Hälfte geschält, und das Wundgewebe an diesen Stellen wird im Folgejahr erneut befallen. Wunden bergen immer die Gefahr einer Infektion z. B. mit Pilzen oder Parasiten. Richard Williamson, seinerzeit Parkhüter in Kingley Vale

13.5 *Hase*
13.6 *Junges Kaninchen*
13.7 *Wildschwein*

(Südengland), »sah etwa einhundertjährige Eiben, an deren einer gesamter Seite die Rinde entfernt war, von 16 Fuß [ca. 4,8 m] Höhe bis direkt zum Boden«.[7] Und er berichtet von einem noch größeren Schaden, der durch die grauen Eichhörnchen angerichtet wurde: Sie schnitten Hunderte von Eibenzweigen zum Bau ihrer Sommernester, ließen die meisten dann aber liegen. Die grauen Eichhörnchen essen übrigens auch die Arillen und speien die Samen hinterher wieder aus.[8] Und sie rauben Vogelnester aus, besonders die Erstnester der Misteldrossel, wenn die Jungen gerade geschlüpft sind. Die Misteldrossel ist ein wichtiger Wohltäter der Eibe (siehe nächstes Kapitel).[9]

Dachse *(Meles meles)* fressen große Mengen von Arillen vom Boden, und so finden sich zahllose Samen und unverdaute Arillen im Dachskot.[10] Auch das Wildschwein *(Sus scofa)* frißt Arillen vom Boden, während Bilche (Schlafmäuse) wie Siebenschläfer *(Glis glis)* und Baumschläfer *(Dryomis nitedula)* sie von den Bäumen pflücken.[11] Im Tannenwald des Ghomaran Rif in den Bergen Marokkos wiederum gehören die Arillen zur Ernährung der Berberaffen *(Macaca sylvanus)*.[12]

Eibenwälder bieten größeren Nagetier-Populationen eher ein geeignetes Domizil als vergleichbare Laubmischwälder, besonders häufig für Waldmaus *(Apodemus sylvaticus)* , Rötelmaus *(Clethrionomys glareolus)* und Gelbhalsmaus *(A. flavicollis)*.[13] Im Herbst und Winter dienen die Eibensamen als Hauptnahrung verschiedener Nagetiere. So werden enorme Mengen von Samen verschleppt und verspeist, für die Wälder des County Durham in Nordostengland wurde z. B. ermittelt, daß bis zu 60 % der Samen am Boden von Nagern verzehrt wurden,[14] im andalusischen Hochland in Südostspanien sogar 87 %.[15] Während die meisten Vögel den Arillus aufnehmen, die Samen aber unbeschädigt den Verdauungstrakt passieren, öffnen die Kleinnager die Samenhülle und fressen den giftigen Samen. Mitunter verspeisen sie auch etwas vom energiereichen Arillus, aber meist lassen sie ihn zurück.[16] Um der Gerechtigkeit willen muß erwähnt werden, daß Kleinnager oft mehr Samen sammeln als sie dann tatsächlich verzehren, und so finden sich oft Gruppen von zehn oder mehr Sämlingen am Waldboden.[17] Wühlmäuse allerdings (insbesondere vermutlich die Große Schermaus, *Arvicola terrestris*) fressen auch an Eibenwurzeln, was zum Tod junger Bäume bis etwa 2 m Höhe in Bayern geführt hat.[18]

13.8 *Maus*
13.9 *Kleinnager öffnen die Samenschale und fressen den Embryo.*
13.10 *Junge Eibenwurzel, durch Wühlmausverbiß* (Arvicola *sp.) geschädigt*

FLEISCHFRESSER

Füchse *(Vulpes vulpes)* wurden verschiedentlich beim genüßlichen Auflecken am Boden liegender Arillen beobachtet, und solche Mahlzeiten von bis zu zwei Pfund Eibenfrüchten führen zu breiigen, roten Kotungen, die über 200 Eibensamen enthalten können.[19] Doch die primäre Anziehungskraft des Eibenwaldes auf den Fuchs liegt zweifellos in der großen Anzahl von Kleinnagern sowie Kaninchen und Hasen, die sich allesamt an den Eibenfrüchten gütlich tun. Das zieht auch den Baummarder *(Martes martes)* an, der ebenfalls Arillen frißt (beobachtet in Deutschland und im Kaukasus) und so die Samen verbreitet.[20] Doch ist er ebenso wie Iltis und Wiesel (*Mustela)* in Europa und Amerika mehr an Nagetieren sowie Vögeln und deren Eiern interessiert. Williamson beschreibt Iltisse und Wiesel, die enorm flink große Eiben erklimmen und dort allen Arten von Waldvögeln nachstellen. Über den Fuchs erzählt er von einer regelmäßigen Begebenheit, in der der Jäger der Genarrte ist: Die Fuchsjäger um Kingley Vale berichteten ihm, daß die gejagten Füchse immer zum alten Eibenwald rannten und dann spurlos verschwanden. Vermutlich kletterten sie im Inneren hohler Eiben empor und harrten dort aus, wo sie niemals gefunden werden konnten.[21]

Auf dem Boden ziehen die Nager Schlangen an, z. B. die Kreuzotter (*Vipera berus*). Offensichtlich helfen die fleischfressenden Tiere, die Populationsdichten der Pflanzenfresser und Parasiten im Wald in Grenzen zu halten. Den wichtigsten Beitrag in dieser Hinsicht leisten bzw. leisteten Wolf und Luchs, die in weiten Teilen Eurasiens und Amerikas ausgerottet worden sind. Der Wolf *(Canis lupus)*, das größte hundeartige Raubtier, ernährt sich hauptsächlich vom Reh (im Norden auch vom Elch), und die Jagdaktivitäten der Wolfsrudel stellen eine wichtige Maßnahme dar, mit der die Natur das Populationsgleichgewicht der großen Pflanzenfresser erhält. Daher sagt eine Spruchweisheit aus den Karpaten »Wo der Wolf geht, wächst der Wald«.[22] Der Luchs *(Lynx lynx)* als langbeinige Großkatze mit großen Tatzen, behaarten Sohlen und einem breiten, kurzen Kopf lebt allein oder in kleinen Gruppen, jagt bei Nacht und ernährt sich von Vögeln und kleinen Nagetieren, mitunter auch von Rehen. Tiere wie Wolf und Luchs sind nicht die »Feinde« der Tiere, die sie erbeuten. Im Gegenteil, durch die kontinuierliche Auslese der schwächeren Einzeltiere erhalten sie den Gen-Pool der bejagten Art in ausgezeichnetem Zustand.

13.11 - 13.13 *Die großen Verbündeten aller Bäume: Luchs, Wolf und Bär*

Ein weiterer Besucher im Eibenwald war einst der Bär. In Eurasien ernähren sich verschiedene Bärenarten (bes. *Ursus arctos*, in Amerika außerdem der Grizzly) von Kleinsäugern, Fischen, Pflanzenteilen, Früchten (inklusive Eiben-Arillen[23]) und Honig. Bis zur Einführung des Bienenstockes lebten die Schwärme der Honigbiene *(Apis mellifera)* ausschließlich in Felslücken oder Bäumen, z. B. auch in alten hohlen Eiben (siehe Abb. 33.16 – 19).

14.1 *Misteldrossel in Eibe*

KAPITEL 14

VÖGEL

SAMENVERBREITER

Mischwälder mit Eibenanteil ziehen mehr Vögel an als eibenlose Wälder.[1] Mindestens achtzehn Vogelarten, ein Drittel davon aus der Drosselfamilie, fressen Eibenarillen, und einige dieser Vögel sind die wichtigsten Verbreiter der Eibensaat. Sie schlucken sowohl Arillen als auch die Samen, aber letztere passieren unbeschädigt den Verdauungstrakt und werden später wieder ausgeschieden.[2] Dabei wird der fleischige Samenmantel aufgelöst, der sonst die Keimung behindert. Es ist nicht geklärt, ob die Verdauungssäfte der Vögel im Kontakt mit der äußeren Samenschale außerdem ein chemisches Signal für den Keimungsprozeß geben.[3] Zudem empfangen die Eibensämlinge, die direkt unter Vogelnistplätzen aufkommen, über Jahre hinaus eine reiche Nährstoffversorgung. Es sind die Vögel, die den Eibensamen Flügel geben und ihnen die Überbrückung teilweise großer Distanzen ermöglichen sowie das Erreichen isolierter und mitunter völlig unzugänglicher Standorte wie steile Felswände und Mauern.[4]

Die Gruppe der Vogelarten, die Eibenfrüchte verzehren, beschränkt sich naturgemäß auf solche, die diese Samengröße schlucken können. Eibenarillen werden in erster Linie vom Star und, wie gesagt, von verschiedenen Drosseln gefressen, vornehmlich von der Singdrossel, der Amsel und der Misteldrossel. Weitere Drosseln, die sich an Eibenfrüchten gütlich tun, sind die Wacholderdrossel, die Rotdrossel und die Ringdrossel. Andere Verbreiter der Eibensamen sind der Sperling, die Mönchsgrasmücke, der Seidenschwanz, der Eichelhäher und der Fasan.[5] Dabei ist die Singdrossel diejenige Art, die Eibenfrüchte stärker bevorzugt als andere Vögel: Ein ganzes Viertel ihrer Herbstnahrung besteht aus Eibenarillen. Misteldrossel und Star ernähren sich im Herbst zu etwa 16 bzw. 18 % von Eibenfrüchten, für die Amsel machen diese lediglich 7 % aus und für Rotdrossel, Sperling und Mönchsgrasmücke nur 1 bis 4 %.[6]

Die meisten Vögel scheiden den Samen mit dem Kot aus. Die Misteldrossel jedoch frißt große Mengen von Arillen und würgt später eine rote Masse halbverdauten Arillenfleisches hervor, die voller brauner Samen ist. Bis zu 23 Samen wurden in einem Auswurf gefunden.[7] Auch die Wacholderdrossel kann viele Arillen pro Mahlzeit zu sich nehmen (bis zu 30).[8] Sie hält sich aber gewöhnlich mehr an Weißdornbeeren in halboffenem Gelände und dringt erst in den Wald ein, wenn strengeres Winterwetter einsetzt (bis dahin sind allerdings auch die meisten leichter erreichbaren Arillen verschwunden). Generell jedoch verzehren Vögel kleinere Mengen. In Großbritannien z. B. fressen die meisten Drosselarten durchschnittlich 8–10 Arillen pro Besuch.[9] Nach einer deutschen Studie[10] haben die Drosseln etwas größere Mahlzeiten (10–12 Arillen pro Besuch), und im Vergleich zu Großbritannien sind geringfügig mehr Sperlinge beteiligt. Andere deutsche Studien erwähnen auch Stelzen *(Motacilla)* und den Tannenhäher *(Nucifraga caryocatactes)* unter den arillusverzehrenden Vögeln.[11] Nach einer Mahlzeit in der Eibe müssen Vögel regelmäßig trinken. Und man kann beobachten, daß sie sich den Schnabel waschen, um Reste des klebrigen Arillusfleisches zu entfernen.[12] Ist kein Wasser in unmittelbarer Nähe, säubern sie ihre Schnäbel an Zweigen.

Für den Baum bedeuten kleinere Mahlzeiten eine effektivere Samenverbreitung, da an keinem Punkt unnötig viele Samen ausgebracht werden. Kleine Mahlzeiten mögen auch der Grund dafür sein, warum so viele Früchte am Baum verbleiben und schließlich zu Boden fallen. Dennoch sammeln sich häufig durch Vögel transportierte Samen unter Nestern an. Büsche wie Weißdorn und besonders Wacholder bieten sowohl ein günstiges Mikroklima für Eibensämlinge (siehe Kap. 5) als auch Schutz vor Verbiß durch Rehe. Doch werden diese Stellen intensiv von Kleinnagern frequentiert, die die Samen fressen.[13] Gruppen von Eibensämlingen tauchen auch unter alten Fichten auf, in denen Drosseln oder Amseln schlafen.[14]

In Südengland beobachtete Williamson das jahreszeitliche Vogelverhalten in und um Kingley Vale. Im frühen Herbst kommen die ersten Wandervögel aus ihren weit entfernten Sommerterritorien, vorwiegend Drosseln, die – zum Teil aus dem kontinentaleren Klima des europäischen Festlandes – in großen Schwärmen eintreffen und beginnen, die Eibenarillen zu verzehren. Im Oktober folgen aus Skandinavien oder Rußland große Schwärme der Wacholderdrossel

14.2 *Amsel auf Eibenzweig*
14.3 *Mönchsgrasmücke beim Abwaschen des klebrigen Arillusfleisches*

14.4 *Eibenstamm mit Amselnest*
14.5 *(rechts) Eibenstamm mit Sperlingsnest*

***14.6** Eibenarillen überdauern bis ins neue Jahr.*

sowie der Rotdrossel, die sich auf ihrem Weg vom Baltikum nach Irland oder nach Portugal und Spanien befinden. Nach Mittwinter, wenn der Großteil der Eibenfrüchte verzehrt ist, ist die Amsel der häufigste Vogel im Eibenwald. Die einzigen Eiben, die selbst im Januar noch relativ viele Früchte haben, sind diejenigen, die von Misteldrosseln bewohnt und verteidigt werden. Sie haben bereits im Spätsommer Quartier bezogen, und bis in das Frühjahr hinein vertreiben sie andere Vögel, die sich nähern. Ihre »Vorratshaltung« kommt ihnen besonders im Spätwinter zugute, wenn andere Nahrung kaum auffindbar ist. Auch die Singdrossel etabliert ihr Territorium, aber scheint »ihre« Eiben nicht so intensiv zu bewachen wie die Misteldrossel.[15] Interessant ist, daß der Star, der in Großbritannien und Sachsen zu den eifrigsten Verzehrern von Eibenfrüchten gehört, sie in Osteuropa (Ungarn, Tschechoslowakei) nicht anrührt.[16] Fasane verspeisen sowohl Arillen als auch Eibenblätter. Doch scheint sich das nicht sehr gut auf ihre Gesundheit auszuwirken, denn in der Nähe von Eibenvorkommen sind diese Vögel oft etwas kleiner als normal (Vergiftungserscheinungen durch Eibenblätter sind auch in der Geflügelhaltung bekannt).[17]

Die große Bedeutung einiger Vogelarten für die Samenverbreitung der Eibe reicht natürlich weit zurück in die Erdgeschichte. Als Vorläufer aller Vögel gilt gemeinhin der Archaeopteryx, ein befiederter Flugsaurier, dessen Überreste in 159 bis 144 Mio. Jahre alten Schichten gefunden wurde. *Marskea jurassica* ist 140 Mio. Jahre alt, und es scheint möglich, daß ihre Arillen von den ersten frühen Vogelarten gefressen wurden. Dies wäre dann ein weiteres Beispiel für die Koevolution von Arten, wie die gemeinsame Entwicklung der ersten Blütenpflanzen und der Insekten, von denen sie bestäubt wurden. Allerdings wissen wir viel zu wenig über die stammesgeschichtliche Entwicklung des Arillus und seiner eventuellen Vorläufer, vor allem, weil der wäßrige, dünnhäutige Samenmantel leicht vergänglich ist.

SAMENFRESSER

Während die Samenverbreiter am Genuß des fleischigen Arillus interessiert sind und den Samen selbst zurücklassen, gibt es auch Vögel, die es gerade auf diesen abgesehen haben. Der wichtigste Eibensamenfresser ist der Grünfink, aber auch Kohlmeise, Dompfaff, Kernbeißer, Kleiber, Grünspecht und Buntspecht sowie gelegentlich Blaumeise und Sumpfmeise verzehren Eibensamen. Der Buchfink nimmt lediglich die Samenreste auf, die der Grünfink zurückgelassen hat.[18] Im Vergleich zum Einfluß der Samenverbreiter ist der Einfluß der Samenfresser auf die Eibenverjüngung jedoch eher gering (siehe Tabelle 8).

***14.7 - 14.9** Ausscheidungen verschiedener Tierarten nach Eibenarillus-Mahlzeiten*

14.10 *Gefahr für Nagetiere: der Waldkauz*
14.11 *Die Kohlmeise ist einer der Eibensamenfresser.*
14.12 *Geöffnete grüne Eibensamen*

Der Grünfink »kaut« auf dem Arillus, bis sich das Fleisch löst, rotiert den Samen im Schnabel, um die braune Samenhülle zu entfernen, welche blausäureartige Glykoside enthält, und frißt dann den Rest des Samens. Die Giftstoffe in der Samenhülle könnten auch die Erklärung dafür sein, warum die Ringeltaube *(Columba palumbus)*, die eigentlich ein Samenfresser ist, die Arillen ignoriert, und auch, warum Krähen sie nur selten fressen. Spechte und Kleiber verkeilen das Samenkorn zur Stabilisierung in Ritzen von Bäumen, Felsen oder Wänden, bevor sie es mit ihrem Schnabel aufhämmern. Der Kleiber reibt den Arillus an der Baumrinde ab, bevor er den Samen in einer Spalte verkeilt.[20] Solcherart ausgebrachte Samen, wenn sie *nicht* geöffnet werden, können keimen und sich, wie langsam auch immer, zu gesunden Bäumchen entwickeln.

Auch die Meisen bedienen sich dieser Verkeilungsmethode, insbesondere in Ritzen der Baumrinde benachbarter Eichen, Kiefern oder Fichten; es ist ihnen aber auch möglich, das Samenkorn mit ihren Füßen zu fixieren. Sie ernähren sich auch von anderen Baumfrüchten wie Eicheln, Bucheckern, Weißdornbeeren oder Eschenfrüchten, jagen aber eher Insekten. Die Eibenkrone bietet zwar nicht viel Insektenleben an, aber unter den Rindenschuppen finden sich oft kleine Spinnen.[21]

Tabelle 8 Monatliche Arillus-Aufnahme durch Vögel[19]

	Jul	Aug.	Sep.	Okt.	Nov.	Dez.	Jan.	Feb.	**ges.**
Samenverbreiter									
Star	–	32	230	445	127	3	–	–	837
Singdrossel	6	55	120	109	124	53	43	–	510
Amsel	1	95	150	135	85	11	3	–	480
Misteldrossel	2	26	68	44	54	28	10	1	233
Rotdrossel	–	–	–	34	19	1	1	–	55
Ringdrossel	–	–	3	–	–	–	–	–	3
Sperling	–	2	9	5	4	1	5	–	26
Mönchsgrasmücke	1	3	–	–	–	–	–	–	4
zusammen	10	213	580	772	413	96	62	1	2.148
Samenfresser									
Grünfink	–	15	42	31	87	32	4	–	211
Kohlmeise	–	–	1	–	–	6	–	–	7
zusammen									218

FLEISCHFRESSER

Vögel und Nagetiere, denen die Eibenfrüchte reichlich Nahrung bieten, locken gelegentlich Greifvögel an, z. B. Habichte und Bussarde. Das kulinarische Interesse der Krähen und Elstern, die u. a. Insekten und die Eier anderer Vögel verzehren, konzentriert sich nicht auf den Eibenwald, aber mitunter schlagen sie darin ihr Quartier auf oder überwintern dort.[22] Nachtjäger, wie in Europa v. a. Schleiereule *(Tyto alba)* und Waldkauz *(Strix aluco)*, haben vor allem Interesse an Mäusen. Obwohl der Waldkauz aufgrund des Mangels an geeigneten Löchern in den kerzengeraden und meist zu jungen Bäumen nur selten in europäischen Nadelwäldern beobachtet wird, scheint er doch eine Vorliebe für Eibenwälder zu haben.[23] Und in der Tat bieten alte hohle Eiben den verschiedenen Eulenarten hervorragende Nistmöglichkeiten.

SPECHTEINSCHLÄGE

An vielen Waldeiben in der Schweiz, in Österreich, Deutschland, Tschechien, Polen und den USA (Südwest-Oregon) finden sich seltsame Spuren: Kleine Löcher in der Rinde, in regelmäßigen Abständen in horizontalen Reihen oder Ringen um den Stamm angeordnet, überziehen oft den gesamten Stamm mit einem charakteristischen Muster. Die Löcher haben in der Regel 3 – 8 mm Durchmesser und 3 – 4,5 cm Abstand zueinander. Der vertikale Abstand zwischen den Reihen liegt meist bei 9 – 11 cm.[24] Dieses Phänomen der Ringelung schädigt die lebenden Gewebe von Kambium, Phloem und Xylem unter der Rinde. Es beeinträchtigt damit die Holz- und Rindenbildung sowie den Wasser- und v. a. den Safttransport des Baumes. In wenigen Einzelfällen sind junge Eiben sogar daran gestorben.[25]

Da diese kleinen Wunden bei ihrer Entdeckung im Sommer bereits leicht verwittert vorgefunden wurden, vermutet man ihren Entstehungszeitpunkt im zeitigen Frühjahr.[26] Für das Wer und Wie gibt es bisher keinerlei Augenzeugen. Die Hauptverdächtigen sind jedoch der Eichelspecht *(Melanerpes formicivorus)* und vier Arten der Saftlecker-Spechte *(Sphyrapicus)* in Nordamerika sowie der Buntspecht *(Dendrocopus major)*, Dreizehenspecht *(Picoides tridactylus)* und Grünspecht *(Picus viridis)* in Eurasien.[27] Diese Vögel sind dafür bekannt, daß sie Lochmuster in Baumstämme bohren (Eiche, Linde, Buche, Kiefer, Lärche, Fichte, Eibe, Elsbeere), die dann »gemeinschaftliche Futterstationen«[28] darstellen. Denn andere Vögel sowie Säugetiere und Insekten suchen diese Löcher auf und erhalten Zugang zu Pflanzensaft, innerer Rinde und ggf. Insekten, die sich dort aufhalten. Warum die Spechte Eiben dafür bevorzugen, ist nicht bekannt. Außerdem scheinen die Vögel mitunter übereifrig zu sein: einige der betroffenen Eiben

14.13 *Spechtschäden an einem Eibenstamm bei Kelheim, Deutschland*

haben nicht nur Hunderte von Löchern, was völlig ausreichend wäre, sondern Tausende![29] Unter der Voraussetzung, daß die Spechte selbst etwas vom Eibensaft oder -gewebe zu sich nehmen,[30] liegt im Hinblick auf die Giftigkeit der Eibe die Vermutung nahe, daß die Vögel mit diesem ungewöhnlichen Verhalten eine instinktive Selbstmedikation ausführen, um Parasiten in ihrem Verdauungstrakt zu bekämpfen.[31] Mitunter jedoch finden sich Bäume, bei denen viele der Löcher gar nicht tief genug sind, um das lebende Gewebe zu erreichen,[32] und so geht das Rätseln weiter.

KAPITEL 15

WIRBELLOSE

Im Vergleich mit anderen Bäumen der gemäßigten Klimazone leben relativ wenige Insekten auf oder von der Eibe. Das Holz wird in der Regel nicht von Holzwürmern befallen und die Blätter nur von wenigen Insekten. Das ist hauptsächlich auf die Wirkung der Taxoide in der Eibe (siehe Kap. 12) zurückzuführen, insbesondere 10-Deacetylbaccatin III und V.[1]

Die in der Verbindung mit *Taxus* wichtigste Insektenart ist die Eibengallmücke, *Taxomyia taxi* (siehe Kasten nächste Seite), die in Europa (nicht in Amerika und Japan) oft zu beobachtende artischockenförmige Gallen verursacht. Die Galle ist eine dichte Anhäufung von Nadeln, die der Baum als Reaktion auf die Stimulation durch die gerade geschlüpfte Larve hervorbringt.[2] Im Inneren der Galle ist die Larve der Gallmücke von jungen, undifferenzierten Pflanzenzellen umgeben. Es ist der Larve möglich, die Zellwände dieser Zellen zu durchdringen. Um sich zu ernähren, benutzt die Larve vermutlich ihre Mundwerkzeuge, um einen winzigen Schlitz in das Pflanzengewebe zu ritzen.[3] Durch den osmotischen Druck der Zellen fließt dann ein winziger Strom von Pflanzensaft und

15.1 *Wespennest in Japanischer Eibe, Hakusan Jinja, Präfäktur Nagano, Japan*

Der Lebenszyklus der Eibengallmücke *(Taxomyia taxi)*

von Dr. Margaret Redfern, Sheffield University

Taxomyia taxi ist eine ungewöhnliche Gallmücke, weil sie sich in einem oder zwei Jahren vom Ei zum vollentwickelten Insekt entwickeln kann und weil beide Lebenszyklen recht unterschiedliche Gallen erzeugen. Die Mehrzahl der Tiere entwickelt sich in zwei Jahren und verursacht im zweiten Jahr ihrer Entwicklung die große, artischockenförmige Galle (Abb. a). Der einjährige Zyklus, der nur 5 – 10 % einer Population hervorbringt, erzeugt lediglich leicht vergrößerte Knospen von etwa 5 mm Größe.

In beiden Galltypen durchläuft die Gallmücke dieselben Entwicklungsstadien: vom Ei über drei Larvenstadien und die Puppe zum vollentwickelten Insekt, aber das erste Larvenstadium dauert 14 Monate im Zweijahreszyklus und nur zwei Monate im Einjahreszyklus. Die Eier (Abb. b) werden im späten Mai und frühen Juni auf die Blätter der neuen Triebe gelegt und schlüpfen nach etwa zehn Tagen (oder etwa 20 Tagen, falls der Juni kühl und feucht ist). Die winzigen frisch geschlüpften Jungen kriechen zur Triebspitze und wühlen sich in die Knospe hinein – sie bevorzugen die Endknospe, obwohl sie auch in Seitenknospen wachsen und sich dort ebenfalls normal entwickeln. Ein- und zweijährige Gallen unterscheiden sich zu diesem Zeitpunkt noch nicht. Wären sie nicht befallen, würden diese winzigen latenten Knospen die Triebe des nächsten Jahres hervorbringen. Die Larve nistet sich auf dem Meristem (zellbildendes Gewebe) ein, das dadurch abflacht und sich leicht vergrößert. Sonst hat sie zu diesem Zeitpunkt keinen weiteren Einfluß auf die Knospe.

***15.2a** Die »Artischoken-Galle« von* Taxomyia taxi

Im August, wenn die Gallen zwei Monate alt sind, trennen sich die Entwicklungswege der Ein- und Zweijahresgallen. In denjenigen Knospen, die sich zu Zweijahresgallen entwickeln, steigt die Blattproduktion, und im Oktober umfassen sie etwa doppelt so viele Blätter wie unbefallene Knospen, wodurch die Artischockengestalt erkennbar wird. In den Knospen, die sich zu Einjahresgallen entwickeln, wuchert das Meristem zu einem fleischigen Polster aus Nährgewebe, und zeitgleich damit endet die Blattproduktion. Auch in den Zweijahresgallen entsteht dieses Nährpolster (Abb. c) im Inneren, aber erst ein Jahr später, wenn wesentlich mehr Blätter erzeugt worden sind. Die Vergrößerung des Meristems stimuliert die Larve, sich zu häuten und in das zweite Stadium überzugehen, in dem sie außerordentlich schnell wächst – im September wächst ihr Gewicht auf das Sieben- bis Achtfache. Im Oktober häutet sie sich noch einmal und wächst weiter, bis das Wetter kälter wird. Im Frühjahr nimmt die Larve ihr Wachstum wieder auf, verdoppelt ihr Gewicht noch einmal (Abb. d) und verpuppt sich Ende April (Abb. e). Etwa einen Monat später schlüpfen die voll entwickelten Insekten (Abb. f, g) mit etwa dreimal so vielen Weibchen wie

ernährt die Larve. Mit Hilfe kleiner Pumpen in ihrem Mund- und Rachenraum saugt die Larve den Saft auf, von dem allein sie leben kann. Möglicherweise reduzieren dabei Sekrete aus den Speicheldrüsen den Stärkegehalt der Pflanzenzellen, was die Pflanze dazu veranlassen würde, Zucker aus anderen Gewebepartien herbeizuholen, wodurch die Larve mit einem nicht versiegenden Nahrungsstrom versorgt werden würde.[4]

Auf jeden Fall ist die Eibengallmücke kein gefährlicher »Parasit«[5] der Eibe. Die Aktivitäten dieses spezialisierten Pflanzenfressers haben kaum Auswirkungen auf die Wachstumsraten der Wirtsbäume, und auch umgekehrt findet sich kein ursächlicher Zusammenhang.[6] Selbstverständlich wird das Wachstum einzelner Triebe durch die Bildung der Gallen behindert, aber jeder gesunde Baum kann solch einen geringen Prozentsatz an Verlusten gut verkraften. Und die Populationsdichte der Gallmücke bleibt in einem für die Eibe »sicheren« Rahmen aufgrund der Wirkung zweier

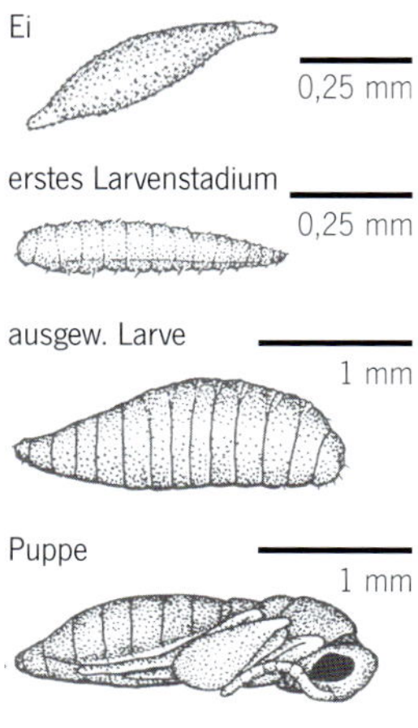

***15.3** Mesopolobus diffinis*

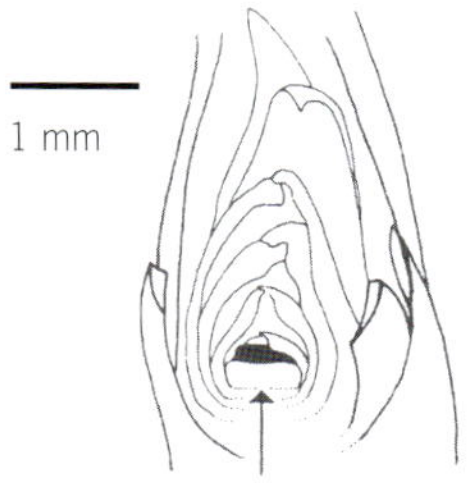

15.2c *Längsschnitt durch die Artischoken-Galle, in Schwarz die Larve auf dem Meristem*

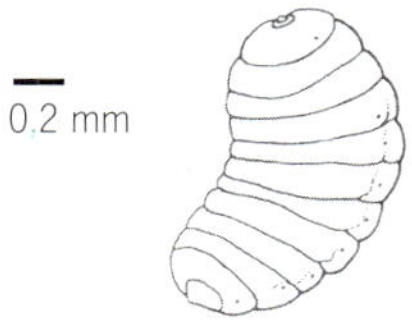

15.2d *Ausgewachsene Larve von* Taxomyia taxi

15.2e *Puppe von* Taxomyia taxi

Männchen. Sie leben nur für etwa einen Tag, müssen sich also schnell paaren und die Eier ablegen.

Trotz der verschiedenartigen Gallen ist die Entwicklung mit dem Beginn des ersten Larvenstadiums im Einjahres- und Zweijahreszyklus identisch, in der Artischocken-Galle findet sie lediglich ein Jahr später statt. Die Artischocken haben natürlich einen größeren Einfluß auf den Baum: Sie stimulieren eine größere Blattproduktion und verhindern die Längenausdehnung des Triebes, so daß die Blätter ein dichtes Büschel bilden.

Auch andere Gallmücken haben verschiedene Lebenszyklen von einem, zwei und mehr Jahren – eine Strategie, die wahrscheinlich aufkam, um Parasitenbefall zu verhindern oder zu reduzieren. Meist ist der vorherrschende Lebenszyklus jedoch der einjährige: Eine Art, die fähig ist, sich innerhalb eines Jahres zu entwickeln, tut das in der Regel auch, nicht aber *Taxomyia taxi*. Die Weibchen würden zwar doppelt so viele Nachkommen erzeugen, wenn sie sich in nur einem Jahr entwickeln würden, aber sehr viele Individuen würden durch Parasiten zugrundegehen. Der Parasitenbefall (durch *Mesopolobus diffinis*) ist in den Einjahresgallen sehr viel höher. Die Zweijahres-Eltern hinterlassen also mehr Nachkommen als die Einjahres-Insekten – eine Strategie, die deutlich der Art zugutekommt. Doch obwohl nur wenige Einjahres-Exemplare überleben und brüten, bilden sie ein wichtiges Bindeglied zwischen den Zweijahreszyklen der geraden und der ungeraden Jahre: Sie ermöglichen den genetischen Austausch zwischen beiden – ohne diesen würden sich wohl langfristig zwei verschiedene Arten entwickeln.

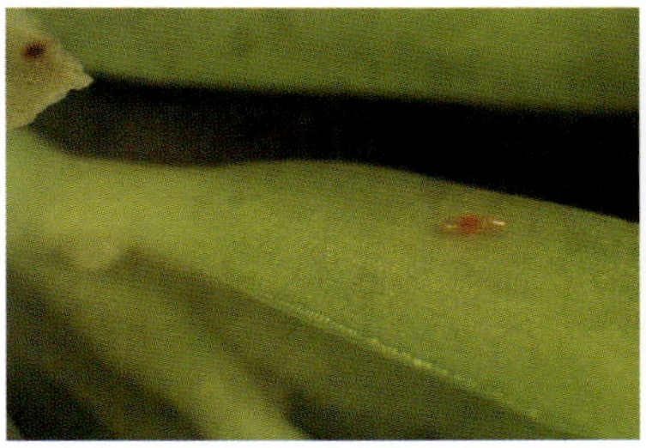

15.2b *Ei von* Taxomyia taxi *auf einem Eibenblatt*

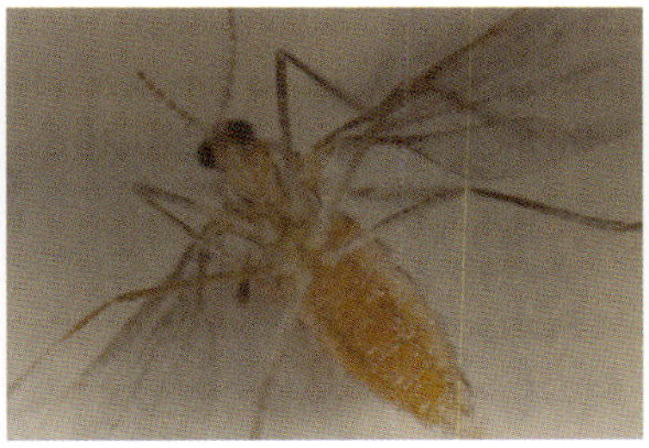

15.2f *Voll entwickeltes weibliches Insekt*

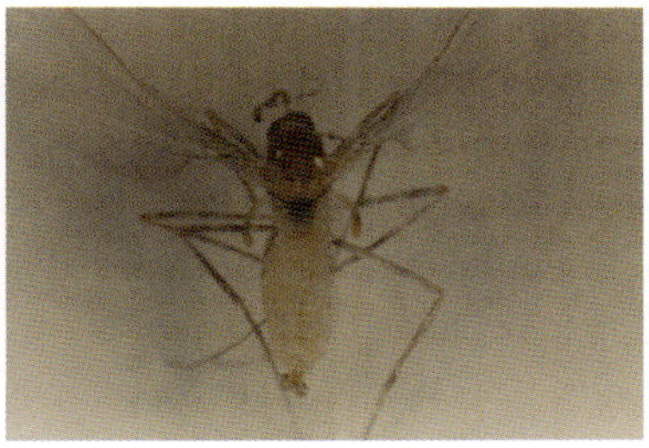

15.2g *Voll entwickeltes männliches Insekt*

(echter) Parasiten, die die Gallmücke angreifen:

Die parasitäre Wespe *Mesopolobus diffinis* greift das dritte Larvenstadium und die frühen Verpuppungsstadien von *Taxomyia* an. Die ausgewachsenen Insekten suchen zwischen September und November die Gallen auf und legen ihre Eier in die Wirtslarven sowohl der Einjahres- als auch der Zweijahresgallen (siehe Kasten). Die *Mesopolobus diffinis*-Larve wächst schnell, überwintert mit der vertrockneten Haut der Eibengallmückenlarve, verpuppt sich und schlüpft im März aus. Jeden Winter und Frühling kommen gleich drei Generationen dieses Insekts auf eine Generation ihres Wirtes. Dadurch kann sich die *Mesopolobus*-Population in gallmückenreichen Jahren sehr schnell vergrößern und wirkt damit als effektive Bevölkerungskontrolle[7] der Eibengallmücke.

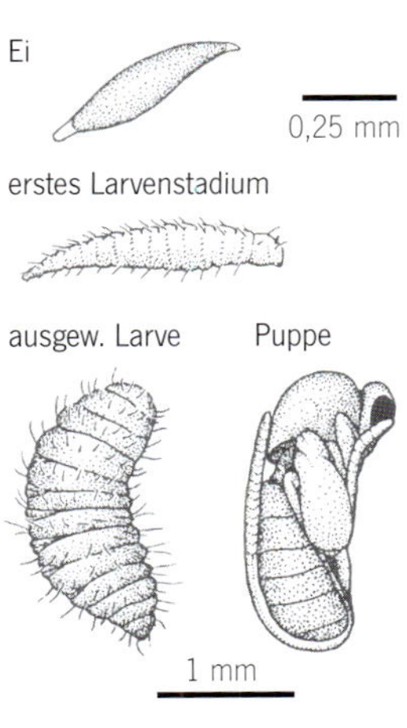

15.4 Torymus nigritarsus

Der andere *Taxomyia*-Parasit ist ebenfalls eine parasitäre Wespe. *Torymus nigritarsus* legt ihre Eier im späten April und Mai auf voll entwickelte Larven sowie Puppen der Eibengallmücke

15.5 - 15.8 *Gelegentliche Besucher …*

in den Zweijahresgallen. Im Juli ist die *Torymus*-Larve bereits voll ausgewachsen. Sie überwintert in der Galle, und die erwachsenen Tiere erscheinen dann im späten März und April. Im Lebenszyklus von *Taxomyia* repräsentiert der *Torymus*-Befall den letzten großen Schub in der Sterblichkeitsrate.[8]

Es gibt außerdem zwei Schmetterlingsraupenarten (der Lepidoptera), *Ditula angustiorana* und *Blastobasis lignea*, die sich von Eibenlaub ernähren (und auch Gallen mitsamt den Larven fressen). Beide Raupenarten finden sich jedoch auch auf anderen Bäumen. Ihre Larven fressen vom späten Juli bis in den Herbst und verpuppen sich im Mai und Juni. Sie selbst stehen wiederum auf dem Speisezettel von Vögeln, v. a. Meisen.[9]

Weitere Insekten im direkten Umfeld von *Taxus* sind die Larven des Gewöhnlichen Hausbockkäfers (*Hylotrupes bajulus*) und des Gescheckten Nagekäfers (»Totenuhr«, *Xestobium rufovillosum*), welche das Splintholz der Eibe angreifen.[10] Besonders gefährlich ist der Dickmaulrüßler *(Otiorhynchus sulcatus)*, ein Rüsselkäfer, der einjährige Eibentriebe rundum ringelt, woraufhin sie rot werden und absterben, aber noch lange am Ast bleiben. Er greift auch die Wurzeln junger Sämlinge sowie deren Gipfeltriebe an,[11] was wiederum zu Mehrstämmigkeit führt. Keine Schäden dagegen richten Ameisen an, die lediglich das süße Fleisch der Arillen am Boden verzehren,[12] was in sehr bescheidenem Maß zur Minderung der Keimhemmung beiträgt. Nicht zuletzt sind wilde Honigbienen *(Apis mellifica)* zu nennen,[13] denen hohle Eiben geradezu ideale Siedlungsräume bieten (vergl. Abb. 33.16 – 19).

Oft finden sich auch Kellerasseln *(Porcellio scaber)* an Eiben. Sie gehören nicht zu den Insekten, sondern zu den an Land lebenden Krebstieren (Crustaceae); wie ihre im Wasser lebenden Verwandten (z. B. Garnelen, Hummer) atmen sie durch Kiemen. Anders als bei den Insekten besitzt die Cuticula der Asseln keine wasserdichte Wachsschicht, was die Tiere sehr anfällig gegen Austrocknung macht. Daher sind sie meist nachtaktiv und bevorzugen eine dunkle, feuchte und kühle Umgebung. Asseln sind von großer ökologischer Bedeutung als Zersetzer und Humusbildner.

15.9 *Kellerassel*

16.1 *Holzzersetzung in einem hohlen Eibenstamm*

KAPITEL 16

SCHÄDLINGE

PILZE

Auf dem Waldboden ist die Abbaugeschwindigkeit des Holzes etwa doppelt so hoch wie bei Totholz im Kronenbereich.[1] Dies liegt v. a. an der höheren Feuchtigkeit. Auf am Boden liegenden Ästen und umgestürzten Stämmen findet sich zudem die größere Artenzahl an holzzersetzenden Pilzen. Aber auch das Holz lebender Bäume bleibt von Pilzbefall nicht verschont.

Im Vergleich zu anderen Waldbäumen wird *Taxus baccata* nur von wenigen Pilzen nachhaltig befallen. Auf Standorten in Polen z. B. verhindert ein feindliches mikrobiologisches Bodenklima die Eibenverjüngung, was zu einem großen Teil auf den pathogenen Pilz *Nectria radicicola* zurückgeführt wird,[2] der Eibensämlinge abtötet. Im Fürstenwald bei Chur (Graubünden)[3] in der Schweiz zeigt jede vierte Eibe ausgedehnten Stammkrebs. Man nimmt an, daß Pilzinfektionen die Ursache sind, und an einigen der Baumwunden zeigen sich Fruchtkörper des Föhrenfeuerschwammes *(Phellinus chrysoloma)*. Dieser Pilz greift auch Fichte, Tanne und Lärche an, aber niemals die Kiefer. Normalerweise bedecken Bäume ihre nicht pathogenen Wunden zügig mit Wundmaterial (Kallus), und wenn ihnen das nicht gelingt, ist dies in der Regel ein Anzeichen für die Präsenz eines Krankheitserregers. Der Föhrenfeuerschwamm dringt über Astbruchstellen oder andere tiefe Wunden in das Kernholz des Baumes ein und greift das Kambium an. Im späteren Stadium dringt er auch in das Splintholz

16.2 - 16.4 *Verschiedene Fruchtkörper des Schwefelporlings*

ein, und wenn die Zersetzung schneller geht als das Wachstum des Stammes, schiebt sich der Pilz durch die Rinde nach außen vor, wo sich als Resultat Krebsgeschwüre bilden. Der lebende Teil des Kambiums wird immer weiter zurückgedrängt und ist nicht mehr in der Lage, den Krebs zu überwallen. Das Pilzwachstum geschieht jedoch sehr langsam. Dendrologische Untersuchungen im Fürstenwald ergaben, daß der erste Fall von Kambiumschädigung bereits 1948 geschah. Einzelne Bäume gehen nach Jahrzehnten an dieser Infektion zugrunde, anderen gelingt es, die Krebsstelle schließlich doch noch mit einer gesunden Rinde mehrheitlich zu überwallen.[4] Ähnliche Stammkrebse an Eibe sind auch vom Uetliberg bei Zürich sowie aus Derbyshire und Sheffield in England bekannt.[5]

Die Eibe wird nicht vom Echten Hausschwamm (*Serpula lacrymans*) befallen[6] Auch ist sie sehr resistent gegenüber dem Hallimasch (*Armillaria* spec.),[7] einer Pilzgattung, deren Individuen Jahrhunderte alt werden und die weitläufigsten unterirdischen Geflechte (Mycelien) bilden, die man kennt. Sie ernähren sich von totem Holz, aber auch von lebenden Wurzeln von Laub- und Nadelbäumen. Es gibt keine bestätigten Todesfälle von Eiben durch den Hallimasch (*Armillaria*).[8] In Großbritannien ist die einzige bekannte Todesursache von Eiben eine Infektion mit der wurzelpathogenen *Phytophthora*.[9] Auch eine weitere Studie über holzzersetzende Pilze,[10] die über vier Länder Europas durchgeführt wurde, bestätigte das extrem langsame Fortschreiten von Pilzzersetzung in der Eibe. 80 Pilzarten[11] wurden in dieser Studie identifiziert, darunter nur eine einzige, die ausschließlich auf *Taxus* vorkommt, nämlich *Aleurodiscus aurantius*.[12] Insgesamt wurden bisher 258 Pilzarten auf *Taxus baccata* oder dem Boden darunter gefunden (zum Vergleich: bei Buche und Eiche jeweils über 2200 Pilzarten).[13]

Die Pilzausbreitung in Holz ist sehr von der Durchlässigkeit des Holzes abhängig. Sie bestimmt, wie gut die Pilzfäden das Holz durchdringen können, und sie beeinflußt auch die Effektivität des Wasser- und Gasaustausches. Das macht die Eibe zu einer schweren Aufgabe für Pilze. Längs der Holzfasern (entlang dem Xylem) ist die Durchlässigkeit von Eibenholz extrem gering – sie liegt wesentlich niedriger als bei allen anderen europäischen Bäumen – und die radiale Durchlässigkeit ist sogar noch geringer. Die längsverlaufende Durchlässigkeit des Holzes z. B. des Riesen-Thuja *(Thuja plicata*, ein in Amerika heimischer Baum) ist etwa eintausend mal höher als die der Eibe. Aber auch das Holz dieses Baumes verrottet eher langsam, was an seinem hohen Gehalt an Terpenoiden liegt. So kommt es, daß man die hohe Pilzresistenz der Eibe eher den physikalischen Eigenschaften des Holzes als der Holzchemie zuschreibt.[14]

In alten Eiben jedoch spielen Pilze eine enorm wichtige Rolle bei der Aushöhlung des Stammes und der Äste. Am häufigsten wird dabei der als Braunfäuleerreger bekannte Schwefelporling *(Laetiporus*

16.5 *(links)* Ganoderma carsonum *ist selten auf* Taxus *(dieser wurde in Kent gefunden).*
16.6 Ganoderma resinaceum

16.9 *Die Zersetzung des Eibenholzes in braune bis schwarze »Würfel« ist typisch für die Aktivität des Schwefelporlings.*

16.7 - 16.8 *Zwei Beispiele von Stammkrebs; im linken hat der Heilungsprozeß begonnen.*

sulphureus) beobachtet. Obwohl die Zersetzung des Kernholzes auf den ersten Blick einen Angriff auf die Struktur des Baumes darstellt, ist sie ein entscheidender Schritt in den Lebensphasen der Eibe (siehe S. 75).

MILBEN

Die Taxusgallmilbe *(Cecidophyopsis psilaspis)*[15] ist ein bekannter Eibenparasit in Nord- und Westeuropa. Ihr Befall bewirkt eine Verlängerung und Anschwellung der Knospenschuppen und führt zu einem weitreichenden und chronischen Absterben der Knospen in der gesamten Krone und damit zu einem ungleichmäßigen Belaubung des Baumes.[16] Eine andere Milbenart, *Eriophyes psilaspis*, ruft tumorartige Deformationen hervor und führt zu einer Verfärbung der Blätter und Knospen. Langfristig trocknen die Blattknospen und männlichen Blüten aus und fallen ab.[17] Insgesamt wurden 199 Milbenarten auf Eiben in England und Wales gefunden. Die Mehrzahl dieser Milben sind höchstwahrscheinlich freilebende Räuber und nicht ausschließlich auf die Eibe beschränkt. Interessanterweise gibt es deutliche biologische Unterschiede zwischen den Milben, die ausschließlich auf freistehenden Eiben leben (39 Arten) und denen auf Waldeiben (25 Arten).[18]

GESUNDHEIT UND VITALITÄT

Für Bäume gilt wie für Menschen, daß Gesundheit mehr ist als die bloße Abwesenheit von Krankheit. Bevor ein Baum durch Parasiten oder Pilzbefall geschädigt wird, liegt eine Schwächung oder ein Ungleichgewicht in seinem eigenen System vor. Eine der Methoden, die konventionelle Technologie uns bietet, um die Vitalität lebendiger Organismen zu untersuchen, ist die Messung ihrer elektrischen Ströme. Die elektrische Aktivität von Bäumen wurde zum ersten mal 1925 gemessen,[1] und seit den 1960ern ist bekannt, daß die elektrischen Potentiale von Bäumen den Tag-und-Nacht-, den Jahres- sowie den Mondrhythmus widerspiegeln,[2] sie stehen in Wechselwirkung mit der Luftelektrizität direkt um den Baum und sogar mit dem Magnetfeld der Erde.[3] Der tschechische Wissenschaftler Vladimír Rajda[4] begann seine Pionierarbeit mit der Untersuchung der geophyto-elektrischen Ströme (GPES) 1969 und ist in der Zwischenzeit zu einem internationalen Experten auf diesem Gebiet geworden. Für *Die Eibe in neuem Licht* erklärte er sich freundlicherweise bereit, eine zwölfmonatige Studie von *Taxus* in der tschechischen Republik auszuführen, was von Juni 2004 bis Juni 2005 geschah.

In Tschechien erholt sich die Umwelt nur langsam von den Folgen der Schwerindustrie während der kommunistischen Zeit. Die Mehrzahl der Bäume ist krank, mit Vitalitätsraten, die nie höher als 68 %

Elektrodiagnostik bei Bäumen

Ein Großteil der physikalischen und chemischen Eigenschaften sämtlicher Atome und Moleküle beruht auf ihrer elektrischen Ladung. Chemische Reaktionen zwischen Molekülen zum Beispiel oder der Vorgang der Mineralstoffaufnahme durch eine lebendige Zelle werden bestimmt durch die Gesetze der Elektrizität. Daher gibt die meßbare elektrische Aktivität eines Organismus uns Aufschluß über den Zustand seiner Vitalität. Lange bevor äußerlich sichtbare Symptome einer Krankheit erscheinen, zeigen sich Unregelmäßigkeiten in den elektrischen Strömen.

Die Elektrodiagnostik bei Bäumen nutzt die Existenz und die Gesetzmäßigkeiten der elektrischen Ströme und die Spannung zwischen dem Nährboden und dem Baum aus. Die GPES sind in sämtlichen ober- und unterirdischen Baumteilen gegenwärtig. Vladimir Rajda benutzt für seine Methode der Elektrodiagnostik ein mobiles Elektromeßgerät für Gleichströme und zwei spezielle Metallsonden. Die Erdsonde wird in einer Entfernung von 0,2 bis 40 Metern 20 bis 60 cm tief in den Boden gesteckt, die Abnahmesonde dagegen ist wesentlich kürzer (etwa 10 cm), da sie lediglich die Kambium- und die Phloemschicht unter der Rinde durchdringen muß (das Xylem weist bei allen untersuchten Pflanzenarten lediglich ca. 65 % der Stromstärke des Kambiums und Phloems auf). Gemessen wird an der Stammbasis, da die GPES hier am stärksten sind. Sie nehmen mit der Höhe ab und sind 6 m über dem Boden nur noch halb so stark wie direkt über dem Boden.

Die Stärke der Elektroströme spiegelt die Vitalität eines Baumes, und einem Absinken der elektrischen Aktivität folgt unvermeidlich eine Verringerung der Wasseraufnahme und somit auch der Nährstoffversorgung. Dadurch sinken die GPES noch weiter ab und der elektrische Widerstand steigt exponentiell (von 30–50 Ω bei gesunden Bäumen auf 30.000–60.000 Ω in schwerkranken Bäumen). Die Nährstoffversorgung bricht schließlich zusammen, und nach einer Phase der Unterernährung ist der Baum zu schwach geworden, um Parasiten und Krankheitserreger abzuwehren. Die enge Verknüpfung von bioelektrischem und biochemischem Stoffwechsel hat es Rajda möglich gemacht, ein Frühwarnsystem für Forstämter zu entwickeln, das kranke Bäume erkennt, noch bevor sie äußerliche Symptome zeigen.[6]

Weiterhin haben Rajdas Forschungen gezeigt, daß die Zunahme der Lichtintensität einen Anstieg der GPES bewirkt, und daß Temperaturanstieg einen ähnlichen Effekt hat (1 °C entspricht einer Differenz von 2,8 Mikroampere in der Stromstärke). Auch konnten die Resultate früherer amerikanischer Studien[7] bestätigt werden, daß – unter Berücksichtigung der eben genannten Variabeln sowie der verschiedenen Boden- und Wasserverhältnisse – jede Baumart in den GPES artspezifische Besonderheiten[8] zeigt, die darüber hinaus für jeden einzelnen Baum identisch sind, unabhängig von der Seehöhe oder dem geographischen Standort. Innerhalb ihrer artspezifischen Grenzen folgen die GPES eines jeden Baumes zwei Mustern: Während der Jugend erfolgt ein beständiger Anstieg der GPES parallel mit der Zunahme des Stammdurchmessers, und durch die gesamte Lebensspanne hindurch vollzieht sich ein jährlicher Rhythmus mit dem Höhepunkt im Sommer und dem Tiefpunkt zu Mittwinter.[9]

***17.1** Die uralte Eibe von Ankerwyke, Buckinghamshire (männlich, Stammumfang 788 cm am Boden, 1999)*

liegen.[5] Eiben sind zwar dafür bekannt, daß sie gegen chemische Belastungen relativ widerstandsfähig sind, aber angesichts der gegenwärtigen Situation in Tschechien war es doch eine Überraschung für Rajdas Team, in allen untersuchten Eiben eine hohe Vitalitätsrate vorzufinden, teilweise von fast 100 %.[10]

Die *Taxus*-Studie,[11] die dieser Entdeckung folgte, zeigt die Eibe wieder einmal mehr in einer Vermittlerrolle zwischen den einheimischen Laub- und Nadelbäumen Europas. Die laubwerfenden Bäume haben generell deutlich höhere GPES-Werte als die immergrünen, und die Eibe befindet sich in der Mitte dazwischen. Die höchsten Werte überhaupt wurden in Roßkastanien (*A. hippocastanum*, 410 μA/cm^{-1} bei 0,936 V) und Eichen (*Qu. robur*, 370 μA/cm^{-1} bei 0,830 V) mit 50 cm Stammdurchmesser gefunden.

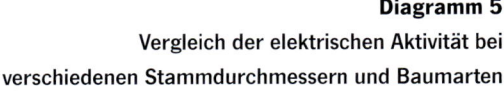

Diagramm 5
Vergleich der elektrischen Aktivität bei verschiedenen Stammdurchmessern und Baumarten

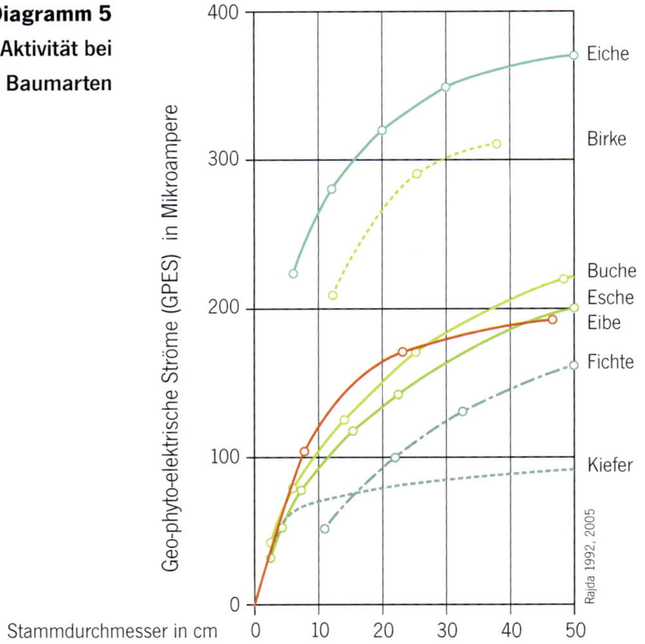

Diagramm 6
Die jährlichen Rhythmen der elektrischen Aktivität bei verschiedenen Baumarten

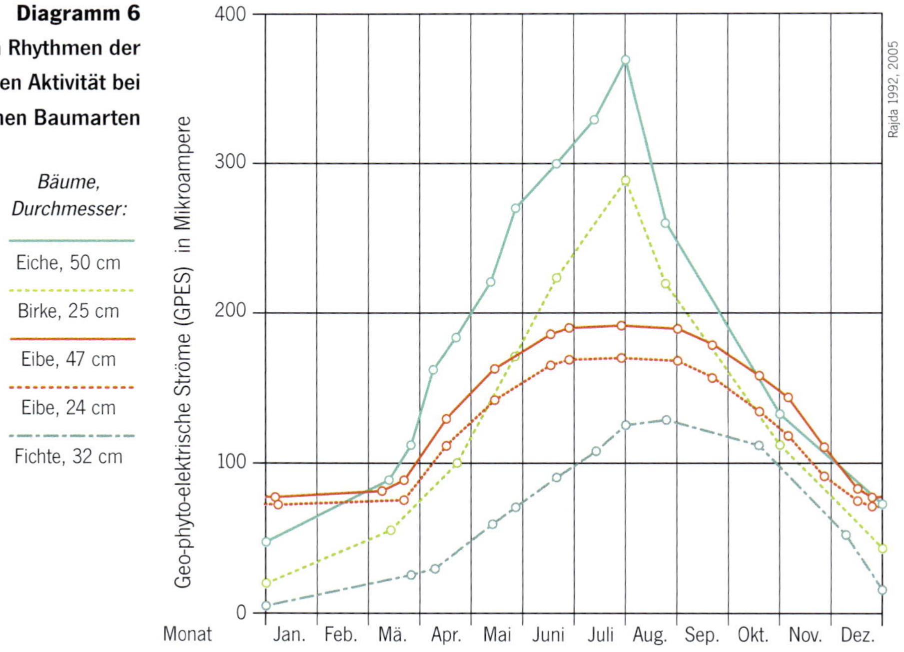

17.2 Eiben bei Conswell Scar, Kendal, Nordengland

Zu den Bäumen mit den niedrigsten Werten zählt die Kiefer *(P. sylvestris)*, sie lebt mit weniger als einem Drittel der GPES-Werte, wie sie die Eiche hervorbringt. Die Werte der Fichte *(P. abies)* sind kaum höher als die der Kiefer.

Im Jahresrhythmus zeigen sämtliche untersuchten Pflanzen unserer Flora einen gemeinsamen absoluten Tiefpunkt ihrer GPES, der sich an der Wende des Kalenderjahres befindet. Ab diesem Punkt nimmt die Stoffwechselaktivität (*gesunder* Pflanzen) beständig und ohne Unterbrechungen zu, bis Ende Juli der Höhepunkt erreicht ist. Für einige Koniferen wie die Fichte mag der Höhepunkt wenige Wochen später liegen, aber vor Ende August beginnen auch ihre Kurven abzufallen, bis mit dem Jahresende wiederum der Tiefpunkt erreicht ist. Die Kurven der Laubbäume steigen und fallen steiler als die der Nadelbäume, da sie im Sommer wesentlich höhere Werte erreichen als diese.

Doch die Eibe ist anders. Ihre GPES-Kurve sieht aus wie eine mächtige Domkuppel, die sich von Mitte März bis Mitte Dezember erstreckt. Während die kurzlebigen sommerlichen Höchstwerte der Laubbäume nur für einen, selten für zwei Tage anhalten, hält die Eibe ihr höchstes Niveau (195 $\mu A/cm^{-1}$ bei 0,833 V) für volle zwei Monate. Diese einzigartige, domförmige Gestalt der GPES-Kurve der Eibe weist auch darauf hin, daß – obwohl die Werte der Eiche um den 1. August etwa doppelt so hoch sind wie die der Eibe – im Jahresdurchschnitt beide Bäume eine durchaus vergleichbare Energiemenge erzeugen. Mit anderen Worten: Im Jahresdurchschnitt ist die Eibe einer der energiereichsten Bäume Europas, obwohl sie ein immergrüner Baum ist.

Eine weitere bedeutungsvolle Tatsache ist, daß der winterliche Tiefpunkt der Eibe sich vom 20. bis zum 25. Dezember erstreckt. Das ist nicht synchron mit den anderen untersuchten Bäumen. Genau an diesen kürzesten Tagen des Jahres sind das Kambium und Phloem der Eibe am trockensten. Und dennoch: Sogar in dieser Tiefphase der allgemeinen Winterruhe fallen die GPES der Eibe nicht unter 70 $\mu A/cm^{-1}$ bei 0,833 V, während die der anderen Koniferen auf einen Bruchteil dieses Wertes sinken. Null erreichen die Werte übrigens nur beim Tod einer Pflanze.

Eine gänzlich unerwartete Beobachtung wurde an zwei alten mehrstämmigen Eiben gemacht. Allgemein ist die Stärke der GPES an der Basis eines mehrstämmigen Baumes die Summe der verschiedenen GPES in den Einzelstämmen. In der Eibe jedoch bewahren die Einzelstämme ihre individuellen Stromstärken bis zur Erdoberfläche hinab. Dies zeigt eine Unabhängigkeit des Stoffwechsels der Einzelstämme eines Baumes, wie sie bei anderen Bäumen sonst nicht bekannt ist. Da die Gesamtstärke der GPES sich irgendwo vereint, wird das vermutlich im Wurzelbereich geschehen.[12] So ergibt sich ein weiterer Hinweis darauf, daß die Wurzel der Eibe von einzigartiger Kraft und Bedeutung für diese Baumart ist.

Was die Gesundheit anbelangt, zeigte die Hälfte der tschechischen Eiben absolute Höchstwerte (fast 100 %), während die andere Hälfte mit 83 – 87 % zwar physiologisch geschwächt ist, aber dennoch deutlich über dem Landesdurchschnitt von 68 % für die anderen Baumarten liegt. Die Studie bestätigt *Taxus baccata* als einen Baum von überdurchschnittlicher Vitalität und großer Widerstandskraft gegen chemische Verschmutzung. Sie läßt außerdem vermuten, daß die hohe Lebenserwartung der Eibe zumindest teilweise auf ihr hohes Maß an Lebenskraft, wie sie aus den GPES resultiert, zurückzuführen ist.

17.3 Die technische Ausrüstung zur Messung der geo-phyto-elektrischen Ströme (GPES)

DAS HOLZ

Die strukturbildenden, verholzten Teile eines Baumes werden von einer schützenden Schicht, der Borke, umgeben. Die Borke der Eibe ist in der Regel rötlich bis braun, dünn, geruchlos und hat einen leicht bitteren und adstringierenden Geschmack. Mit wachsender Ausdehnung von Stamm und Ästen werden die älteren äußeren Schichten der Eibenborke in unregelmäßigen, flachen Schuppen abgeworfen, während an der Innenseite neue Schichten aus dem Rindenkambium entstehen.

__18.1__ Querschnitt durch einen jungen Stamm

Unter der Rinde eines Baumes gibt es nur eine dünne Schicht lebender Zellen, das Kambium. An der Außenseite bringt das Kambium Bastzellen (Phloem) hervor – das Transportsystem des Baumes, welches den gehaltvollen Saft der Assimilate, die in den Blättern produziert werden, im Baum verteilt. Im Gegensatz zu den Xylemzellen sind diejenigen des Phloems lebendig. Sie bilden durchgehende Kanäle (Siebröhren), ihre lebende Substanz beschränkt sich auf eine dünne Schicht entlang der Zellwände, um dem Saftstrom Platz zu schaffen. Im Falle einer Verwundung wird der Saftstrom durch Verschluß der Siebplatten unterbrochen, um unnötigen Nährstoffverlust zu vermeiden. Auch die Phloemzellen sterben schließlich ab und bilden dann die Rinde. Ältere Rindenschichten werden schließlich als Borke abgeworfen.

Zum Stamminneren hin produziert das Kambium das Xylem – das Röhrensystem, welches Wasser von den Wurzeln zur Krone transportiert. Sobald die Xylemzellen die ihnen vorbestimmte Gestalt und Größe erreicht haben, sterben sie ab. Der Zellkern und sämtliche Zellorganellen werden abgebaut, und es bleibt nur eine hohle, aber starke Zelluloseröhre zurück, die zusätzlich durch den Einbau von Substanzen wie Lignin Festigkeit erhält. Nachdem sie für ein Jahr oder länger als Teil des Wassertransportsystems gedient haben (das Splintholz), verstopfen Xylemzellen langsam und werden schließlich zu Kernholz umgebaut, das eine rein mechanische Aufgabe hat: die Festigung der Baumstruktur. Die Jahrringe sind erkennbar, weil das im Frühjahr produzierte Xylem (»Frühholz«) meist größere Zellen und dünnere Zellwände aufweist als das gegen Ende der Wachstumsperiode entstandene (»Spätholz«). Bei der Eibe zeichnet sich das rötliche Kernholz deutlich vom blassen Splintholz ab, welches gewöhnlich 10–20 Jahrringe stark ist.[1]

Im allgemeinen sind die Jahrringe in *Taxus* vergleichsweise schmal, was sein langsames Wachstum reflektiert. Es gibt jedoch auch in dieser Hinsicht ein weites Spektrum an Variationen. In niedrigen Lagen gewachsenes Holz hat oft breitere Ringe als solches aus Berglagen, und die besonders feine Porung und hohe Biegsamkeit der Eiben aus den Alpen war höchst begehrt für die mittelalterlichen Langbögen. Die Jahrringe der Eibe haben oft einen wellenförmigen

__18.2__ Jahrringe in einem spannrückigen, 160 Jahre alten Stamm

18.3 *Die fließenden Formen des sekundären Wachstums*

Querschnitt. Das führt bei jährlicher Verstärkung des Impulses zu spannrückigen (d. h. mit Längswülsten versehenen) Stämmen und Ästen, wie es sie weniger stark ausgeprägt auch bei der Hainbuche gibt.

Bei den Jahrringen der Eibe vollzieht sich der Wechsel zwischen Früh- und Spätholz eher gleichmäßig, im Gegensatz zu vielen Baumarten, die unter dem Mikroskop deutlich verschiedene jährliche Wachstumsperioden zeigen. Regen, der von Februar bis Juli fällt, wirkt sich stimulierend auf das Wachstum des Eibenholzes aus, und milde Temperaturen im

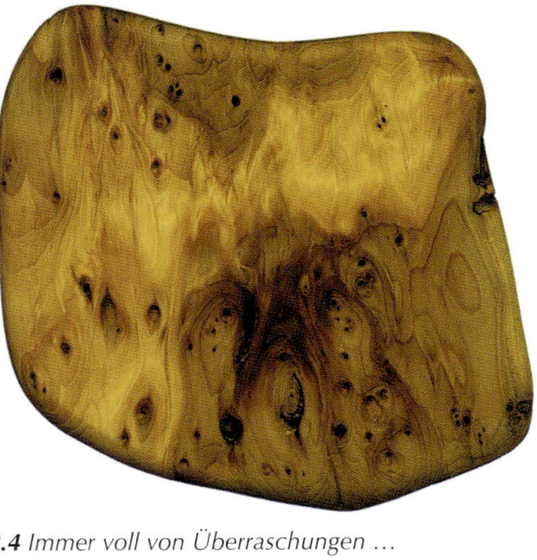

18.4 *Immer voll von Überraschungen …*

Spätwinter (Jan./Feb.)[2] und Spätherbst (Okt.) können die Wachstumsperiode verlängern. Hohe Temperaturen im Sommer (besonders im Juli) dagegen behindern das Wachstum.[3]

Jahrringe wachsen zwar konzentrisch um den Stammkern, aber nicht zwangsläufig in alle Richtungen gleichmäßig. Ein geneigter Baum z. B. übt starken Druck auf das Stammholz der einen Seite und einen Zug auf der anderen aus. Die Stammarchitektur und auch das Wurzelsystem müssen sich dementsprechend umstrukturieren. Druckholz wird zur Stabilisierung des Baumes erzeugt und zeigt breitere Ringe, einen höheren Ligningehalt und eine dunklere Tönung als das normale Holz.[4] *Taxus* ist außerordentlich langsam im Abwerfen toter Äste, und auch das verursacht Unregelmäßigkeiten im Ringmuster und verhindert lange Abschnitte geraden Holzes (wie sie die Forstwirtschaft gerne hätte).

Durch sein extrem langsames Wachstum ist Eibenholz hart, schwer und dauerhaft. Seine hohe Dichte zeigt sich auch im Gewicht: 640 – 800 kg/m³ (zum Vergleich: Mammutbaum 420, Kiefer 510, Buche und Eiche 720 kg).[5]

Das Dickenwachstumsrate von *Taxus* kulminiert im Alter von 110 – 120 Jahren, das Höhenwachstum erst im Alter von 150 – 160 Jahren,[6] weitaus später also als bei allen anderen Baumarten.

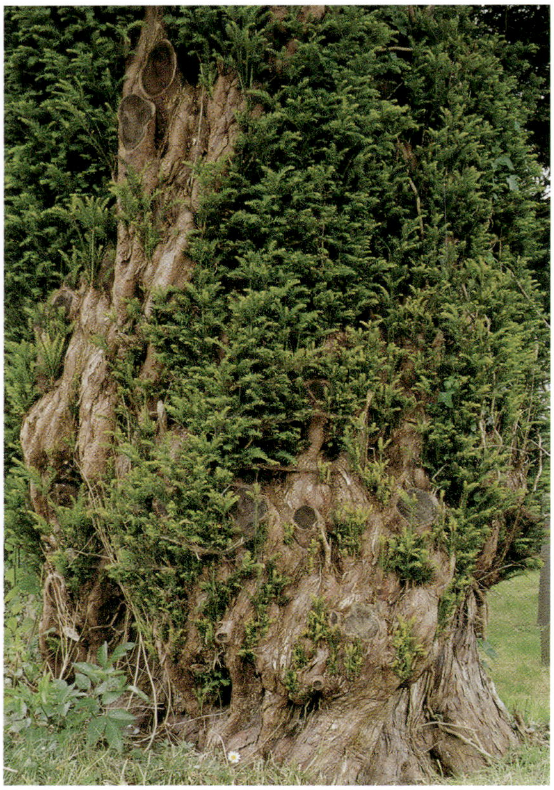

18.5 - 18.6 *Adventivtriebe bedecken die Stämme der alten Eiben von Garthbeibio (Foel), Powys (links) und Llangeitho, Ceredigion (rechts), in Wales.*

REGENERATIVES WACHSTUM

Das Hohlwerden des Stammes ist eine allgemeine Erscheinung bei älteren Eiben.[7] Während der Kern des Stammes verrottet, setzt ein Prozeß der vegetativen Regeneration ein (siehe Kap. 19). Dabei muß die Belastungsverteilung auf das tragende Holz immer wieder neu geregelt werden. So werden an verschiedenen Stellen des Stammes zusätzliche Gewebepartien angelegt, die dem zunehmend dünnwandigen Stamm helfen, sein physikalisches Gleichgewicht zu erhalten. Dieses regenerative Wachstum ist meist noch weniger gradwüchsig als das ursprüngliche Holz, es ist kurvenreich und voller fließender Formen (siehe Abb. 18.3).

18.7 - 18.8 *Beispiele für Holz, das durch reichlichen Wuchs von Adventivtrieben gezeichnet ist*

Des weiteren ist das Kambium der Eibe imstande, jederorts grüne Triebe (»Adventivtriebe«) zu bilden, die durch die Borke stoßen.[8] Oft ist der untere Teil des Stammes von lichtumströmten Freilandeiben völlig mit solchen Stammfußtrieben bedeckt. Die allermeisten dieser Triebe leben nicht lange, sie gehen entweder wieder ein oder werden von Tieren abgeäst. Nach unzähligen Generationen gewachsener und abgeäster Stammfußtriebe ergibt sich ein äußerst knorriges, knotiges und astreiches Holz mit unregelmäßiger Struktur (»Körnung«). Es wird vermutet, daß dieser Vorgang zu den bei einigen alten Eiben auffallenden kesselartig angeschwollenen Stammbasen führt (siehe Abb. 13.2 und 13.3).[9]

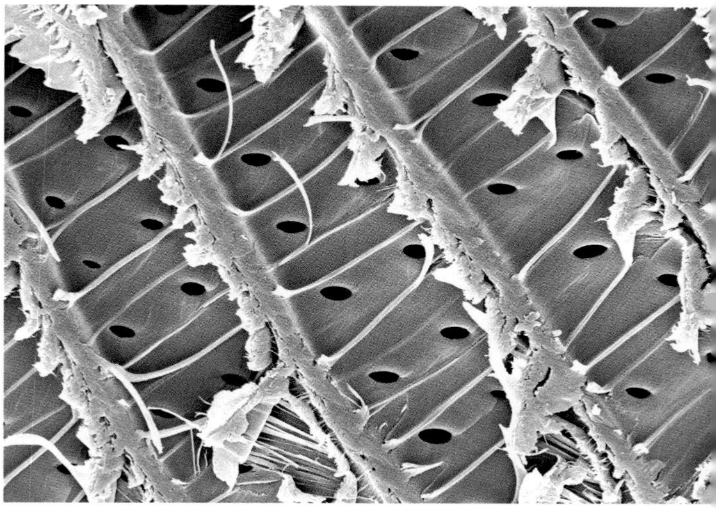

18.9 *Das Elektronenmikroskop enthüllt die Spiralverdickungen in den Xylemzellen.*

HOLZANATOMIE

Eibenholz hat weder Holzparenchymzellen noch Harzkanäle, doch können Harzkanäle nach Verletzungen entstehen.

Das Phloem der Eibe besteht aus Siebzellen, Grundgewebe (Parenchym), kristallhaltigen Fasern und Sklereiden. Diese Zelltypen erscheinen in regelmäßigen Schichten in tangentialer Anordnung: Siebzellen – Parenchymzellen – Siebzellen – kristallhaltige Fasern. Während einer Wachstumsperiode produziert ein langsam wachsender Ast etwa zwei solcher Lagen, der Stamm vier und ein schnell wachsender Trieb vier bis fünf. Die inneren Zellwände der kristallhaltigen Fasern sind mit winzigen Kristallen aus Calciumoxalat (Kristallsand) besetzt. Diese Fasern sind eine Modifikation des Grundgewebes, das sich in älterem (ruhendem) Phloem zu faserigen Sklereiden mit verdickten Wänden umbildet.[10]

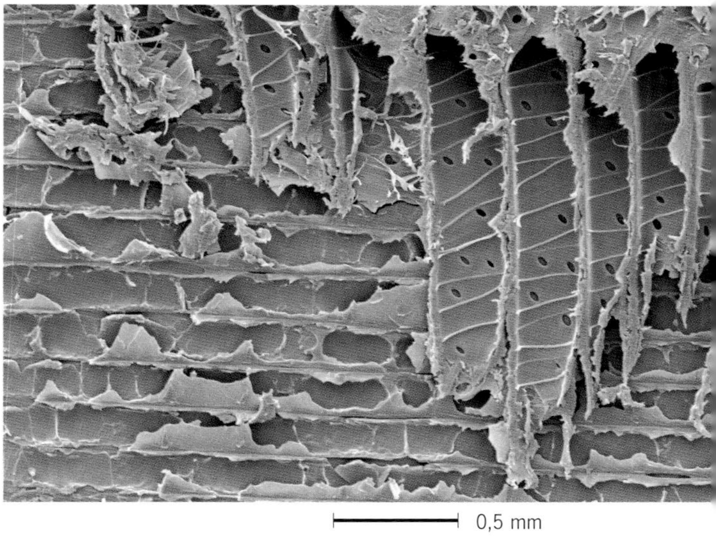

18.10 *Dieser Tangentialschnitt zeigt eine Schicht Markstrahlen hinter den Tracheiden.*

Die Wasserleitbahnen (Tracheiden) des Kernholzes sind außerordentlich eng und haben mit 18,4 μm den geringsten mittleren Durchmesser aller europäischen Baumarten.[11] Sie sind in regelmäßigen radialen Reihen angeordnet, zwischen denen einzelne Reihen von Markstrahlen liegen (in manchen Abschnitten zwei Reihen). Auch das Splintholz hat Markstrahlen, die aus jeweils einer Lage Parenchymzellen bestehen, die reich an Stärke und harzartigen Stoffen sind. Die Markstrahlen des Splint- und des Kernholzes sind meist 1 – 15 Zellen hoch (selten bis zu 25),[12] und bestehen ausschließlich aus Grundgewebe ohne Tracheiden. Wie in den anderen Taxales sind die Spiralverdickungen der Tracheiden eine wichtige anatomische Eigenschaft des Eibenholzes. Bei *Taxus* sind sie jedoch besonders stark entwickelt, und man nimmt an, daß sie wesentlich zu der außergewöhnlichen Elastizität des Eibenholzes beitragen. Wo die radialen Wände von Markstrahlen und Tracheiden zusammentreffen, weist das Holz spezifische Tüpfel auf, winzige Vertiefungen in den Zellwänden, deren Membranen für den (horizontalen) Austausch wäßriger Lösungen zwischen den verschiedenen Zellgruppen des Holzkörpers sorgen.[13]

19.1 *Adventivtriebe können überall am Stamm und an Ästen von Eiben entstehen.*

KAPITEL 19

REGENERATIONSFÄHIGKEIT

Im allgemeinen haben Bäume der gemäßigten Zone *drei Lebensphasen*: 1. das »formative Stadium«, in dem die Zunahme des Stammumfanges die Wachstumsintensität der Krone spiegelt; 2. das »Reifestadium«, in dem die optimale Kronengröße erreicht ist (bei den meisten Arten nach etwa 40–100 Jahren) und sich die jährliche Holzproduktion stabilisiert – was bedeutet, daß die Jahrringe entsprechend dem zunehmenden Stammumfang *kontinuierlich dünner werden*;[1] und 3. das »Altersstadium«, in dem der Baum zu groß für seine eigenen Möglichkeiten der Nährstoffversorgung wird und Teile der Krone absterben, was wiederum zu einer Verringerung der photosynthetisch aktiven Belaubung führt und damit zu einer Verringerung der Holzproduktion sowie der Jahrringbreite. Die meisten Arten können kaum noch überleben, wenn die durchschnittliche Jahrringbreite des Stammes auf 0,5 mm reduziert ist,[2] sie sind dem Tode geweiht. Bei der Eibe verhält es sich anders. Sie kann auch über viele Jahre bei deutlich niedrigeren Wachstumsraten überleben, mit der Nebenwirkung, daß solch ein minimales Dickenwachstum durch mikroskopisch dünne Jahrringe (sog. »fehlende Ringe«) sich der großen Mehrzahl der Vermessungen entzieht. Bei einigen alten Eiben zeigt eine nach Jahren wiederholte Vermessung des Stammes sogar eine Verminderung seines Umfanges, was in der Regel durch weggebrochene Hauptäste, Teile des Stammes oder der Krone verursacht ist. Die einzige Situation, in der das Stammesdickenwachstum einer uralten Eibe wirklich zum Stillstand kommt, kann z. B. am Baum von Totteridge, Herefordshire, beobachtet werden, dessen äußerer Stammesumfang in 314 Jahren (1677–1991)[3] nicht zugenommen hat. Der Grund dafür liegt darin, daß alles kambiale Wachstum dieses Baumes inzwischen in den internen Stämmen (Innenwurzeln, siehe unten) stattfindet, die die Versorgung der Krone übernommen haben.

Andererseits ist die Eibe imstande, »zu fast jedem Zeitpunkt ihres sehr langen Lebens jugendliche [also intensive] Wachstumsraten wieder aufzunehmen. Das kann z. B. durch ein plötzliches zusätzliches Nährstoffangebot von Ast-Senkern stimuliert werden[4] oder durch einen kraftvollen Regenerationsschub nach einer schweren Beschädigung« (J. White).[5] Aber am bedeutsamsten ist: *Durch vegetative Regeneration kann sich ein einzelner Eibenbaum als Teil seines natürlichen Lebensprozesses vollständig verjüngen.*

DIE LEBENSPHASEN DER EIBE

Doch wie vollbringt es die Eibe, an dem Punkt weiterzumachen, an dem andere Baumarten sterben? Die unberechenbaren Schwankungen in den Wachstumsraten und Stammumfängen dieses Baumes haben kontroverse Diskussionen in Gang gehalten, seit der schweizerische Botaniker Augustin de Candolle in den 1830er Jahren die Bedeutung der Jahrringe »entdeckte« (d. h. die Tatsache, daß die Jahrringe dem jährlichen Zuwachs entsprechen und somit das Alter eines Gehölzes sichtbar machen). Frischen Wind in den alten Gelehrtenstreit brachte die *Alan Mitchell Lecture 2000* von Toby Hindson. Mit seiner These von *sieben* Lebensphasen für die Eibe war er der erste, der die komplizierten Wachstumsrhythmen dieser Baumart anerkannte.[6]

Phase 1 – Der Keimling. Während der allerersten Jahre geschieht die Zunahme des Stammumfanges nur langsam.

Phase 2 – Die Jugendphase. Der Baum wächst schnell, mehrere Millimeter dicke Jahrringe sind üblich.

Phase 3 – Die Reifephase. Der Baum hat seine volle Größe erreicht, sein Stammkern ist noch intakt. Die jährlich produzierte Holzmenge stabilisiert sich, was bedeutet, daß entsprechend der Vergrößerung des Stammumfanges die Breite der einzelnen Jahrringe abnimmt.

Phase 4 – Die Aushöhlungsphase. Der Stamm dehnt sich weiterhin aus, wenn auch sehr langsam. Im Stammesinneren setzt Kernfäule ein, aber Stamm und Krone bleiben noch für Jahrhunderte in Funktion. Während jedoch mehr und mehr Kernholz verschwindet, erhöht sich der Gewichtsdruck auf die Randzonen, namentlich auf das Splintholz, das gar nicht dafür geschaffen ist, Druck zu ertragen. Der Baum beginnt, in den Belastungszonen »sekundäres Holz« (siehe Kap. 18) einzugliedern, und zwar in zunehmend höherem Maße. Dadurch nimmt der Stammumfang wieder mit größerer Geschwindigkeit zu.

Phase 5 – Der hohle Baum. Obwohl nun fast vollständig ausgehöhlt, erhalten der Stamm und die Stützgewebe weiterhin eine volle Krone. Das Stammdickenwachstum bleibt hoch, besonders am Stammfuß, um die Gewichtsbelastung im Gleichgewicht zu halten. Im letzten Abschnitt dieser Phase kann der hohle Stamm die Krone nicht mehr tragen und erhebliche Teile des Baumes brechen weg.

Phase 6 – Die Hülle. Die niedrige hohle Röhre (der Stamm) hat nur noch wenig Laub und damit auch wenig Gewicht zu tragen. Schnelle Holzerzeugung ist nicht mehr nötig (und wäre auch gar nicht möglich mit einer derart reduzierten Krone). Das Dickenwachstum sinkt drastisch ab oder kommt zeitweilig zu einem vollständigen Stillstand.

Phase 7 – Der Ring. In der letzten Phase des Zyklus verbleibt ein Kreis oder Halbkreis aus aufrechten Stammfragmenten, die u. U. die Gestalt von Einzelbäumen annehmen, indem primäres und sekundäres Holz ihnen langsam einen »runden« Stamm geben. Aber höchstwahrscheinlich bleiben sie dabei *ein* Baum, da sie weiterhin dasselbe Wurzelsystem teilen. Falls die alte Stammhülle vollständig verschwunden sein sollte, können neue Triebe aus dem Baumstumpf oder dem Wurzelstock wachsen. In jedem Fall geht das Leben des Baumes weiter – und macht es unmöglich, einen Anfang oder ein Ende seines Lebenszyklus zu bestimmen, geschweige denn sein Alter.

REGENERATIONSVERMÖGEN

Zu fast jedem Zeitpunkt in ihrem Leben ist die Eibe zu kraftvoller Regeneration fähig. Große Mengen neuer Triebe können aus dem Kambium reifer Äste und

19.2 *Sechs gesunde Stämme erheben sich von dieser gestürzten Eibe; Hawkwood College, Gloucestershire.*

Diagramm 7 Der Einfluß des Stammumfangs auf das Dickenwachstum

Es ist zu beachten, daß diese Grafik lediglich das Prinzip der unterschiedlichen Lebensphasen veranschaulichen kann. Jeder einzelne Baum kann erheblich von diesen Werten abweichen. Auch die gepunkteten Linien, die hier die Übergänge zwischen den einzelnen Phasen markieren, beruhen auf Durchschnittsangaben und variieren von Baum zu Baum.

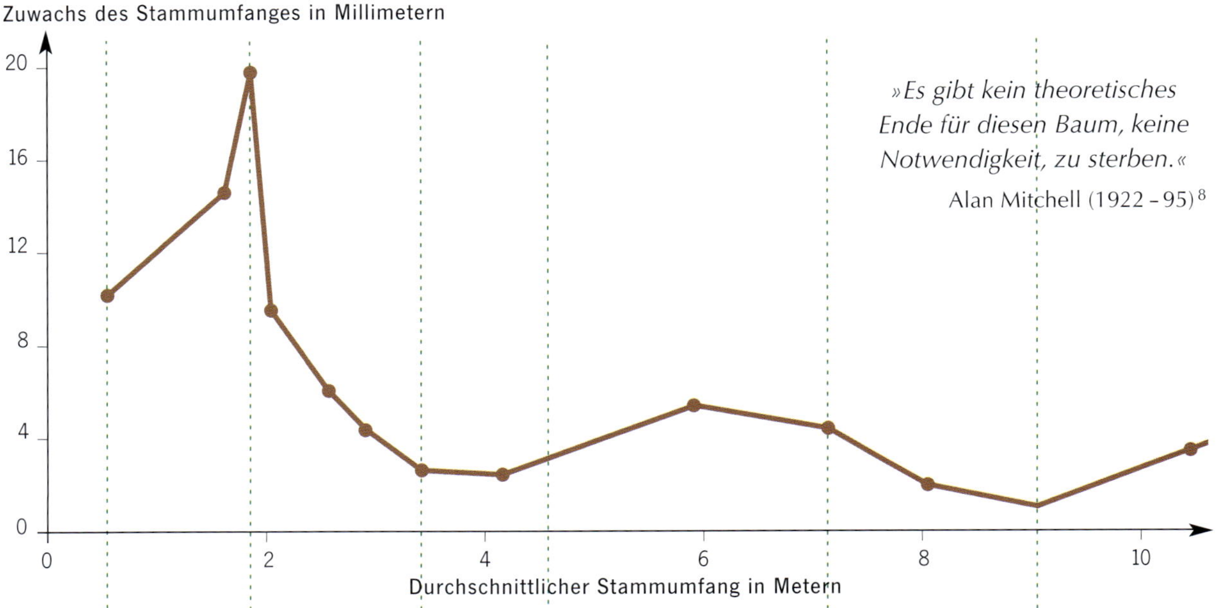

»Es gibt kein theoretisches Ende für diesen Baum, keine Notwendigkeit, zu sterben.«
Alan Mitchell (1922 – 95)[8]

Diagramm 8a Schema des Eibenstammes im Laufe der unterschiedlichen Lebensphasen *(nach Hindson 2000)*

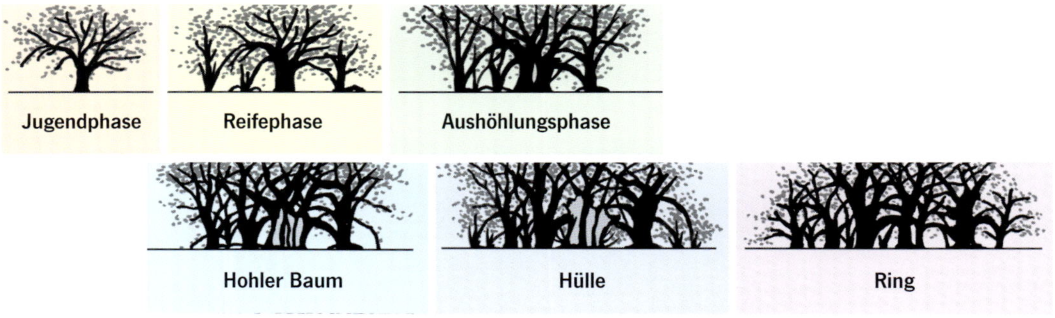

Diagramm 8b Schema des Eibenstammes in Verbindung mit Astsenkern *(nach Meredith o. J.)*

Stämme sprießen und sogar aus Baumstümpfen oder – als Wurzelschößlinge – aus Wurzeln, die dicht unter (oder über) der Erdoberfläche verlaufen. Im Falle einer teilweise zerstörten Krone erscheinen senkrechte Triebe auf den Ästen und füllen alsbald die Lücke. Die enorme Ausschlagsfähigkeit der Eibe ermöglicht ihr, selbst stärkste mechanische Schädigungen (z. B. durch Sturm) auszugleichen.[7] Selbst umgestürzte Bäume können weiterwachsen, solange sie noch mit dem Wurzelsystem verbunden sind, einige Seitenäste werden dann zu aufrechten Leitästen (siehe Abb. 37.16). Und überraschenderweise scheint das Alter keinen Einfluß auf diese Regenerationsfähigkeit zu haben.

Es gibt jedoch eine wichtige, wenn auch dünne Grenzlinie zwischen regenerierbarer und katastrophaler Schädigung. In verschiedenen Fällen sind Eiben vollständig eingegangen, nachdem sie wichtige Teile ihrer Krone verloren hatten, v. a. nach unsachgemäßen und unnötig drastischen Schnittmaßnahmen durch den Menschen.[9]

ASTSENKER

Ein Phänotyp der Eibe (besonders auf den Britischen Inseln verbreitet) hat eine besonders niedrige, breite Krone, und seine niederen Äste beginnen früh, in einem Rundbogen zur Erde zu wachsen und dort neue Wurzeln zu schlagen. Dort entspringen dann aufrechte Triebe, von denen sich einige zu stattlichen Bäumen entwickeln. Für lange Zeit bleiben sie mit ihrem Mutterbaum durch den Astsenker verbunden, und Nährstoffe können möglicherweise in beide Richtungen fließen.[10] Auf diese Weise kann eine alte Eibe zu einem ganzen Hain werden. Die Verankerung an mehreren Stellen im Boden gewährt zudem absolute Sicherheit gegen Sturmwinde.

In Großbritannien sieht man die typisch niedrige, breitwüchsige Gestalt derjenigen Eiben, die zu Astsenkern neigen, sowohl im Freistand (z. B. in Parks und auf Friedhöfen; in Deutschland werden die Astsenker aus Ordnungsliebe meist entfernt) als auch bei Eiben, die als primäre Pioniere z. B. Land mit Wacholdergestrüpp in offenem Grasland besiedeln. Die sekundären Pioniere, die im Mischwald den Lücken im Blätterdach entgegenwachsen, haben eher schlanke Gestalt.[11] Aber in Hinblick auf den äußerst bescheidenen Lichtbedarf von *Taxus* (siehe Kap. 7) sollte man der Versuchung widerstehen, hier eine Regel ableiten zu wollen. Auch gibt es genau so viele Gegenbeispiele (d. h. gerade, hohe Bäume im Freistand und niedrige, breite Bäume unter dichtem Wald). Das Geheimnis des *branch layering*, wie dieses Phänomen im Englischen heißt, liegt vielleicht eher in der beachtlichen genetischen Vielfalt von *Taxus*, die weiter oben beschrieben wurde.

DER AUSHÖHLUNGSPROZESS

Die Stämme alter Eiben beginnen in der Phase 4, hohl zu werden, was sich unter Mithilfe spezialisierter Pilze vollzieht. Dies ist ein sehr langsamer Vorgang (über Jahrhunderte), der in seinem Verlauf auch auf die Hauptäste übergreifen wird. Wie jeder Ingenieur weiß, ist eine hohle Röhre flexibler als eine kompakte, und tatsächlich erweisen sich hohle Bäume oft als weniger windwurfgefährdet als massive.[12] Was auch daran liegt, daß sie weniger Gewicht/Masse haben. Der Aushöhlungsprozeß erfordert eine ständige Neuverteilung des Kronengewichtes auf die

19.3 - 19.5

Junge Eiben, die aus Astsenkern eines Elternbaumes (Mitte) hervorgegangen sind

19.6 - 19.7 (oben) Innenwurzeln entwickeln sich aus dem Kambium, meist einige Meter über dem Boden.

19.8 - 19.12 (mittlere Reihe) Frühstadien von Innenwurzeln, beobachtet in Ortachis, Sardinien, und Alapli, Türkei.

19.13 (unten links) Fortgeschrittene Innenwurzel; Ulcombe, Kent

19.14 (unten rechts) Die mächtige Innenwurzel der Eibe von Bettws Newydd, Wales, wird zum neuen Stamm des Baumes.

19.15 - 19.16 *Die alte Hülle der Eibe von Ninfield, deutlich sichtbar auf diesem Foto vom Beginn des 20. Jahrhunderts (unten), ist inzwischen verschwunden; heute tragen die Innenwurzeln die Krone (rechts).*

verbleibenden Stammteile, und die Eibe wird diesen Ansprüchen gerecht, indem sie in den betroffenen Zonen verstärkt primäres Holz anlegt und dieses bei Bedarf mit sekundärem Holz unterstützt (siehe Kap. 18).

INNENWURZELN

In alten Eiben können aus dem Kambium am oberen Stammende Wurzeln entstehen, die dann abwärts durch den sich aushöhlenden Stamm wachsen. So beginnt das »Selbst-Recycling«, bei dem man annimmt, daß die Innenwurzeln Nährstoffe aus dem toten Holz wieder in den Stoffwechsel aufnehmen können. Schließlich erreichen die Innenwurzeln den Erdboden und dringen in ihn ein. Über der Oberfläche beginnen die Innenwurzeln, sich mit Baumrinde zu umgeben und werden schließlich zu neuen Stämmen, die im hohlen Innenraum der alten Stammhülle stehen. Da sie immer mit dem lebendigen Gewebe am oberen Ende des alten Stammes verbunden geblieben sind, können sie zunehmend die Aufgaben des alten Stammes übernehmen, sowohl was die Saftströme anbelangt als auch die mechanische Tragfähigkeit.[13]

Die Vorgänge der Astsenkung und der Innenwurzeln offenbaren, auf welche Weise sich eine alte Eibe vollständig erneuern kann, wodurch letztendlich kein Teil des Baumes so alt sein wird wie der lebendige Organismus selbst.

KAPITEL 20

ALTERSSCHÄTZUNG AN EIBEN

Es ist alles andere als einfach, die Lebensdauer einer alten Eibe zu ermitteln oder die Wachstumsraten dieser Baumart zu erfassen. Zum einen bleiben durch das Hohlwerden der alten Stämme keine Jahrringe erhalten, die man zählen könnte, und auch die Radiokarbon-Methode bleibt nutzlos, wenn ein alter Baum kein Holz seiner frühen Jahre mehr besitzt. Zum anderen ändern sich die Wachstumsraten während der unterschiedlichen Lebensphasen eines Baumes, was dendrochronologische Berechnungen sehr kompliziert macht. Nichtsdestoweniger sind es gerade diese Schwankungen in den Wachstumsraten, die es heutigen Dendrochronologen ermöglichen, verfeinerte Altersschätzungen nur aufgrund von Messungen des Stammesumfanges abzugeben.

Eine Möglichkeit, eine einigermaßen zutreffende Altersschätzung einer hohlen Eibe zu erreichen, ohne das Pflanzdatum eines Baumes zu kennen, ist die Ermittlung der wahrscheinlichsten Wachstumsraten für diesen Baum. Diese Methode beinhaltet die Messung der Jahrringe dieser und wenn möglich auch benachbarter Eiben (vergl. Kasten links). Die Daten müssen im Hinblick auf Bodenbeschaffenheit, Lichtverhältnisse und Mikroklima am Standort sorgfältig ausgewertet werden. Aufgrund des großen Einflusses verschiedener sehr unbeständiger (und zum größten Teil auch unbekannter) Variablen – z. B. wissen wir nichts über die örtlichen Lichtverhältnisse der vergangenen Jahrhunderte – haben verschiedene Forscher unterschiedliche Berechnungsmethoden vorgeschlagen, die denn auch zu sehr unterschiedlichen Ergebnissen führen.

Das Messen des Stammumfanges

Normalerweise untersuchen Dendrochronologen die Jahrringe entweder an einer Stammscheibe (was voraussetzt, daß der Baum gefällt wurde) oder in einer Bohrprobe (was voraussetzt, daß der Baum verletzt wird). Diese Methoden sind für eine alte Eibe nicht zulässig (ganz abgesehen davon, daß das Eibenkernholz sehr hart ist und die teuren Hohlbohrer meist abbrechen). Was übrigbleibt, ist die einzige »sanfte« Methode, die der Schätzung der Wachstumsraten eines Baumes. Dazu wird der Stammumfang gemessen (die Messung des Durchmessers macht nur Sinn bei sehr jungen Bäumen mit geraden Stämmen) und mit entsprechenden Daten derselben Baumart in derselben Region verglichen.

Förster messen für gewöhnlich den Durchmesser eines Stammes, ziehen einen Wert für die Dicke der Rinde ab, multiplizieren das Ergebnis mit der Höhe (unter Hinzuziehung eines Reduktionsfaktors, da der Stamm kein gerader Zylinder ist, sondern ein nach oben schlanker werdender Kegel) und erhalten so eine konkrete Vorstellung davon, wie viele Kubikmeter Holz verkauft werden können. Das Messen des Durchmessers ist schnell und sinnvoll bei jungen, geraden Stämmen mit einem regelmäßig zylindrischen Querschnitt, aber bei verdrehten, knorrigen alten Stämmen, die längst keinen runden Querschnitt mehr haben, ist das Messen des Umfanges wesentlich präziser.

Sowohl Umfang als auch Durchmesser werden in der Regel in »Brusthöhe« gemessen, d. h. 130 cm über dem Boden (in England allerdings 150 cm; Abkürzung BHD für Brusthöhendurchmesser). Wenn die Achseln großer Äste oder andere Schwellungen die Maße verzerren würden, wird der Stamm an seiner schlanksten Stelle gemessen (oder über und unter der Schwellung und dann der Mittelwert errechnet), wobei zusätzlich die Meßhöhe angegeben wird. Die Angabe der Meßhöhe ist auch bei Bäumen an steilen Hängen nötig.

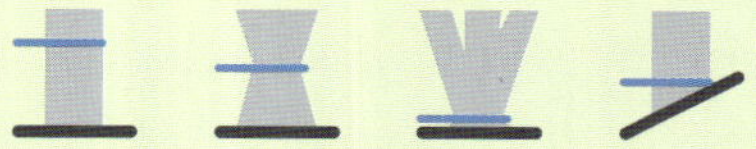

Diagramm 9 **Das Messen des Stammumfanges**

WACHSTUMSRATEN UND ALTERSSCHÄTZUNGEN

Die Diskussion um die Wachstumsrate und potentielle Lebenserwartung der Eibe begann, als Augustin de Candolle im Jahre 1831 die Beziehung zwischen dem Alter eines Baumes und der Anzahl von Jahrringen in seinem Stamm beschrieb.[1] Viele der frühen Dendrologen des 19. Jahrhunderts neigten dazu, das Alter von Eiben zu überschätzen,[2] aber mit der folgenden Jahrhundertwende änderte sich diese Tendenz, ja, schlug in ihr Gegenteil um. Forscher wie John Lowe[3] in England und Prof. Eddelbüttel[4] in Deutschland kritisierten die Verallgemeinerung der langsamen Wachstumsrate alter Bäume scharf – und verallgemeinerten daraufhin selbst die Feststellung der

»Stammfusion«?

In seinem Klassiker *The Yew-Trees of Great Britain and Ireland* plädierte John Lowe 1897 dafür, die schnellen Wachstumsraten junger Eiben auch auf alte Bäume zu übertragen. Er behandelt auch ungewöhnliche Fälle und Modifikationen des normalen Wachstums wie die mitunter in Stammscheiben sichtbaren Fusionen junger Stämme (oder, wie er meinte, möglicherweise auch von Wurzelschößlingen oder Stammfußtrieben). Er gliederte diese Beobachtung in seine Argumentation ein und sagte, daß die Fusionen eine Überschätzung des Alters noch verstärken können, *wo sie vorkommen.*

Sein Argument wurde von vielen Fachleuten übernommen, aber von einigen auch mißverstanden. Was bei Lowe noch Ausnahme war, wurde ihnen zur Regel. So schrieb bereits der deutsche Botaniker O. Kirchner in seiner *Lebensgeschichte der Blütenpflanzen* (1908), die Eibe hätte »höchstens bis zu 200 - 250 Jahren ihres Alters einen einfachen Stamm; ältere Eiben zeigen stets Scheinstämme«.[6] So ging dem 20. Jahrhundert das hohe Alter der Eibe bei der Übersetzung verloren, und dies war noch nicht einmal das Ende des Stille-Post-Spiels: 1984 veröffentlichte niemand Geringeres als die *Encyclopedia Britannica*, alle alten Eiben würden nur durch Stammfusion groß erscheinen, und keines dieser urspünglichen Einzelstämmchen sei älter als 250 Jahre.[7] Seit über 100 Jahren wird das Mißverständnis der durch »Stammfusion« entstandenen »Scheinstämme« als *Regelverhalten* weiterhin abgeschrieben.[8]

Es ist tatsächlich möglich aber ziemlich selten, daß Äste oder junge Stämme von Eiben miteinander verwachsen. Man sollte sehr vorsichtig sein, eine solche Fusion zur Norm zu erklären und dann alle Fälle von Mehrstämmigkeit, unzulänglich untersuchten Innenwurzeln und extremer Spannrückigkeit (siehe Abb. 20.6) ebenfalls als Zeichen einer »Stammfusion« zu deuten. Eine Stammfusion, wenn sie denn geschieht, ist keine leichte Aufgabe für einen Baum, da die Kambiumschichten durch Lagen von Rinde und Rindenkambium getrennt sind, aber letztendlich zusammenwachsen müssen. Eine lange Periode des Aneinanderreibens (bei windbewegten Ästen deutlich länger als bei windgeschützten Innenwurzeln) bringt erst einmal eine Verwundung beider Seiten mit sich, die ein hohes Risiko an Infektion durch Parasiten birgt. Wundmaterial muß gebildet und schließlich die Position beider Holzkörper zueinander fixiert werden. Alles in allem ist Fusion ein riskantes und energieaufwendiges Unterfangen. So zeigen die verschiedenen Stadien von Innenwurzeln – z. B. in Ninfield, England, und Tomiyoshi, Japan (Abb. 19.16 und 20.7) – keine Tendenz, sich frühzeitig zu vereinen, im Gegenteil, sie sind im hohlen Stammesinneren eher gleichmäßig verteilt.

Des weiteren besteht eine Ansammlung von Sämlingen aus beiderlei Geschlecht, in der Regel jeweils zu annähernd 50 %. Geschlechtswechsel bei einzelnen Eiben wurde zwar schon beobachtet, aber wir können nicht einfach annehmen, daß dies eine Standardprozedur sei, nur um die These der Stammfusion zu unterstützen. Welcher komplizierte biochemische Prozeß sollte ihnen ermöglichen, sich zu »einigen«, welche Hälfte ihr Geschlecht wechseln sollte? Kein solcher Vorgang ist der Botanik bekannt, und man fragt sich, wie es einige Fachleute überhaupt vorziehen konnten, sich auf solche Thesen einzulassen, anstatt einfach zu erwägen, daß *Taxus* vielleicht doch älter als 250 Jahre werden kann.

Lowe lag einfach falsch mit der Vermutung, daß jede Eibe nach ungefähr 300 Jahren ihren Stamm verlieren würde. Und er überschätzte auch die Bedeutung der Stammfußtriebe. Diese kommen meist nicht über das Stadium dünner Zweige hinaus; entweder trocknen sie innerhalb von ein, zwei Jahren wieder ein oder sie werden vollständig von Tieren abgeweidet. Falls sie über lange Zeiträume wiederholt nachwachsen, führen sie zu einem extrem struktur- und astlochreichen, knorrigen Holz in den Außenlagen des Stammfußes, der damit auch gewaltig anschwellen kann. Aber äußerst selten entwickeln sich einige von ihnen zu vollen Stämmen. Stammfußtriebe tauchen besonders an freistehenden Eiben auf, die voller Sonneneinstrahlung ausgesetzt sind, und ihre Aufgabe scheint eher im Beschatten und Kühlen der lebenden Gewebe unter der dünnen Rinde zu liegen. Eine große Menge wiederholt nachwachsender begrünter Triebe erfüllt diesen Zweck besser als einige wenige aufschießende Jungstämme.

Im übrigen: Welchen Unterschied macht es, wie viele Stämme ein Baum hat, wenn es *ein und derselbe Wurzelstock* ist, der das jährliche Wachstum ermöglicht?

20.1 *Das Fällen der uralten Eibe von Tomiyoshi, Japan, brachte eine unerwartete Menge von Innenwurzeln ans Tageslicht.*

Die Dendrochronologie der Eibe

von Andy Moir, Tree-Ring Services (www.tree-ring.co.uk)

Die Dendrochronologie ist definiert als »das Datieren der jährlichen Wachstumsschichten von Gehölzpflanzen und die Auswertung der Informationen, die sie über ihre Umwelt enthalten« (Fritts 1971). Die grundlegende Voraussetzung der Dendrochronologie ist der jährliche Zuwachsring, der sich unter der Rinde durch Zellteilungen des Kambiums formt. In Baumarten, die sich zur Analyse eignen, kann man den Jahrring durch den abrupten Wechsel der Zellgröße identifizieren, der sich im Wechsel von im Frühjahr gewachsenem Holz (Frühholz) zu im Sommer und Herbst gewachsenem (Spätholz) ergibt. Klimaschwankungen über einzelne Jahre hinweg führen zu einzigartigen Mustern weiter und enger Jahrringe. Durch das Abgleichen solcher Ringsequenzen mit denen aus anderen, zunehmend älteren Holzproben (z. B. aus lebenden Bäumen, Bau- und Schiffsholz, Moorholzfunden usw.) können weit zurückreichende Jahrringchronologien erstellt werden. Die besondere Jahrringfolge einer Holzprobe kann dann gegen eine solche Referenzchronologie abgeglichen und somit ihr genaues Alter bestimmt werden (Diagramm a). Die Referenzchronologie z. B. der Eiche auf den Britischen Inseln reicht gegenwärtig bis 5452 v. Ztr. zurück.[9]

Die Eibe stellt die Dendrochronologie vor ein paar besondere Probleme. Üblicherweise haben alte Eiben ein unregelmäßiges Wachstum, das im Zusammenspiel mit extrem dünnen Jahrringen sogar stellenweise fehlende Ringe zur Folge haben kann, d. h. Ringe, die über eine Strecke des Baumumfanges nicht in Erscheinung treten. Dieses Problem kann dadurch umgangen werden, daß man das Holz an den wulstigen Abschnitten (eines spannrückigen Baumes) analysiert. Bei größeren Eiben ist es typischerweise der hohle Stamm, der eine genaue Altersbestimmung unmöglich macht. Die Ringfolgen von Teilen des Stammes, auch wenn sie nur einen Bruchteil der vollen Dimensionen des Baumes ausmachen, können jedoch durchaus eine verfeinerte Altersschätzung ermöglichen, wenn sie mit der Messung des Stammumfanges kombiniert werden. Dabei können benachbarte jüngere Eiben zusätzliche Informationen über die wahrscheinlichen Wachstumsraten an einem Ort liefern. Die ermittelten Wachstumsraten für verschiedene Radiusabschnitte desselben Eibenstammes können erheblich variieren. Die Unterschiede zwischen den verschiedenen Radien sind natürlich nicht unproblematisch; bisher arbeitet man in solchen Fällen mit dem Durchschnittswert, aber wenn wir in der Zukunft mehr über diese Baumart in Erfahrung bringen, mag sich auch diese Methodik ändern.

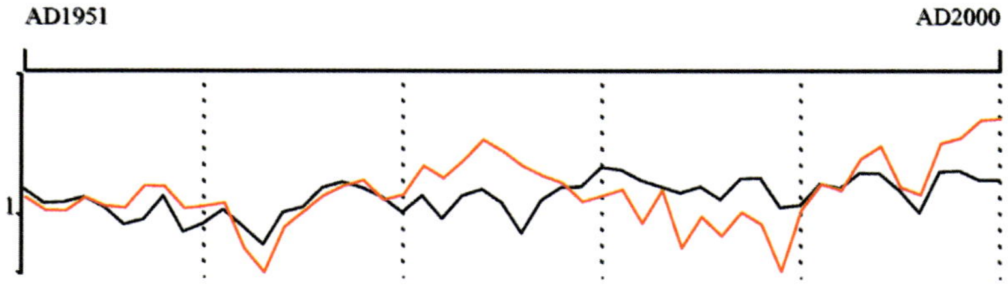

Diagramm 10a Visuelles Abgleichen von Jahrringfolgen

Schlüssel: Ein Ausschnitt der Eiben-Referenzchronologie für England erscheint hier in schwarz, und die ermittelte Sequenz der Dunsfold Eibe in rot. Die Ringbreite (in mm) liegt hier in logarithmischem Maßstab auf der y-Achse.

rapiden Wachstumsraten junger Bäume! Sowohl Lowe als auch Eddelbüttel rechneten ihre Altersschätzungen noch zusätzlich herunter, indem sie das Argument der »Stammfusion« ins Feld führten, mit dem Eiben angeblich ein zu hohes Alter »vortäuschen«.[5]

Während des größten Teiles des 20. Jahrhunderts war die der Eibe zugestandene Lebensspanne eher niedrig, und viele populäre Botanikbücher wagten nicht, höhere Zahlen als 800 Jahre anzugeben. Doch in den 1980er Jahren änderte sich die Lage erneut. Allen Meredith, ein englischer Naturforscher, der seit 1975 intensiv Eibenforschung betrieb, bereiste die Britischen Inseln kreuz und quer und stellte eine nie dagewesene Datenbank alter Eiben (hauptsächlich auf Kirchengrundstücken) zusammen. Er vermaß die Bäume selbst, sammelte aber auch jegliches erhältliche Material zu deren Geschichte, Pflanzdaten sowie historischen Umfangsmessungen (die es in England seit dem 17. Jahrhundert gibt). Seine Eibenliste mit 404 sehr alten Bäumen wurde 1994 veröffentlicht,[10] und das führte die Eibenforschung, zumindest in England, in eine neue Ära. Meredith selbst entwickelte eine Formel Alter/Stammumfang, die auf seinen empirischen Daten aus ganz Britannien beruht (vergl. Diagramm 11).

Auf den Britischen Inseln wurde die moderne dendrochronologische Analyse auf eine Reihe von Eiben angewandt, vornehmlich in der Grafschaft Surrey. Die Untersuchungen führten zu einer gesicherten Eiben-Referenzchronologie, die bis in das Jahr 1690 n. Ztr. zurückreicht. Außer der Verfeinerung der Altersschätzung der Bäume (Diagramm b) läßt die Analyse auch Schlüsse über Änderungen in den Wachstumsphasen sowie über Perioden verstärkten oder verminderten Wachstums zu. Weiterhin ergeben sich aus der dendrochronologischen Analyse Hinweise auf die Auswirkungen von Pflege- und Beschneidungsmaßnahmen sowie die Vitalität eines Baumes.

Bisher wurden Jahrringfolgen von nicht mehr als ca. 190 Ringen aus Stämmen riesiger hohler Eiben (über 5 m Umfang) entnommen und analysiert. Doch selbst solche relativ kurzen Abschnitte geben interessante Aufschlüsse über die Bäume. Vor kurzem hat die Analyse eines abgebrochenen oder abgesägten Astes der Eibe von Ankerwyke in Surrey eine Folge von 317 Ringen ergeben. Dies ist deutlich mehr als die bisherigen Proben aus Stämmen, und weist auf das Potential der Untersuchung von Ästen hin, welche gelegentlich durch Baumchirurgie oder Sturmbruch zugänglich werden. Die Dendrochronologie bietet eine empirische Methode, die Altersschätzung großer Eiben zu verfeinern – und diese somit auch als einen Teil unseres gemeinsamen Erbes schätzenzulernen, wie z. B. historische Gebäude, deren Alter sie oft übertreffen.

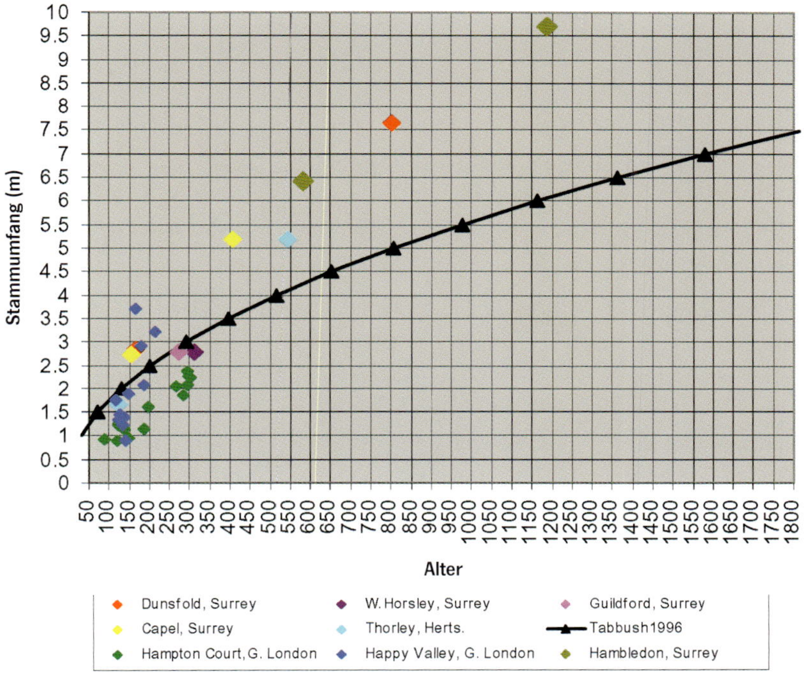

Diagramm 10b Das Verhältnis von Alter und Stammumfang in der Jahrringanalyse von Eiben

Heutige Bemühungen, die Wachstumsraten und das mögliche Alter von Eiben zu schätzen, sind in der Regel deutlich differenzierter als die der Vergangenheit. Der Forstberater und Dendrologe John White beschreibt z. B. den Wachstumsverlauf von Bäumen generell als ein Drei-Phasen-Prozeß: das »formative Stadium«, das »Reifestadium« und das »Altersstadium« (siehe voriges Kapitel).[11] Darüber hinaus berücksichtigt White den Einfluß unterschiedlicher Umweltbedingungen: Zum Zweck der Altersschätzung schlägt er vor, bei in Gärten und Parks aufgewachsenen Eiben davon auszugehen, daß das formative Stadium mit seinem schnellen jugendlichen Wachstum etwa 60 Jahre [mit je 4 mm Ringbreite] angehalten haben dürfte, bei Eiben in Kirch- und Friedhöfen 55 Jahre [mit je 3 mm Ringbreite], 40 Jahre auf armen Böden und 30 in schattigem Wald. Praktisch heißt das, daß man bei einem Parkbaum für die innersten 24 cm des Radius gerade 60 Jahre rechnen würde (60 x 4 mm = 240 mm), und den verbleibenden Radius durch die geringere Jahrringbreite für reifere Bäume teilen würde (wobei diese Breite beständig abnimmt, während der Stammumfang zunimmt). Bei einer Waldeibe dagegen könne man mit 30 Jahren zu je 3 mm Ringbreite rechnen, also einem Kern von 9 cm Radius. Der verbleibende Radius wäre wiederum mit dem langsameren Wachstum der Reifestadiums zu veranschlagen.[12]

Bei der Untersuchung der Ringbreiten der alten Eiben von Kingley Vale in Sussex stellten White und Tabbush schnell fest, daß dieser Standort mit seinem armen Boden bereits eine Revision von Whites Formel erforderlich machte, denn Ringe mit 0,2 mm und weniger (in altem Holz) bewiesen ein deutlich geringeres Wachstum als angenommen. Da dieser Eibenwald jedoch eine ganze Spannbreite von Wachstumsgeschwindigkeiten aufweist, sahen sich die beiden Dendrologen gezwungen, *zwei* Formeln für das Verhältnis von Stammumfang und Alter dieser alten Eiben zu erarbeiten. »Die wahre Wachstumskurve für einen Einzelbaum in Kingley Vale dürfte irgendwo zwischen diesen beiden liegen.«[13]

Auf reichen Böden und in vollem Licht wachsen Eiben (und andere Bäume) in Parks und Friedhöfen, wie oben gesagt, generell schneller als solche im Wald oder auf armen Böden. Die Beschneidung der Zweige, wie sie bei Eiben der erstgenannten Gruppe oft üblich ist, hat keinen nennenswerten Einfluß auf das Dickenwachstum.[14] Tabbush verfeinerte Whites Methode der Altersschätzung weiter, um sie auf die »Kircheneiben« Englands anzuwenden. Er gibt an, ihr Alter könne recht akkurat mit der Formel: Baumalter = Umfang^2/310 geschätzt werden.[15] Danach wäre eine Eibe mit 7 m Umfang etwa 1580 Jahre alt (vergl. Diagramm 11).

Die große Variationsbreite der Wüchsigkeit von Eiben auch an demselben Standort wurde nie so deutlich wie bei der Untersuchung der Eibenallee von Hampton Court, London, durch den Dendrochronologen Andy Moir: Zwölf am Ende des 19. Jahrhunderts gepflanzte Bäume variieren im Stammdurchmesser von 30 bis 80 cm (das generell schnelle Wachstum schreibt Moir der Wärme der Metropole zu).[16] Ein anderes Beispiel ist Monnington Walk in Herefordshire, wo die 1624 gepflanzten Eiben Umfänge von 1,47 bis 4,42 m aufweisen.[17] Moirs Untersuchungen in Borrowdale 2004 überraschten viele Experten, weil es sich zeigte, daß die Eibe mit dem stärksten Stammumfang (727 cm) diesen in kürzerer Zeit erreicht hatte als ihre Nachbareibe den ihrigen von 549 cm.[18]

Hindsons Modell der Lebensphasen von *Taxus* (siehe voriges Kapitel) kombiniert seine eigenen empirischen Daten mit bekannten Pflanzdaten bis zu 800 Jahre alter Eiben sowie mit den Baumlisten Allen Merediths und stellt somit eine erweiterte Datenbank

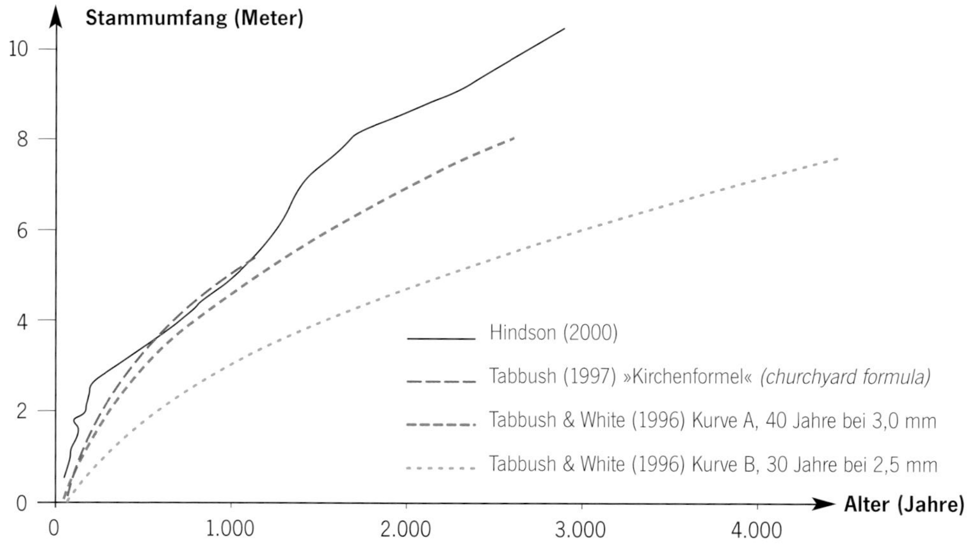

Diagramm 11 Das Verhältnis von Stammumfang und Alter *(nach Tabbush und White 1996; Tabbush 1997; Hindson 2000)*
Die hier gezeigten Kurven können einen Anhaltspunkt geben, wie alt eine Eibe mit einem bestimmten Stammumfang *sein kann* – aber immer in Anbetracht der Tatsache, daß es letztendlich ***nicht möglich*** ist, das Alter eines Baumes durch eine Formel zu bestimmen. Die in dieser Grafik enthaltenen Informationen sind statistisch und beziehen sich eher auf Populationen als auf Einzelbäume. Jede individuelle Eibe kann enorm von dem hier gezeigten Alter abweichen.

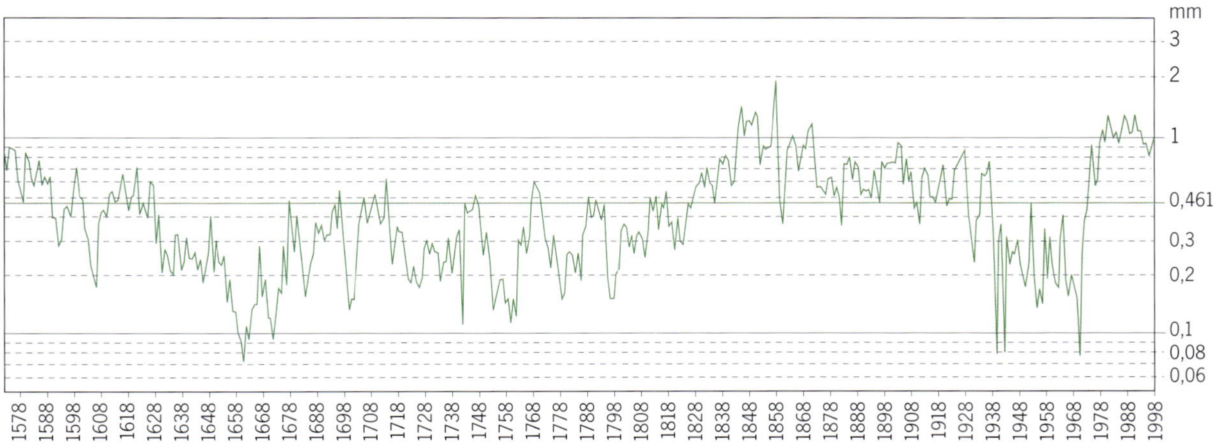

Diagram 12 Jahrringkurve der Monumentaleibe von Bartin, Türkei *(nach Kaya 1998)*

dar, mit der das Alter einer Eibe zu ihrem Umfang in Beziehung gesetzt werden kann.

Der größte Teil der Diskussion über die Altersschätzung alter Eiben fand in Großbritannien statt, wo sich die überwiegende Mehrzahl der alten Bäume Westeuropas befindet. Aber es lohnt sich, auch einen Blick über diese Grenzen hinaus zu tun.

In einer dendrochronologischen Studie aus der Region am Schwarzen Meer untersuchte Zafer Kaya (1998) eine der »Monumentaleiben« der Türkei. Der Baum hat einen Stammdurchmesser von 220 cm und steht in etwa 900 m Seehöhe.[19] Kaya nahm eine Bohrprobe von 20 cm Tiefe, die ganze 426 Jahre umfaßt, von 1572 – 1998. Seine Grafik (Diagramm 12) zeigt eine durchschnittliche jährliche Wachstumsrate von 0,461 mm Ringbreite, und selbst in einzelnen Jahren erreicht sie kaum 1 mm oder mehr. Die durchschnittliche Wachstumsrate über vier Jahrhunderte zeigt an, daß eine alte Eibe südlich des Schwarzen Meeres sehr langsam und dicht wachsen kann, obwohl das günstige Klima der Region ein schnelleres Wachstum hätte erwarten lassen. Darüber hinaus wird deutlich, daß Phasen geringeren und stärkeren Wachstums über den gesamten Zeitraum verteilt sind.

Doug Larson und sein Team von der Universität Guelph in Kanada haben gezeigt, daß senkrechte Felswände oft überdurchschnittlich alte, langsamwachsende und verkrüppelte Bäume aufweisen. Sämtliche Kernproben von solchen natürlichen »Bonsai-Bäumen« zeigen die gleiche Wachstumsrate im

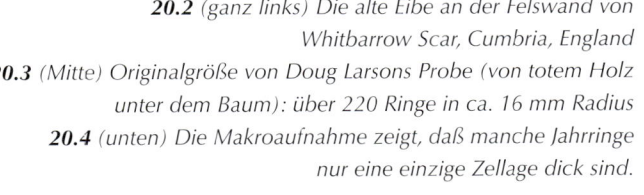

20.2 *(ganz links) Die alte Eibe an der Felswand von Whitbarrow Scar, Cumbria, England*
20.3 *(Mitte) Originalgröße von Doug Larsons Probe (von totem Holz unter dem Baum): über 220 Ringe in ca. 16 mm Radius*
20.4 *(unten) Die Makroaufnahme zeigt, daß manche Jahrringe nur eine einzige Zellage dick sind.*

Jugend- wie im Reifestadium. Steilwände beherbergen einige der ältesten Bäume der Welt. So brachte z. B. ein Wacholder *(J. phoenicea)* in der Verdon-Schlucht in Frankreich in 1140 Jahren einen Stammradius von lediglich 8 cm hervor, das entspricht einer durchschnittlichen Jahrringbreite von nur 0,06 mm.[20] Dazu kommt, daß es bei solch geringen Wachstumsraten Jahre gibt, für die wir keinerlei Zunahme erwarten dürfen. Es wurden auch Eiben von ganz ähnlicher Dichte gefunden, z. B. in Llangollen (Wales), Markland Grips (bei Sheffield),[21] und Whitbarrow Scar (Cumbria, siehe Abb. 20.2 – 4). Diese Bäume können zu den am langsamsten wachsenden Gehölzen der Erde gezählt werden. Ihre jährlich erzeugte Gesamtmenge an hölzerner Biomasse liegt durchschnittlich bei deutlich unter 0,1 Gramm pro Baum.[22]

20.5 *Diese Probe entnahm H. Rößner im Sommer 2000 einer umgestürzten Monumentaleibe im Naturschutzgebiet von Chosta (westl. Kaukasus). Sie hat ca. 113 Ringe auf 33,1 mm, entsprechend einem durchschnittlichen jährlichen Zuwachs von 0,3 mm.* Der Stamm hatte ca. 1 m Durchmesser.*

* Zählung durch Dr. Grosser, Holzkunde-Institut der Techn. Universität München. Die Probe wurde aus etwa 10 m Höhe entnommen.

Prof. Michail V. Pridnya, leitender Botaniker und Konservator der Naturschutzgebiete im westlichen Kaukasus (Südwest-Rußland), sagt zum Thema: »Durch lebende, in der Nähe von Chosta stehende Eiben mit über 2 m Durchmesser wissen wir, daß die Art ein Alter von über 3000 Jahren erreichen kann (durch Vergleiche von Ringzählungen in Stämmen mit ähnlichem Durchmesser).«[23] Abbildung 20.5 zeigt ein Probestück von einer umgestürzten Monumentaleibe bei Chosta. Pridnya berichtet außerdem von einer gleichmäßig runden Eibenstammscheibe, die mit etwas über 1000 Ringen auf einem ca. 50 cm langen Radius noch einen völlig intakten Kern hatte. Tragischerweise fiel sie, zusammen mit den anderen Ausstellungsstücken des Staatl. Museums von Sochi, 1970 den Flammen zum Opfer.[24]

Fallgruben

Viele Fallgruben (*pitfalls* – ein häufiges Wort in der englischen Debatte) drohen, Altersschätzungen von Eiben zu verzerren. Die Unterschiede der Jahrringbreiten bei *Taxus* sind immens. Ringe in den Wülsten sind breiter als in den Klüften (bei Spannrückigkeit), oftmals breiter an der Süd- als an der Nordseite eines Baumes, und sie zeigen mitunter zusätzliche Schwankungen, deren Gründe uns verschlossen bleiben. Die Jahrringe sind selten »rund« und konzentrisch, Abschnitte können ganz fehlen (Lowe beschreibt einen Stamm mit 250 Ringen auf der einen Seite und lediglich 50 auf der anderen),[25] oder ein Baum stellt den Dickenzuwachs für eine Weile gänzlich ein. Die unterschiedliche Wuchsdynamik im Wald fügt weitere Unregelmäßigkeiten hinzu. Tierverbiß kann einen Baum unerwartet klein halten. Alte, im Abbau begriffene Eiben können neue Stämme hervorbringen und als junge Bäume erscheinen. Und zu alledem kommt der fluktuierende klimatische Einfluß über die Jahrhunderte.

SCHLUSSFOLGERUNGEN

Diese kurze Geschichte der Altersschätzung zeigt deutlich die enorme Herausforderung, die *Taxus* an den menschlichen Intellekt stellt. Die Arbeit zeitgenössischer Forscher wie Meredith, Tabbush, White, Hindson und Moir gibt jedoch einige Aufschlüsse über das Verhältnis von Lebensalter und Wachstumsraten, und die Wahrheit mag »irgendwo dazwischen«

liegen, um noch einmal White zu zitieren. Als einer der wertvollsten Beiträge mag sich der Vorschlag Hindsons erweisen, bei *Taxus* von sieben statt von drei Lebensabschnitten auszugehen und außerdem den Einfluß der Baumgestalt und -größe auf die Wachstumsrate zu beachten. Hindsons Arbeit erklärt vieles von den extrem unterschiedlichen Resultaten (und Standpunkten!), die im Verlauf von nunmehr 170 Jahren entstanden sind, und sie gibt uns neue Hilfsmittel an die Hand, um ein tieferes Verständnis von dieser faszinierenden Baumart zu erlangen.

Es scheint unvermeidlich, Tansleys Warnung von 1911, das Alter von Eiben auf den Britischen Inseln würde »oft erheblich überschätzt«, mit der Bemerkung auszugleichen, daß es genauso leicht und oft erheblich unterschätzt werden kann. Das Spektrum der Variablen und die Zeiträume, über die sie wirken, sind einfach zu groß.

Ein letzter Punkt zum Nachdenken. Wie auch immer das Resultat einer Altersschätzung ausfällt: Jede nicht vom Menschen gepflanzte oder nachweislich aus Sämlingen hervorgegangene Eibe, die wir untersuchen, könnte durch einen Astsenker entstanden sein oder eine Innenwurzel darstellen, die eine alte Stammhülle ersetzt hat, oder einen neuen Trieb eines uralten Wurzelstocks. Alles, was wir an einem Eiben-»Baum« sehen, mag jung sein, aber es könnte *die neue physische Form eines uralten Lebewesens darstellen*. In solchen Fällen werden alle Bemühungen einer Altersschätzung vollends überflüssig. Ist es noch »derselbe« Baum wie der, der vor einem Jahrtausend dort stand? Nun, es ist derselbe genetische Code, der seine Fähigkeit beweist, sein Leben über riesige Zeiträume zu erhalten. Dies erweitert unsere Sichtweise vom Leben, indem wir lernen, daß *der lebendige Organismus mehr ist als das, was wir sehen und anfassen können*. In den Worten von Tabbush & White (1994): »Alter könnte in diesem Sinne definiert werden als die Anzahl von Jahren kontinuierlicher Regeneration ab dem Zeitpunkt der Keimung.«

20.6 *Die extreme Spannrückigkeit einiger Eiben führt leicht zur Fehlinterpretation als fusionierende Wurzelschößlinge (Scheinstamm-Theorie). Uralte Eibe in West Tisted, Hampshire, Umfang 739 cm in 30 cm Höhe (1998)*

20.7 *Der Stamm der heiligen Eibe von Jirobei, Japan, ist weder spannrückig noch eine Gruppe von Schößlingen, sondern besteht vollständig aus Innenwurzeln bei nicht mehr vorhandener Hülle des alten Stammes.*

KAPITEL 21

GRÜNE DENKMÄLER

FORSTMANAGEMENT

In Europa wie Asien ist die Eibe über die letzten drei- bis viertausend Jahre gebietsweise ausgestorben oder hat sich auf kleine isolierte Populationen (vorwiegend in Berggegenden) zurückgezogen. In der Natur ist sie nun ein seltener und gefährdeter Baum, der in den südspanischen Bergen, in Polen, Bulgarien, dem östlichen Kaukasus wie auch in Norwegen gar vom Aussterben bedroht ist.[1] Dieser Niedergang hat verschiedene Ursachen, darunter die intensive Äsung durch Rehwild und andere Tiere, ungünstige Bodenbedingungen (wie z. B. die Ansammlung von Pathogenen), schlechte Boden-Wasser-Verhältnisse, Änderungen im Mikroklima sowie Pilzinfektionen. Ein Hauptfaktor des Eibenniederganges ist jedoch zweifellos das übermäßige Fällen durch den Menschen. Ökologen haben die Eibe daher als »einen der durch menschliche Eingriffe am stärksten negativ betroffenen Bäume« genannt.[2]

Der vielseitige Einsatz von Eibenholz seit der Steinzeit ist für Europa durch archäologische Funde nachhaltig belegt. Die dramatischste Auswirkung auf die Eibenbestände des gesamten Kontinents hatte jedoch die ungeheure Nachfrage der englischen Militärs nach Eibenholzlangbögen, die vom 13. bis zum 16. Jahrhundert anhielt – die europäischen Eibenbestände haben sich davon niemals wieder erholt. Nach dem Mittelalter dann wurden Eiben vielerorts bewußt zerstört, um vermeintliche Vergiftungen bei Pferden und Rindern zu vermeiden.[3] Im Wald kam die Eibe natürlich wieder auf, aber nur bis zur großen Richtungsänderung in der Forstwirtschaft im 18. Jahrhundert. Bis dahin hatte die Eibe ihren festen Platz sowohl im Unterstand der Waldweiden (meist Eichen- und Buchenmischwälder, die der Schweinemast dienten) als auch in der Niederwaldwirtschaft. Doch seit dem Umschwung auf reine Holzproduktion gibt es für die langsamwachsende Eibe kaum noch Raum.

Im Gegenzug dazu hat der deutsche Förster und Mitgründer der Gesellschaft der »Eibenfreunde«, Dr. Thomas Scheeder, ein Waldbauprogramm vorgeschlagen, daß die Eibe wieder integriert. Er rechnet vor, daß Eiben in »nur« zweihundert Jahren einen Stammdurchmesser von durchschnittlich 40 cm erreichen können, unter 30 cm bei ungünstigen Licht- und Bodenverhältnissen, aber auch bis zu 60 cm bei optimalen Bedingungen.[4] Die »Ernte« des Holzes würde den Bäumen zwar nicht erlauben, ihr volles Alterspotential zu erreichen, aber immerhin würde die Eibe so wieder in Regionen Einzug finden, in denen sie sonst ausgestorben bleibt. In Deutschland und den anderen Ländern, in denen *Taxus* gesetzlich voll geschützt ist, sind solche Ansätze jedoch unmöglich, paradoxerweise genau wegen dieser Gesetzgebung: Wenn eine Eibe erst einmal wächst, darf sie nicht mehr geschlagen werden, wäre daher nur hinderlich im Forstbetrieb und wird somit gar nicht erst gepflanzt. In England, wo *Taxus* nicht unter Schutz steht, hat die Forstbehörde (1994) empfohlen, Buchen und Eschen zurückzuschneiden, um den Eiben durch mehr Licht zu schnellerem Wachstum zu verhelfen. Aber auch dort ist die Eibe in der eigentlichen Forstplanung *nicht* vorgesehen. In Einzelfällen *kann* sich *Taxus* zwar über Laubbaumnachwuchs erheben und diesen dominieren, aber in der Regel wird Eibenwald nach der Fällung schnell durch hochschießende Eschen und Birken verdängt. Deshalb sollten immer nur einzelne Eiben entnommen werden. Im übrigen genießen gegenwärtig etwa 50% der englischen Eibenwälder immerhin einen teilweisen gesetzlichen Schutz als »Orte von besonderem wissenschaftlichen Interesse« (SSSI = Sites of Special Scientific Interest).[5]

Die beiden weltweiten Hauptbedrohungen der Eibe sind heute die **generelle Entwaldung** (v. a. in Ostsibirien, China, Tibet, Südostasien sowie Nord- und Mittelamerika) und die verantwortungslose **Jagd nach Taxanen**, also den aus Eibenmaterial extrahierten tumor-aktiven Molekülen, die für einen ständig wachsenden globalen Markt erzeugt werden (s. Kap. 25).

DIE JAGD NACH TAXANEN

Mit der Identifikation eines Antikrebsstoffes aus der Rinde der Pazifischen Eibe im September 1966 wurde dieser Baum plötzlich berühmt und die Nachfrage explodierte. Da jedoch aus 12 kg getrockneter Rinde lediglich 0,5 Gramm des reinen Wirkstoffes gewonnen werden konnten (eine Ausbeute von nur 0,004 %[6]), stieg die Nachfrage seitens der amerikanischen Forschungsinstitute über die folgenden drei Jahrzehnte unablässig an: ca. 106 kg Eibenmaterial im April 1966; 1.350 kg getrockneter Rinde im Frühjahr 1967; 39.000 kg 1990;[7] 725.000 kg 1991 und noch einmal solch eine Menge 1992.[8] Dies wurde schnell zu einem logistischen Problem und spielte schließlich eine dramatische Rolle in der politischen und ökologischen Debatte um Amerikas letzte Urwälder und deren Zerstörung.

Im Pazifischen Westen der USA liegt das Augenmerk der Forstbehörde auf den Baumarten mit hohem Marktwert, namentlich der Douglasie, der Sitka-Fichte und den (falschen) Zypressen. Die kleineren Bäume und Sträucher des Unterstandes haben keinerlei Marktwert; sie werden durch die schweren Holzerntemaschinen stark beschädigt und nach dem Kahlschlag in sogenannten *slash-piles* verbrannt. Vor dem Interesse an Taxol war auch die Pazifische Eibe solch ein *trash tree* (»Abfallbaum«), wertlos und uninteressant für die Holzindustrie. Selbst über 500jährige Eiben fanden sich in den Feuern.[15]

21.1 *Stamm einer Pazifischen Eibe*

Das Drama um Taxol und die Pazifische Eibe geschah genau in denjenigen Jahrzehnten, in denen sich das langsame Erwachen zum »Umweltbewußtsein« in den westlichen Ländern vollzog: Bürgerrechtsgruppen begannen zu protestieren, 1969 wurde Friends of the Earth gegründet, Regierungen erließen die ersten Umweltschutzgesetze,[9] und auch die Wissenschaft begann, sich neu zu orientieren. 1977 gab die amerikanische Forstbehörde (der Forest Service) eine Studie der Urwälder – über die man bis dahin so gut wie gar nichts wußte – in Auftrag. Der daraus resultierende Franklin Report,[10] der im Februar 1981 erschien, war der erste seiner Art: Nicht nur einfach aus technischen Daten über die kommerziell wertvolleren Baumarten bestehend, beschrieb er den Wald in seiner Gesamtheit, basierend auf dem Ansatz des Ökosystems. Die Autoren traten gegen den Zeitgeist an, indem sie hervorhoben, daß »*Urwälder hochspezialisierte Lebensräume schaffen und keine verfallenden, unproduktiven Ökosysteme oder biologische Wüsten sind* ... Ein Urwald ist weit mehr als eine Ansammlung großer Bäume. Die tote organische Materie ist genauso wichtig wie die hochindividuellen großen Bäume ...«[11] (meine Kursivierung). Die Autoren widerstanden der Versuchung der Vereinfachung und bemerkten, daß es gerade die *Komplexität* des Ökosystems ist, die den Schlüssel zu seinem Verständnis darstellt. »Urwald« ist (kein Stadium sondern) ein Prozeß, welcher unter Naturbedingungen nach 175 bis 250 Jahren einsetzt. Dieser Bericht wurde zur Grundlage des »New Forestry«, einem Ansatz, der versucht, in jungen Wäldern gewisse Merkmale des Urwaldes zuzulassen.

Dies war bereits das dritte Mal, daß die Eibe bei einem Geburtsvorgang des Umweltschutzgedankens Anteil nahm:

Im Jahre 1911 stand der englische Botaniker Sir Arthur George Tansley (1871–1955) mit seinem deutschen Kollegen Professor Drude[12] auf dem Hügel über dem Eibenwald von Kingley Vale. Drude bemerkte »Sie sagten mir nicht, daß Sie mir den herrlichsten Eibenwald Europas zeigen würden!«[13] Woraufhin die beiden darüber diskutierten, daß es in England keinerlei Schutzmaßnahmen für solche Orte gab. In den Folgejahren jedoch wurde Sir Arthur aktiv. Er gründete die British Ecological Society (Britische Ökologische Gesellschaft), wurde für zwanzig Jahre Herausgeber ihres Magazins und darüber hinaus zu einem Pionier der Pflanzenökologie – er war es, der Begriffe wie »Ökosystem« (1935) und »Ökotop« (1939) schuf.

Und bereits in den 1880ern sorgte sich der Botaniker und Direktor des Preußischen Museums in Danzig, Hugo Conwentz (1855–1922), um die Eibenbestände in Westpreußen (heute Polen) und erklärte, als erster auf dem europäischen Festland, bestimmte Areale zu Naturschutzgebieten. Zwischen 1891 und 1921 veröffentlichte Conwentz 14 Essays und Artikel zur Eibe. 1906 wurde er zum Direktor des Westpreußischen Provinzialmuseums in Danzig ernannt,[14] sozusagen der ersten »Umweltschutzbehörde«.

***21.2** Eibenstumpf nach der Entrindung*

Heute ist das Verbrennen von Eiben in den *slash-piles* weitgehend zurückgegangen, hauptsächlich durch besseren Schutz der verbleibenden Urwälder im Pazifischen Westen der USA (von denen ohnehin nur allerhöchstens 10% überlebt haben). Doch auf nicht-staatlich verwaltetem öffentlichem Boden[16] wird nach wie vor in großem, industriellem Stil Holz entnommen, inklusive der damit verbundenen Zerstörung von Eiben. Die Pazifische Eibe bleibt zwar erhalten als ein Teil der Ökosysteme der pazifischen Regenwälder der USA, aber die überwiegende Mehrzahl der Bäume hat keinen größeren Stammdurchmesser als ca. 10 – 15 cm, alte Bäume sind wahrhaft selten geworden. Die amerikanischen Eiben- und Umweltschützer heben gern hervor, daß diese amerikanische Tragödie eine wichtige Lektion bietet: Urwälder und die in ihnen vorkommenden Arten beherbergen wahre Schätze, deren Wert (wie z. B. der der tumorhemmenden Taxane) der Menschheit oft lange verborgen bleibt; somit hätten wir – neben der Respektierung des reinen Existenzrechtes dieser Wälder – die Pflicht, das wenige, das verblieben ist, zu schützen, denn wir wissen nie, was uns morgen (überlebens)wichtig sein wird.

DAS PROBLEM WIRD GLOBAL

Im Oktober 1994 erlaubte die amerikanische Gesundheitsbehörde die Herstellung von Taxanen durch Semi-Synthese aus Eibennadeln. Das nahm zwar den Druck von der Rinde der Pazifischen Eibe, verlegte ihn aber auf alle Eibenarten in der ganzen Welt. Und die Dimensionen sind riesig: Bereits 1998 war »Taxol®« zum erfolgreichsten Krebsmittel aller Zeiten avanciert, mit einem weltweiten Umsatz von 1,2 Milliarden Dollar;[17] 2003 betrug der Umsatz in den USA allein etwa 3 Mrd. Dollar.[18] Aufgrund der wachsenden Proteste – und ohnehin knapp gewordenen »Rohstoffe« – im eigenen Land wurden riesige Eibenplantagen in den Weststaaten (Kalifornien bis Washington, aber v.a. Oregon) angelegt. Doch Eiben wachsen langsam ... und so verlegte man die Ausbeutung wilder Eiben nach Asien, insbesondere nach Indien und China. Seither wurden unvorstellbare Mengen an *Taxus*-Biomasse im Auftrag westlicher Pharma-Firmen aus dem Himalaja ausgeführt: Madras/Cochin und Delhi z. B. exportierten mehrere Tausend Tonnen. Innerhalb eines einzigen Monats lieferte das Gebiet von Arunachal Pradesh in Assam 170.000 kg getrockneter Nadeln. Bereits 1994 beantragte die besorgte indische Regierung bei der Convention for International Trade in Endangered Species (CITES), die Himalaja-Eibe in die Liste ihrer gefährdeten Arten aufzunehmen. Das geschah auch, aber erst 1998! Über 90 % der indischen Eiben sind seit 1994 vernichtet worden. Nun ist die Himalaja-Eibe teilweise geschützt und vom Export ausgeschlossen,[19] aber der illegale Handel geht weiter. So hat z. B. eine indische Firma mit dem Namen Dabur Eibenbiomasse an Seprachem verkauft, eine Firma in Massachusetts, USA, die dann Paclitaxel für Märkte in Kanada, der Europäischen Union und Asien herstellte. Verschiedene Umweltschutzorganisationen – darunter der World Wildlife Fund (WWF), die International Union for the Conservation of Nature (IUCN) und die Species Survival Commission – zählen die Himalaja-Eibe zu den zehn am meisten gefährdeten Arten.[20]

Die Situation in China ist der in Indien ähnlich. Die Bestände der vier in China vorkommenden Arten – *Taxus chinensis, cuspidata, maírei,* und *wallichiana* – wurden stark augebeutet und die Überreste sind nun geschützt. Die Himalaja-Eibe *(T. wallichiana)* steht auf der Liste der bedrohten Arten in China (WCMC 1999), und, zusammen mit *Taxus chinensis*, auch in Vietnam. In Tibet hat die Himalaja-Eibe 1999 einen kritischen Tiefpunkt erreicht (WCMC).[21] Über die Ausbeutung von *Taxus cuspidata* im östlichen Sibirien liegen keinerlei Berichte vor, aber die generelle großflächige Entwaldung, z. B. in der Region von Chabarovsk und entlang des Amur-Flusses, verheißt nichts Gutes. Zudem erlaubt das neue Waldgesetz der Russischen Föderation den Verkauf der Nutzungsrechte von zuvor geschützten Wäldern.[22]

Plantagen

Der beste Weg vorwärts scheinen große Eibenplantagen zu sein. Tatsächlich wurden die ersten Versuchsprogramme schon 1987 begonnen, und seither haben Anzahl und Umfang solcher Plantagen zur Gewinnung von Krebsmitteln in unvergleichlichem Maße zugenommen. Noch 1993 schätzte man die Anzahl der Bäumchen in den Eibenplantagen in Oregon und Washington State auf etwas über 10 Millionen. Drei Jahre später lag die Schätzung bereits bei 20–25 Millionen. Die USA haben weitere 30 Millionen Bäume in Baumschulen in Taiwan und auf den Philippinen. Eine der größten Plantagen Chinas liegt in Sichuan, ihre 18 Millionen Bäumen liefern Pharmazeutika zur Behandlung chinesischer Patienten. Indena, eine phytotechnische Firma mit Sitz in Mailand, Italien, die in Nordindien während der frühen 1990er Blattmaterial gesammelt hat, hat eine Plantage in Mandi, Himachal Pradesh, errichtet. Andere asiatische Länder, z. B. Korea, bauen derzeit eine nationale Eibenpharmazeutika-Industrie auf. Weltweit wuchs die Anzahl der Plantageneiben in den 1990ern von etwa 30 auf 75 Millionen, und um das Jahr 2010 ist die Überschreitung der Einhundertmillionengrenze zu erwarten.[23]

Mit der Ausbreitung von Plantagen zeichnet sich jedoch ein völlig neues Problem am Horizont ab:

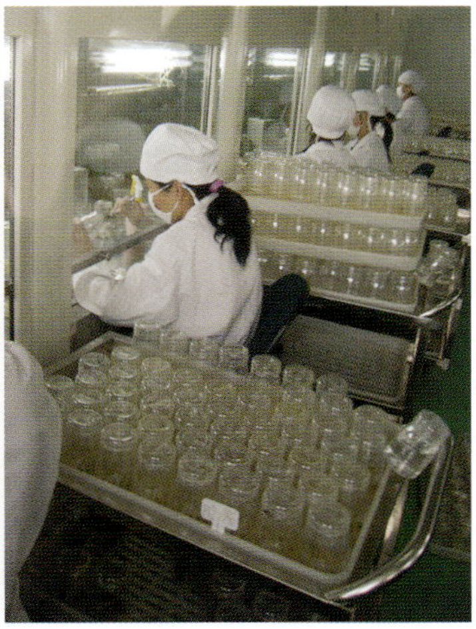

21.3 *Gewächshaus mit Zehntausenden von Jungeiben (China)*

21.4 *Die Verarbeitung von* Taxus x media *unter sterilen Bedingungen (China)*

das der genetischen Verschmutzung. Die Sämlinge für die Plantagen werden natürlich aufgrund ihrer genetischen Prädestination für schnelles Wachstum und hohe Taxangehalte gewählt. Nach dem üblichen Verfahren werden Hybride genommen – am beliebtesten ist *Taxus* x *media*, eine Kreuzung aus *T. baccata* und *T. cuspidata* –, die meist von Arten stammen, die in einer Region überhaupt nicht heimisch sind. Wenige Sämlinge werden dann durch Stecklingsvermehrung in ganze Armeen verwandelt, und diese Massen sind – auch wenn sie nicht direkt genmanipuliert sind – letztlich doch Klone: Die genetische Vielfalt in diesen Millionenheeren ist unvergleichlich gering. Genetische Vielfalt ist jedoch gerade ein wichtiger Überlebensmechanismus biologischer Arten, und die Eibe hat von Natur aus ein außergewöhnlich breit gefächertes genetisches Spektrum. Doch in wenigen Jahren werden Millionen von Plantagenklonen sexuelle Reife erlangen und unaufhaltsam in die Naturverjüngung der wenigen verbliebenen *einheimischen* Eibenbestände eingreifen, deren genetisches Material sie in wenigen Generationen überfluten werden. Eibenpollen reist weit …

Die naheliegende Lösung scheint die Beschränkung der Plantagen auf weibliche Eiben zu sein. Eine weitere Priorität sollte darin liegen, Plantagen nur in größtmöglicher Entfernung von Naturbeständen anzulegen. Andere Auswege aus dem Dilemma werden bereits seit den 1990ern untersucht, insbesondere die Kultivierung von *Taxus*-Zellen in geschlossenen Laboratorien. So hat eine Firma in Schleswig-Holstein, Norddeutschland, begonnen, Eibenzellen in industriellen Fermentationskesseln und unter genau kontrollierten Bedingungen zu kultivieren. Solche Methoden könnten sich einmal als nachhaltig, kosteneffektiv und ökologisch akzeptabel erweisen, aber bisher liefern Zellkulturen nur deutlich niedrigere Taxanwerte als die Bäume, und außerdem ist es ein langer Weg vom Labor bis zur medizinischen und gesetzlichen Anerkennung eines Medikamentes.

So nehmen die Plantagen weiterhin zu, und die einheimischen Eiben bleiben stark bedroht. Organisationen wie der World Wildlife Fund, IUCN, CITES und TRAFFIC arbeiten hart daran, den illegalen Eibenhandel in verschiedenen Teilen Asien so weit wie möglich einzudämmen.[24]

SCHUTZ DER URALTEN

Dort, wo *uralte* Eiben überlebt haben, stehen sie entweder einzeln oder in kleinen Gruppen verstreut in einigen europäischen Berggegenden (vorwiegend in den Pyrenäen, in Spanien, Italien, auf Sardinien, Korsika sowie in den Alpen); in etwas größeren Gruppen im Norden der Türkei und insbesondere im westlichen Kaukasus; als kleine, mißgebildete Pflanzen an felsigen Steilhängen (z. B. in Frankreich, Deutschland und in Britannien); sowie auf geweihtem Boden, zumeist in Japan (Shinto-Schreine und buddhistische Tempelanlagen) und in England und Wales (christliche Kirchen). Viele der wilden Bäume befinden sich heutzutage in gesetzlich geschützten Gebieten, entweder nationalen oder Europäischen Naturschutzgebieten. Die größte Anzahl hochindividueller Altbäume hat jedoch in englischen und walisischen Kirchhöfen überlebt. Aber auch dort – wie in Parks und privaten Gärten und Ländereien – fallen Eiben unerwartet vielen Fällen von Nachlässigkeit, Verstümmelung, unsachgemäßer Behandlung und vor allem Unkenntnis zum Opfer.[25]

Bereits 1819 prägte Alexander von Humboldt (1769–1859) im Sinne des Baumschutzes den Begriff »Baumdenkmal«. Ist unsere Gesellschaft, fast zweihundert Jahre danach, immer noch zu unsicher über ihre wirtschaftliche Position, als daß wir nicht einmal die ältesten Bäume der Welt vor den Eisenklauen der Börsenmärkte bewahren können? Können die reichsten Länder der Welt nicht für wenige Hundert uralter Bäume eintreten, die zu den ältesten Lebewesen der Erde gehören und aus ökologischen, wissenschaftlichen, geschichtlichen, religiösen und ethischen Gründen unersetzbar sind?

Einmischung

Bei Eiben unter menschlicher »Obhut« dreht sich das fatalste Mißverständnis um das Hohlwerden des Stammes. Es wird immer noch weithin geglaubt, daß es sich bei der Zersetzung des primären Holzes und bei dem Bruch von Teilen der Krone um Zeichen des Alters und nahenden Todes des Baumes handelt. Voreilig werden Baumchirurgen herangezogen, die den Baum sogleich rigoros zurückstutzen (was eine Eibe töten kann) oder ihn mit einem Wald von Stützen und Krücken versehen – wenn sie ihn nicht ohnehin gleich ganz fällen. Unflexible Metallketten und -ringe dagegen stellen schwere Hindernisse für die natürliche Zunahme des Durchmessers von Stamm oder Ästen dar und können diese sogar abwürgen. Selbst das Innere eines Baumes ist nicht sicher: verschiedene Eibenveteranen auf den Britischen Inseln wurden mit Ziegeln und Zement ausgefüllt. Die hohle Eibe zu Warblington in Hampshire z. B. wurde 1913 so behandelt wie ein Zahnarzt einen hohlen Zahn füllt: Die Hohlräume wurden von halbtoter Materie befreit, gewissenhaft desinfiziert, und dann mit Zement ausgegossen – und das ausgerechnet unter der Anleitung der Experten des Königlichen Botanischen Gartens zu Kew! Der

21.5 *Selbst Eiben, die für ganze Jahrzehnte als tot galten, sind schließlich wieder neu ausgeschlagen (Sheepwalks, Enville, Staffordshire).*

21.6 - 21.7 *Kettenreaktionen (Stansted, Kent; Beltingham, Northumberland)*

21.8 - 21.9 *Stützen ersetzen die natürlichen Astsenker (Bentley, Hampshire; Wilmington, Sussex).*

Baum jedoch hielt das schwerwiegende Mißverständnis aus und erscheint immer noch gesund.[26] Solche Maßnahmen ziehen jedoch die Möglichkeit der Ausbildung von Innenwurzeln in keiner Weise in Betracht. Und auch nicht für die Würde eines Baumes. Sie sollten gänzlich vermieden werden.

Lagerung

Gartenschuppen, Verschläge für Baumaterialien, Stapel alter Grabsteine und sogar Öltanks finden sich regelmäßig unter Eiben in Friedhöfen, Parks und Gärten. In unterschiedlichen Graden stellen sie Gefahren für die Wurzelsysteme und damit die Bäume selbst dar.

Richtlinien für Eiben-»Besitzer«

Die folgenden Richtlinien stammen von Russell Ball, vormals Vorsitzender des europäischen Büros der International Society of Arboriculture.[27] Ausführliche (praktische) Richtlinien (auf englisch) finden sich unter www.ancient-yew.org/ management-consideration.shtml.

- Im allgemeinen wachsen Baumwurzeln in den obersten 60 cm des Bodens und erstrecken sich mindestens so weit wie die Krone des Baumes, manchmal darüber hinaus. Senkrechte, sog. Pfahlwurzeln sind selten.
- Baumwurzeln benötigen Sauerstoff, Wasser und freien Raum, um zu wachsen; ihre Funktion und Entwicklung wird durch Bodenkompression behindert, wie sie durch das Gewicht parkender Fahrzeuge, Gartenhütten, Öltanks, Stapel von Baumaterialien usw. verursacht wird.
- Bäume speichern Nährstoffreserven im Stamm, den Ästen und verholzten Wurzeln. Jeder ernsthafte Verlust dieser Glieder gefährdet die Gesundheit des Baumes.
- Besonders alte und uralte Eiben haben eine unvorteilhaftes Masse-Energie-Verhältnis, d. h., sie haben eine große Biomasse zu versorgen aber nur beschränkte Möglichkeiten zur Photosynthese, um Nahrung zu erzeugen.
- Falls eine alte oder uralte Eibe wirklich beschnitten werden *muß*, sollte dies beim absoluten Minimum bleiben. Eine Kronenreduzierung von mehr als 20–30 % sollte nur schrittweise über mehrere Jahre hinweg erfolgen.
- Stützen für schwere Äste sind zwar besser als Amputationen, aber die Zulassung von Astsenkern ist hier der beste Weg. Eisenketten und -ringe müssen alle paar Jahre überprüft und justiert werden, damit sie nicht das lebende Kambium abschneiden.
- *Bevor* man Hand an einen alten Baum legt, muß man prüfen, ob dieser Baum geschützt ist. In Deutschland und Österreich stehen ohnehin alle Eiben unter Naturschutz; in der Schweiz nicht.
- **Der beste Ansatz ist Nichteinmischung. Eine Eibe lebt länger ohne menschliche Eingriffe. Alte und uralte Eiben haben für Jahrhunderte und gar Jahrtausende auf dieser Erde überlebt, ohne die Wohltat einer Kettensäge.**

21.10 – 21.11 *Mit Stein und Zement gefüllte Hohlräume (Bedhampton, Hampshire; Tisbury, Wiltshire)*

Versicherungsfirmen

Der (registrierte und geschützte) älteste Baum Hamburgs ist eine Eibe am Elbdeich. Sämtliches tote Holz in ihrem hohlen Inneren wurde peinlich genau herausgekratzt, und der ganze Baum wurde mit einem ausgeklügelten Stützkorsett umgeben, dessen metallene Stangen und Ringe sich nicht nur außerhalb sondern sogar auch innerhalb des Stammes befinden. Die Spangen sind löblicherweise mit Gummi gepuffert, und dank Justierschrauben sogar an das künftige Wachstum des Baumes anpaßbar. Andererseits gibt es hier keine Chance mehr für Innenwurzeln, holzzersetzende Pilze oder Insekten. Die Sterilität könnte höchstens noch übertroffen werden, würde man den Baum in ein gläsernes Terrarium stellen. Und doch ist dieses Meisterwerk deutscher Wertarbeit höchstwahrscheinlich der einzige Weg, den Baum zu retten – vor den Versicherungsfirmen nämlich! Er steht nur wenige Meter neben einem bewohnten Bungalow.

Heutzutage sind Versicherungsfirmen gefährlicher für viele Bäume als sogar Bauunternehmer, Golfplatzbetreiber, Orkane und Brände. Versicherungsagenten beschwören Baumbesitzer mit den schlimmsten denkbaren Szenarien, die durch ihre Bäume über die Menschheit hereinbrechen könnten und den Baumbesitzer (oder die Versicherung?) in alle Ewigkeit zur Zahlung von Schadensersatzgeldern verdammen würden. Als die alte Eibe im Zentrum der eisenzeitlichen Hügelanlage von Wychbury Hill bei Stourbridge (West Midlands) 2001 vom Blitz getroffen wurde (und stehenblieb), enthüllte die folgende Untersuchung des Baumes, daß der Stamm teilweise hohl war, und so »mußte« er gefällt werden, denn er galt nun als unsicher. Ein einfacher kreisrunder Zaun mit einem Radius gleich der Höhe des Baumes sowie mit Warnschildern (»Betreten auf eigene Gefahr«) hätte der Sicherheit Genüge tun können, aber die Tagesmiete für eine Kettensäge ist niedriger als das Errichten eines Zaunes.

21.12 *Clockwork Orange: Uhrmacherpräzision am Hamburger Elbdeich*

21.13 *Hier hat nach dem Blitz die Versicherung eingeschlagen: Wychbury Hill, 2001.*

21.14 - 21.16 *Wie (un)zugänglich sollte ein Zaun einen Baum machen?*
(Links oben: Gresford, Wrexham; links unten: Capel, Kent; rechts: La Haye-de-Routot, Frankreich)

Das riesige Ausmaß der Eibenzerstörung in Nordamerika und Asien hat in kaum mehr als zwanzig Jahren erreicht, wofür das mittelalterliche Europa über drei Jahrhunderte brauchte: eine Baumart in vielen Regionen, in denen sie einst sehr verbreitet war, an den Rand des Aussterbens zu bringen. Darüber hinaus sehen sich die kleinen Inseln verbliebener *einheimischer* Eiben mit ihrer natürlichen großen genetischen Vielfalt nun einer neuartigen Bedrohung gegenüber: der genetischen Kontaminierung durch die Millionen »Klone« in den Plantagen. Im Lichte dieses globalen Szenarios erscheinen die uralten Eiben Europas wertvoller als jemals zuvor, und nicht nur ob ihrer genetischen Codes, die eine über Jahrtausende währende Überlebensfähigkeit bewiesen haben. Die letzten Standorte uralter Eiben in Westeuropa sind eine Art wahrer Arche Noah. Diese Bäume sind nicht nur mit örtlichem oder regionalem Maßstab zu messen, sondern sind von weltweiter Bedeutung. Wie ihre architektonischen Gegenstücke, die Weltkulturdenkmäler (World Heritage Sites), sind sie unser aller Erbe und sollten als **Grüne Denkmäler** uneingeschränkten und internationalen Schutz finden.

21.17 *Für diejenigen, die nach uns kommen …*

Teil II Kultur

KAPITEL 22

DIE KUNST DES ÜBERLEBENS

Alte hölzerne Fundstücke sind selten. Holz zersetzt sich schnell, wenn es nicht durch ungewöhnlich gute Umstände erhalten bleibt, d. h., wenn es nicht durch Wasser, Torf, Ton oder Eis luftdicht versiegelt wird. Eine Reihe hölzerner Funde (meist Eiche, mitunter Eibe) aus Nordwesteuropa dokumentiert die vorgeschichtliche Überflutung von Waldstücken, Torf- oder Moorbildung, den örtlichen Anstieg des Grundwasserspiegels oder auch das einfache Fallen hölzerner Gegenstände in Wasser oder Moor bzw. die bewußte Darbringung von Opfergaben. Eibenfundstücke sind meist mit menschlichen Aktivitäten verbunden,[1] und ihr Vorkommen in sämtlichen Phasen der Kulturgeschichte bezeugt den großen praktischen Nutzen dieses Holzes.

Die ältesten hölzernen Artefakte der Welt sind zwei Jagdwaffen aus Eibe. Bei dem ersten handelt es sich um einen Eibenspeer der bei Clacton, Essex, gefunden wurde und etwa 150.000 Jahre alt ist. Das zweite fand man in Niedersachsen, Norddeutschland, zwischen den Rippen eines Mastodons *(Hesperoloxodon antiquus)*, es ist ebenfalls ein Speer, und er ist ca. 90.000 Jahre alt.[2] Weitere Ausgrabungsorte in Norddeutschland förderten mindestens acht Eibenbögen zutage, die zwischen Mitte des 6. und Mitte des 3. Jahrtausends v. Ztr. gefertigt wurden.[3] Sie gehören allesamt zum sogenannten Holmegaard-Typus mit seinem charakteristischen D-förmigen Querschnitt der Bogenarme und besonderer Grifform (siehe Abb. 23.1). Die zwei Bögen von Dümmer in Niedersachsen waren ca. 127, bzw. 146 cm lang, bevor an jedem Exemplar eines der Enden abbrach.[4] Am Bogen von Barleben, der noch vollständig und 152 cm lang ist, machte man eine seltene Entdeckung: An beiden Enden befinden sich winzige Sandkörnchen im Holz. Man vermutet, daß der Bogen während der Zeit

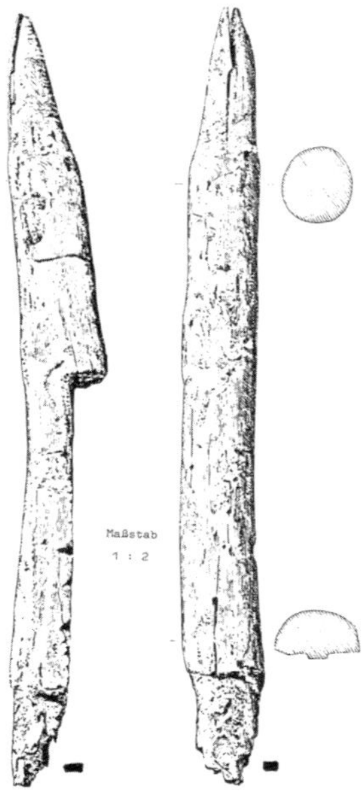

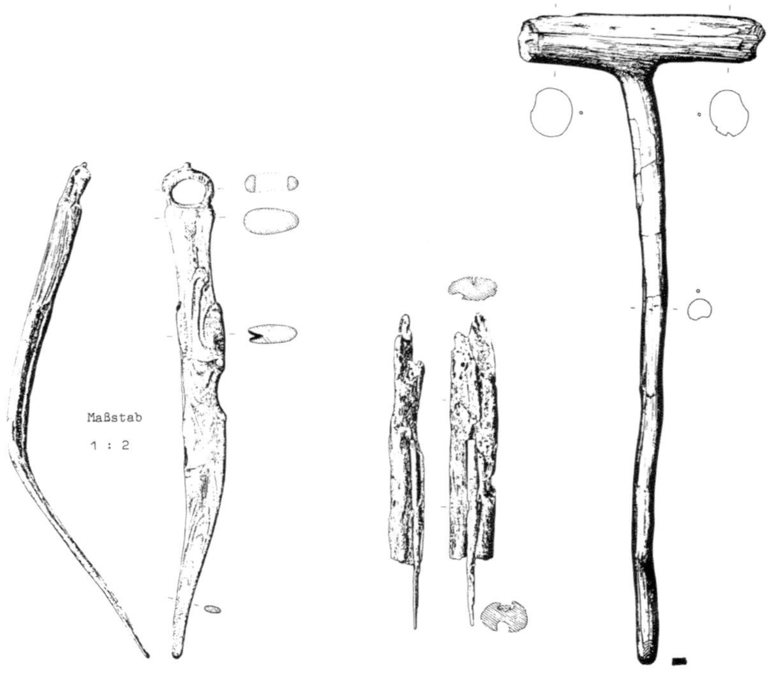

22.1 *(links) Eibener Speerkopf; Neolithikum, Burgäschisee, Schweiz*

22.2 *Neolithische Eibenwerkzeuge: Erntemesser (mit Flintklinge) und Vorstecher von Burgäschisee, Hammer von Twann, alle Schweiz*

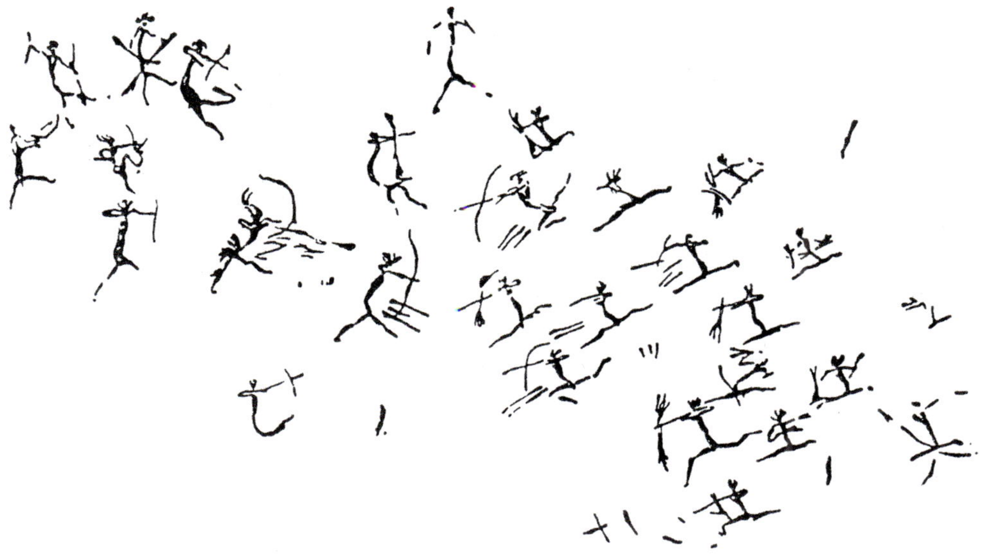

22.3 *Schlachtszene mit Bögen; mesolithische Felsmalerei, Les Dogues, Castellón, Spanien*

seiner Benutzung viele Male in Sandboden gerammt wurde. Sein Alter ist allerdings nicht feststellbar: Während der Erweiterung des Elbebeckens in den 1930er Jahren fand man den Bogen im Schlamm, der auch Knochen eiszeitlicher Tiere enthielt sowie Objekte, deren Herkunft von der Jüngeren Steinzeit über die Bronzezeit bis ins Mittelalter reicht. Kurz nach seiner Entdeckung wurde der Bogen zur Konservierung mit einer wachsartigen Flüssigkeit durchtränkt, die eine Radiokarbon-Datierung nun unmöglich macht.[5]

Im Neolithikum (der Jungsteinzeit) verbreitete sich die Landwirtschaft, aber die Jagd blieb weiterhin eine wichtige Nahrungsquelle; Eibenbögen[6] und -langbögen (siehe nächstes Kapitel) blieben bis ins Mittelalter in Gebrauch. In dem Maße, wie der Ackerbau mit seiner seßhaften Lebensweise allmählich das Nomadentum ersetzte, erschien zudem eine ganze Reihe von Haushaltsgeräten. Eibenholzfunde aus Dänemark, Deutschland, der Schweiz sowie von den Britischen Inseln umfassen Teller, Schalen und Schüsseln aller Größen, Löffel, Kellen, Eimer, Dosen, Kästen und Behälter, Messer, Schneidebretter, Nadeln und Ahlen, Kämme, und für die Feldarbeit Hacken, Vorstecher (zur Aussaat), Erntemesser, Hämmer, Axtstiele sowie Fassungen für Sägen mit Flintzähnen.[7] Eibenzweige fand man als Teil der Konstruktion des jüngsten der neolithischen Stege in den Somerset Levels, Südengland, und auch an einem spätneolithischen Fundort am Zürichsee, wo 70 % der Holzfunde aus Hasel, Silbertanne und Eibe bestehen.[8] An verschiedenen Orten in England wurde *Taxus* in Holzkohleresten vom Neolithikum bis in die frühe Eisenzeit nachgewiesen.[9] Holz und auch Samen fanden sich in einer mesolithischen Grabungsschicht auf der Insel Wight.[10] Und in einem Torfmoor in County Mayo, Irland, fand man Eibenstecken als Teil einer bronzezeitlichen Rehfalle.[11]

Das harte und doch flexible Eibenholz ist äußerst feuchtigkeitsbeständig und wurde in verschiedenen Ländern und bis in relativ jüngere Zeit auch für Zaunpfähle, Bewässerungsrohre, Faßhähne und ähnliches eingesetzt. Mancherorts wurden auch die Grundpfeiler für Pfahlbauten aus diesem Holz gefertigt, so etwa in den neolithischen Pfahlbauten der Schweiz.[12] Als fünfhundert Jahre alte Grundpfeiler einiger Paläste Venedigs im 19. Jahrhundert erneuert wurden, wurden die originalen Eibenpfosten aufbereitet und andernorts im Bauwesen weiterverwendet.[13]

Eibenholznägel fand man in frühmittelalterlichen Wikingerschiffen,[14] doch die vielleicht bemerkenswertesten Artefakte sind die Boote von Dover und Ferriby. Die Überreste dreier bronzezeitlicher Boote wurden 1937 im Lehm der oberen Mündung des Humber (Yorkshire, Nordengland) entdeckt. Ihre Eichenplanken sind mit Bündeln von Eibenholzfasern zusammengebunden – eine höchst ungewöhnliche Materialwahl. Die Boote sind etwas über 16 m lang

22.4 Das freigelegte Dover-Boot *22.5 Die Eichenplanken und ihre »Nahtstellen«*
22.6 Nahansicht der Eibenfasern

und 3 m breit und bieten neun Ruderern auf jeder Seite Platz. Sie wurden per Radiokarbon-Methode auf ca. 1800 v. Ztr. datiert,[15] was sie als deutlich älter ausweist als jedes andere bekannte seetüchtige Schiff. In ganz Europa gibt es kein Boot von ähnlicher Bauweise, und das einzige ähnliche Schiff ist die Königliche Barke, die in der Felskrypta direkt vor der Großen Pyramide von Gizeh gefunden wurde (dieses Schiff wurde auf ca. 2600 v. Ztr. datiert und gilt als die Totenbarke von Pharaoh Khefren [Cheops] selbst, gebaut, um seine Seele sicher ins Totenreich zu tragen; sie ist 43 m lang, aus Zedernholz und mit Grasseilen zusammengebunden[16]). In England fand man 1992 noch ein weiteres »genähtes Boot«, und zwar bei Dover an der Südostküste. Seine Eichenplanken sind mit Eibenfasern von 1,4 – 1,8 m Länge gebunden. Das 6 – 16 Jahre alte Holz, vermutet man, stammte wahrscheinlich aus Niederwaldwirtschaft.[17] Die Verbindung des bronzezeitlichen Britannien mit dem alten Ägypten jedoch bleibt vorerst ein ungelöstes Rätsel in der Archäologie.

Die Altvorderen wählten ihre Holzarten nicht nur anhand praktischer Kriterien. Wir können den Gebrauch verschiedener Holzarten in der Steinzeit und frühen Bronzezeit nicht allein durch die unterschiedlichen physikalischen Eigenschaften und die örtliche Verfügbarkeit einzelner Baumarten begründen. Auch magische Kräfte und mythologische Bedeutung wurden den Pflanzen zugeschrieben, und mitunter bestimmten sie den Gebrauch – oder dessen bewußte Unterlassung – einer Pflanze mehr als ihre praktischen Eigenschaften.[18] Die Eibe wurde durch die gesamte Menschheitsgeschichte hinweg mit den Pforten des Todes, der Geburt und der Ewigkeit in Beziehung gebracht. Daher liegt es nahe zu vermuten, daß das Töten eines Tieres mit einem Eibenspeer eine schamanische Bedeutung für den paläololithischen Jäger hatte, z. B. zur Sicherung der Wiedergeburt des Tieres durch die Gegenwart des Baumes des Lebens im Moment seines Todes. So mag auch der Gebrauch von Eibengeräten im frühen Ackerbau eine weitere Bedeutungsebene gehabt haben: durch die Verbindung der Eibe mit Fruchtbarkeitsgöttinnen der Erde und der Unterwelt (siehe Kap. 32 und 34).

Europäische Eibenholzfunde von der römischen Zeit bis zum Mittelalter umfassen Löffel, Spindeln, Nadeln, Ahlen, Nägel und Keile, Werkzeuggriffe, Faßringe und Teile von Webstühlen.[19] In späteren Jahrhunderten wurden die Artefakte zunehmend weniger überlebenswichtig als vielmehr eitel: Eierbecher, Zahnstocher, Billiardbälle, Manschettenknöpfen u. ä.[20] Heute ist Eibenholz selten und teuer und wird hauptsächlich für (Möbel-)Furnier, in der Bildhauerei und zu Drechslerarbeiten verwendet.

In ihrem Verbreitungsgebiet im westlichen Nordamerika wurde die Pazifische Eibe von den meisten einheimischen Stämmen als traditionelles Material für Bögen[21] und bei manchen Stämmen auch für Pfeile verwendet.[22] Fischer machten Harpunen aus dem Holz.[23] Die Pazifische Eibe war auch ein traditionelles Material für Kanupaddel (Clallam, Hesquiat, Hoh, Nitinaht, Oweekeno, Quileute), Kämme (Southern Kwakiutl, Oweekeno, Quinault, Coast Salish), Nähnadeln (Karok, Nitinaht) sowie Rahmen für Schneeschuhe (Thompson). Die Pomo benutzten auch die Wurzeln, aus denen sie Körbe oder Matten flochten,[24] während die Quinault außerdem Springfedern für Rehfallen aus Eibe machten.[25]

DER LANGBOGEN

FRÜHGESCHICHTE

Die Erfindung des Bogens brachte dem Menschen gewaltige Vorteile. Sie ermöglichte eine erfolgreiche und relativ sichere Jagd und bot außerdem die Möglichkeit, auch Feinde aus der Entfernung zu treffen. Die ältesten erhaltenen Anzeichen des Gebrauchs der Bogenwaffe sind ca. 50.000-Jahre-alte Pfeilspitzen, die in Tunesien, Algerien, Marokko und der Sahara gefunden wurden. Sie sind aus Flint oder Obsidian, die späteren auch aus Chalcedon oder Jaspis. Die steinernen Pfeilköpfe hatten zweifellos Vorgänger aus Knochen, Horn, Zähnen und Dornen, ebenso wie einfache zugespitzte Stöcke als Pfeile verwendet wurden, aber nichts davon hat die Zeit überdauert.

Das beste Bogenholz ist Eibe, gefolgt von Bergulme. In den nördlichen Breiten fand man auch frühe Bögen aus Esche, Hasel, Tanne oder Eiche. Wo Holz überhaupt nicht zur Verfügung stand, wurden Kompositbögen in verschiedenen Kombinationen aus Horn, Knochen, Sehnen und Darm verfertigt. Der Erfolg fortgeschrittener Kompositbögen liegt darin begründet, daß Horn sehr druckbeständig ist (und daher an der dem Schützen zugewendeten »Bauchseite« des Bogens verwendet wird), während Sehnenmaterial elastisch und dehnbar ist (und daher auf den vom Schützen wegweisenden »Rücken« des Bogens aufgeleimt wird). Diese zwei Bogentypen verschmolzen auch zu einem Kompositbogen mit hölzernem Kern, und in den weitentwickeltsten Bögen dieses Typus schwingen die Bogenarme beim Schuß schneller in ihre Ausgangsposition zurück als bei jeglicher Holzart. (Dies ist auch der Grund, warum man im modernen Bogenschießen längst von hölzernen Bögen abgekommen ist – die modernen Kompositbögen sind allerdings aus synthetischen Fasern).[1] Bis vor nicht allzu langer Zeit bauten verschiedene Eingeborenenstämme in Nordkalifornien[2] und auch die Kalapuya und Umpqua in Oregon (USA) noch Kompositbögen aus Eibe. Diese Bögen hatten eine dünne Schicht Splintholz auf der Rückenseite, in die eine Furche geritzt wurde, in die dann Rückensehnen von Rehen geleimt wurden.[3] Die natürliche Wahl für die Bogensehne sind Sehnenfasern.

Bereits die mesolithischen (ca. 20.000 bis ca. 7.500 v. Ztr.) und neolithischen (ca. 7.500 bis ca. 3.500 v. Ztr.) Felsmalereien in der Sahara zeigen ganz verschiedene Arten von Bögen, und es waren aller Wahrscheinlichkeit auch hölzerne darunter. Der allmähliche Prozeß der Verwüstung der Sahara dauerte etwa fünftausend Jahre und war erst um ca. 500 v. Ztr. abgeschlossen. Analysen von Pollen als auch von Holzkohleresten aus Lagerfeuern legen nahe, daß Kiefer, Steineiche, Erle und Linde zur Zeit der (oben erwähnten) ältesten Pfeilköpfe in der Sahara wuchsen. Die gängigste Holzart in *historischen* Bögen der Sahara scheint jedoch die Akazie zu sein.[4]

In Europa (Dänemark, Deutschland, der Schweiz und Britannien) fand man bisher mehr als zwanzig prähistorische Bögen oder deren Fragmente. Es sind alles Langbögen (von ca. 155,5 bis ca. 175 cm Länge) und sie sind allesamt aus Eibe.[5] Ein außergewöhnlich gut erhaltener Eibenlangbogen fand sich 1991 in den Tiroler Alpen im Besitz der (als »Ötzi« bekannten) Ötztaler Gletschermumie. Der Bogen ist 183,4 cm lang

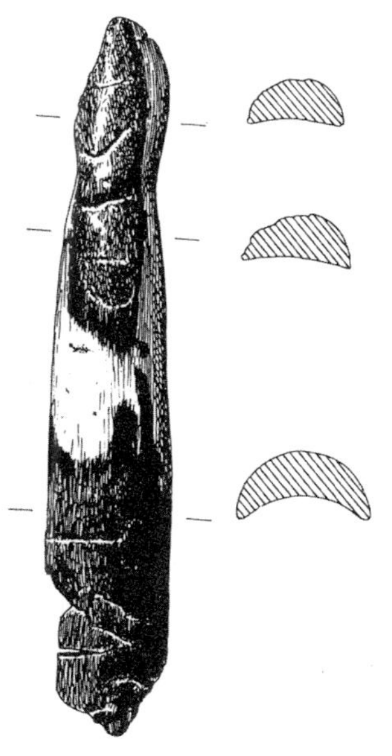

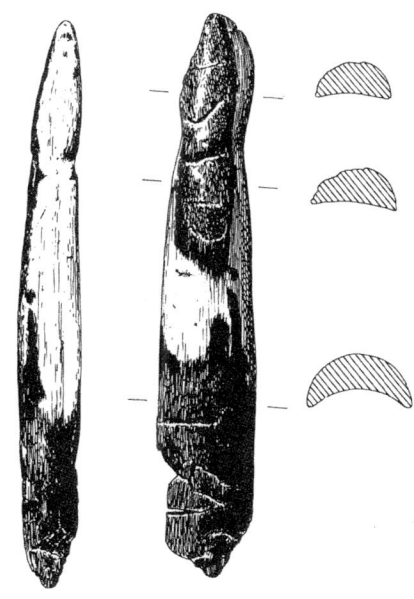

23.1 *Verkohltes Endstück (Länge ca. 37 cm) eines neolithischen Eibenbogens; Niederwil, Schweiz*

(sein Besitzer war nur 160,5 cm groß) und etwa 5000 Jahre alt.[6] Sogar noch ein Jahrtausend älter ist der 1990 in einem Torfhochmoor bei Rotten Bottom in Schottland gefundene Eibenlangbogen. Ein Drittel des Bogens fehlt, aber seine Länge konnte auf ca. 174 cm geschätzt werden.[7] All diese Bögen sind prächtige Waffen, aber wie Robert Hardy, der weltberühmte Langbogenexperte, betont, wurden sie alle aus dem *Kernholz* der Eibe gehauen – ihre Erbauer »hatten noch nicht die Magie entdeckt, die darin liegt, das Splintholz und das Kernholz der Eibe zusammen zu nutzen«.[8]

Der Archäologie zufolge war der hölzerne Bogen (nicht immer aus Eibe) ab dem 10. Jahrtausend ***vor*** Ztr. in Europa weit verbreitet, und um diese Zeit begann er auch, sich um den Globus auszubreiten: Afrika, Asien, die Inseln des Indischen und des Pazifischen Ozeans und schließlich Amerika. Fast allerorten ließen sich die Jäger und Krieger mit ihren Bögen bestatten. Erst ab etwa 1500 v. Ztr. begann der Bogen in Europa an Bedeutung zu verlieren, und zwar im Zuge der Verbreitung des Ackerbaus und der neolithischen Lebensweise.[9] Er blieb aber dennoch eine wichtige

Wie stark ist der Langbogen?

Die *Zugspannung* eines Bogens ist das Gewicht, das für einen Moment gehalten wird, wenn der Bogen auf volle Pfeillänge gespannt wird, also etwa 70–80 cm – auch die Pfeile werden auf den Körperbau des Schützen abgestimmt.

Bis zur Bronzezeit lag die Zugspannung zwischen 15 und maximal 30 kg, was eindeutig auf Jagdbögen hinweist. Eine Replik des Rotten Bottom-Bogens z. B. hat eine Zugspannung von 16 kg und eine Reichweite von ca. 50 m. Größeres Wild wie beispielsweise ein Reh zu erlegen, würde damit aber eine Entfernung von nicht mehr als 5–10 m voraussetzen.[10] Erst im 8. Jahrhundert erschienen Bögen mit Zugspannungen von bis zu 50 kg.[11] Das Gewicht dieser Wikingerbögen nahm jenes der

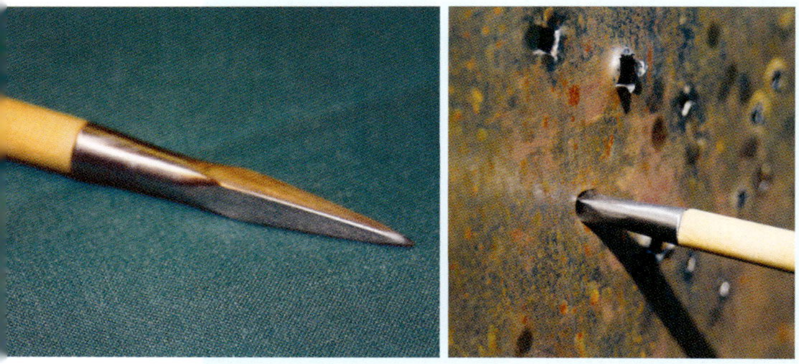

23.2 - 23.3 *Nachbau eines mittelalterlichen Kriegspfeiles; Durchdringung von 1-mm-Stahlblech*

mittelalterlichen Kriegsbögen vorweg, und auch sie waren nicht für die Jagd sondern für die Schlacht geschaffen. Aber die drastischste Neuerung im Bogenbau vollzog sich bereits im Skandinavien der ersten drei nachchristlichen Jahrhunderte: Die Nutzung der verschiedenen Eigenschaften des Splint- und des Kernholzes der Eibe. Wenn der Bogenrohstab so gewählt wird, daß er beide Holzarten enthält (etwa 25 % Splintholz im Bogenrücken), wird ein Eibenbogen so kraftvoll wie ein Kompositbogen, denn das Kernholz (auf der Bogeninnenseite) komprimiert gut und das Splintholz (auf der Außenseite des Bogens) ist elastisch und dehnbar. *Als dann noch diese Vorteile des Kompositbogens mit der schieren Kraft des Langbogens gepaart wurden, hatte die Menschheit plötzlich die vernichtendste Tötungswaffe in der Hand, die sie bis dahin gekannt hatte.* Die frühesten Belege hierfür sind acht süddeutsche Bögen aus dem 8. Jahrhundert.[12] Die Bühne war bereitet für die grauenhaften Schlachten des 13. bis 15. Jahrhunderts, in denen mit Hilfe des Langbogens ganze Dynastien und Weltreiche errichtet und auch wieder niedergerissen wurden.

Die Zugspannung der mittelalterlichen Kriegsbögen wird heute mit 36 bis 54 kg geschätzt,[13] was diesen »Eiben-Kompositlangbögen« gegenüber all ihren Vorgängern eine enorm verbesserte Schußgeschwindigkeit und Reichweite gab. Im Jahre 1188 berichtete Giraldus Cambrensis von der Belagerung von Abergavenny Castle sechs Jahre zuvor, daß die Pfeile der angreifenden walisischen Bogenschützen direkt durch die 3–4 Zoll (7,5–10 cm) dicke massive Eichentür drangen. Ein Jahrhundert später war das Bogenschützen-Bataillon von Gwent (Südwales) dafür gefürchtet, Reiter an ihren Sätteln festzunageln, wobei die Pfeile durch den Lederschutz, das Bein und den ledernen Sattel hindurch tief ins Pferd eindrangen. Die Eibenlangbögen, die man im Wrack der *Mary Rose* gefunden hat (gesunken 1545),[14] waren sogar noch schwerer: sie wogen bis zu 80 kg, die Mehrzahl jedoch 63–68 kg, was man als repräsentativ für den mittelalterlichen Kriegsbogen betrachten kann. Sie hatten eine Reichweite von etwa 300 m und richteten noch bei 240 m erheblichen Schaden an. Bei letzterer Entfernung lag der Geschwindigkeitsverlust lediglich bei gut 16 %. In größerer Nähe konnte praktisch kein Metall den zu diesem Zweck speziell geformten Pfeilköpfen Widerstand leisten.

23.4 *Schlachtszene mit Langbögen; bemalter Holzschnitt von Leslie Rendall, im Besitz von Robert Hardy*

Waffe bis weit in die Eisenzeit. Seine Spuren finden sich u. a. bei Germanen, Römern, Parthern, Griechen, Kretern, Numidiern, Hunnen, Avaren, Tartaren, Magyaren, Osmanen und Arabern, um nur einige zu nennen.[15] Und auch im Römischen Reich war der Bogen wieder auf dem Vormarsch: Die Römer statteten ihre Kavallerie mit den kurzen Kompositbögen des Nahen Ostens aus (Langbögen sind für berittene Schützen ungeeignet), und die germanischen Stämme, die mit dem Ende der Bronzezeit den Kompositbogen hinter sich gelassen hatten, leisteten den Römern erheblichen Widerstand mit ihren Langbögen.[16]

DER MITTELALTERLICHE KRIEGSBOGEN

Im Jahre 1066 gewann William der Eroberer die Schlacht von Hastings, die, wie man sagt, dadurch entschieden wurde, daß ein Pfeil das rechte Auge des englischen Königs Harold durchdrang. Mit diesem Schuß eines Eibenlangbogens fiel das angelsächsische England, und die normannische Herrschaft begann. Es ist nicht bekannt, ob die späteren walisischen Bogenschützen ihre Kunst von den normannischen Herrschern übernahmen oder von den dänischen Eindringlingen, oder ob sie den Langbogen selbst (wieder-)erfanden. Aber nicht lange nachdem Wales unter die (normannisch-)englische Herrschaft gefallen war, wurden Bogenschützen in die englische Armee integriert. Der militärische Aufstieg des Langbogens geht hauptsächlich auf Edward I. (reg. 1274–1307) zurück, der unzuverlässige, dickköpfige Truppen geerbt hatte und sie langsam in »geschlossene, disziplinierte, gut besoldete Verbände mit einer wachsenden Anzahl von Bogenschützen, hauptsächlich Walisern, darunter« verwandelte (Hardy).[17] Er erließ außerdem ein Gesetz, wonach jeder körperlich fähige Mann im Lande, mit Ausnahme nur von Priestern und Richtern, verpflichtet war, Bogen und Pfeile zu besitzen, damit zu üben und sie gut in Schuß zu halten und damit jederzeit wehrdienstfähig zu sein.[18] 1298 schlug Edward I. die Schotten unter William Wallace bei Falkirk, und diese Schlacht gilt allgemein als der erste klassische Sieg des Langbogens. Sechzehn Jahre später, in der Schlacht von Bannockburn, besiegte der Schottenkönig Robert the Bruce ein englisches Heer, das doppelt so groß war wie seines, weil es ihm gelang, die unzureichend ausgerüsteten und schlecht flankierten englischen Bogenschützen niederzureiten.[19] Bannockburn 1314 war eine Niederlage für die Engländer, diente aber als die letzte notwendige Strategielektion für eine Nation, die das Bogenschießen zu seinem militärischen Höhepunkt führen sollte. Im nächsten großen Konflikt zwischen Engländern und Schotten, 1332 bei Dupplin Muir, waren es nur 500 englische Reiter und Bewaffnete, aber 1500 Bogenschützen, die das schottische Heer von um die 10.000 Mann besiegten.

Fünf Jahre später begann der Hundertjährige Krieg (1337 – 1453). Die Engländer unter Edward III. marschierten in Frankreich ein, und mit ihnen der Langbogen. In der Schlacht von Crécy 1346 waren sie um das Zehnfache unterlegen – und gewannen trotzdem. 7.000 englische Bogenschützen verdunkelten den Himmel mit 70.000 Pfeilen pro Minute, sie »flogen durch die Luft so dicht wie Schnee, mit einem schrecklichen Geräusch, so wie der Sturmwind vor einem Gewitter«, schrieb ein Augenzeuge.[20] Edward erneuerte seines Großvaters Erlasse bezüglich der allgemeinen Ausübung des Bogenschießens und befahl den Sheriffs von London bekanntzugeben, daß »ein jeder von Leibes Gesundheit in der besagten Stadt zu Mußezeiten und an Feiertagen Bogen und Pfeile benütze und die Kunst des Schießens erlerne und übe« (12. Juni 1349).[21] Die Zukunft der Bogenschützenkontingente auf diese Weise gesichert, erwartete die Engländer ein weiterer Sieg in Frankreich. 1356 in Poitiers hatten die Franzosen ihre Lektion von Crecy noch nicht gelernt, und Tausende von ihnen vergingen im Pfeilhagel. Und in der entscheidenden Schlacht von Agincourt bei Calais, am 25. Oktober 1415, wurden zwanzig- bis dreißigtausend Franzosen, viele von ihnen sogar Ritter in schwerer Ausrüstung, von nur 900 Bewaffneten und 5.000 Bogenschützen besiegt.[22] Für den Moment schien England unbesiegbar ...

TOD UND STEUERN

Vom 13. Jahrhundert an machte der Eibenlangbogen England zu einer politischen Großmacht in Westeuropa. Aber das hatte seinen Preis. Krieg, abgesehen von dem schrecklichen menschlichen Leid, das er bringt, ist immer auch eine große wirtschaftliche Last, und in ganz England und Wales waren die Bogenmacher, Langbogen-Sehnenmacher und Pfeilschmiede hochbeschäftigt. Nicht zu erwähnen die Handwerker, die Lanzen, Schwerter und Rüstungen herstellten, und die Nahrungsmittelproduzenten und Organisatoren, die ein sich bewegendes Heer mit allem Lebensnotwendigen versorgten. Die professionellen Bogenschützen jedoch waren besonders teuer, denn sie mußten das ganze Jahr hindurch üben, auch in Zeiten des Friedens. In den 1270ern z. B. betrug der Sold eines Bogenschützen 2 Pence pro Tag (60 Shilling pro Jahr), ein Gruppenführer (*vintenar*) bezog 4 Pence und der berittene Kompanieführer (*constable* oder *centenar*) 1 Shilling pro Tag. Zum Vergleich: ein Pfund Weizen kostete zu jener Zeit ein $^{3}/_{4}$ Pence, 28 Pfund Hafermehl 2 Shilling, eine Gallone (3,78

***23.5** Ein Bogenmacher in Krakau, Polen, empfängt Kunden in seiner Werkstatt;* Behaim Codex, *1505*

Liter) Wein 2 $^{1}/_{2}$ Pence und ein Schwein 2 Shilling 8 Pence.[23]

In den 1270ern kostete ein Eibenlangbogen aus Astholz 1 Shilling, ein solcher vom Stamm 1 Shilling 6 Pence. Die Grundausrüstung für einen Bogenschützen – ein Bogen, ein Ersatzbogen, 48 Pfeile, Köcher und lederner Köchergurt – dürften sich auf etwa 5 Shilling 6 Pence belaufen haben; für ein Regiment von 5.000 Bogenschützen macht das ca. 1370 Pfund Sterling. Für etwa zweihundert Jahre blieben die Preise gleich, aber 1483 mußte die Regierung die gesetzliche Preisobergrenze für Eibenbögen drastisch anheben – auf 3 Shilling 4 Pence pro Bogen –, um wachsenden Nachschubproblemen gerechtzuwerden (siehe nächstes Kapitel).[24] Der Sold der Schützen änderte sich zwar nicht, belastete die Schatzkammer aber dennoch: 1473 gewährte das House of Commons dem König 51.117 Pfund 4 Shilling und 7 Pence zur Besoldung von 14.000 Bogenschützen für ein Jahr.[25] All dies bedeutete natürlich eine schwere Steuerlast einer jeden Gemeinde, Stadt und Grafschaft. Und es gab zusätzliche Anforderungen: Im Februar 1417 z. B. wurde den zwanzig Grafschaften Südenglands befohlen, im folgenden März sechs Federn von jeder Gans am Tower abzugeben, und im Folgejahr wurde das auf 1.190.000 Gänsefedern präzisiert, die die Sheriffs aufzutreiben hatten. Das Ziel dieser leichten Fracht? Die Werkstätten der Pfeilschmiede.[26]

KAPITEL 24

DIE KATASTROPHE

MITTELALTERLICHER WAFFENHANDEL

Der mittelalterliche Kriegsbogen der Engländer war im besten Falle aus einheimischen Eibenholz und im allerbesten Falle aus importiertem Eibenholz.[1] Nachdem Edward I. erlassen hatte, daß jedermann Pfeil und Bogen besitzen und damit üben müsse, wurden die Britischen Inseln schnell zu klein, um die andauernde Nachfrage nach Eibenholz befriedigen zu können. Bereits um 1350 begann die Nachfrage das Angebot ernsthaft zu übersteigen. Während der Amtszeit König Edward II. (1307–27) wurde das Holz aus Irland und Spanien importiert.[2] Und in der Folge entwickelte sich ein internationaler Eibenholzhandel, mit Schiffsladungen aus der Ostsee, Holland, Spanien und einigen Mittelmeerhäfen.[3] Das Holz vom europäischen Festland war dem des Inselreiches überlegen, weil es zumeist aus langsamem Wachstum in den Höhenlagen der Bergregionen hervorgegangen war.[4]

Der älteste schriftliche Beleg für den Bogenholzhandel findet sich in einer städtischen Zollrolle von Dordrecht vom 10. Oktober 1287. Die erste Bogenholzeinfuhr nach England ist für das Jahr 1294 dokumentiert. Am 8. Januar 1295 hatten sechs von Stralsund nach Newcastle gekommene Schiffe 360 *baculi ad arcus* (»Bogenstäbe«) an Bord. Doch für Jahrzehnte ging dieser Importhandel nur stockend voran. Die Preisobergrenzen für Bögen nämlich, die die englischen Könige festschreiben mußten (damit die Landsleute, die zum Bogenschießen verpflichtet waren, sich die Bögen überhaupt leisten konnten), waren zu niedrig für die Importeure, die hohen Kosten zu bestreiten, um die Rohstäbe zu besorgen und quer durch Europa transportieren zu lassen.[5] 1470 erneuerte Edward IV. die gesetzliche Pflicht zum Bogenschießen, nannte aber Hasel, Esche und Goldregen als weitere Holzarten, aus denen die Bögen zum allgemeinen Üben gefertigt sein durften. Bereits Heinrich IV. (1399–1413) hatte seinem Königlichen Bogenmeister befohlen, »in private Ländereien einzudringen und Eiben und andere Hölzer für den öffentlichen Dienst zu schlagen«,[6] aber diese Maßnahmen halfen letztendlich auch nicht weiter. Die Lösung brachte 1472 das Statute of Westminster, das es allen Händlern zur Auflage machte, mit jedem Schiff, das in einem englischen Hafen seine Ware löschte, »pro Tonne Handelsware [...] vier Bogenstäbe« nach England einzuführen. Zehn Jahre später verlangte Richard III. sogar 10 Bogenstäbe für jedes Faß Wein.[7] Diese Zwangsauflage verschob den Beschaffungsdruck für Eibenholz geschickt von der Regierung auf die Handelsgesellschaften. Der Zwangsimport von Eibenrohlingen, durchgesetzt mit der Androhung schwerer Strafen, führte zur ersten frühkapitalistischen Monopolpolitik in der mitteleuropäischen Forst- und Holzwirtschaft – *und schließlich zur Auslöschung der Mehrzahl der Eibenvorkommen Europas.*

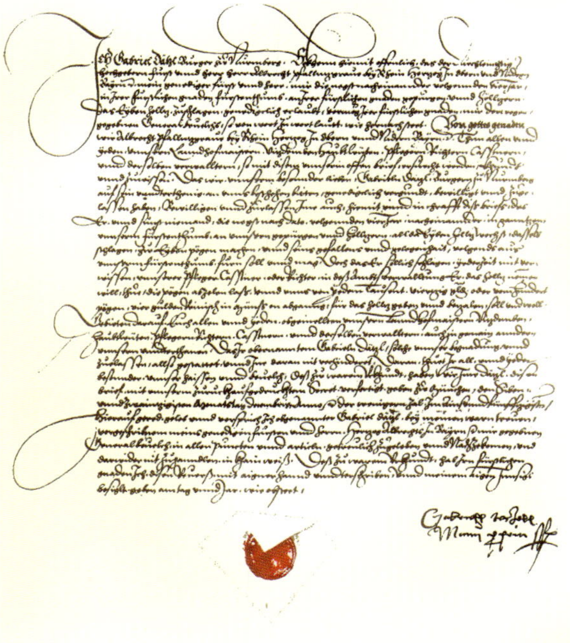

***24.1** Urkunde eines Eibenmonopols, 1551 verliehen von Pfalzgraf Albrecht, Herzog von Bayern, an Gabriel Dätzl*

Bereits zur Mitte des 15. Jahrhunderts war der Großteil des Holzes englischer Eibenlangbögen importiert, und zwar hauptsächlich aus Bayern und Süddeutschland[8] sowie Österreich – die Königshäuser der nördlichen Alpenregionen wollten ihren

Anteil an dem lebhaften Eibengeschäft. Die Handelsgesellschaften mußten bei den Landesherren Anträge stellen und gegeneinander bieten, um den Zuschlag für das »Eibenmonopol« für eine bestimmtes Gebiet zu erhalten. Die Könige von Ober- und Unterbayern, Tirol und Ober- und Unterösterreich verkauften so die Exklusivrechte zur Entnahme von Eibenholz aus bestimmten Arealen an diese privaten Unternehmen. Die Eibenmonopole waren auf ein paar Jahre festgelegt (meist drei bis sechs) und umfaßten umfangreiche Auflagen: Der Privilegierte hatte die Wälder und die noch nicht schlagfähigen Eiben zu schonen; die Bogenhauer mußten erfahren sein und überwacht werden (Form und Position eines Bogenrohlings im Stamm müssen genau erkannt werden – *ein* falscher Hieb kann alles zunichte machen); und der Verkauf von Bogenholz an die »Ungläubigen« (Moslems, Türken, Tartaren) war strengstens verboten.[9] In einem Eibenmonopol waren außerdem die geographischen Grenzen seines Gültigkeitsgebietes festgelegt; auch regulierte es das jährliche Ausfuhrvolumen, die Bezahlung von Mauten, Zöllen und des Forstgeldes und nicht zuletzt die Höhe der Zahlung an die königliche Schatzkammer (»Kammerzins«). 1521 z. B. betrug der Kammerzins 5 Rheinländische Gulden pro Tausend Bogenstäbe,[10] und Balthasar Lurtsch erwarb das Eibenmonopol für Tirol mit einem Ausfuhrvolumen von 20.000 Stäben. 1523 wurde er von Joachim Rehle ausgestochen, der ganze 100 Rh. Gulden pro Tausend bot. Da er aber nicht bezahlte, fiel das Monopol zwei Jahre später wieder an Lurtsch zurück, allerdings für jetzt 60 Rh. Gulden. In der nächsten Runde, 1528, pendelte sich der Preis bei 32 Rh. Gulden pro Tausend ein.[11]

Das Netz der Handelsrouten der Eibenbogenrohlinge überzog ganz Europa.[12] Es umfaßte Landwege, die per Wagen bewältigt wurden, binnenländische Flößerei und schließlich Schiffswege von den Ost- und Nordseehäfen nach London oder andere englische Häfen. Aus Tirol wurden zur Zeit Lurtschs drei Transportrouten benutzt (siehe Karte). Die erste führte per Floß donauaufwärts, dann mittels Wagen über die Schwäbische Alb zum Neckar, diesen über Heilbronn hinab bis zum Rhein bei Mainz und jenen hinab bis Antwerpen in Belgien. Die zweite Route führte donauabwärts bis Krems, dann über Land wohl durch die Mährische Pforte zur Weichsel bei Krakau und von dort auf Weichselflößen durch ganz Polen bis zum Ostseehafen Danzig (wo der Eibenhandel des Deutschen Ordens mit bedeutenden Umsätzen mindestens bis ins 15. Jahrhundert zurückverfolgt werden kann[13]). Die dritte Route verließ die Donau bei Linz und ging wahrscheinlich über Prag die Elbe hinab und an Hamburg vorbei nach Stade, dem Ausfuhrhafen der englischen Handelshäuser. Eine durchschnittliche Wagenladung bestand aus 32 »Büscheln« zu je 20 Bogenstäben und einem Bruttogewicht von etwa 1.500 kg. Im 16. Jahrhundert hielt die Firma von Christoph Fürer & Leonard Stockhammer das Eibenmonopol für große Teile Bayerns und Österreichs für mehr als 80 Jahre.[14] Fürer flößte die Rohlinge donauaufwärts nach Regensburg, brachte sie auf dem Landweg über Nürnberg nach Bamberg zum Main, wo sie wiederum auf Flöße umgeladen wurden und den Main und Rhein hinab zum Hauptumschlagplatz Köln gebracht wurden und von dort entweder zu den holländischen Anlegern oder zum internationalen Umschlagzentrum in Antwerpen.[15] Das Holz aus den Karpaten und Westrußlands dagegen fand seine Wege zu den Weichselflößen, die in Südpolen warteten, andere Ladungen mögen auch die Tisza (nach der Eibe benannt) hinab in die Ungarische Tiefebene

***24.2** Eibenstabtransportrouten im frühen 16. Jahrhundert (Taxus-Vorkommen nach Hegi 1981, modifiziert)*

gelangt sein, von wo aus sie schließlich Venedig erreichten oder, wahrscheinlicher, zur Donau gebracht wurden. Dies war das Haupthandelsnetz. Darüber hinaus gab es auch Lieferungen anderer Händler, die aber nicht so gut belegt sind.[16]

Auch die Eibenausfuhr aus dem Mittelmeerraum ist weniger gut dokumentiert. So wurde der italienische Handel überhaupt noch nicht recherchiert; es ist lediglich bekannt, daß 1483 der Preis für Eibenstäbe aus der Lombardei (Norditalien) von 2 auf 8 Pfund Sterling pro Hundert anstieg; und daß Heinrich VIII. im Jahre 1510 den Dogen von Venedig um Erlaubnis zum Kauf von 40.000 Bogenstäben bat – zu jenem Zeitpunkt kamen große Mengen von Eibenrohlingen aus Dalmatien über die Adria nach Venedig.[17] Der Doge stimmte zu, aber erst nachdem er den Preis auf 16 Pfund pro Hundert verdoppelt hatte.[18] Zu diesem relativ späten Zeitpunkt in der Geschichte mag der hohe Preis die zunehmende Knappheit des Holzes widerspiegeln (siehe unten) und nicht bloß

***24.3** Schlachtfeld im Wald*

Hut ab vor den wenigen Überlebenden!
***24.4 - 24.5** Die Steibis-Eibe ist Bayerns ältester Baum (Stammumfang ca. 5 m, Höhe ca. 7 m)*

venezianische Geschäftstüchtigkeit. Im fernen Westen, in Spanien, kamen die Eibenexporte wahrscheinlich vorwiegend aus dem Norden des Landes. Einige frühe englische Texte erwähnen die deutliche Überlegenheit des dichtgewachsenen spanischen Eibenholzes gegenüber dem knotigen englischen Bogenholz, aber bisher konnten keine eigentlichen Handelsdokumente identifiziert werden, die einen Aufschluß über den Umfang und den Zeitraum der spanischen Exporte geben würden. Die Handelsrouten müssen in der Nähe der Häfen von Santander und Bilbao zu suchen sein (eventuell den Ebro – benannt nach der Eibe – abwärts nach Barcelona). Der Erlaß Richard III. (1483), mit jedem Faß Wein seien zehn Eibenstäbe nach England einzuführen, ist ein wichtiger Hinweis darauf, daß Spanien, Italien und Südfrankreich bemerkenswerte Holzmengen ausgeführt haben müssen, wenigstens für einige Jahre. Des weiteren ist es in Erwägung zu ziehen, ob die englische Invasionsmacht während des Hundertjährigen Krieges womöglich die Eiben Frankreichs plünderte, ohne darüber Buch zu führen und somit Belege zu hinterlassen (es sei denn, die französischen Eibenvorkommen wurden bereits während der römischen Besatzung Galliens gefällt oder in der nachfolgenden Völkerwanderungszeit; jedenfalls ist es ein Rätsel der Geschichte, wo die Eiben Frankreichs geblieben sind).

Die verflochtenen Handelswege, das wiederholte Umladen von Wagen auf Flöße und wieder auf Wagen, die Gebühren, Steuern, Schmiergelder, Zölle und Mauten machten diesen Eibenhandel zu einem teuren Geschäft. Eine Aufschlüsselung der Ausgaben für eintausend Stäbe im Jahre 1549 liest sich wie folgt: Holzerntekosten 21 %, Forstgebühren 5 %, Monopolzins 20 %, Transportkosten 24 %, Zölle 5 %, Agentenprovision 8 %, Konfekt und Marzipan für Herrn Vitzthomb 2 %, Paßbrief 11 %, Agent für die Beschaffung des Paßbriefes 4 %.[19] Und dennoch konnte das Holz, wenn alles gut ging, am Ende mit bis zu 32 % Gewinn verkauft werden.

WALDERSCHÖPFUNG UND SCHUTZVERSUCHE

Die ökologische Katastrophe geschah nicht plötzlich über Nacht und auch nicht ohne Widerstand. Eine Reihe von Dokumenten, hauptsächlich aus den deutschsprachigen Alpenländern, zeigen die wachsende Sorge und auch den Widerstand gegen die großflächige Zerstörung der Eibenvorkommen. Schon 1507 – nur fünfunddreißig Jahre nachdem Edward IV. die Zwangsimporte eingeführt hatte! – verhandelte Kaiser Maximilian I. mit den Herzögen Wilhelm und Ludwig von Bayern über ein grundsätzliches Verbot des Eibenholzschlagens in Bayern wie auch Österreich (seiner eigenen Residenz).[20] Aber es geschah

***24.6** Ein vergessener Riese in den Pyrenäen: die uralte Eibe von Massane (Stammumfang ca. 6 m)*
***24.7** Die Eibe von Solcava (männl., Stammumfang 428 cm) ist der älteste Baum Sloweniens, geschützt seit 1951.*

nicht viel: 1518 versuchte man, gegen »Holzfrevel« (illegales Schlagen) vorzugehen, der sowohl in Bayern als auch Österreich, und hier besonders in den Grenzgebieten, zugenommen hatte. Gleichzeitig wurde eine zehnjährige Schonung der Bestände vereinbart (viel zu kurz!), aber ansonsten ging das Geschäft weiter wie gehabt. Jedenfalls bis 1532, als bei der bayrischen Eibenmonopolvergabe ein neuer Passus zum Ausfuhrvolumen erscheint: »sofern so viele zu bekommen sind«. 1542 wehrt sich die bayrische Regierung in einem Brief an ihren König Ferdinand gegen die Monopolvergabe. Der Brief ist im wesentlichen ein Aufruf, die Eiben in Ruhe zu lassen; er listet eine Reihe von Gründen dafür auf und verschweigt auch nicht, daß die Eibenbestände stark dezimiert worden sind und »nur Jungholz und Buschwerk« übrig sind. Die Monopolpraktik konnte dieser Brief jedoch nicht unterbinden.

Der zweite Absatz dieses Briefes ist bemerkenswert, denn er wirft ein Licht auf die Fällpraktiken seiner Zeit. »Dort, wo eine große Eibe mitten im Wald steht und geschlagen wird und dadurch eine Lücke entsteht, kommt es sofort zu Windwürfen, was den hohen und niederen Schwarzwäldern und auch den Heimwäldern der Untertanen [Ihrer Majestät] großen Schaden und Nachteil bringt.«[21] Dies zeigt deutlich, daß nicht nur junge oder gar Niederwald-Eiben für Bögen gefällt wurden, sondern alle Größen und Altersgruppen, einschließlich alter oder uralter Bäume, deren Fall kritische Lücken im Wald hinterließ. Der Brief erwähnt auch, wie viel Holz verschwendet und liegengelassen wird, da nur die besagte Übergangszone von Splint- und Kernholz für Bögen begehrt ist. Aschams Abhandlung über das Bogenschießen (1545)[22] erwähnt, daß das Holz aus dem Stamm dem Holz aus den Ästen überlegen ist. Dazu kommt noch, daß die natürliche Tendenz der Eibe zu verdrehtem und knotigem Wachstum die Auswahl im Wald noch zusätzlich eingeschränkt haben dürfte. Es ist ein verlockender Gedanke, daß vielleicht irgendwann irgendjemand einmal an Eibenplantagen dachte, um die langfristige Nachfrage zu befriedigen, und eventuell gab es sogar praktische Versuche in dieser Richtung. Aber letztendlich ging es bei dem europäischen Handel mit Bogenrohlingen nicht um Holz, das schnell »ins Grün geschossen« war, sondern genau um das Gegenteil; seine Existenzgrundlage war eben gerade das langsam gewachsene, äußerst engringige und elastische Holz der Berglagen. Außerdem konnte keiner einhundert Jahre im voraus planen – die Zeit, die eine Eibe mindestens braucht, um auch nur vier Bogenrohlinge zu generieren.

Das Unvermeidliche trat 1568 ein: Herzog Albrecht von Bayern mußte ein Gesuch für ein Eibenmonopol abschlägig bescheiden mit der Begründung, er habe schon den Antrag des Kurfürsten von Sachsen ablehnen müssen – wegen fast gänzlicher Erschöpfung der Eibenbestände. 1589 dann erfolgte das Ende der Monopolvergabe und ein generelles Schlagverbot in Bayern wie Österreich, da keine Eibe von nennenswerter Größe mehr übrig war. In Württemberg verschwand die Eibe bereits zehn Jahre vorher gänzlich aus den Holzhandelsdokumenten. In den Forstordnungen des nördlichen Alpenraumes finden sich im 17. Jahrhundert keine Hinweise auf *Taxus* mehr.[23]

Einige der englischen Könige haben ja das Ihrige versucht: Richard III. hatte 1483 den generellen Anbau von Eiben angeordnet, und auch Heinrich VIII. (reg. 1509 – 47) bestätigte nicht nur die Zwangsimporte sondern verfügte auch das Pflanzen von Eiben überall in England.[24] Aber das blieben Tropfen auf den heißen Stein. Queen Mary (reg. 1553 – 58) mußte der Verdoppelung der Preisobergrenze zustimmen: 6 Shilling 8 Pence für einen Bogen aus bestem ausländischem Holz und 3 Shilling 4 Pence für einen minderwertigen.[25] Und zur Zeit von Elisabeth I. (reg. 1558 – 1603) ging das Eibenholz vollends zur Neige, sowohl daheim als auch auf dem Kontinent. Ihr Gesetz für Bogenmacher bestimmte, daß pro Eibenbogen vier Bögen aus minderwertigem Holz wie Bergulme herzustellen seien. Zu dieser Zeit waren Eibenbögen so selten geworden, daß sie von mehreren gemeinsam benutzt wurden, und Jugendliche unter siebzehn Jahren war es gänzlich verboten, »im Eibenbogen« zu schießen.[26] Elisabeth ordnete auch an, Eibenstäbe aus den Hansestädten und anderen Häfen einzuführen, was darauf hinweist, daß die letzten Lieferungen über Polen aus den Karpaten gekommen sein müssen und eventuell aus dem nordöstlichen Baltikum über Reval (das heutige Talinn). Alles vergeblich: Am 26. Oktober 1595 befahl Elisabeth I., daß das Heer die Langbögen durch Schußwaffen zu ersetzen habe.[27] Alle Feuerwaffen waren dem Langbogen eindeutig unterlegen und sollten es noch ganze weitere zwei Jahrhunderte bleiben. Ein Langbogen schlug eine Muskete mit sechs Pfeilen auf eine Kugel, mit größerer Reichweite und Treffsicherheit. Aber es *gab* keine Wahl mehr.

Die Ausbeutung während der »Langbogen-Jahrhunderte« war von astronomischem Ausmaß. Allein das Ausfuhrvolumen der Fürerschen Gesellschaft, die über achtzig Jahre (1512 – 92) hinweg die Eibenmonopole für große Teile Bayerns und Österreichs hielt, kann auf 1.600.000 Stäbe geschätzt werden – und es gab noch andere Gesellschaften. In ganz Europa wurden die Eibenbestände erschöpft. Und sie haben sich nie erholt, aus verschiedenen Gründen. Menschliche Kurzsichtigkeit und aufeinanderfolgende Kriege haben der Landschaft Europas unkalkulierbaren Schaden und unermeßlichen Verlust zugefügt, der in fünfhundert Jahren noch nicht geheilt ist. Und selbst wenn wir heute alle Maßnahmen ergreifen würden, würde es weitere fünfhundert Jahre dauern, bis alte Eiben wieder in den vielen Gebieten stehen würden, die sie einst bereicherten.

***24.8 - 24.9** Der älteste Baum der Schweiz ist die Eibe am Gerstler bei Burgdorf, Kanton Bern (Stammumfang ca. 4 m)*

***24.10** Ein Prachtbaum in Österreich: die geschützte alte Eibe bei Kirchberg*

***24.11** Ein berühmter Baum in Tschechien: die alte Eibe von Krombach*

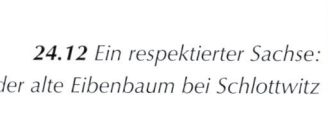

***24.12** Ein respektierter Sachse: der alte Eibenbaum bei Schlottwitz*

EIN WIRKSAMES HEILMITTEL

Seit der Frühgeschichte wurde die Eibe nicht nur für tödliche Waffen benutzt, sondern auch für Heilzwecke. In Anbetracht der Tatsache, daß fast alle Teile des Baumes für den Menschen giftig sind, mag sein weites medizinisches Spektrum etwas überraschend sein.

ALLOPATHIE [1]

Ureinwohner Amerikas

Im Osten des nordamerikanischen Kontinents benutzen die Irokesen ein Gemisch aus der Europäischen Eibe bei Menstruationsbeschwerden, Rheumatismus, Husten und Erkältungen, und sie mischen es mitunter »in alle Heilmittel, um ihnen Kraft zu geben«.[2] Die einheimische Kanadische Eibe wird in der traditionellen Medizin verschiedener Stämme bei Rheumatismus (Abnaki, Quebec Algonquin, Chippewa, Menominee), Erkältungen (Penobscot), bei Gonorrhö und als harntreibendes Mittel (Potawatomi) angewandt. Frauen der Algonquin und der Tete-de-Boule benutzen sie bei unregelmäßigen Blutungen, und Micmac Frauen bei Nachgeburtsschmerzen und Blutkoageln. Die Irokesen mischen außerdem die Arillen und Nadeln mit kaltem Wasser und Ahornsaft und fermentieren es zu einem »kleinen Bier«.[3]

Auch die Pazifische Eibe auf der anderen Seite des Kontinents hat vielerlei innerliche und äußerliche medizinische Anwendungen. Sie wird z. B. bei Bauch- oder allgemein inneren Schmerzen genommen (Haihais, Karok, Kitasoo, Klallam, Tsimshian) und als dermatologische Auflage auf Wunden (Cowlitz, Quinault). Die Chehalis benutzen einen Aufguß aus zerstoßenen Blättern als Waschung, um die allgemeine Gesundheit zu verbessern, und die Swinomish reiben weiche Zweige junger Eiben über ihren Körper, um Stärke zu gewinnen. Die Thompson nehmen eine Abkochung der Rinde bei jeglicher Krankheit; eine ähnliche Rindenabkochung benutzen die Yurok, um »das Blut zu reinigen«, und die Tsimshian benutzen die Pazifische Eibe in der Behandlung von (Haut-)Krebs.[4]

Europa

Trotz ihrer Giftigkeit ist die Eibe die ganze Geschichte hindurch allopathisch verwendet worden. In der griechisch-römischen Welt galt Eibengift als ein Gegengift bei Otterbissen, und der römische Kaiser Claudius (reg. 41 – 54) erließ sogar ein Gesetz in dieser Hinsicht.[5] Andere frühe medizinische Verwendungen umfassen die Stimulierung der Menstruation sowie die Behandlung von Insektenstichen und von Würmern. In der altkoptischen Medizin, die die Nachfolge der altägyptischen Medizin pharaonischer Zeiten angetreten hatte, wurde eine Abkochung von Eibenblättern bei vielen Hautkrankheiten und besonders bei hartnäckigen Hautgeschwüren eingesetzt.[6]

Vom frühen Mittelalter bis zur Industrialisierung der Medizin und der Verbreitung synthetischer Präparate im 20. Jahrhundert wurden Eibenzubereitungen in einer Vielzahl von Behandlungen eingesetzt. Dazu zählten, neben den bereits erwähnten, die Behandlung von Wunden, Parasiten, Epilepsie, Diphterie, Rheumatismus, Arthritis und Mandelentzündung.[7] Eine Überdosierung mit Eibenpräparaten hat jedoch immer wieder zum Tod von Patienten geführt, hauptsächlich bei unverantwortlichen oder verzweifelten Schwangerschaftsabbruchversuchen.

Eibenzubereitungen und auch -rauch waren weit verbreitet, um Hautausschläge und Krätze als auch Hundetollwut zu behandeln, Parasiten aus dem Stall zu vertreiben und Mäuse (und Geister) aus dem Wohnhaus.[8] Die Abtissin Hildegard von Bingen (1148 – 79) benutzte Eibenrauch bei Husten und Erkältungen und empfahl generell einen Eibenwanderstab für die Gesundheit.[9]

Himalaja

Bergbewohner in Nepal geben den Nadelsaft der Himalaja Eibe bei Husten, Bronchitis und Asthma.[10] In Nordindien werden Eibenzubereitungen als schleim- sowie krampflösend betrachtet und bei Magen- wie Herzbeschwerden verabreicht. Eibenpräparate werden in Indien immer noch im Handel angeboten.[11] Im allgemeinen essen Dorfbewohner in Afghanistan,

25.1 - 25.4 *Heilungs-Mandalas, von Nicole Melis während ihrer Krebsbehandlung gemalt*

Pakistan, Nepal, Nordindien, Tibet, Westchina und Südostasien die Arillen (auch ohne medizinische Notwendigkeit).[12]

In den 1890ern erwarb der britische Geheimdienstoffizier Hamilton Bower ein Sanskritdokument, das er der Asiatischen Gesellschaft in Bengal übergab. Das verwendete Brahmi-Alphabet blieb jedoch bis 1912 unentzifferbar, dann zeigte sich, daß das sogenannte Bower Manuskript der älteste erhaltene Text über traditionelle indische Medizin (Ayurveda) ist. Der Text, der aus der ersten Hälfte des 6. Jahrhunderts stammt,[13] erwähnt die Behandlung von (Unterleibs-)Krebs mit Teilen der Eibe gemischt mit gereinigter (Yak-)Butter.[14] Der Westen brauchte kaum mehr als eintausendvierhundert Jahre, bis auch er so weit war!

KREBSBEKÄMPFUNG

Das erste Anzeichen, daß Eiben einen Stoff mit tumorhemmender Wirkung enthalten, wurde im Mai 1964 in den USA entdeckt. Etwa zwei Jahre später war diese Substanz endgültig identifiziert und wurde Taxol genannt, *tax-* nach der Gattung *Taxus* und *-ol* für Alkohol (das Molekül enthält Hydroxylgruppen, wodurch es zu einem Alkohol wird). Nach langwährenden chemischen und klinischen Testreihen wurde Taxol® (Paclitaxel) als verkäufliches Präparat für den Einsatz in der Chemotherapie zugelassen; 1992 in den Vereinigten Staaten und in den folgenden Jahren in vielen anderen Ländern. 1996 wurde auch Taxotere® (Docetaxel, siehe Kasten S. 114) in den Staaten und in der EU als Medikament zugelassen.

Eine chemotherapeutische Behandlung mit Eibenpräparaten umfaßt vier bis sechs »Zyklen«, ein solcher besteht aus einer Infusion, die je nach Medikament drei Stunden (Paclitaxel), eine Stunde (Docetaxel) oder eine halbe Stunde (albumingebundenes Paclitaxel, siehe Kasten S. 114) dauert. Sechs Zyklen Docetaxel kosten z. Zt. etwa 8100 Euro.[15] (Mehr über den globalen Pharmamarkt und seine ökologischen Auswirkungen auf die Eibenpopulationen in Kap. 21.)

Klinisch

Seit ihrer Einführung haben die Taxane die Behandlungsmöglichkeiten von Patienten mit fortgeschrittenen Formen von Brust- und Eierstockkrebs sowie einigen Leukämiearten (nicht-kleinzelligem Bronchialkarzinom) geradezu revolutioniert. Fortgeschrittener Eierstockkrebs spricht zu 19 – 36 % auf die Behandlung an, zuvor behandelter metastatischer Brustkrebs zu 27 – 62 %, und Lungenkrebs zu 21 – 37 %. In Einzelfällen hat Paclitaxel einen völligen Rückgang des Tumors bewirkt.[16]

Der Wirkungsmechanismus der Taxane unterscheidet sich von dem aller anderen Krebsmittel. Er bindet die Mikrotubuli in den (Krebs-)Zellen. Durch die Stabilisierung der Mikrotubuli wird die Mitose (siehe Kasten S. 39) und damit auch das Wachstum des Tumors unterbunden.

Chemotherapie ist jedoch eine schwerwiegene Sache, und Nebenwirkungen sind wohlbekannt. Völliger Haarausfall ist unvermeidlich, aber das Haar wächst wieder nach. Patienten berichten oft von Taubheitsgefühlen, Prickeln oder Brennen in den Händen und/oder Füßen. Eine Verminderung der roten Blutkörperchen kann Anämie verursachen, und ein zeitweiliger Rückgang der weißen Blutkörperchen führt mitunter zu bakteriellen Infektionen. Auch allergische Reaktionen sowie Gelenk- und Muskelschmerzen sind relativ häufig; seltener sind Reizungen der Einstichstelle (Taxane werden in eine Vene gespritzt), wunde Stellen im Mund oder an den Lippen, Magenverstimmungen und Durchfall. Unnötig zu sagen, Chemotherapie kann den Fötus schädigen und wird nicht für Schwangere verschrieben.[17]

Die menschliche Seite

Eine wachsende Anzahl von Frauen, die den Krebs mit Hilfe einer »Eiben-Behandlung« besiegt haben, entwickelt Interesse an dem Baum hinter dem Medikament. Manche von ihnen planen sogar einen kleinen Umweg auf ihrer Englandreise ein, um eine der uralten Eiben zu besuchen und dem Baum für ihr neues Leben zu danken.[18] Nicole Melis aus Belgien berichtet von einer ganz außergewöhnlichen inneren Reise mit dem Krebs während ihrer Behandlung. In der Hoffnung, daß es anderen helfen möge, hat sie der Veröffentlichung eines Auszugs aus ihrem Brief (an den Autoren) zugestimmt:

Als ich erfuhr, daß ich Krebs hatte, hatte ich viel Angst vor der Chemotherapie, denn mir war gesagt worden, daß sie nicht leicht sei und viele Komplikationen mit sich brächte. Der Arzt sagte mir, ich solle die Chemo als meinen Verbündeten betrachten. Dies war der magische Schlüssel für mich, denn im selben Augenblick sah ich hinter ihm einen sehr großen Taxus-Baum. Also fragte ich den Arzt, ob er an eine Taxol-Behandlung dachte, und er sagte »Ja«. Ich wurde umgehend ruhiger – zu seiner Überraschung, denn die Taxol-Behandlung gehört zu den sehr giftigen.

Zu Hause dann begann ich meinen eigenen Prozeß der Kontaktaufnahme mit dem Taxus. Zuerst suchte ich im Internet und erfuhr von den uralten Bäumen in Britannien; ich suchte noch nach weiteren Informationen, aber schließlich verband ich mich *innerlich* mit der Eiben-Energie. Durch intensive innere Konzentration empfing ich die Information, daß das, was den Krebszellen fehlte, eine neue »innere Struktur« war, um teilzunehmen an einem globalen Transformationsprozeß. Ich mußte dieses innere Muster finden und dann meine Krebszellen wieder in Verbindung mit meinem ganzen Körper bringen. Plötzlich fühlte ich Zuversicht, daß Taxus mir den nötigen Code und das innere strukturelle Muster geben würde, das meine Zellen brauchten.

Während der Chemo empfing ich viele Bilder im Inneren, Farben und auch Anweisungen, was ich mit alledem anfangen könne. Ich begann, all diese Bilder zu malen. Jeden Tag malte ich, sogar im Krankenhaus. Und im Erstellen dieser Bilder fühlte ich mich gut, ich war nicht so krank, wie man mir vorhergesagt hatte. Die Farben und Muster brachten mich ins Gleichgewicht, und mein Körper konnte die Chemo ohne die erwarteten Komplikationen tolerieren.

Wie sich die Bilder entwickelten war sehr überraschend. In der letzten Phase zeichnete ich geometrische Formen und schließlich die platonischen Körper.[19] Von diesen mußte ich »mein geometrisches Muster« aussuchen. Das tat ich, und von dem Moment an fühlte ich mich sehr gut. Die Chemo kam zum Abschluß, und nun befinde ich mich in der Rekonvaleszenz.

Ich beschäftige mich nun mit der Nachzeichnung und Überarbeitung all dieser Bilder, und manchmal arbeite ich mit ihnen mit anderen Menschen, die mir dazu Feedback geben. Die Wirkung dieser Bilder als Energiefelder ist erstaunlich. Ich habe auch damit begonnen, diese Gemälde mit Klang und tonaler Resonanz zu verbinden.

So. Dies ist, in Kurzform, etwas von meiner Erfahrung mit einem machtvollen Verbündeten, dem Taxus. Die Verbindung mit der Taxus-Chemomaterie und der Taxus-Energie ermöglichten die Einsichten und Erfahrungen dieses »All-Chemie-Prozesses«.

Ich wünsche Ihnen wunderschöne Dinge zu sehen, zu finden und zu durchleben.

Nicole Melis

Ein Irrgarten von Begriffen

Alle Teile der Eibe außer dem roten Arillus enthalten, in unterschiedlichen Graden, toxische (= giftige) Substanzen (hauptsächlich Alkaloide). Alle Eibengifte generell werden **Taxoide** genannt.

Das Hauptgift der Eibe wurde 1890 entdeckt und **Taxin** genannt (Allgemeinformel $C_{47}H_{51}O_{10}N$), später aber als eine komplexe Verbindung von Taxin I, Taxin II, Taxin III und sieben anderer Basen erkannt.

Im Gegensatz zu den Taxoiden sind die **Taxane** *nicht* wasserlöslich und passieren den Verdauungsapparat eines Organismus, ohne Schaden anzurichten. In Verbindung mit einem Lösungsmittel und gespritzt, können sie jedoch Zellen töten. Die Antikrebsstoffe gehören zu dieser Gruppe.

Eine große Anzahl von Taxanen ist bisher aus Eiben isoliert worden; eines davon ist **Taxol**, die reine Substanz, die in der Krebs-Chemotherapie verwendet wird. Dieser Name wurde bei ihrer Entdeckung 1967 gewählt, aber am 26. Mai 1992 erwarb der US-Pharmariese Bristol-Myers Squibb das Patent auch für den Namen, der seither exklusiv nur für deren Produkt Taxol® verwendet werden darf. Der neue generische Begriff, der die Lücke im allgemeinen Gebrauch füllt, ist **Paclitaxel**.

Ursprünglich in reiner Form aus der Rinde der Pazifischen Eibe gewonnen, können tumor-aktive Taxane auch halb-synthetisch aus einer Substanz mit dem Namen **10-Deacetyl Baccatin III (DAB-III)** hergestellt werden, die in den Nadeln aller Eibenarten vorkommt, und zwar bis zu zehnmal reichlicher als das reine Paclitaxel in der Rinde.[20]

Paclitaxel ist ein weißes bis cremefarbenes kristallines Pulver mit der chemischen Formel $C_{47}H_{51}NO_{14}$. Das pharmazeutische Produkt Taxol® ist Paclitaxel in polyethylisiertem Castor-Öl (Cremophor EL, hergestellt von BASF Deutschland) plus Äthanol, da Paclitaxel nicht wasserlöslich ist – ein generelles Problem mit den Taxanen in der Medizin.

Auch **Taxotere® (Docetaxel)** ist ein halb-synthetisches Taxan aus DAB-III, verbunden mit Polysorbat 80 und einer Äthanolverdünnung als Träger. Es wird von der französischen Firma Sanofi-Aventis für Krebs-Chemotherapie hergestellt.

Seit den 1990ern produzieren auch andere Firmen Eibenmedikamente zur Krebsbehandlung. Besonders ist hier Abraxane® zu nennen, ein nanometergroßes (also äußerst winziges) albumingebundenes Paclitaxel-Partikel, erzeugt von der Firma American BioScience Inc. in Santa Monica, Kalifornien. Anstatt synthetischer Trägerstoffe benutzt es Albumin, einen natürlichen Träger lipophyler Moleküle im menschlichen Körper. Versuchsreihen mit Frauen, die Brustkrebs in fortgeschrittenem Stadium hatten, zeigten (im Jahre 2005) – sogar ohne Vorbehandlung – wesentlich höhere Ansprechraten, weniger Nebenwirkungen und keinerlei hypersensitive Reaktionen.[21]

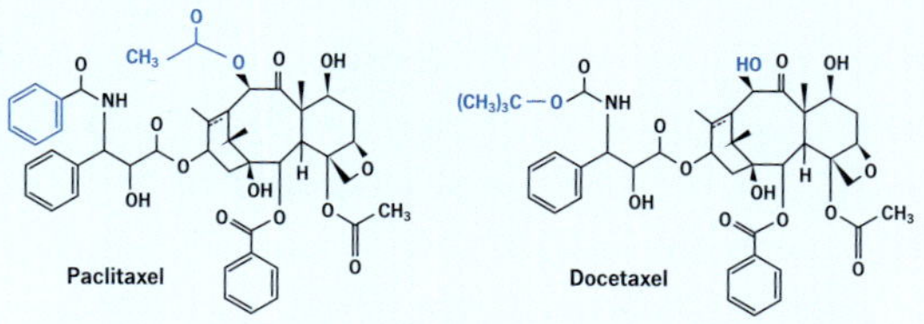

Diagramm 13 Paclitaxel und Docetaxel

26.1 *Kirschblüte in Kiyomizu Dera, Kyotos »Tempel des reinen Wassers«, Japan. Zwischen den Zwergeiben –* Taxus cuspidata *var.* nana *– wartet ein Reiher auf einen Karpfen.*

KAPITEL 26

FÜR DIE SINNE

GÄRTEN

Mit dem Verschwinden der alten, ehrfurchtgebietenden Eiben während der Langbogen-Jahrhunderte und dem Vergessen der sie umgebenden Traditionen und geheimnisvollen Atmosphäre, war die Bühne reif für einen verspielteren und oberflächlicheren Umgang mit Bäumen und Pflanzen. Mit dem Beginn der Renaissance (im frühen 15. Jahrhundert in Italien), kehrte eine Zeit des Friedens und des Wohlstandes in Europa ein, und mit ihr kamen in einem nie zuvor gekannten Maß Genußfreudigkeit, Sinnenfreude, Prunksucht und Luxus. Die italienischen Stadtstaaten kamen zu großer Blüte, und in ganz Europa begannen private Geschäftsleute, einen Teil ihres angesammelten Reichtums in weitläufigen Gärten und Parks anzulegen. Die Burgen der Könige und des Adels verwandelten sich in Schlösser, umgeben von großen Gartenanlagen, die dem Vergnügen und der Repräsentation dienten. Ausgefeilte Garten- und Landschaftsgestaltung wurde zum Ausdruck eines neuen Verständnisses von Kunst und Kultur. Solche Gärten brauchten immergrüne Pflanzen und, noch wichtiger, Holzgewächse, die sich durch gute Schnittverträglichkeit auszeichneten. Die Eibe war von Anfang an dabei, zusammen mit dem Buchsbaum, dem Lorbeer und der Zypresse, in kühleren Zonen auch der Hainbuche.

26.2. *Das jährliche Schnittgut vom größten Labyrinth der Welt in Longleat, Wiltshire, kommt auf 2 Tonnen und wird der Taxanproduktion gespendet.*

26.3 *Eibenskulpturen im Schloßgarten von Würzburg, Bayern* ***26.4*** *Die berühmten Eibenhecken von Levens Hall, Cumbria*

Für die nächsten zweihundert Jahre blieb Italien die Wiege und Schule der europäischen Gartenbaukunst. Mitte des 16. Jahrhunderts übernahm Frankreich allmählich die italienische Art des Gartenbaus und entwickelte den »Französischen Garten« oder »Barockgarten« mit seinen typischen weitläufigen Anlagen und seiner Überfülle an geometrischen Formen, Tierfiguren und mythologischen Skulpturen. Der berühmte Garten von Villandry an der Loire ist ein gutes Beispiel dafür, ebenso Vaux-le-Vicomte, Saint-Cloud, die Tuilerien und natürlich Versailles. Die virtuose »Kunst«, Eiben zu dichten, undurchschaubaren Hecken zu formen und in andere phantasievolle Gestalten zu bringen, breitete sich auch in andere Länder aus und blieb den Barock hindurch in Mode. Die Eibe war nun das beliebteste Schnittgehölz Westeuropas. Berühmte Beispiele sind die erstaunlichen Eibenhecken von Levens Hall in Cumbria (Nordengland), Montacute in Somerset (Südengland) und beim Jagdschloß Clemens bei Sögel im Emsland.

Um 1760 kam es allmählich zu einer Rückbesinnung auf Natur in den Gartenanlagen, zuerst und vor allem in England. Bis zum Ende des Jahrhunderts hatte der »Englische Garten« die Geometrie des Barock

26.5 *Alte Postkarte von Sedbury Park, Monmouthshire*

verdrängt, viele der Eiben wurden nicht mehr geschnitten.[1] Einer der unbesungenen Helden des Gartenbaus ist William Robinson (1838–1935), der vielen als der Erfinder dessen gilt, was wir heute »Garten« nennen. Robinson verschmähte formale Arrangements, verabscheute Versailles als »unbeschreibliche Häßlichkeit und Leere«[2] und setzte sich für Unregelmäßigkeit ein wie auch für die Eigenschaften heimischer Pflanzen. Die beiden stattlichen Eiben, die über ihn und seine Ideen wachten, stehen heute noch in seinem Garten Gravetye Manor in West Sussex.[3]

26.6 *William Robinson, der »Erfinder« des modernen Gartens, unter seinen Eiben*
26.7 *Gravetye Manor heute, im Vordergrund Robinsons Eiben*

26.8 *Irische Eibe*

Ein geeigneter Anzeiger für den Übergang vom Französischen zum Englischen Garten ist die berühmte Eibe von Harlington in Middlesex, der ab etwa 1800 wieder erlaubt wurde, »normal« zu wachsen. Zur Zeit jedoch ist die Existenz dieses Baumes, und mit ihm des gesamten Städtchens, durch umstrittene Pläne zur Erweiterung des Flughafens Heathrow bedroht; so ist dieser Baum wieder einmal ein Anzeiger für den Zeitgeist.

Ab etwa 1820 führte ein wachsendes Interesse von Gartenbesitzern an seltenen und kuriosen Pflanzen zur Züchtung neuer und seltener Eibenvarietäten. Abweichende Belaubung (z. B. goldrandige Nadeln) oder Habitus (z. B. Säulen- oder Trauerformen) wurden zu grundlegenden Strukturelementen in der Gartengestaltung und führten im späten 19. Jahrhundert zu einem neuerlichen Comeback dieser Baumart. Da sie zu den dunkelsten Nadelbäumen überhaupt zählen, sind Eiben außerdem ein idealer optischer Hintergrund für Blumenbeete oder farbenfrohe Staudengewächse. Über hundert verschiedene Gartensorten wurden bisher aus der Europäischen Eibe entwickelt, mehr als aus jedem anderen Nadelbaum. Heute sind in der Regel zwanzig bis dreißig Sorten in Baumschulen oder Gartencentern erhältlich, zusätzlich zu den reinen Formen der Europäischen wie der Japanischen Eibe und deren Mischform, *Taxus* x *media*.[4]

Die berühmteste und charaktervollste Sorte der Europäischen Eibe ist jedoch die »Irische Eibe«, *T. baccata* var. *fastigiata*. Die zwei Originalpflanzen wurden in den 1760ern von dem irischen Bauern Willis auf einem Fels (Carricknamaddow) in den Hügeln bei Florence Court, Co. Fermanagh, entdeckt. Er grub sie aus, pflanzte eine in seinem Garten ein und gab die andere an seinen Landherren, den Duke of Eniskillen. Willis' Bäumchen starb etwa 80 Jahre später, aber das andere lebte weiter. Stecklinge dieser einzigen Irischen Eibe wurden an englische Baumschulen weitergegeben, die sie vermehrten und verkauften (zum ersten Mal erschien sie 1818 in einem englischen Gartenkatalog, unter dem Namen *Taxus hibernica*). Eine der ältesten Irischen Eiben steht heute in Fougerelles-du-Plessis (Mayenne) in der Normandie, 14 m hoch und mit einem geschätzten Alter von 250 Jahren; es ist wahrscheinlich auch die höchste Irischen Eibe in Frankreich.[5] Alle Irischen Eiben in der Welt stammen von der Mutterpflanze in Florence Court. Als Stecklinge haben sie in der Regel alle dasselbe Geschlecht (weiblich). Allerdings existieren, wunderlicherweise, auch einige männliche. Und wie die anderen Gartensorten kehren sie bei geschlechtlicher Regeneration wieder zur reinen Europäischen Eibe zurück.[6] Natürliche Eibenverjüngung kann in der Nähe von Städten beobachtet werden, wo die Nachkommen von Gartensorten den Villen der Vorstädte

26.9 *Nachdem der Stumpf dieser 350 Jahre alten Eibe* (T. baccata) *vor einem alten Haus gerettet wurde, dauerte es zwölf Jahre, bis Tony Tickle (England) diesen Bonsai geformt hatte; Breite 76 cm, Höhe 43 cm. Schale: Tokoname.*

entfliehen und als Urform *Taxus baccata* die benachbarten Wälder besiedeln (z. B. in Berlin Grunewald).[7]

HÖLZERNE OBJEKTE

Während der Renaissance und des Barock erreichte auch die Möbelbaukunst nie gekannte Höhen. Ob als Furnier oder Vollholz, der dekorative Wert von *Taxus* begann zu glänzen. Im 17. Jh. waren besonders Gateleg-Klapptische mit feinen Eibenintarsien und auch Uhrengehäuse mit Eibenfurnier in Mode. Im 18. Jh. war der Gebrauch von Eibenholz für Windsor-Stühle sehr verbreitet. Noch beliebter wurde Eibenholz als Furnier für verschiedene Möbel im viktorianischen England.[8] Die Idee war allerdings schon uralt: Bereits im alten Ägypten war Eibenfurnier bekannt. Eibenartefakte aus Ägypten umfassen Grabmöbel und Sarkophage (siehe S. 153) sowie zwei Büsten der Königin Teje (siehe Abb. 39.3). Wie die Ägypter wußten auch die hellenischen Griechen, wie man mit Furnier aus dem wertvollen Eibenholz das meiste macht. Theophrast erwähnt die Verwendung von Eibenfurnier für Sessel, Truhen und andere Möbelstücke. In Athen fanden Archäologen einen Eibenholzkamm und die Pfosten eines Bettes aus Eibenholz aus der archaischen Periode (ca. 700 bis ca. 500 v. Ztr.).[9] Im frühen Griechenland war Eibe auch eines der wichtigsten Hölzer zur Fertigung von Götterstatuen.[10]

Das dichtgewachsene Eibenholz hat hervorragende Klangeigenschaften und ist daher für den Instrumentebau sehr geeignet. Die ältesten hölzernen Musikinstrumente der Welt sind die eibenen Pfeifen von Greystones, Irland (siehe S. 230). Ein gutes Beispiel aus geschichtlicher Zeit sind die bayerischen Lauten aus dem 15. und 16. Jahrhundert. Für die runden Bäuche dieser Vorläufer der Gitarre bogen ihre meisterhaften Erbauer 50 cm lange Eibenholzstreifen unter Dampf in die gewünschte Halbkreisform und leimten sie dann zusammen. Eibe ist das einzige Nadelholz, das beim Dämpfen keine Risse bekommt.[11] Ihr Handwerk verschwand allerdings vom Erdboden, als der Langbogenhandel die europäischen Eibenbestände ausgelöscht hatte. Andere historische Beispiele sind eine Flöte und ein Fagott aus dem 18. Jahrhundert (Vollholz) und zwei eibenfurnierte Wiener Hammerklaviere aus dem frühen 20. Jahrhundert.

26.10 *Geböttcherter Behälter aus Eibenholz; Mitte bis spätes 19. Jahrhundert*
26.11 *Gedrechselte Tabakdose aus Eibenholz; frühes 19. Jahrhundert*
26.12 *»Priester« aus Eibenholz, mit dem die Fischer Lachsen und anderen Fischen den Gnadenschlag gaben; Mitte bis spätes 19. Jahrhundert*
(Alle Eibenantiquitäten mit freundlicher Genehmigung von Richard Large)

27.1 Pennant Melangell Yew 3 *von Hans Diebschlag; 2004, Aquarell auf Papier, 152 x 104 cm*

KAPITEL 27

DICHTKUNST

In der Dichtung des Abendlandes erscheint die Eibe ab dem 17. Jahrhundert. Vor allem wegen ihrer dunklen und ernsten Anmutung findet man sie gemeinhin zur Verstärkung düsterer Stimmungen eingesetzt, wenn nicht gleich als Prophet des Untergangs. Die unzähligen Variationen von Schicksal und Verderben beginnen mit John Webster (1580 – 1625), der über die Knochen sinniert, von denen der Baum im Friedhof sich vermeintlicherweise nährt: »Wie der schwarze und melancholische Eibenbaum, Denkst du daran, dich in den Gräbern toter Männer zu verwurzeln, Und dennoch zu gedeihen?«[1] Gefolgt von Abraham Cowleys (1618 – 67) »schwarzer Eiben unglückbringendem Grün«[2] zieht sich diese düstere Auffassung durch die Jahrhunderte und wird sogar von John Keats (1795 – 1821) aufgenommen: »Wie eine Ringeltaube Einen Eibenzweig in seinen Weg fallen ließ; Und wie er starb.«[3] Die Eibe erscheint im Werk vieler Dichter und Schriftsteller, aber selten gelangen die Assoziationen über die Gedanken an Gräber und Knochen, die Geister Verstorbener, schicksalhaftes Verderben sowie die Melancholie über die eigene Sterblichkeit hinaus. In der Essenz ist es »Friedhofspoesie«. Die Dichter beschreiben nur, was sie vor sich sehen und bereits wissen, und die wenigen, die das Glück haben, die Eibe außerhalb der Kirchenmauern in der Wildnis zu erleben, erinnern sich schnell an den Eibenlangbogen – und kehren mit der Geschwindigkeit eines Pfeiles wieder zu ihrer Beschäftigung mit dem Tod zurück. Es scheint, daß der Hüter der Schwelle niemanden einläßt; im Bild der alten Friedhofseibe steht sie unerschütterlich da als der »Baum des Todes« – ein Begriff, der von Dichtern des 16. und 17. Jahrhunderts geprägt wurde, nicht früher.

Ganz im Einklang mit der Volksüberlieferung seiner Zeit werfen die Hexen bei William Shakespeare (1564 – 1616) Ziegengalle in ihren kochenden Kessel sowie »Eibenzweige, abgerissen Bei des Mondes Finsternissen« *(Macbeth)*.[4] Aber er ist auch einer der ersten, die das Klischee aufbrechen und etwas von dem größeren Potential der Eibe anklingen lassen. In *Romeo und Julia* bewirkt der Baum einen prophetischen

Traum: »Derweil ich unter dieser Eibe schlief, Träumt ich, mein Herr und noch ein andrer föchten. Und er erschlüge jenen.«[5] Eine andere Art der Vorahnung erscheint in den Zeilen von Thomas Hardy (1840–1928): »Dünn-urnig habe ich mich von dem Moos hinweggewühlt / Das mein Erdstück bedeckt, und bin in diese Eibe eingegangen, / Und habe mich Büscheln, rötlich anzusehen, zugewandt, / Den ganzen Tag fröhlich, / Die ganze Nacht schaurig!«[6]

Die ersten Dichter jedoch, die die Begrenzung der herkömmlichen Auffassung dieses Baumes durchbrechen und dazu aufsteigen konnten, die Eibe in neuem Licht zu sehen, finden sich in der Romantik. William Wordsworth (1770 – 1850), der größte Dichter der englischen Romantik, der dem späten 18. Jahrhundert eine neue Wahrnehmung der Natur schenkte, war auch der erste, der die *erlösende* Kraft der natürlichen Welt beschreibt.[7] Auch Samuel T. Coleridge (1772–1834), beim Besteigen eines Hügels in Somerset im Mai 1795, verwarf die Friedhofsstimmung: »Aus den tiefen Klüften des nackten Gesteins Bricht der Eibenbaum hervor! Unter seinen dunkelgrünen Ästen [...] Ruhe ich: – und habe nun den allerhöchsten Punkt erreicht.«[8] Viele Jahre später, im Zuge der Vorbereitung auf sein Ableben, schrieb Coleridge seine eigene Grabinschrift und diskutierte die Gestaltung des Grabsteines mit großem Interesse. Nach seinem Biographen, Richard Holme, sann Coleridge lange »über die zarte aber üppige Gestalt einer Muse; und dann eine zerbrochene Harfe; aber entschied schließlich, daß ein alter Mann unter einem uralten Eibenbaum passender wäre.«[9]

27.2 *Die uralte Eibe von Crowhurst, Sussex; Zeichnung, 19. Jh.*

27.3 Kingley Vale Yew *von Hans Diebschlag; 2005, Aquarell auf Papier, 104 x 152 cm*

Die Eibe ist auch in der nach-romantischen Literatur weit verbreitet. Im Werk[10] von T. S. Eliot (1888-1965) wird die Eibe wieder zu dem, was sie in vorgeschichtlicher Zeit war: zum Symbol nicht des Todes sondern der *Unsterblichkeit*. In »Aschermittwoch«, geschrieben 1930, erscheint eine geheimnsivolle weibliche Gestalt bei dem Baum. Als würde er auf eine andere, eine zeitlose Daseinsebene gehoben, nimmt der Dichter diese Gestalt als eine verschleierte Schwester wahr. Die Welt scheint stillzustehen, bis der Wind »ein tausendfaches Flüstern aus der Eibe« hervorbringt. Unsere Welt bezeichnet der Dichter fortan als »Exil«.[11] Der Verschleierten werden wir später wiederbegegnen. Alfred Lord Tennyson (1809 – 92), englischer Hofdichter für über zwanzig Jahre, erwähnt die »düstere« Eibe regelmäßig, dringt aber schließlich zu einer neuen Bewußtseinsebene vor:

O alter, düstrer Eibenbaum,
Der du im Schutze moos'ger Steine
Um Schädel ohne Hirn und Traum
Die Wurzel schlägst und um Gebeine.

William Wordsworth
Eibenbäume

Ein Eibenbaum, der Stolz des Lortontals –
Bis diesen Tag steht einsam er, inmitten
Des eignen Dunkels, wie er vormals stand,
Als er den Scharen Umfravilles und Percys,
Eh' sie nach Schottlands Heiden gingen, willig
Geschosse reichte; oder jenen, die
Das Meer durchkreuzten und bei Azincourt,
Vielleicht auch früher noch, bei Poitiers
Und Crecy, dumpf die Bogen tönen ließen.
Von weitem Umfang und von tiefem Dunkel
Ist dieser Siedler: ein lebendig Wesen,
Langsam geworden – niemals zu vergehn:
Zu herrlich von Gestalt und Anblick, je
Zerstört zu werden! – Aber würd'ger noch
Des Merkens jene brüderlichen Vier
Im Borrowtal, die da verbunden sind
Zu einem weiten, feierlichen Hain!
Gewalt'ge Stämme! Jeder Stamm bewachsen
Mit dichtverflochtnen schlangenart'gen Fasern,
Die, durch die Zeit ein untrennbar Geweb',
Ihn eng umstricken; – finster schauen sie
Dem Ungeweihten: ein gesäulter Schatten,
Auf des graslosem, rötlichbraunem Boden
(Ihn färbt der Abfall des verkümmernden
Laubwerkes ewig), unter dessen dunkelm,
Wie für ein Fest mit freudelosen Beeren
Bedecktem Zweigdach um die Mittagsstunde
Gespenstische Gestalten weilen mögen:
Schweigen und Vorschau; Furcht und Hoffnung auch,
Die zitternde; Tod das Skelett, und Zeit
Der Schatten – dort, gleichwie in einem Tempel,
Den die Natur erhob, den moos'ge Steine
In wüster Reih', Altären gleich, bedecken,
Vereinte Feier zu begehen oder
In stummer Ruh' zu liegen und dem Sturz
Der Wasser des Gebirgs zu horchen, die
Aus Glaramaras tiefsten Höhlen murmeln.[12]

27.4 - 27.5 *Die »brüderlichen« Eiben im Jahre 2004. Der vierte Baum ging in den schweren Stürmen von 1883 verloren.*

Ein jeder Lenz bringt Blumenduft,
Bringt Erstlinge der Herde,
Dieweil die Glocke dort zur Gruft,
Zum Abschied ruft von dieser Erde.

Dir gilt es gleich; nicht Sonnenglut,
Noch frühlingskündendes Geflüster,
Noch Wintersturm, noch Regenflut
Rührt an dein tausendjähr'ges Düster.

Und seh' ich dich so ernsthaft stehn,
Achtlos um alles rings auf Erden,
Da mein' ich, in dir aufzugeh'n
Und, harter Baum, du selbst zu werden.[13]

Auch für Sylvia Plath (1932 – 63) steht die Eibe für »Schwarzheit und Stille«, aber ihr Pfad führt nicht in die Tiefe des Grabes sondern zeigt nach oben wie eine »gotische Form«. Sie betritt diese Kathedrale und beginnt eine bemerkenswerte innere Reise.[14] Und in dem Gedicht »Näher an den Rand« ist es die zeitgenössische Dichterin und Musikerin Jehanne Mehta (geb. 1941), die bereit ist, in eine neue Daseinsform einzutreten. Respektvoll hält sie an der Schwelle inne und bittet um Erlaubnis, näherzukommen. (Das englischsprachige Original[15] entfaltet eine besondere Wirkung durch denselben Klang der Worte *yew*, »Eibe«, und *you*, »du«; d. h., wenn es laut gelesen wird, klingt jede Erwähnung des Baumnamens wie die direkte persönliche Ansprache.)

Näher an den Rand

Jeder Pfad windet sich in die freie Natur
wie nasses Efeu, das an alten Wänden haftet …
Ich nähere mich deinem Rand [/dem Rand der Eibe].

Hügel schwindelerregenden Schattens,
von Metaphern wimmelnd,
Ich kann dich [/die Eibe] nicht erreichen mit Worten …
die Sätze brechen ab und zerbröckeln,
Überall ist Rand.

Für dich muß ich auf meine Tode verzichten
und wahrhaftig mein Herz bewohnen, denn
mit dir hat die Zeit kein Maß:
sie öffnet sich wie ein Mund.

Ich könnte in dich fallen
und grün und lächelnd wiederkehren

27.6 Dunkle Mutter *von Jan Fry; 2000, Öl auf Leinwand, 97,5 x 120 cm*

in den Garten
vor dem Fall.

Aber du wirst mich nicht einlassen, bevor die Zeit
gekommen ist
Zuvor muß ich erwachen zum Rhythmus
der Wurzeln,
zum gefalteten Wachstum,
immerzu neu, immerzu sich rührend unter meiner
Haut,
kraftvoll und weich wie deine Früchte.

Ich bin am Rand.
Schon so viele meiner Worte wurden von dir verschluckt …
Seiten, ohne Spur.

Nasse Winde, wilde Natur,
alte Wände …
Der Pfad verschwindet.

Ich möchte mit dir sein,
nahe deinem Herzen,
wo ich dich singen hören kann,
so nah.

Wirst du dich öffnen?
Wirst du mich einlassen?

SYMPATHIE

BEWEGUNG

Etwas Seltsames ereignete sich auf dem Friedhof von Buckland-in-Dover. Eine Anzahl Männer gruben zwischen den Gräbern, entschlossen, einen 1,2 m breiten und 1,5 m tiefen Graben auszuheben, im Quadrat um den etwa 4,8 mal 5,4 m großen Wurzelstock der uralten Eibe des Ortes. Das Datum: der 24. Februar 1880. Das Ziel: den riesigen Baum umzusiedeln, damit er etwa 18 m weiter einen neuen sicheren Standort findet und nicht dem nötigen Anbau an das Kirchengebäude im Wege ist. Damals, um 1770, war der Baum vom Blitz getroffen worden, er zersplitterte und beschädigte dabei den Kirchturm. Seither hatte eine Hälfte des Stammes auf dem Boden gelegen, war aber trotzdem weitergewachsen, so wie auch die aufrechte Hälfte des alten Veteranen. Ein Jahrhundert später, obwohl die Gestalt des Baumes nun als »unanständig und grotesk« beschrieben wurde, liebte das Dorf seine alte Eibe und wollte sie nicht abholzen. Daher die Umsiedlung. Nachdem der Wurzelblock freigelegt war, grub man einen Graben von dort bis zum neuen Standort und – mit der Hilfe von mächtigen Holzbohlen und -planken, Ketten, Rollen und Seilwinden – »begann sich die ganze Masse des Baumes, auf 55 Tonnen geschätzt, zu bewegen. In der Abenddämmerung des 4. März erreichte sie sicher ihr Ziel« (Gemeindeheft, 1880).[1] Der Baum gedeiht noch heute.

28.1 *Eibenverpflanzung 1880 in Buckland-in-Dover*
28.2 *Derselbe Baum 1999*

Die Idee war allerdings nicht neu. Bereits 1859 waren die Möglichkeiten der Umsetzung eines Baumes in Berlin diskutiert worden. Ein halbes Jahrhundert zuvor empfing Generalintendant von der Recke des öfteren Besuch von den Königlichen Kindern, und der spätere preußische König Friedrich Wilhelm IV. spielte und kletterte oft in einer jungen Eibe im Garten. »Der Prinz vergaß das dem alten Eibenbaume nie,« schreibt Theodor Fontane (1819–98) in seinen *Wanderungen durch die Mark Brandenburg*: »Wer überhaupt dankbar ist, ist es gegen alles, Mensch oder Baum. Vielleicht regte sich in dem phantastischen Gemüte des Knaben auch noch ein anderes; vielleicht sah er in dem schönen, fremdartigen Baume einen Fremdling, der unter märkischen Kiefern Wurzeln gefaßt; vielleicht war er mit den Hohenzollern selbst ins Land gekommen, und es wob sich ein geheimnisvolles Lebensband zwischen diesem Lebensbaum und seinem eigenen fränkischen Geschlecht. War es doch selbst an dieser Stelle erschienen, wie eine hohe Tanne unter den Kiefern.«[2] Jedenfalls wurde Friedrich Wilhelm IV. preußischer König von 1840 bis 1861 und bekannt als »der Romantiker auf dem preußischen Thron«.[3]

Im Jahre 1852 begab es sich, daß das Preußische Oberhaus genau dieses Gebäude mit Grundstück[4] erwarb, um dort künftig seine Sitzungen abzuhalten. Dazu war allerdings eine Erweiterung des Gebäudes nötig. König Friedrich sprach sich gegen die Zerstörung der Eibe aus und befürwortete eine Verpflanzung des Baumes, wofür er sein Schloß Sanssouci vorschlug. Sein Bruder und späterer Nachfolger (Wilhelm I.) stand zu ihm und bot seine eigene Residenz Babelsberg als weitere Möglichkeit. Auch eine nahe Umsetzung innerhalb des Grundstückes wurde erwogen, aber letztendlich hatte niemand im Lande praktische Erfahrung mit der Verpflanzung von Bäumen, und so wurde die Idee schließlich verworfen. König Friedrich sorgte jedoch dafür, daß der Anbau nicht weiter reichte als bis kurz *vor* die Eibe, und er spendete ganze 300 Taler für einen Bretterverschlag, der den Baum während der Bauarbeiten schützte. Hernach sollte sich das Preußische Oberhaus für viele Jahre im neuen Herrenhaus treffen, mit der Eibe dicht vor dem Fenster. Darauf bezieht sich Fontanes berühmtes Kurzgedicht:[5]

> Die Eibe
> Schlägt an die Scheibe,
> Ein Funkeln
> Im Dunkeln.
> Wie Götzenzeit, wie Heidentraum
> Blickt ins Fenster der Eibenbaum.

Zu einer anderen Gelegenheit war die Politik dem Baum sogar noch näher. Am 2. September 1866 gab das Preußische Oberhaus dem heimkehrenden Heere zu Ehren ein Festmahl. Der König selbst (Wilhelm I.) saß direkt rechts neben dem Eibenstamm. Fontane: »Das Schrägdach des Leinwandzeltes war in geschickten Verschlingungen, streifenweise, durch das Gezweig der Eibe gezogen; rings umher brannte das Gas in Sonnen und Sternen, ein Anblick, von dem der alte Baum in seinen Jugendtagen schwerlich geträumt haben mochte.«[6]

Jahrzehnte später, als das ganze Herrenhaus abgerissen und neugebaut wurde, wurde die Eibe, zusammen mit einer danebenstehenden zweiten, doch noch umgesetzt. Die Wurzelsysteme der beiden Bäume wurden über Jahre hinweg präpariert und dann im April 1899 erfolgreich innerhalb des Grundstückes verpflanzt. Ein Foto von 1929 zeigt beide gesund, der stärkere hatte zu jener Zeit einen Stammumfang von 175 cm. Beide Bäume vergingen dann vermutlich im Bombenhagel 1944/45.[7] Ein entferntes Echo auf dieses Thema – hohe Politik mit Eiben vor dem Fenster – findet sich im heutigen New York: Vor dem Hauptgebäude der UNO befindet sich eine dichte Hecke von Eiben. Die Fenster sind allerdings zu hoch, als daß sie »an die Scheibe schlagen« könnten, auch werden sie regelmäßig beschnitten.

Die spektakulärste Baumverpflanzung wurde 1907 in Frankfurt am Main ausgeführt. Hier ging die Umquartierung nicht in die unmittelbare Umgebung, sondern vom Alten Botanischen Garten (Stiftstraße) im Stadtzentrum zum Neuen Botanischen Garten nordöstlich des Palmengartens; der Weg führte quer durch die Stadt! Nach und nach wurden 4340 Pflanzen verlegt, aber nur ein einziger Baum: eine Eibe mit 73 cm Stammdurchmesser, 12 m Höhe und einem geschätzten Alter von 230–260 Jahren. Bereits 1905 wurde ein englischer Spezialist zu Rate gezogen und sein Rat befolgt, nach und nach die starken Wurzeln in gewisser Tiefe und Entfernung vom Stamm zu kappen, damit der Baum ein reiches Feinwurzelsystem näher am Stamm bilden würde.

Auf diese Weise konnte der zu versetzende Erdballen auf eine Göße von 4 m im Quadrat bei einer Tiefe von 2 m beschränkt werden, als die Erdarbeiten am 29. April 1907 begannen. Der Erdballen wurde in einen Holzkasten gefaßt und zur Einführung von Holzbalken unterschachtet. Mit Stockwinden abschnittsweise gehoben, wurde er so lange mit Lagen von Quer- und Längsbalken unterbaut, bis er sich auf geeigneter Transporthöhe über dem Erdboden befand. Am 24. Mai begann der eigentliche Transport. Die Gesamtlast von 42,5 Tonnen wurde von zwei Dampfwalzen über Rollen aus Eichenholz gezogen. Ein Bohlenunterbau half, das enorme Gewicht gleichmäßiger auf die Straße zu verteilen, was zum Schutze der Kanalisation im Straßenunterbau notwendig war. Wegen der Höhe von über 15 m mußte an einigen Stellen die Oberleitung der Straßenbahn entfernt werden. Um die Verkehrsbehinderung möglichst gering zu halten. wurde der Transport vorwiegend nachts durchgeführt. Auf diese Weise dauerte es siebzehn Tage, um die 3,5 km zurückzulegen, und der Baum erreichte seinen neuen Standort wohlbehalten am 12. Juni. Dort wurde er sorgfältig nach seiner alten Himmelsrichtung ausgerichtet, und danach begannen die ganzen Erdarbeiten in umgekehrter Abfolge. Seit deren Abschluß am 26. Juni 1907 hat sich der Baum keinen Zoll mehr fortbewegt und steht noch heute.[8]

Diese neue Art der Fürsorge für Bäume hatte ihre Wurzeln im Geist jener Zeit. In Deutschland galt die

28.3 - 28.4 *Eine Eibe durchquert Frankfurt am Main, 1907.*

Eibe damals als seltene und bedrohte Baumart (siehe Kasten S. 89), und auch als eine mit großer historischer Bedeutung.[9] Fontanes *Wanderungen durch die Mark Brandenburg* (in vier Bänden erschienen zwischen 1862 und 1882) waren höchst beliebt im Berlin der Jahrhundertwende und regten darüber hinaus ein breites Interesse an der Beziehung der Eibe mit dem Königshaus an. Aber das Gesamtbild ist größer. In derselben Periode, als Fontane in Brandenburg und die Senckenbergische Stiftung in Frankfurt die Natur auf neue Weise wertschätzten, durchkämmten die Gebrüder Grimm Mitteleuropa nach Mythen und Märchen, und Sir James Frazer in Cambridge sammelte Volksüberlieferungen und ethnologisches Material aus aller Welt. Im 19. Jahrhundert vollzogen sich bedeutsame kulturelle Veränderungen. Industrialisierung, Rationalismus und Materialismus im allgemeinen gewannen an Boden, bewirkten aber auch eine entgegengesetzte Strömung: eine Betonung des Individuellen, des Imaginativen, Emotionalen, ja, des Visionären und sogar des Transzendentalen. Die Romantik mit ihrer vertieften Wertschätzung der Schönheit der Natur hinterließ bereits seit dem späten 18. Jahrhundert ihre Spuren. All dies war Teil des Zeitgeistes des 19. Jahrhunderts, und die ersten Vorschläge zum Naturschutz erschienen in der Literatur ab 1825. Im Jahre 1860 begannen die ersten Verhandlungen hinsichtlich konkreter Naturschutzgebiete und auch zum Vogelschutz. Und 1819 hatte der deutsche Naturforscher Alexander von Humboldt (1769-1859) den Begriff »Baumdenkmäler« geprägt, mit dem er zur Diskussion um den Schutz besonders erhaltenswerter Bäume beitragen wollte.[10]

INSPIRATION

Unter den beiden oben erwähnten Eiben im Garten jener Berliner Villa komponierte Felix Mendelssohn-Bartholdy (1809 – 47) Musik für eine Aufführung von Shakespeares »Mittsommernachtstraum« – im zarten Alter von siebzehn Jahren (1826). Die Mendelssohns lebten dort von 1825 bis 1852.[11] Die »heiteren Künste scharten sich« um diesen Baum, der nun, in Fontanes Worten, »ernst wie immer, aber nicht unwirsch dreinschaute. Felix Mendelssohn, halb ein Knabe noch, hörte in seinem mondlichtdurchglitzerten Dach die Musik tanzender Elfen.«[12] Kein Wunder also, daß der junge Komponist die Uraufführung des Stücks genau unter diesen Bäumen stattfinden ließ.[13]

Der berühmte schottische Schriftsteller Robert Louis Stevenson (1850 – 94; *Die Schatzinsel*) verbrachte einen Teil seiner Kindheit bei seinem Großvater in Colinton Manse, Edinburgh. Dort spielte er gern unter einer alten Eibe, an der heute noch seine verwitterte Schaukel hängt (siehe Abb. 28.5). Der Baum (1630 erstmals schriftlich erwähnt) hat einen stark spannrückigen Stamm von 3,64 m Umfang. Der

28.5 *Stevensons Eibe in Edinburgh*

28.6 *Druid's Grove; Radierung von ca. 1840*

Baum ist heute als »Stevensons Eibe« bekannt und wird geschätzt als lebendiges Bindeglied der Gegenwart mit einem der großen Literaten Schottlands. Stevenson nannte diesen Baum später »eines der Glanzstücke des Dorfes. Unter dem Umfang ihrer weiten, schwarzen Äste war es stets dunkel und kühl ...«[14] Und in einem Gedicht:[15]

Unter der Eibe – sie steht noch dort –
Spukten unsere Phantomstimmen durch die Luft
Als würden wir immer noch am Spielen sein,
Und ich höre sie rufen und sagen
»Wie weit ist es bis Babylon?«

Während Stevenson diese Zeilen schrieb, lebte ein anderer berühmter Schriftsteller, der Romanautor George Meredith (1828–1909), ganz in der Nähe der uralten Eiben von Druid's Grove in Surrey, Südengland. Er war 1867 dort hingezogen und ermunterte seine Besucher gern, diese Bäume zu erleben, indem er ihnen sagte, daß »ein jeder, der unter ihnen wandelt, sich eingedenk sein sollte, daß sie Sämlinge waren, als Jesus Christus zur Welt kam«.[16] Und einige seiner Besucher waren zweifellos inspiriert. Ob sie ihre größten Werke vor oder nach ihrem Besuch in Druid's Grove verfaßten, läßt sich nicht immer mit Bestimmtheit sagen, aber Merediths Gästeliste liest sich wie die damalige Crème de la Crème der englischen Literatur: T. E. Lawrence *(Lawrence von Arabien)*, E. M. Forster *(Reise nach Indien)*, R. L. Stevenson, Thomas Hardy *(Tess)*, Sir James Barrie *(Peter Pan)*, Lewis Carroll *(Alice im Wunderland)* sowie die Dichter A. C. Swinburne, William Butler Yeats und den jungen G. M. Trevelyan.[17]

TOTENGEDENKEN

Ganz und gar kein Romanautor, aber trotzdem nicht ohne Inspiration, war der englische Naturforscher Charles Darwin (1809–82). Er schockierte die christliche viktorianische Gesellschaft zutiefst, als er 1859 seine Theorie veröffentlichte,[18] daß Tiere und Menschen einen gemeinsamen Stammbaum haben. Zur

28.7 *Die Eibe im Kirchhof von Downe, Kent*

Zeit seines Todes dann hatte seine nicht-religiöse Biologie bereits die abendländische Wissenschaft, Literatur und Politik durchdrungen; die »Evolutionstheorie« ist heute noch ein grundlegendes Paradigma im westlichen Denken. 1842 ließ sich Darwin mit seiner Familie im Dörfchen Downe in Kent nieder, und für den Rest seines Lebens zweifelte er nicht daran, daß der Friedhof des Ortes auch seine letzte Ruhestätte sein würde.[19] Er betrachtete »den Friedhof von Downe als den süßesten Platz auf Erden«.[20] Um genauer zu sein: Er dachte daran, unter eben jener alten Eibe beerdigt zu werden, unter der er bei seinen täglichen Spaziergängen oft Rast machte. Und am Tag nach seinem Tode am 19. April 1882 gaben die Lokalzeitungen tatsächlich bekannt, daß er zu St. Mary's in Downe beigesetzt werden würde. In den Worten seiner Biographen A. Desmond und J. Moore: »Er würde unter der großen Eibe liegen, die für sechs Jahrhunderte am Eingangstor Wache gestanden hatte – neben seinen ungeborenen Kindern und neben Erasmus [seinem Großvater]. Darwin hatte erwartet, dort gebettet zu werden ...«[21] Aber einflußreiche Leute sahen das anders! Sie wollten etwas Großartigeres als ein Dorfbegräbnis, und die Royal Society bat Darwins Familie um Erlaubnis für ein Staatsbegräbnis. Der zuständige Priester der Kathedrale von Westminster in London wurde überredet, den Agnostiker zu bestatten. So wurde Darwin nicht sein eigener Wunsch gewährt, sondern die höchstmögliche britische Ehrung eines Begräbnisses in Westminster Abbey am 26. April 1882.

Andere hatten etwas mehr Glück mit der Respektierung ihres Wunsches, unter einer Eibe beerdigt zu werden. Dazu zählen T. S. Eliot, Lewis Carroll[22] und William Wordsworth. Letzterer pflanzte acht Eiben im Kirchhof von St. Oswald's, Grasmere, Cumbria, und gemäß seinem Wunsch wurden seine Frau und er später unter einer von ihnen bestattet. Am wenigsten »Glück« hatte sicherlich Thomas Hardy, dessen Wunsch, unter einer Eibe in Stinsford, Dorset, seine letzte Ruhe zu finden, durch einen Kompromiß ins Groteske verzerrt wurde: Ihm »zu Ehren« wurde seine Asche feierlich in Westminster Abbey beigesetzt, aber sein Herz, zuvor herausgeschnitten, wurde bei der Eibe begraben.

Um diesen Abschnitt in einer etwas leichteren Stimmung zu beenden, sei hier noch eine völlig andere Form des Andenkens erwähnt: die Postkarte. Über die letzten etwa 150 Jahre haben viele Orte ihre Eiben auf diese Weise geehrt. Der Wert von Eibenpostkarten liegt nicht nur in den persönlichen Botschaften, die ihnen einst anvertraut wurden, sondern darin, daß die alten Fotos dem Eibenforscher heute Hinweise auf die einstige Gestalt und Größe sowie den Zustand eines bestimmten Baumes geben. Solche Postkarten zeigen übrigens auch oft, wie häufig und wie drastisch das Alter von Eiben überschätzt wurde (kein Wunder also, daß die Dendrologen des frühen 20. Jahrhunderts sich so scharf gegen die vermeintlichen riesigen Alter von Eiben aussprachen: siehe Kap. 20). Dies geschieht allerdings auch Linden und Eichen: Jeder sehr alte Dorfbaum *muß* einfach »eintausend Jahre alt« sein. Es liegt eine besondere Magie in diesem Ausdruck; es ist überhaupt keine mathematische *Zahl*, es ist eine *Qualität*, die hier gemeint ist. Einen »tausendjährigen Baum« zu sehen ist etwas, das das Herz bewegt, das uns darüber nachdenken läßt, worum es eigentlich geht im Leben. Da kommt es gar nicht darauf an, daß keine der über sechzig »tausendjährigen« Eichen Deutschlands älter ist als 600 Jahre.[23] Sie werden alle »eintausend Jahre alt« bleiben, auch wenn sie dieses Alter physisch nie erreichen werden.

Ein faszinierendes Foto erscheint auf einer Postkarte des Klosters Fonte Avellana, Marche, Italien. Das Kloster befindet sich neben einer uralten Eibe; es ist nicht bekannt, ob der Baum zur Klostergründung im Jahre 982 gepflanzt wurde oder schon vorher da war. Er ist jedenfalls der Stolz der Gemeinschaft und wird in verschiedenen Prospekten und anderen Touristenmaterialien gezeigt. Die besagte Postkarte zeigt einen Kreis von Mönchen, die den Stamm umspannen, um seinen großen Umfang deutlich zu machen, aber mit einer Leichtigkeit und einem Frohsinn, der in nördlichen Ländern undenkbar wäre, ganz abgesehen davon, daß Mönche hier ohnehin nicht mit Bäumen posieren würden.

ROBIN HOOD

Robin ist eine Art »Grüner Mann« mit sozio-politischen Obertönen. Sein Ursprung kann zu einem Robert Hode zurückverfolgt werden, der von der Gerichtsbarkeit der Stadt York 1225 geächtet wurde.[24] Das älteste volkskundliche Material kommt ebenfalls aus

Yorkshire, von wo die Sage sich dann schnell ausbreitete und die Geschichtenerzähler allmählich andere Motive einflochten. Robin Hood ist nun seit Jahrhunderten ein Repräsentant des Archetyps des Einheimischen, der im tiefen Wald Zuflucht sucht vor den Ungerechtigkeiten von Invasoren oder Unterdrükkern.

Robin ist ein Bogenschütze, und dazu ein ganz hervorragender. Er und seine Gefährten leben vom Bogen; ein guter Bogen ist lebenswichtig, und alle Quellen stimmen über die Holzart überein: Eibe. Als Bogenschützen wurden sie mitunter auch *yeomen* (von *yew men*), »Eibenmänner« genannt. Eines der frühesten Dokumente nennt Robins Todeswunsch: »Und legt meinen Eibenbogen an meine Seite.«[25] In späteren Geschichten wird Robin auch unter einer Eibe beerdigt. Und in einer besonders beliebten Version der Legende schießt er einen Pfeil von seinem Sterbebett, mit der Anweisung, ihn dort zu begraben, wo der Pfeil landet. Man findet diesen am Fuße eines Eibenbaumes.[26]

28.8 *(oben) Postkarte des Klosters Fonte Avellana, Marche, Italien*
28.9 *Postkarten des frühen 20. Jahrhunderts (von links oben): Iberger Höhle mit Eiben am Eingang, Bad Grund (Harz), Norddeutschland; die »2000jährige Eibe« von Krombach, Tschechien (vergl. Abb. 24.11); Stoke Gabriel, Devon; Painswick, Gloucestershire, beide England; Kircheneibe von Jabel, Mecklenburg, Deutschland (oben rechts); Schloßpark Tzschochau, Polen.*

29.1 *Höchstwahrscheinlich der älteste Baum Europas: die Eibe im Kirchhof von Fortingall, Schottland*

KAPITEL 29

HEILIGTÜMER

KIRCHHÖFE

»Warum stehen Eiben auf Friedhöfen?« ist eine Frage, die (ganz besonders in England) oft gestellt wird. Eine seit Jahrhunderten gängige Antwort darauf ist, daß sie einstmals für Langbögen gepflanzt wurden. Dies ist jedoch eine Mutmaßung, die von der Wahrheit weit entfernt liegt. Die schieren Mengen an Eibenstäben, die vom englischen Militär gebraucht wurden, hätten niemals durch einzelne Bäume auf Friedhöfen gedeckt werden können. Wie bereits der allzu oft übersehene G. A. Hansard 1841 betonte: »Alle Eibenbäume aus den Friedhöfen Englands und Wales' zusammen […] hätten nicht ein Fünfzigstel der Anforderungen des Militärs produzieren können.«[1] Und Hansard hatte noch nicht einmal die Zahlen, die uns heute vorliegen (siehe Kap. 24). Mit anderen Worten: Hätte jedes Kirchspiel in England und Wales im 15. Jahrhundert vier Eiben für den Langbogenbedarf gepflanzt, hätte es nicht einhundert Jahre gedauert, um das Eibenimportvolumen des 16. Jahrhunderts zu erreichen, sondern fünf- bis zehntausend Jahre! Außerdem war die Krone ohnehin nicht an Kircheiben interessiert. Das dichte Holz aus den kontinentalen Gebirgen war die begehrte Ware und stets um die 60 % teurer als Bogenholz aus England selbst. Und als Heinrich IV. seinem Königlichen Bogenmeister befahl, »in private Ländereien einzudringen und Eiben und andere Hölzer für den öffentlichen Dienst zu schlagen,« wurden *die Ländereien der religiösen Orden explizit ausgenommen*.[2] Darüber hinaus hätte der Protest christlicher Frömmigkeit gegen die militärische Verwendung von Holz von geweihtem Boden schriftliche Spuren hinterlassen. Damit soll nicht gesagt sein, daß es gelegentlich einzelne örtliche Ausnahmen gab, aber im ganzen *war es nicht der Bogenbedarf, der das Überleben der Eibe auf Kirchengrund sicherte*, sondern *es war die Kirche, die die Eibe vor dem Langbogen-Wahnsinn rettete*. Heute beherbergt Britannien den größten Teil der alten und uralten Eiben Europas, und die Mehrzahl steht auf kirchlichem Boden.

Die Gründe, warum sich Eiben auf christlich geweihtem Boden befinden, scheinen am Ende also

29.2 *Alltmawr, Powys, Wales (Umfang 869 cm in 60 cm im Jahre 1998)* **29.3** *Crowhurst, Surrey (Umfang 961 cm)*

doch religiöser Natur zu sein, und einige dieser Gründe reichen weit in vorchristliche Zeit zurück. Die Belegsituation bedarf jedoch der Entwirrung. Bis vor kurzem galt es unter Historikern als allgemein anerkannt, daß die Mehrzahl der christlichen Kirchen Europas auf älteren, »heidnischen« heiligen Stätten errichtet worden war. Aber diese Meinung ist im Rückgang begriffen. Ja, da ist der oft zitierte Brief von Papst Gregorius des Großen an Abt Mellitus, der ihn im Juni 607 anweist, seinen Missionaren zu sagen, die »heidnischen« Stätten für den christlichen Gebrauch umzurüsten anstatt sie zu zerstören. Aber archäologische Ausgrabungen in Britannien haben bisher keinerlei Spuren vorchristlicher Tempel unter sächsischen Kirchen gefunden. Außerdem haben frühere päpstliche Befehle die Zerstörungsstrategie bevorzugt, und Gregorius widersprach seinem eigenen Brief, indem er Augustin für seine Mission Englands die Zerstörung der »heidnischen« Heiligtümer befahl – und nur diese Version kann die Archäologie bisher bestätigen.[3] Andererseits aber gibt es durchaus einige alte Kirchhöfe an Orten mit sehr alter Geschichte – und auch mit uralten Eiben. Zum Beispiel wächst die Eibe (männlich, U. 1158 cm) der Kirche von Ashbrittle, Somerset, auf einem vorgeschichtlichen Grabhügel; fünf uralte Eiben, ein jede innerhalb einer runden Mauereinfassung, wachsen in Mynyddislwyn, Monmouthshire (Wales), dessen Kirchhof direkt neben einem Tumulus liegt und wahrscheinlich selbst ursprünglich rund war; und ein weiterer Veteran (männlich, 615 cm Umfang am Boden, 2004) steht in Warbleton, Sussex, wo die Kirche (aus dem 13. Jh.) auf einer neolithischen Hügelanlage steht. In seiner hervorragenden Studie über die Geschichte der britischen Kirchen nennt Richard Morris solche Orte »Überbleibsel vor-ekklesiastischer Landschaften« und spricht von »natürlichen Klammern, welche ein Heiligtum und eine Kirche über die Zeit hinweg verbinden.«[4] Es gibt noch andere Beispiele, aber letztendlich zu wenige, um das Argument einer *allgemeinen* Praxis der Umwandlung von Heiligtümern aufrechtzuerhalten.

Es wurde allerdings auch erst an wenigen Orten überhaupt gegraben. Außerdem suchen Archäologen in der Regel nach steinernen Fundamenten oder den Löchern, in denen die Balken hölzerner Konstruktionen steckten. Was aber, wenn ein Heiligtum aus nichts als lebenden Bäumen bestand? Man würde keine Spuren finden. Oder wenn ein uralter (einstmals heilig gehaltener) Baum immer noch dort steht und still und unbeachtet seinen Schatten über die archäologischen Aktivitäten wirft …

Die Wahrheit, wie so oft, liegt vielleicht nicht nur einfach irgendwo in der Mitte, sondern mag zu einem guten Teil auch unabhängig von den geographischen Kultstätten gewesen sein. Auch nach der Christianisierung blieben die Menschen schließlich überall dieselben Menschen mit denselben Angewohnheiten und zum größten Teil auch denselben Traditionen und Werten. Wenn eine Eibe der richtige Baum war,

29.4 *Barfrestone, Kent (Umfang 523 cm am Boden)* **29.5** *Breamore, Hampshire (Umfang 1112 cm in 60 cm, 1999)*

um sie am Orte des Gottesdienstes und von Beerdigungen zu haben, gab es keinen Grund, das zu ändern. Natürlich machten die katholischen Behörden zu jedem Zeitpunkt der Geschichte klar, daß Naturverehrung sowie andere Elemente »heidnischen« Kults strikt verboten waren[5] – in keinem Land fühlte sich die kirchliche Bürokratie jemals wohl mit Formen der Baumverehrung. Nichtsdestoweniger gingen viele Kirchenleute mit gutem Beispiel voran und wollten ihre eigene letzte Ruhe unter *Taxus* finden.[6] Und der Zisterzienser-Orden wählte für seine Klostergründungen oft Orte mit alten Eiben und pflanzte weitere (siehe Kap. 44).

Die Tradition, Eiben in geheiligten Boden zu pflanzen, hat spirituelle wie auch praktische Gründe für die Hüter der christlichen Kirchen. Zum einen ist *Taxus baccata* am maritimen Nordwestrand Europas einer der wenigen einheimischen immergrünen Bäume, der mit seiner dichten Krone einen gutverwurzelten Windschutz für die Kirchengebäude in Winterstürmen darstellt. Gleichzeitig ist die immergrüne Belaubung ein tröstendes Symbol für die Kontinuität des Lebens. Die Zweige von Eiben (und anderen Immergrünen) wurden früher auch zum Schmuck der Kirche verwendet,[7] ganz besonders als »Palmwedel« in Palmsonntagsprozessionen und in solch einem Maße, daß in einigen Gegenden – z. B. in Irland, Devon und Kent – Eibenbäume allgemein noch im 18. und 19. Jahrhundert »Palmen« genannt wurden.[8] Von Palmsonntag bis Ostern trugen die Dorfbewohner einen kleinen Eibenzweig am Hut oder im Knopfloch. Einige solcher »Palmenzweige« wurden nach dem Umzug verbrannt, und ihre Asche am Aschermittwoch verwendet. Im Mittelalter dienten viele Kirchen nicht nur zum Gottesdienst sondern auch als Gemeinschaftszentren für verschiedene Feste und soziale Aktivitäten. Ein beliebtes Ereignis waren die Mysterienspiele, die biblische Geschichten für das zumeist analphabetische Publikum zum Leben erweckten; für die Legende von Adam und Eva brauchte man als Hauptkulisse einen »Paradiesbaum«,[9] und in England trugen die weiblichen Eiben am 24. Dezember, dem religiösen Festtag Adam und Evas, immer noch genügend Früchte. Im kontinentalen Klima hingegen, z. B. in Deutschland, war es dann zu kalt, und die Menschen holten sich ihren Paradiesbaum lieber ins Haus (siehe unten).

Die große Bedeutung der Eibe im mittelalterlichen Wales ersieht man aus den Gesetzen von Hwel Da (10. Jh.):[10]

Eine geheiligte Eibe, ihr Wert ist ein Pfund.
Ein Mistelzweig, dreimal zwanzig Pfennig.
Eine Eiche, sechsmal zwanzig Pfennig.
Hauptast einer Eiche, dreißig Pfennig.
Ein Eibenbaum (nicht geweiht), fünfzehn Pfennig.
Ein süßer Apfel, dreimal zwanzig Pfennig.
Ein saurer Apfel, dreißig Pfennig.
Ein Dornenbaum, siebeneinhalb Pfennig.
Jeder Baum danach, vier Pfennig.

Ein Pfund war mehr, als die meisten Menschen in ihrem ganzen Leben verdienten. Heute können wir rückblickend feststellen, daß dieses strenge Gesetz gar nicht besonders notwendig gewesen zu sein scheint, denn für Jahrhunderte behielt die geweihte Eibe ihre wichtige und gewürdigte Rolle im Kirchhof.

In vielen Kulturen in der ganzen Welt hat die Eibe eine tiefe Verbindung mit den Konzepten von persönlicher Transformation, Wiedergeburt und Unsterblichkeit (wie in den folgenden Kapiteln gezeigt wird). Das Christentum übernahm einen Teil dieses Erbes; die Idee der »Wiedergeburt« wurde allerdings duch die »Auferstehung« ersetzt. Die allgemeine positive Einstellung des Christentums gegenüber *Taxus baccata* findet sich zusammengefaßt in einer Predigt des Pastors John Mason Neale (1818–66) aus East Grinstead, West Sussex, zum Thema »Oh all ihr grünen Dinge auf Erden, segnet den Herrn!«:

> Die Eibe ... mag als ein geeignetes Symbol für einen Christen betrachtet werden. Ihr sehet, sie hat wenig äußere Rinde, nur eine dünne Borke; um uns zu lehren, aus der Religion kein großes äußeres Gehabe zu machen.[11] Dann ist da ihr sehr dauerhaftes Holz, viel härter als das der Eiche; um die Rechtmäßigkeit und Aufrichtigkeit eines Christen zu zeigen. Ihre vielen Äste, groß und schön; um uns zu erinnern, reichlich gute Werke zu tun. Sie ist immer grün und gedeihend; um uns zu erklären, daß ein Christ stets in Anmut wachsen und gedeihen sollte. Ja, grün im Winter und dem schwersten Wetter, um zu zeigen, daß ein Christ am besten in schweren Zeiten ist; ja, dann trägt sie ihre Beeren, um uns zu lehren, daß wir dann die besten Christen sind, wenn wir in solchen Zeiten die meisten Früchte der Rechtschaffenheit hervorbringen. Sie ist ein langlebiger und währender Baum, um für uns eine Art von Unsterblichkeit und immerwährenden Lebens zu sein ... All dies bekennen wir, wenn wir eine Eibe setzen.[12]

Der Weihnachtsbaum

Im deutschsprachigen Raum, dem Ursprungsgebiet der modernen Weihnachtsbaumtradition, wurde schon lange vor der Tanne oder Fichte die Eibe verwendet. So sang ein Dichter aus der Mark Brandenburg um das Jahr 1800: »Mit Äpfeln prangt der Taxusbaum und blinkt von Gold- und Silberschaum«[13] (zu »Äpfeln« als Bezeichnung für Eibenarillen siehe S. 149–50). Dies wirft sicherlich etwas Licht auf den Ursprung des Brauchs, rote »Äpfel« (aus Pappmaché usw.) an den Weihnachtsbaum zu hängen. Eine der frühesten bekannten englischsprachigen Erwähnungen der Weihnachtsbaumbräuche stammt von Samuel Taylor Coleridge (1772 – 1834), seines Zeichens lyrischer Dichter, Kritiker und Philosoph, und mit Wordsworth ein Herold der englischen Romantik (siehe Kap. 27). In einem Brief von seiner Deutschlandreise beschreibt er ein Familienweihnachtsfest im Jahre 1798: »Am Heiligabend beleuchten die Kinder einen der Empfangsräume, in den die Eltern nicht kommen dürfen; ein großer Eibenzweig wird am Tisch nahe der Wand befestigt, und eine Vielzahl kleiner Kerzen wird am Zweig angebracht, aber nicht so, daß sie ihn anbrennen, wenn sie fast niedergebrannt sind – und farbige Papierstreifen hängen und flattern an den Zweiglein. – Unter diesem Zweig arrangieren die Kinder mit großer Sorgfalt die Geschenke, die sie ihren Eltern geben möchten.«[14] Coleridge schrieb diese Zeilen in Ratzeburg, Norddeutschland[15] – dem eibenärmsten Teil des Landes. In England wurde der Weihnachtsbaum dann Mitte des 19. Jahrhunderts durch den deutschen Prinzen Albert, Gemahl der Königin Victoria, bekannt und beliebt; und auch Alberts Baum war eine Eibe.[16] Der Gebrauch immergrüner Bäume oder Kränze als Symbol des ewigen Lebens war jedoch schon den alten Ägyptern, Hebräern, Hethitern, Chinesen u.a. bekannt.[17] Der Brauch, Geschenke unter dem Baum zu plazieren, geht wahrscheinlich auf hethitische Eibenbaumrituale des 2. Jahrtausends v. Ztr. zurück (siehe Kap. 36).

SCHREINE UND TEMPEL

Shinto ist eine uralte einheimische Religion Japans, die die Kultur dieses Landes seit über zweitausend Jahren nachhaltig beeinflußt hat.[18] Wie viele der grossen Glaubenssysteme der Welt, verehrt Shinto ein übergeordnetes, göttliches Reich, das die sichtbare Welt und auch das menschliche Leben nährt und leitet. Glaube und Praxis im Shinto haben viel mit der Verehrung übernatürlicher Wesen, den *kami*, zu tun, die alle Aspekte der Natur und des menschlichen Lebens regeln. Obwohl *kami* oft als »Gott« oder »Gottheit« übersetzt wird, bezeichnet es ein weites

29.6 *Das* torii *vor der heiligen Eibe von Hakusan Jinja, Nagano, Japan*

Spektrum von Geistwesen, übernatürlichen Kräften und »Essenzen«. Berge, Bäume und Flüsse wie Wasserfälle haben ihren eigenen *kami*; auch der »Geist eines Ortes« ist ein *kami*, und die Seelen Verstorbener verwandeln sich in wieder eine andere Kategorie von *kami*. Die meisten *kami* sind wohltätig, einige sind arglistig, aber die Shinto-Tradition glaubt nicht an die Dichotomie von »Gut und Böse«, und so haben alle Erscheinungsformen des Lebens sowohl eine »rauhe« als auch eine »sanfte« Seite, und jedes Wesen kann – den jeweiligen Umständen entsprechend – die eine oder die andere Seite verkörpern.[19] Viele Shinto-Rituale drehen sich darum, den *kami* Ehre zu erweisen.

Ein Großteil der *kami* lebt im Himmel und kommt regelmäßig auf die Erde herab, um heilige Plätze und Schreine zu besuchen. Außergewöhnlich schöne Orte in der Natur werden als Träger der machtvollen Essenz von *kami* verstanden. Die japanische Art, solchen natürlichen heiligen Plätzen Ehre zu erweisen, ist es, dies nicht mit großem Prunk sondern mit Sensibilität und minimaler Einmischung zu tun. Wer einen *jinja*, einen »Schrein«, betritt, muß durch ein heiliges Tor, das *torii*, schreiten. Dieses besteht aus zwei Pfosten, über denen sich zwei waagerechte Balken befinden, von denen der obere an beiden Seiten übersteht. Oft ist das *torii* in der heiligen Farbe, Rot, angestrichen. Das *torii* repräsentiert die Grenze zwischen der äußeren, säkulären Welt und dem Heiligtum. Mit seinem Durchschreiten durchläuft der Besucher eine symbolische Reinigung, bevor er oder sie das Heiligtum betritt. Im Inneren des Schreines ist jeder der heiligen Felsen oder Bäume, der als mit der Gegenwart von *kami* beseelt gilt, mit einem Band aus geflochtenem Reisstroh umwunden, dem *nawa*. Von diesen wiederum hängen *gohei*, paarige Papierstreifen, deren Kanten an jeweils vier Stellen eingekerbt sind.[20] Im Shinto gelten alle immergrünen Bäume als heilig, weil sie ihr Leben den Winter hindurch erhalten und dadurch bezeugen, daß sie am göttlichen Reich auf besondere Weise teilhaben. Wenn solch ein Baum zusätzlich einen Kanal für einen *kami* bei dessen Niederkunft zur Erde darstellt, wird er als *shinboku*, als heiliger Baum, ausgewiesen.[21]

Zweifellos ist der Baum, der am häufigsten in japanischer Volksüberlieferung vorkommt, der *sugi*, eine Scheinzypresse *(Cryptomeria japonica)*, die dennoch oft als »Japanische Zeder« übersetzt wird. In historischer Zeit zum Nationalbaum Japans erklärt, findet sie sich oft in Shinto-Heiligtümern wie auch buddhistischen Tempeln.[22] Die Japanische Eibe *(Taxus cuspidata)* hat trotz alledem eine einzigartige traditionelle Beziehung zur japanischen Monarchie (siehe S. 210) und heißt *Ichii*, »von höchstem Rang«. Einige der schönsten und ehrfurchtsgebietenden alten Eiben der Welt stehen in Shinto-Schreinen in Japan. Es ist eine interessante Tatsache, daß zwei ähnlich große Inseln – Britannien und Japan – an den gegenüberliegenden Enden des eurasischen Kontinents in ihren kleinen örtlichen Heiligtümern viele der ältesten Bäume der Welt bewahrt haben.

Der Großteil der *jinja*-Eiben auf dem japanischen Festland befindet sich in den Präfekturen Gifu und Nagano. Dies ist kein Zufall, denn der mythische »Geburtsort« der Japanischen Eibe, Ichiimori Hachimanjinja, befindet sich in Gifu, nahe des geographischen Zentrums Japans. Diese Region ist reich an alten Traditionen und an Mythologie. Einige der alten Eiben sollen hier erwähnt werden.[23]

Die Hakusan Jinja Eibe ist etwa 13 m hoch und hat einen Stammumfang von 6,1 m. Der Baum wurde 1673 »zu einem Gott erklärt«, d. h., die Anwesenheit von *kami* in ihm wurde offiziell anerkannt, und seither ist der Baum streng geschützt. Zudem befindet sich dieser Baum nur 24 km vom Gipfel des Vulkans Asamayama (2568 m) entfernt, der im September 2004 zuletzt ausbrach; es darf angenommen werden, daß diese Eibe in ihren geschätzten zehn Jahrhunderten schon einige Eruptionen erlebt hat. Es ist ein hohler Baum mit vielen von außen sichtbaren Hohlräumen in seinem Stamm, und Besucher legen Münzen oder kleine Steinchen hinein, um ihren Gebeten Ausdruck zu verleihen. Der Baum gilt als besonders glückbringend bei Zahnproblemen und wird daher auch – mit einigem Humor – der »Gott der Löcher« genannt.

Die Eibe von Arai, örtlich als Koyasu sama bekannt, ist eine der *jinja*-Eiben mit dem größten Stammdurchmesser und auch ein gutes Beispiel dafür, wie behutsam Shinto in die Natur eingreift. Außer einem niedrigen Holzzaun, der den zentralen Teil des Wurzelsystems vor Bodenverdichtung durch Touristen schützt, ist der Baum praktisch ein Waldbaum geblieben. Nur ein kleiner hölzerner Schrein an der Seite des Baumes verrät die religiöse Aktivität an diesem Ort. *Koyasu* bedeutet »Beschützer der Kinder«. Nach der örtlichen Legende pflanzte die schwangere Frau eines gewissen Kanehira Imai den Baum für den Schutz ihres Kindes bei der Geburt. Alles ging gut, das Kind und der Baum gediehen, und schon bald kamen andere Frauen mit der gleichen Bitte zu dem Baum. Der Brauch lebt heute noch, und es gibt auch ein örtliches Fest (matsuri), das traditionell am 15. August gehalten wurde, aber 2003 auf den 11. September verlegt wurde. *Arai* bedeutet »neue Quelle«.[24] (Zur Verbindung der Eibe mit Wasser und Geburt siehe auch Kap. 34.)

***29.7** Die Eibe von Arai, eine der dicksten* jinja-*Eiben Japans*

Die Eibe von Kunimi ist ein männlicher Baum von 19 m Höhe, ca. 7 m Stammumfang und einem Alter von 700 bis 1000 Jahren (jap. Umweltbehörde). Nach örtlicher mündlicher Überlieferung wurden vor sieben- bis achthundert Jahren drei Eiben im Dreieck um das Dorf gepflanzt, um es zu schützen und ihm Wohlstand zu bringen. Ein Baum ging durch Feuer verloren, einer ging ein, und so blieb nur dieser. An seiner Stammbasis ist eine Quelle erschienen. Der Baum wurde am 1. November 1967 zum Nationaldenkmal erklärt.

Der Schrein von Jirobei besitzt drei Eiben mit je einem Gedenkstein darunter. Der älteste Baum der Gruppe ist 18,5 m hoch und hat einen Stammumfang von ca. 7,5 m, welches ihn zum größten Eibenstamm Japans macht. Die Alterschätzungen reichen von 1000 bis 2000 Jahren und berücksichtigen höchstwahrscheinlich nicht, daß der Stamm völlig aus einstigen Innenwurzeln besteht und die alte Hülle längst verschwunden ist (vergl. die Diagramme auf S. 76). Viele Gedenksteine Japans sind keine Grabsteine für einzelne Menschen, sondern dienen der Ehrung der Ahnen in einem kollektiveren Sinne. In der Präfektur Nagano z. B. stehen viele Gedenk- und Grabsteine unter ein oder zwei (jungen) *Taxus*-Bäumen (Abb. 31.4). Eiben finden sich sowohl in Shinto- als auch in buddhistischen Heiligtümern. Während zweier Wochen im August gilt das Ahnenreich traditionell

29.8 *(oben) Die heilige Eibe von Seijo; 900 m über dem Meer* **29.9** *Alte Eibe (männlich) und Schrein von Hirade*

als dichter an dieser Welt als zu jeder anderen Jahreszeit. Die Sommerferien Japans sind danach ausgerichtet, so daß auch heutige Japaner die Schreine aufsuchen können, welche oft weitab der Ballungsgebiete liegen.

Eiben stehen auch in einigen buddhistischen Tempeln Japans, z. B. in Gouzen Dera und Akimitsu Dera, die wirklich alten Bäume finden sich jedoch in den Shinto-Schreinen. Die Verbindung der Eibe zum Buddhismus existiert auch in China, insbesondere in den Bergklöstern im Südwesten des Landes. Nach seiner Chinareise in den 1920ern schrieb der englische Botaniker und Forschungsreisende Ernest H. Wilson über den Berg Omei (Omei Shan), daß er »einer der fünf allerheiligsten Berge Chinas« sei, aber »der Ursprung seines heiligen Charakters verliert sich in der Vorgeschichte … An die siebzig buddhistische Tempel oder Klöster (beide Begriffe sind zutreffend, denn die Gebäude sind wirklich eine Mischung aus beidem) befinden sich auf diesem Berg. Entlang des Hauptweges zum Gipfel befindet sich alle fünf Li ein Tempel, und zum Gipfel hin werden sie noch zahlreicher.«[25] Unter den wenigen Bäumen, die bei den höher gelegenen Tempeln zwischen 1800 und 3000 m Seehöhe überhaupt noch wachsen können, erwähnt Wilson auch die Chinesische Eibe.[26] Über die derzeitige Situation der Eiben in den Höhenlagen Südwestchinas ist jedoch nichts bekannt – hier besteht Bedarf für künftige Forschungen.

Ebensowenig gibt es Berichte über die Rolle der Eibe im tibetanischen Buddhismus. Es ist jedoch erwähnungswürdig, daß die tibetischen Mönche im schottischen Exil eine Eibe im Zentrum ihres neugegründeten Klosters von Samye Ling pflanzten (den »Clootie-Baum«), und eine weitere in ihrem Sanktuarium auf Holy Island vor der Westküste Schottlands. Letztere ist ein Steckling der Eibe von Fortingall, des Baumes, der in der geographischen Mitte Schottlands steht und aller Wahrscheinlichkeit nach der älteste Baum der Britischen Inseln und auch Europas ist (siehe Abb. 29.1).[27]

29.11 - 29.12 *Impressionen vom Schrein von Komatsunagi*

29.10 *Die älteste Eibe von Jirobei mit Altar*

29.13 Zeitgenössische Statue des Buddha, Eibenholz

***29.14** Eibe am Eingang des buddhistischen Tempels von Gouzen Dera, Japan*

***29.15** Der »Clootie-Baum« in Samye Ling, Schottland*

HEILIGER RAUM

Die Heiligtümer der nordamerikanischen Indianer sind üblicherweise keine Gebäude mit umgebenden Tempelgärten, sondern bestehen aus dem »virtuellen« heiligen Raum einer Zeremonie oder eines Gebetes. Man könnte sagen, daß dabei die Natur in ihrer Gesamtheit der heilige Garten ist, in dem die Menschen die Einstimmung auf die höheren Kräfte des Lebens suchen. Wichtige Hilfsgegenstände in der Spiritualität einiger indianischer Traditionen sind die Gebetspfeife sowie Musikinstrumente wie Gebetsflöten und -trommeln. Die Karok z. B., ein Stamm in Nordkalifornien, machen Pfeifen aus dem Eibenholz. In Washington State fertigen die Cowlitz aus dem Holz Trommelrahmen, während die Hoh und Quileute das Holz auf ganz verschiedene Weisen in ihren Zeremonien einsetzen. Die Clallam auf der Olympischen Halbinsel in Washington mischen Eibennadeln mit dem Tabak für die Heilige Pfeife, und die Samish und Swinomish an der Nordwestküste dieses Bundesstaates trocknen und zermahlen die Nadeln und rauchen sie anstatt des Tabaks[28] (nicht zur Nachahmung empfohlen, da die Europäische Eibe wesentlich höhere Giftstoffkonzentrationen enthalten kann als die Pazifische Eibe).

***29.16** Eibener Zeremonienstab der Tlingit-Indianer, Alaska*

30.1 *Hohle Eibe in Paterzell, Bayern*

KAPITEL 30

GEHEIMNISSE DER NAMEN

BAUMNAMEN

Die Erforschung der Rolle von Bäumen in der Kultur- und Religionsgeschichte erfordert die Kenntnis der Namen, unter denen der betreffende Baum erscheint. Die Namen der Eibe in den gegenwärtigen europäischen Sprachen können in zwei Kategorien geordnet werden: einerseits diejenigen, welche sich aus dem römischen *taxus* entwickelt haben, das sich durch die römische Besatzung während der ersten vier nachchristlichen Jahrhunderte verbreitete, und andererseits die Namen aus den indigenen Sprachen, die in der Regel älter sind als die römischen Namen.

Bereits einige der Schriftsteller der Antike mutmaßten, daß *taxus* von den griechischen Wörtern *tóxon*, »Bogen«, und *toxikon*, »Pfeilgift« stammte oder zumindest mit diesen verwandt ist.[1] Vergil (70 – 19 v. Ztr.) und Plinius (23 – 79 n. Ztr.) erwähnten den Gebrauch von Eibenholz für Bögen sowie vergiftete Pfeile,[2] während Strabo (64 oder 63 v. Ztr. bis ca. 23 n. Ztr.) und Plutarch (46 bis nach 119 n. Ztr.) in Griechenland von der Benutzung von Eibengift für Pfeile unter den gallischen Stämmen sprachen.[3] Plinius nahm außerdem an, daß das Wort für Giftstoffe, *toxica*, zuvor *taxica*, vom Baumnamen *taxus* abstammte.[4] Es ist allerdings festzustellen, daß – trotz der Mutmaßungen einiger klassischer Autoren – niemals Belege für die tatsächliche Ausziehung von Eibengiften für die Präparierung von Kriegspfeilen gefunden worden sind. Doch war das Holz allein – durch seine Nutzbarkeit für Bögen, Speere und anderes Kriegsgerät – Grund genug für den militärischen »Aufstieg« dieses Baumes. Wie jedes andere Großreich hatte Rom ein enormes Interesse an der Ausbeutung der natürlichen Ressourcen der besetzten Gebiete. Dieser praktische Ansatz der Bennenung von Bäumen hielt sich in vielen Ländern auch noch, als das Römische Reich längst zerfallen war; und das Wort *taxus* hielt sich neben den Urnamen für den Baum oder ersetzte diese sogar.

Der mögliche Ursprung des lateinischen *tax-* ist das indoeuropäische *tak*, »schneiden«, aus dem sich auch *taks*, »hauen, formen«, und *teks*, »machen, herstellen«, entwickelten. *Tax* ist verwandt mit *tag, tangere*, »berühren«.[5]

Die Mehrzahl der uns erhaltenen vor-römischen Namen gehört zu den germanischen und keltischen

Sprachgruppen. Die ältesten keltischen kennt man aus Gallien; sie scheinen Variationen von *eber* oder *eburos* zu sein. Die meisten Eibennamen in den gegenwärtigen germanischen Sprachen gehen auf das mittelhochdeutsche *iwe* zurück.[6] Davor findet sich die übliche althochdeutsche Form, das weibliche *iwa*, auch *iha*, aber auch das männliche *iwo* und das neutrale *iwinboum*. Altenglisch *iw, eow, eoh* (poetisch), altsächsisch *ich, ioh* und altnordisch *yr* sind maskulin, das altpreußische *iuwis (iwis)* ist neutral. Während des Mittelalters bezogen sich das altirische *ibhar, ibar, jubar* und auch das mittelhochdeutsche *iwe* auf den Baum als auch jegliche Waffe aus seinem Holz (Bogen, Langbogen oder Armbrust). Das galt auch für das altnordische *yr*, obwohl diese Sprache auch das Wort *yrbogi* für den »Eibenbogen« benutzte.

Tabelle 9 **Europäische Namen für *Taxus baccata*[7]**

a) von römisch *taxus*	
schweizerisch	taisch, tasch
italienisch	taxo, tacc, tass, tasso
spanisch	tejo, teixo, teix
portugiesisch	teixo, teixera, teixero
russisch	tiss
polnisch	cis
tschechisch, slowakisch, kroatisch	tis
slowenisch	tisa
ungarisch	tiszafa, tisza
ukrainisch	tys
rumänisch	tisa
kroatisch	tisovina
b) ältere etymologische Wurzeln	
germanisch	
englisch	yew, yeue, eu, u, iuu, iw, iewe
französisch	if, ifreteau
deutsch	Eibe, Ibe, Iba, Ife, Ifen, Ibar
schweiz.	Eibe, Iib, Iba, Iibä, iche, ige
holländisch	iep, iif, ievenboom
dänisch	ibe
schwedisch	id, ide
keltisch	
bretonisch	iuin
kymrisch	ywen
altirisch	idhadh, idho, eo
gälisch	iúr
schottisch-gälisch	iubhar

Phonetisch wechseln *e* und *i* oft in den verschiedenen keltischen und germanischen Dialekten, genauso wie *o* und *u* (und das englische *w*). In den Schreibformen können sich *f, v* und *w* zu *b* wandeln oder das *b* zu einem *v* zurückkehren. Aber die Grundstruktur dieser Eibennamen ist meist recht deutlich erkennbar: Der Kern des Namens ist eine Vokalfolge *(io, iu, eo, eu)* mit oder ohne einen Konsonanten in der Mitte *(f, v, w,* oder *b)*, und manchmal mit einem *r* am Ende.

Es ist jedoch das althochdeutsche *iwe, iwa*, das die uralte *Bedeutung* des Namens enthüllt. Dieser Name ist eng mit dem althochdeutschen *ewi, ewa* verwandt, der »Ewigkeit« bedeutet. Und die altsächsischen Dialekte *eo, io, eoh, eow* stammen vom althochdeutschen *eo*, »immer«. So zeichnet sich ab, daß sich die Menschen seit Urzeiten der außergewöhnlichen regenerativen Eigenschaften dieses »ewig lebenden« Baumes bewußt waren. Dieselbe Bedeutungsebene läßt sich auch in den Namen in den keltischen Sprachen erkennen, die ja, wie die germanischen, zur indoeuropäischen Sprachfamilie zählen. Als Wurzel für das germanische *iwe* und das keltische *eber* (sowie das hethitische *eya*, siehe unten) wurde das indoeuropäische *ayu*, »Lebenskraft«, vorgeschlagen.[8]

Im Lichte ihrer indoeuropäischen Wurzelbegriffe scheinen sich die besprochenen Namenskategorien der Eibe zu ergänzen: die Ewigkeit berühren – oder von ihr berührt werden.

ORTE UND MENSCHEN

Der griechische Händler, Geograph und Forschungsreisende Pytheas (ca. 380–ca. 310 v. Ztr.) aus der griechischen Kolonie Massalia (heute Marseille) machte irgendwann zwischen 330 und 320 v. Ztr. eine Seereise entlang der Küsten Nordwesteuropas. Er war der erste, der den Bewohnern der Mittelmeerregion von der Mitternachtssonne, den Nordlichtern und den polaren Eiskappen berichtete, und der erste, der die Britischen Inseln und auch einige germanische Stämme schriftlich erwähnte. Irland hieß zu seiner Zeit *Ierne*, und andere griechische und später römische Autoren[9] griffen diesen Namen auf, auch wenn er sich im Laufe der Zeit veränderte: *Iverna, Iuvern(i)a, Hibernia*

30.2 *Alte Eibe in Sante Baume, Provence, Südfrankreich*

bedeuten alle »Eibeninsel«. Das Volk an Irlands Südküste waren die *Iuverni* (später *Iverni*).

Als St. Columba (auch unter seinem irischen Namen St. Columcille bekannt) im Jahre 563 von Irland aus in See stach, um den rechten Platz für eine Klostergründung zu finden, erhielt er vom König von Dalriada (in Westschottland) eine kleine, unbewohnte Insel vor der Südwestküste der Insel Mull (Innere Hebriden). Der Abt Adamnan (627–704), der später Columcilles Lebensgeschichte aufschrieb, nannte die Insel *Ioua Insula*, »Insel des Eibenplatzes«. Wahrscheinlich durch einen Schreibfehler wurde dies später zu Iona, dem Namen, den sie noch heute trägt. Es ist nicht bekannt, ob es vor Columba Eiben auf der Insel gab. Heute stehen dort keine mehr.

Zu den Siedlungen, die im Altertum nach der Eibe benannt wurden, gehören Eburodunum in der Schweiz (vergl. die neolithischen Pfahldörfer in den Alpen, S. 99) und York in Nordengland.[10] York ist übrigens auch die Mutterstadt von New York in den USA.[11]

Yeavering Bell, der Sitz der frühen anglischen Könige von Bernicia (Northumberland), bedeutet »Ort der (heiligen) Eibe«. Es ist bekannt, daß die Angeln bei der Landnahme Ortsnamen in der Regel übernahmen, um ihre Integration mit der Urbevölkerung zu unterstützen. Yeavering muß daher ein brythonischer und kein germanischer Name sein.[12] Um 1300 erscheint der Ort als Yeure in schottischen Texten (von *ure*, »Eibe« in schottischem Dialekt), und unter frankonormannischem Einfluß dann als Yverne. In der Folge wandelte es sich zu Yevere (1359), Yevern (1404), Yvern (1442), Yeverin (1637), Yeverington (1663), und schließlich Yeavering (1796).[13] Bell mag von dem gälischen *bile*, »heiliger Baum«, stammen; im Sächsischen ist *bell* ein glockenförmiger Hügel, was völlig auf Yeavering Bell zutrifft – nur ist diese Anlage *keine* sächsische. Anzumerken ist noch die etwas kuriose Form (Ad) Gefrin, die der Mönch und Geschichtsschreiber Beda benutzt. Sie kann »Ziegenhügel« bedeuten, aber genausogut Bedes Versuch darstellen, den Namen einem walisischem Publikum zugänglich zu machen. Die Ziege erscheint allerdings auch oft in Überlieferungen, die den Weltenbaum betreffen (siehe S. 162. 229).

Andere Eiben-Ortsnamen haben sich über die Grenze der Erkennbarkeit hinaus verwandelt, z. B. Avrolles (von Eburobriga zu Hebrola zu Hevrora) im Dép. Yonne (auch ein Eibenname) in Frankreich. Am bemerkenswertesten ist aber das häufige Vorkommen von Eburodunum, welches sich in einem breiten Band von Britannien über Frankreich bis ins Herz Europas erstreckt: Eborakon (York) in Nordostengland; Din-Evwr im mittelalterlichen Wales; Embrum, Chateau d'If[14] und Yèvre-le-Chateau in Frankreich; Eburodunum und Yverdon in der Schweiz; Iburg in Deutschland; Eburini, Eboli, Inveruno und Invorio in Italien und wahrscheinlich Brünn in Mähren.[15] Im frühen 20. Jahrhundert diskutierte man, ob diese Siedlungen nach individuellen keltischen Führern mit Namen Eburos benannt waren oder ob es sich um Befestigungsanlagen handelte – *eburo-dunum* bedeutet »Eiben-Burg«. Ohne jegliche archäologischen Belege für Festungen an diesen Orten ist die wahrscheinlichste Erklärung nun, daß sich dieser Name auf Eigenheiten der Landschaft bezog, so wie die vielen (prä-?)historischen Ortsnamen, die Eibenlandschaften beschreiben: Eibenweide, Eibenquelle, -tal, -wald, -hügel, -berg usw.[16] Da *Taxus* in der Regel eingestreut im Mischwald erscheint, weisen Eiben-Ortsnamen wahrscheinlich auf besonders eibenreiche Orte hin, z. B. wenn Eiben eine Wiese besiedeln, eine Quelle umstehen, ein Seeufer dominieren, eine Hügelkuppe bedecken o. ä. Ein wichtiges natürliches Phänomen wird in den Untersuchungen von Ortsnamen jedoch nie erwähnt: dichte Gruppen uralter, gigantischer Eiben – Orte wie Newlands Corner oder Kingley Vale in Südengland, oder die turmhohen Eiben von Alapli in der Türkei und jene des Kaukasus. Die Bezeichnung »Eiben-Burg« wäre äußerst zutreffend für solche Plätze. (Ganz ähnlich findet sich z. B. das keltische *sali-duno*, »Weiden-Burg«, im Namen der irischen Seesiedlung Dún Salach und auch in Solduno in den Alpen.) Der Etymologe Vittorio Bertoldi erwähnte 1928 in diesem Zusammenhang antike Texte, die von monumentalen (Eiben-)Bäumen um den Golf von Lyon und in den Seealpen zwischen Nizza und Genua sprechen.[17] Es scheint, daß auch Europa einst monumentale Eiben hatte wie heute noch die Türkei oder der Kaukasus. Wann verschwanden diese Bäume und warum? Hier besteht Bedarf für künftige Forschungen.

Abgesehen von den oben erwähnten I(u)verni sind auch noch weitere keltische Stammesnamen möglicherweise von diesem Baum abgeleitet: die

30.3 - 30.4 *Eibenhain in Sueve Otono, Spanien*

Eburonen zwischen der Maas und dem Rhein,[18] die Esuvii in Calvados, die Eburovices, die Eburobrigen und die Eburomagus in Gallien – es sei denn, sie bezogen sich auf den Eber. Die einzigen anderen keltischen Stämme mit möglichem Baumnamen sind die gallischen Averni (»Volk der Erle«, von *verna*, »Erle«) und Lemovices (»Krieger der Ulme« – oder Krieger des Lemos«, denn solche Namen könnten auch als auf Personennamen bezogen verstanden worden sein).[19] Caesar zufolge[20] trafen sich die Druiden Galliens einmal im Jahr im Karnutenwald, der als (heiliges) Zentrum des Landes galt. Man weiß kaum mehr über diesen Wald und seine Traditionen, aber es wird angenommen, daß sich eine der wichtigsten Kathedralen der Christenheit, diejenige von Chartres, genau in diesem Gebiet befindet.[21] Doch der Karnutenwald ist verschwunden, und das einzige verbleibende Anzeichen von Eiben in der Umgegend von Chartres ist der Name des Flusses, der durch den Ort fließt: Eure.

Während der römischen Invasion Galliens nahm sich Catuvoleus, der Häuptling der Eburones, 53 v. Ztr. mit Eibengift das Leben, um der Schmach römischer Gefangenschaft zu entgehen.[22] Und als 19 v. Ztr. der letzte Teil Spaniens, die Berge Cantabriens, in römische Hände fielen, beging der dort ansässige iberische Stamm, die Cantabri (»Volk des Berges«), mit Hilfe der Eibe kollektiven Selbstmord (hölzerne Waffen sind hier wahrscheinlicher als das Verspeisen großer Mengen von Nadeln). Und noch einmal, als der letzte nordspanische Aufstand gegen die Römer niedergeschlagen wurde, benutzten die cantabrischen und asturischen Verteidiger von Mons Medullus die Eibe, um ihr Leben zu beenden.[23] Da sowohl die Iberer als auch die Eburonen ihren Namen von diesem Baum haben (ibe, eber), liegt der rituelle Kontext dieser Selbstmorde auf der Hand.

Der Name der Iberischen Halbinsel kommt von den Urbewohnern, die von den Griechen Iberer genannt wurden, höchstwahrscheinlich nach dem Fluß Ebro (Iberus), dem zweitlängsten der Halbinsel – der längste ist der Tajo (spanisch) oder Tejo (portugiesisch), der ebenfalls nach der Eibe benannt ist. Zwischen dem 8. und dem 6. Jahrhundert v. Ztr. dann besiedelten keltische Stämme in mehreren intensiven Wellen Nord- und Mittelspanien, ohne mit den indigenen bronzezeitlichen Iberern des Südens und Ostens in Konflikt zu geraten. In den Grenzgebieten (nordöstliche Meseta Central, Catalonien und Aragon) vermischten sich diese beiden ethnischen Gruppen, man spricht heute von den kelt-iberischen Stämmen. Die Iberer handelten mit Karthago, Griechenland und Phönizien.[24]

Jenseits des Ostrands Europas, im heutigen Georgien und seinen Grenzgebieten mit Südwestrußland, gedieh im Mittelalter ein Königreich mit dem gleichen Namen: Iberien. Ohne Zweifel war es nach den imposanten Eibenbeständen des Kaukasus benannt. Die alten georgischen Namen für die Eibe sind *Chvaebis che*, »Gottes Baum«, *chvyturi che*, »göttlicher Baum« und *tciminda che*, »heiliger

30.5 *Tamara, Königin von Iberien (Georgien) im 12. Jh.*

Baum«. Im 12. Jahrhundert verteidigte Königin Tamara von Iberien die Eibenbestände unnachgiebig gegen enormen wirtschaftlichen Druck. Seither war die Eibe in Iberien geschützt, und erhielt noch zwei weitere Namen: *utchtovari*, »nicht gestattet«, sowie »Königin Tamaras Baum«.[25]

Etwa zehn Längengrade weiter östlich beginnt das Verbreitungsgebiet der Himalaja-Eibe, und in einigen Gegenden des nordwestlichen Himalaja hieß der Baum *deodar*, »Gottes Baum«. Weise und Asketen, sagt man, dienten (Gott) unter ihm in alten Zeiten.[26] John Lowe berichtete 1897: »Das Holz wird als Weihrauch verbrannt, in Kamaon werden größere Zweige in religiösen Umzügen getragen, und in Nepal schmückt man die Häuser zu religiösen Festen mit seinen Zweigen.«[27]

Im heutigen China heißt der Baum offiziell *hong dou sha*,[28] »Rote-Bohnen-Tanne«, und auch *zi shan shu*, »dunkelroter Tannenbaum«. Nüchtern und sachlich – passend für eine Gesellschaft, deren Regime viel darauf verwandt hat, alte, und insbesondere religiöse, Bräuche auszutilgen. Interessant wären die alten Namen des Baumes, und auch die Namen der vielen Sprachen und Dialekte dieses riesigen Landes. Einer wenigstens wird von zwei britischen Botanikern genannt; 1906 beschrieben H. J. Elwes und A. Henry die Chinesische Eibe in den Bergen von Hupeh und Szechuan (ca. 1800 – 2400 m ü. d. M.) und fügten hinzu: »Die chinesischen Bergsteiger ... nannten den Baum *Kuan-yin-sha*, ›die Tanne der Göttin der Gnade‹«[29] (siehe S. 254).

Der japanische Name, *Ichii*, bedeutet »von höchstem Rang«[30] – ein vornehmer Name, der sich auf den kaiserlichen Hof bezieht (siehe S. 210). In der traditionellen Krönungszeremonie empfängt jeder neue König ein Szepter aus Eibenholz als Symbol der Hoheit über das Land und seine Bewohner. Im japanischen Schriftsystem[31] kann man die Zeichen für *Ichii* auch als *araragi* oder *kunungi* lesen. Tatsächlich ist *araragi* ein besonders im südlichen und mittleren Japan bekannter Name für den Baum, und *kunungi* wird mehr im Norden benutzt. Ein weiterer japanischer Name für die Eibe ist »Wasser-Kiefer«, die Schriftzeichen dafür können *suimatsu* oder *mizumatsu* ausgesprochen werden.

In der alten Sprache der Ainu (der indigenen Bevölkerung von Hokkaido, der nördlichsten Insel Japans) heißt die Eibe *Onco* (dasselbe wie *Onko*), welches auch zwei mögliche Lesarten im japanischen System hat: »Baum des Bogens« und »Baum Gottes«. Merkwürdigerweise heißt *onco* auf Lateinisch »Tumor« (von griech. *onkos*), und eine moderne japanische Biotechnologiefirma, die Krebsmittel aus Naturprodukten entwickelt, wirbt damit, daß sie »den Krebs bekämpft wie der Baum Onko, der fortfährt, als Baum Gottes zu wachsen«[32] (vergl. Kap. 25).

DIE ALTEN ZUNGEN

Das älteste existierende Wort für Eibe, *eya(n)*, hat sich in althethitischen Texten der Periode von ca. 1750 – 1500 v. Ztr. erhalten,[33] und zwar auf Keilschrifttafeln aus Boghazköy (Türkei). Es brauchte allerdings den größten Teil des 20. Jahrhunderts, bis die botanische Identität von *eya* feststand. Ein anderes uraltes Wort, wenn auch weniger gesichert, ist das semitische *elammaku*. In einem Text aus dem 18. Jahrhundert v. Ztr. prahlt der König von Mari (einem mesopotamischen Stadtstaat am Fluß Euphrats) von seiner See-Expedition und seiner Eroberung der »Zedernberge«, wo er auch Holz von Buchsbaum und *elammaku* schlagen ließ.[34] Spätestens ab dem 9. Jahrhundert v. Ztr.[35] erscheint dieses Wort auch in den babylonisch-assyrischen Versionen des Gilgamesh-Epos (siehe S. 200). Es wurde noch nicht etymologisch untersucht, ob das althebräische Wort *almug*, allgemein als »Eibe« akzeptiert, mit dem semitischen *elammaku* verwandt ist.[36]

König Salomon muß sich der Bedeutung des Wortes *almug* bewußtgewesen sein. Und dies könnte die Erklärung dafür sein, warum er genau dieses Holz für seinen legendären Tempel in Jerusalem anforderte, und warum es nicht zusammen mit dem Bauholz genannt wird, sondern in einem Atemzug mit Edelsteinen. Salomon verhandelte mit Hiram, dem König der phönizischen Stadt Tyros und somit dem Herrn der damals riesigen Wälder der Berge des Libanon, über Bauholz und Handwerker für die Errichtung des Tempels und schrieb, der Bibel zufolge:[37] »Schicke mir auch Zeder, Kiefer und algum[-Holz[38]] vom Libanon,[39] denn ich weiß, deine Leute sind Meister im Fällen der Bäume des Libanon ...« Und dann, nach der Fertigstellung des Tempels – der aus Stein errichtet und mit Zeder, Zypresse und Olive ausgebaut worden war[40] – empfing Salomon »eine große Fracht von *almug*-Holz und edlen Steinen. Der König benutzte das Holz, um Sitze für das Haus des Herrn [den Tempel] und den Palast zu machen, und auch Harfen und Lauten für die Musiker. Nie wieder seit dieser Zeit wurde solch eine Menge von *almug*-Holz importiert oder gesehen.«[41] (Vergl. Abb. 42.6.) Der jüdische Priester und Historiker Josephus Flavius (37/38–100 n. Ztr.) sagt dagegen, daß *almug*-Holz auch für »Säulen zum Tragen des Tempels und des Palastes«[42] benutzt wurde. Was die Tempel- und Palastmöbel anbelangt: Die Kombination des hellen Buchsbaumholzes mit dem dunklen Holz der Eibe war im gesamten Nahen Osten bekannt,[43] und findet sich in Tischen, Truhen und verschiedenen Kleinmöbeln. Ein weiterer Hinweis für das natürliche Vorkommen der Eibe im Libanon kommt aus Ninive (der Stadt der Ishtar, s. S. 188), wo eine Palastinschrift besagt, daß »Zedernholz« vom Libanon für die Balken verwendet wurde – die mikroskopische Untersuchung eines erhaltenen Balken zeigte jedoch, daß dieser aus Eibenholz war.[44]

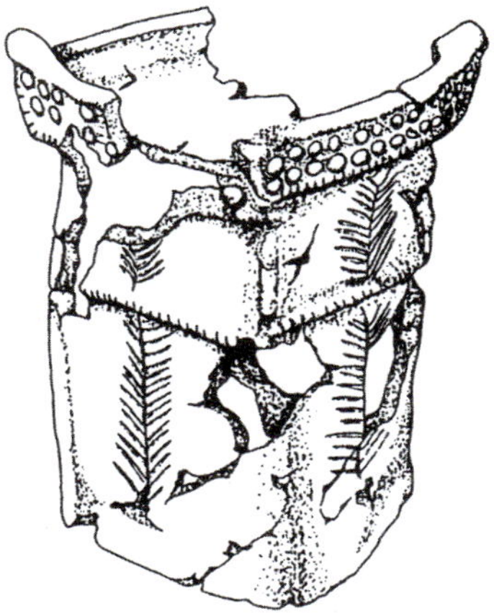

30.6 *Bronzezeitlicher Hausaltar; Syrien/Kanaan*

Es scheint, daß der Begriff *almug* nicht ausschließlich hebräisch war, sondern auch von anderen semitischen Völkern im Nahen Osten des Altertums verwendet wurde. Der assyrische König Tiglath-Pileser I. z. B. berichtet, *almug* in seinem Palastgarten in Ninive gepflanzt zu haben, zusammen mit der Zeder und anderen Bäumen, von denen er Exemplare von seinen Expeditionen mitgebracht hatte.[45] Etwa 650 km westlich von Ninive, in Ugarit (heute Ra's Shamrah an der Mittelmeerküste Nordsyriens), fand man zwei Tafeln, die eine kürzere Form von *almug* enthalten: *l-m-g*.[46]

Des weiteren erscheint im Alten Testament einmal (Jer. 46:14) ein zusätzliches Wort für Eibe: *smilax*. Im hebräischen Originaltext von ca. 605 v. Ztr. spricht Jeremiah allerdings von *svivcha*, der »Umgebung«.[47] Die meisten europäischen Bibelübersetzungen übernahmen das griechische *smilax*, das wahrscheinlich auf die Septuaginta zurückgeht (die erste Übersetzung der hebräischen Schriften in das Griechische, ausgeführt in Alexandria ab der Mitte des 3. und während des 2. Jahrhunderts v. Ztr. durch zweiundsiebzig

30.7 *Tongefäßscherbe mit Stempeleindruck; Ninive*

jüdische Übersetzer). Es ist ein Rätsel, wie es zu diesem Bedeutungswechsel kam. Henslow wies 1906 sogar noch auf weitere mögliche Übersetzungsfehler in den frühen griechischen Bibeltexten hin: Aus »Eibenholz« könnte »geschlagenes Holz« geworden sein, denn ein ähnliches griechisches Wort, *smilentos*, bedeutet »geschnitztes oder geformtes Holz«.[48]

Der erste, der die Eibe in griechischen Schriftstücken[49] erwähnte, war der Philosoph und Botaniker Theophrast (ca. 372 – ca. 287 v. Ztr.; seine Abhandlung erscheint im Anhang IV). Die Entwicklung vom hebräischen *almug* zum griechischen *smilax* und *milos*[50] ist nicht sehr offensichtlich, Professor Henslow erklärt sie wie folgt: Die drei Konsonanten von *almug*, *l-m-g*, wurden durch Transposition von *m* und *l* zu *m-l-g*, und, da *k* äquivalent zu *g* ist, *m-l-k*. Daraus wurde *milaks, smilax* im Griechischen, denn die Hinzufügung eines *s* am Ende oder als Präfix war üblich im Altgriechischen (so wurde z. B. das Sanskrit-Wort für Smaragd, *marahata*, zu griechisch *smaragdos*). Im attischen Dialekt wurde *s* vor *m* nach Bedarf benutzt oder weggelassen, daher die Form *milos*.[51] Es besteht eine mögliche Verwandschaft zum griechischen Wort *smao*, »(ein-)reiben«, welches auf die alte Wurzel *mao* zurückgeht und verwandt ist mit *masso*, »berühren, handhaben« (daher unsere *Massage*).[52] Somit sind wir wieder bei der Urbedeutung des lateinischen *taxus* angelangt (siehe oben). Im heutigen Griechenland gibt es einen weiteren Begriff für diesen Baum, *elate*, was »weiche Tanne« bedeutet, und da wir nicht wissen, wie alt diese Umschreibung ist, sollten Eibenforschungen in (alt-)griechischen Texten auch auf Formen dieses Begriffes achten.[53]

30.8 *Deckel eines Tongefäßes, in dem vermutlich Weihrauch verbrannt oder Libationen dargebracht wurden, mit Darstellungen von Eibenzweigen und auf der Innenseite früh-hebräischen Buchstaben; Lagash, Babylonien*

VERWECHSLUNGEN

Durch die gesamte Geschichte hindurch ist die Identifizierung der Eibe – sowohl in der Natur als auch in Textdokumenten – alles andere als eindeutig. Die Diskussion um die Bedeutung des hethitischen *eya* ist ein gutes Beispiel. Der tschechische Archäologe und Sprachforscher Bedrich Hrozny (1879 – 1952), der 1915 die hethitischen Hieroglyphen entschlüsselte, erwähnt auch einen Text, in dem ein heiliger Baum als »Apfelbaum« beschrieben wird, der über einer Quelle steht und der blutet. Im Rahmen des beschränkten Wissens seiner Zeit über die Rituale des Altertums konnte Hrozny nur vermuten, daß sich das Bluten womöglich auf Tieropfer bezog; aber er verschwieg nicht, daß der hethitische Satz eindeutig vom Baume selbst als blutend spricht (vergl. Abb. 30.10).[54] Hrozny mußte es dabei belassen. 1939 dann begann die eigentliche Diskussion um *eya*, und zwar mit dem Vorschlag, es könnte sich dabei um einen hochgeschätzten Fruchtbaum handeln, denn einige hethitische Texte kombinieren *eya* mit dem Beiwort »Bergapfelbaum«.[55] Das wurde schnell abgelehnt, denn *eya* ist eindeutig ein Immergrün, und während der 1960er konzentrierte sich die Diskussion auf »Tanne«.[56] Doch auch diese Interpretation mußte weichen, als man in den 1970ern entdeckte, daß das hethitische Wort für Tanne *tanau-* ist.[57] Etwa zur gleichen Zeit schlug der deutsche Orientalist Volkert Haas[58] »immergrüne Eiche« vor, und aus guten Gründen: Ein Text[59] erwähnt *hurpastanus*, »Blätter«, was Koniferen eigentlich ausschließt; andere Quellen sprechen von einem »riesigen« oder »weitreichenden« Baum, und ein Text erwähnt den Gebrauch seines Holzes für Lanzen, was archäologisch für Eiche belegt ist; und schließlich spricht ja auch der griechische Mythos vom Goldenen Vlies (siehe S. 206) von einer heiligen »Eiche« in Colchis (im Kaukasus). Doch die Identifikation des hethitischen Wortes für »Eiche«, *allantaru*, schließlich gab jenen Etymologen[60] recht, die schon vor Haas *eya* als »Eibe« vorgeschlagen hatten. Eiben können »riesig« werden (siehe die Monumentaleiben der Türkei), auch Eibenholz ist zur Lanzenherstellung belegt, und die breiten, weichen Nadeln können auch als Blätter bezeichnet werden. Und was den griechischen Mythos anbelangt: Die späten griechischen Texte sprechen tatsächlich von einer »Eiche«, an der das Goldene Vlies

30.9 *Uralte Monumentaleibe im Batzvara-Reservat, Kaukasus*

hängt, aber dieser Mythos und die damit verbundenen Rituale sind eindeutig anatolischen Ursprungs. Daher muß die berühmte griechische Version der Geschichte neu gedeutet werden (siehe Kap. 39).

Das alte Griechenland adaptierte nicht nur den Ritus sondern auch den Namen des heiligen Baumes – *eya* –, aber letzterer scheint während der großen ägäischen Völkerbewegungen am Ende der Bronzezeit (ca. 1300 bis ca. 1100 v. Ztr., die »Dorische Invasion«) und dem darauffolgenden »Dunklen Zeitalter« (bis ca. 750 v. Ztr.) verlorengegangen zu sein. Die einzige verbleibende Spur davon in der griechischen Literatur ist *oa, oie*, »Eberesche«. Das »neue« Wort für die Eibe kam aus dem Hebräischen (siehe oben). Die altgriechische Sprache verlor die primäre Bedeutung beider ursprünglicher Wörter für »Eibe« *(oa, toxon)*, und diese Deplazierung mag der Grund dafür sein, daß die Eiche statt der Eibe in der griechischen Literatur erscheint.[61] Mit anderen Worten: Die Sprache ihrer Zeit machte es den ersten Berichterstattern über altgriechische Religion (Homer, Hesiod) unmöglich, über die Rolle der Eibe in Mythos, Ritual und Brauchtum zu schreiben.

Das Studium der Baummythen der Welt (Nordhalbkugel) enthüllt einige Bäume, die sich mit der Eibe überschneiden oder eher: mit ihr verwechselt wurden. Darunter befinden sich Eberesche und Hasel in Nordwesteuropa und Tanne, Platane und Olive, in geringerem Maße auch Buche und Weide, im östlichen Mittelmeerraum. Es sind allerdings vier Bäume, deren Verwechslung mit der Eibe *erhebliche* Verzerrungen unter Historikern und Mythologen bewirkt hat.

Die Zeder

In der Alten Welt unterschieden die Menschen die Baumarten nicht nach botanischen Kriterien, doch andere Unterscheidungsmethoden dienten ihrer Zeit genauso gut. Im mittelmeerischen Holzhandel ab dem 3. Jahrtausend v. Ztr.[62] galt Zedernholz als die allerbeste Ware, gefolgt von der Zypresse.[63] Die Lieferungen kamen hauptsächlich aus dem Libanon und dem Amanus-Gebirge (heutige Südtürkei). Die griechische Handelsbezeichung *kedros* schloß aber auch die drei hochwachsenden Wacholderarten[64] mit ein, die in denselben Höhenlagen heimisch sind wie die Libanon-Zeder. Wie das Griechische bezog sich auch das römische *cedrus* auf Zedern- und Wacholderholz; die Tatsache jedoch, daß beide Sprachen zusätzlich eine separates Wort für Wacholder haben – gr. *arkeuthos*, lat. *juniperus* – hat lange die modernen Gelehrten verwirrt.[65] Theophrast sagt direkt, daß auch Eibenholz *(milos)* gelegentlich als »Zeder« verkauft wurde.[66]

Das alte Ägypten mußte den Großteil seiner Holzbedarfes durch Importe decken, und das Holz kam aus dem Libanon, dem Amanus- und dem Taurus-Gebirge (beide in der Südtürkei).[67] Gelegentlich befanden sich kleine Mengen Eibenholz in den »Zedern«-Ladungen. Bis jetzt wurde keine Hieroglyphe für »Eibe(-nholz)« entdeckt, und es ist möglich, daß die Ägypter kein eigenes Wort dafür hatten.

Auch im Falle der heiligen Texte der Sumerer und Babylonier, in denen der Baum des Lebens als »Zeder« bezeichnet wird, muß es letztendlich offenbleiben, ob ursprünglich wirklich die Libanon-Zeder *(Cedrus libani)* gemeint war[68] oder ob der Begriff eher im Sinne von »der verehrteste Nadelbaum« verstanden werden sollte. *Taxus baccata* kann zwar im südlichen, heißen Sumer nicht gedeihen – die Zeder aber auch nicht! Ohnehin erhebt sich keiner der beiden Bäume jeden Morgen aus dem salzigen Ozean, wie es der sumerische Mythos vom Lebensbaum besagt – hier handelt es sich um ein Symbol aus einer mythischen Vergangenheit (siehe Kap. 32 und 43).

Die Eiche

Eine andere, und zwar die schwerwiegendste Verwechslung, betrifft die (immergrüne) Eiche. Es scheint, daß das altgriechische *drus*, »heiliger Baum«,[69] später, in der klassischen Periode, mit *drys*, »Eiche«,[70] verwechselt wurde, und so die immergrünen Bäume der Frühzeit in den historischen Texten zu immergrünen »Eichen« wurden. Das soll und kann natürlich nicht heißen, daß *alle* Verweise auf Eichen fehlerhaft sind. Die Verwechslung wird dadurch bestärkt, daß auch die jungen Arillen von Eiben in kleinen Bechern sitzen wie eben die Früchte der Eichen, und selbst in einigen alteuropäischen Texten finden sich noch Hinweise auf die »Eicheln« der Eibe und anderer Bäume. Theophrast bezeichnet Eßkastanien als die »Eicheln des Zeus«,[71] und die Römer, die den offenen griechischen Bedeutungshorizont von »Eichel« übernahmen, fügten die Walnuß als *iuglans* (von *Jovis glans*), »Eichel des Jupiter«, hinzu,[72] was allerdings auch auf einen Übersetzungsfehler von Plinius d. Ä. zurückgehen kann (siehe unten). Es gibt mindestens drei Baumarten – Eiche, Eibe und Eßkastanie –, auf die sich die altgriechische Redensart »an der Myrte Aphrodites und den Eicheln des Zeus teilnehmen« bezogen haben kann (ein Synonym für die Einweihung in die Mysterien, siehe Kap. 35).

Darüber hinaus erweist sich, daß die Aussagen klassischer Autoren, daß heilige Bäume in Griechenland »bluteten«, wenn sie verletzt wurden, auf mehr als lediglich Aberglauben beruht. Es gibt nämlich das seltene – und wissenschaftlich immer noch unerklärte – Phänomen der »blutenden Eiben«. Solche Bäume scheiden aus einer Öffnung in der Rinde oder einer Sägewunde eine tiefrote und sehr dickflüssige Substanz aus. Die »Blutende Eibe von Nevern« in Wales z. B. tut dies seit vielen Jahren, und als Kirchhofsbaum ist sie längst zu einem Pilgerziel geworden (das Bluten wird als Symbol für die Wunden Christi verstanden). Ovid in seinen *Metamorphosen* beschreibt ein Sakrileg am heiligen Hain der Ceres (der röm. Demeter). Im Zentrum des uralten Haines stand eine riesige »Eiche«, die in sich selbst »ein Hain« war (*una nemus*; vergl. »Astsenker« im Kap. 19). Dieser zentrale Baum der Göttin *(Deoia quercus)* war umgeben von priesterlichen Girlanden, Votivtafeln und Blumenkränzen. In dem Moment, als die Axt des Frevlers den Stamm schlug, strömte Blut aus der Wunde.[73] Kein anderer europäischer Baum außer *Taxus* kann so reagieren.

Was die Begriffsverwirrung bereits in der Klassik noch beförderte, war das unterschiedliche Erscheinungsbild der männlichen und weiblichen Eiben: die eine reichbehangen mit leuchtend roten Früchten, die andere scheinbar unfruchtbar bleibend. Ihrem Weltbild zufolge verstanden die hellenischen Griechen alle Baum- und Pflanzenarten als in zwei Geschlechter unterteilt, genauso wie Menschen und Tiere. Sogar Theophrast beschreibt »männliche« und »weibliche« Exemplare von Arten, die einhäusig sind (d. h. männliche und weibliche Blüten auf *derselben* Pflanze tragen), wie z. B. Eiche, Tanne, Kiefer und Zeder. Und die wirklich zweihäusige Eibe (d. h. mit männlichen und weiblichen Blüten auf verschiedenen Individuen) wurde mitunter als zwei unterschiedliche Arten verstanden – ein Fehler, der nicht nur im Altertum geschah sondern noch in relativ junger Zeit. So steht in einem Botanikbuch von 1912: »Die älteren Botaniker, den zweihäusigen Charakter des Baumes nicht erkennend, machten aus den fruchtlosen und den fruchttragenden Pflanzen zwei unterschiedliche Arten. So beschreibt zum Beispiel Gérard [*Herball*,

30.10 *»Blutende« Eibe; Chillingham, Northumberland*

30.11 – 30.13 *Die »Eicheln des Zeus« (von links nach rechts): Eßkastanie, Kermes-Eiche* (Qu. coccifera) *und Eibe*

1597] eine ›*Taxus glandifera bacciferaque*, die Eibe, die Eicheln und Beeren trägt;‹ und eine ›*Taxus tantum florens*, die Eibe, die lediglich blüht.‹«[74] (Und ist unser heutiges *baccata*, »beerentragend«, nicht ein Überbleibsel davon, als Name für eine Konifere, die botanisch gesehen nicht einmal »Früchte« trägt, und schon gar nicht »Beeren«?) Es bleibt jedoch ein Rätsel, warum Plinius, wenn er die einhäusige Steineiche beschreibt, sagt, daß die Griechen sie mit *milax* bezeichnen – dem Namen der Eibe.[75]

30.14 *Der Baum des Zeus sieht nicht immer wie eine Eiche aus; Münze aus Karien*

Mit einer recht großen Anzahl verschiedener Arten – laubwerfender wie auch immergrüner – war die Gattung der Eichen im frühen Mittelmeerraum stark vertreten.[76] Auf der Suche nach dem immergrünen, »eicheltragenden« Baum der alten Mythen wandte man sich im 20. Jahrhundert vor allem der Steineiche *(Quercus ilex)* zu, besonders Robert Graves. Dieser Baum bewohnt die Küstengürtel und mittleren Höhenlagen der Balearen (Graves hatte ein Haus auf Mallorca), Korsika und Italien. In den Hochlagen Sardiniens z. B. ist er ein natürlicher Begleitbaum des Eibe-Stechpalmen-Waldes. Aber in Spanien und Portugal überlebte die Steineiche die letzte Eiszeit nicht, dort ist die Rundblättrige Eiche *(Qu. rotundifolia)* die einheimische immergrüne Art. Und, noch wichtiger, die Steineiche ist überhaupt selten auf Kreta und in Griechenland, wo die Kermes-Eiche *(Qu. coccifera)* die dominante immergrüne Eiche ist.[77] Wenn man all dies in Betracht zieht, muß man die botanische Identität vieler der in den klassischen Schriften vorkommenden heiligen Bäume neu hinterfragen. Viele Argumente, die einst für die »Eiche« als dem alten heiligen Baum Griechenlands – z. B. als den Orakelbaum von Dodona (siehe Kasten nächste Seite) – erbracht wurden, beziehen sich lediglich auf die Steineiche und nicht auf (nord-)griechische Eichenarten.

Etwas verallgemeinernd könnte man sagen, daß die Eiche der Baum des indoeuropäischen Donnergottes ist. Als solcher findet sie sich als heiliger Baum in ganz Europa, hauptsächlich in den nördlicheren Teilen – jedenfalls seit der Verbreitung der indoeuropäischen Völker, die die älteren Religionen und ihre Baumkulte unterdrückten oder zumindest überlagerten. Dies ist wahrscheinlich der Hauptgrund, warum sich die religiöse Bedeutung der Eibe bereits während des 3. und 2. Jahrtausends v. Ztr. in den »Untergrund« verschob. Was übrigblieb entrückte dann durch die hier dargestellten Sprachprobleme weiterhin dem Rampenlicht schon der Historiker der Antike. Doch die Verwirrung begann erst richtig mit Plinius dem Älteren (23 – 79 n. Ztr.). Obwohl seine gefeierte *Naturgeschichte* »ein enzyklopädisches Werk von unvergleichlicher Genauigkeit« *(Enc. Britannica)* ist, wurde sie bis ins Mittelalter als Authorität in wissenschaftlichen Fragen benutzt und wird auch heute noch oft zitiert. Seinen Abschnitt über Bäume kopierte Plinius überwiegend aus älteren Werken (dank der Mitarbeit einiger gut ausgebildeter Sklaven schaffte er es, enorme Mengen von Büchern zu sichten), auch verwertete er Reiseberichte anderer. Plinius selbst besuchte nie die Orte, über die er schrieb, noch hätte er viele Baumarten erkannt. Er war kein Botaniker wie Theophrast – sein Hauptinformant über Bäume – und trotz des hohen Niveaus seines Vorgängers gab er vielen Baumbeschreibungen die falschen Artennamen.[90] So mißverstand er wiederholt Theophrasts

Dodona

Das Heiligtum von Dodona war die älteste religiöse Stätte im alten Griechenland, und sie blieb für etwa zweitausend Jahre aktiv.[78] In klassischer Zeit wurde ihre Bekanntheit als Orakelstätte nur von Delphi übertroffen (letzteres lag geographisch näher an den griechischen Stadtstaaten und wurde dadurch von Politikern und anderen berühmten Persönlichkeiten öfter als Dodona konsultiert). Auch in Dodona entwickelte sich eine ganze Stadt, um die Bedürfnisse der Pilger und der »Touristen« des Altertums zu befriedigen. Wie fern von Athen Dodona auch gelegen haben mag, es summte von Leben.[79]

Die früheste in Dodona verehrte Gottheit war eine uralte indigene Fruchtbarkeitsgöttin, die im frühen 2. Jahrtausend v. Ztr. von einwandernden Indoeuropäern (Griechen, Thrakern oder illyrischen Stämmen) Da (De) oder Do genannt wurde. *Do* entwickelte sich zu *Dodo(ne)*, was mit Damater, Domater, Demeter verwandt ist, der Herrin der fruchtbaren Erde. Sie hatte einen Gefährten, den illyrischen Gott Dodon, und es gibt Hinweise auf *hieros gamos*-Rituale (siehe S. 202) der fruchtbaren Erde mit dem regenbringenden Gott. Etwa ab dem 8. Jahrhundert (als die Selloi, ein thesprotischer Stamm, das Heiligtum übernahm) wurde das göttliche Paar Zeus Naios und Dione Naia genannt.[80]

Herodot (5. Jh. v. Ztr.) zufolge war Dodona von einer ägyptischen Priesterin gegründet worden, die metaphorisch als »schwarze Taube« bezeichnet wurde,[81] und Tauben blieben bis zu Dodonas Ende die heiligen Vögel der dortigen Göttin. Ihre Priesterinnen wurden gar *pleiades*, »Tauben«, genannt und auch als Musen bezeichnet (siehe S. 181).[82] Ein ritueller Kessel der Erneuerung und Weihe *(apotheosis)* war eines der Elemente des uralten Ritus von Dodona. Dione wird oft mit der Göttin Rhea assoziiert sowie mit Artemis/Diana und gelegentlich Europa. Ihr Name, wie der von Zeus (griech. Dion), bedeutet »die Strahlende« sowie »göttlich«.[83]

Dodona befindet sich ca. 22 km südlich von Ioannina im Epirus-Gebirge (Nordwestgriechenland), einer Region, die einst dicht bewaldet war und sogar Holz exportierte,[84] aber nun nach Jahrtausenden der Überweidung sehr anders aussieht. Der natürliche Mischwald der Region, der auf Kalksteinhängen steht und hohe jährliche Niederschläge genießt, ist für die Eibe sehr günstig. Bezüglich der botanischen Identität des Orakelbaumes

30.15 *Felstauben*

von Dodona hingegen herrscht Verwirrung. Es gibt römische Erwähnungen[85] einer »Steineiche«, von der Plinius aber wiederum sagt, die Griechen würden sie *milax*, »Eibe«, nennen, um dann einen zweihäusigen Baum zu beschreiben, dessen Weibchen Früchte tragen (Eichen sind einhäusig). Die Griechen selbst bezeichneten den dodonäischen Baum mit *drus*, »heiliger Baum«, und mit *phagos*, damals einem Begriff für eine Baumart mit eßbaren Früchten,[86] heute aber meist als Valonea-Eiche *(Qu. macrolepis)* interpretiert und schon von römischen Übersetzern der Antike als »Buche« (lat. *fagus*) fehlgedeutet.[87] Phagos könnte einen jeglichen Baum mit süßen Früchten (»Eicheln«) bezeichnet haben, sogar die Eßkastanie, aber da Dodonas Kalkstein unwirtlich für die Valonea-Eiche ist (und noch mehr für die Kastanie), erweist sich die Mazedonische Eiche *(Quercus trojana)* als der wahrscheinlichste Kandidat unter den Eichen.[88] Einige dodonäische Votivgaben ab dem 5. Jahrhundert v. Ztr. zeigen Eichenlaub und Eicheln, daher scheint es gesichert, daß der heilige Baum in der klassischen Zeit tatsächlich eine Eiche war. Aber es bleibt die Altersfrage: Keine der genannten Eichenarten wird über 600 Jahre alt; in Anbetracht der zwei Jahrtausende, in denen Dodona als Kultstätte aktiv war, muß die Rolle des heiligen Baumes zwei oder drei Mal auf neue Bäume übertragen worden sein[89] (es sei denn, es war von Anfang an eine Eibe). Irgendwann in der ersten Hälfte des 1. Jahrtausends v. Ztr. übertrugen die Selloi diesen Status auf eine Eiche. Die wahre Identität des *ursprünglichen* heiligen Baumes von Dodona jedoch muß bis zur Entdeckung weiterer Belege ein Rätsel bleiben.

Darstellung der Eßkastanie als Walnuß,[91] übersetzte Theophrasts kretische Küstenkiefer und Bergkiefer von Mt. Ida als Küsten- und Berglärche (es gibt nur eine Lärchenart, und die war damals auf die Alpen beschränkt), er zählte die laubwerfende Lärche sogar zu den Immergrünen und, hier am erwähnenswertesten, er kopierte Theophrasts gesamte Passage über *milos*, die Eibe (siehe Anhang IV), und erklärte sie zur Beschreibung der (laubwerfenden) Esche (griech. *melia*).[92]

Nachdem die Eibe dieserart verschleiert war, begann durch Plinius ein Fehlkonzept von noch viel größerer Tragweite für Westeuropa: Plinius kopierte einen Bericht aus Gallien, mit dem er das Klischee vom keltischen Druiden ins Leben rief, der auf Eichen

Misteln schneidet.[93] Obwohl die Mistel äußerst selten auf Eichen wächst, wurde diese Aussage zu einem Kernstück der Druiden-Revivals im 16. und 17. Jahrhundert, und das Klischee vom weißgekleideten Druiden inmitten von Eichenlaub ist immer noch weit verbreitet.[94] Der neue »Mythos« von Eiche und Mistel wurde später durch die Arbeit von Sir James Frazer (siehe S. 209 und Anhang V) um ein Vielfaches verstärkt. Frazers *Golden Bough* führte auch dazu, daß Generationen von Mythologen und Ethnologen die »heiligen Eichen« der keltischen Überlieferung mit denen des Alten Testaments verglichen. Wahrscheinlich durch die Verwechslung des griechischen *drys* und *drus* wurden fast alle heiligen Bäume in den fünf Büchern Moses in der lateinischen Übersetzung zu Eichen – und später natürlich auch in den anderen europäischen Sprachen. Deutsche und englische Bibelversionen haben wenigstens einige der heiligen Bäume des alten Israel als »Terebinthe« *(Pistacia terebinthus)* bewahrt,[95] aber auch dieses Szenario ist komplizierter: Die hebräischen Urtexte sprechen entweder von *elah (alah)*, in der Regel als »Terebinthe« übersetzt, oder von *allon (elon)*, in der Regel als »Eiche« übersetzt. Beide Begriffe enthalten das Wort für »Gott«, *el*,[96] und *elah* heißt auch heute noch allgemein »heiliger Baum«. Die alte Sprache unterscheidet hier nicht zwingenderweise zwei verschiedene Baumarten, sondern könnte genausogut von einem »männlichen heiligen Baum« *(allon)* und einem »weiblichen heiligen Baum« *(elah)* sprechen, ohne überhaupt eine bestimmte Art festlegen zu wollen. Noch im modernen Hebräisch bedeutet *Elah* auch »Göttin« (zur weiteren Diskussion siehe »Asherah« im Kap. 37).

Die Esche

Die Dichter im mittelalterlichen Nordwesteuropa, die keltischen Barden und die nordischen Skalden, nannten die Dinge selten beim Namen, sondern bevorzugten Metaphern, Rätsel sowie eine imaginative Bildsprache. Dies wurde zu einer hochentwickelten poetischen Methode, die mitunter an die Beinamen und Umschreibungen (von Gottheiten) erinnert, die die Verfasser der Ritualtexte des Alten Orients bereits zweitausend Jahre vor ihnen benutzten. Von den walisischen Barden sind regelrechte Wettkämpfe im Entschlüsseln von Umschreibungen und Rätseln bekannt. Und in der skaldischen Dichtung gab es sogar einen speziellen technischen Terminus, den *Kenning*, der einen zusammengesetzten Begriff oder eine figurative Phrase bezeichnet, die anstelle des üblichen Namens eines Objektes verwendet wird. Ein Kenning besteht meist aus einem zusammengesetzten Hauptwort, z. B. »Wellenpferd« für »Schiff«, aber oft bedarf es einer tiefen Kenntnis der nordischen Mythologie, um die Kenningar zu verstehen. Mitunter sind Kenningar auch äußerst indirekt, wodurch einige der betreffenden Textstellen für spätere Generationen völlig unverständlich wurden. Nichtsdestotrotz wurden die isländischen Texte, die den nordischen Weltenbaum als *ask*, »Esche«, bezeichnen, nach dem Mittelalter wörtlich genommen, was zu einem ungeheuren Mißverständnis in der Mythologie geführt hat, das bis heute anhält. Der Weltenbaum wird jedoch als »immergrüne Nadelesche« umschrieben, was deutlich zeigt, daß es sich hier um ein Kenning handelt, denn der Eschenbaum ist weder immergrün noch hat er Nadeln. (Siehe Diskussion in Kap. 41).

Der Apfelbaum

Ein weiteres Mißverständnis, das im Mittelalter aufkam, betrifft den Apfelbaum. Das Wort *Apfel* taucht in Dokumenten verschiedener vergangener Epochen auch mit der allgemeineren Bedeutung »(rote) Frucht« auf. Bereits der oben erwähnte hethitische Text bezeichnet *eya* als einen »Bergapfelbaum«; die isländische Völsung-Saga erwähnt eine »Eiche«, die »Äpfel« trägt;[97] und quer durch ganz Eurasien erscheinen die mythologischen »Äpfel der Unsterblichkeit« in Verbindung mit Traditionen, die die Themen Königtum, Ahnen und die Unterwelt, Tod und Wiedergeburt betreffen (siehe Kap. 37, 39 und 41). Dagegen sind die Bräuche um den »echten« Apfel *(Malus)* durchgängig mit wesentlich häuslicheren Themen verknüpft: Liebe, Werben, Hochzeit und Fruchtbarkeit.[98] Außerdem kannte man im größten Teil Europas überhaupt keine roten Äpfel, bevor die Römer sie einführten; der im Norden heimische Holzapfel *(Malus sylvestris)* ist fast ausschließlich von gelb-grüner Färbung.

Um 425 jedoch schrieb der christliche Theologe Cyprianus Gallus seinen Epos über die Schöpfung und war darin der erste, der aus der verbotenen »Frucht« (hebr. *peri*) des 1. Buch Mose einen »Apfel«

Eine harte Nuß

Mittelalterliche keltische Texte von den Britischen Inseln erwähnen einen »Baum mit drei Sorten Früchten«,[99] wobei es sich nur um eine Umschreibung der (weiblichen) Eibe handeln kann, denn sie trägt »Äpfel« (die reifen, roten Arillen), »Eicheln« (die unreifen, grünen Arillen) und »Nüsse« (die Samen selbst, ohne das Fruchtfleisch). Den »Eicheln« und »Äpfeln« sind wir bereits im Mittelmeerraum viel früherer Zeit begegnet, die Nüsse« dagegen sind sozusagen endemisch für Irland, haben aber trotzdem weitläufig ihren Teil zur Verwirrung über die alten Baumbräuche beigetragen. In den irischen *Dindshenchas* (11./12. Jh.) z. B. wachsen die mythischen Neun Hasel der Weisheit über Connlas Quelle, die ein Born tiefer Weisheit ist. Die Haselnüsse fallen ins Wasser und nähren den »Lachs der Weisheit«; als der Held Fionn einen solchen Lachs ißt, erwirbt er die Gabe der Prophetie. Doch warum nur heißt es dort, das Lachsfleisch sei von den »Säften« der Früchte rosa gefärbt? Und warum ist das altirische Wort für Lachs *eo*, »Eibe«, und nicht *coll*, »Hasel«? Zudem trägt der Lachs dieser Geschichte denselben persönlichen Namen wie eine andere mythologische Heldenfigur: Fintan klingt eher wie eine Baumgottheit, es kann als »roter Baum« übersetzt werden. Es ist eben dieser Fintan, der in *The Settling of the Manor of Tara* (»Die Besiedlung des Landgutes von Tara«) den heiligen Zweig mit den drei Sorten Früchten von dem Botschafter aus der Anderswelt empfängt (siehe S. 238) und damit die fünf heiligen (Eiben-)Bäume Irlands pflanzt. Später, als die uralten Bäume verschwinden, stirbt auch er.[100]

30.16 *»Eichel« und »Apfel«*

30.17 *Dieser keltische Altarstein aus der Nähe von St-Bertrand-de-Comminges, Pyrenäen, zeigt einen Nadelbaum und darunter drei Formen, die an die drei Stadien des Arillus erinnern: »Nuß«, »Apfel« und »Eichel«.*

(lat. *malum*) machte. Diese Idee wurde um die darauffolgende Jahrhundertwende von Bischof Avitus von Vienne in seinem Gedicht *Genesis* wiederholt.[101] Ein Grund für diesen Fruchtwechsel mag öko-geographischer Natur gewesen sein: Das Gallien des 5. Jahrhunderts – die Heimat beider Autoren – war seit der römischen Besatzung mit Apfelhainen übersät. Der Apfel mag so schnelle Akzeptanz als biblische Frucht der Sünde gefunden haben, weil er bereits in (»heidnischen«) griechisch-römischen Texten als auch in europäischer Folklore als Liebesgabe erschien. Der Zuchtapfel ist zweifellos ein ganz wunderbares Obst, und im Zuge der Verbreitung seines Anbaus entstanden über ganz Europa »neue« Volksbräuche, mit denen die Menschen ihre Freude und Dankbarkeit diesem Gewächs gegenüber ausdrückten. Einige Elemente dieser Bräuche und Rituale wurden dabei höchstwahrscheinlich von anderen, einheimischen Bäumen übernommen,[102] z. B. der Eberesche und der Eibe. Das Resultat dieser Beschäftigung des christlichen Europa mit dem Zuchtapfel war einerseits die Dämonisierung des Apfelbaumes unter gewissen christlichen Gruppierungen – so erklärte Osbern von Gloucester 1150, daß der (lateinische) Name des Apfels von dem Wort für »böse« stamme[103] – und andererseits (vorwiegend nach dem Mittelalter) die Bereitschaft, andere mythologische Früchte voreilig als Äpfel zu verstehen, z. B. diejenigen der Hesperiden (siehe S. 201–2). Im 12. Jahrhundert bezeichnete der Historiker Geoffrey of Monmouth das keltische Avalon als *Insula Pomonum*, »Apfelinsel«, was unser Verständnis des inselkeltischen Totenreichs bis heute geprägt hat. Dennoch haben Inseln, die in keltischer Tradition heilig waren, eine klare Verbindung zur Eibe, z. B. Iona (»Eibeninsel«) und Arran (einst bekannt als Eamhain Ablach, »Ort der Eiben mit Äpfeln«) in Schottland und gegebenenfalls Glastonbury in Südengland: keltisch *glas* bedeutet »(immer-)grün«, *tan* »rot, Feuer« und *tann* »heiliger Baum« – *falls* der Name keltischen Ursprungs ist, denn nach dem momentanen Stand der Forschung ist er sächsisch und läßt sich problemlos als *bury* (eine befestigte Siedlung) der *glastan*, »Eichenbäume«, übersetzen.[104] Was uns allerdings wieder zu den »apfel«-tragenden Eichen der Völsung-Saga (siehe oben) zurückführen mag … Jedenfalls untersuchten Archäologen in den 1960er Jahren den Boden um die heilige Quelle am Glastonbury Tor und fanden in 3,60 m Tiefe den Wurzelstock einer Eibe, die um das Jahr 300 hier gediehen war.[105]

31.1 *Eiben säumen den Pfad in die Unterwelt.*

KAPITEL 31

DER GROSSE ÜBERGANG

In der Ethnobotanik finden sich für einzelne Baumarten oft ganz ähnliche Bräuche in ansonsten verschiedenen Zeiten und Kulturen.[1] Dies gilt auch für die Eibe, und unter den Baumbrauchtümern der Welt hebt sich das Eibenmaterial nicht nur als besonders reich ab, sondern auch als bemerkenswert homogen und innerlich verbunden, und zwar über völlig verschiedenartige kulturelle Sphären und riesige Zeitspannen. Die folgenden Kapitel erörtern das breite Spektrum der zeitlosen, weltweiten, pan-kulturellen Themen, die den Eibenbaum mit fast jedem Bereich der menschlichen Existenz verknüpfen. Dabei sind Geburt und Tod, Transformation und die menschliche Suche nach Unsterblichkeit die zentralen Themen.

Es ist am naheliegendsten, mit der wohlbekannten Assoziation der Eibe mit dem Friedhof und mit Beerdigungsbräuchen zu beginnen. Die dominante Rolle von *Taxus* auf dem christlichen Friedhof (besonders auf den Britischen Inseln) läßt sich leicht bis ins Mittelalter zurückverfolgen. So beschrieb z. B. Giraldus Cambrensis 1184 das häufige Vorkommen von Eiben in irischen Friedhöfen und an heiligen Stätten.[2] Noch im 20. Jahrhundert gab es in England und Wales den Brauch, ein Eibenzweiglein an das Totentuch zu stecken oder bei der Prozession einen Zweig über den Leichnam zu halten und dann unter den Sarg ins Grab zu legen.[3] Aber noch beeindruckender als alte Manuskripte oder Volksüberlieferungen sind die uralten Baumveteranen selbst, die auf geweihtem Grund stehend von ihrer alten Verbindung mit dem Glauben der Menschen künden. In der Datenbank der Ancient Yew Group (AYG, »Uralte Eiben-Forschungsgruppe«) befinden sich gegenwärtig über 800 britische Friedhöfe, in denen schützenswerte alte Eiben stehen.[4] Aufgrund eines anderen Klimas und einer anderen Geschichte gibt es auf den Kirch- und Friedhöfen der anderen europäischen Länder weniger (alte) Eiben als hier. Und doch hat die »Öko-Insel« Friedhof auch in Zentraleuropa einige alte Eiben bewahrt, z. B. in Slowenien, das die meisten seiner wilden Eibenbestände im mittelalterlichen Langbogenhandel verlor.[5]

Die meisten britischen Historiker bezweifelten nie, daß die Gegenwart der Eibe auf dem Friedhof auf keltische Zeiten zurückgeht. Sir Thomas Browne

31.2 *Lineare Eibenlangtriebe in Marche, Italien*
31.3 *Urnenscherbe aus Etrurien, Marche, Italien; 3. Jh. v. Ztr. Die Verzierung erinnert sehr an lineare Eibenlangtriebe.*

schrieb 1658, daß der »Scheiterhaufen [der Druiden] aus süßem Holz: Zypresse, Tanne, Lärche, Eibe und anderen Immergrünen bestand.«[6] Allerdings erscheint die Eibe bereits vor etwa 4000 Jahren in britischen Gräbern der Bronzezeit und damit lange vor den Kelten.[7] Auch die Sachsen legten Wert auf diesen Baum auf ihren Friedhöfen (wie die vielen alten Eiben in den sächsischen Grafschaften Südostenglands bezeugen); die germanischen Stämme allgemein, so Tacitus (56 – ca. 120 n. Ztr.), vermieden Prunk bei ihren Bestattungszeremonien, stellten aber mit großer Sorgfalt sicher, daß *bestimmte* Holzarten mit ihren Toten verbrannt wurden.[8] Dies gilt auch für Beerdigungen. In einer Anzahl germanischer Gräber aus der Römerzeit und danach machte man erstaunliche Funde: Zu den Grabbeigaben gehörten Holzeimer. Diese Eimer wurden in der Regel aus mehreren geraden Holzstücken geböttchert und von metallenen Ringen zusammengehalten (Bronze, manchmal Eisen, selten Silber). Bisher wurden die Überreste von etwa zweihundert Eimern aus dieser Periode geborgen (nicht immer aus Gräbern), in drei Vierteln der Fälle jedoch sind nur die Metallbesätze erhalten geblieben. In den verbleibenden wurde die Holzart oft noch nicht bestimmt (Holz ist meist ein Stiefkind der Archäologie), aber bei den anderen zeigt sich, daß Eibe die hauptsächliche Holzart ist. Ein oder mehrere Eibenholzeimer wurden in Gräbern in Dänemark, Sachsen, Thüringen und Franken gefunden, außerdem in einem merowingischen Grab, zwei in der Slowakei und zwei in angelsächsischen Gräbern in England.[9]

Hätten die nördlichen Friedhofseiben nicht bereits existiert, wären sie durch die Römer eingeführt worden, die ihre traditionellen (südlichen) Friedhofsbäume – Zypresse und Pinie – durch die Eibe ersetzten. Charles Coote *(The Romans in Britain)* schrieb 1878 über die Friedhofseibe: »Denn seit dem Altertum stand sie in Verbindung mit dem Übergang der Seele in ihre neue Heimat, und so ziert sie auch seit der Einführung des Christentums in diesem Land den letzten Ruheort des Körpers, den die Seele verlassen hat.«[10] Cootes Aussage gewinnt noch größere Tiefe im Lichte eines Verses des römischen Dichters Statius (45 – 96 n. Ztr.): »Amphiarus fuhr so plötzlich in den Hades [die Unterwelt] hinab, daß es keine Zeit gab, ihn durch eine Berührung mit dem Eibenzweig der Eumenis [einer der »Gütigen«, also der Furien, siehe S. 182] zeremoniell zu reinigen.«[11] Ohne jeglichen Zweifel spielte die Eibe eine wichtige Rolle in den Bestattungsriten der mittelmeerischen Kulturen. Die Römer übernahmen sie von den Etruskern und den Griechen; im klassischen Griechenland waren Zypresse und Eibe die Trauerbäume.[12] Klassische Autoren wie Lucan und Silius Italicus nennen die Eibe als den Göttern der Unterwelt geweiht, und Silius Italicus und Seneca[13] erwähnen eine riesige Eibe, die am Fluß der Unterwelt steht.[14] Ovid (43 v. Ztr. – 17 n. Ztr.) in seinen *Metamorphosen* trifft meisterhaft die Quintessenz dieser Auffassung. Hier ist die Eibe der Hüter der Schwelle zwischen dieser Welt und der nächsten:

> Abwärts senkt sich der Weg, von trauernden
> Eiben umdüstert,
> Führt er durch Schweigen stumm zu den
> unterirdischen Sitzen.[15]

Die Schlacht- und Bestattungsbräuche eisenzeitlicher germanischer Stämme spiegeln sich überraschenderweise in Georgien, wo die Eibe *Chvaebis che*, »Gottes Baum«, heißt. In der Nacht vor einer Schlacht pflegten die Adligen des mittelalterlichen Georgien auf einer Lagerstatt aus Eibenzweigen zu schlafen – nicht den Baum in die Schlacht mitnehmend, wie die germanischen Krieger, sondern auf ihm die möglicherweise letzte Nacht auf Erden verbringend. Dieser

Brauch ist auch bezeugt für den russischen Adligen Igor Svyatoslawowitsch (1150–1202), besser bekannt (in Rußland wenigstens) als Knyaz Igor oder Ygory, Herzog von Novgorod-Seversky in der Region Chenigov (heute Ukraine).[16] Laut dem nationalen Epos *Das Lied von Igors Feldzug* schlief Igor auf einem Eibenbett, bevor er gegen die Polovtsy-Armee um die Stadt Kiew kämpfte.[17]

Eibenholz wurde auch im königlichen Grab von Gordion gefunden, der einstigen Hauptstadt des phrygischen Königreiches (heute östliche Türkei). Das Mausoleum wird auch »Midas' Grabhügel« genannt, nach dem legendären König, dessen Berührung alles in Gold verwandelte. Das Holz der Grabkammer blieb jedoch davon verschont, seine Radiokarbon-Datierung weist auf die Zeit von 590 v. Ztr. (±60 Jahre).[18] Der Boden der Kammer wurde sorgfältig aus Zedern- und Eibenholz gefertigt, die inneren Wände sind aus Kiefer,[19] genauso wie die Decke, abgesehen von zwei Eiben- und einem Zedernbalken. Die äußeren Wände bestehen aus runden Balken, zumeist aus Wacholder-, mitunter wiederum aus Eibenholz. In der Kammer befanden sich zwei gut erhaltene hölzerne Paravents (195 x 80 cm), die filigrane Intarsien aufweisen: Die Einlegestückchen aus dunklem Eibenholz heben sich kontrastreich von dem Grundmaterial aus hellem Buchsbaumholz ab.[20]

Im Jahre 1894 erhielt Georges Beauvisage, Botanischer Direktor der medizinischen Fakultät von Lyon, Frankreich, einige Holzproben aus altägyptischen Sarkophagen.[21] Es war weltweit die erste mikroskopische Untersuchung hölzerner Grabbeigaben aus dem alten Ägypten, und zur allgemeinen Überraschung entdeckte Beauvisage, daß die Proben weder von einer einheimischen Baumart stammten noch zu den für den alten Orient gut belegten Handelshölzern gehörten, sondern aus Eibenholz waren. Da die Gruppe von Gräbern, aus der die Proben entnommen worden waren, stark unter Grabräubern gelitten hatte, erwies sich jedoch die Datierung als schwierig. Nach sorgfältigem Studium kam Beauvisage zu dem Schluß, daß die Eibensärge wahrscheinlich aus der 12. Dynastie (ca. 2400 v. Ztr.) kamen, aber auch deutlich älter sein konnten.[22] Eines der Gräber konnte durch eine Kartusche von Pepi II. datiert werden, während das Hauptgrab einem Nefer-tum-hotep gewidmet war. Eines der Holzbretter selbst, mit einem Brandschaden an einem Ende, trägt die Inschrift »Sarg des Ur-s-nefer« (an anderer Stelle S-Ur-nefer). Er war der Sohn von Hotep, einem Mann mit dem Titel »Hausvorsteher« oder »Vorsteher der Arbeitszuteilung«, also eine Art Vormann eines feudalen Landherren. Er war in drei ineinanderliegenden Särgen bestattet, das Eibenholz stammt vom Innersten. Etwa 1.900 km östlich von Ägypten fand man einen weiteren antiken Eibensarkophag, nicht-ägyptisch, in Bou Hadjar bei Tunis.[23]

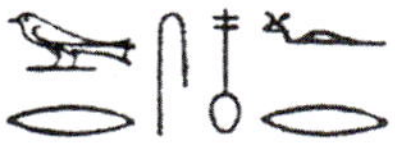

31.5 *Inschrift auf dem Eibensarg von Ur-s-nefer; Ägypten, 12. Dynastie*

In Nordamerika erstreckt sich der nördlichste Ausläufer des Verbreitungsgebietes der Pazifischen Eibe entlang (des südöstlichen Teils) der Pazifikküste Alaskas. Das hier heimische Volk der Tlingit benutzt die Eibe traditionell auf verschiedene Weise, u. a. werden Totenmasken und Geisterflöten *(spirit whistles)* daraus geschnitzt.[24]

Die religiöse Bedeutung der Eibe kann über Jahrtausende zurückverfolgt werden. Im Laufe der Kulturgeschichte der Menschheit, in der sich natürlich auch die Religionen änderten, geriet die Verehrung der Eibe zunehmend ins Abseits (und erlosch in einigen Gegenden sogar vollständig). Doch mit einer derart weit zurückreichenden Geschichte gehören einige der heute noch existierenden Eibenbräuche – wie bestimmte Bestattungsbräuche – zu den ältesten religiösen Traditionen der Menschheit.

31.4 *Eibengräber in Minamiura, Japan*

32.1 *Ziegen als Wächter des Lebensbaumes; Elfenbeinschnitzerei, 870–860 v. Ztr., Nimrud, Assyrien*

KAPITEL 32

DER BAUM DES LEBENS

Der Baum des Lebens ist ein religiöses Motiv, das seit Jahrtausenden unter den Völkern der Welt existiert.[1] Heilige Bäume und Vegetationsriten finden sich in der (Früh-)Geschichte jeder Religion, und einige Elemente daraus leben fort in verschiedenen Stammes- und/oder schamanischen Kulturen z. B. Amerikas und Asiens, während andere uns aus den frühen Kulturen Europas und des Nahen Ostens überliefert sind. Der Lebensbaum steht in jüdischer, christlicher und islamischer Mythologie im Zentrum des Paradieses. Er ist das Zentrum der Welt in der hinduistischen Lehre wie in den meisten schamanischen Traditionen Eurasiens.

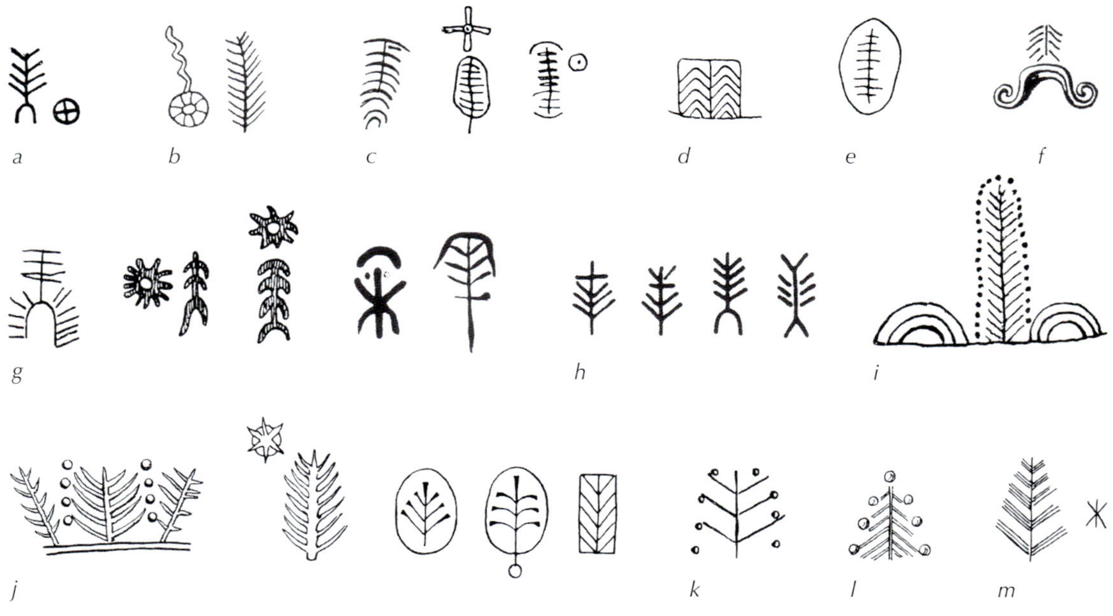

32.2 *In der späten Steinzeit und der Bronzezeit erscheinen viele Darstellungen des Lebensbaumes durchaus nadelbaum- und sogar eibenartig. Diese Beispiele sind aus (a) Owens Valley, (b) Blarisden, beide USA; (c) Slial na Calliaghe, Irland; (d) Ostgotland, Schweden; (e) Tordos, Transsylvanien; (f) Troja; (g) La Pileta, Le Zarzalon, Las Palomas, alle Spanien; (h) Gezer, Israel; (i) Genfer See, Schweiz; (j) Susa, vorelamitisch; (k) Polen; (l) Armenien; (m) Tal des Dnjepr, Rußland.*

Im Westen reicht er zurück in den keltischen Mythos und zum bekannten nordischen Weltenbaum Yggdrasil, und im Osten zu den alten Mythen Chinas und Japans. Im Buddhismus wurde er zum »Baum der Erleuchtung«. Seine Urspünge sind jedoch weit älter als alle diese Kulturen und können bis in die Steinzeit zurückverfolgt werden.[2] Aufgrund seiner Verbreitung vor Aufkommen der Schrift gibt es jedoch keine »heiligen Texte«, die uns sagen, was genau der Baum des Lebens für die einzelnen Völker bedeutete. Hier folgt eine kurze Zusammenfassung der Ansichten von Autoren unseres Zeitalters über die Bedeutung des Lebensbaumes.[3]

Essentiell symbolisiert der Baum des Lebens die Einheit aller Gegensätze (Sonne und Mond, Tag und Nacht, Sommer und Winter, männlich und weiblich usw.), und er verbindet die verschiedenen Seinsebenen – das waren im Altertum die Unterwelt, die Erde, auf der die Menschen leben, und der Himmel. Im Baum des Lebens wird die gesamte Welt zu *einem* Organismus; jedes einzelne Lebewesen, ob Mensch, Tier oder Pflanze, und auch jede Existenzform (in animistischen Religionen sind auch Steine, Flüsse und andere Naturphänomene beseelt) ist ein Blatt oder eine samentragende Frucht an diesem Baume. Die Betonung liegt auf der Vernetzung des Lebens: Kein einziges Wesen kann aus sich heraus existieren, alles Leben ist gegenseitig voneinander abhängig.

Der Lebensbaum als Urquelle des Lebens, der Jugend wie der Unsterblichkeit ist auch das Zentrum des Alls (und wird daher auch der kosmische Baum oder Weltenbaum genannt). Seine »Stellvertreter« im Irdischen, die real existierenden heiligen Bäume, stellen auch jeweils ein »Zentrum« dar, einen Mittel-Punkt, in dem das Heilige, Ewige in die vergängliche Welt der Erscheinungen eintritt. In der geographischen Landschaft kann es durchaus viele solcher Mittelpunkte geben, sie schließen ihre Gültigkeit nicht gegenseitig aus.[4]

Es gibt reichlich Belege dafür, daß die Eibe in vielen Kulturen der Welt als ein heiliger Baum angesehen wurde, die darüber hinaus vermuten lassen, daß die Eibe womöglich sogar als *der* Lebensbaum verstanden wurde. Und wirklich, welche andere Baumart drückt besser aus, was der Baum des Lebens symbolisiert? Die Eibe ist immergrün, den gesamten Winter hindurch weist sie die höchsten Energiewerte aller Nadelbäume auf (siehe Kap. 17), ihre »kosmische« Regenerationskraft ist unübertroffen,[5] sie hat Früchte in der Farbe des Lebens (blutrot), aus ihren überreifen Arillen quillt ein Saft so süß wie der Göttertrank Ambrosia (siehe S. 219) und sie ist – zumindest aus menschlicher Sicht – relativ unsterblich. Aber das ist noch nicht alles: Es gibt zahlreiche Hinweise

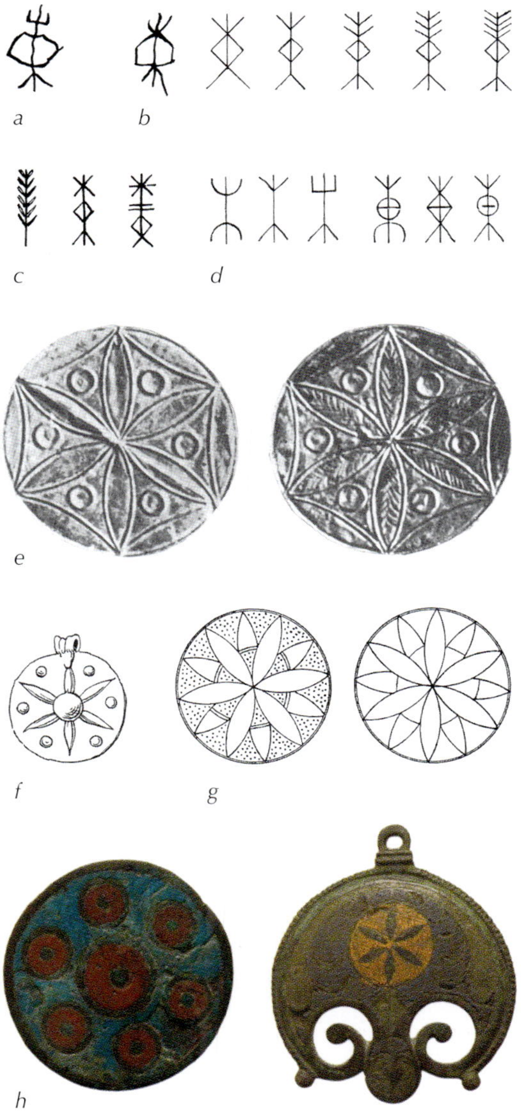

32.3 *Entwicklung des Symbols zum »Sechsstern« und zur »Rosette«: (a) La Pilata, Spanien; (b) Sibirien; (c) Sumer/Babylonien; (d) China; (e) Blattgoldarbeiten aus Mykene, Griechenland; (f) Votivgabe aus dem alt-persischen Tempel von Cuchinak; (g) Gravur auf einem Bronzekelch aus der Idäischen Grotte, Kreta, frühes 7. Jh. v. Ztr.; (h) keltische Emaille-Broschen: 2. Jh., Chepstow, Wales (links) und 2. bis 3. Jh,, Castor, Cambridgeshire. (Vergl. die »Arillen« in Abb. 37.5.).*

***32.4** »Heiliger Mittelpunkt« und Zweig; leuchtend rotes Terrakottafragment, Troja I, ca. 3000–2300 v. Ztr.*

darauf, daß die grundlegende *Idee* für das Konzept vom Lebensbaum in vorgeschichtlicher Zeit in der Kontemplation des biologisch einzigartigen, immergrünen, uralt werdenden, sich selbst erneuernden, giftigen Eibenbaumes entstanden sein könnte. Das Motiv des heiligen Baumes hätte sich dann im Zuge der frühen Völkerwanderungen und der Verbreitung der neolithischen Kultur über ganz Eurasien ausgebreitet (wie in den folgenden Kapiteln gezeigt wird). In den Regionen, in denen die Eibe gedeiht, konnten sich der Eibenkult oder Teile davon relativ lange halten (z. B. im nordischen Kulturkreis und im angelsächsischen England bis in die späte Eisenzeit), insofern sie nicht schon früher durch andere Kulte oder Religionen verdrängt wurden (in Griechenland z. B. während des späten 2. Jahrtausends v. Ztr.). In den Fällen, in denen ein Volk in ein für *Taxus baccata* völlig ungeeignetes Gebiet wanderte, wie z. B. im späten 4. Jahrtausend v. Ztr. die Proto-Sumerer in das südliche Mesopotamien (heute Süd-Irak), wären die Menschen gezwungen gewesen, einen anderen heiligen Baum als Ersatz zu wählen (das Thema der Wanderungen wird in Kap. 43 fortgesetzt).

WEIBLICHE GOTTHEITEN

In vielen Kulturen des Altertums erscheinen weibliche Gottheiten in enger Verbindung mit dem Baum des Lebens. Natürlich existiert auch eine vergleichbare Anzahl männlicher Gottheiten im Zusammenhang mit heiligen Bäumen, als die übersinnlichen Wächter bestimmter Baumarten oder mit Hainen oder Einzelbäumen, die ihnen geweiht sind. Aber wo immer eine Gottheit als der Geist des Weltenbaumes selbst hervortritt, ist sie weiblicher Natur. Im alten Ägypten (der Region von Memphis) z. B. wurde Hathor als die Königin des Himmels verehrt und ebenso als die Herrin des Heiligen Baumes; im Mythos der Yakuten in Sibirien erscheint die alte weißhaarige Göttin im Inneren des Weltenbaumes.[6] Dieser Göttinnen-Typus wird meist als menschliche Gestalt dargestellt, die bis zur Hüfte hinab sichtbar aus dem Stamm oder der Krone des Baumes hervortritt. Und was noch wichtiger ist: Sie reicht einen lebensspendenden Trank, sei es das mythische »Wasser des Lebens« von der Quelle am Fuße des Baumes, sei es Milch von ihren vollen Brüsten oder der honigartige Saft des Baumes oder seiner Frucht. In den Mythen der Welt schenkt diese Flüssigkeit dem Empfänger Lebenskraft, Gesundheit, dichterische Eingebung und in einigen Fällen sogar Unsterblichkeit.

Die Symbolsprache der Religion stellt die der Natur innewohnenden Kräfte als antropomorphe (menschengestaltige) Göttergestalten dar, um das Seelenleben der Gläubigen auf bestimmte Aspekte des menschlichen Geistes – wie Mitgefühl, Willenskraft, Stärke, Durchhaltevermögen usw. – zu konzentrieren. In diesem Falle akzentuiert die Göttin mit dem lebensspendenden Trank genau das Element von (mütterlicher) Güte und Versorgung, das als ewiges *Prinzip* der Natur auch im Symbol des Lebensbaumes Ausdruck findet. Das Bild des Baumes geht dabei aber noch weiter und vermittelt, daß dieses Prinzip auch über die rein menschliche Dimension hinausreicht; während die menschliche Form sich beständig ändert und schließlich vergeht (sogar »Götter« sterben), symbolisiert der Baum Stabilität und Beständigkeit. Die enge Verbindung des Baumes mit der weiblichen Macht des Gebärens spiegelt sich z. B. in der vorhieroglyphischen Schrift Ägyptens: Das Wort und das Schriftzeichen für »Gebären« entstanden aus jenen für »Baum« – und beide Zeichen zeigen den neolithischen »Sechsstern« im Mittelpunkt.[7]

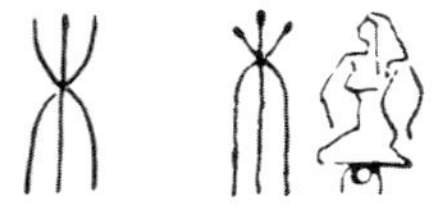

***32.5** Die Glyphen für »Baum« (links) und »Gebären«*

Mit der bloßen Bezeichnung des Archetyps der Göttin im Baum oder *als* Baum erschöpft sich dieses komplexe Thema aber noch lange nicht. Die Göttinnen, denen wir im Zuge der »Bergung« der vergessenen Religionsgeschichte der Eibe begegnen, gehören zu den vier Grundtypen, die typisch sind für die Göttinnen der Bronzezeit:

Die Herrin der Unterwelt ist die Göttin des Todes, der Übergangsriten und auch der Einweihung in die

***32.6** Eiben im Sonnenuntergang bei Elmsted, Kent*

Mysterien. Als »Schicksal« aller Wesen fordert sie die körperliche Form zurück, wenn die Zeit abgelaufen ist. Die Todesgöttinnen sind furchterregend, denn Tod bringt Abschied, und Loslassen fällt den meisten schwer. Am anderen Ende des dunklen Tunnels jedoch wartet eine neue Existenz, eine neue Jugend. »Jungfräuliche« Göttinnen symbolisieren die nie versiegende Regenerationskraft der Natur. Sie sind ewig jung, strahlend schön und verzückend, und darüber hinaus die Hüterinnen der Fruchtbarkeit, der Schwangerschaft und der Geburt. Es ist aber anzumerken, daß im krassen Unterschied zu heute der Begriff »Jungfrau« im Altertum die *vollständige Unabhängigkeit* einer Frau oder Göttin von einem männlichen Partner bezeichnete; selbst noch im hellenistischen Griechenland trugen manche Göttinnen den Beinamen »Jungfrau« (z. B. *Pallas* Athene), der auf ihre unabhängige weibliche Kraft im Leben wie in der Schlacht hinwies. Dieser Beinamen hatte nichts mit ihrem Geschlechtsleben zu tun. Die Schutzgöttin der Geburt geht nahtlos in die Patronin der Mutterschaft über, welche Ernährung und Schutz repräsentiert. Und aus diesem dritten Aspekt weiblicher Gottheiten entwickelt sich der vierte: die entschlossene Verteidigerin, die schützende Mutter, die mit der Wildheit einer Bärin – oder der Mutter einer jeden anderen Säugetierart – ihren Nachwuchs (oder als Göttin ihre Anhänger) gegen Angreifer oder Invasoren verteidigt. Die furchterregende Schlachtengöttin führt uns dann wieder zurück zur Herrin des Todes und der Unterwelt.

In den Kulturen des Altertums finden sich diese unterschiedlichen Funktionen nicht sauber getrennt in verschiedenen weiblichen Gottheiten wieder; oft vereint eine Göttin mindestens zwei dieser Rollen. So ist z. B. die griechische Artemis eine junge, schöne und freie Jägerin (eine »Jungfrau«), die aber nichtsdestotrotz eine unnachgiebige Schutzgottheit aller Mütter und Kinder ist (Menschen als auch wilde Tiere), und wenn sie unerbittlich Rache nimmt an den Aggressoren, die ihren Schutzbefohlenen Schmerz zufügten, wird sie zu deren Verhängnis, zur Nemesis, und zeigt Obertöne der Todesgöttin. In Mesopotamien war es Inanna, später Ishtar genannt, die die verschiedenen Rollen verband, insbesondere die der Liebes- und Todesgöttin.

Eine genauerer Blick auf einige Göttinnen der Bronze- und Eisenzeit (Kap. 34 und 37) wird uns erlauben, das einseitig düstere Friedhofs-Image der Eibe zu überwinden, welches sich während der späten griechisch-römischen Kultur und der gesamten christlichen Epoche verbreitete. Vordem symbolisierte die Eibe nicht nur den Tod sondern auch die Geburt – genau wie der Baum des Lebens.

33.1 *Schlangenartige Wurzeln*

KAPITEL 33

ZEITLOSE SYMBOLE

Nur Bruchstücke des einstigen Wissens und Glaubens um die Eibe sind erhalten geblieben. Um ein tieferes Verständnis der bedeutenden umfangreichen Rolle zu gewinnen, die dieser Baum in der Kulturgeschichte der Menschheit spielte, müssen wir jenes geistige und seelische Umfeld zu rekonstruieren versuchen, in dem die Eibe vermutlich wahrgenommen wurde. Der erste Schritt in dieser »Archäologie der Religion« – sozusagen das Schärfen unserer Werkzeuge – ist die Beschäftigung mit einigen Symbolen,[1] die aufs engste verknüpft sind mit der Symbolik des Lebensbaumes, mit der Eibe und mit verschiedenen Göttinnen. Da diese Symbole wiederholt im Zusammenhang mit den religiösen Eiben-Fundstücken aus aller Welt auftauchen, kann man diesen Themen-Komplex als das Eibe/Lebensbaum/Göttin-Muster bezeichnen.[2] Abgesplitterte Teile dieses Musters erscheinen immer wieder und in unterschiedlichen Kombinationen in den Traditionen verschiedenster Kulturen und Zeitalter. Sobald wir beginnen, ihre Bedeutung zu verstehen, öffnen sich uns Tore, die Einblicke gewähren in die uralte Beziehung von Mensch und Baum.

DIE SCHLANGE

Die sich windende Schlange versinnbildlicht die fließende Bewegung des Saftes des Lebensbaumes. Noch wichtiger ist jedoch die Tatsache, daß Schlangen sich häuten und somit sichtbar am kosmischen Prinzip der Selbsterneuerung teilnehmen, so wie der Baum. Die Schlange, wie auch die Eibe und viele Göttinnen, wird mit dem Element Wasser verknüpft, an das ihre kräuselnden Bewegungen erinnern, auch sieht man sie, wie Wasser, »in kleine Felsspalten verschwinden oder daraus hervorkommen«.[3] Wie auch

33.2 *Im Altertum erfreuten sich Frauen als auch Göttinnen an ihrem Schlangenschmuck.*

Schlangengift, so kann der Saft des Lebensbaumes Tod oder Heilung bringen. Die Schlange ist eines der ältesten Symbole der Menschheit, es vereint Leben und Tod, die Unterwelt, Fruchtbarkeit,[4] Heilung und Erneuerung. Besonders die Themen Tod und Erneuerung verbinden die Schlange mit der Eibe, denn diese ist ja ein giftiger Baum. Und wenn eine Innenwurzel zum Innenstamm wird und die Versorgung der Baumkrone übernimmt, während die alte Stammhülle wegbricht (siehe Kap. 19), könnte man sagen, der Baum »häute« sich.[5]

In den Mythen und der Ikonographie findet sich die Schlange – mitunter als Drache – ab dem frühen Neolithikum (im Nahen Osten spätestens ab dem 6. Jahrtausend v. Ztr.[6]) in enger Verbindung mit dem Lebensbaum. In einigen Traditionen nagen Schlange oder Drache an den Wurzeln des Weltenbaumes (z. B. Yggdrasil, siehe Kap. 41), aber diese scheinbar destruktive Aktivität hebt letztendlich nur die Regenerationskraft und Unzerstörbarkeit des Baumes hervor.

Als Wächterin des Weltenbaumes ist das Reptil auch Wächterin der ganzen Welt, die es von den Kräften des Chaos bewahrt. Im nordischen Mythos z. B. umgibt die Weltenschlange *Midgardsormr* »Mittelerde« (die Dimension, in der wir Menschen leben) mit ihrem Körper und vollendet den schützenden Kreis, indem sie sich selbst in den Schwanz beißt.[7] Das Symbol der sich selbst in den Schwanz beißenden Schlange, *Ouroboros* genannt, taucht auch durch die gesamte Geschichte hindurch in den Mysterienkulten auf. Wie der geometrische Kreis, der weder Anfang noch Ende hat, repräsentiert dies die Ewigkeit. Die Schlangen und Drachen der Mythen sind die Wächter der Urquelle allen Lebens. Sie bewachen alle »Mittel-Punkte«, an denen das Heilige konzentriert ist, und flankieren jeden Pfad dorthin sowie jedes seiner Symbole.[8] Das Erkennungszeichen des griechischen Gottes Hermes – wie der Eibenbaum ein Geleiter der Seelen Verstorbener in die Unterwelt[9] – ist ein Stab, um den sich zwei Schlangen winden (der Caduceus).

Aus all diesen Gründen sind Schlange und Drache ein Leitmotiv in der Religionsgeschichte Eurasiens.[10] Im Altertum finden sich Schlangen auch oft in Verbindung mit Heilungstempeln, z. B. hielt man in den Tempelanlagen des Apollo und des Asklepios in Epidauros (Peloponnes, Griechenland) heilige Schlangen in Einfriedungen.[11] Schlangensymbolik erscheint auch in vielen Quellenheiligtümern, in denen keltische Heilgöttinnen verehrt wurden.[12] Der legendäre Gründer und Schutzgott der westlichen Heilkunst, Asklepios, wurde in der Regel mit einem Schlangenstab

33.3 – 33.5 *Weitere Schlangenimpressionen von der Eibenrinde. Das linke Bild erinnert an den Ouroboros.*

dargestellt (eine einzelne Schlange, nicht zwei wie der von Hermes), und dieses Symbol findet sich immer noch bei vielen medizinischen Organisationen überall auf der Welt. Den tiefsten Einblick der Bedeutung der »Schlangenkraft« für die menschliche Gesundheit findet sich wahrscheinlich in den indischen Lehren des *Kundalini-Yoga* (siehe Kasten S. 196).

In der Natur werden Schlangen gelegentlich vom Eibenwald angezogen, wenn dort viele Mäuse und Kaninchen fressen.

33.7 *»Osterei« oder die Frucht des Lebensbaumes? Vasenmalerei, frühes 2. Jt. v. Ztr., Asine bei Argos, Griechenland*

DER ADLER

Aus guten Gründen blieb der Adler immer ein dominantes Tier in der Heraldik, auf Münzen und in nationaler Symbolik. Wie auch der Löwe erweckt er Gefühle der Stärke, der Unbesiegbarkeit, der Überlegenheit und Macht. Der Löwe gilt als König der Tiere, der Adler als König der Lüfte. Für viele Traditionen des Altertums war ein Aspekt jedoch noch wichtiger als die äußere Macht: die uneingeschränkten Höhen des Geistes. Alle Vögel wurden als Botschafter des Himmels verstanden, und keiner fliegt höher als der Adler; darum repräsentierte er oft den höchsten Himmelsgott einer Kultur.

In der Symbolik des Lebensbaumes sitzt der Adler meist in der Baumkrone, als Ausdruck der Gegenwart der höchsten Himmelskräfte. Die Schlange am Stammfuß repräsentiert die Unterwelt, und somit bilden diese beiden Tiere ein Gegensatzpaar. In einigen Formen des Mythos kämpfen sie gegeneinander, ein Hinweis auf den Tanz der Gegensätze in der Natur, der Rhythmen wie die von Tag (Himmel, Adler) und Nacht (Erde, Schlange[13]) oder Sommer und Winter hervorbringt. Das Paar erscheint auch im Mythos des nordischen Weltenbaumes Yggdrasil. Aber das Schlange/Adler-Motiv ist global. In Sumer z. B. erschien es etwa 4000 Jahre bevor die nordischen Mythen niedergeschrieben wurden: Im Etana-Epos[14] schwören Schlange und Adler Freundschaft, nachdem die Welt sich erneuert aus der Sintflut erhoben hat, sie jagen zusammen und sorgen für den anderen und seine Kinder.

33.6 *Adler und Schlange: Kampf oder Tanz? Tonscherbe aus Sumer*

In der Natur teilen Adler und Eibe die Höhenlagen. Zur Zeit befindet sich eines der wenigen verbliebenen Adlerhorste auf den Britischen Inseln auf einer Felsklippe im Schutz einer Bergeibe; der genaue Ort kann jedoch wegen der Gefährdung durch Eierräuber nicht genannt werden.

Eine interessante Legende, die den Adler zusammen mit der Eibe als Lebensbaum zeigt, stammt aus dem keltischen Irland. In *Die Reise des Maeldún* besucht eine Gruppe heldenhafter Krieger vierunddreißig geheimnisvolle Inseln. Die »Insel des Adlers« ist mit Eichen und Eiben bewaldet. Ein riesenhafter aber völlig erschöpfter Adler erscheint, läßt sich nieder und beginnt, die roten Früchte von einem Zweig zu fressen, den er mitgebracht hat. Danach taucht er in einen magischen See und kommt verjüngt wieder hervor. Voller Kraft und mit glänzendem Gefieder fliegt er wieder davon.[15] Diese Geschichte stammt offensichtlich von einer klassischen Erneuerungsmythe, in der die himmlische Macht (Adler, Himmelsgott, Sonnengott, »männliche« Energie) periodisch herabkommen muß, um Lebenskraft vom Wasser (der See) und von der Erde (die Früchte) zu empfangen. Während das Wasser reinigt und verjüngt, sind es die Arillen, die Unsterblichkeit verleihen, d. h. die *bleibende* Fähigkeit zur Erneuerung. Sie sind das Soma oder Ambrosia, der Nektar der Götter (siehe S. 219). In diesem Kontext ist eine altgriechische Vasenmalerei[16] von Interesse; sie zeigt einen adlerartigen schwarzen Vogel mit einem roten »Ei« im Bauch. Ist es wirklich korrekt, jedes ovale Objekt, das mit der Darstellung eines Vogels oder Tieres auftaucht, unhinterfragt als Ei zu deuten? Oder hat auch dieser Vogel einen Arillus vom Lebensbaum gegessen? Oder, falls es sich doch um ein Ei handelt: Kam die Idee, Eier rot anzumalen von der Betrachtung der roten Früchte des Lebensbaumes? So oder so, Frucht und Ei versinnbildlichen letztendlich dasselbe Prinzip der Erneuerung und Regeneration, nur ihre Herkunft (pflanzlich oder tierisch) ist unterschiedlich.

DIE TAUBE

Kein Vogel ist auf solch enge Weise mit weiblicher Göttlichkeit verbunden wie die Taube.[17] In seiner Studie über den Lebensbaum in Verbindung mit Askese- und Trancetechniken des Altertums sagt E. A. S. Butterworth über die Taubensymbolik in den Bergkulten von Kreta (siehe Kap. 37): »Die Taube war ursprünglich der Geist des Baumes, und dieser Geist konnte in die erwählte Priesterin eingehen, so daß ihr Geist und der des Baumes ein und derselbe wurden.«[18] Auch nach Mircea Eliade können Vögel »die Seele oder die Epiphanie der Göttin repräsentieren.«[19] Tatsächlich steht eine beeindruckende Anzahl von Göttinnen mit der Taube in Verbindung, so z. B. Athena, Hera, Aphrodite und Eurynome in der griechischen und Holla und Freyja in der germanischen Tradition.[20] In keltischen (romano-gallischen) Göttinnenkulten erscheinen Tauben als Sinnbilder des Friedens und der Heilung. Ihre Stimmen (wie auch die der Raben in gänzlich anderem Kontext) galten als prophetisch, und außerdem sah man sie als Boten der Venus,[21] der römischen Göttin der Liebe. Das mag mit dem Verhalten der Turteltauben zu tun haben, hat aber zweifellos historische Wurzeln darin, daß die Taube der griechischen Aphrodite geweiht war, dem Vorbild der römischen Venus.[22]

33.8 Taube und heilige Zweige auf einem vorpersischen Ritualbehälter; Iran

Heute ist die Taube ein internationales Emblem für den Frieden, was wesentlich auf die Bibelgeschichte von Noah und der Arche (siehe S. 201) zurückzuführen ist. Im Christentum repräsentiert die Taube außerdem den Heiligen Geist. Die christliche Dreieinigkeit (Vater, Sohn, Heiliger Geist) geht allerdings auf das uralte mythologische Mutter/Vater/Kind-Thema zurück; im Zuge der Patriarchalisierung wurde die weibliche Seite Gottes (die Mutter) durch den neutralen Heiligen Geist ersetzt, aber eines ihrer Symbole blieb erhalten: die Taube. »Die Taube scheint tatsächlich zu einem Symbol des Heiligen Geistes geworden zu sein, wie man im Neuen Testament sieht,« sagt Butterworth.[23] »Aber sie repräsentiert nicht mehr den weiblichen Geist des Baumes, sondern ist zum Geist des Sohnes geworden, der an ihm hängt.« (Butterworth bezieht sich hier auf eine esoterische christliche Tradition, die Christi Kreuz als eine neue Erscheinungsform des Lebensbaumes versteht.)

In der Natur bauen Waldtauben *(C. palumbus)* gelegentlich ihr Nest in einer Eibe, aber im Gegensatz zu vielen anderen Vögeln haben sie kein Interesse an den Arillen. Felstauben *(C. livia)*,[24] Bergeiben und Menschen waren bereits im Paläolithikum enge Nachbarn (siehe S. 176). Mitunter nisten Felstauben nahe bei Eiben oder sogar im hohlen Baum.

STIER UND KUH

In einigen Religionen ist der Stier das Symboltier des befruchtenden Wetter- oder Himmelsgottes in seiner vollen Pracht, er verkörpert die ganze Macht des Himmels in Gestalt des mythischen Himmelsstieres. Mythologen verstehen den Stier der neolithischen Symbolsprache als ein Abbild der gehörnten Mondgottheit (die Mondsichel gleicht den Hörnern), die, da sie den Regen sendet, der die Felder befruchtet, als männlich aufgefaßt wurde. Das Werden und Vergehen des sichtbaren Mondes im Laufe des Mondzyklus korrespondiert dabei mit dem Mythos von zyklisch sterbenden und wiedergeborenen Vegetationsgöttern[25] wie Dumuzi, Tammuz und Osiris. In späterer Zeit wurde das männliche Prinzip auf die Sonne übertragen,[26] und der Mond »wurde« weiblich.

Die friedfertige, geduldige Kuh symbolisiert Mutterschaft. Die große Ähnlichkeit von Muttermilch und Kuhmilch hinterließ zweifellos auch in der religiösen Ikonographie ihre Spuren; viele Göttinnen des Altertums wurden mit diesem Tier identifiziert, so die ägyptische Hathor, die griechische Hera und die keltische Damona (»göttliche Kuh«).[27] Stier und Kuh versinnbildlichen beide Wohlstand und Fruchtbarkeit. Ein Paar Stier- oder Kuhhörner war ein zentrales religiöses Symbol im minoischen Kreta und Tausende von Jahren zuvor in Anatolien.[28]

ZIEGE UND WIDDER

Die domestizierten Ziegen und Schafe stammen von den wilden Arten, denen die Menschen bereits im Paläolithikum begegneten, als sie in Felshöhlen Schutz suchten. Hörner galten generell als eine Art Kanäle, durch die himmlische Kräfte einströmen, das war wohl auch ein Grund dafür, warum Ziege und Widder dem griechischen Götterboten Hermes geweiht waren.[29] Die Ziege war vor allem Berggöttinnen wie Aphrodite heilig,[30] und später auch Jagdgottheiten wie der kaukasischen Dali, die insbesondere gehörnte und behufte Tiere schützte.[31] Die Ziege stimuliert das Wiedererwachen der Natur und beschützt junges Leben, in manchen Ikonen sogar den Lebensbaum selbst (siehe Abb. 32.1). Im griechischen Mythos wurde eines der Hörner der Amaltheia, der göttlichen Ziege, die den kretischen Zeus gesäugt hatte, zum berühmten Füllhorn.[32] Wie auch der Stier, repräsentieren Widder und Ziegenbock die Kraft und Vitalität des männlichen Poles, der oft als Vegetationsgott (z. B. als der ziegenfüßige Pan in Griechenland) personifiziert wurde.

Der Widder versinnbildlicht den Frühling und die Fruchtbarkeit. Er wurde zu einem zentralen Symbol vieler mächtiger Himmelsgötter (Zeus, Ammon, Jahweh), und im nordöstlichen Gallien ein Emblem des Herren der Tiere, der Natur und des Überflusses, des gehörnten Gottes Cernunnos.[33] Seine spiralförmigen Hörner verbinden ihn außerdem mit den Sphären der Schlange, des Mondes und verschiedener Göttinnen (ein im Altertum weitverbreitetes Symbol war die Schlange mit Widdergehörn,[34] eine Kombination der himmlischen Kräfte des Widders mit den chthonischen, unterirdischen Mächten der Schlange). Der Widder spielt zudem eine besondere Rolle in den alten Königsritualen (siehe Kap. 39) und, aufgrund seiner Wolle, mit dem Spinnen des »Netzes des Lebens« (siehe Kap. 41).

DER HUND

Hunde wurden mit Selbstheilung assoziiert. Es gab heilige Hunde im Heilungstempel des Asklepios in Epidauros, und Bildnisse von Hunden finden sich im Schrein des keltischen Gottes der Heilung Nodens in Lydney, England.[35] Die vorherrschenden Symbole, die gallische Muttergöttinnen begleiten, sind Schlange, Hund, Fruchtkorb und ein Baby,[36] und gemeint sind hier vor allem Schoßhunde.[37]

Hunde, in all ihren vielen Gestalten, können sowohl schützen als auch zerstören, sie sind Wächter von Haus und Herd, Verteidiger von Frauen und Kindern und zugleich scharfe Angreifer auf der Jagd. Darüber hinaus ist der Hund ein Wächter der Grenzen, nicht nur Grenzen in der physischen Welt, sondern

***33.9** Ziegen und Zweig auf einem kleinen Tonmedaillon aus einer Opfergrube in Transsylvanien, ca. 5200–5000 v. Ztr.*

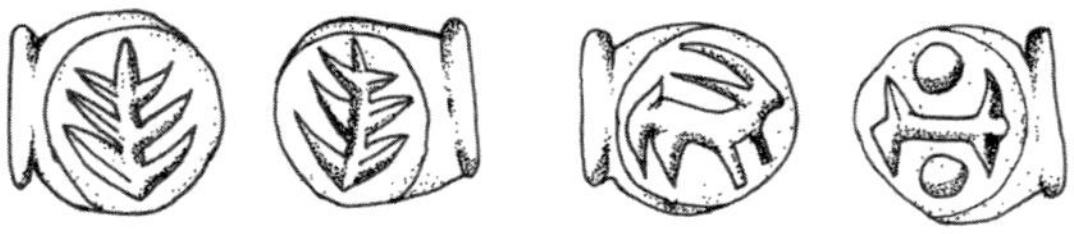

***33.10** Nadelbaum, Ziege und ein unidentifiziertes Symbol auf einem vierseitigen minoischen Siegel (schwarzer Stearit). Tholos B, Platanos, Kreta, ca. 2000 v. Ztr.*

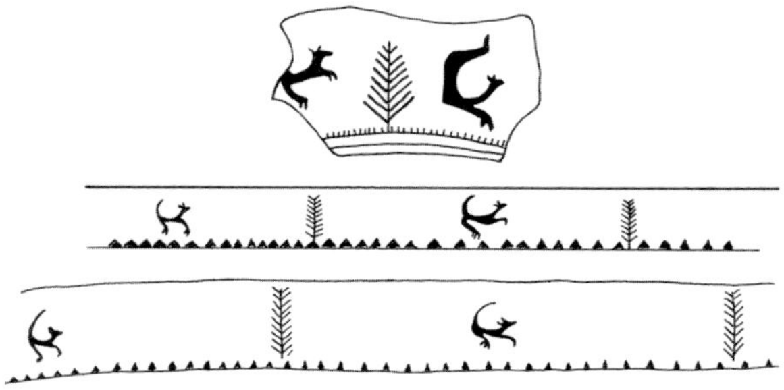

***33.11** Springende Hunde bewachen eibenartige Bäumchen; bemalte Keramik aus Sipenitsi, westliche Ukraine, 3900–3700 v. Ztr.*

__33.12__ Der Fuchs-Kami der Shinto-Tradition ist ein weißes Tier mit roten Ohren (genau wie die Hunde der Unterwelt in der walisischen Mythologie); er bewacht den Eibenschrein von Seijo, Japan.

auch zwischen den Welten: Er bewacht die keltische »Anderswelt« (der Begriff für das keltische metaphysische Reich) und auch die Unterwelt, d. h. das Totenreich. In letzterer Funktion erscheint er nirgends so deutlich wie in der Gestalt des Cerberus, des wilden, vielköpfigen Hundes Plutos, der im griechischen Mythos den Eingang in den Hades bewacht.[38]

DAS SCHIFF

Ein weitverbreitetes Symbol in den Bestattungsbräuchen – vom *Ägyptischen Totenbuch* bis zu den Drachenschiffbestattungen der Wikinger – ist das Boot oder Schiff. In dieser Welt befördert es Passagiere über das Wasser, und so wurde es auch verstanden als die Fähre, die die Seelen Verstorbener über den mythischen Fluß trägt, der diese Welt von der nächsten trennt. Ganz besonders auf dieser letzten Reise muß das Schiff eine sichere Überfahrt gewährleisten, daher sind viele der rituellen Schiffsmodelle und -abbildungen mit Symbolen der Macht und des Schutzes ausgestattet. Die kleinen Bronzeschiffe unter den Votivgaben des bronzezeitlichen Sardiniens z. B. haben einen Stierkopf am Bug, und der Mast bzw. die zentrale Säule auf dem Schiff wird von einer Taube gekrönt.[39] Die Wikinger segelten im Zeichen des Drachen über die Gewässer dieser Welt – und in die nächste. In der Kosmologie des Elysischen Weges (siehe unten) sprachen die Pythagoräer von einem kosmischen »Schiff«,[40] das die Seele ins Totenreich trägt, und, wenn die Zeit reif ist, sie auch wieder

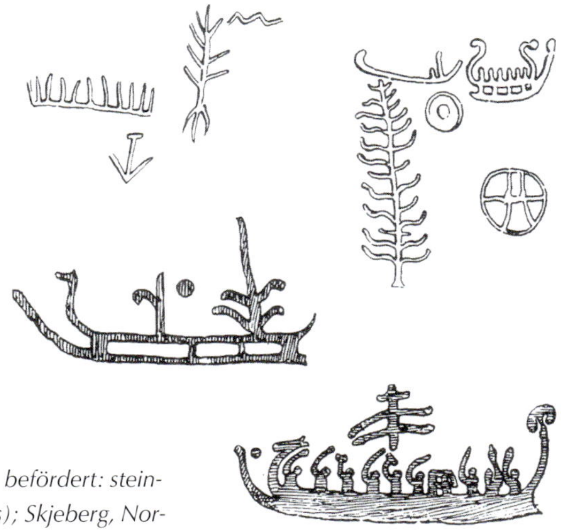

__33.13__ Der heilige Zweig wird zum Boot, das die Toten befördert: steinzeitliche Malereien aus Hjørring, Dänemark (oben links); Skjeberg, Norwegen (oben rechts); und zwei Motive aus Kalleby, Schweden.

33.14 *Zwei der Figuren des Roos Carr Ensembles, Eibenholz, 600–500 v. Ztr., Nordengland*

zurückbringt, über die Milchstraße zur Gebärmutter einer sterblichen Frau. Oder, für ein kurzes Zwischenspiel, in einen Bienenstock oder in die Puppe eines Schmetterlings.

1836 wurde bei Roos Carr nahe Withernsea im östlichen Yorkshire eine Gruppe von fünf Figuren aus Eibenholz ausgegraben, zusammen mit einem länglichen Stück Holz, auf dem sie, mittels Zapfen und Löchern, wie auf einem Boot stehen. Der Bug des Bootes hat die Form eines Schlangenkopfes. Mit der Radiokarbonmethode wurde das Ensemble auf 600–500 v. Ztr. datiert.

DIE BIENE

In der Alten Welt war der Glaube verbreitet, daß die Seelen der Toten und auch die Seelen der Ungeborenen zeitweilig die Gestalt von Bienen annahmen. So verknüpfen verschiedene altgriechische Philosophen die Biene mit dem Reinkarnationsglauben. Porphyrios sagt, daß man annahm, die Seelen kämen von der Mondgöttin herab (zu seiner Zeit Artemis) und nähmen die Gestalt von Bienen an, und Honig war für ihn das Emblem für das süße Vergnügen, das die Seelen bei der Wiedergeburt empfanden.[41] Und die Biene erscheint nicht nur am Eingang zum irdischen Leben sondern auch an dessen Ausgang: »So daß Sophokles nicht Unrecht hatte, wenn er über die Seelen sagte: ›Der Schwarm der Toten summt und steigt auf.‹«[42] Der Glaube an »Bienenseelen« findet sich auch außerhalb des Mittelmeerraumes, z. B. in Großbritannien.[43] Für die himmlische Herkunft der Biene spricht nicht nur die Erzeugung der süßen und gesunden Substanz, die wir Honig nennen, sondern auch die Tatsache, daß Bienen keinem anderen Lebewesen Schaden zufügen: Fleischfresser töten, um zu überleben, und Pflanzenfresser zerstören Pflanzen, aber Bienen leben ausschließlich von Pollen – oder, in der Sprache der Altvorderen, sammeln einfach den Honigtau, der jeden Morgen vom Himmel (oder vom Weltenbaum, siehe S. 219) herabsinkt.[44]

Die Menschheit kennt Honig seit frühester Zeit,[45] und schriftliche Belege für seine rituelle Verwendung sind so alt wie die Erfindung der Schrift selbst. Als z. B. Gilgamesh den Altar (Eibenholz? siehe S. 200) für die Totenriten für seinen Freund Enkidu vorbereitet, ist das erste, was er auf dem Altar plaziert, eine Karneolschale mit Honig.[46] Theophrast sagt, daß die frühesten Opfergaben der Menschen aus Libationen reinen Wassers bestanden, danach aus Honig, danach aus (Oliven-)Öl und schließlich aus Wein.[47] Die Fermentation des Honigs in ein Rauschgetränk, den Met, ist weit älter als die Kultivierung des Weinstocks[48] und sogar älter als Bier. Honigmet spielte eine ganz außergewöhnliche Rolle in den Ritualen der Alten Welt. Libationen (Trankopfer) für die Ahnen waren in der Regel dreifältig und bestanden aus drei der folgenden vier Zutaten: Wasser, Milch, Honig oder Met, Öl sowie Wein, aber Honig (Met) war immer eine von ihnen![49] Die Götter in Homers Olymp trinken Met, genau wie die Krieger in Odins Walhalla, und ganz bestimmt die Bewohner des keltischen Paradieses.[50]

Die Mehrzahl der Rituale, in denen Honig vorkommt, hängen mit Göttinnen zusammen, mit den Feiern des Lebens und des Todes, der Unterwelt und ihrer Wächtertiere, insbesondere Schlangen.[51] Die Gruppe von Symbolen, die hier als Eibe/Lebensbaum/Göttin-Muster bezeichnet wird, erschien zum ersten mal in der frühneolithischen Kunst, zeitgleich mit

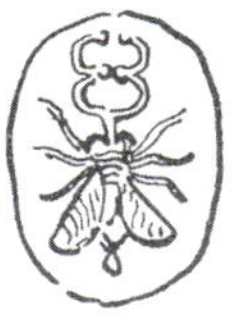

33.15 Biene, die einen Caduceus trägt, den symbolischen Stab des Totenwächters Hermes; Gemme aus rotem Karneol, Scardona, Dalmatien (keine Datierung)

dem sogenannten »Bienenstock-Grab«.[52] Noch sehr viel später brachten die Griechen der Persephone, der Königin der Unterwelt, Libationen aus Honig dar, und unter den in die Mysterien der Demeter Eingeweihten (siehe Kap. 35) hatte Persephone den Beinamen *Melitodes*, in etwa »die Behonigte«.[53] Die Biene war auch ein Symbol der Artemis von Ephesos; ihre Priesterinnen hießen *Melissae*, »Bienen«, wie auch diejenigen der Rhea und der Demeter.[54] Die Orakelpriesterin von Delphi, die Pythia, war auch als die Delphische Biene bekannt.[55] Und eine Priesterklasse der Artemis hieß *Essenes*, »Königsbienen«.[56] Zusammen mit dem Löwen erscheint die Biene bereits in den Emblemen der phrygischen Muttergottheit Kybele, der Vorläuferin der Artemis in Ephesos.[57] Auch Gottheiten der oberen, der himmlischen Sphäre wurden mit Honiggaben bedacht,[58] dazu gehören die Musen, Mnemosyne (Göttin der Erinnerung[59]), Helios (Sonnengott), Selene (Mondgöttin, später Artemis), Eos (»Dämmerung«, Helios' Tochter) und Aphrodite *Urania* (»Königin des Berges«). Die Moiren empfingen Gaben aus Blumenkränzen sowie mit Wasser gemischten Honig.[60] Die Musen (siehe Kap. 37) schenkten Sprachgewandheit und Dichtung und auch die Heilkunst, indem sie eine Biene auf die Lippen eines Säuglings oder Jugendlichen sandten,[61] darum nannte Varro (116 – 27 v. Ztr.), der größte Gelehrte Roms, Bienen die »Vögel des Musen«.[62]

In der Natur nisten Bienen sehr oft in Bäumen, und hohle Bäume sind geradezu ideal. Wie nahe die Verbindung von Eibe und Biene einst gewesen sein mag, läßt sich aus den »Bieneneiben« erahnen, von denen noch einige wenige in Bayern stehen. Sie weisen ein rechteckiges Loch von etwa 40 x 15 cm auf, das in 3 – 4 m Höhe in den hohlen Stamm gesägt ist, und haben ein zweites, sehr viel kleineres Loch (ca. 5 cm) unten am Stammfuß. Der Honigsammler benutzte das untere Loch, um den Schwarm auszuräuchern, und wenn die Bienen fort waren, entnahm er durch die obere Öffnung den Honig. Im berühmten Eibenmischwald von Paterzell stehen noch zwei solcher Bieneneiben;[63] ein dritter Baum, der inzwischen nicht mehr existiert, hatte auf einem Foto von 1910 sogar noch die kleine rechteckige »Tür«, mit der das obere Loch für die nächste Saison wieder verschlossen werden konnte. In der Gründungslegende der Kirche von St. Baglan (Glamorgan) in Wales wird der Heilige dieses Namens von seinem Protégée St.

33.16 - 33.17 *(links und Mitte) Anscheinend bis ins frühe 20. Jahrhundert dienten Bieneneiben dem Honiggewinn; Bäume in Paterzell, Bayern.* ***33.18 - 33.19*** *Eingänge zu den Stöcken wilder Bienen in der heiligen Eibe von Seijo, Japan, und in einem englischen Landgarten*

Illtyd angewiesen, seine Kirche dort zu bauen, wo er eine weibliche Eibe findet, und der schließlich gewählte Baum hat »einen Bienenstock in seinem Körper«.[64]

Im ersten Jahrhundert v. Ztr. jedoch warnt Vergil Bienenhalter davor, ihre Stöcke in der Nähe von Eiben zu plazieren; Vergil[65] gibt sich überzeugt von der großen Giftigkeit dieses Baumes (siehe Kap. 12). Es ist bemerkenswert, daß Vergils Warnung auch aussagt, daß Eiben in der damaligen römischen Welt stark verbreitet gewesen sein müssen (weit mehr als heute), um eine derartige Gefahr für die Bienenhaltung als allgemein darzustellen. Aber Vergil wird auch um den uralten heiligen Status sowohl der Bienen als auch der Eiben gewußt haben, und mit letzter Bestimmtheit können wir nicht sicher sein, ob er wirklich nur den Honig vor Vergiftung bewahren (was zudem unsachlich ist – der Pollen ist ungiftig) oder die Bienen in den Eiben schützen wollte. Da Biene und Eibe eng mit den Totenbräuchen verknüpft sind, wird seine Bemerkung unter seinen Lesern kaum großes Erstaunen hervorgerufen haben.

Biene und Eibe finden sich an der Schwelle des Unendlichen. Und einige der Eiben, die an den Toren zur anderen Welt stehen, erklingen zu Zeiten vom Gesumm von Bienen (oder Seelen). Vergils Warnung, *diesen* Honig nicht den Bienen zu entwenden, mag sehr wohl keine bloße Imkerregel gewesen sein, sondern der ferne Widerhall eines alten *religiösen* Tabus: Eibenhonig gehörte der Persephone – eine vollkommene Opfergabe an die Königin des Elysiums.

SCHMETTERLINGE UND ZIKADEN

Andere alte religiöse Fragmente verweisen auf Schmetterlinge als zeitweilige Behausungen menschlicher Seelen.[66] Schmetterlinge erzeugen keinen Honig wie die Bienen, die Stärke ihrer Symbolik liegt

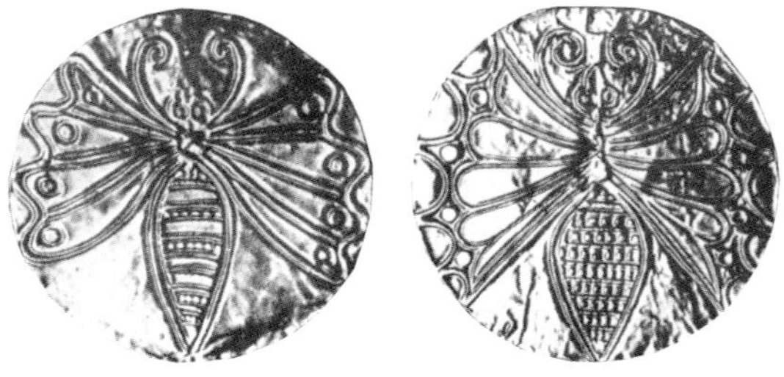

33.20 *»Schmetterlingsseelen« auf Blattgoldscheiben aus einem Schachtgrab in Mykene*

in der Verwandlung der Puppe in das geflügelte Insekt. Dadurch versinnbildlichen sie Regenerationskraft und Unsterblichkeit. Wie diejenige des Schmetterlings ist auch die Puppe der Zikade ein Symbol für das Potential der Seele und ihre Reise durch Gestalt und Zeit. Die Zikade erscheint auch in Verbindung mit der Mondsymbolik, in dem Sinne, daß auf jede dunkle Phase (Neumond, Puppenstadium) eine lichte folgt (Vollmond, entwickeltes Insekt).[67] Nach einem altgriechischen Volksglauben ernährten sich Zikaden lediglich vom Morgentau, was ihnen etwas von der Popularität der Biene einbrachte, die keinem anderen Wesen für ihre eigene Ernährung schadet.

Besonders in der Ägäis findet sich die Symbolik des Schmetterlings nahtlos mit der der Zikade verwoben. Nachbildungen der Puppen beider Insekten wurden als Talismane getragen,[68] und das Versprechen beider besagte, daß der physische Körper nach dem Tode zwar zerfällt, um anderen biologischen Lebewesen zu dienen, daß aber die individuelle Seele – sobald das Bewußtsein seine Angst vor der Verwandlung überwunden hat – bis in den Kern transformiert werden wird, um schließlich eine erhöhte und erneuerte Existenz zu beginnen.[69] Schließlich bedeutet *psyche*, das griechische Wort für »Seele«, auch »Schmetterling«.

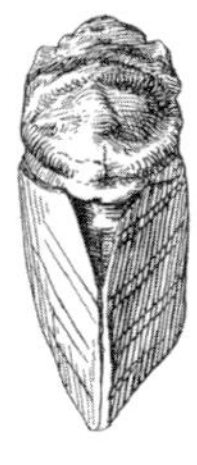

33.21 *Schmetterling/Nachtfalter auf einer zeremoniellen Doppelaxt (Labrys); Phaistos, Kreta*
33.22 *Goldanhänger einer Schmetterlingspuppe aus einem Kammergrab in Mykene*
33.23 *Goldbrosche einer Zikade vom Artemistempel in Ephesos*

34.1 *Der Innenstamm der uralten Eibe von Linton, Herfordshire, im Sonnenuntergang*

KAPITEL 34

GEBURT

Das tiefgehende Studium der Eibentraditionen zeigt nicht nur die große Bedeutung des Baumes in den Übergangs- und Unterweltsriten des Altertums, sondern enthüllt eine gleichermaßen gewichtige Verbindung mit den Themen Geburt und Wiedergeburt. *Taxus* weist alle Eigenschaften des symbolischen Lebensbaumes auf und betont besonders den Aspekt der (Wieder-)Geburt: Wenn sich der Stamm eines hohlwerdenden Eibenbaumes öffnet und eine kräftige Innenwurzel zeigt (siehe S. 79), illustriert die Eibe auf perfekte Weise das Prinzip der Selbsterneuerung. Es ist, bildlich gesprochen, eine »jungfräuliche Geburt«, und das Bild erinnert metaphorisch an ein Kind im Schoß. In der Frühgeschichte haben gerade jene Gottheiten, die essentiell mit dem Thema Geburt verknüpft werden, eine Verbindung zur Eibe, so z. B. die griechischen Göttinnen Artemis und Hekate.

ARTEMIS

Artemis ist eine Göttin der wilden Tiere, der Jagd, der Vegetation und auch der Geburt. Als Göttin der freien Natur, die in den Bergen und Wäldern tanzt (mitunter von ihren Nymphen begleitet), war sie die beliebteste Göttin im ländlichen Griechenland. Ihre Verehrung auf Kreta wie dem griechischen Festland ist deutlich vor-hellenistischen Ursprungs, und in vielen ihrer lokalen Kultpraktiken erhielten sich Spuren von noch älteren Naturgottheiten, mit denen sie verschmolz, als ihr Kult aus Anatolien eingeführt wurde (siehe Kap. 37). Theophrast[1] berichtete um 300 v. Ztr., daß sich ihr Hauptheiligtum in der zentralen Peloponnes, das Artemision, in einem Eibenhain in einer hügeligen Gegend Arkadiens befand.[2] Da Artemis auch eine Baumgöttin ist, waren Gruppentänze junger Frauen, die Baumnymphen darstellten, bei der Verehrung dieser Göttin weit verbreitet. Ein anderer Eibenwald wurde der Artemis von den Gründern der griechischen Kolonie Massalia (siehe S. 253) geweiht.

Artemis war am besten als »Herrin der Tiere« bekannt und wurde meist in Begleitung eines Reh(bock)s oder Jagdhundes dargestellt.[3] Sie war die Schutzherrin der fairen Jagd und rächte unangebrachtes Töten.

34.2 - 34.4 *Dreimal weiblich mit breiten Hüften: neolithische Figurinen aus dem südlichen (links) und dem nördlichen (rechts) Sardinien, uralte Eibe in Lande Patry, Dépt. Orne, Frankreich*

Ihre Hauptwaffe war der Bogen; wir wissen zwar nicht mit Sicherheit, ob er als Eibenbogen galt, aber (Homer zufolge) benutzte sie Eibengift zweifellos für ihre strafenden Akte.[4] Und so wie sie mit dem Tod gelegentlich etwas nachhalf, tat sie es auch mit dem kommenden Leben: Artemis war eine der Hauptschutzgöttinnen, die über das Kindbett wachten. Dies wurde vor allem auf Kreta betont, wo ihr Beiname *Eileithyia* war, »die Gebärerin«. (Auch Artemis' römische Entsprechung, Diana, war eine Geburtsgöttin und trug den Beinamen »Öffnerin des Schoßes«.[5]) Artemis war der Geist im Geburtswasser genauso wie im lebensspendenden Element Wasser im allgemeinen; in der ganzen Peloponnes wurde sie auch »die Dame vom See« *(Limnaea, Limnatis)* genannt und war als solche die Wächterin über die Gewässer und üppiges wildes Wachstum.[6] Im Mythos ist sie nicht verheiratet sondern die »jungfräuliche« Göttin der unberührten Natur, und die wilden Kulttänze ihr zu Ehren spiegelten die Wildheit der Urwälder.

34.5 *Artemis mit heiligem Zweig, Bogen und Reh; Tetradrachmen aus Nordgriechenland, frühes 4. Jh. v. Ztr.*

34.6 *Die alte weibliche Eibe an der Quelle von Gwenlais, Südwales*

34.7 *Pennant Melangell in Wales besitzt vier uralte Eiben und ist reich an (»weiblichen«) Legenden.*

34.8 *Fließformen in sekundärem Eibenholz erinnern an das Element Wasser.*

HEKATE

Der Unterschied zwischen Artemis und Hekate besteht darin, daß Artemis eine Göttin von Leben und Tod ist und Hekate eine Göttin von Tod und Leben. Die Gegensatzbildung – in die jagende, tanzende, badende, junge und überhaupt ganz toll aussehende Artemis auf der einen Seite und das dunkle, furchterregende, gefährliche alte Weib Hekate auf der anderen – ist jedoch hauptsächlich ein Produkt des rationalisierenden Geistes der nach-homerischen Dichter. Auch Hekate war ursprünglich »eine beliebte Göttin mit vielen Rollen, anwesend in der Erde, dem Meer und dem sternenbesetzten Firmament, die Jagdglück schenken konnte, Sieg in der Schlacht und Segen für die Ernte«.[7] Oft wurde sie von Hunden begleitet oder umringt dargestellt (die Heilung und Schutz versinnbildlichten), und sie konnte sogar selbst wie ein Hund bellen, mit einem Hundekopf erscheinen oder gänzlich in Hundegestalt. Im hellenistischen Griechenland verschob sich ihre Funktion dann zu der der Todesgöttin;[8] als Königin der Unterwelt wurde Hekate mitunter auch die »Herrin des Cerberus« genannt, des ungeheuren Hundes, der den Eingang zu jenem Reich bewacht.[9]

In den Tagen der römischen Herrschaft brachte man der Hekate schwarze Stiere als Opfer, deren Hälse mit Eibenkränzen umwunden waren.[10] Da der Stier im Altertum eines der wichtigsten Sinnbilder für die Lebens- und Erneuerungskraft der Natur war, scheint sich mehr in diesem Ritual zu verbergen als die bloße Beschwichtigung einer angsteinflößenden Unterweltsgottheit. Die symbolische Verbindung von Stier und Göttin ist ein uraltes lebensbejahendes Motiv, das höchstwahrscheinlich bis in das Neolithikum zurückreicht und weniger das Thema Tod hervorhebt als das der Geburt und Erneuerung. Um so mehr, wenn wir bedenken, daß die äußere Form des Stier- (oder Kuh-)Kopfes der Gestalt der weiblichen Fortpflanzungsorgane gleicht (siehe Abb. 34.9 bis 34.11).[11] Das zeremonielle Schmücken des gehörnten Tierkopfes ersetzt somit die Zurschaustellung des weiblichen Unterleibes. Dieses Überbleibsel der alten Verbindung Hekates mit dem Thema Geburt war ihrem Kult nicht neu oder fremd: Die Geburt war ihre *ursprüngliche* Domäne, sie stammte aus Ägypten, wo sie unter dem Namen Hekabe, Heket oder Heqit die Göttin der Geburt und der Hebammenkunst war.[12]

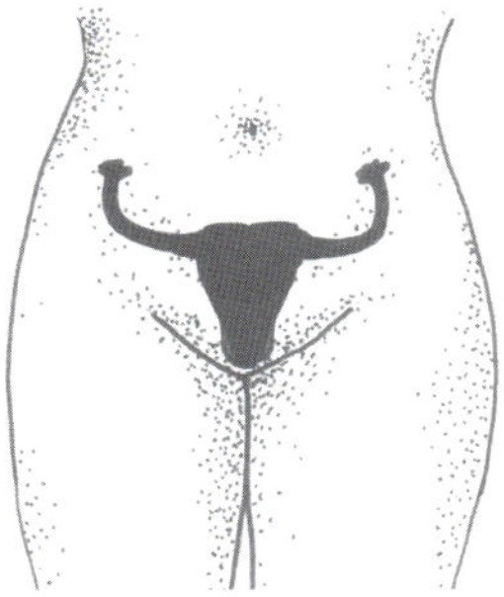

34.9 *Die Form der weiblichen Fortpflanzungsorgane gleicht einem Stierkopf (vergl. Abb. 42.6).*

WIEDERGEBURT

Die intime Verbindung von Tod und Geburt, wie sie sich in den Traditionen der Artemis und der Hekate ausdrückt, weist auf einen alten Glauben an die Wiedergeburt der Seele. Die frühe Entwicklung der Funktionen der Hekate zeigt, daß man den Tod einstmals der Domäne der Geburtsgottheiten zuordnete: Die Herrin der Unterwelt (des Totenreiches) ist auch die Herrin der Gebärmutter, sie verwandelt die Seelen und bereitet sie vor für die nächste

Stufe. Somit wird der Tod zu einer *Vorbedingung* für die Geburt. Den Druiden des alten Gallien z. B. galt der Tod als nichts anderes als »der Mittelpunkt in einem langen Leben«,[13] ein Thema, das sich auch in den vielen keltischen Mythen vom Kessel der Wiedergeburt findet.[14] Niemand Geringeres als Sokrates (ca. 470–399 v. Ztr.) – einer der drei griechischen Philosophen,[15] denen man die philosophischen Fundamente der westlichen Kultur zuschreibt – hebt für uns den Schleier (in einem Werk von Platon):[16] »Denn man sagt ja, daß jeden Gestorbenen sein Dämon, der ihn schon lebend zu besorgen hatte, dieser ihn auch dann an einen Ort zu führen sucht, von wo aus mehrere zusammen, nachdem sie gerichtet sind, in die Unterwelt gehen mit jenem Führer, dem es aufgetragen ist, die von hier dorthin zu führen. Nachdem ihnen dann dort geworden ist, was ihnen gebührt, und sie die gehörige Zeit dageblieben, bringt ein anderer Führer sie wieder von dort hierher zurück nach vielen und großen Zeitabschnitten.«

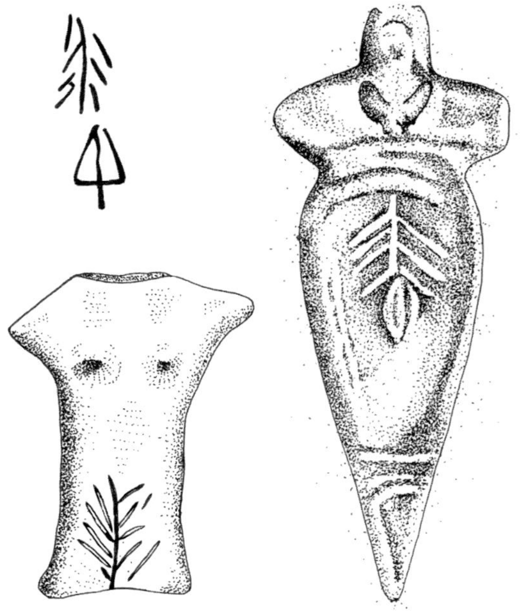

34.11 *Nadelzweig und Vulva: Höhlenmalerei in El Castillo, Spanien, spätes Paläolithikum (oben links); Terrakotta-Figurine aus Jela, Serbien, ca. 5200 v. Ztr. (unten links); Knochenfigurine aus dem neolithischen Italien (rechts)*

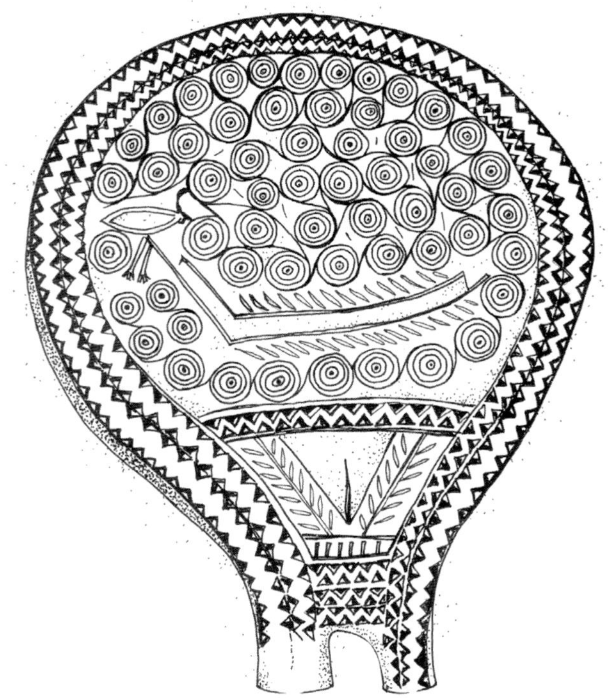

34.10 *Schamdreieck, mit Nadelzweigen geschmückt, in der Gebärmutter schwimmt im Geburtswasser ein Schiff mit einem Vogel am Bug. Bemaltes Terrakotta-Objekt, Chalandriani (Syros), Kykladen, Griechenland, Mitte des 3. Jahrtausends v. Ztr.*

In der griechisch-römischen Welt war die weitläufige Vorstellung vom Leben nach dem Tode, daß die Mehrzahl der Menschen in das Land der schattenhaften Geister (Hades) hinabsteigt, und nur einige wenige Auserwählte (wie z. B. große Helden) zu den hellen, angenehmen Feldern Elysiums erhoben werden (solch eine moralische Wertung ist jedoch ein relativ spätes Symptom in der Religionsgeschichte; es scheint, daß ewige Glückseligkeit einstmals das Geburtsrecht eines jeden Menschen gewesen sein könnte). Der Begriff *elysion* für das Totenreich stammt wahrscheinlich von *elysíe*, »Weg«. In Pindars *Die Olympischen Oden* z. B. begibt sich die gerechte Seele auf »Gottes Straße« zur Insel der Seligen,[17] und Ovid spricht vom Seelenpfad als einer Straße, die zum Palast des Jupiter führt: »Da ist eine Straße, erhaben im klaren Himmel, milchweiß und daher Milchstraße genannt …«[18] Dem Neoplatoniker Porphyrios (ca. 234 bis ca. 305 n. Ztr.) zufolge sagte Pythagoras, daß die Seelen »auf der Milchstraße versammelt sind, die nach denen benannt ist, die mit Milch ernährt werden, wenn sie in die Geburt fallen.«[19] Und Platon beschreibt, wie die unsterblichen Seelen den Göttern um das gewaltige Himmelsgewölbe folgen und von

34.12 *»Blutende« Eiben (wissenschaftlich noch unerklärt) könnten im Altertum die Assoziation dieser Baumart mit Geburt und Menstruation noch verstärkt haben. Die Blutende Eibe von Nevern, West-Wales*

dessen Gipfelpunkt Ausblicke von unbeschreiblicher Pracht erleben: »... sie werden von seiner Drehung herumgetragen, und blicken auf die ewige Szenerie, auf die Region jenseits des [sichtbaren] Himmels, von der kein irdischer Barde jemals gesungen hat oder jemals in würdigen Zeilen singen wird«.[20] Etwa 750

34.13 *Über die Milchstraße »in die Geburt fallen«: das Himmelstor als* circulus lacteus *(»Milchkreis«), gehalten von einer leichtgewandeten weiblichen Gestalt, die eine zweite trägt, welche eine wandernde Seele darstellt; aus einem lateinischen Buch über Astronomie, 12. Jh.*

Die Auffassung der Galaxie als des Elysischen Weges dauerte auch im christlichen Zeitalter noch lange an. Bei Paulinus (353–431 n. Ztr.) z. B., dem Bischof von Nola, steigen Enoch, Elias und andere fromme Seelen über die Milchstraße in den Himmel auf (Paulin. *Nolan. carm.* 5. 37ff, in Cook 1925, S. 43), und das Thema erscheint auch bei Dracontius von Karthago am Ende des 5. Jhs. (*Drac. Romul.* 5. 323ff, in Cook, ebenda). Die Illustration stammt aus dem *Wiener Manuskript cod. Vindob.* 2352 (in Cook, ebenda).

Jahre nach Platon spricht Macrobius noch von den »Toren der Sonne« (den Himmelsbildern Krebs und Steinbock, in denen der Tierkreis die Milchstraße schneidet) als den Ein- und Ausgängen der Seelen zur Milchstraße: »Krebs ist das Tor der Menschen, weil sie durch dieses in die niedrigeren Gefilde hinabsteigen; Steinbock ist das Tor der Götter, weil durch dieses die Seelen zum Sitz ihrer wahren Unsterblichkeit zurückkehren.« Und er verweist auf Pythagoras im Hinblick auf Milch als die »erste Nahrung, die den Neugeborenen geboten wird, denn die erste Abwärtsbewegung in Richtung der irdischen Körper beginnt in der Milchstraße.«[21]

Auch in Elysium erscheint der Baum unserer Untersuchung, wiederum verschleiert. Pindar fährt fort: »Wo die Lüfte, Töchter des Meeres, Um die Insel der Seeligen wehen, Und die Blüten golden sind, Manche von ihnen flammen an leuchtenden Bäumen, Andere sind vom Wasser genährt; Sie binden ihre Hände mit ihnen und machen Girlanden, nach den Regeln der Rhadamanthys [der Personifikation der Gerechtigkeit], Mit der an seiner Seite der große Vater Rat hält, Der Gemahl Rheas auf ihrem leuchtendsten Thron.«[22] Die goldenen Blumen können sich natürlich auf jede Pflanzenart mit gelblichen Blüten beziehen, oder »golden« ist hier eine Metapher für erhöht, verfeinert, paradiesisch, unvergänglich. Aber die Öffnung dieser Blüten an *flammenden* Bäumen spricht deutlich für eine ganz bestimmte botanische Art: *Taxus baccata* (vergl. Abb. 9.1).[23] Das wird noch dadurch bestärkt, daß Pindar das Geschehen wieder zum Archetyp der Göttin zurückbringt, hier in der Gestalt der kretischen Rhea, deren Thron sogar den von Zeus überstrahlt (zu Rheas enger Verbindung mit der Eibe, siehe S. 184).[24]

Die Anwesenheit des Baumes (als religiöses Motiv) auf Erden wie auch in den metaphysischen Existenzebenen – flammend und hell in Elysium; weiß und verdorrt in der zentralen Ebene von Hades (siehe *leuke*, S. 202); und dunkel und ernst an den Pfaden zu den jeweiligen Toren – läßt ein wirklich gewaltiges Bild des Weltenbaumes erstehen, das seines Namens würdig ist. Und kann es sein, daß Elysium und Hades ohnehin ein und denselben Ort darstellen,[25] und es nur – wie im irdischen Leben auch – unsere eigene Wahrnehmungsweise ist, die den Unterschied ausmacht?

35.1 *Der Mond über einem Eibenwald in Wiltshire, Südengland*

KAPITEL 35

DIE MYSTERIEN

Im zweiten Jahrhundert n. Ztr. spricht Pausanias in seiner *Beschreibung Griechenlands* über eine legendäre Zinnrolle, die eine »Inschrift mit dem Mysterium der Großen Göttin« trug und in den Bergen zwischen einer Eibe und einem Myrtenbaum vergraben war.

MESSENE

Zuerst erläutert Pausanias die Gründung von Messene,[1] einer alten griechischen Stadt in der südwestlichen Peloponnes. Für den thebanischen Staatsmann und Heerführer Epaminondas (ca. 410 – 362 v. Ztr.) war es »nicht leicht, eine Stadt zu gründen, die gegen die Spartaner standhalten konnte, und noch weniger, eine Stelle im Lande zu finden, wo sie anzulegen sei«.[2] Pausanias erzählt die lokale Legende, daß, als Epaminondas darüber in Verzweiflung geriet, ihm nachts ein alter Mann, »einem Hierophanten [Priester] gleichend« erschien, und das dieselbe Gestalt auch dem Epiteles, dem Kommandanten, der für die Erbauung der Stadt zuständig war, eine Offenbarung machte. Pausanias fährt fort:

»... diesem Mann also befahl der Traum, wo er am [Berg] Ithome Eibe und Myrte wachsen finden werde, solle er in der Mitte von ihnen graben und die Greisin retten; sie leide, in dem ehernen Gefängnis eingeschlossen, und sei bereits ohnmächtig. Epiteles begab sich bei Tagesanbruch an die bezeichnete Stelle und stieß beim Graben auf ein Bronzegefäß, brachte es sogleich zu Epaminondas, erzählte ihm den Traum und bat ihn, er möge selbst den Deckel entfernen und sehen, was darin sei. Er opferte und betete zu dem Traum und öffnete das Gefäß und fand aufs dünnste ausgewalzten Zinn, das wie die Buchrollen gerollt war. Darauf war das Fest der Großen Göttinnen aufgeschrieben ...«[3]

Die moderne Archäologie hat bestätigt, daß sich auf dem Gipfel des Ithómi (798 m) tatsächlich eine Akropolis befand, zu der ein Tempel der Artemis *Laphria* gehörte.[4] Der genannte Abschnitt aus Pausanias ist ein Hinweis auf die religiöse Verbindung von Eibe und Myrte mit der Verehrung von Göttinnen im Altertum.[5] Eine weitere Enthüllung dieses Berichts liegt in dem, was die Finder der Zinnrolle mit den darin enthaltenen Informationen überhaupt anstellen. Zuerst wurde die Rolle an Priester übergeben, die die Mysterien in Bücher niederschrieben; dann wurden die Seher konsultiert, die Omen darüber lasen, ob die Götter dem gewählten Bauort zustimmten;[6] danach wurden Gebete und Opfer an Dionysos, Apollo, Hera und Zeus dargebracht sowie an die »Großen Göttinnen« (Demeter und Kore/Persephone). Und schließlich riefen Epaminondas und die verschiedenen Gruppen, die an den Zeremonien teilnahmen, »gemeinsam die Heroen an, als Mitbewohner zurückzukehren«, d. h. mit ihnen zu leben«.[7] Offensichtlich enthielten die besagten Mysterien der Göttin nichts Geringeres als die korrekten Rituale, mit denen die Geister der Verstorbenen angerufen und die (dahingegangenen) großen Söhne und Töchter eines Volkes eingeladen werden konnten, einmal mehr ihre eigene Kultur mit einem Erdenleben zu segnen. Dies machte den entscheidenden Unterschied für Epaminondas und die anderen Gründer der neuen Stadt, nun konnten sie auf den Erfolg ihrer Mission vertrauen.[8]

Die Gründungslegende von Messene zeigt, daß die Eibe zu jener Zeit engstens mit etwas verknüpft wurde, das letztendlich mehr wog als sogar Gold: die Riten des Übergangs und die Geheimnisse der Unsterblichkeit.

Aber was wissen wir sonst noch über das Mysterium oder »Fest der Großen Göttin«?

35.2 *Münzen mit Demeter auf ihrem Schlangenwagen waren in der Ägäis besonders im 1. Jh. v. Ztr. weit verbreitet.*

ELEUSIS

Für annähernd 2.000 Jahre[9] waren die Eleusinischen Mysterien[10] ein wesentlicher Teil des religiösen Lebens im alten Griechenland. Voller Recht können sie als eines der bemerkenswertesten religiösen Phänomene der Menschheitsgeschichte bezeichnet werden. Die Geringeren Mysterien wurden alljährlich im zeitigen Frühjahr am Rande Athens abgehalten und beinhalteten Reinigungszeremonien, Fasten, Opferdarbringung, Tanz und das Singen von Hymnen. Die Größeren Mysterien wurden alljährlich im Frühherbst in Eleusis bei Athen begangen und dauerten neun Tage und Nächte. Sie waren mehr als eine Wiederholung der Frühjahrsfestlichkeiten: Zum einen waren sie ein Ereignis in ungleich größerem Maßstab, doch, noch wichtiger, umfaßten sie die Initiation (Einweihung) von Aspiranten in die geheimen Riten.

Rechtzeitig vor den Festlichkeiten wurden besondere Boten zu den anderen griechischen Stadtstaaten gesandt, die einen heiligen Waffenstillstand verkündeten und sie einluden, ihre offiziellen Delegationen zur Göttin zu senden. Solche Delegationen kamen auch von vielen der griechischen Inseln und mitunter sogar aus dem fernen Ägypten, Syrien und Antiochien.[11] Wenn das Fest an seinem fünften Tage in der gewaltigen Prozession von Athen nach Eleusis seinen Höhepunkt erreichte, gesellten sich diese Delegationen zu den Athener Abgeordneten, der Priesterschaft und der Priesterin der Demeter, den Initianden und deren Mystagogen sowie den Tausenden von Menschen aus Athen und anderen Orten. Nachdem man den ganzen Tag gelaufen war – der Prozessionsweg war 23 km lang –, folgte der ekstatische Höhepunkt des Festes: Die ganze Nacht hindurch wurde zu Ehren der Göttin gesungen und getanzt. Am folgenden Tag begaben sich die Massen auf den Rückweg, und nur die Initiationsanwärter blieben in Eleusis, ihre Vorbereitung auf die Einweihung begann in der folgenden Nacht. Die Initianden mußten absolutes Schweigen schwören, und, wie George Mylonas in seiner exzellenten Studie von Eleusis sagt, es ist »erstaunlich, daß die Grundlage und Substanz der geheimen Riten niemals enthüllt wurde, obwohl die Mysterien für über zweitausend Jahre abgehalten wurden und obwohl eine enorme Anzahl von Menschen aus der ganzen zivilisierten Welt initiiert wurde.«[12]

Diese Riten waren zwar geheim, aber nicht diskrimminierend: Alle – Männer, Frauen, Kinder, sogar Ausländer[13] und Sklaven – hatten das Recht, an ihnen teilzunehmen, jedenfalls sofern sie kein Blut an ihren Händen (d. h. Mord begangen) hatten, griechisch sprachen (notwendig, um die während der Einweihung gesprochenen Worte zu verstehen) und die Vorbereitungsriten im Frühjahr durchlaufen hatten. Eleusis bewies eine (leider) seltene Kombination aus religiösen Lehren und religiöser Freiheit: Die Mysterien eröffneten den Initianden einige Geheimnisse über den Tod und das Leben danach, die – darin sind sich alle Quellen einig – die Eingeweihten für den Rest ihres Lebens mit Glück erfüllten. Und trotzdem waren sie nicht verpflichtet, periodisch zum Heiligtum von Eleusis zurückzukehren (für weitere Zeremonien und Geldausgaben) oder einer bestimmten Lebensweise oder besonderen Verhaltensregeln zu folgen. Niemals gründete irgendwer eine Kirche, eine Sekte oder einen feinen Club der Eleusis-Eingeweihten. Stattdessen stand es den Eingeweihten frei, zu einem Leben und einer Religion ihrer Wahl zurückzukehren, bereichert nur durch die Eleusinische Erfahrung, die ihnen wohl half, »gottesfürchtiger, gerechter und in allem besser« zu werden, wie Diodoros es ausdrückte.[15]

Der Mythos von Demeter und Kore

Das Mädchen Kore spielt auf einer Wiese und pflückt Blumen, als sich das Erdreich öffnet und Hades, der König der Unterwelt, in seinem goldenen Wagen erscheint und sie mit sich in den Abgrund nimmt. Demeter, ihre hinterbliebene Mutter – wie es sich so begibt auch die Göttin der fruchtbaren Erde – zieht für neun Tage über die Erde, mit einer Fackel in ihrer Hand, und sucht nach ihrer Tochter. Schließlich begegnet sie Hekate, die beiden treten vor den Sonnengott und erfahren von ihm, daß Kore nun dem Hades vermählt ist. Demeter, voller Zorn und Schmerz, verläßt das Götterreich, und als alte Frau verkleidet kommt sie nach Eleusis, wo sie um ihre Tochter trauert, die verloren ist an das »Land ohne Wiederkehr«. Dann trifft sie die örtliche Königin und nimmt deren Einladung an, die Amme für den kleinen Prinzen Demophon zu werden. Sie gewinnt ihn lieb und säugt ihn nicht auf die übliche Weise, sondern reibt ihn mit göttlichem Ambrosia ein. Eines nachts, als sie ihn über das Feuer hält, »um seine Sterblichkeit hinwegzubrennen«[14] – auch dies gehört zu ihrer Methode, dem Menschenkind Unsterblichkeit zu schenken –, platzt zufällig seine Mutter in den Raum und bricht so den Zauber. Demeter enthüllt nun ihre wahre Größe und verläßt dann den Palast. Sie zieht sich in ein Heiligtum in Eleusis zurück, das gerade für sie fertiggestellt wurde, aber immer noch in Trauer um ihre Tochter verflucht sie die Erde, fruchtlos zu bleiben. Als Menschen wie Götter zu hungern beginnen, schreitet Zeus ein und (mit einiger Hilfe seiner Mutter und der von Hades, der Göttin Rhea) bewirkt schließlich die Freilassung Kores. Doch da sie in der Unterwelt sieben Samen des Granatapfels gegessen hat, den der schlaue Hades ihr reichte, muß sie nun in jedem Jahr drei Monate mit Hades verbringen, und nur die übrigen neun darf sie bei ihrer Mutter sein.

Die Geschichte von Demeter und Kore wird üblicherweise als Ackerbau-Mythe gedeutet, d. h. die göttliche Erschaffung einer Nahrungspflanze durch den Tod und die Auferstehung einer Gottheit. Kore ist das Saatkorn, das einen Teil des Jahres im Erdreich verbringen muß, um zu keimen, dies ist ihr symbolischer »Tod«. Aber sie wird wiedergeboren, wenn im Frühling die Pflanzen sprießen. Durch ihren Zyklus von Tod und Wiederkehr schenkt sie den Menschen das Getreide zur Nahrung. Dies spiegelt den uralten Glauben, daß unsere Nahrung Teil des Körpers einer Gottheit ist.[16] Aber darin erschöpft sich dieser Mythos nicht, ein wichtiger Aspekt wird meist übersehen: Einmal in der Unterwelt angelangt, bleibt Kore nämlich nicht das kleine unschuldige Mädchen. Nie wird sie als das verlorene Opfer einer Entführung beschrieben, als zarte Jungfer im Schatten eines grausamen, dunklen Herrschers. Stattdessen scheint es eher, als wenn sie ihr Schicksal erfüllt: Zu Beginn wird sie von Hekate beschützt (und belehrt?) und paßt sich schnell den neuen Gegebenheiten an, ja, sie verwandelt sich zur mächtigen Persephone, der reifen Herrin der unteren Welt, der ebenbürtigen Königin an der Seite von Hades. Sie überbrückt die ansonsten unüberwindbare Kluft zwischen der unteren und der oberen Welt – genau wie bereits 2000 Jahre zuvor die sumerische Göttin Inanna mit ihrer Exkursion ins Totenreich. Als Vermittlerin zwischen zwei göttlichen Reichen kann Persephone nun auch in die Schicksale der Menschen eingreifen.[17] Persephone spielt eine herausragende Rolle im Mythos und Kult des klassischen Griechenland. Und der König der Unterwelt, auch *Plouton*, »der Reiche«, genannt, ist ebenfalls kein einfacher Bösewicht. Im Gegenteil, er war unumstritten die dritte in Eleusis verehrte Hauptgottheit, sein Heiligtum, das Ploutonion, ist eine natürliche Grotte, deren Eingang gleich rechts am Heiligen Weg (von Athen) erschien, sobald man den heiligen Bezirk betrat. In manchen alten Texten werden Hades und Persephone einfach als *Theos* und *Thea*, »Gott« und »Göttin«, bezeichnet.[18]

Generationen von Gelehrten haben über den möglichen Inhalt der geheimen Riten der Demeter gerätselt, über das, was sich hinter der Unterweltsreise des Weizenkornes verbergen mag, über die mythische Entführung der Kore und ihre glückliche Wiedervereinigung mit ihrer Mutter. Kore und Demeter werden oft als zwei Erscheinungsformen des Weizens gedeutet, aber zumindest Persephone kann nicht so einfach reduziert werden.[19] Es ist seltsam, daß dieser alten Diskussion ein Tatbestand nahezu gänzlich entgangen zu sein scheint:[20] Der bemerkenswerteste Aspekt dieses Mythos ist die Verwandlung der Kore, nicht nur von einem Mädchen in eine Frau, sondern in jene Göttin, die den Schlüssel zur Unsterblichkeit besitzt. Die Aussage, daß die Eleusinischen Mysterien aus Riten bestanden, die von der Demeter (nicht Persephone) gelehrt worden waren, widerspricht dem nicht, wie an der Episode mit dem Säugling Demophon deutlich wird: Auch Demeter konnte Unsterblichkeit gewähren,[21] *sie lehrte die Kunst des Lebens und Sterbens*. Eines ist sicher: Die Eingeweihten waren allgemein dafür bekannt, ihre Angst vor dem Sterben verloren zu haben. Dies zeigt sich auch in einer Grabinschrift bei Eleusis: »Der Tod ist kein Übel sondern eine Segnung.«[22]

Was die Ethnobotanik anbelangt, war die wichtigste heilige Pflanze im Kult von Eleusis anscheinend die Myrte *(Myrtus communis)*,[23] zumindest im *öffentlichen* Ritus. Die zu Initiierenden trugen den *bacchos* – einen Stab aus mit Wolle zusammengebundenen Myrtenzweigen – und trugen einen Myrtenkranz während der großen Prozession und darauffolgenden Tanznacht. Für die Einweihung in die geheimen Riten jedoch wurden ihre Myrtenkränze ersetzt durch »Kränze mit Bändern«[24] – aber von welcher Pflanze?

Die immergrüne Myrte ist ein passendes Symbol für den Demeter-Kore-Mythos: Zur Zeit der Geringeren Mysterien (im Frühjahr) trugen die Myrtenkränze weiße Blüten – hübsch und wohlgefällig wie das Mädchen Kore –, die Kränze der Größeren Mysterien

35.3 *Licht am Ende des Tunnels (hohle Eibe in Ste Baume, Frankreich)*

35.4 *Persephone mit Schlange; Silbermünze aus Sizilien, 5. Jh. v. Ztr.*

im Herbst hatten dann schwarzviolette Beeren – Früchte der Erde als Mutter. Darüber hinaus diente die Myrte in der damaligen Heilkunde zur Verhütung von Frühgeburten, da sie die Gebärmutter verschloß;[25] die Hebammenkunst unterstand wiederum den Muttergöttinnen. Es ist aber nicht überraschend, daß die Myrtenkränze vor dem Betreten der »Halle der Einweihung« ersetzt wurden. Nach allem, was wir wissen, würden die geheimen Riten eine andere Pflanze erfordert haben, eine, die starke Assoziationen hat mit Tod und Wiedergeburt und der Reise der Seele durch die Ewigkeit. Es ist jedoch auch möglich, daß der Kranz oder Zweig dieses Baumes der geheimen Riten von den Einzuweihenden gar nicht getragen oder gehalten, sondern ihnen lediglich gezeigt wurde, und zwar als Teil der Enthüllung der heiligen Objekte (*Hiera* genannt). *Dieser* Baum war so geheim wie der Inhalt der Einweihung. Die Myrte kann unmöglich das gut behütete Geheimnis von Eleusis gewesen sein, da sie das gut bekannte öffentliche Emblem des Heiligtums darstellte.

In Eleusis finden sich jedoch keine direkten Hinweise auf die Eibe, und die heiligen Bäume der Stätte erlagen entweder den Feuern, als die Goten 395 n. Ztr. den Ort zerstörten, oder vergingen irgendwann danach. Totes Holz vergeht weit schneller als Stein, und lebendige Bäume werden in archäologischen Forschungen nie berücksichtigt. Aber Demeter und Persephone scheinen einige Elemente des Eibe/Lebensbaum/Göttin-Musters bewahrt zu haben, insbesondere die Schlange: Beide Göttinnen benutzen von Schlangen(kraft) gezogene Wagen, und Persephone ist nicht nur die Braut des chthonischen Schlangenherren Hades, sondern selbst fähig, Schlangengestalt anzunehmen.[26] Dazu wird Demeter oft mit zwei Fackeln dargestellt, die ansonsten ein Symbol der Unterweltsgöttin Hekate sind.[27]

Der Vorschlag, daß die Eibe die Myrte in Eleusis ergänzt haben könnte, wird durch die Gründungslegende von Messene (siehe oben) bestärkt und auch durch die Rolle der Eibe als Unterweltsbaum sowie ihre Beziehung zu Persephone (auch wenn Letztere nicht in den klassischen Texten erscheint).

KAPITEL 36

URSPRÜNGE

Für mehr als eine Million Jahre nutzten die frühen Menschen und deren hominide Vorfahren Höhlen zum Schutz vor den Elementen, vor Raubtieren und Aasfressern und auch wegen der Nähe zu Trinkwasservorkommen und Steinen (zur Werkzeugherstellung), die an bergigen Orten meist gegeben ist.[1] Erst vor 20.000 bis 10.000 Jahren (je nach Region) verließen die Menschen die Höhlen und begannen, entlang der Flußläufe Behausungen zu *bauen*.[2] Ganze 70 % der Gebiete mit gut ausgebildeten Höhlensystemen in der Welt bestehen aus Kalkstein[3] – genau dem Mineral, welches die bevorzugten Böden für *Taxus* trägt. So ist anzunehmen, daß die Eibe bereits seit frühester Zeit ein beständiger »Nachbar« der Menschen gewesen ist.[4] Die Begegnung zwischen Frühmensch und Eibe wird sich ereignet haben nicht lange nachdem die ersten menschlichen Gruppen Afrika verlassen und Eurasien zu besiedeln begonnen hatten.[5] Dafür spricht auch, daß die ältesten Holzartefakte aus Eibenholz sind (bis zu 150.000 jahre alt). Und es ist auch hier in den höheren Lagen über dem Meeresspiegel, wo sich die ersten Ausdrucksformen menschlichen religiösen Empfindens erhalten haben, z. B. in den berühmten Höhlenmalereien Spaniens und Südfrankreichs, die zur ältesten religiösen Kunst der Menschheit zählen,[6] und aus etwas späterer Zeit eine große Anzahl von Altarsteinen, Monolithen, Steinkreisen usw. Und wiederum ist anzunehmen, daß die Eibe niemals weit entfernt von diesen frühen heilig gehaltenen Orten war, so befinden sich z. B. in den französischen Pyrenäen sämtliche mesolithischen Steinsetzungen zwischen 600 und 1.300 m ü. d. M. – exakt die natürliche Verbreitungszone von *Taxus baccata* in dieser Region.

Das religiöse Muster, das Darstellungen einer (göttlichen?) weiblichen Figur sowie des Baumes und der Schlange umfaßt, scheint seinen Ursprung im westlichen Kilikien und dem Taurusgebirge (heute Südtürkei und Nordsyrien) zu haben. In einem Gebiet, das sich mit dieser Region überlappt, erscheinen die früheste mit Ornamenten bemalte Keramik und auch die ältesten Spuren der Seßhaftigkeit (Nord-

36.1 *(oben) Eibenblätter* ***36.2*** *Das Zweigmotiv in paläolithischen Höhlenmalereien in Castillo, Puente Viesgo (a), Lascaux (b–e), Marsoulas (f) und Niaux (g–i)*

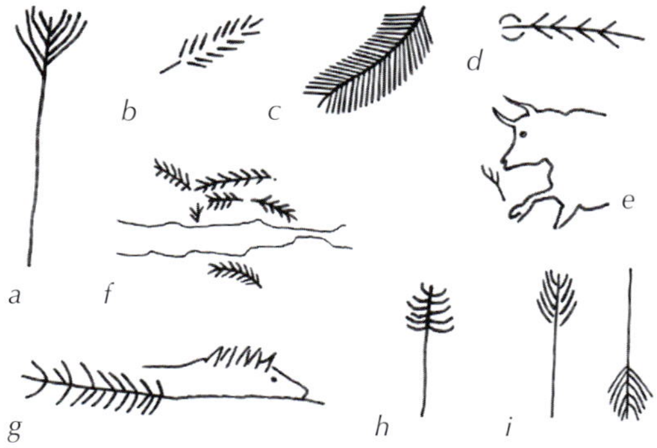

mesopotamien). Diese frühen Kulturstufen – benannt nach den Ausgrabungsorten Hassuna, (Hassuna-) Samarra und Halaf – werden gewöhnlich als aufeinanderfolgend verstanden, weisen aber durchaus Überschneidungen auf. Radiokarbon-Datierungen der frühen Halaf-Schicht sind genauso alt wie die von Hassuna: ca. 5750 v. Ztr. Während sich die Halaf-Stufe auf das syrisch-türkisch-irakische Grenzgebiet konzentriert, finden sich die Hassuna-Fundorte in der syrisch-kilikischen »Ecke« des östlichen Mittelmeeres[7] (siehe Karte S. 214) – genau dem Gebiet, in dem die Eibe in Kleinasien die Eiszeit überlebt hat und von wo sie sich wieder ausbreitete.

36.3 Eiben an einem Höhleneingang (Humphrey Head, Cumbria)

In der Kunst der Hassuna-Stufe (ca. 5750 v. Ztr. bis ca. 5350 v. Ztr.) sind stilisierte und abstrakte Formen die Regel. Das einzige vorkommende naturalistische Motiv ist das sogenannte »Zweigmuster«, von dem man annimmt, daß es einen Zweig oder Baum repräsentiert. Alle anderen Motive sind ausschließlich geometrisch.[8] Eine mögliche Deutung des Zusammenhangs dieser beiden Motivgruppen ist die, daß die geometrischen Muster – Schraffuren, Zickzacklinien, (sich überlappende) Rauten, Dreiecke – sich aus den Darstellungen des offenbar nadeltragenden Zweiges entwickelt haben könnten. Falls das Zweigmotiv der Hassuna-Kunst wirklich den Baum des Lebens repräsentiert, dann könnten die sich überlagernden Schraffuren in den geometrischen Stücken ein Verweis auf die Symbolik des Webens darstellen (siehe S. 182–3,

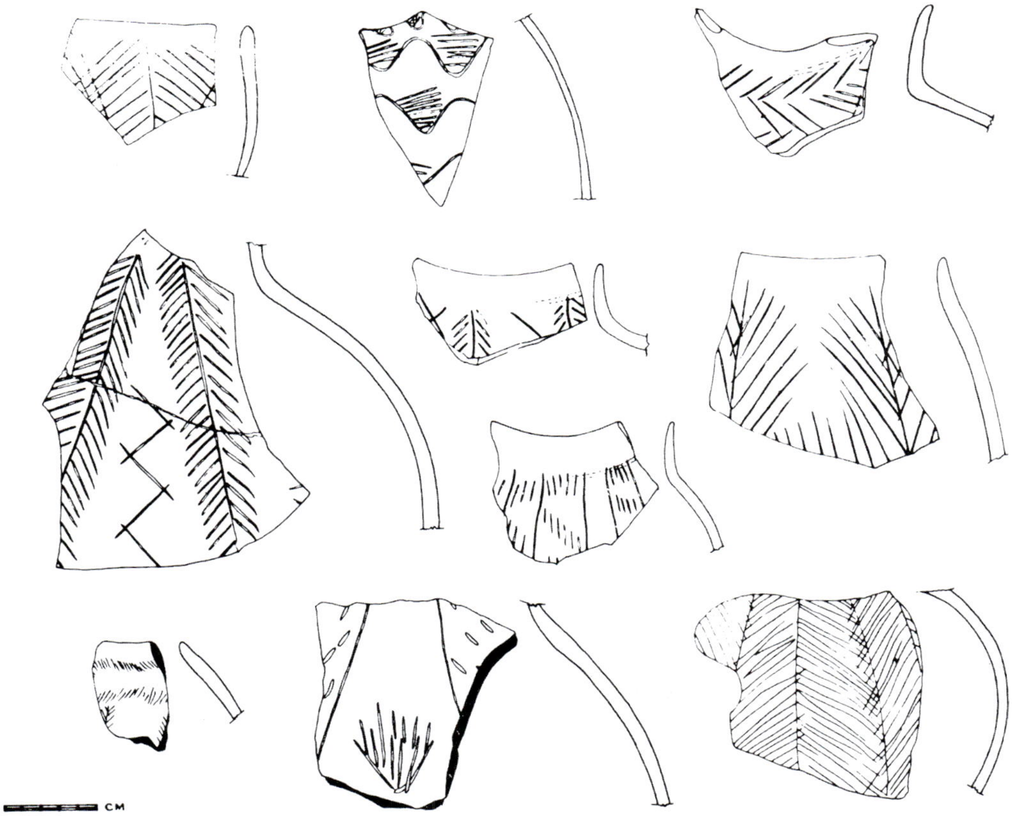

36.4 Das »Zweigmuster« auf früher Hassuna-Keramik (Ritztechnik), 6. Jahrtausend v. Ztr.

226–8). Wie dem auch sein mag, die Hassuna-Kunst zeigt auf jeden Fall das *Potential* eines Nadelzweiges für die abstrakte Kunst. Die Keramik von Hassuna und Halaf wurde häuslich benutzt, aber auch in Gräbern gefunden, v. a. solchen von Säuglingen.[9]

In der Halaf-Stufe erhielt sich die Dominanz der geometrischen Muster, wurde aber bereichert durch (abstrakte) Darstellungen jener Tiere – Stier, Schlange, Taube und andere Vögel – die sich in den Göttinnenkulten der späteren Kulturen wiederfinden. In dieser Periode erscheint außerdem ein großer Reichtum an weiblichen Figurinen sowie Anhängern und Amuletten, die Vögel oder Doppeläxte darstellen.[10] Mit der »neolithischen Revolution«[11] wanderte diese Motivgruppe (und mit ihnen ihre symbolische Bedeutung) südwärts in die Schwemmgebiete Mesopotamiens, wo sich einige bäuerliche Dörfer in kleine Marktstädte entwickelten und schließlich, um 5000 v. Ztr., in Eridu das Tal zwischen Euphrat und Tigris besiedelt wurde.[12] In der sumerischen Religion lebte die Idee der Göttin und des sterbenden und auferstehenden Gottes fort in den Gestalten von Inanna und ihres

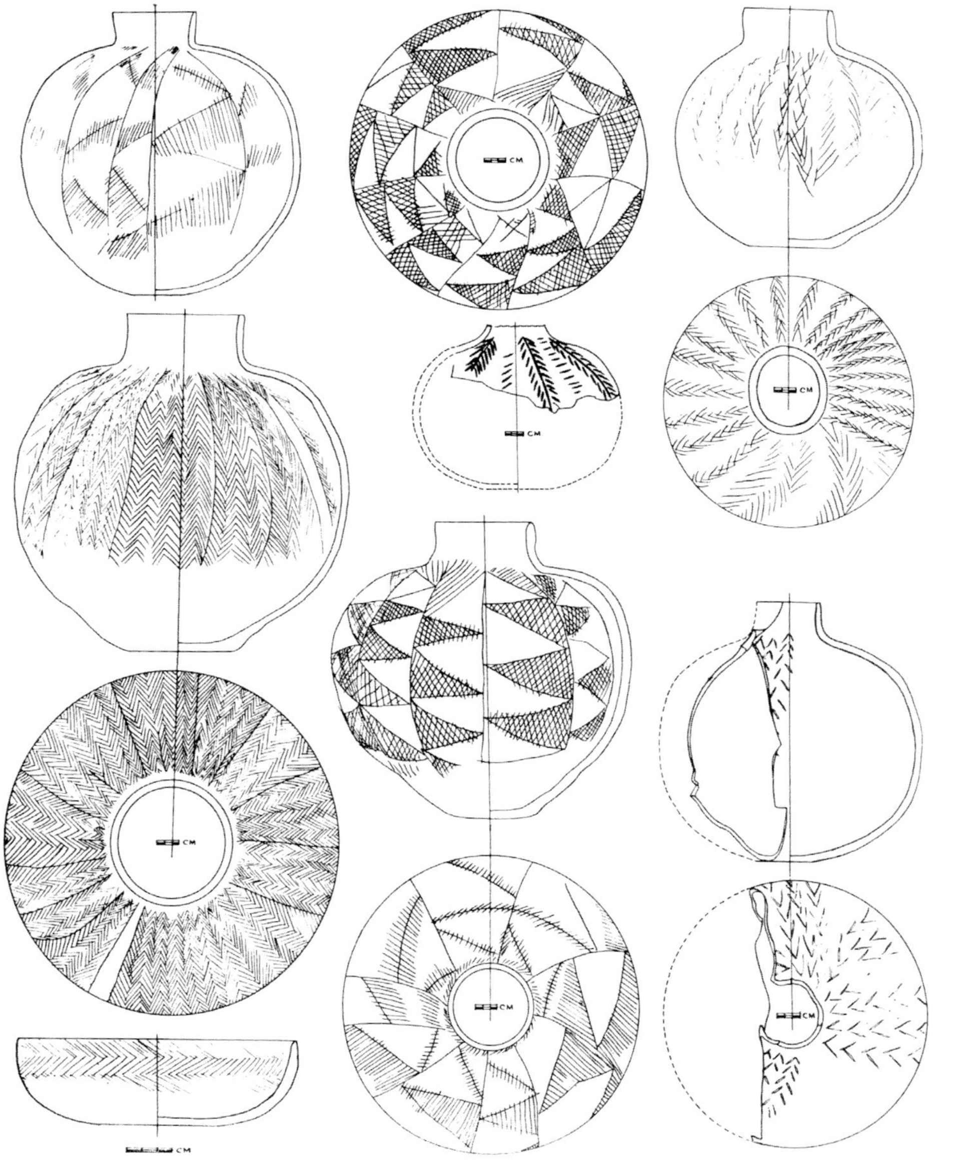

36.5 *Das »Zweigmuster« der Hassuna-Keramik zeigte schnell sein abstraktes geometrisches Potential: Schraffuren, Zickzacklinien, (sich überlappende) Rauten und Dreiecke.*

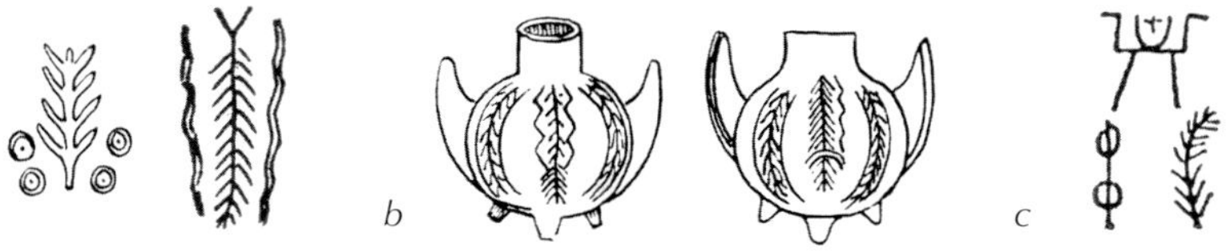

36.6 *Der heilige Zweig a) auf hethitischen Siegeln; b) auf Tongefäßen aus Troja (vergl. Abb. 37.6); c) auf einem punischen Votivstein an die Göttin Tanit, Atlasgebirge, Nordafrika*

Partners Dumuzi. Im Niltal entwickelte sie sich zur Religion von Isis und Osiris. Und wenigstens 1000 Jahre nach seinem ersten Erscheinen im südlichen Taurusgebirge taucht das Eibe/Lebensbaum/Göttin-Muster in Kreta auf (den alten Legenden zufolge gelangte es über Ägypten dorthin, aber auch direkt von Westanatolien). Von Kreta verbreitete es sich weiter, über Griechenland mittels der mykenischen Kultur und auf dem Seeweg durch die Straße von Gibraltar bis zu den Britischen Inseln und der Nordsee. Auf dem Kontinent überquerte der Einfluß der Tigris-Euphrat-Kultur den Kaukasus als auch das Schwarze Meer, und über die Ägäis gelangte er im 4. Jahrtausend v. Ztr. in den Balkan und von dort in das übrige Europa.[13]

Die ältesten Texte aus Anatolien befinden sich auf den althethitischen Keilschrifttafeln (ca. 1750–1500 v. Ztr.).[14] Die Hethiter waren eine indoeuropäische Gruppe, die um 2000 v. Ztr. in Anatolien eintraf. Sie unterwarfen die einheimischen Hattier und assimilierten die Kultur der Hurriter einer anderen nicht-indoeuropäischen Gruppe in Kilikien und den Taurusbergen.[15] Diese kulturelle und spirituelle Symbiose schuf eine Religion, in der mesopotamische Gottheiten Seite an Seite mit hattischen und hurritischen standen, wobei das Erbe der indoeuropäischen Einwanderer noch am wenigsten wog. Tatsächlich haben verschiedene Religionswissenschaftler[16] angemerkt, was für eine überraschende über Jahrtausende währende Kontinuität sich in der Religionsgeschichte Anatoliens zeigt, vom Neolithikum bis zur Einführung des Christentums. Die beiden Hauptgottheiten im hethischen Pantheon waren der Sturmgott und eine gleichermaßen mächtige Göttin. Auch bei den Hethitern behielten sie ihre hurritischen Namen: der Sturmgott Teshub und die Göttin Hebat (später, im phrygischen Reich, als Kybele bekannt).[17] Von der anatolischen Göttin glaubte man, daß sie einen großen Teil ihrer magischen Kraft aus ihrer engen Beziehung zu den unterirdischen (chthonischen) Mächten bezog – wie ein Baum. Und tatsächlich spielten Bäume eine überaus wichtige Rolle in den Mythen und Ritualen der Hethiter,[18] insbesondere die Eibe, die in vielen Keilschrifttexten erwähnt wird. Der *eya* oder *eyan* Baum kommt oft in zeremoniellen und sogar in juristischen Texten vor: z. B. war das Pflanzen einer Eibe in bestimmter Position am Haus ein Anzeiger für die Steuerfreiheit des Bewohners. Der Baum war von besonderer Wichtigkeit in den Zeremonien des Königs (siehe Kap. 39), aber auch in denen der einfachen Leute. Die betreffenden Sätze in den Ritualtexten lesen sich wie folgt: »Der Eibenbaum, der am Altar plaziert worden war, der Priester des Telipinu bereitet ihn vor«;[19] »auf dem Altar über einem Eibenbaum schlachten sie …«;[20] »vor ihnen soll ein Eibenbaum stehen, als Zeichen ihrer Freiheit«;[21] »bereite den Eibenbaum für mich und gib mir die Freiheit!«[22] Eibenholz wurde auch bei rituellen Feuern verwendet: »[er] entzündet den Herd; ein [Stück] Eibenbaum hält er mit seiner rechten Hand und eines mit seiner linken Hand«.[23]

Ein uralter, auch heute noch im Mittleren Osten weitverbreiteter wie in Asien und Europa zu findender Brauch besteht darin, einen Stoffstreifen oder ein Band an einen heiligen Baum zu binden, um ein Gebet zu begleiten und zu verstärken (siehe Abb. 29.15).[24] Beim Haus der Jungfrau Maria in Ephesos (Türkei) z. B. erweisen so Christen wie Moslems ihren Respekt. Im Irak binden die Menschen ein weißes Stoffband an einen Baum, für die Seele eines Kindes, das durch Gewalt starb.[25] Auch in den weiträumigen ländlichen Gebieten der Türkei hat sich eine große Anzahl alten Brauchtums und schamanischer Praktiken erhalten; in Teilen Anatoliens sind meist Nadelbäume die mit Bändern behangenen Gebetsbäume. Um einem Gebet oder Segen Dauerhaftigkeit zu verleihen, wählen die Anatolier den langlebigsten Baum, eine Eibe, wenn es sie gibt, sonst einen anderen immergrünen.[26]

37.1 *Der umwölkte Gipfel des Götterberges Olymp, gesehen von einer alten Eibe in der Enipéas-Schlucht*
37.2 *Alte Eibe beim alten Dionysos-Kloster, Enipéas-Schlucht (Mavrólongos), Griechenland*

KAPITEL 37

DIE BERGMÜTTER

Da die Eibe ein heiliger Baum ist, der in den Gebirgen und Mittelgebirgen wächst – und zwar von der Iberischen Halbinsel über den Mittelmeerraum bis nach Kleinasien und zum Kaukasus (und entlang der ganzen Länge des Himalaja bis nach Südostasien und Japan) –, ist es angebracht, die religiösen Aktivitäten in diesen Hochlagen zu betrachten, die mit ihnen verbundenen Gottheiten und die menschlichen Eigenschaften, die diese Gottheiten repräsentieren. Dieses Kapitel konzentriert sich auf die weiblichen Gottheiten, deren Verehrung an den »hohen Plätzen« begann (die männlichen werden im folgenden Kapitel behandelt). In einigen Fällen mag die Verbindung zur Eibe zuerst nicht offensichtlich sein, wird aber im Verlauf der folgenden Kapitel deutlich.

Obwohl sich die menschliche Kultur zunehmend in die fruchtbaren Flußebenen verlagerte, behielten Berge im neolithischen und bronzezeitlichen Nahen Osten ihre Aura des Heiligen bei – und das blieb so für Jahrtausende, bis zum Auftreten von Christentum und Islam. Wie in den Kapiteln 6 und 36 gezeigt, war *Taxus baccata* im Mittelmeerraum ursprünglich ein weitverbreiteter Bergbaum und somit nie weit entfernt von den hochgelegenen Kultplätzen (ganz zu schweigen von jenen, in denen ein Baum der Mittelpunkt war). Und selbst in den Tieflanden bewahrten die mit der Eibe assoziierten Gottheiten ihre Assoziation mit Bergen für eine lange Zeit. So errichteten die ersten Sumerer im mesopotamischen Tiefland einen Tempel für die Göttin Ninhursag, deren Name »Herrin des Berges« bedeutet[1] und die auch als Ninmah, »Herrin des heiligen Haines«[2] bekannt war. Sehr viel weiter östlich ist die wichtige indische Göttin Parvati die »Tochter des Berges«; in Japan lebt die an Artemis erinnernde Herrin der Tiere, Yamanokami, in den Bergen, genau wie ihre kaukasische Verwandte,[3] die Jagdgöttin Dali. Und als die griechische Artemis bei Zeus (im olympischen Mythos ihr Vater) drei Wünsche frei hat, antwortet sie sofort: »Ich bete um ewige Jungfernschaft; … Bogen und Pfeile wie seine [Apollos]; das Amt, Licht zu bringen; … [und] um alle Berge in der Welt; … denn ich beabsichtige, die meiste Zeit auf Bergen zu leben.«[4]

Ein Aspekt der alten Bergkulte sind die sogenannten Bergthrone, welche über ganz Kleinasien, Griechenland und auch in Westasien gefunden worden sind.[5] In diesen Gebieten wurden nahe von Bergspitzen und auf Hügelkuppen wohlgestaltete Sitze oder Throne aus dem Fels gehauen, einige von ihnen mit ein paar Stufen an ihrem Fuße. Ihre Schöpfer sind uns unbekannt, ebenso die Zeit ihrer Entstehung, aber sie werden spätestens auf das 14. Jahrhundert v. Ztr. angesetzt.[6] Die meisten weisen keine Inschriften oder Widmungen auf, aber zwei hat man gefunden: die eine bei einem Doppelthron auf einem Hügel auf der kleinen Insel Chalke (vor der Westküste von Rhodos), sie weiht den Thron Zeus und Hekate; die andere bei einem Thron nicht weit von Lartos auf Rhodos selbst, sie nennt Hekate. Die Schriftart der Letzteren ist nicht älter als das 3. Jahrhundert v. Ztr., was aber keineswegs ausschließt, daß der Felsenthron selbst älter sein mag, denn es könnte sich um eine Neu-Widmung handeln. Die Widmung an eine Unterweltgottheit jedoch ist

37.3 *Alte Eibe auf Felsgrund; Ardasai, Sardinien*

37.4 *»Bergthron« für Zeus und Hekate, Insel Chalke (bei Rhodos)*

an sich schon erstaunlich, denn die hellenistischen Griechen weihten die (viel älteren) Bergthrone, die sie vorfanden, in der Regel ihrem Himmelsgott Zeus.[7] Jedoch wissen wir, daß sich in den vor-hellenistischen Religionen oft Göttinnen des Himmels, der Erde *und* der Unterwelt finden, die mit Bergen und Berggipfeln verknüpft waren. In Ephesos, an der ägäischen Küste der heutigen Türkei, war die phrygische Göttin Kybele als Artemis *Protothroníe* bekannt, »Sie des ersten Thrones«.[8] Im berglosen Ägypten wurde Isis, Artemis' Entsprechung, mit einer Krone in Form eines Thrones dargestellt – möglicherweise ein Relikt ihrer vor-sumerischen Geburt in den Bergen (des Taurus? Siehe Kap. 43). Bevor diese Göttinnen ihre vollständige Identität ausbildeten, so scheint es, wurden sie eher namenlos und in Gruppen von drei oder neun verehrt: als die Musen, die Moiren und (seltener) die Furien.

DIE MUSEN

Die frühgriechische Literatur bezeichnet die archaischen Göttinnen der Berge als Musen, »Bergmütter« (von griech. *Moúsa*).[9] In der hellenistischen Epoche standen Tempel und Altäre der Musen und Statuen von ihnen überall in der griechischen Welt,[10] ihr Zentrum aber befand sich auf dem Helikon in Böotien. Der Name dieses Berges erinnert an *Helike*, den griechischen Namen für die Konstellation des Grossen Bären (Ursa Major). Das ist ein Verweis auf die Drehung des Sternenhimmels um Polaris, den Polarstern,[11] und damit auf die Bedeutung dieses Berges als heiliger »Mittel-Punkt«, d. h., als eines Zugangspunktes zur kosmischen Achse – die oft als mythischer

Weltenbaum auf dem Weltenberg dargestellt wurde.[12] In früherer Zeit beinhaltete der Kult der Musen wahrscheinlich ein Ritual der »Heiligen Hochzeit« (siehe Kap. 39), in welchem der Himmelsgott sich mit der Bergmutter (die die Erde repräsentierte) vereinigte. Die Menschen feierten das mit Gesang und Tanz, Flöten, Trommeln und Saiteninstrumenten (vergl. Kap. 42).[13]

DIE MOIREN UND DIE FURIEN

Die Moiren *(Moirai)*, auch Grazien genannt, weben die Geschicke der Menschen und aller Wesen zum großen Gewebe der Schöpfung, daher stellte man sie sich oft als spinnend und webend vor. Herkunft und ursprüngliche Anzahl dieser weiblichen Unsterblichen liegen im Dunkeln. Platon beschreibt sie als auf Thronen neben der »Dame Notwendigkeit« sitzend, die auf ihrem Schoß die Spindel des gesamten Sonnensystems dreht (vergl. Kasten S. 186). Die Moiren sind Töchter der Notwendigkeit, und während sich die Planeten in ihren Umlaufbahnen bewegen, stimmen sie ein in die Musik der Sphären: Lachesis, die »Vermesserin«, singt vom Geschehenen; Klotho, die »Spinnerin«, singt vom Gegenwärtigen; Atropos, die »Unvermeidliche«, singt vom Bevorstehenden.[17] Da sie sich direkt an der kosmischen Achse befinden, regieren sie auch die Tore zwischen den Himmeln, der Erde und der Unterwelt. Damit hängt es zusammen, daß die Symbolik des Spinnens und Webens seit dem Neolithikum von immenser Bedeutung war.[18]

Die Akademie

Am Rande von Athen gründete Platon die berühmte Akademie, an der ursprünglich Mathematik, Dialektik, Naturwissenschaften und Politik gelehrt wurden. Das Grundstück, das Platon um 387 v. Ztr. dafür erwarb, umfaßte auch einen heiligen Hain[14] aus Olivenbäumen, Eiben, Weißpappeln, Ulmen und Platanen.[15] Juristisch war die Akademie eine Körperschaft mit dem Zweck der Verehrung der Musen. Sie wurde 529 n. Ztr. durch den byzantinischen Kaiser Justinian geschlossen. Die Bäume allerdings waren bereits 87 v. Ztr. zerstört worden, als der römische Kommandant Sculla das Holz für Kriegsgeräte für seine Belagerung Athens benutzte.[16]

In Alexandria in Ägypten hieß der dortige Tempel der Musen *Mouseion*, »Sitz der Musen«. Daher kommt unser Wort Museum.

Die Furien *(Erinyes)* sind die Agenten, die die Erfüllung der Beschlüsse der Moiren sicherstellen. Man rief sie zum Schutz von Baustellen an und besonders als Zeugen beim Schwur von Eiden, denn Eide bewirkten einen Auftrag, ein *moira* (»Schicksal«). Zu Anfang ihrer Geschichte waren die Erinyen moralisch neutral – darum wurden sie auch Eumeniden, »die Gütigen«, genannt[19] –, aber das allgemeine Verständnis von göttlicher Gerechtigkeit änderte sich, und schließlich betrachtete das »wachsende Schuldgefühl«[20] einer späteren Epoche ihre Aktivitäten als Strafen und die Gütigen selbst als gnadenlose Rächerinnen. In der hellenistischen Zeit waren sie sehr gefürchtet, man stellte sie sich als unberechenbare wilde Frauen vor, die Fackeln aus Eibenholz schwingen und das Übertreten der (göttlichen) Gesetze mit Eibengift ahnden – die Eibe war ihnen heilig.[21] Das Motiv des Fackeltragens ist eine Parallele zu Demeter und Persephone, die den Weg durch die Dunkelheit erhellen – aber wohin führt das Licht der Erinyen? Es ist auffällig, daß die Erinyen insbesondere die Verletzungen rächen, die einer Mutter zugefügt worden sind,[22] was eine vorpatriarchale Herkunft vermuten läßt. Der heilige Eibenzweig gibt ihnen die absolute Ermächtigung zur Fällung und Ausführung von Urteilen (vergl. Kap. 39).

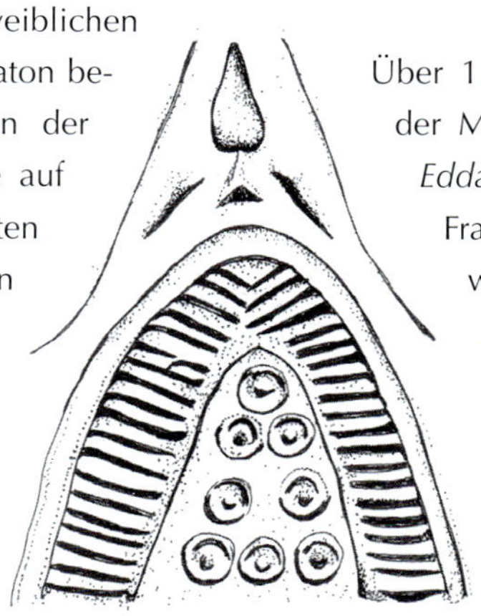

37.5 *Der Weltenbaum auf dem Weltenberg, in dem sich arillenähnliche Kreismuster befinden; Siegel aus Mesopotamien, 3000–2900 v. Ztr.*

Über 1.600 Jahre nach Platons Darstellung der Moiren spricht die isländische *Lieder-Edda* von den Nornen, drei unsterblichen Frauen, die an der Urquelle des Lebens wohnen, dem »Wyrd-Brunnen« am Fuße des Weltenbaumes. Dort empfangen sie jeden Morgen die Ratsversammlung der Asen.[23] Ihre Namen sind Urd (eine andere Form von *Wyrd*),[24] Skuld, »Schicksal«, und Werdandi, die »Werdende«. Das germanische *Wyrd* bzw. nordische *Urd* ist eine grundlegende Vorstellung im

37.6 *Das Zweigmuster ist ein wiederkehrendes Motiv auf den symbolbeladenen Votiv-»Spindeln« aus Troja; Terrakotta, ca. 2100 – 1900 v. Ztr.*

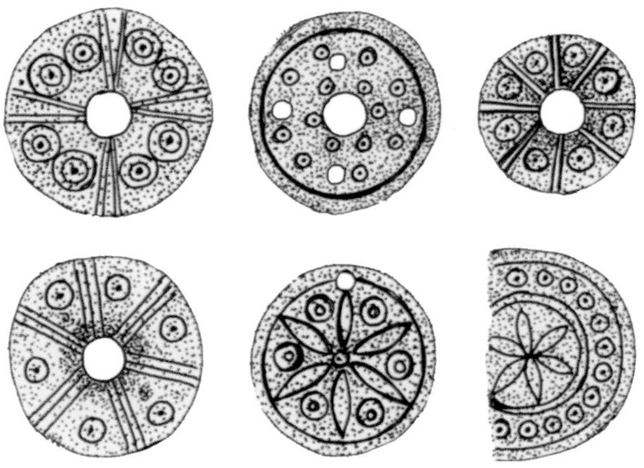

37.7 *Traditionelle Spindeln aus Friesland, Nordwestdeutschland, zeigen Kreuze oder den »Sechsstern« sowie arillenähnliche Kreismuster.*

altgermanischen Weltbild. Es kann als »Schicksal, Macht, prophetisches Wissen« übersetzt werden, steht aber eigentlich für den Urgrund allen Seins, die Kraft in allem Leben. Nach dieser Kosmologie ist die Welt ein riesiges dreidimensionales Netzwerk oder Gewebe, in dem alles miteinander verbunden ist[25] – darum die mythologische Bedeutung des Webens. Den Nornen sprach man zu, die Fäden des Schicksals zu weben und die Geschicke der Menschen in Runenhölzchen (meist aus Eibenholz) zu schneiden (siehe S. 223 – 5). Die Nornen wie auch die Moiren stehen weniger für das Schicksal des Einzelnen, sondern mehr im ganzheitlichen Sinne für die harmonische Ordnung der Welt.[26] Die Gütigen finden sich in deutscher Überlieferung noch in den Holden, »freundlichen Geistern, einem stillen unterirdischen Volk«, deren Prinzessin Holde (Frau Holle) ist. Ihre Hauptaufgabe war die Führung der Seelen nach dem Tode.[27] In den Eddas ist ihre Königin Huldre oder Hel, »die Verschleierte«.[28]

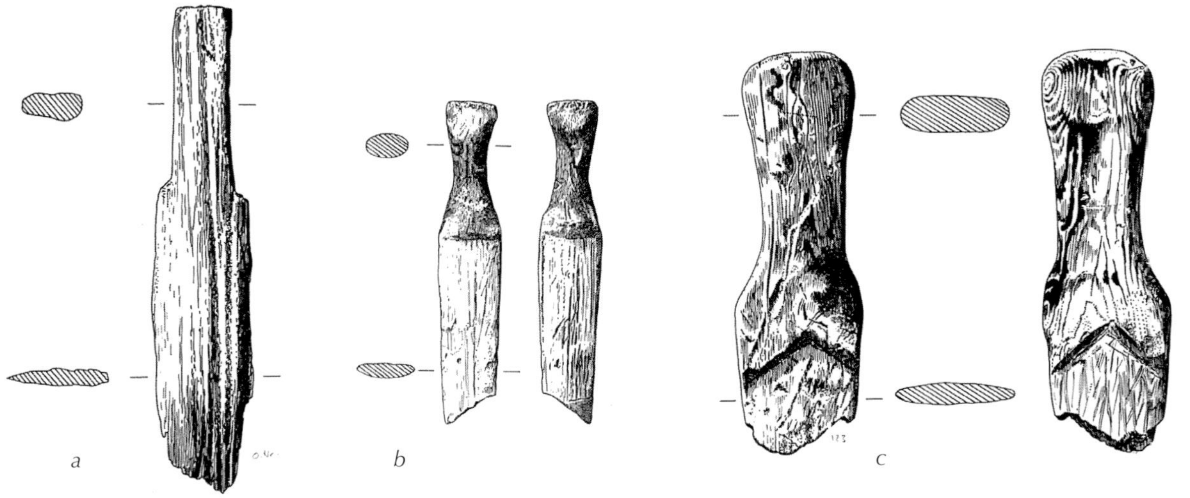

37.8 *In neolithischen Schichten in der Schweiz fand man seit den 1860er Jahren rätselhafte hölzerne Dolche. Sie wurden als »Webmesser« bekannt, aber diese Nutzungsart ist eine Hypothese; wie und wofür sie tatsächlich benutzt wurden, bleibt im Dunkeln. Die »Klingen« sind linsenförmig im Querschnitt und gewöhnlich einige Millimeter stark; ihre Größe variiert beträchtlich, aber alle Fundstücke sind aus Eibenholz. Die hier gezeigten Beispiele stammen aus Niederwil: (a) 14,5 cm lang, (b) 9,9 cm lang, (c) 12,5 cm lang. (Nach Müller-Beck 1991)*

VON KLEINASIEN NACH KRETA

Aufgrund seiner zentralen geographischen Lage hatte Kreta bereits seit frühester Zeit starke kulturelle und spirituelle Verbindungen mit Griechenland, Kleinasien, der Levante und Ägypten. Die anatolische Muttergöttin erschien auf Kreta unter verschiedenen Namen und in unterschiedlichen lokalen Kulten.[29] Ihr Mutter-und-Tochter-Aspekt zeigte sich vorrangig in der Tradition von Demeter und Persephone (altkretisch *Phersoponé*), die sich von Kreta über die Peloponnes auf das griechische Festland ausbreitete und besonders in Eleusis Fuß faßte (siehe Kap. 35). Fast die gleiche Beziehung besteht zwischen der kretischen Bergmutter Diktynna und der jungen Britomartis (»süßes Mädchen«), deren Verehrung sich auf dem Berg Dikte (2.148 m) im östlichen Teil der Insel konzentrierte.[30] Münzen aus den letzten beiden Jahrhunderten v. Ztr. zeigen Diktynna mit Köcher und Bogen, einer Fackel und an ihrer Seite einem Hund.[31] Aber die älteste Tradition ist wahrscheinlich die der Leto, die aus Karien (heute südwestliche Türkei) nach Kreta gekommen war. Leto (auch Lato) – ihr Name wird auf das karische Wort für »Frau«, *lada*, zurückgeführt[32] – hat eine Tochter *und* einen Sohn: Artemis und Apollo. Viele Abbildungen von ihr zeigen sie als *kourotrophos*, als Frau mit einem kleinen Kind auf ihrem Schoß, was (weltweit) eines der ältesten Motive in religiöser Kunst ist. Sie war auch die ursprüngliche Göttin in Ephesos (siehe Kap. 40). Von Kreta verbreitete sich ihr Kult nach Griechenland, hauptsächlich nach Delos und Delphi, wo Apollo schon bald seine Mutter überstrahlte, während er auf Kreta und in Ephesos ein Kind blieb.

Der andere heilige Berg Kretas, der Ida (2.456 m) im Zentralgebirge der Insel, unterstand der Göttin Rhea. Sein Name bedeutet »Wald« oder »Wildnis«,[33] und es ist kein Zufall, daß er denselben Name trägt wie der Ida bei Troja, auf dem die Riten der anatolischen Göttin ausgeführt wurden. Beiden Bergen ist nicht nur die Verbindung zum Göttinnenkult gemein, sondern auch die zu den Daktylen *(Daktyloi)*, einer Gruppe fortgeschrittener Schmiede, denen man die Einführung revolutionärer Techniken der Eisenverarbeitung zuschrieb;[34] in der hellenistischen Zeit wurden sie zur »mythologischen Personifikation einer Bruderschaft von Meistermetallurgen« (Eliade).[35] Sowohl Hebat/Kybele in Anatolien als auch Rhea auf Kreta waren nicht nur Schutzgöttinnen der Geburt, sondern auch Patroninnen der Schmiede.[36] Für die heilige Grotte im kretischen Ida sind Riten des Todes und der Wiedergeburt belegt,[37] und Eliade führt aus, daß der spätere Kult des Zeus in der Idäischen Grotte immer noch »die Struktur einer Initiation in die Mysterien hatte«.[38] Eine ähnliche spirituelle Bruderschaft lebte auch am Dikte: die Kureten, die in den Bergen Schafe und Ziegen hüteten, eine Göttin verehrten, Schreine in den Bergen pflegten und sehr wahrscheinlich einer asketischen Lebensweise folgten. Die hauptsächlichen sozialen Aufgaben solcher Bruderschaften waren »(a) die Einweihung der Jugend und (b) die Pflege des heiligen Baumes«.[39] Einige kümmerten sich auch um die Einweihung in bestimmte Berufe wie Schmiede, Musiker oder Heiler (wie die Anhänger des Asklepios).

Sowohl der Ida als auch der Dikte können als »Weltenberge« in der Tradition der Musen betrachtet werden; beide kretische Orte bargen archäologische und textliche Belege, die sich auf die Symbolik des Lebensbaumes beziehen.[40] Homer z. B. spricht von einer Konifere auf dem Gipfel des Ida, die den Äther *(aithér)* erreicht,[41] d. h. die höheren Dimensionen des Himmels. Die altkretischen Darstellungen des Lebensbaumes ähneln *Taxus* mehr als jeder anderen Baum-

37.9 *Ein junger, mehrstämmiger Baum zwischen zwei »Weihehörnern« wird von zwei Genien (Naturgeistern) mit Libationskrügen gegossen; Gemme aus Vaphio.*
37.10 *Libationskrug vor einer Einzäunung mit heiligen Bäumen, links ein »Weihehorn«; Siegelstein aus Sphoungaras*
37.11 - 37.12 *(rechts) In diesen ungewöhnlichen Siegelsteinen sind die »Weihehörner« selbst zu Zweigen geworden.*

art (siehe Kasten S. 186–7). Und Theophrast bestätigt im 4. Jahrhundert v. Ztr. das Vorkommen der Eibe auf dem Ida[42] und erwähnt einen *fruchttragenden* Baum, »in den die Weihegaben gehängt wurden«,[43] direkt am Eingang der heiligen Idäischen Grotte.

Unter hellenistischem Einfluß wurden diese beiden kretischen Berge, oder eher die Ritualhöhlen in ihren Flanken, mit der Geburt und Hege des jungen Zeus verknüpft. Sein Name ersetzte jedoch nur den einheimisch kretischen »heiligen Sohn«. Unter welchem Namen auch immer – Zagreus, Dionysos, Zeus *Idaios* – der wiedergeborene Gott war auch ein Baumgott, daher trug er Beinamen wie *Epirnytios*, was »über die wachsenden Pflanzen gesetzt« oder »am Baum« bedeutet. Im Mythos hing Zeus' Wiege im heiligen Baum am Eingang zur Diktäischen Grotte. Oder war er gar aus dem hohlen Stamm/dem »Schoß« des Baumes geboren?

Die mythischen Details von Zeus' Kindheit, zusammen mit den archäologischen Belegen,[44] lassen vermuten, daß das Ritual in der Diktäischen Höhle die Libation dreier Flüssigkeiten beinhaltete, die seit alters her heilig waren: Wasser, Milch und Honig (vergl. S. 219). Das Wasser ist hier durch die Anwesenheit Ios chiffriert, die den Mond als Regenbringer repräsentiert,[45] Milch ist das Geschenk der Ziege, und der »Honigmann« (Melisseus)[46] ist ein Echo auf andere lokale Traditionen, in denen Zeus direkt von Bienen genährt wird[47] – und die Kureten lehrten die Kunst der Bienenhaltung.[48] Der Name der Adrasteia bedeutet »die Unentrinnbare«; die späteren Griechen identifizierten sie mit Nemesis,[49] der Göttin des Schicksals (siehe unten). Der bewaffnete Tanz der Kureten könnte eine Einweihungszeremonie in eine Bruderschaft junger Männer gewesen sein.

Auf ähnliche Art verweisen auch die Überlieferungen von Leto und ihren Kindern[50] auf die Bedeutung solcher Gemeinschaften »heiliger« Frauen oder Männer (Korybanten, Kureten, Kabiren),[51] die in oder nahe bei den Höhlen dieser heilig gehaltenen Berge lebten und sich mit den Priestern oder Priesterinnen der Göttin zusammentaten, um die zeremoniellen Reifeprüfungen der Jugend auszuführen. Die Wiedergeburt des »Sohnes« als auch das Verschwinden der »Tochter« in die Unterwelt (siehe den Mythos von Kore/Persephone in Kap. 35) sind die mythologischen Entsprechungen für Rituale, in denen kretische Jünglinge ihre Kinderkleidung ablegten und »nach einer Phase der Zurückgezogenheit« als Geschenk die Erwachsenen- oder Kriegertrachten empfingen.[52] Auch die Mädchen verschwanden in die Isolation; sie wurden »hinfortgetragen und betrauert«[53] – von ihren Verwandten und dem ganzen Dorf. In den abgeschiedenen spirituellen Gemeinschaften wurden sie in den Geheimnissen des Frauseins unterrichtet – und keines der Mädchen kam je zurück: Wer zurückkam, war zur Frau geworden. In den ackerbaulichen Festen mag Kore/Persephone tatsächlich das Getreidekorn symbolisiert haben, aber das Motiv des verschwindenden Mädchens war von genauso großer, von sozialer Bedeutung; hierbei ging es ebenso um die Zukunft, nämlich darum, wie eine Gesellschaft (Erwachsener) sich um die soziale und spirituelle Integration ihrer Jugend kümmert.

Die Kindheit des Zeus

Rhea und Kronos (die in anderen griechischen Quellen die Planetengeister des Saturn sind[54]) sind die Eltern einer ganzen Reihe von Gottheiten,[55] aber Kronos hat sie alle verschlungen, um die Erfüllung einer Prophezeiung zu verhindern, nach der er durch einen seiner Söhne entthront werden würde. Gleich nach der Geburt des Zeus gibt Rhea ihn der Mutter Erde, die ihn bei der Diktischen Höhle versteckt. Dort wird er von Adrasteia und ihrer Schwester Io gesäugt, zwei Töchtern des Melisseus (»Honigmann«), sowie von der Ziegennymphe Amaltheia. Die Kureten, die auf diesem Berg leben, lassen den Klang von »Kybeles Zymbeln die Luft erfüllen«,[56] mitunter auch das Krachen der Speere auf ihren Schilden oder beides zusammen, um das Schreien des Babys Zeus zu übertönen, damit der ferne Kronos es nicht höre. Als Jüngling lebt Zeus dann in der Idäischen Höhle und wird unter den Schäfern des Ida langsam zum Mann. Dort plant er auch seine Rache an Kronos und die Befreiung seiner Geschwister aus dessen Bauch. Nach Amaltheias Tod ehrt Zeus sie, indem er ihr Abbild in den Sternenhimmel setzt – das Zeichen des Steinbocks. Er gibt Adrasteia und Io eines ihrer Hörner, und es wird zum legendären Füllhorn (das immer mit den notwendigen Speisen oder Getränken gefüllt ist), einem uralten Symbol für die Fülle der Natur.[57]

Der Baum des Lebens auf Kreta

Zwei Funde aus Kreta gewähren einen seltenen Einblick in die kretischen Bergkulte und die minoische Vorstellung vom Leben nach dem Tode. Der erste ist eine kleine Bronzetafel aus der Diktischen Höhle. Sie zeigt drei Bäume auf jeweils einem minoischen Altar (erkennbar an den typischen Hörnern, die die Heiligkeit des Gegenstands in ihrer Mitte bezeichnen). Einer der drei Altäre (oben Mitte) ist größer als die anderen und weist zusätzliche Dekoration auf. Die Bäume sind von gleicher Art und haben zwei sauber gescheitelte Reihen aufwärts gerichteter Zweige oder Nadeln. Ein vierter Baum erhebt sich von einem Viereck, das eine Einfriedung (eines geweihten Bezirks) repräsentieren könnte oder einfach einen Pflanztopf. Die Zweige dieses Baumes sind abwärts gerichtet. Die beiden anderen Hauptelemente der Tafel sind eine menschliche Figur, die sich entweder dem »Topfbaum« nähert oder einen Ritualtanz im Sanktuarium vollführt, und eine Ringel- oder Waldtaube *(Columba palumbus)*, die auf dem linken Altarbaum sitzt. Der Fisch erscheint auf den ersten Blick fehl am Platze in einem Bergkult, war aber ein wichtiges Symbol in der Religion vieler Göttinnen (Fische leben im lebensspendenden Wasser wie ein Embryo im Geburtswasser der Gebärmutter, siehe Abb. 34.10). Weniger dominant aber hoch bedeutsam sind die Sonne und die Mondsichel am oberen Rand; die Anwesenheit dieser beiden Himmelskörper, ihre Balance (und in anderen Artefakten ihre Vereinigung) weisen darauf hin, daß es sich hier um ein heiliges Zentrum, einen Mittel-Punkt (siehe S. 155, 226) handelt, an dem die höheren Existenzebenen die Welt der Sterblichen berühren. Ihre Symbolik wird auch mit »innerer Alchemie« und Yoga-Praktiken (siehe S. 196) assoziiert. Der Weltenbaum ist die Achse, um die die Welt sich dreht, daher auch die beiden Kreuze um den mittleren Altarbaum: Kreuze und Hakenkreuze symbolisieren in vielen alten Kulturen die Rotation des Sonnensystems (vergl. Platon, S. 182, 195).

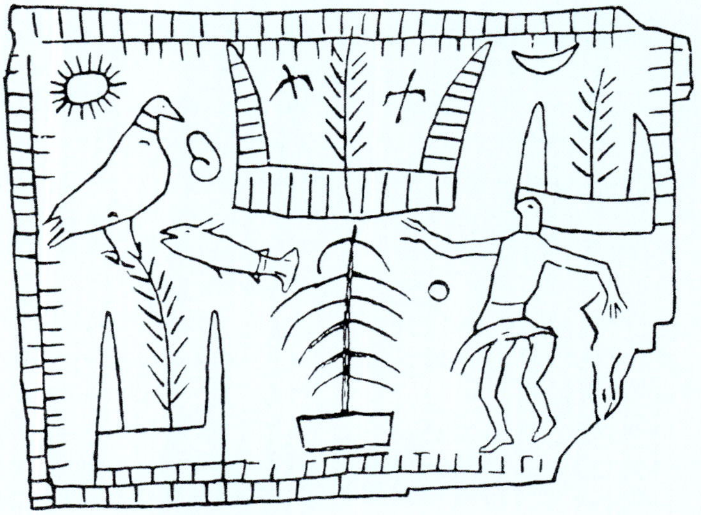

37.13 *Das Motiv der Votivtafel aus der Diktischen Höhle, Kreta, ca. 1500 v. Ztr., Originalgröße*

EUROPA

In ihrem Kult in der Nähe des Dikte ähnelt die Göttin Europa der Demeter, sie ist ein weiterer Ausdruck desselben Archetyps.[62] Sie erschien erst relativ spät unter den kretischen Göttinnen und ist aller Wahrscheinlichkeit nach eine Adaption der phönizischen Astarte (*Európe* war auch ein Beinamen der Demeter in Lebadeia in Böotien und der Astarte in Sidon).[63] In den letzten fünf Jahrhunderten v. Ztr. zeigen Münzen aus beiden Gebieten die Göttin mit einem Stier und einem Baum.[64] Auf Kreta wurde sie zu einer chthonischen Vegetationsgöttin, die mitunter mit Demeter verschmolz, mit der sie außerdem die Myrte teilt (ein damals wichtiger Baum in der Hebammenkunst).[65] Ihre Vereinigung mit Zeus (sie gebar ihm drei Söhne, darunter Minos, den legendären ersten König der kretischen Kultur[66]) läßt eine Tradition der Heiligen Hochzeit vermuten.[67]

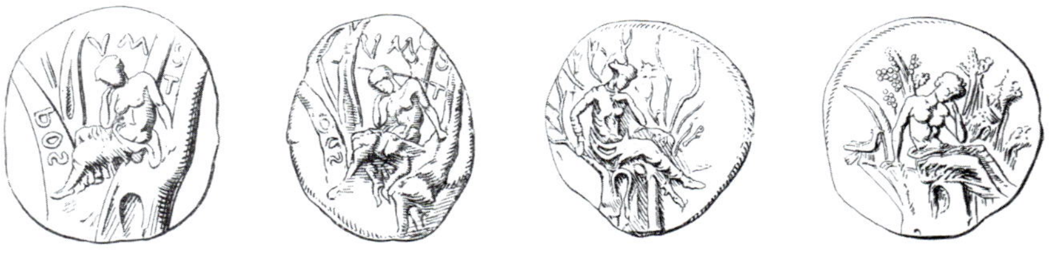

37.15 *Europa in ihrem Baum; ägäische Münzen ab ca. 430 v. Ztr.*

Das andere Fundstück ist der sogenannte Ring von Nestor, ein Goldring aus einem Grab über der Ebene von Pylia.[58] Er wiegt 31,5 g und wurde auf die Mitte des 2. Jahrtausends v. Ztr. datiert.[59] Seine fein gearbeitete Gravur zeigt in ihrem Zentrum einen Baum mit weit ausladenden horizontalen Ästen und eigentümlich verdrehtem Habitus – beides typisch für *Taxus*-Bäume. Der Wächter am Fuße des Baumes ist der uns inzwischen bekannte Unterweltshund (siehe »Hekate«, S. 169). Das linke untere Viertel des Motivs zeigt vier menschliche Figuren. Die beiden sich näher am Baum befindenden gleichen einem Paar, das zu einer zeremoniellen Aktivität geleitet wird (die unten rechts dargestellt ist). Ihre priesterliche Führerin (hinter ihnen, links von ihnen), verwehrt gerade einem dritten Anwärter (ganz links außen) den Zutritt. Die eigentliche Zeremonialszene im rechten unteren Viertel zeigt drei weitere Priesterinnen, alle in minoischen, typisch kurzen Röcken und mit Vogelköpfen oder -masken.[60] Auf dem Altar sitzt ein Greif oder die Statue eines solchen, dessen durchdringender Adlerblick die Beurteilung versinnbildlichen könnte, wer zu den höheren Ebenen zugelassen wird und wer nicht. Hinter ihm steht die Göttin oder die sie repräsentierende Hohepriesterin in einem langen Rock. Der Aufstieg (rechtes oberes Viertel) führt zu einer Begegnung mit dem Löwen der Göttin, der auf einem horizontalem Ast ruht und von mindestens zwei menschlichen Figuren umsorgt wird. Das Tier ist völlig friedfertig und erinnert darin an eine Paradies-Beschreibung aus dem alten Sumer: »Der Löwe tötet nicht. Der Wolf reißt nicht das Lamm.«[61] Der Löwe bewacht sowohl die Szene unter ihm, ist aber auch der Hüter des Durchgangs zu den ewigen Gefilden. Direkt hinter seinem Kopf erscheint die einzig sichtbare biologische Aktivität des Baumes, nämlich in Form einiger Zweige mit herzförmigen Blättern oder Arillen, welche in diesem Kontext höchstwahrscheinlich die mythischen Früchte der Unsterblichkeit bedeuten, die »Eintrittskarte« zum Land der Gesegneten (dargestellt im rechten oberen Viertel). Hier erscheint unser Paar erneut (gleich neben dem Baumstamm) und kommt in die direkte Gegenwart der Göttin, die sich friedlich aber angeregt mit ihrem Gefährten unterhält. Das göttliche Paar (oder das menschliche Paar in einem höheren Seinszustand?) hat keine menschliche Persönlichkeit oder Ego und wird daher mit Köpfen gezeigt, die Schmetterlingsflügeln gleichen. Zwei Schmetterlinge schweben über der »Göttin«, über dem Paar befinden sich zwei Schmetterlingspuppen, was die Symbolik vervollständigt: Das menschliche Paar, nachdem es den Greif, den Löwen und die Früchte der Unsterblichkeit passiert hat, wird transformiert und wiedergeboren wie ein Schmetterling aus dem Verpuppungsstadium (siehe S. 166).

37.14 *Der Baum des Lebens; minoischer Goldring, ca. 1500 v. Ztr., dreifach vergrößert*

Weil in den bildlichen Darstellungen dieser Zeit der Baum, in dem Europa den Zeus empfängt, beschnitten und voller neuer Austriebe erscheint, wurde er in der Neuzeit beständig als Weide interpretiert. Es liegt jedoch auf der Hand, daß die frühen Gelehrten hierbei durch ihr begrenztes botanisches Wissen behindert wurden:[68] sie kannten nur Weiden, die solch eine Regenerationskraft aufwiesen (man denke an Kopfweiden) – sie wußten gar nichts über das Wuchsverhalten und Regenerationsvermögen von *Taxus* und auch nichts von dessen weiter Verbreitung im damaligen Mittelmeerraum. So ist der Name des europäischen Kontinents eine weitere Sache, die unter der Eibe ihren Anfang genommen haben könnte.[69]

37.16 *Gestürzte, aber gedeihende alte Eibe in Kentchurch, Herefordshire, England*

37.17 *Eibe an einem kühlen, feuchten Steilhang in ca. 1.000 m ü. d. M., Chilokastro, nahe Korinth, Peloponnes, Griechenland*
37.18 *Uralte Eibe (Hüllenphase) am selben Ort*

37.19 *Aphrodite mit Taube und ihrem göttlichem Sohn Eryx; Tetradrachme aus Sizilien*

APHRODITE

Aphrodite, die »Schaum-Geborene«, ist bekannt als die Göttin der Liebe, die die Römer Venus nannten. Sie war aber auch eine wichtige Vegetationsgöttin, die man oft vor einem Baum und mit einer Taube in der Hand darstellte.[70] Als Aphrodite *Urania,* die »Königin des Berges«,[71] die mit dem sterblichen Schäferjüngling Anchises auf dem trojischen Berg Ida Heilige Hochzeit hält, ist sie die griechische Version des Mythos von Inanna und Dumuzi in Sumer, Ishtar und Tammuz in Babylonien und Astarte und Baal in Syrien.[72] Cook nennt sie eine »Bergmutter« und erläutert, daß »viele Gelehrte es zufrieden sind, Aphrodite als eine hellenisierte Form der phönizischen Astarte zu betrachten«.[73] Die Göttin der Liebe war aber auch eine Göttin des Todes, und sie trug »viele Beinamen, die widersprüchlich zu ihrer Schönheit und Gefälligkeit erscheinen«, sagt Graves: »In Athen wurde sie die Älteste der Moiren und Schwester der Erinyen genannt; und anderswo Melaenis (›die Schwarze‹), ... [und] Scotia (›die Dunkle‹).«[74] Und im hochgelegenen Halikarnassos teilte sie, neben einer Quelle, einen Tempel mit Hermes, dem Totenführer.[75] Aphrodite wurde auch mit »Äpfeln« assoziiert, aber in diesen hochgelegenen Plätzen gab es keine kultivierten Obstgärten. Ihre Verbindung zur Unterwelt läßt vermuten, daß ihre Äpfel jene der Unsterblichkeit waren.[76]

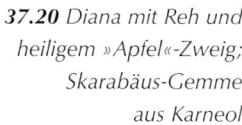

37.20 *Diana mit Reh und heiligem »Apfel«-Zweig; Skarabäus-Gemme aus Karneol*

37.21 *Im Innern einer uralten hohlen Eibe in Kleinasien*

DIANA UND NEMESIS

Die Bergmutter und ihr heiliger Baum kamen auch nach Westeuropa; in Etrurien (heute Norditalien) wurde sie als Diana bekannt. Wie Artemis durchstreift diese die Berg- und Hügelwälder und wird mit der Mondsichel assoziiert, mit Pfeil und Bogen, dem Hirsch, dem Hund und mit »Äpfeln«. Ihre Entsprechung im germanischen Mythos, Idun, versorgt die Asen mit den Äpfeln der Unsterblichkeit (siehe S. 228). In Dianas heiligem Hain in Nemi wurde sie als Diana *Nemorensis* verehrt, was auf eine Fusion mit Nemesis, einer Göttin des grünen Waldes hindeutet (*némo*, »[ich] weide [Tiere]«, *némos*, »Lichtung«), deren Name wiederum mit dem der keltischen Göttin Nemetona (von *nemeton*, »heiliger Hain, Heiligtum«) korrespondiert. Es gibt aber auch eine griechische Göttin Nemesis, die als die Verkörperung göttlicher Vergeltung (*némesis*, »gerechter Zorn«) galt und die Diana gegebenenfalls mit den Erinyen, den Rächerinnen, in Verbindung bringt. Die Römer machten diese Nemesis unter dem Namen Fortuna zu ihrer Schicksalsgöttin, und ihr Emblem, ein Rad, wurde zum »Glücksrad« oder »Schicksalsrad«, das bis ins späte Mittelalter hochpopulär blieb.[77] Nemesis bzw. Fors Fortuna war auch die Göttin, die eine glückliche Geburt gewährte (*némo* heißt auch »ich weise zu, ich bestimme«, und *ferre*, »gebären«) und wurde von Frauen als *Virgo* oder *Virginalis*, »Jungfrau, jungfräulich«, verehrt. Mitunter mit einem Füllhorn und einer Vielzahl von Brüsten dargestellt, wurde sie mit der Artemis/Kybele von Ephesos verglichen, die die Römer gewöhnlich Diana von Ephesos nannten. In der Tradition der Diana Nemorensis in Nemi wurde der heilige Eibenzweig der Göttin als der »Goldene Zweig« bezeichnet (siehe S. 210).[78]

37.22 *Die geflügelte Nemesis mit heiligem Zweig und Schlange; griechische Gemme aus rotem Jaspis*

ASHERAH UND ASTARTE

In der Levante, d. h. der Region an der östlichen Mittelmeerküste (heute Syrien, Libanon und Israel), entwickelten sich aus der babylonisch-assyrischen Ishtar, die auch *Sharrat Shame*, »Himmelskönigin«, hieß, die Göttinnen Ashera und Astarte.[79] Ihr hebräischer Name *Ashtaroth* bedeutet »Schoß, Gebärmutter« oder »das, was aus dem Schoße kommt«, ihr kanaanitischer Name *Ashtoreth* bedeutet »Sie des Schoßes«.[80] Ihre erste Erwähnung findet sich in den Keilschrifttafeln

Asherah und ihr Baum[81]

In der frühen religiösen Kunst des Nahen Ostens ist die »nackte Göttin« ein typisches Motiv. Die Amulette aus Kanaan und Israel unterscheiden sich jedoch auf dreierlei Weise von ihren Vorgängern, den syrischen Siegelzylindern. Auf den Siegelzylindern hält die Göttin ihre Arme im allgemeinen vor dem Unterleib verschränkt, oder sie hält ihre Brüste, während ihre Arme auf den Skarabäen meist an der Seite herabhängen oder einen Zweig halten. Zweitens ist sie auf den Siegeln von Gläubigen flankiert oder wird ihrem Partner (insbesondere dem Wettergott) gegenüber gezeigt, während sie auf den Skarabäen allein erscheint. Und schließlich fehlen auf den Skarabäen die traditionellen Glückssymbole, die auf den Siegeln so häufig erscheinen. Stattdessen wird die Göttin auf 36 von 44 Skarabäen (82 %) der Mittleren Bronzezeit (Schicht IIB, was den ersten Jahrhunderten des 2. Jahrtausends v. Ztr. entspricht) von zwei Ästen oder kleinen Bäumen flankiert – eine Häufigkeit, aufgrund derer sie unter Archäologen auch als »Ast-Göttin« *(branch goddess)* bezeichnet wird. Ihre zentrale Stellung im Motiv sowie ihre Frontalansicht betonen, daß hier der Moment einer göttlichen *Erscheinung* dargestellt ist, d. h., daß sie im Baume erscheint, bzw. aus diesem hervortritt (Abb. a–f). Die direkte Frontalansicht (Abb. c, d, g) ist äußerst selten im alten Nahen Osten. Ihre übergroßen Ohren (Abb. c, g) sind ein Ausdruck der Bereitschaft der Göttin, ihren Verehrern zuzuhören. In einem Fundstück (Abb. e) sprießen zwei zusätzliche kleine Zweige von ihren Genitalien

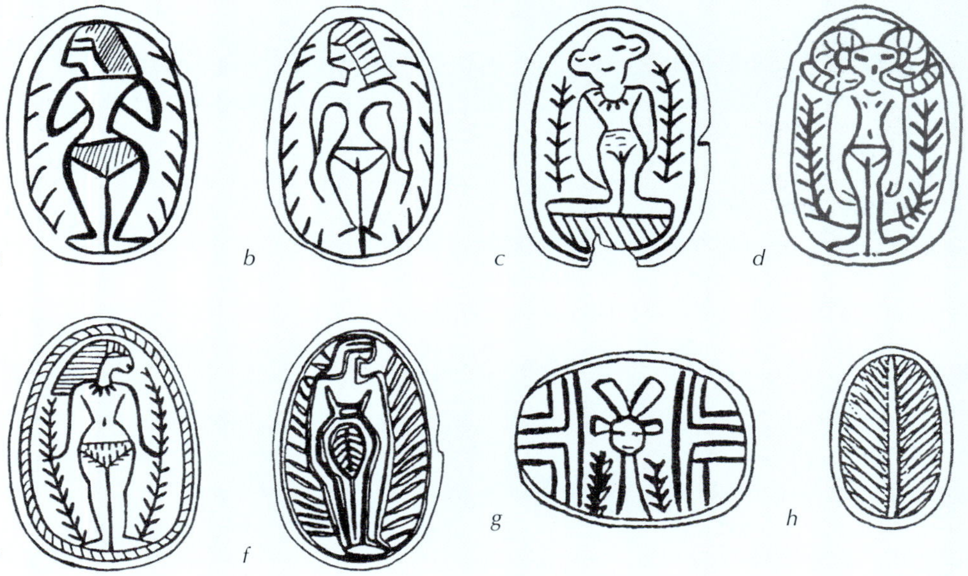

aus Ugarit (Nordsyrien) aus dem 14. Jahrhundert v. Ztr. Die Mehrzahl der Hauptgottheiten im alten Syrien hatten zwei Namen, wovon der zweite jeweils ein Beinamen war. Dies war eine Notwendigkeit in der klassischen semitischen Ritualtextkomposition und Dichtung, denn es erlaubte die Wiederholung wichtiger Textzeilen ohne dabei dieselben Worte zu benutzen.[82] So wurde die »Herrin Asherah vom See« auch *Elath*, »Göttin«, genannt, und ihr Gefährte, Vater Shunem, oft als *El*, »Gott«, bezeichnet. Die Kinder dieses älteren Paares sind Astarte, deren ständiger Beiname »die Jungfer Anath« ist,[83] und Hadd, meist jedoch als *Baal*, »Herr«, angerufen. Dieses zweite, jüngere Paar stellt die Hauptgottheiten der Fruchtbarkeitskulte in der bronze- und eisenzeitlichen Levante dar. Sowohl Mutter (Asherah) wie Tochter (Astarte) behielten ihren Beinamen »Himmelskönigin« als auch ihre Verknüpfung mit Bergen und Hügelkuppen.

Asherah war eine Hauptgottheit im kanaanitischen Pantheon und blieb es für eine lange Zeit, auch nach dem Kommen der patriarchalen Stämme Israels. Die alte hebräische Religion war weitaus weniger monotheistisch als das Mosaische Gesetz und die im Alten Testament akkumulierten Reden und Verdammungen der Propheten vermuten lassen.[84] Moses' Hauptgott, Jahweh, war usrpünglich ein Himmelsgott[85] und daher der ideale Partner für die Bergmutter Asherah.[86] Jahrhundertelang waren Jahweh und »seine« Asherah

(vergl. Abb. 34.10–11), in einem anderen (Abb. f) scheint der heilige Zweig das Leben in ihrem Schoß zu repräsentieren, während ein weiterer Zweig oder Ast eine strahlende Aura um ihre Gestalt erschafft. Im Gegensatz zu den Siegeln, welche ein gewisses erotisches Element des Palastlebens enthalten, ist diese singuläre Göttin klar eine Vegetationsgottheit, und die Funktion dieser Talismane ist, im agrarischen Sinne, Fruchtbarkeit und Wohlstand.

Einige Fundstücke zeigen den Ast selbst im Zentrum, entweder allein für sich (Abb. h) oder in einer abstrakten Szene (Abb. i). In Abb. j erscheint eine Abstrahierung des Kopfes der Göttin flankiert von zwei Falken in ägyptischer Manier (vergl. Kirke, S. 226) sowie zwei Uräus-Schlangen (ägyptischen Kobras). Im Innern dieser Schlangenformen (wie auch in den Kobras in Abb. k) erscheint wiederum das Zweigmuster. Gleich unter den Schlangen erscheint das Zeichen für Gold und darunter der heilige Baum zwischen zwei Priesterinnen. Ein weiteres außergewöhnliches Stück (Abb. k) zeigt den Baum von nicht weniger als vier Uräus-Schlangen beschützt. Auch die Symboltiere der Göttin erscheinen auf den Skarabäen, nämlich die Ziege (Abb. l, m) und der Löwe (Abb. n). In den Beispielen m und n haben sich ihre Schwänze in beschützende Uräus-Schlangen verwandelt. Ein einziges Fundstück (Abb. d) zeigt die Göttin mit Widderhörnern und von Zweigen flankiert.

Keiner dieser Zweige zeigt die konische Form von Palmenblättern. Abb. h könnte sogar die Darstellung eines *Taxus*-Zweiges in natürlicher Größe sein.

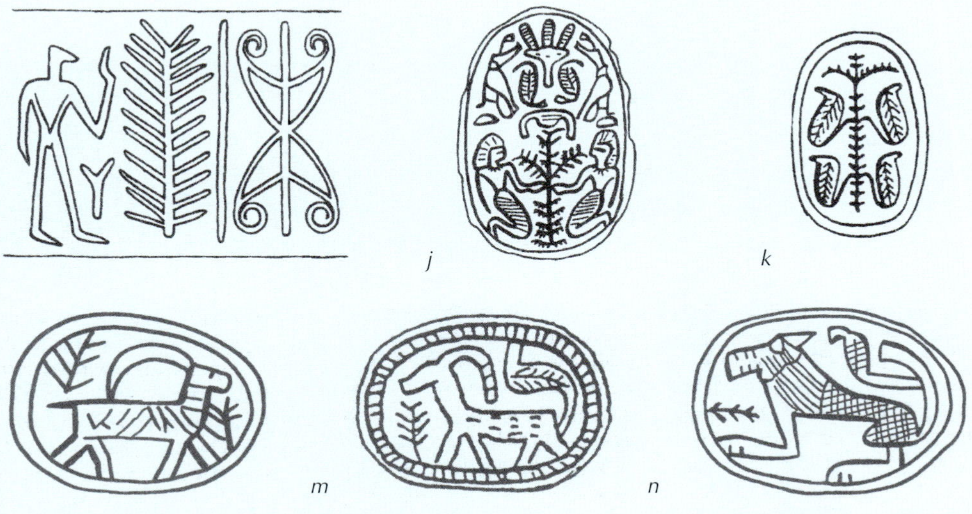

37.23 *Die Göttin Asherah und ihr heiliger Baum; Motive von talismanischen Skarabäen, frühes 2. Jahrtausend v. Ztr.*

das beliebteste Götterpaar in Israel und Judäa.[87] Die archäologischen Belege bestätigen die Vermutung, daß die Göttin in allen Segmenten der hebräischen Gesellschaft, einschließlich dem Königshaus, äußerst populär war. König Salomon »verbrannte Weihrauch an den hohen Plätzen«[88] und brachte die Verehrung der Asherah sogar *in* die Stadt Jerusalem. Und während der Herrschaft seines Sohnes Rehoboam (ca. 928 – 911 v. Ztr.) wurde die Kultsäule der Göttin – ebenfalls *asherah* genannt – sogar im Tempel selbst aufgestellt.[89] Dennoch befanden sich, laut der Bibel und anderer Quellen, die primären Plätze ihrer Verehrung in der Wildnis, »auf den Höhen und den Hügeln des Berglandes«.[90]

Aber was ist die botanische Implikation des Asherakultes? Warum wurde die Göttin der Fruchtbarkeit und Mutterschaft bei einer Säule aus totem Holz verehrt statt bei einer lebenden, fruchtbehangenen Pflanze? Die Schriftquellen sagen nicht viel mehr aus, als daß es sich bei den *ashera* um hölzerne Säulen handelte,[91] die gewöhnlich an »hohen Plätzen« standen. Zum Glück gibt es aber eine große Anzahl (anderer) archäologischer Belege vom Kult der Asherah und Astarte: Figurinen aus Terrakotta, Skarabäen und andere kleine Talismane[92] der Göttin wurden in jeder der größeren Grabungsstätten in Palästina gefunden, ihr Vorkommen erstreckt sich von der Mittleren Bronzezeit (2000 – 1500 v. Ztr.) bis zur Frühen Eisen-

***37.24** Zum Vergleich echte Dattelpalm-Darstellungen: die Göttin Ishtar auf einem Löwen stehend, Abdruck eines Siegelzylinders aus Granat (Ausschnitt), 720 – 700 v. Ztr., Mesopotamien; Dattelpalme flankiert von Löwe und Stier, Skarabäus aus Tell el-Far'ah, Israel*

zeit II (900 – 600 v. Ztr.). An einigen Orten sind die Astarte-Talismane die häufigsten religiösen Objekte überhaupt,[93] und nicht wenige von ihnen zeigen die Göttin mit dem heiligen Baum oder Zweig (siehe Kasten). Teils aufgrund der geringen Größe dieser Skarabäus-Gemmen erscheint der Baum oder Zweig oft als nicht mehr als eine Art Fischgrätenmuster, und seit dem frühen 20. Jahrhundert haben Archäologen ihn »traditionell« als Palmenwedel interpretiert.[94] Die Dattelpalme *(Phoenix dactylifera)* war zwar ein Baum von außerordentlicher wirtschaftlicher Bedeutung und für viele Völker des alten Orients auch ein heiliger Baum,[95] aber als der prinzipielle Baum der Asherah ist sie dennoch fragwürdig. Wäre die Göttin die Personifikation der Dattelpalme gewesen, wären ihre Kultzentren in den agrarisch genutzten Tieflagen zu suchen, den fruchtbaren, schon damals künstlich bewässerten weiten Flußtälern, Deltas und Küstengebieten, in denen sich seit frühester Zeit die Palmenhaine befanden.[96] Es gab keine Dattelpalmen an den wilden »hohen Plätzen« der Berge, auch ist ihr weiches, faseriges Holz kaum für (beschnitzte) Zeremonialsäulen geeignet. Zudem ähneln die meisten der abgebildeten (»Fischgräten«-)Zweige Palmenblättern nicht einmal: Letztere laufen zur Blattspitze spitz zu, und auch die einzelnen Fiedern verjüngen sich. Daher haben die Palmendarstellungen des Altertums, wenn sie wirklich als solche gemeint sind, in der Regel übertrieben dreieckige Fiedern. Die Blätter der Zweige auf den Astarte-Gemmen dagegen ähneln eher Koniferennadeln mit parallelen Blatträndern, und ihre Reihen sind sauber gescheitelt (wie es typisch für *Taxus* ist). Ihre Länge erinnert an lineare Eibentriebe (siehe Abb. 31.2) und ihre gelegentliche Gabelung ist für Palmen ganz ausgeschlossen.

Natürlich ist es recht verwegen, das mögliche Vorkommen von *Taxus* in der Geschichte Israels in Betracht zu ziehen. Seit mindestens 6000 Jahren hat

***37.25** Im größten Teil seines Verbreitungsgebietes ist* Taxus baccata *ein Baum der »hohen Plätze«.*

37.26 *Die Eule der Bergmutter Athena hält Wache …*

sich das Klima der Region nicht geändert; die Sommer sind schlicht zu heiß und zu trocken für wilde Eibenvorkommen. Falls einwandernde Gruppen (siehe Kap. 43) lebende Eiben (Setzlinge oder Sämlinge) jemals in Israel eingeführt haben sollten, wären sie schnell verdorrt. Nur in kühleren und feuchteren Berggegenden, beschattet und regelmäßig gegossen (üblich für Bäume in südländischen Sanktuarien) hätten sie überleben können. Es ist nicht völlig abwegig, daß dies geschehen sein könnte – der Kult der »Mutter der Götter« hatte sich genauso mit seinem heiligen Baum wie mit seinen anderen Attributen und Symbolen verbreitet (siehe oben und voriges Kapitel). Und gerade in der Levante bewegte er sich südwärts, d. h. in immer heißtrockenere Regionen. Die Verbreitung heiliger Bäume durch menschliche Wanderbewegungen bietet durchaus eine Erklärung, warum ein *toter* Baum das Emblem der kanaanitischen Göttin des Lebens gewesen sein sollte. Unter Erwägung der vielen Parallelen zwischen den in diesem Kapitel beschriebenen Göttinnen sowie ihrem gemeinsamen Ursprung im Eibe/Lebensbaum/Göttin-Muster (siehe S. 158) ist die Frage vielleicht nicht so sehr, ob Asherah/Astarte mit *Taxus* in Verbindung stand, sondern wann und wie diese Verbindung unter dem klimatischen Druck ausklang. Der Kult der *asherah* wäre dann ein einzigartiger Fall des Festhaltens an einem toten Holzpfahl gewesen,[97] während andere Kulturen in heißtrockenen Ländern schneller losließen und Ersatz für den heiligen Baum fanden (in Assyrien z. B. stellte man den Baum des Lebens während des letzten Jahrtausends v. Ztr. als Dattelpalme dar, und das alte Ägypten hatte gar fünf heilige Baumarten[98]). Und schließlich wuchsen Eiben gar nicht so weit von Israel entfernt: Es gab die Vorkommen in Kilikien, dem Taurus und vielleicht sogar im Libanon.[99] Und wir wissen, daß die Tonformen für die Astarte-Gemmen oft von nicht-israelitischen Töpfern aus dem Norden importiert wurden;[100] eine Produktionsstätte von Fayence-Skarabäen, die um 1750 v. Ztr. intensiv exportierte, war sogar im südlichen Kilikien (Nordsyrien/Südostanatolien) gelegen.[101]

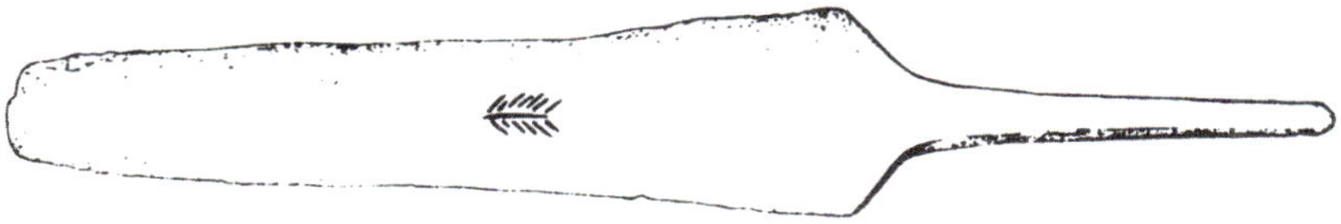

37.27 *Lebensgroßes Eibenzweiglein auf einer Dolchklinge, die der bronzezeitlichen Kriegerkaste Ben-Anat in Nordsyrien und Kanaan zugeschrieben wird*

KAPITEL 38

GÖTTER UND HELDEN

DER VATER DES LICHTS

Nicht lange nach Erfindung der Schrift vor ungefähr 5000 Jahren hatte der Himmelsgott seinen ersten Auftritt in der Literatur. Sein Name in den sumerischen Tontafeln ist An, und seine heilige Vereinigung mit Ki, »(Mutter) Erde«, bringt *an-ki*, das Universum, hervor.[1] In der Mythologie sind An und Ki die Eltern der höheren Wesen (*dingir*, »Götter«), die die Welt ordnen und lenken. Die sieben Hauptgottheiten leben im heiligen Mittelpunkt des Universums, wo der Weltenbaum die Welten miteinander verbindet (siehe Kap. 32 und 41), dort halten sie auch Rat und »erlassen die Schicksale«.[2] Das Konzept der Vereinigung von Himmel und Erde war unter den Völkern des Altertums weit verbreitet. In der griechischen Welt wurde die große Anzahl verschiedener regionaler Himmelsgötter allmählich in der Gestalt des Zeus verschmolzen. Sein Name, »der Helle«, weist ihn als den Gott des leuchtenden Tageshimmels aus. In vielen Inschriften erscheint sein Name nicht im Substantiv *Zéus*, sondern im Genitiv (oder als Adjektiv) als *dios*, »des Zeus« oder »dem Zeus zugehörig« oder einfach »göttlich«. Lange bevor seine Personifikation als anthropomorpher männlicher Gott begann (durch und nach Homer) bedeutete er, oder vielmehr es, *den* Zeus, den »strahlenden Himmel, dem eine unpersönliche Lebendigkeit zugeschrieben wurde«, wie Professor Cook es formuliert.[3] Dieser offene Name und seine weite Bedeutung ermöglichten die sanfte Verschmelzung des Zeus mit vielen Himmels-, Wetter- und Lichtgöttern in und um Griechenland (z. B. unter syrischen und griechischen Juden sogar mit Jahweh[4]). Doch sogar der »Vater der Götter« begann als Sohn einer Mutter (siehe voriges Kapitel).

Im geweihten Bezirk des Heilgottes Asklepios in Epidauros in der nordöstlichen Peloponnes fand man einen länglichen Kalksteinblock mit der Gravur eines Eibenzweiges, identifizierbar an der sauberen Scheitelung der zwei Nadelreihen. Der Zweig ist umgeben von einem Kreis und begleitet von einer schriftlichen Widmung an Zeus *Phílios*, »den Freund«, und dem Zusatz »in Übereinstimmung mit einem Traum«.[5] Im Altertum wurden Götter in der Regel nicht geliebt, sie waren keine freundlichen Wesen, sondern ehrfurchtgebietende, unberechenbare Kreaturen, denen man sich nicht mehr näherte als notwendig. Zeus *Phílios* war eine der wenigen Ausnahmen. Das Konzept von Gott als einem »Freund« oder als »geliebt« kam unzweifelhaft von den Lehren der Mystiker jener Zeit; Platon wirkte mit an seiner Verbreitung.[6] »Freunde im allgemeinen«, so Cook in seiner 3.581-Seiten starken Studie über den Himmelsgott des Altertums, »leisteten ihre Eide auf Zeus *Phílios*, der als der Aufseher und Hüter der Freundschaft galt und letztendlich als Gott der Liebe, demzufolge alle Menschen in Freundschaftlichkeit miteinander leben sollten.«[7]

38.1 Sonnenlicht in der Eibe von Slaugham, Sussex

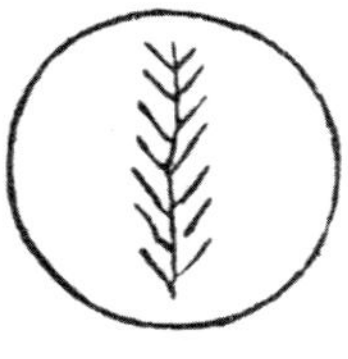

***38.2** Der heilige Zweig. Hauptmotiv einer in Kalkstein gemeisselten Widmung an Zeus* Phílios *im Heiligtum des Asklepios in Epidauros, Griechenland*

DIE SÄULE DES LICHTS

Das Licht, das Zeus/Dios repräsentiert, ist letztendlich nicht das des Tages, welches rhythmisch mit der Dunkelheit der Nacht wechselt, sondern ein göttliches Licht von jenseits der Welt der Gegensätze, von der Urquelle, »wo die Sonne [zum ersten mal] aufging«. Platon beschreibt seine Vision von diesem »Nabel« der Welt, dem Weltenbaum als Säule oder Mittelachse der Welt, nur daß es sich in Platos Bericht nicht um einen Baum, sondern um eine astrale Lichtsäule handelt. Platos *Die Republik* ist aus der Sicht eines Menschen geschrieben, der durch geglückte Wiederbelebungsversuche aus dem Totenreich zurückkehrt und der Menschheit von dort berichtet. Am zwölften Tage nach seinem Tode gelangte er mit den Seelen anderer Verstorbener an einen Ort »wo man von oben herab ein gerades Licht wie eine Säule über den ganzen Himmel und die Erde verbreitet sehe, am meisten dem Regenbogen vergleichbar, aber glänzender und reiner. In dieses kämen sie, eine Tagesreise weitergegangen, hinein und sähen dort mitten in dem Lichte vom Himmel her seine Enden an diesen Bändern ausgespannt; denn dieses Licht sei das Band des Himmels [...] An diesen Enden aber sei die Spindel der Notwendigkeit befestigt, vermittels derer alle Sphären [der Planeten] in Umschwung gesetzt werden« (siehe S. 182).[8] Seite an Seite mit dieser Szenerie wahrhaft kosmischen Maßstabs beschreibt Platon zwei Bewegungsströme, einer aus einer Spalte in der Erde erscheinend und aufwärts verlaufend und der andere aus einer Öffnung im Himmel abwärts strömend. Unzählige, sich zwischen zwei Erdenleben befindliche Seelen reisten in diesen Strömen, in Richtung der himmlischen Gefilde oder der Unterwelt oder von diesen kommend.[9] Der regenbogenartige Lichtstrahl als übernatürliche Brücke zwischen den Welten hat eine Parallele in der Regenbogenbrücke im nordischen Mythos, die von Heimdallr treu bewacht wird. Auch Heimdallr ist der Weltenbaum (wie in Kap. 41 gezeigt wird).

Die Architektur dieser (bei Platon beschriebenen und in Homers *Odyssee* erwähnten) Weltensäule mit ihren Aufwärts- und Abwärtsstömen gleicht in ganz erstaunlichem Maße der Art, auf die die alten indischen Yogalehren die Energiebahnen des menschlichen Körpers beschreiben. Auch dieser »Miniatur«-Lebensbaum im menschlichen Körper wird mit einer Schlange assoziiert: Das Sanskritwort *kundalini*, das die höchste menschliche Energie bezeichnet, stammt von *kundal*, »aufgerollt«, und wird oft mit einer schlafenden Schlange verglichen, die in dreieinhalb Windungen aufgerollt ruht. So wird sie in altindischen Dokumenten dargestellt und auch auf dem Omphalos-Stein in Delphi, Griechenland.[10] Wenn die erwachte Kundalini aufsteigt, hilft sie, das volle menschliche Potential zu entfalten, das sie von der Herrschaft des Denkens und des Körpers befreit. Der folgende ekstatische Flug des Geistes wird oft durch den Adler symbolisiert (Europa, Sibirien) oder einen großen mythischen Vogel (Sumer, Indien) oder eine geflügelte Scheibe (Hethiter, Mesopotamien, Ägypten). Aus dem yogischen Blickwinkel betrachtet ist der Lebensbaum mitsamt der Schlange an seiner Basis und dem Adler in seiner Krone die Übersetzung energetischer Tatsachen in mythologische Sprache.

38.3 *Die Energiebahnen des menschlichen Körpers, nach vedischen Quellen*

Yoga

Wie die meisten asiatischen Systeme zur Förderung der Gesundheit und der persönlichen Entwicklung (z. B. Traditionelle Chinesische Medizin, Taoistische Alchimie) berücksichtigt Yoga nicht nur den physischen Körper und seine Funktionen, sondern auch das Wechselspiel der Lebensenergie. Den uralten Lehren des *Kundalini-Yoga*[11] zufolge gibt es zwei hauptsächliche Energiearten, die im menschlichen Körper fließen: *prana*, die nährende Lebenskraft, die über den Atem, die Nahrung und auch die Sinne aufgenommen wird, und *apana*, die den Körper zum größten Teil mit den Abfallstoffen verläßt. Im feinstofflichen Energiekörper steigt *prana* im Energiekanal *pingala* von der Basis der Wirbelsäule auf und *apana* fließt abwärts im *ida* genannten Kanal. Normalerweise berühren sich beide Energien nicht, sondern fließen in ihren jeweiligen Kanälen, die sich spiralförmig um die Wirbelsäule winden.

Yogische Übungen und Atemtechniken bewirken eine Verschmelzung dieser beiden Energien, was ein intensives weißes »Licht« in der Nabelgegend erzeugt. Das wiederum erzeugt eine große Hitze, die die Kundalini im Beckenboden »weckt«. Sie wird in dem ihr eigenen Kanal – der geraden, zentralen *sushumna* – aufsteigen. Nach einer Reihe von Transformationen in den sechs Chakren (*chakra* = »Rad, Kreis«) erreicht sie den »tausendblättrigen Lotos« im Schädeldach, was wiederum zur »Erleuchtung« führt, die sich in einer segensreichen Trance zeitigt. Der letzte Schritt ist es, innerhalb dieser Trance zu »erwachen« und den Zustand des »In-Gott-Seins«, wie es viele Mystiker und Yogis aller Zeiten genannt haben, in das tägliche Leben zu integrieren.

Kundalini wird als das höchste Potential des menschlichen Wesens betrachtet.

In den olympischen Mythen ist Zeus allmächtig, und dies wird versinnbildlicht durch seinen »Donnerkeil«, den *keraunos*, ein Symbol, das jedoch viel weiter reicht als die Beobachtung der physikalischen Naturgewalten. Es bezieht sich auf die Kraft gebündelten Bewußtseins, genauso wie sein Gegenstück im Himalaja, der tibetische *dorje* und der indische *vajra*. Im Zentrum dieser symbolischen Kultobjekte ist ein Kreis, der *bindu* repräsentiert, das Saatkorn des Universums. Eine Spirale, die in der Kreismitte beginnt, versinnbildlicht die Fähigkeit von *bindu*, zu wachsen und die gesamte Welt des Bewußtseins zu werden.[12] Diesem Zentrum entwachsen zwei stilisierte Lotusblüten, die die Polarität in der bewußten Existenz veranschaulichen. Im yogischen System wird das sechste Chakra, das sich zwischen den Augenbrauen befindet und mit der Zirbeldrüse in Verbindung steht, mit den Kräften der bewußten Gegenwart, des Fokus und der tieferen Einsicht assoziiert. Dieser Punkt auf der Stirn wird in hinduistischer Tradition *bindhi* genannt und oft mit einer roten Farbpaste markiert. Diese rote Farbe wurde einst aus pulverisierter Eibenrinde hergestellt, zumindest in den südlichen Himalajas wie z. B. in Nepal.[13] Im alten Griechenland[14] bezeichnete Aeschylus Zeus' *keraunos* als »nicht schlafend«.[15] In ein neues Leben geboren, erlangte der Eingeweihte eine neue Bewußtseinsebene, wozu aber die Kundalini gemeistert werden mußte. In den Mythen des westlichen Asien wird dies ausgedrückt durch den Kampf des Zeus mit Typhon, einem riesigen Schlangenungeheuer – ein Kampf, den Zeus um Haaresbreite verliert.[16] Typhon entstammt der Vereinigung von Mutter Erde mit dem Herren der Unterwelt und lebt in der Korykischen Höhle[17] in Kilikien, die eine Kalksteinformation ist. Das Motiv des Zähmens der Schlangenkraft geht zurück bis zu den hethitischen Mythen, in denen die Schlange Illyunka zeitweilig den Sturmgott Telipinu besiegt.[18] (Das Drachentöter-Motiv wurde dann im europäischen Mittelalter wieder sehr beliebt.[19]) Das Motiv des in einer Höhle geborenen Kindes des Lichts erscheint später wieder im byzantinischen Glauben, in dem Jesus Christus nicht in einem Stall, sondern in einer Kalksteinhöhle geboren wird.[20]

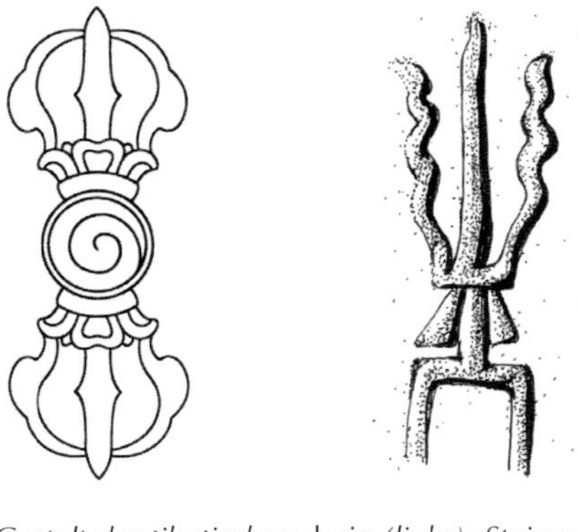

38.4 *Gestalt des tibetischen* dorje *(links); Steinmetzarbeit eines* keraunos, *Westasien, ca. 900 v. Ztr.*

Wie der mythische Säugling Zeus in seiner Wiege am heiligen Baum auf dem Ida, so hängt der Initiand am Weltenbaum im stillen Mittel-Punkt der Erde, in einer mythischen Zeit bevor das ewige Licht sich in die Gegensätze (Sonne und Mond) gespalten hat. Er wird genährt durch die (Doppel-)*Helix*, griechisch »Spirale«, von *ida* und *pingala*, und durch die Taube (den weiblichen Geist des Baumes), die ihm himmlisches Ambrosia bringt.[21] In den Schriften der Nicht-Eingeweihten jedoch wurde *helix* schnell zu *helike*, der Nymphe des Weidenbaumes (wiederum Plinius!).[22] *Helix*, die Weltensäule, ist natürlich auch der Ort, an dem Zeus sich mit Europa vereinigt (siehe S. 186).

DER WÄCHTER DES TORES

Der Gott Apollo entwickelte sich zur Verkörperung all dessen, was als das beste in hellenistischer Kultur galt – kosmische Ordnung, göttliche Harmonie, Schönheit, Musik, Kunst, Dichtung, Gerechtigkeit und Mässigkeit – und dabei war er noch nicht einmal griechischen Ursprungs.[23] Seinem Wesen nach war der hellenistische Apollo ein Migrationsgott mit kosmopolitischem Charakter;[24] er wurde an einer Vielzahl von Stätten »eingeladen« oder angerufen, und er hatte starke Verbindungen – im Mythos als auch Kult – sowohl mit den Hyperboräern weit nördlich von Griechenland als auch mit Kleinasien. Was Apollos Ethnobotanik anbelangt, ist der ihm geweihte Lorbeerbaum in den Kultzentren von Tempe und Delphi deutlich eine spätere griechische Hinzufügung. Eine offene Verknüpfung mit der Eibe findet sich nirgends, aber Apollo ist der Sohn der Leto, jener uralten anatolischen Muttergottheit, die mit *eya*, der Eibe, in engster Verbindung steht und ihre Kinder gebar, während sie sich an ihren Baum lehnte:[25] Somit wurde Apollo *beim* Baum geboren, vielleicht *im* Baum und – da seine Mutter der Geist des Lebensbaumes ist – letztendlich *vom* Baum: genauso wie seine Schwester Artemis, die durch ihre gesamte Kultgeschichte mit der Eibe verbunden bleibt (siehe S. 167). Zudem sind beide Geschwister Bogenschützen, was sie natürlich mit der Eibe verbindet. Andere Berührungspunkte Apollos mit dem Eibe/Lebensbaum/Göttin-Muster bestehen darin, daß seine Priesterschaften oft weiblich waren, daß sie zu Zeiten *Melissae*, »Honigbienen«, hießen[26] und daß Apollo eng mit der Schlangenkraft und mit Prophetie assoziiert wird (siehe S. 159, 165).

38.5 *Apollo mit Bogen, Hund und Baum, Artemis mit Bogen und Hirsch; Münze aus Kreta, 4. Jh. v. Ztr.*

38.6 *Figurine eines Bogenschützen; Votivgabe aus Sardinien, Bronzezeit*

Apollos Kultzentrum in Delos empfing jährlich Opfergaben – gewisse (nirgends näher beschriebene) fest in Weizenstroh eingewickelte heilige Objekte – von den Hyperboräern im Norden.[27] Die Identität der Hyperboräer ist ein Rätsel. Die übliche Erklärung der Griechen für dieses Wort war »von jenseits des Nordwindes«, die Wortwurzel könnte aber ein vorgriechisches Wort aus dem Balkan für »Berg« sein, und *Boreas* mag ursprünglich nicht den Nordwind, sondern den »Wind vom Berge« bedeutet haben.[28] Es gibt auch einen Gipfel in Makedonien, der Bora hieß (heute Nidje). Wie auch immer, in den Mythen meint der Nordwind oft die Richtung des Polarsternes und damit der Weltenachse.[29] Es gibt alte Erwähnungen der Hyperboräer als einer himmlischen Rasse, die in Elysium lebt (welches über senkrechten Aufstieg entlang der Weltenachse erreicht wird),[30] aber vom 5. Jahrhundert v. Ztr. an verlagerte sich das Verständnis deutlich ins Geographische, von *über* dem Berg Bora zu *jenseits/hinter* dem Bora, und *Hyperborea* begann, die Region nördlich Griechenlands zu bezeichnen, entweder die direkten Nachbarn Makedonien und Thrakien oder im weiteren Sinne den Balkan und sogar Mitteleuropa.[31] Die hyperboräischen Opfergaben kamen entlang der Bernsteinrouten nach Delos, und eine große Anzahl von Ortsnamen[32] kann als Widerhall von Apollos starker Gegenwart auf der adriatischen Bernsteinstraße verstanden werden.[33] Diese Bernsteinroute folgte der Donau durch den Balkan und der Elbe nach Germanien, wo eine andere Gottheit mit der Eibe verknüpft war, die einen seltsam ähnlichen Namen hat: Ull oder Ullr.[34] Er ist eine der ältesten Gottheiten des Nordens und erscheint später als einer der zwölf Asen *(asir)*, der Hauptgötter, die jeden Morgen mit den Nornen am Fuße des Weltenbaumes Rat halten und die Schicksale erlassen.[35] Was Ullr auszeichnet, ist, daß er ein Bogenschütze ist und passenderweise im »Eibental«, Ydalir, lebt. Im Winter bewegt er sich auf (Eibenholz-?)Skiern.[36] Ullr wird heute generell als ein Alter Ego des Odin aufgefaßt (siehe S. 222) und hat damit, wie Apollo, eine Verbindung zur Prophetie. Ein Eid, der auf Ullr geschworen war, galt als am unverbrüchlichsten.[37] Der Name einer anderen, nicht näher beschriebenen nordischen Gottheit, Ivaldi, war vermutlich ein Beiname des Ullr und eine Form von *Iwa-waldan*, der »in der Eibe Waltende« oder auch »Gemahl der Eibe(ngöttin)«.[38]

38.7–38.8 *Diese Eiben (bis 3 m Umfang) entgehen Schafs- und Ziegenverbiß durch ihre Lage an Steilhängen in ca. 1.300 m Seehöhe an einem Ort namens Itamo, »Eibe«; Lidoriki bei Delphi, Griechenland.*

Die Mehrzahl der großen Heiligtümer Apollos befindet sich jedoch nicht in Griechenland, sondern in Kleinasien: in Lykien (zwischen dem Taurusgebirge und dem Mittelmeer), im benachbarten Karien und von dort nordwärts Richtung Ephesos. Apollo trug die Beinamen *Lykeios*, »der Lykier«, und *Letoídes* nach seiner Mutter Leto, denn – noch in Herodots Zeit – nannten sich die Lykier nach ihrer Mutter und nicht dem Vater.[39] Apollos matrilinearer Beiname ist ein starkes Argument für seine asiatische Herkunft.[40] Dieser ursprüngliche,[41] orientalische Apollo hieß Apulunas,[42] und er war der Beschützer der Tore. Dies war aber auch die Funktion der Eibe in der hethitischen Kultur: »An dessen Tor die Eibe sichtbar ist [dessen Haus ist frei von Betrügern]«.[43] Auch noch im klassischen Griechenland stand Apollo *Agyieus* als eine hölzerne Säule vor den Häusern, um Böses von den Türen abzuwehren.[44] (vergl. Heimdallr, Kap. 41.)

Obwohl die Legende von Delphi besagt, daß Apollo bei seiner Ankunft dort die Riesenschlange Python tötete, blieb Schlangensymbolik ein wichtiger Aspekt des Heiligtums, und die Seherin behielt ihren Namen *pythia*. Wo Zeus fast scheitert – in seinem Schlangenkampf mit Typhon (siehe oben) – siegt Apollo mit dem ersten Pfeilschuß! Pfeil und Bogen sind auch in der indischen Überlieferung verbreitete Sinnbilder für die Suche nach höherem Bewußtsein: Nach der *Maitrayana-Upanishad* durchdringt derjenige, der Yoga praktiziert, die Dunkelheit (der Welt der Illusion) und zielt auf Brahma, die unsterbliche Wurzel der Wirklichkeit – mit *manas*, seiner Gedankenkraft, als dem scharfen Pfeil auf dem Bogen seines Körpers.[45] So kann der Eibenbogen nicht nur als etwas Praktisches, sondern auch als etwas Symbolisches verstanden werden: Der Lebensbaum, der menschliche Körper und der Eibenbogen versinnbildlichen einander.

»GOTTES BAUM«

Zur Zeit der römischen Herrschaft war der griechische Gott Dionysos längst zu dem eher geistesflachen Gott des Weines (röm. Bacchus) degeneriert, aber dieser Gott ist älter als die Einführung des Weinbaues überhaupt.[46] In der Mythe wird Dionysos in sieben Teile zerrissen, aber hinterher wiedergeboren (das spiegelt sich in einer möglichen Deutung seines Namens als »zweimal geboren«), ein Motiv, das an das Auseinandernehmen und Wiederzusammensetzen des »Geistkörpers« werdender sibirischer Schamanen erinnert.[47] Die Kronen der Jungfern in der Dionysischen Prozession waren aus Efeu, Weinblättern und »*smilax* (*milax* im attischen Dialekt)«[48] – das Auftauchen der Eibe im Kult eines Gottes der initiatorischen Wiedergeburt überrascht jedoch keinesfalls.

Dionysos' Kindheit scheint eine thrakische Parallele zu der des göttlichen Kindes (Zeus) auf Kreta zu sein: Dionysos ist der Sohn, den Zeus in Schlangengestalt zeugte, er wurde in einer Höhle geboren und zu seinem Fest führt seine Priesterin die Anhänger zu ekstatischem Tanz hoch in die Berge.[49] Als sein Kult im 5. Jahrhundert nach Griechenland kam, repräsentierte er eine Rückbesinnung auf die vorhellenistischen Naturreligionen. Dionysos wurde von Dryaden (Baumnymphen) gesäugt, insbesondere von Nysa, deren Name »Baum« bedeutet. Im Hinblick auf seinen Ursprung schließt das die beiden anderen Pflanzen (Efeu und Wein) aus, die später mit ihm assoziiert wurden.[50] Eine Dryade ist ursprünglich der Geist eines *heiligen* Baumes, und *Dios-nysos* besteht aus *Dios*, »göttlich« oder (Genitiv) »Gottes«, und *nysos*, der maskulinen Form von »Baum«.[51] Eine klassische Quelle besagt, daß Dionysos so hieß, weil er von Zéus auf die Bäume *(nysai)* überströmte.[52] Das mag auf »In-spiration« oder auch auf Bestäubung verweisen. Interessanterweise taucht Nysa noch einmal auf, nämlich am gleichnamigen Berg, wo die drei Moiren dem Typhon die »Früchte der Unterwelt« geben, die Zeus' Sieg ermöglichen (siehe oben).[53]

DER DIE TIEFE SAH

Die Geschichte von Gilgamesh ist das älteste Epos der Welt. Es hat sich auf verschiedenen Tontafeln erhalten, die während der zwei Jahrtausende v. Ztr. zum größten Teil in Mesopotamien beschriftetet wurden.[54] Gilgamesh[55] ist die erste Gestalt nach der sumerischen Göttin Inanna (siehe S. 235), die in das Totenreich hinabsteigt und lebendig zurückkehrt,[56] daher der babylonische Titel des Epos: *Sha Naqba Imuru*, »Der die Tiefe sah«. Gilgamesh wurde zum Prototypen des mythischen Helden mit übermenschlicher Kraft. Für die Babylonier war der legendäre Gilgamesh identisch mit dem gleichnamigen König, der in den sumerischen Königslisten als der fünfte Herrscher der Ersten Dynastie von Uruk[57] aufgeführt ist (was ihn etwa im 28. Jahrhundert v. Ztr. plaziert).[58] Der Epos selbst ist keine Mythe, es wurden aber viele mythische Motive aus älterer Dichtung übernommen (das bekannteste ist das der Sintflut, siehe unten). An verschiedenen Stellen spiegeln sich uralte mesopotamische Bräuche, so z. B. die Trauerriten, die Gilgamesh für seinen getöteten Freund Enkidu abhält:

> Als das allererste licht des anbrechenden morgens
> aufleuchtete,
> öffnete Gilgamesh sein tor.
> Er trug einen großen tisch aus eibenholz heraus,
> er füllte eine schale aus karneol mit honig.
> Er füllte eine schale aus lapislazuli mit schmetten,
> schmückte den tisch und stellte ihn dem
> Sonnengott zur schau.[59]

Beim gegenwärtigen Stand etymologischer Forschung kann die Interpretation von *elammaku* als Eibe[60] (siehe S. 143) nicht eindeutig bewiesen werden, sie ist aber hochwahrscheinlich: Kein anderer Baum hat eine weltweit so große Bedeutung bei Trauer und Bestattungsbräuchen (siehe Kap. 31), und außerdem sind die anderen üblichen Holzarten für mesopotamische Palastmöbel – Zeder, Zypresse, Wacholder und Buchsbaum – unter anderen Namen sicher identifiziert.[61]

Es gibt eine weitere Episode, die der Untersuchung wert ist. Eine der großen Taten von Gilgamesh und Enkidu ist ihre Expedition zum Zedernberg, einem Ort, der als Sitz der Götter beschrieben wird und als Thron der Göttin.[62] In den älteren sumerischen Texten heißt er »Der Berg der lebenden [Göttin]«.[63] Der heilige Ort hat einen mysteriösen Wächter, den Riesen Humbaba; seine Mutter, so die Tontafeln, »war eine Höhle in den Bergen«[64] (Erd-Gebärmutter-Symbolik, vergl. Zeus und Dionysos). Gilgamesh und Enkidu erschlagen den Wächter und überwinden seinen Schutzzauber: Sobald Gilgamesh »alle sieben Hüllen des Lichts um ihn [den Wächter und den Wald] zerbrochen hatte, ging er hinunter, um den Wald zu zertrampeln. Er entdeckte den geheimen Hain der Götter, Gilgamesh fällte die Bäume, Enkidu suchte die Stämme aus«.[65] Eine besonders prächtige »Zeder« fällen sie, um ihr Holz für eine zukünftige Tür für den Tempel des Gottes Enlil zur Stadt Nippur zu flößen.

Zuerst fällt auf, daß dieser berühmte »Zedernwald« ein Mischwald ist, mit Myrten,[66] *balluku*-Bäumen und anderen Arten (deren Namen in den Tontafeln beschädigt sind),[67] mit dichtem Unterwuchs unter dichtem, dunklem Oberstand[68] – alles in allem nicht unwirtlich für die Eibe. König Salomon bestellte sein Eibenholz von dort, und die Palastbauer von Ninive benutzten als »Zedernholz« gehandeltes Eibenholz (siehe Kap. 30), eine Praxis, die noch in

Theophrasts Zeiten gängig war. Die Möglichkeit von *Taxus* im Libanongebirge wird jedoch botanisch meist verworfen, aus guten Gründen: Das heiße Klima der Levante hat sich in den letzten 6.000 Jahren kaum verändert. Aber Mikroklimata hingegen schon.[69] Dazu kommt, daß der Libanon in diesem Zusammenhang vielen Gelehrten ohnehin als eine spätere babylonische Zutat gilt, d. h., die ursprüngliche (sumerische) Legende kann genausogut die Berge im Norden gemeint haben: die des syrisch-anatolischen Grenzlandes.[70] Dafür spricht auch, daß die Tontafeln den Euphrat als Transportroute des Holzfloßes angeben: Der obere Euphrat fließt durch das Amanus- und das Taurusgebirge, jenes nacheiszeitliche »Eiben-Herzland« Kleinasiens (siehe Kap. 36).[71] Das bestätigt auch den Vorschlag, daß Humbabas Name eine Ableitung von Kubaba sein könnte, ein uralter südanatolischer Name derselben Muttergottheit, die später bei den Phrygiern Kybele hieß.[72]

Diese Analyse zeigt auf, daß die Legende von Gilgamesh den Bericht eines historischen Überfalls eines sumerischen Königs auf ein syrisch-anatolisches Bergheiligtum enthalten könnte. Ein Heiligtum, in dem eine Göttin unter dem lokalen Namen Kubaba verehrt wurde und wo der heilige Hain *inmitten* des Zedernmischwaldes aus einem Horst von Eibenbäumen bestand. Mit oder ohne Eiben – dieser Vorfall markiert die historische Verlagerung des religiösen Fokus von der Natur in die Stadt und von lebendigen Bäumen zu totem Holz. Und, falls es wahr ist, daß der Riese Humbaba ursprünglich die Göttin Kubaba war, gibt das Gilgamesh-Material auch eine Ahnung von der (vor)geschichtlichen Verschiebung von weiblichen zu männlichen Gottheiten[73] – eine Entwicklung, die ohne Zweifel auch dramatische Auswirkungen auf den alten religiösen Status der Eibe hatte.

In Tafel XI des Gilgamesh-Epos erscheint Utnapishtim, ein legendärer Sumerer, der – wie lange nach ihm Noah in der biblischen Version[74] – die Sintflut überlebte, indem er göttliche Anweisungen befolgte und eine Arche baute (siehe Wasser-Symbolik S. 163, 168). Die Legende von der Sintflut war weitverbreitet im alten Orient. Im Lichte der Lebensbaum-Traditionen ist hier das Motiv der Taube, die mit einem heiligen Zweig im Schnabel zurückkehrt,[75] von Bedeutung. Die Tatsache, daß sogar noch die Bibel die Arche auf dem Ararat landen läßt – einem Berg in Ostanatolien (!) – verstärkt die Beziehung dieser Legende zum Eibe/Lebensbaum/Göttin-Muster. Und der biblische »Olivenzweig« konnte kaum an einem derart hochgelegenen Ort gewachsen sein. Interessanterweise heißt die Gemahlin von Deukalion, dem altgriechischen »Noah«, die damit auch die Ahnherrin aller nach-sintflutlichen Griechen ist, Pyrrha, was als »feuerrot« übersetzt werden kann[76] (vergl. die Ritter des Roten Astes, S. 209).

GRENZEN ÜBERSCHREITEN

Um die Gestalt des berühmten griechischen Superhelden Herakles (röm. Herkules) rankten sich während der langen Phase seiner Popularität unzählige Geschichten, darunter auch Motive aus dem Gilgamesh-Epos. Herakles war höchstwahrscheinlich kretisch-minoischen Ursprungs, und sein Ruhm verbreitete sich bald auch über das mykenische Griechenland. Anfänglich der Geliebte der Muttergöttin Hera, mag Herakles ursprünglich ein mythischer Sakralkönig gewesen sein (siehe Kap. 39). Seine wohlbekannten Zwölf Arbeiten werden oft als Spiegelung der in frühen Zeiten weit verbreiteten kultischen »Hochzeitsaufgaben« interpretiert, mit denen geeignete und würdige Kandidaten für die Position des Sakralkönigs gewählt wurden.

Herakles' Elfte Arbeit besteht darin, der Göttin Athene einige der goldenen Äpfel der Hesperiden zu bringen. Dieser magische Baum steht in einem paradiesischen Garten im Westen, wo die Sonne untergeht,

38.9 *Geeignetes Hartholz für Herakles' Keule: engste Taxus-Jahrringe, auf nacktem Fels gewachsen*

und wird bewacht von dem Riesen Atlas, seinen drei Töchtern (den Hesperiden) und dem niemals schlafenden Drachen Ladon. Herakles tötet den Drachenwächter mit einem Pfeil (vergl. Apollo und die Schlange Python), täuscht Atlas und bringt einige Äpfel zu Athene, die sie jedoch lächelnd an Hera weitergibt, die die rechtmäßige Herrin des Gartens ist. Der Baum der Hesperiden ist leicht als Abwandlung des Weltenbaumes erkennbar: Die Position an der Weltenachse ist durch Atlas chiffriert, der die Säulen hält, die den Himmel und die Erde auseinanderhalten; Apollodorus[77] verlegt den Garten sogar ins Land der Hyperboräer, doch die übliche Verortung nennt das Atlasgebirge im Westen, wo die Pferde des Sonnenwagens ihre tägliche Reise beenden[78] (vergl. die »Tore der Sonne«, S. 171; Hesperiden 207–8).

Zwei weitere Elemente der Geschichte Herakles' sind von Interesse: seine berühmte Keule und sein Scheiterhaufen. Herakles kämpft gewöhnlich mit einer Keule aus dem Holz des wilden *elaos*-Baumes vom Berg Helikon. Während seiner Abenteuer ersetzt er seine Keule zweimal, und immer von derselben Baumart. Als er seine dritte Keule an eine Statue des Hermes lehnt, beginnt sie zu sprießen und Wurzeln zu schlagen.[79] Als seine Todesstunde naht, weist Herakles seinen Sohn an, ihn zum höchsten Gipfel des Oita in Trachis zu bringen und ihn dort auf einem Scheiterhaufen aus Eichenzweigen und Stämmen des männlichen wilden *elaos*[80] zu verbrennen. *Elaos (elaios)* wird meist als »Olive« übersetzt,[81] aber weder der kultivierte noch der wilde Olivenbaum haben »männliche« Bäume; Oliven sind einhäusig, und vor allem wachsen sie nicht mit prächtigen Stämmen im Gebirge.[82] Könnte dies eine weitere verborgene Erwähnung von *Taxus* sein? Könnte es sein, daß der Begriff *elate*, »weiche Tanne«, schon im Altertum als Umschreibung für die (weibliche) Eibe diente, und *elaos, elaios* die männliche bezeichnete? Als *elaos* wird jedenfalls auch jener Baum bezeichnet, den Herakles von den Hyperboräern – also aus Richtung der Polarachse jenseits des Nordwindes – mitbringt (siehe unten), wo keine Oliven wachsen können. Hierbei handelt es sich um Apollos Baum. Aus noch anderen Gründen verwirft Cook[83] die Olive: Das Holz, welches Herakles in Olympia für das Sakralfeuer zu Ehren des Zeus benutzt (Herakles' »persönlicher« heiliger Baum), stammt von einem *acherois*,

38.10 *Die dunklen Wogen des Unterweltflusses …*

der am Fluß Acheron wächst; gewöhnlich als »Pappel« übersetzt, kann *acherois* auch einfach »Flußbaum« bedeutet haben, und der besagte Acheron ist nicht der Fluß in Thesprotien, sondern der Unterweltfluß.[84] Dieser Fluß stellt die Grenze zum Totenreich dar, und in anderen Texten heißt er *leuke*, »weiß«,[85] als Synonym für sein geisterhaft bleiches Aussehen, wenigstens der homerischen Religion zufolge. Oder bezog sich letzterer Begriff auf die weiße Säule des Lichts, die senkrecht die Welten verbindet? Wie auch immer, die genaue Identität des Baumes von Herakles, Sohn der Alkmene, bleibt unbekannt.

Die Olympischen Spiele

Als der andere legendäre Herakles, der Daktyl aus Kreta, die Olympischen Spiele in Elis (Peloponnes) begründete, wollte er einen heiligen Baum am Ende der Rennstrecke pflanzen. Um den geeigneten Baum zu finden, reiste er gar nach Hyperboräa, bis zur Quelle der Donau, »wo Artemis ihn zwischen den stattlichen Bäumen willkommen hieß«.[86] Die Bäume, die er dort, im Apollo-Heiligtum[87] erblickte, »erfüllten ihn mit Staunen«,[88] und Herakles überzeugte die Diener des Apollo, ihm die »graue« oder »wilde Olive« mit nach Olympia zu geben. Ob er tatsächlich ganz bis zur Donauquelle (in Südwestdeutschland) reiste oder lediglich einem Nebenfluß der Donau folgte und irgendwo zwischen dem Balkan und den Alpen seinen Baum fand – nirgends gedeiht hier die Olive. Außerdem sind die Olympischen Spiele eine vor-mykenische Institution, Pollenanalysen der Region zeigen aber, daß die Olive noch nicht einmal in den mykenischen Schichten vorkommt: Die Einführung des Olivenanbaus um Elis erfolgte erst *nach* dem Zusammenbruch der mykenischen Stufe.[89] Die Identität von Apollos Baum in diesem Zusammenhang ging mit der Zeit verloren ... und vielleicht auch mit Übersetzungsfehlern: Seine Frucht könnte einst *drupepes* genannt worden sein, »was am Baum reift«, oder *drupetes*, »Frucht, die von selbst vom Baum fällt«. Später wurden diese beiden Begriffe vornehmlich für die Olive und die Feige benutzt – verständlich aufgrund der großen wirtschaftlichen Bedeutung dieser Bäume –, und im Lateinischen wurde daraus gar *drupe, druppa* als ausschließlicher Begriff für die schwarze (also reife) Olive. Aber beide griechische Wörter kamen von *drus*, »Baum, sofern er heilig ist«[90] und verwiesen ursprünglich auf einen fruchttragenden heiligen Baum.

38.11 *Eibe im Gebiet der oberen Donau*

38.12 *Junge Eibe in den Nebeln von »Hyperboräa«*

Auch das kultische Umfeld der frühen Olympischen Spiele unterscheidet sich deutlich von dem üblichen symbolischen Kontext der Olive, es ist vielmehr gespickt mit vor-achäischen Motiven aus Kreta:[91] An der Stätte der Spiele weihte Herakles eine Hügelkuppe dem Kronos (Saturn, El); an dessen Nordseite befand sich ein Schrein der Eileithyia (Artemis als Schutzherrin der Geburt), in dem eine heilige Schlange (mit dem mysteriösen Namen Sosipolis, »Retterin der Stadt«[92]) gehalten und von einer weiß verschleierten Jungfrauenpriesterin mit Honigkuchen gefüttert wurde; und diese Zeremonialpriesterinnen wurden »Königinnen« genannt (als Anspielung auf Bienenköniginnen).[93] Des weiteren beinhalteten die ursprünglichen Spiele ein Fußrennen junger Frauen um die Ehre, Priesterin der Göttin Hera zu werden, und die eigentlich Gründung wurde einer Priesterin mit Namen Hippodameia zugeschrieben, deren Name an die Amazonen erinnert (von denen viele das Wort *hippo*, »Pferd«, im Namen führten, siehe Kap. 40).[94] Graves zufolge[95] war die Siegertrophäe jener frühen Tage ein »Apfelzweig«[96] als ein »Versprechen der Unsterblichkeit« (vergl. die hethitischen Königsrituale im folgenden Kapitel). Der Olivenkranz kam erst ab 776 v. Ztr. auf, als die Olympiade nach dem Bürgerkrieg wieder eingeführt wurde. Diesesmal aus »echter« Olive, denn wie Pausanias sagt:[97] Als die Spiele wieder eingesetzt wurden, »hatten die Leute die alten Tage immer noch vergessen; nach und nach erinnerten sie sich« – aber offenbar nicht an die Eibe.

KÖNIGTUM

Als Mitte des vierten Jahrtausends v. Ztr. die Grundlagen der Zivilisation geschaffen wurden – Schrift, Mathematik, Monumentalarchitektur, systematische wissenschaftliche Beobachtung (der Himmelskörper) usw. –, gehörte auch die »königliche Kunst des Regierens« mit dazu.[1] Am Anfang war das Königtum eine soziale Einrichtung, um die Harmonie zwischen der menschlichen Gruppe und der Erde, auf der sie lebte, zu gewährleisten. Bevor die Kulturen der Bronze- und Eisenzeit begannen, die Möglichkeiten des Königs aufzublähen und zu mißbrauchen, war dieser eher ein Diener als ein Macht-Haber. In vielen Traditionen wurde er nur für einen begrenzten Zeitraum gewählt,[2] und eine seiner wichtigsten Aufgaben, wenn nicht die wichtigste, war der *hieros gamos*, die »Heilige Hochzeit« mit der Erdgöttin, der weiblichen Personifikation der Erde, die Fülle und Wohlstand gewährte.[3] Dabei diente der Sakralkönig als Hohepriester, der den Himmelsgott repräsentierte, während die Göttin durch eine Hohepriesterin anwesend war. Ihre zeremonielle Vereinigung konnte tatsächlich sexuell sein oder rein symbolisch, je nach regionalem Brauchtum. Dies war nicht nur Teil der Fruchtbarkeitsriten, die das Überleben sichern helfen sollten, sondern auch eine Art, die höheren Mächte um »Erlaubnis« zu bitten für die verschiedenartigen Landschaftsveränderungen (durch Jagd, Ackerbau, Waldwirtschaft, usw.), die menschliche Besiedelung unweigerlich mit sich bringt. Die Erde gehörte sich selbst und nicht dem Menschen – eine Auffassung, die wir heute als tiefgehend ökologisch bezeichnen würden.

DAS HATTISCH-HETHITISCHE ANATOLIEN: DIE GABEN DER THRONGÖTTIN

In Anatolien übernahmen die indoeuropäischen Hethiter viel von der älteren, einheimischen Religion der Hattier. Einzig die Göttin der Erde (d. h. der dortigen Landschaft, nicht des Planeten), »Throngöttin« genannt, hatte die Macht, einen Kandidaten für das Königsamt zu bestätigen und die königlichen Insignien zu verleihen.[4] In ihrem ritualisierten Pakt willigte der König ein, das von seinem Volk bewohnte Land (welches dem Sturm- und Sonnengott gehörte) zu verwalten und zu beschützen und dabei ihr Territorium zu achten – die Berge[5] (siehe Bergthrone, Kap. 37). Ihre rituelle Vereinigung wurde durch den heiligen Baum geweiht: »Wie die Eibe immer grün ist, so mögen König und Königin gedeihen«.[6] Diese Zeile aus einem alten Ritualtext zeigt auch, warum der irdische Repräsentant des Lebensbaumes ein immergrüner Baum sein mußte.

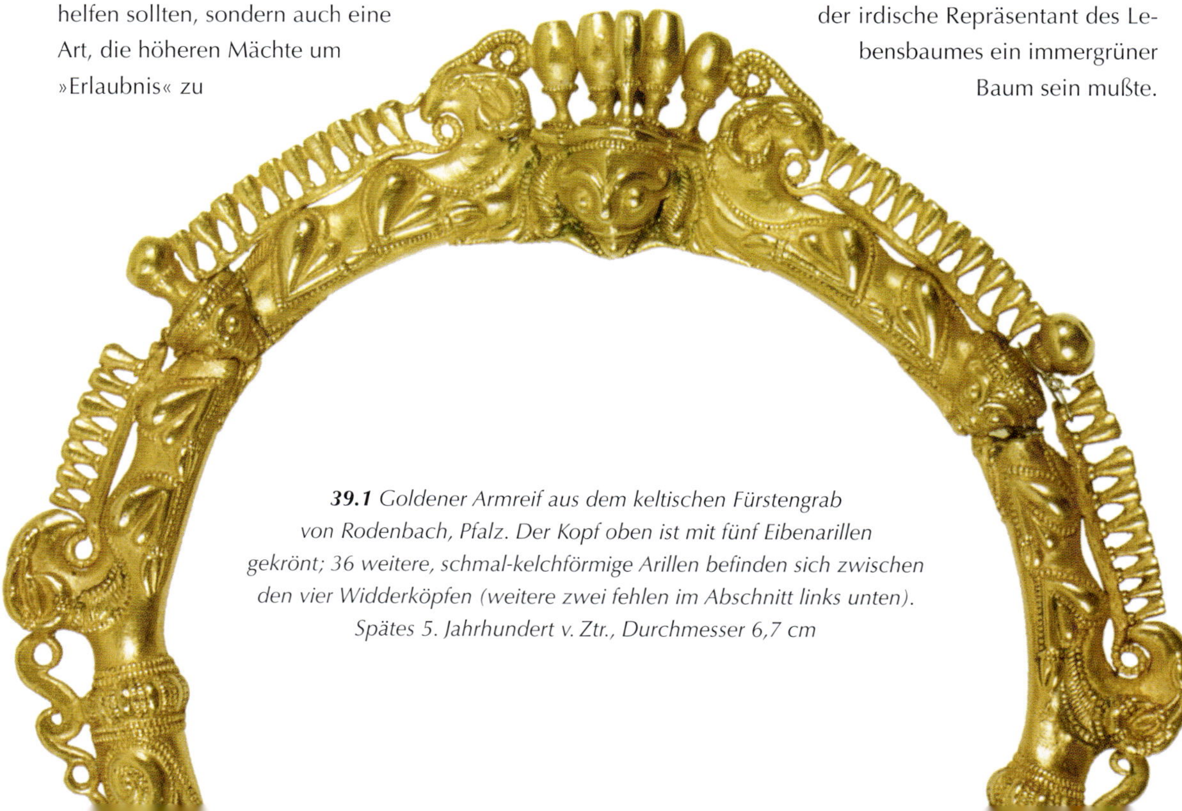

39.1 *Goldener Armreif aus dem keltischen Fürstengrab von Rodenbach, Pfalz. Der Kopf oben ist mit fünf Eibenarillen gekrönt; 36 weitere, schmal-kelchförmige Arillen befinden sich zwischen den vier Widderköpfen (weitere zwei fehlen im Abschnitt links unten). Spätes 5. Jahrhundert v. Ztr., Durchmesser 6,7 cm*

39.2 Das hethitische Königsritual. Mitte: Der König (links) empfängt die Insignien von der Göttin/Hohepriesterin, die auf einem Löwen steht. Links: Die Spitze des Gefolges des Königs, bekannt als die »zwölf Götter«. Rechts: Das Gefolge der Hohepriesterin. Motive von den Felsen von Yazilikaya, Türkei.

Im alt-hethitischen Mythos ist es Telipinu, der Sohn des großen Sturmgottes und Förderer des Ackerbaus, der die Fruchtbarkeit und das Wohlsein von Land und Volk wiederherstellt: »Vor Telipinu steht ein Eibenbaum [*eya*]. Von der Eibe hängt ein Jagdbeutel (gemacht aus der Haut) eines Schafes. Darin befindet sich Schafsfett. Darin befinden sich (Symbole für) Fruchtbarkeit der Tiere und Wein. Darin befinden sich (Symbole für) Rinder und Schafe. ... Darin befinden sich Langlebigkeit und Wohlstand. Darin befindet sich die sanfte Botschaft des Lammes. ... Darin befinden sich Fülle, Überfluß und Sättigung.«[7] Der Empfang dieser Gaben des Wohlstands durch den König als Vertreter seines Volkes wurde regelmäßig rituell aufgeführt.[8] Das Ritual scheint aber auch wirkliche Schafe enthalten zu haben, denn eine andere Tafel sagt »er band ein wildes Schaf unter einem Eibenbaum« und »befreite [es] unter einem Eibenbaum«.[9] Und die hethische Hieroglyphe für den Namen Telipinus ist ein Baum.[10] Was den göttlichen »Besitzer« des heiligen Vlieses anbelangt, das all diese Gaben des Wohlstands enthält, so finden wir in einem alten Text, daß es im Heiligtum des Kriegsgottes Zababa (des griechischen Ares) vorkommt, aber gewöhnlich gehört es der Göttin Inara. In einigen Keilschrifttafeln steht die Glyphe für das Vlies sogar stellvertretend für ihren Namen und die Göttin trug außerdem den Beinamen »Vlies-Inara«.[11]

Ein anderes Element der jährlichen Erneuerung der Natur und der menschlichen Gesellschaft bestand in den sogenannten Palastbau-Ritualen. Sie umfaßten Aktivitäten zur spirituellen Reinigung und Erneuerung des Palastes, was vermutlich als Teil der allgemeinen Neujahrsfeiern geschah oder des Frühlingsbeginns.

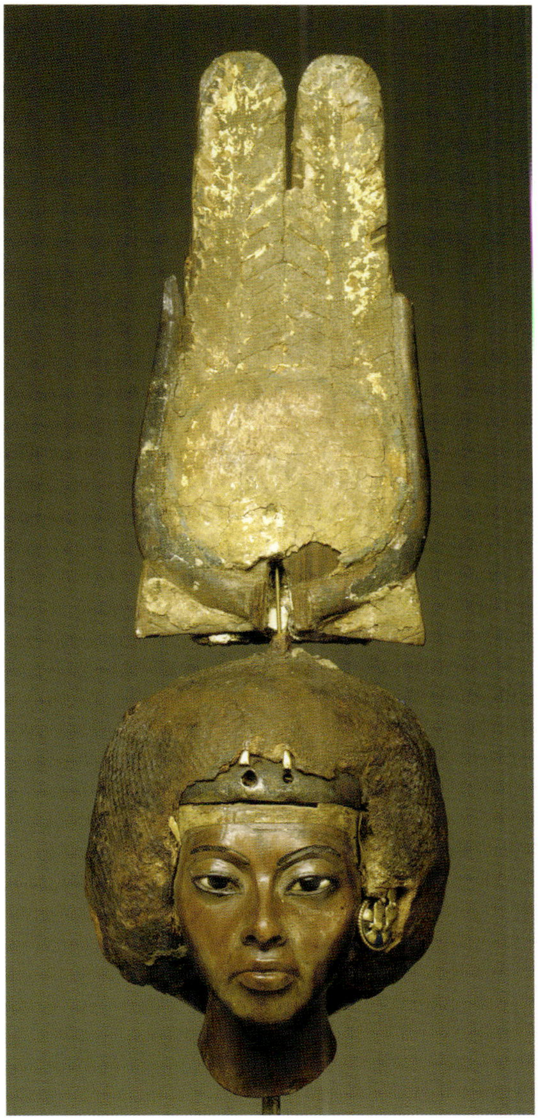

39.3 Porträt der Königin Teje. Vergoldetes Eibenholz, Ägypten, Neues Königreich, 18. Dynastie, ca. 1355 v. Ztr.

Bei dieser Gelegenheit begegnete der König der weiblichen Gottheit als Schicksalsgöttin, die sein Amt erneut bestätigt und seine Lebensspanne prophezeit:

»Wenn aber der König in den Palast hineingeht, dann ruft die Throngöttin den Adler herbei: ›Komm, ich schick dich zum Meere! Wenn du aber dahin gehst, so schaue aus, welche Gottheiten im Feld und im Walde sitzen!‹ Und jener antwortet: ›Ich habe ausgeschaut. Es sind Istustaya und Papaya, die unterirdischen, die uralten Göttinnen, die dort kauernd sitzen.‹ Die Throngöttin antwortet darauf: ›Nun, was machen sie dort?‹ Und jener erwidert ihr: ›Die eine hält eine Spindel, beide halten gefüllte Spiegel. Und sie prophezeien die Lebensjahre des Königs.‹«[12]

Istustaya und Papaya (im Hattischen Estustaya und Wapaya) sind zwei hethitische Schicksalsgöttinnen;[13] wie im griechischen und nordischen Mythos spinnen sie die Lebensfäden der Sterblichen. Das hethitische Wort für die Götterklasse, zu der sie gehören, ist *guls-*, was in etwa »aus-/kennzeichnen, Buchstaben schnitzen, erlassen« bedeutet.[14] Spiegel sind weitverbreitete Attribute von Göttinnen (z. B. Kubaba, Aphrodite) und symbolisieren die Fähigkeit, ins Verborgene zu schauen. Vor dem Gebrauch von Metall bestanden Spiegel aus flachen, wassergefüllten Schalen. Interessanterweise stammt das hethitische Wort für »Spiegel«, *huisa*, von dem Wort für »leben«, *huis*.[15] Mit der Hilfe des Adlers, der höchste Einsicht in die geistige Welt versinnbildlicht, finden sich die unterirdischen Göttinnen im Wald, zwischen den Bäumen – oder sind sie die Geister der Bäume selbst? Die Verortung dieses heiligen Waldes ist jedenfalls klarer: Er befindet sich unweit der Südküste des Schwarzen Meeres, im »Amazonenreich« von Zalpa/Themiscriya (siehe S. 213ff).

Die zwei Dinge, die der hethitische König unter dem oder vom heiligen Baum empfing, sind (1) der Schafsbeutel, der Fülle und Fruchtbarkeit für die Dauer seiner Regierungszeit garantiert und (2) das Geschenk der »langen Jahre« (oder der Unsterblichkeit) für sich selbst, das ihm zeremoniell mittels der Kraft des langlebigsten aller Bäume verliehen wurde.

GRIECHENLAND: DAS GOLDENE VLIES

Die griechischen Mythen enthalten zahllose Hinweise darauf, daß örtliche Heilige Hochzeits-Rituale auf dem griechischen Festland, in der Ägäis und auf den Inseln einst weitverbreitet waren.[16] Ritualisierte Wettbewerbe um die Ämter des Königs und der Hohepriesterin waren Teil vieler Traditionen (wenn auch sie später in einigen Gegenden ihren alten Sinnbezug verloren und sich zu sekulären aber äußerst beliebten athletischen Spielen wie denen von Olympia oder Delphi entwickelten). Im Mythos wie im Ritual beinhalteten die Stärkeprüfungen auch die Erlangung magischer Objekte wie des Schafsbeutels, der Wohlsein und Fruchtbarkeit repräsentierte. Wie schon die hethitischen Texte sagen: »An der Eibe hängt ein Schafsvlies«:[17] Wenn im zeitigen Frühjahr, der Zeit der Erneuerung in der Natur, ein Vlies in einer männlichen Eibe hing, wurde es vom Pollen goldbestäubt. In der gesamten Alten Welt war der Widder aufgrund seiner männlichen Stärke ein königliches Symbol, denn beide, König und Widder, waren Repräsentanten des befruchtenden Himmelsgottes.[18] Darüber hinaus versorgt der Widder, symbolisch gesehen, die Schicksalsgöttin mit genau der Wolle, mit der sie die Lebensfäden spinnt und auf dem Webstuhl des Schicksals verwebt. Ein Widder, der auch noch mit der goldenen Pollenwolke des Lebensbaumes selbst bestäubt ist, dürfte das heiligste aller Ritualtiere gewesen sein.

Dieser Teil des griechischen Erbes aus Kleinasien wurde als das »Goldene Vlies« bekannt, und seine heute berühmteste Erwähnung[19] findet sich in der Legende von Jason und Medeia.[20] In Kürze: Jason, ein im Exil befindlicher Prinz, muß in das ferne Land Kolchis (am östlichen Ende des Schwarzen Meeres) reisen und das Goldene Vlies wiedergewinnen, das an einem heiligen Baum im Heiligtum des Ares aufgehängt wurde. Er trifft auf die Feindseligkeit des dortigen Königs, der sich (verständlicherweise) nicht vom Vlies trennen will. Mit Hilfe der Königstochter Medeia jedoch gelingt es Jason, sich des Vlieses zu bemächtigen. Zusammen stechen sie in See, anfangs verfolgt von der Flotte des wütenden kolchischen Königs. So gewinnt Jason das Vlies, das die Fruchtbarkeit seiner Heimat sichert und ihm dazu seinen eigenen Thron und seine Königin.

Bei genauerer Betrachtung jedoch entpuppt sich Medeia als diejenige, die die Fäden in der Hand hält: Sie besitzt die Hoheit über das Land und wählt Jason zum König. Medeia ist keine einfache Prinzessin, sondern die Tochter des Königs von seiner ersten »Gemahlin«, der kaukasischen Nymphe Asterodeia, also das Kind einer Heiligen Hochzeit. Keine schlechte Startposition, um eine Laufbahn als Hohepriesterin einzuschlagen. Und als solche dient sie der Kirke, der göttlichen Hüterin der Weltensäule und in hellenistischer Sicht der obersten Herrin der Magie (siehe Kap. 41). Wie auch Demeter und Persephone wird Medeia oft auf einem schlangengezogenen Wagen dargestellt,[21] und des weiteren verknüpft die Legende sie mit dem Kessel der Wiedergeburt. Sie ist eine mächtige Hexe, die die Beschwörungen und das Kräuterwissen gemeistert hat, die sie beide einsetzt, um den Wächter des heiligen Baumes einzuschläfern: Ladon, den unsterblichen Drachen mit den tausend Windungen, der vom Blute des Typhon geboren wurde (jener Urschlange in der Korykischen Höhle – ein weiterer Hinweis auf den anatolischen Ursprung der Legende vom Goldenen Vlies, siehe voriges Kapitel).[22] Auch heilt Medeia die Wunden der Krieger Jasons. In der griechischen Tradition heißt es, daß Medeia niemals starb, sondern Unsterblichkeit in den Elysischen Feldern fand, wo sie als die Göttin des Kessels der Erneuerung residiert.[23] Vielleicht war sie diese Göttin von Anfang an …

39.4 *Medeia auf ihrem Schlangenwagen; griechische Vasenmalerei aus Policoro, Süditalien, ca. 410 v. Ztr.*

Was die Reiseroute der Argonauten betrifft (Jasons Heldentruppe an Bord der Argo), genügt schon ihre Geographie (siehe Karte S. 214), um ihre Verankerung in den alten religiösen Schichten des Eibe/Lebensbaum/Göttin-Musters deutlich zu machen; da gibt es keinerlei Hinweis auf das (indoeuropäische?) Eiche/Blitz/Donnergott-Muster:[24] (1) Die erste Station der Argonauten ist die Insel Samothrake, ein Initiationszentrum des Nordens, wo sie in die Mysterien von Persephone/Hekate eingeweiht wurden.[25] Die »Samothrakischen Mysterien« standen in engem Zusammenhang mit denen von Eleusis und des Berges Ida,[26] und die samothrakischen Priesterinnen galten als die Schwestern der Daktylen.[27] (2) Danach legt die Argo auf drei weiteren Inseln an, die mit den Amazonen (siehe folgendes Kapitel) assoziiert werden: Lemnos, Sauromatia und die kleine Insel des Ares;[28] und (4) macht sogar im Hafen von Mariandynia Halt, dem legendären Usprungsland der Amazonen.[29] Und schlußendlich heiraten Medeia und Jason in der heiligen Kulthöhle, in der Dionysos (»Gottes Baum«) aufgezogen wurde.[30]

Folglich kann man sagen, daß Jason und die Argonauten kaum eine Station ausließen, die mit Göttinnenkult und den Amazonen in Verbindung stand; ihre Reise erscheint eher wie eine Pilgerfahrt auf dem Pfad der Göttin. Es ist allerdings unwahrscheinlich, daß diese Route eine einstmals wirklich existierende rituelle Reise reflektiert; die Legende, so, wie wir sie kennen, entstand erst in späterer Zeit, nach ca. 750 v. Ztr., um genauer zu sein, als griechische Kolonien an den Schwarzmeerküsten gegründet waren und das Land Kolchis bekannt war. Doch der westliche Kaukasus ist immer noch eines der wichtigsten Vorkommen alter Eiben in der Welt (von denen einige heute auf über 3000 Jahre geschätzt werden), und somit war Kolchis (heutiges Georgien) eine treffende Wahl der frühen Mythographen. Anfangs war die Lokalisierung des Baumes und Vlieses im äußersten Osten vermutlich nur ein Sinnbild für den Punkt des Sonnenaufgangs als des magischen Tores zwischen den Welten, genauso wie die »Äpfel« der Hesperiden im äußersten Westen (denn im Osten und Westen beendet bzw. beginnt die Sonne ihre nächtliche Unterweltreise).

39.5 Taxus-*Pollenwolke: das Goldene Vlies?*

Das Vlies symbolisiert die Lebenskraft, die sich mit der Sonne aus der unvergänglichen Unterwelt in die Welt der Zeit und der Schöpfung erhebt (Pollen, Frühling). Die »Äpfel« der Unsterblichkeit dagegen erscheinen im Herbst und im Westen und sind ein Garant für die Reise der Seele, wenn sie diese Welt verläßt. Beide Mythen, die von Jason und dem Goldenen Vlies und die von Herakles und den »goldenen Äpfeln« der Hesperiden ergänzen einander und handeln von *einem* heiligen Objekt, das im frühen Griechenland *chrysomelon* genannt worden sein dürfte, von *chryso*, »golden«, und *melon*, welches »Schaf« als auch »Apfel« bedeutet.[31] Kann das Zufall sein, insbesondere wenn beide Mythen in Kleinasien entstanden, wo *eya* verehrt wurde, die »äpfel«-tragende weibliche und die golden stäubende männliche Eibe?

Es scheint, daß in einigen örtlichen Traditionen das »Vlies« noch nicht einmal ein Schafsfell war, sondern der reine pollentragende Zweig. So beschreibt Apollonius Rhodius (geb. ca. 295 v. Ztr.) das Vlies als eine »Wolke«, die im Sonnenaufgang glüht; als Jason sie vom Baume nimmt, überzieht sie seine Stirn und Wangen mit einer »Rötung wie Feuer«; und während er mit ihr davonschreitet, beginnt der Boden, hell zu funkeln.[32] In einer alt-hethitischen Legende sendet die Muttergöttin Hannahanna die Biene aus, ihr das Vlies zu bringen. Das Insekt kehrt erfolgreich in den heiligen Hain zurück und legt das Vlies in eine Schale zu Füßen der sitzenden Göttin.[33] Bienen tragen Pollen (keine Schafsfelle) ... Lucius Apuleius, ein platonischer Philosoph mit besonderem Interesse an den religiösen Initiationsriten seiner Zeit und selbst ein Eingeweihter in den Kult der Isis, schrieb im zweiten Jahrhundert n. Ztr. eine Sage nieder, in der die Göttin Venus der schönen Prinzessin Psyche die Aufgabe stellt, ihr ein goldenes Büschel von den Bäumen zu pflücken, die bei einer bestimmten Quelle stehen, wo eine Gruppe Schafe grast. Sie muß »die Zweige des nebenstehenden Gehölzes schlagen«, einer großen Platane, und das wird die Wolle, »die überall am Unterholz hängt«, golden machen. Sorgfältig führt Psyche alle Anweisungen aus und bringt den goldenen Schatz »zurück zu Venus«.[34] Aus demselben Jahrhundert berichtet Pausanias, daß der Priester von Korinth einmal im Jahr auf dem »Altar der Winde« opferte und dabei die »Inkantationen der Medeia« sang.[35] Wind trägt Pollen ...

DAS KELTISCHE IRLAND: »DIE BLEIBENDE«

Das Konzept des göttlichen Weiblichen als Personifikation der Fülle der Erde war eines der zentralen Elemente der keltischer Religion, nicht nur in Irland.[36] Es gibt eine große Anzahl von Belegen, die auf die Heilige Hochzeit von Göttin und König schließen lassen.[37] Anu war eine mythische Urahnin und Muttergottheit in Irland (*an*, »ernähren«), aber besonders in der Grafschaft Munster. Anu – auch Dana, Danu, Ana, Aine[38] – war zudem auch Sonnengöttin (*Aine*, »Freude, Entzücken, Helligkeit, Strahlen«) wie auch die Herrin der Unterwelt (*bean sí*, heute in der anglisierten Form *banshee* bekannt).[39] Dana ist die Ahnherrin der ersten Generation der Götter Irlands, der Tuatha dé Danaan.[40] Sie hat drei mythische Söhne und einen Bruder, alle mit Eibennamen. Auf dem Cnoc Aine befinden sich vier Kulthügel; einer ist der Dana selbst geweiht, zwei ihren Söhnen Eogabal (»Eibenastgabel«) und Uainide (»Eibenlaub«), und der vierte ihrem Bruder Fer I, »Eibenmann«.[41] In der Sage *The Yew Tree of the Disputing Sons [Die Eibe der streitenden Söhne]* ist Fer I fähig, aus dem Nichts und in einem Augenblick »einen Eibenbaum von unübertroffener Schönheit« erstehen zu lassen.[42] Auch Danas Vater, der große Dagda, »guter Gott«, trägt einen Eibenbeinamen: Eochu bedeutet »mächtig« und entwickelte sich aus *ivo-katu-s*, »der mit der Eibe kämpft«.[43] So darf wohl angenommen werden, daß auch Dana selbst eine Personifikation des Eibengeistes ist; einer ihrer Beinamen ist Búannan, »die Bleibende«.[44] Eine weitere Personifikation des Baumes

erscheint im Ulster-Zyklus: Scáthach ist eine außergewöhnliche und mächtige Kriegerin und Kampflehrerin aber auch Seherin, die im fernen Norden in einem mythischen Ort namens Alba lebt. Als der große Kriegerheld Cú Chulainn dort ankommt, um sich in »Martial Arts« fortzubilden, findet er Scáthach »in einem Eibenbaum«, um den ihre lauschenden Söhne sitzen.[45]

Cnoc Aine ist der heilige Hügel, der die Genealogie der Könige ganz Irlands beherbergt. Die keltischen Invasoren respektierten diese alten Gottheiten des Landes von Anfang an. So nannte man die Dynastie, die vom 7. bis zum 10. Jahrhundert Munster beherrschte, die Eoganacht, und sie bezogen ihr politisches Recht auf den Thron aus ihrer Verbindung mit dem heiligen Baum. Der Text *The Exile of Conall Corc*, niedergeschrieben im 8. Jahrhundert, beschreibt den Gründungsstein der königlichen Herrscherlinien: »Heute sah ich ein Wunder auf diesen Bergkämmen im Norden, eine Eibe und ein Stein, und ich nahm ein kleines Oratorium davor wahr und einen Fahnenstein. Engel waren anwesend und fuhren auf und nieder von dem Fahnenstein. ›Wahrlich‹, sagte der Druide von Aed, ›dies wird für immer die Residenz der Könige Munsters sein, und von demjenigen, der als erster ein Feuer unter dieser Eibe schüren wird, werden die Könige von Munster abstammen.‹«[46]

In dem irischen Gedicht *Baile in Scail [Die Verzükkung des Helden]* aus dem 10./11. Jahrhundert reicht die Maid Eriu, »Irland«, jedem angehenden König des Landes einen Becher mit »rotem Bier« *(derg-laith)*, das »rote Herrschaft« *(derg-flaith)* verleiht.[47] Bereits in irischen Legenden aus dem 4. bis 10. Jahrhundert erscheint eine Kriegerelite, die das königliche Haus von Tara – die Residenz des irisichen Hochkönigs im keltischen Irland – bewacht, unter dem Namen Craeb Ruad, Die »Ritter des Roten Astes«. Im Hochmittelalter dann benutzten die Komponisten der Artus-Legende diese Gefährtenschaft des Roten Astes als Vorbild für die Ritter der Tafelrunde.[48] Diese suchen nach dem Heiligen Gral, der sich aus den Bechern der Krönungszeremonien der keltischen und germanischen Traditionen entwickelt hatte und immer ein Symbol blieb für die spirituellen Aspekte des Sakralkönigtums: die harmonische mystische Vereinigung von Mensch und Natur, von Materie und Geist.

ROM: DER »GOLDENE ZWEIG«

Die ursprüngliche Konzept von Königtum und Heiliger Hochzeit beinhaltete »eine Auslöschung des Ichs im Bilde einer Gottheit (mythische Identifikation)«, degenerierte aber schließlich zu einer »Erhöhung des Ichs in der Pose eines Gottes (mythische Inflation)«[49] – die römischen Kaiser gehören eindeutig zur späteren psychologischen Stufe.

Bereits ab etwa dem 8. Jahrhundert v. Ztr. befruchteten griechische Mythen und Legenden durch die

39.6 - 39.10 *Botanisch gesehen gibt es nur einen »roten Ast«, der auf den Britischen Inseln heimisch ist; seine Farbe beginnt zu leuchten, wenn sie vom Regen benetzt wird. (Keinerlei Farbmanipulation an diesen Fotos.)*

griechischen Kolonien in Italien und Sizilien die dortigen indigenen Traditionen. Die Geschichte von Aeneas, dem Sohn der Göttin Aphrodite und eines legendären Helden von Troja, gehörte dazu.[50] Im alten Italien galt Aeneas als der legendäre Führer der Überlebenden Trojas, die er nach Italien gebracht hatte, nachdem ihre Stadt von den Griechen zerstört worden war. Als Feind der Griechen eignete sich Aeneas ganz vorzüglich, als einer der Ahnen der Herrlichkeit Roms gefeiert zu werden, und patriotische römische Autoren begannen, eine mythische Tradition zu konstruieren, die die Anfänge ihres Staates erhöhte. Die Familie von Julius Caesar behauptete, von Aeneas abzustammen, und so auch Kaiser Augustus. Letzterer war der Patron von Vergils hervorragender Version der Geschichte, der *Aeneis*, in welcher der Held nicht nur den Kurs und das Ziel der römischen Geschichte repräsentiert, sondern auch die Karriere und Grundsätze von Augustus selbst.[51] Was für ein Zufall!

Aeneas, wie schon andere halbgöttliche Helden vor ihm, muß in den Hades hinabsteigen und wendet sich an die cumäische Sybille um Beistand. Diese ist eine Priesterin des Apollo und hütet eine entlegene heilige Grotte, die als »Tor zur Unterwelt« bekannt ist.[52] Sie weist ihn an, tiefer in den heiligen Wald der Diana (Artemis) zu gehen, in dem sich auch ihre Höhle befindet, und den »Goldenen Zweig« zu erlangen: »golden die Blätter und der zähe Stiel – der Proserpine [Persephone] geweiht... Die schöne Proserpine bestimmt, daß er ihr als Tribut gebracht werden soll«;[53] ohne ihn kann es keine Wiederkehr ins Tageslicht geben. Aeneas hätte den Zweig nicht gefunden ohne die Hilfe zweier Tauben, in denen er »die Vögel seiner Mutter« erkannte; als sie sich auf dem gesuchten Baum niederlassen, schimmerten seine Äste »in einem hellen Dunst, einer anderen Farbe – golden ... Und in einer sanften Brise raschelte das mit Blattgold überzogene Laubwerk.«[54] Nirgendwo gibt Vergil einen Hinweis darauf, von welchem Baum der Goldene Zweig denn stamme,[55] aber da es Aeneas zugeschrieben wird, die Religion und den Schrein der anatolischen »Mutter der Götter« aus Troja mitgebracht zu haben (entweder direkt nach dem Fall Trojas im 12. Jahrhundert oder später, in der Zeit der griechischen Kolonien ab dem 8.),[56] darf angenommen werden, daß die italischen Priester des Apollo und des Haines der Diana (Artemis, Kybele, Leto) auch etwas über den Baum der Göttin wußten. Überraschenderweise wird die Eibe in diesem Zusammenhang dann doch noch genannt, und zwar etwa ein Jahrhundert nach Vergil: Der römische Dichter Statius sagt: »Amphiarus fuhr so plötzlich in den Hades [die Unterwelt] hinab, daß es keine Zeit gab, ihn durch eine Berührung mit dem Eibenzweig der Eumenis [einer der »Gütigen«, siehe »Furien«, S. 182] zeremoniell zu reinigen.«[57]

Eng verflochten mit dem legendären Baum des Aeneas ist der heilige Hain der Diana in Nemi. Hier war es, wo der legendäre erste König Roms, Numa, um 700 v. Ztr. die Gesetze für die Stadt von der Dryade (= Geist eines heiligen Baumes) Egeria erhalten hatte. Dies war die Kurzform eines Beinamens der Diana, *Dea Aegeria*,[58] was »Göttin des Tor-Baumes zur Unterwelt« bedeutet (später allerdings einfach als »Pappel« interpretiert). König Numas mystische Vereinigung mit Diana *Aegeria* weist natürlich auf eine *hieros gamos*-Tradition, die in den Tagen des Imperiums jedoch längst vergessen war. Dianas Hain von Nemi wird oft mit Eichen assoziiert, aber auf römischen Münzen und Gemmen erscheint Diana regelmäßig mit »Äpfeln« (siehe Abb. 37.20).[59]

39.11 *Eiben säumen den Pfad zur Höhle von Gola Orbisi, Gennargentu-Gebirge, Sardinien.*

JAPAN: »DER HÖCHSTE RANG«

Die Geschichte der Monarchie Japans ist untrennbar mit der Japanischen Eibe verbunden. Der Legende nach war die Gipfelregion des Kuraiyama (auch Kurai) in der Präfektur Gifu (Region Chubu) der Wohnort der Sonnengöttin Amaterasu, der Ahnherrin der kaiser-

39.12 Zeitgenössische Statue eines japanischen Kaisers; Eibenholz, ca. 25 cm hoch, Hida Distrikt, Japan

lichen Linie. Ein zentraler Zeremonialgegenstand in den Krönungsriten der frühen Kaiser war der Shaku, ein länglicher Stab aus Eibenholz, das auf dem Kuraiyama gewachsen war. Der Shaku wird seither traditionell aus Eibenholz gefertigt, und der Baum wird daher Ichii genannt, »Nummer Eins Rang«.[60] Nur erfahrenen Meisterschnitzern ist es erlaubt, mit jahrhundertealtem Holz des Ichii zu arbeiten. Der Künstler, der ein Shaku fertigt, darf den Titel Sho-Ichii tragen, was in etwa »Rang eines öffentlichen Dieners des Kaiserhofes« bedeutet und nur an die wichtigsten und prestigeträchtigsten Ämter vergeben wird. Im heutigen Gifu ist der Distrikt Hida immer noch berühmt für sein Ichii-Handwerk (siehe auch Abb. 29.13 und 45.12). Der Shaku in Abb. 39.13 wurde vom selben Stück Eibenholz geschnitten wie derjenige, der dem derzeitigen japanischen Kaiser 1989 bei seiner Krönung übergeben wurde. Der Shaku wird auch von Shinto-Priestern in Zeremonien benutzt.[61] Interessanterweise hat das Wort *shaku* auch noch eine andere Bedeutung, nämlich die eines »japanischen Fußes«, d. h. eines Längenmaßes, das $^{10}/_{33}$ eines Meters entspricht (30,303 cm).[62]

Ein alter Text[63] über das Zeitalter der Götter berichtet, daß die Götter im Himmelsschiff auf dem Kuraiyama gelandet seien, den Berg zu ihrem Wohnsitz erkoren und sich dann von dort die Zivilisation über die Erde verbreitete. Das Städtchen Miya am Fuße des Berges hat den Ichii als Wappen. Nicht weit vom Kuraiyama – etwa 30 km fast genau östlich – und immer noch im Distrikt Hida in Gifu befindet sich ein weiterer einzigartiger Schrein: Ichiimori Hachiman-jinja. Er gilt als der »Geburtsort« der japanischen Eibe. Der Stein am Eingang informiert, daß sich »hier der erste Ichii von ganz Japan!« befand. Ichiimori bedeutet »Eibenwald« – heute stehen dort etwa 160 Eiben im Alter von 300 bis 600 Jahren. Der gesamte Komplex, Schrein und umgebender Eibenwald (gemischt mit Sugi, der »japanischen Zeder«) steht unter gesetzlichem Schutz als »Nationaler Kulturbesitz«. Hachiman ist der Shinto-»Gott« des Krieges, d. h. der göttliche Beschützer Japans und seiner Menschen; sein symbolisches Tier und Botschafter ist die Taube. Es sollte auch erwähnt werden, daß Jimmu Tenno, Japans legendärer erster Kaiser und direkter Nachfahre der Sonnengöttin Amaterasu, traditionell mit einem knotigen hölzernen Langbogen dargestellt wird (was sehr überraschend ist, weil japanische Bögen eigentlich hochwentwickelt und sehr ausgearbeitet sind[64]), auf dessen Spitze seine »göttliche Krähe« sitzt.[65] In der Sprache der Ainu, der indigenen Bevölkerung Japans, bedeutet das Wort für Eibe, Onco, »Bogenbaum« wie auch »Gottes Baum«.

***39.13** Ein Shaku, Szepter der japanischen Kaiser*

39.14 *Der Eingang zum Ichiimori Hachimanjinja, der »Geburtsstätte der Eibe« in Japan*
39.15 *Torii-Tor und heilige Wasserschale, Ichiimori Hachimanjinja*

Im japanischen Mythos ist der Weltenbaum mit einem Spiegel geschmückt (der vermutlich Sonne und Mond symbolisiert, wie in der Kosmologie der sibirischen Altai); mit »weichen Opfergaben«, d. h. Strohbändern *(nawa)* und Papierstreifen *(gohei)*, wie sie auch heute noch im Shinto benutzt werden (siehe S. 133 und Abb. 29.11); und den sogenannten Krummjuwelen, die die Sterne repräsentieren. Letztere werden auch als »Perlen der Plejaden« bezeichnet, und die Göttin Oto-Tanabata, »Sie, die im Himmel wohnt«, trägt sie als Halsband (vergl. Freyjas Halsband *brísingar men*, S. 228). Zusammen stellen sie die Throninsignien des alten Japan dar – und auch heute noch, nur wurden die weichen Opfergaben« durch ein symbolisches Schwert ersetzt.[66]

Die Symbole und mythologischen Motive, die die Eibe in Japan umgeben, sind denen Europas überraschend ähnlich: Zur Dämmerung der Geschichte sinken die göttlichen Kräfte auf einen heiligen Berg herab (z. B. Olympos in Griechenland, Ida auf Kreta, Ida in Anatolien), von wo aus sie Zivilisation und höhere Ordnung über die Erde verbreiten. Die Eibe ist von Anfang an (der himmlischen Niederkunft) dabei, und ein geweihter Eibengegenstand wird den ersten Königen der Menschen von den Göttern als Zeichen der Hoheit über das Land übergeben. Die Grenze zwischen den Gottheiten und den Eibenbäumen ist in Irland, Griechenland, Anatolien und Japan oft gleichermaßen verschwommen, und es ist letztendlich unmöglich zu sagen, ob die Götter durch die Bäume ins Irdische eintraten oder deren ohnehin innewohnenden Geister darstellten, die dann in den späteren mythologischen Ausformungen eine eher menschliche Gestalt erhielten. So oder so, in der politischen Sphäre erhielt sich die Bedeutung der Mythen in den Krönungsritualen, in welchen die Repräsentanten (Priester oder Priesterinnen) der Götter (oder Eiben) die Herrschermacht verleihen. Die frühen Herrscherdynastien rechtfertigten ihren Anspruch auf den Thron mit ihrer vermeintlichen Abstammung von diesen höheren Wesen.

URBEVÖLKERUNG AMERIKAS: EINE BESCHEIDENE SAGE

Eine besonders herausragende Position der Eibe in den vielen verschiedenen indigenen Kulturen Nordamerikas ist nicht feststellbar. Es gibt aber eine bemerkenswerte Sage von der Nordwestküste, die auch gut zu den besprochenen Traditionen aus Europa und Japan paßt:

»Oh Freund, … unsere Freunde haben mich gesandt, um dich das Ende ihrer Reden gestern abend wissen zu lassen, als Häuptling Eibenbaum all diejenigen zusammenrief, die ihn als Häuptling anerkennen, alle Bäume und alle Büsche. Und dies war die Rede des Eibenbaumes: ›Ihr habt gut daran getan, alle Bäume und alle Büsche um Gnade anzurufen, und auch daran, euch zweimal gereinigt zu haben und eure Körper mit Hemlockzweigen im Teich abzureiben‹.«[67]

KAPITEL 40

DER TANZ DER AMAZONEN

Die patriarchale Kultur des hellenistischen Griechenland hatte keine Probleme mit der Anerkennung weiblicher Gottheiten, jedenfalls nicht, solange sie im Rahmen von Mythen, Legenden und anmutiger Marmorstatuen blieb. Selbst der freie Geist der wahren und unabhängigen »Jungfrauen« wie Artemis und Athena in seiner feurigen und unbestechlichen Natur und seiner Meisterung der Schlangenkraft *(Kundalini)* wurde schließlich gezähmt zu Göttinnen, die fast so häuslich und vorhersagbar waren wie die recht- und besitzlosen Frauen und Sklavinnen Athens. In der griechischen *Polis* bekamen die ekstatischen Tänze im Kult des Dionysos und auch die anderen Ausbrüche der wilden und irrationalen Seite von Frauen (und Männern!) leicht schlechte Presse. Seltene Ereignisse wie die Durchreise einer kleinen Gruppe berittener Kriegerinnen aus Sparta hielt die Athener Gerüchteküche wahrscheinlich für Wochen in Gang. Die Flamme der Unbehaglichkeit blieb genährt durch umherspukende Geschichten und Militärberichte von weiblichen Kämpferinnen unter den Skythen[1] – jenes Volkes, das die endlosen Steppen nördlich des Schwarzen Meeres beherrschte – und das alles bestätigte nur, daß außerhalb der geordneten Stadt eine wilde Welt drohte, eine Welt, in der *alles* möglich war, sogar ein gewisser sozialer Status für Frauen!

Die Amazonen werden von den griechischen Klassikern[2] als entschlossene und mächtige Kriegerinnen beschrieben, hervorragende Reiterinnen, die mit Pfeil und Bogen und mit der Doppelaxt (!) kämpfen. Sie verehrten Artemis und verstanden sich selbst (so sagen die Griechen) als Töchter des Kriegsgottes Ares. Die Amazonen finden sich gewöhnlich auf der Seite der »anderen« kämpfend, d. h. als Gegner der berühmten Heldenfiguren der konföderierten griechischen Stadtstaaten, und sie werden meist im Osten lokalisiert, nämlich nördlich (Skythien) und südlich (Kleinasien, siehe Karte S. 214) des Schwarzen Meeres. In der griechischen Literatur sammelten sich viele phantasievolle und auch schockierende vermeintliche Eigenschaften der Amazonen an, die hier ignoriert werden können; ohne den Platz für eine detaillierte Analyse der Amazonenliteratur soll es hier genügen, festzustellen, daß die griechische *männliche Vorstellung* von den Amazonen sich zum Teil überlappt mit dem, was wir als weibliche Krieger benachbarter Kulturen bezeichnen könnten, und dazu die Klasse (ggf. sogar bewaffneter) Priesterinnen der älteren, archaischen Religionen.[3] Es ist diese zweite Gruppe, die für unsere Studie von Interesse ist, denn die Geographie

40.1 *Göttin, von Schlangen und Lotosblüten flankiert; bemalte Terrakottascheibe, spätes 8. Jh. v. Ztr., Athen*

Diese Platte, ca. 24 x 12,5 cm groß und mit zwei Aufhänglöchern in den oberen Ecken, wurde in der Agora von Athen gefunden und war wahrscheinlich vom benachbarten Schrein der Furien als Votivgabe dort hingebracht worden (Cook 1940, S. 189).

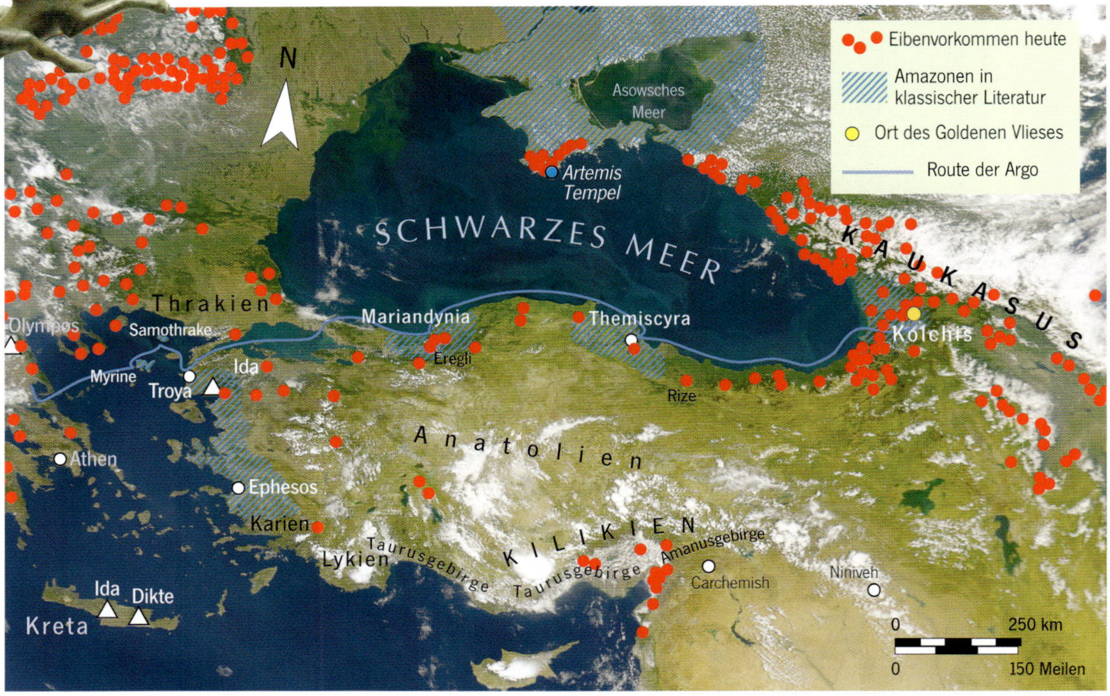

40.2 *Verbreitung der legendären Amazonen und heutige Eibenbestände im Schwarzmeerraum (Eibenverbreitung nach Browicz und Zielinski 1982) (Zur Reiterfigur siehe 40.11)*

ihrer Verbreitung überschneidet sich in erstaunlichem Maße mit den Eibenvorkommen in der Region.

Von Osten nach Westen betrachtet ist da zuerst Kolchis (heute Georgien und Südwestrußland) am Ostrand des Schwarzen Meeres. Hier fanden Archäologen das älteste Kriegerinnengrab.[4] Nach griechischer Legende befand sich hier das Goldene Vlies. Heute birgt Kolchis eines der weltweit wichtigsten Vorkommen (auch uralter) Eiben.

40.3 *Unweit von Themiscriya steht die Monumentaleibe von Rize, Lazistan, Türkei.*

Zweitens ist da Themiscriya (Zalpa); das Land in den grünen Hügeln im östlichen Teil der anatolischen Schwarzmeerküste[5] galt als die Heimat der Amazonenstämme.[6] Seine Nennung in den griechischen Texten plaziert seine Blütezeit vor dem Trojanischen Krieg (ca. 1200 v. Ztr.).[7] Den hethitischen Tafeln nach müssen die Krönungsrituale der hethitischen Könige (siehe voriges Kapitel) in den ersten Jahrhunderten des 2. Jahrtausends v. Ztr. in Zalpa stattgefunden haben; aller Wahrscheinlichkeit nach war es unter den uralten Bäumen von Themiscriya, daß die »unterirdischen, die uralten Göttinnen« die Lebensfäden der Könige spannen. Heute ist dieser Teil der Türkei bekannt für seine verstreuten Vorkommen uralter Monumentaleiben, welche, theoretisch wenigstens, nur die erste oder zweite Generation von Nachkommen der Bäume, die zur Zeit Trojas standen, darstellen könnten.

Drittens befindet sich das Land von Mariandynia in den Hügeln im westlichen Teil der anatolischen Schwarzmeerküste. Es wird in der griechischen Literatur selten erwähnt, aber moderne türkische Forschung nennt im Zusammenhang mit den Spuren der

40.4 *Auf den Hügeln von Mariandynia erheben sich heute uralte Monumentaleiben (die dunklen, länglich-ovalen Gestalten) über zwei Meter hohes Rhododendrondickicht. Alapli, Bithynien, Türkei*

40.5 *Die zweitgrößte der Monumentaleiben von Alapli (Stammumfang 796 cm, Höhe 20 m, Seehöhe ca. 1.200 m)*

frühesten Bewohner der Gegend (ca. 2400 v. Ztr.) die Amazonen, d. h. eine matriarchale Kultur. Robert Graves verknüpft den Namen *Mariandynia* mit dem sumerischen *Marienna*, »hohe fruchtbare Mutter«.[8] Im Gebiet von Mariandynia liegt heute das Naturschutzgebiet Alapli, in dem sich die größte Population uralter Eiben außerhalb Englands befindet. Der Name der nahegelegenen Bezirkshauptstadt Eregli ist die türkische Form von griechisch Heraklia. Hier hat der legendäre Herakles in Erfüllung seiner Zwölften Arbeit den Unterweltswächter Cerberus (den Hund Hekates) in die Oberwelt gezerrt – was wieder einmal mehr die Eibe mit dem Tor zur Unterwelt verbindet. Die Höhle von Herakles, Cehennemagzi, wurde seit dem Altertum heilig gehalten. Im 1. Jahrhundert n. Ztr. kam der Apostel Andreas hierher und adaptierte sie für das Christentum, indem er sie zu einer der allerersten christlichen Kirchen machte.[9] Der uralte rituelle Status der Eibe jedoch hinterließ seine Spuren, und nicht nur in ländlicher Volksüberlieferung (siehe S. 179): Bei unserem Besuch im November 2004 erklärten uns die Förster von Alapli, daß sie gemäß alter Waldbauauffassung zwar die reifen Eichen und Buchen nach und nach aus dem Mischwald entnahmen, aber die alten Eiben nicht anrührten, denn »man fällt keine Eibe, wenn man nicht unbedingt muß«. (Auf einigen Hängen ist jedoch Rhododendron zu einer Plage geworden; er wächst bis über zwei Meter hoch zwischen den uralten Eiben und erstickt den Nachwuchs aller Baumarten, siehe Abb. 40.4.)

Der bekannteste Ort jedoch ist Ephesos, die Stadt, die von Amazonen als ein Heiligtum der Leto gegründet wurde. Ursprünglich wurde die Göttin in einem heiligen Baum verehrt, und zwar in Form eines zylindrischen Abbildes, das am unteren Ende schmaler war als am oberen (ähnlich den minoisch-mykenischen Säulen,[10] vergl. auch die *ashera* in Israel, S. 191) und unter einem heiligen Baum »von stattlichem Umfang« aufgestellt wurde.[11] Erst später erhielt die obere Hälfte eine menschenähnliche Gestalt.[12] (Noch im 2. Jahrhundert n. Ztr. berichtet Pausanias, daß die erhaltenen Idole des alten Griechenland meist aus Zypresse, Wacholder oder Eibe gefertigt waren.[13])

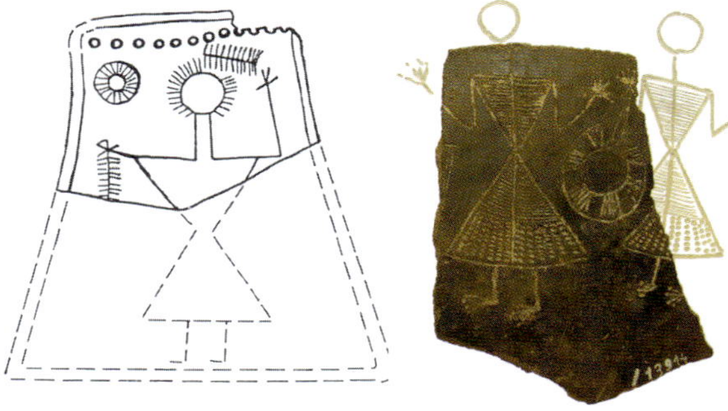

40.6 *Tänzerinnen (mit heiligem Zweig); Motive von Tonscherben, Sardinien, spätes 5. Jahrtausend v. Ztr. (vergl. Diagramm 14)*

40.7 *Kreistanz von Frauen oder Priesterinnen mit Tauben; Terrakotta, Palaikastro, Kreta*

40.8 *Monumentaleibe von Rize (derselbe Baum wie Abb. 40.3)*

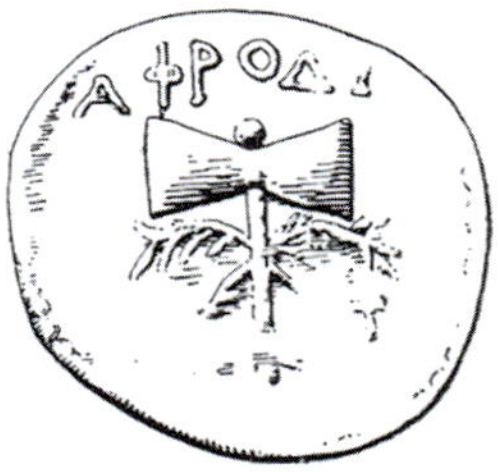

40.9 *Eine Labrys (Doppelaxt) mit heiligem Zweig; Karien, 1. Jahrhundert v. Ztr.*

40.10 *Labrys, Baum und Schlangensymbolik auf minoischer Gefäßmalerei*

Der früheste Schrein zu Ephesos war dann ein kleiner Hof um den heiligen Baum und ein kleiner Altar darunter. Bei der Errichtung des Heiligtums, so hieß es, führten die Amazonen einen Schildtanz bei dem Baume auf, danach einen Rundtanz, begleitet von verschiedenen Rasseln, dem rhythmischen Stampfen des Bodens und zum Klang von Flöten (der Syrinx).[14] Tanz spielte generell eine wichtige Rolle in den alten Religionen (vergl. Eleusis oder den Kult des Dionysos). Über die ephesianische Göttin sagt der Religionswissenschaftler R. F. Willetts, daß sie als »über das gesamte Reich der Natur herrschend verstanden wurde: die Elemente, die Fruchtbarkeit des Bodens, das Leben der Tiere und der Menschen. Der heilige Baum markierte ihre Geburtsstätte, denn Leto hatte sich an ihn gelehnt, als ihre Wehen einsetzten. Dies war der Ursprung dieser Religion.«[15] Ihr erstes Kind war Artemis, das zweite (das etwas später in der Geschichte erschien) war Apollo.[16]

Der ephesianische Baum darf mit Sicherheit als *Taxus* angenommen werden, der immergrüne *eya*-Baum von Leto, Artemis und Apollo (siehe Kap. 34, 36, 38).[17] Anzeichen des eigentlichen Baumschreines wurden an der *nördlichen* Flanke des Hügels gefunden (nicht identisch mit der Position des späteren Tempels). Die Nordausrichtung ist typisch für Eiben in südlichen Klimagebieten und wurde bereits von Vergil bemerkt[18] (vergl. S. 166). Die ältesten Überreste des Schreines wurden auf das 7. Jahrhundert v. Ztr. datiert,[19] aber die Stätte geht vermutlich mindestens auf das 13. Jahrhundert zurück.[20] Im 6. Jahrhundert v. Ztr. wurde ein Platz nahebei ausgewählt, um den ersten Tempel zu errichten,[21] und schließlich – nach seinem Wiederaufbau 334 v. Ztr. – wurde der Tempel der Artemis (nun unter dem griechischen Namen) zu einem der größten Heiligtümer in der griechischen Welt und galt vielen als der beeindruckendste von allen.

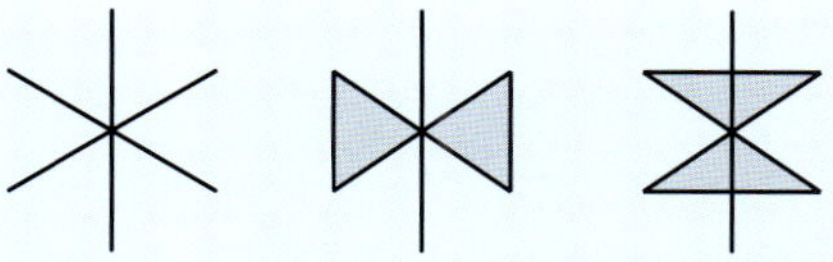

Diagramm 14 Metamorphose des sechsendigen Sterns (Baum des Lebens)

Die Labrys oder Doppelaxt war seit der Steinzeit[22] (besonders in Kleinasien und auf Kreta) vorwiegend ein Zeremonialgegenstand, und in der hellenistischen Zeit wurde sie oft mit den Amazonen assoziiert. Ein Diagramm der grundlegenden Struktur dieser Symbole zeigt die Verbindung zwischen dem Lebensbaum (als sechsendiger Stern,[23] links), der menschlichen Seele als Schmetterling in senkrechter Bewegungsrichtung (mit zusätzlichen senkrechten Linien, Mitte) und dem menschlichen Körper auf der horizontalen Ebene (mit zusätzlichen horizontalen Linien, rechts). Die Doppelaxt hat dieselbe Struktur wie das Schmetterlingssymbol, aber sie ist zu Metall geworden und kann töten. In alter Kultpraxis steht die Doppelaxt in enger Verbindung mit heiligen Bäumen.[24] Ihr nordisches Gegenstück ist der Hammer Thors.

40.11 *Die Amazonen waren berühmt für ihre Bogenkunst zu Pferde; griechisch-etruskische Bronzestatuetten, die eine Aschenurne verzierten, Capua, Italien, ca. 510–490 v. Ztr.*

KAPITEL 41

DER WELTENBAUM

HEIMDALLR

Über die Zeitalter hinweg wurde das Konzept vom Weltenbaum von anderen religiösen und philosophischen Ansätzen überlagert. In verschiedenen Kulturen erfolgte sein Niedergang und Verschwinden in unterschiedlichen Epochen und unterschiedlich schnell; am längsten hielt es sich in Nordwesteuropa. Während der keltische Mythos nur Fragmente dieser Tradition enthält, hat im nordischen Mythos ein zusammenhängenderes Bild überlebt: das des Weltenbaumes Yggdrasil. Diesbezügliche Gedichte und Lieder wurden im Mittelalter niedergeschrieben.[1] Allerdings vergaßen die Übersetzer alsbald, die Kenningar der skaldischen Dichtung zu berücksichtigen, die nichts direkt beim Namen nennen (siehe S. 149), und interpretierten die Nennung des Weltenbaumes als *askr* wortwörtlich als »Esche« *(Fraxinus excelsior)*. Und die »Mythe« der »Weltenesche« wird auch heute noch stur voneinander abgeschrieben. Dabei ist der Fall eigentlich klar: In den alten isländischen Texten wird der Weltenbaum *barraskr*, »Nadelesche«, und *vetgrønstr vidr*, »wintergrünster Baum«, genannt. Die Hauptquelle jedoch ist die *Völuspa*, ein eindrucksvolles apokalyptisches Lied, das heute als Nationalgedicht Islands gilt.[2]

41.1 *Ein weiterer Beiname des nordischen Weltenbaumes ist* Lærad, *»der Glänzende«* (Grímnismál *21f).*

Völuspa beginnt mit der Anrede an die Menschheit als »heilger Sippen, hoher und niedrer Heimdallssöhne«.[3] *Dallr* ist ein seltenes, wahrscheinlich archaisches Wort für »Baum«. Es kommt auch im Norden Islands als *dallr, dallur* vor, wo es eine Art Schale für flüssige Nahrung bezeichnet, die manchmal einen Deckel und einen Henkel hat. Im übrigen Island hieß solch eine Schale *askr/askur*. Keiner dieser Begriffe bezieht sich auf eine bestimmte Baumart. *Dalr*[4] war auch ein poetischer Begriff für Bogen (der neben *almr* für Ulmenbogen und *yr* für Eibenbogen bestand). Zur Wikingerzeit war Heimdallr längst zu einer antropomorphen Gottheit geworden, einem kräftigen Kriegertypen, der die Regenbogenbrücke zur Götterburg bewacht. In Wahrheit aber *ist* er der Weltenbaum, denn *heim* bedeutet »Welt« – und als die Weltenachse ist er selbst die Lichtbrücke zur höheren Daseinsebene (siehe »Die Säule des Lichts«, Kap. 38).[5] Die *Völuspa* eröffnet also mit der Anrede der menschlichen Zuhörer als Kinder des Weltenbaumes. Dann berichtet die Seherin von den ersten Tagen der Schöpfung:

Nío man ek heima, nío ívidiur,
miotvid mæran, fyr mold nedan.
»Neun Welten erinnere ich, neun Waldriesinnen,
glorreichen Baum guten Maßes, unter dem Boden.«

Diese Zeilen aus der zweiten Strophe bieten äußerst wichtige Informationen über den Baum. »Waldriesinnen« ist allerdings etwas irreführend und sollte eher als Baumnymphen oder -geister verstanden werden (weiblich, Mehrzahl). Für ihre Übersetzung zieht die Oxforder Gelehrte Ursula Dronke zwei weitere isländische Gedichte hinzu, das *Hyndluliód* (35) sowie *Heimdallargaldr*, »Anrufung des Heimdallr«; in einem von ihnen wird gesagt, daß »einer aus dem Geschlecht der göttlichen Mächte« von neun *ívidia* geboren wurde – »Riesenmädchen«, wobei Riesen, wie auch die Titanen in der griechischen Tradition, die uralten und später verfemten Naturgottheiten darstellen. Und im anderen Text sagt Heimdallr sogar selbst, er sei der Sohn von neun Müttern, die

41.2 *Der ehrfurchtgebietende Stamm der alten Eibe von Fonte Avellana, Italien*

untereinander verschwistert sind.[6] Gewöhnlicherweise bedeutet *vid* »Baum«, aber weil die hier erwähnten »neun Welten« sich speziell auf neun unterirdische Welten beziehen, schlägt Dronke vor, daß diese Baummütter eigentlich Baumwurzeln sein könnten.[7] Für unsere Studie jedoch ist ein einziger Buchstabe von noch größerer Bedeutung: *vid* ist »Baum«, aber *ivid* ist eindeutig »Eibenbaum« bzw. in diesem Fall »Eibenwurzel«.[8] Somit geht der Ahnherr der Menschheit, *Heim-dallr*, »Welt-Baum«, aus neun Eibenwurzeln hervor, die als göttliche Schwestern verstanden wurden. Darüber hinaus weist Dronke darauf hin, daß diese Schöpfungsmythe nicht als Erzählung innerhalb des Gedichtes ausgeschmückt, sondern nur kurz gestreift wird, was ein »Zeichen für ein religiöses Mysterium« ist.[9] Dies mag zur Erklärung beitragen, warum dieses Weltbild über Jahrhunderte im Verborgenen bleiben konnte.

Auch der »Baum guten Maßes« ist von Interesse. Im Altisländischen bezeichnet *miot* genau berechnete Schätzungen und korrekte Berechnungen für praktische Zwecke; der *miotvid* ist demnach ein Baum der »gemessenen Hinlänglichkeit, der die Existenz des Universums versorgt … Und doch ist alles *miot* seinem Wesen nach endlich, und das Schicksal selbst mag etwas Abgemessenes sein«[10] (und tatsächlich nennt Strophe 45 der *Völuspa* das Schicksal *miotudr*). In derselben Zeile wie der Verweis auf die Unterwelt (»unter dem Boden«) mag *miotvid* außerdem eine Bestätigung der zahlenmäßigen Genauigkeit dieser Strophe sein: Es sind *neun* Wurzelgottheiten. Der darin enthaltene Anklang auf die harmonische mathematische Ordnung des Universums und seiner Bewegungen führt direkt zum Thema der Musik der Sphären (siehe nächstes Kapitel).[11] Diese Zeile sagt aus, daß die Erhaltung der Harmonie des Universums (auch?) von »unter dem Boden« ausgeht.

»HONIGTAU«

Daß der Weltenbaum himmlisches Ambrosia oder himmlischen Nektar[12] hervorbringt, ist allgemein als gemeinsames Erbe jener Völker anerkannt, die germanische, persische und indische Sprachen sprechen (die sog. Indoeuropäer). Diese Substanz heißt im Indischen *soma*, im Altpersischen *haoma* und in der germanischen Tradition (neben anderen Kenningar) *œdrerir*, der »Entzücker des Geistes«.[13] In der altindischen Literatur wird *soma* als ein Extrakt der Früchte des Lebensbaumes beschrieben,[14] was eine süße und saftige Frucht voraussetzt (und wieder einmal mehr die Esche ausschließt). Symbolisch gesprochen ist der Weltenbaum nicht nur eine strahlende Lichtsäule, sondern auch ein Gefäß, das von göttlichem Ambrosia oder Soma überquillt. In der yogischen Überlieferung (siehe S. 196) sind auch die Chakren, besonders das Kronenchakra, Gefäße, die den beständigen Fluß göttlichen Nektars einfangen und kanalisieren, daher wurden sie oft mit dem Attribut einer Mondsichel dargestellt. Und in einigen Traditionen des Vorderen Orients erscheint der Lebensbaum mit einem Kelch oder einer Schale im oberen Teil der Krone.[15] Damit hängt der jüdische Schofar zusammen (siehe S. 232), die Symbolik des Füllhorns (siehe Kasten S. 185) und die des Kessels der Wiedergeburt sowie seiner späteren Variante, des Heiligen Grals. Auch auf der physischen Ebene war das flüssige Element Teil der Rituale, und zwar in Form von Libationen für heilige Bäume (d. h., sie wurden gegossen!). Während die Bäume im trockeneren Süden dieses Wasser tatsächlich stark benötigten, goß man die Trankopfer auf den Bauernhöfen Skandinaviens (bis weit in das 19. Jahrhundert n. Ztr.[16]) in eine Schale beim Stamm des Baumes. Im nordischen Mythos gießen die drei Nornen Yggdrasil täglich mit Wasser aus der heiligen Quelle am Stammfuß. Nur die zwei Male, wenn die *Völuspa* sich auf Flüssigkeiten bezieht, wird Yggdrasil als *askr* bezeichnet (oft als »Esche« interpretiert), und es ist sehr wahrscheinlich, daß dabei die oben erwähnte »hölzerne Schale« gemeint war. »Eine *ask*, weiß ich,« sagt die Seherin, »steht dort, ... Übergossen mit glänzendem Lehm. Von dort kommt der Tau, der in die Täler tropft. Immergrün steht sie an Urds Quelle« (*Völ.* 19).[17] (Zum Thema Behälter siehe auch die Eibeneimer als Grabbeigaben, S. 152.)

Im Bereich der Opfergaben nahm das verwandte Konzept des »Honigtaues« in der Regel die Form fermentierten Honigmets an,[18] des ältesten von Menschen erzeugten alkoholischen Getränkes (siehe »Die Biene«, S. 164). In keiner der alten Quellen wird die Eibe zusammen mit Ambrosia/Soma erwähnt, diese Annahme beruht auf dem Weltenbaum als gemeinsamen Bindeglied. Ob Soma nun der Extrakt aus den Früchten des Weltenbaumes ist, wie die indischen Texte sagen, oder den von Yggdrasil herabtropfenden »Honigtau« darstellt, wie die alten Skandinavier sagen, beides kann auf *Taxus* bezogen werden, dessen honigsüße Arillen den Winter über am Baum bleiben, während einzelne überreife immer mal wieder wie kleine Honigkugeln zu Boden fallen und aufplatzen.[19] (Oder kam der »Honigtau« zur Herstellung geweihten Mets von Bienen, die in hohlen Bäumen lebten? – vergl. Vergils Warnung, S. 166). Arillen können auch für sich selbst fermentiert[20] oder bei der Metherstellung dazugemischt werden. Da sie aber der einzige Teil der Eibe sind, der keine Gifte (Alkaloide) enthält, müßte Soma aus Eibenarillen andere psychoaktive Zutaten enthalten haben. In welchen

***41.3** Arillus, vom Tau benetzt*

Traditionen und in welchem Ausmaß andere Substanzen womöglich mit dem Alkohol kombiniert wurden, um die psychoaktiven Wirkungen des Soma zu erzeugen, ist nicht bekannt, aber natürliche Rauschmittel wie Hanf *(Cannabis)*, Opiate, Fliegenpilz *(Amanita muscaria)* und die Mitglieder der Familie der Nachtschattengewächse (Solanaceae) sind der Menschheit seit frühesten Zeiten bekannt[21] – und so natürlich auch die giftigen Nadeln der Eibe! Allerdings gibt es nur ein einziges historisches Schriftstück, das *Taxus* als Teil eines psychoaktiven Rezeptes nennt: Eine Abhandlung des deutschen Chemikers Friedrich Hoffmann (1660 – 1742) beschreibt Eibengift zusammen mit Opiaten und Nachtschatten als Zutaten der »Hexensalben«[22] (Drogensalben, die auf die Haut gerieben wurden, um bewußtseinsverändernde Erfahrungen zu machen; im Mittelalter recht weit verbreitet; vergl. »Ein Halluzinogen?«, S. 49).

Wie auch immer die Details aussahen, in der altnordischen Tradition war Met ein zentraler Bestandteil eines der wichtigsten Opferfeste, des *disablót*. Dieses Fest wurde zu Ehren der *Dísir* gehalten, weiblicher Vegetations- oder Erdgeister. Das *disablót* war ein kollektives Stammesfest, in dem enorme Mengen von Met konsumiert wurden. Trotzdem war es nicht einfach ein Massenbesäufnis, sondern umfaßte die Gegenwart hoher Würdenträger (wie Priester, Priesterinnen, Aristokraten und gelegentlich sogar des Königs), die Weihung eines Altars und das Singen der heiligen Lieder, während die Trinkhörner erhoben wurden. Das Ziel des *ritu libationis*, des heiligen Trankopfers, war nicht, das Bewußtsein zu verlieren, sondern im Gegenteil die Einstimmung auf eine Wirklichkeit, die umfassender ist als die persönliche. Das *Havamál* sagt: »Das beste am Rausch ist, daß jeder sein Bewußtsein *gewinnt*«[23] (meine Kursiven). Das *disablót* dauerte *neun* Tage. Seine Position im Kalender steht nicht unzweifelhaft fest, wird aber zwischen dem 21. Januar und dem 20. Februar vermutet.[24] Die Dísir waren urspünglich mütterliche Erdgeister, die vom Himmelsgott befruchtet wurden, und das *disablót* scheint in Verbindung mit dem Ritus der Heiligen Hochzeit zu stehen, in der Freyja die Hoheit über das Land besaß und entweder Thor oder Ullr den göttlichen Liebhaber darstellte[25] (und gleichzeitig auch den Zeremonialtitel des Königs). In Uppsala, der altschwedischen Hauptstadt, wurde alle neun Jahre ein

41.4 *Die alte Eibe von Chillingham Castle, Cumbria. War dies die Krönungsstätte von König Ida?*

großes *disablót* gehalten, dem der schwedische Hochkönig beiwohnte. Im Herzen des Heiligtums stand ein großer immergrüner Baum, der heute gemeinhin als Eibe anerkannt ist.[26] Zwei bemerkenswerte Ortsnamen in der Nähe von Uppsala sind Ulleråker, »Ullrs Acker« (zum Bogengott siehe S. 198), und Ulltuna, »Ullrs Eibenhain«.[27]

DIE NEUN

Unter den germanischen und keltischen Stämmen war die Verehrung weiblicher Gottheiten und Schutzgeister ein wichtiger Teil des Alltags und keinesfalls auf Frauen und Kinder beschränkt.[28] Es scheint, daß die oben erwähnten *ívidiur*, die neun Eibenwurzelgeister, die den Weltenbaum nähren, zur Klasse der Dísir oder Landgeister gehören, und es gibt Parallelen zu Dana und ihrem göttlichen Eiben-Clan in Irland. Genauso wie die ersten Siedler in Island einen freiwilligen »Vertrag« mit den örtlichen Dísir abschlossen,[29] so einigten sich die ersten keltischen Invasoren Irlands mit den Danäern (siehe S. 208) auf eine respektvolle Ko-Existenz (um Mißverständnissen vorzubeugen: Es gibt keine natürlichen Eiben auf Island, sie wurden aber von Menschen eingeführt). Eine einzelne weibliche Dísir heißt Día, und das wirft die Frage nach einer möglichen Beziehung zu den Namen der Göttinnen Diana, Dana und Dione auf. Und mehr: Wenn ein einzelner »mütterlicher« Eibengeist *ídia* genannt wurde,[30] und sich das Heim der zwölf weltlenkenden Kräfte (Asgard) nahe Idavelli, »Eibental«,[31] befindet (und ähnlich im altirischen *ida, idha* »Eibe« bedeutet), gibt es dann eine uralte Verbindung zu den beiden trojanischen und kretischen Bergen namens Ida, auf welchen die Bergmütter und ein immergrüner Baum verehrt wurden – wenn sogar die klassischen Quellen sagen, daß der Berg Ida nach seinen Bäumen benannt worden war?[32] Haben Yggdrasils neun *ívidiur* dieselben (Wort-)Wurzeln wie die neun Musen aus dem Taurus- und Amanusgebirge?

Und hat der Name von König Ida etwas mit alldem zu tun? Er war der erste Herrscher (ab 547, er starb 559) von Bernicia, einem kleinen Reich der Angeln in Nordwestengland. Als die Angeln in Northumberland ankamen, errichtete Ida seine Residenz in Yeavering Bell, einer befestigten Hügelanlage und zentralen Kultstätte der einheimischen Stämme: Yeavering Bell bedeutet »Ort der (heiligen) Eibe« (siehe S. 140). Im Heimatland der Angeln (in Germanien) wurde die Erdgöttin Nerthus verehrt, und außerdem dürften viele Männer aus verschiedensten germanischen Stämmen als Söldner in der römischen Armee mit der Göttin Kybele in Kontakt gekommen sein – die im ganzen Römischen Reich verehrt wurde,[33] und zwar als *Mater Idaia*, »Mutter vom (Berg) Ida«.

Die keltisch-germanische Welt war niemals so weit entfernt von Westasien, wie oft geglaubt wird: Als westlichstes »Anhängsel« an den riesigen asiatischen Kontinent empfing die europäische Halbinsel bereits in der Frühgeschichte wiederholt Impulse aus Asien.[34] Und ab der Bronzezeit stellten die Bernsteinwege den südlichen Teil eines riesigen Netzwerks von Handelsrouten dar, das den gesamten *vor-römischen* keltisch-germanischen Norden untereinander und mit den Kulturen Griechenlands, Westasiens und dem Nahen Osten verband.

Die Zahl Neun erscheint in sehr vielen Kulturen Eurasiens als die Anzahl der »Welten« oder Dimensionen, die durch den Weltenbaum verbunden werden.[35] Ob es sich um neun Welten insgesamt handelt oder um neun Himmel und neun Unterwelten (und neun Reiche in dieser Welt) – das verbindende Thema ist die Neunfältigkeit. Der Weltenbaum in der *Völuspa* hat neun Eibenwurzelmütter; in der anatolisch-minoisch-griechischen Religion sind die neun Musen oder Bergmütter mit heiligen Bäumen assoziiert. Im Mythos sucht Demeter neun Tage lang nach Kore; nach neun Jahren entläßt Persephone die Seelen der Toten zur Wiedergeburt;[36] die griechische Arche treibt für neun Tage, bis ein neues Zeitalter dämmert;[37] Artemis wählte neunjährige Mädchen für den Tempeldienst;[38] es hieß, daß ein fallender Amboß neun Tage braucht, um den Boden von Tartarus (der tiefsten Region der Unterwelt) zu erreichen;[39] bei seinem Tod vollzieht Thor neun Sterbeschritte durch die Unterwelten.[40] Die heilige Zahl spiegelt sich auch in der religiösen Praxis: Das jährliche Fest der Wilden Frauen (Lenaea) im alten Athen wurde von neun Priesterinnen geleitet, und ein Opferstier, der Dionysos repräsentierte, wurde in neun Stücke geschnitten; die jährlichen Reinigungszeremonien von Lemnia, auch als das Fest der Kabiren bekannt, dauerten neun Tage, während derer man für die Verstorbenen Opfer darbrachte;[41] die kretischen Kureten werden mit dieser Zahl assoziiert;[42] die Größeren

41.5 Ein ungewöhnliches eisenzeitliches Holzrad mit neun Speichen: Wie neun Wurzeln halten sie den »Stamm« in der Mitte. Ryton, Tynedale, Nordostengland

Mysterien von Eleusis dauerten neun Tage, und so auch das germanische *dísablot*, während ein nationales *dísablot* alle neun Jahre veranstaltet wurde; der angelsächsische Bauer verneigte sich neunmal, bevor er sein Erntegebet sprach.[43] In der jüdischen Kabbala symbolisiert die Neun den Schoß, in dem neues Leben wächst, auch im geistigen Sinn von Erneuerung und Regeneration.[44] Die chinesische Numerologie basiert auf der Neun als Grundstruktur, und es ist die Glückszahl guthin, sie wird mit Menschlichkeit und Selbstopfer verknüpft[45] (vergl. Odin). Bei den sibirischen Burjaten gibt es neun Initiationen für Schamanen;[46] Odysseus' Bootsreise durch die Unterwelt dauert neun Tage, und für denselben Zeitraum hängt Odin im Weltenbaum, »sich selbst geopfert« auf der Suche nach höherem Wissen ... bis er schließlich die Runenweisheit in »neun Hauptliedern« empfängt.[47]

VISIONSSUCHE

Die Gestalt des Odin ist der Prototyp oder der erste Initiand der Form von Weisheitssuche, die nur durch Opfer und Verzicht erlangt werden kann.[48] In den nordischen Schriften finden sich Informationen zu dreien seiner Versuche, tieferes Wissen zu erlangen. Am wenigsten bekannt ist Odins Diebstahl des »Dichtermets« (identisch mit *œdrerir*), wofür er drei Nächte bei der Riesin Gunnlod tief im Inneren eines Berges

41.6 Der slawische Gott Svantevit. Diese Eibenholzfigurine (Höhe 9,3 cm) aus der zweiten Hälfte des 9. Jahrhunderts wurde 1973 in Wolin, Polen, bei den Überresten eines Tempels gefunden.

verbringt: »Gunnlod gab mir, auf goldenem Stuhl, einen Zug vom Zaubertrank.«[49] Der goldene Stuhl betont die ernsthafte, zeremonielle Atmosphäre eines Unterweltrituals.[50] Odin verläßt den (Welten-)Berg dann in Form einer Schlange.[51] Im zweiten Fall besucht er den Riesen Mímir, der die Quelle am Fuße Yggdrasils bewacht. Für einen Schluck des magischen Mets gibt Odin eines seiner Augen – was ihm, symbolisch gesehen, ein Auge für die materielle Welt läßt und eines für die geistige.

Die bekannteste Tat Odins auf der Suche nach höherer Wahrheit ist jedoch seine Visionssuche im Weltenbaum, in dem er für neun Tage und Nächte hängt, verwundet von einem Speer. Seine äußerste physische Erschöpfung und Entbehrung führt schließlich zu einem veränderten Bewußtseinszustand, in dem ihn ein magisches Pferd durch die verschiedenen Welten trägt. Das mystische Pferd kann als eine andere Erscheinungsform des mystischen Baumes verstanden werden,[52] wenn die menschliche Wahrnehmung vom Statischen zum Energetischen wechselt. Der Name des Baumes, Yggdrasil, wird in der Regel als »das Pferd Odins« übersetzt,[53] könnte aber auch »Eibensäule« bedeuten.[54]

In diesem Zusammenhang sei eine Eibenholzstatue erwähnt, die bei Ralaghan im Osten Irlands gefunden wurde. Sie ist 113,5 cm hoch und wurde mit der Radiokarbonmethode auf 1096 – 906 v. Ztr. datiert.[55] Wie auch bei einer der Figuren des Roos Carr-Ensembles (S. 164)[56] ist bei ihr die linke Augenhöhle weniger tief geschnitzt als die rechte.[57] Daher sieht Prof. Bryony Coles, Spezialistin für Holzfundstücke an der Universität von Bristol, einen Zusammenhang dieser Figuren mit Odin oder, besser gesagt: mit dem Prototypen des einäugigen Schamanen. Die Tatsache, daß sich die Figur von Ralaghan sowohl zeitlich als auch räumlich außerhalb des Radius der germanischen Stämme befindet, läßt vermuten, daß der einäugige Schamane schon seit sehr früher Zeit ein Archetyp in ganz Eurasien war. Und seine Verbindung mit der Eibe mag ebenso weit zurückgehen. In uralter Zeit könnte dieser Vorgänger Odins Ullr geheißen haben.[58]

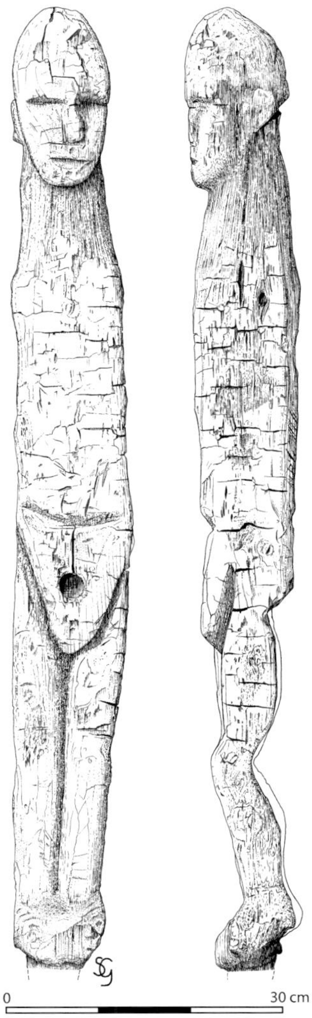

41.7 *Die Ralaghan-Figurine; Ost-Irland, 11. bis 10. Jahrhundert v. Ztr.*

DIE RUNEN

Odin brachte die Runen – ein machtvolles Werkzeug, um geheimes Wissen mit seinem Volk zu teilen. Die Schrift ist ein wichtiger Schritt im Prozeß der Zivilisation, und in der Alten Welt galten Alphabete als magisch, da sie die Kraft haben, das flüchtige gesprochene Wort unsterblich zu machen und die Zeit zu besiegen. Systeme wie die Runen sind aber mehr als lediglich Alphabete: Jedes Zeichen war ein Symbol mit Bedeutung (im Gegensatz zu unseren heutigen Buchstaben). Sie wurden zu Divination und Wahrsagung benutzt, können aber auch einem systematischen Studium der Gesetze der Natur dienen. Die älteste erhalten gebliebene Runenreihe ist das Ältere Futhark, das von ca. 200 v. Ztr. bis ca. 500 n. Ztr. in Gebrauch war.[59] Alle darin enthaltenen Formen bestehen in der Matrix des sechsstrahligen Sternes, der von einem Hexagramm umgeben wird – einem alten Symbol des Weltenbaumes. Von den 24 Runen sind zwei nach Bäumen benannt: *berkana*, »Birke«, steht für Mutterschaft und Schutz, und *eiwaz (ihwaz)*, symbolisiert Tod und Verwandlung.[60] Das Jüngere Futhark hat eine andere Rune für die Eibe, *yr*, die die Gestalt der drei Wurzeln des Weltenbaumes hat. Im Sakralkalender der nordischen Tradition steht *yr* bei der Wintersonnenwende, die den Übergang ins neue Jahr markiert und deshalb mit Riten der Erneuerung und

41.8 *Nach Tagen des Fastens und der Entbehrung ändert sich die Wahrnehmung der Nadel- und Schattenmuster…*

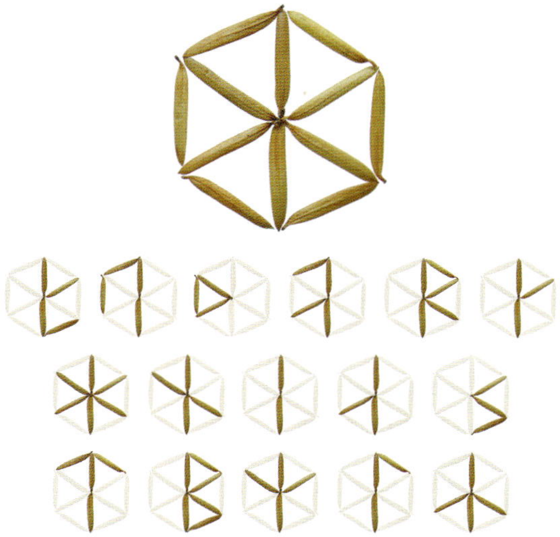

41.9 *Der sechsstrahlige Stern (vergl. Abb. 32.3) als Matrix der Runen (Älteres Futhark)*

Wiedergeburt begangen wurde:[61] So feierten die Sachsen die drei längsten Nächte des Jahres als die »Mutternächte« mit einem rituellen Abstieg in eine Höhle; unter den Skandinaviern war die Wintersonnenwende der Beginn der »Julzeit« (von *hjól,* »Rad«, gemeint ist das Jahr als sich drehendes Rad). Die Julzeit war ein freudvolles Fest, das dreizehn Tage andauerte[62] – dreizehn ist auch die Zahl der Eibenrune *eiwaz* (zur Symbolik von Zahlen siehe das folgende Kapitel). In einigen der angelsächsischen und nordischen Runenkalender erscheint der Weltenbaum sowohl als aufwärts (am Tiefstpunkt der Wintersonnenwende) und auch als abwärts (zur Sommersonnenwende) wachsend; dies spiegelt sich auch in Siegelsteinen aus dem alten Kreta (Abb. 41.11a).

41.10 *Die germanischen Eibenrunen* eiwaz *und* yr, *rechts die irische Ogham-Rune* idho

In den Küstengebieten der Nordsee fand man einige alte Runentalismane, und die meisten von ihnen sind aus Eibenholz. Ein Eibenstab von ca. 600 n. Ztr. aus Westeremden, Niederlande, trägt einen Zauberspruch zur Beruhigung des Sturmes und der Meereswogen. Die Inschrift auf einem Stab aus dem 9. Jahrhundert, der in Bristum, Friesland, gefunden wurde, lautet »Diese Eibe trage immer. Darin liegt Tugend«.[63] Ein eibenes Kurzschwert aus Arum, Niederlande, stammt aus der ersten Hälfte des 7. Jahrhunderts,[64] und ein eibenes »Webmesser« aus dem Westeremden-Fund kann mit den »Webmessern« aus den neolithischen Pfahlbausiedlungen der Schweiz (Abb. 37.7) verglichen werden. Auch im keltischen Irland war Eibe das häufigste Holz für die Ogham-Runen.[65]

DAS GEWEBE DES LICHTS

Der Weltenbaum als Weltachse befindet sich im Zentrum der Welt. Dies ist ein mystischer »Mittel-Punkt« (wie im Kap. 32 beschrieben), dessen Zugang sich in

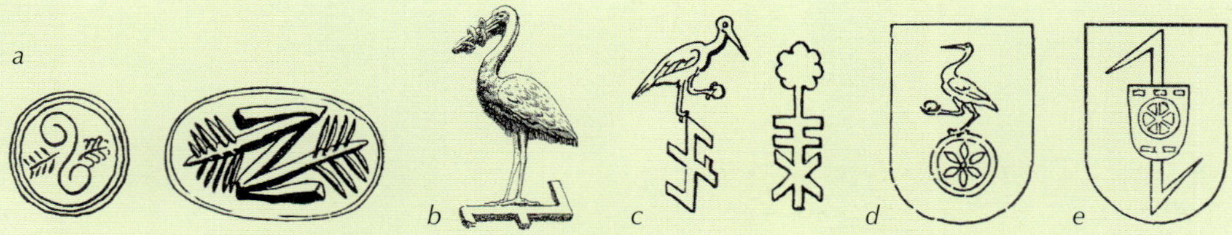

41.11 *Die Eibenrune in verschiedenen Traditionen*

Die Form der Eibenrune verweist auf den Baum, der sowohl aufwärts als auch abwärts wächst, was sich interessanterweise auch auf alten Siegelsteinen aus Kreta wiederfindet (a). Unter den germanischen Stämmen an der Nordseeküste wurde die Lebenskraft *(od)* – die sich in der Eibe so reichhaltig zeigt – auch im Storch verehrt. Dieser Vogel war der Lebensbringer, daher sein althochdeutscher Name *odobero,* »Od-Träger« (später *odebaar, adebar*). In verschiedenen Dialekten (sächsisch, holländisch, hessisch, schwäbisch) blieb der Name des Vogels dem der Eibe verwandt: *euver, iwwer(i)ch, oiber, auber.* Noch bis ins frühe 18. Jahrhundert erscheint der Storch symbolisch in Begleitung der Eibenrune und/oder der »Rosette« des Lebensbaumes, z. B. in Giebelsteinen in der Mark Brandenburg nahe Berlin (b) und in Twente, Niederlande (c), oder der Heraldik von Groningen, Niederlande (d). Beispiel e aus Utrecht, Niederlande, vereint die »Rosette« des Lebensbaumes mit der Eibenrune.

der menschlichen Seele befindet, daher gibt es keine Konkurrenz von Heiligtümern im »realen Raum«, welches wohl das »wahre« Zentrum sei (es gibt so viele Mittelpunkte wie Menschen in der Welt). Das Allerinnerste, das Allerheiligste befindet sich innerhalb einer beschützenden Sphäre oder Hülle, die in vielen Traditionen symbolisch als Kreis (oft um einen Punkt oder kleineren Kreis in der Mitte) dargestellt wird. In Mythen findet sich der Mittel-Punkt auf verschiedene Weisen kodiert: als heiliger Baum, Berg, Säule, aber auch als Insel am »Nabel der Erde« – ein Gleichnis darauf, daß die gesamte irdische Existenzebene, wie ein Embryo, von einer umfassenderen Wirklichkeit genährt wird, die sie umgibt. In der *Odysee* erscheinen gleich zwei solcher Inseln: die der Kalypso und die der Kirke. Beide Göttinnen sind Hüterinnen des heiligen Kreises. Beide singen, während sie – wie die Moiren und Nornen – an einem Webstuhl arbeiten. Kalypso webt mit einem goldenen Weberschiffchen (wahrscheinlich eine Allegorie auf die Sonne als eine Art kosmisches Weberschiffchen, siehe unten). Sie ist die Tochter von Atlas, der den Himmel über der Erde hält, d. h., er ist die Weltensäule. Und Kirke ist die Tochter von Helios, der Sonne; auf ihrer Insel steht die Sonne konstant im Zenit und wirft keine Schatten,[66] wodurch Odysseus bei seinem Besuch im Zuge seiner mystischen (inneren) Reise die Orientierung verliert, denn er weiß nicht mehr, wo Osten und wo Westen ist.[67] Die Sonne im ständigen Zenit ist eine weitere Anspielung auf die kosmische Achse (vergl. die Säule des Lichts, S. 195). Hier, im stillen Mittelpunkt[68] und unter Kirkes weiser Führung[69] kann Odysseus die Reise in die Unterwelt wagen – und sicher zurückkehren.[70]

***41.12** Formen der altgriechischen »Gebetsräder«, die aus polierter Bronze waren und mit einem Stab zum Drehen gebracht wurden (Cook 1914, S. 256).*

Schon Kirkes Name gibt interessante Hinweise: *Kirkos* bedeutet »Kreis« (lat. *circus, circulus*), was auch der Bedeutung des Sanskritwortes *chakra* entspricht.[71] Dies scheint ihre Rolle als Schutzgeist des heiligen Kreises zu bestätigen. Aufgrund ihres solaren Charakters[72] herrscht jedoch weitgehende Übereinstimmung darüber, daß ihr Name vermutlich von *kirkos*, »Falke«, stammt. Dieser Vogel wird in der alten griechischen Literatur oft mit Apollo assoziiert.[73] Habicht und Falke sind in vielen Religionen ein Symbol der Sonne[74] (zu ihrer Tarnung greifen Falken ihre Beute aus der Richtung der Sonne an, d. h., sie erscheinen plötzlich aus dem blendenen Strahlenkranz).

***41.13** Weben im Licht …*

41.14 *Eine weitere Weberin in der Eibe …*

Auch Gold ist ein bekanntes Symbol des Lichtes und der Sonne, aber nicht nur der physischen Sonne: Es repräsentiert das göttliche Licht und damit die Ewigkeit.[75] Die goldenen Äpfel der Hesperiden, das Goldene Vlies, die Goldanhänger, die Schmetterlings- und Zikaden-»Seelen« darstellen (siehe S. 164), die Glyphe für Gold auf dem Astarte-Skarabäus (Abb. 37.23j), sie alle müssen in diesem Licht gesehen werden. Das Vlies spendet die Rohwolle für das Weben auf dem kosmischen Webstuhl, und weil die Fäden aus Licht sind, d. h. aus ewigem Licht, ist das symbolische Vlies golden. In Skandinavien wurde Heimdallr auch Hallinskidi, »Widder«, genannt, und zu Zeiten als ein goldener Widder dargestellt; sein Pferd heißt *Gulltoppr*, »Goldzopf«.[76] Die tiefe mystische Bedeutung des Goldes wird vielleicht am besten in einer Zeile aus der indischen *Isa-Upanishad* zusammengefaßt:[77] »Das Gesicht der Wahrheit verbirgt sich hinter einer goldenen Scheibe.«

Der kosmische Webstuhl

Im japanischen Mythos ist der heiligste Ort im Himmel *imi-hatadono*, die »heilige Webhalle«. Hier, im Mittelpunkt des Universums (auch der Standort des japanischen Weltenbaumes[78]), entscheiden sich die Schicksale der Welt. Die Weberin ist die Sonnengöttin Amaterasu selbst oder ihre Helferin Wakahirume, »Junge Tag-Frau« – eine andere Erscheinungsform der Sonnengöttin. In der dritten Version[79] hat die Sonnengöttin 100 Helferinnen, die das »göttliche Gewebe« aus dem Licht der Sterne weben. Aber nirgendwo wird der Empfänger des kostbaren Gewirks genannt, und so vermutet man, daß es letztendlich für die Sonnengöttin selbst bestimmt ist: ihr Umhang aus Licht. Er umspannt das gesamte Universum und ist »kein beliebiger und belangloser Schmuck der Naturmutter, sondern der Ausdruck ihres innersten Wesens« – und gleichzeitig ihr Schleier.[80]

Im nordischen Mythos haben die Nornen einen Webstuhl von nicht geringeren Proportionen eingerichtet;[81] auch hier ist die Sonne das Weberschiffchen, das mit dem Schuß Osten und Westen verbindet, während die Kette unzerreißbar mit dem Polarstern verbunden ist:

Es war Nacht im Heim. Die Nornen kamen,
Jene, die das Leben des Prinzen bestimmten …
Die Fäden des Schicksals drehten sie fest. …
Die goldenen Fäden brachten sie an,
Festgehalten in der Mitte der Halle des Mondes.
Im Osten und Westen verbargen sie die Enden;
Die Länder des Prinzen würden dazwischen liegen;
Während Neris Verwandte eine Schnur knüpften
Im Norden befestigt, und ihr verboten, zu reißen.

FREYJA

Die germanische Freyja hat die meisten Aspekte einer Göttin der Natur und der Wildnis mit Artemis gemeinsam, wie diese ist sie auch die Schutzherrin von Fruchtbarkeit und Geburt. Und wie Artemis war sie äußerst beliebt bei ihrem Volk. Darüber hinaus besitzt Freyja einen magischen goldenen Gegenstand: einen Gürtel oder Halsband namens *brísingar men*, »die Feurigen, Flammenden«[82] (auch die japanische Königin des Himmels hat ein ähnliches Halsband: die »Perlen der Plejaden«). Mit Kirke teilt Freyja die Assoziation mit dem Falken – sie besitzt ein Federgewand, ist fähig, in Falkengestalt zu fliegen, und wird auch »Herrin des Falkengefieders« genannt[83] – als auch die mit dem Spinnen und Weben.[84] Freyja ist auch die Erz-Hexe, die Herrin des *seidr*, der schamanischen Kunst des Nordens[85] – ihre Macht liegt im Bereich der Transformation (vergl. Medeia, S. 206). In Island und Skandinavien war das Brauen des (heiligen) Mets und Bieres Frauensache, und Freyja war die Schutzherrin dieser Tätigkeit.[86] Obwohl sie solare und irdische Aspekte vereint (vergl. Aine/Dana, S. 208), ist sie auch eine chthonische Gottheit: Sie ist die Göttin der Liebe wie des Todes (wie Aphrodite); »bis ich bei Freyja bin« bedeutet »bis zum Ende dieses Lebens«.[87] Ursprünglich war sie es, die die Seelen der Toten empfing (in einer anderweltlichen Hochzeit, wie Persephone); erst viel später, in der Wikingerzeit, propagierte die Kriegeraristokratie, daß die Hälfte der Toten zu Odin in seine Kriegerhalle Valhalla kommen würde.[88] Die *einzigen* Göttinnen, die wiederholt in den germanischen Mythen vorkommen und in der Wikingerzeit auch tatsächlich verehrt wurden, sind Freyja und die etwas häuslichere Frigg (Göttin der Ehe, Odins Gemahlin und somit Königin des Himmels). Ihre Grenzen erscheinen allerdings oft verschwommen,[89] und es ist wahrscheinlich, daß sich beide aus einer einzigen ursprünglicheren germanischen Göttin entwickelt haben. Das Freyja-Material gibt aber deutliche Hinweise auf die einstige politische und geistige Bedeutung einer großen Göttin des Nordens, die die Macht hatte, über den Aufstieg und Fall von Königen zu bestimmen.[90]

Stand diese Göttin von »niemals versagender Regenerationskraft« (Dronke[91]) in irgendeinem Zusammenhang mit dem Eibenbaum? In den auf uns gekommenen Quellen findet sich nichts unter ihrem Namen. Aber dann: Einer Göttin viele verschiedene Namen zu geben, war im hohen Norden genauso Brauch[92] wie im Nahen Osten, wenn nicht noch stärker. Wenden wir uns zunächst Idun (Iduna) zu, die als eine andere Erscheinungsform der Freyja gilt.[93] Sie ist die Göttin, von der man sagt, sie versorge die Asen mit den Äpfeln der Jugend, d. h., sie kennt das Geheimnis der Regeneration. Die Äpfel sind natürlich »golden«. Als sie von Riesen entführt wird (den chthonischen Kräften, vergl. Hades und Kore), fliegt Loki sie zurück (mit Hilfe von Freyjas Federgewand!), nachdem sie sich in eine »Nußgestalt« verwandelt hat.[94] Ist diese Gestalt, die das Geheimnis der Unsterblichkeit kennt, magische »Äpfel« verteilt und sich selbst aus einer »Nuß« heraus verjüngt, vielleicht ein Baum? Ist ihr Name Iduna verwandt mit Ida, Dana, Diana? Ein Blick in die Genealogie der *Edda* enthüllt, daß Idun die Tochter von niemand anderem als Ivaldi ist,[95] »der in der Eibe waltet« (oder »Gemahl der Eibe(ngöttin)«), und der üblicherweise mit Ullr assoziiert wird.

Ein anderer Vorfall, der eine einstige enge Beziehung zwischen Freyja und der Eibe ahnen läßt, findet sich in der *Völuspa* und bezieht sich auf die Überlagerung einer älteren Generation von Göttern (den Wanen) durch eine jüngere (die Asen, die oft als die Götter einer einfallenden, reitenden Kriegeraristokratie gesehen werden). »Der erste Krieg kam in die Welt« (*Völ.* 18), als Odin seinen Speer in das Gegnerheer warf. Doch die beiden Götterklassen schlossen einen Pakt und schufen eine einzige Götter-»gilde«.[96] Der patriarchale Himmelsgott Odin übernahm Ullrs Schamanenfunktion und Verbindung mit der Eibe – aber nicht, ohne den Anspruch der Göttin auf den

41.15 - 41.16 *Die uralte Eibe von Linton 2006 – tiefschwarz und leuchtend grün sieben Jahre nach der Brandstiftung*

Weltenbaum herauszufordern! Das erste göttliche Opfer des Götterkrieges – tatsächlich das einzige, von dem wir je hören –, getroffen von den Speeren von Odins Gefolge (übrigens Speeren aus Eschenholz[97]), ist keiner der bekannten Wanengötter:

> Sie erinnert sich des Krieges, des ersten in der Welt, als die Götter Gullweig mit Geren stießen und sie in Hárrs Halle verbrannten – dreimal verbrannten sie sie, dreimal wurde sie wiedergeboren, und lebt immer noch.
>
> Man hieß sie Heidr, wo ins Haus sie kam, das weise Weib; sie beschwor Geister, die zu ihr sprachen. Sie verstand die Kunst des Seidr, Seidr praktizierte sie, besessen. (*Völ.* 21: 22)

Gullveigo bedeutet wörtlich »Goldbrau«[98] und könnte eine Kenning für den Weltenbaum als Spender des göttlichen Mets sein. Dronke schlägt vor, daß Gullveigo ein goldenes Abbild Freyjas gewesen sein könnte,[99] aber Metallstatuen sind von den germanischen Völkern überhaupt nicht bekannt und würden ohnehin nicht »wiedergeboren« werden, lebendig sein und Met spenden. Ein lebendes, sich regenerierendes Abbild einer Göttin läßt auf einen Baum schließen, und zwar einen, der (wie Freya) eine enorme Regenerationskraft besitzt (siehe Abb. 41.15–16).

Der Ort des Sakrilegs ist Hárrs Halle, ein heiliger Hain mit »hohen« Bäumen, die »durch Alter weise« sind;[100] vor dem Verbrechen war es ein Ort der Mysterien und des weisen Rats.

In der unmittelbar folgenden Strophe nimmt die Göttin wieder menschliche Gestalt an und erscheint als mächtige Zauberin: Ihr Name, Heidr, stammt von *heidr*, »hell, strahlend« ab, einem Begriff, der sonst fast ausschließlich auf die Sonne und die Sterne bezogen wird (*heid* ist der »strahlende Himmel«). *Heidr* bedeutet auch »Ehre«. Und Heidrun ist der Name der heiligen Ziege, die in der Krone Yggdrasils äst und den »leuchtenden Met der Götter« spendet.[101] So verdichtet sich das Bild: Es gibt ein Netz von Beziehungen zwischen dem Baum, dem Met und dem Gewebe des Lichtes, das das Universum durchdringt.

Vitod ér enn, eda hvat? – Wollt ihr noch mehr wissen? Und was?[102]

41.17 *Im Jahre 2002 erschein ein einäugiges Gesicht auf einem Stück toten Eibenholzes in Borrowdale (und verwitterte wieder).*

KAPITEL 42

HARMONIEN

DIE ÄLTESTEN HÖLZERNEN INSTRUMENTE DER WELT

Im Mai 2004 wurde ein sensationeller Fund gemacht: Auf einer Baustelle in Greystones (Co. Wicklow), einem kleinen Küstenort südlich von Dublin, fanden Archäologen sechs hölzerne Pfeifen aus der Bronzezeit.[1] Sie sind aus Eibenholz und befanden sich abgedeckt und gut geschützt in einem Holztrog. Ein zum Trog gehöriger Holzbolzen wurde mit der Radiokarbonmethode auf 2120 – 2085 v. Ztr. (frühe Bronzezeit) datiert, was die Pfeifen zu den ältesten hölzernen Musikinstrumenten der Welt macht. Sie sind sogar ein Jahrtausend älter als alle andere Fundstücke.[2] Natürlich sind einige prähistorische Instrumente wie Knochenpfeifen und -flöten über 100.000 Jahre alt, aber das älteste hölzerne Instrument war bis dahin eine zweitausend Jahre alte, relativ hoch entwickelte Holzpfeifenorgel (keine Angaben zur Holzart), die in Ungarn gefunden wurde. Irland hat keinen Mangel an prähistorischen Musikinstrumenten, da sind vor allem die gegossenen Bronzehörner (Dords) aus der späten Bronzezeit und der Eisenzeit zu nennen. Die

42.1 *(oben) Eibenarillen*
42.2 - 42.3 *Die Eibenpfeifen von Greystones bei der Ausgrabung und in gereinigtem Zustand*

anderen alten Holzinstrumente sind allesamt aus Eibenholz: der Satz vier gebogener Pfeifen aus Killyfadda, Co. Tyrone (400 v. Ztr.), das Bekan Horn aus Co. Mayo und ein kurzes kegelförmiges Horn vom Fluß Erne in Co. Fermanagh (beide 700 v. Ztr.).

Die hohlen Eibenpfeifen von Greystones sind 30 bis 50 cm lang und laufen leicht konisch zu. Fachleuten gelang es, einige Noten zu spielen: Es, As und F. Dies ist eine verbreitete Grundstimmung vieler alter irischer Bronzehörner.[3] Die Eibenpfeifen haben keine Fingerlöcher wie Tin Whistles, Block- und Querflöten. Stattdessen erzeugen sie unterschiedliche Töne durch die verschieden langen Luftsäulen in ihrem Inneren. Sie sind nicht miteinander verbunden, aber andere Details lassen darauf schließen, daß sie dennoch ein Set darstellten und mit etwas anderem verbunden waren, das sich nicht erhalten hat. Ein elastischer Beutel wie bei einem Dudelsack kann eher ausgeschlossen werden, da kein Blasrohr existiert und auch aufgrund der Art, wie die Pfeifen abgelegt worden waren. Das läßt zwei Möglichkeiten offen: entweder eine Panflöte oder eine Art Orgel.

DIE WELT IST KLANG

Das Lichtgewebe des Universums wird durch Singen gewoben. Kirke, die Wächterin des heiligen »Kreises« um den Weltenbaum, sitzt an ihrem Webstuhl und singt mit süßer Stimme, während ihr Weberschiffchen hin- und hergleitend »das große unvergängliche Gewebe« erzeugt[4] – und die ganze Halle ist davon erfüllt. Auch Kalypso singt, während ihr goldenes Weberschiffchen arbeitet; ihr Webstuhl befindet sich in einer Höhle, die von Wald umgeben ist und von der vier Flüsse ausgehen (vergl. die vier Richtungen

***42.4** Eine Frau oder Priesterin bläst ein Muschelhorn vor einem Altar mit Weihehörnern und gleich drei heiligen Zweigen. Auch der Rock der Frau ist wie ein* Taxus-*Zweig ausgeführt. Gemme aus der Idäischen Höhle*

des Kompaß, das vierarmige Kreuz und die vier Ströme des biblischen Paradieses).[5] In Platons Vision der Dame Notwendigkeit und der Moiren, deren Spindeln die Rotation der Planeten bewirken (siehe S. 182), sitzt auf jeder sich drehenden Spindel »eine mit herumschwingende Sirene, die *einen* Ton erklingen läßt«,[6] und alle zusammen erzeugen einen großen harmonischen Klang: die Musik der Sphären.

Es ist offensichtlich, daß dieses »Ur-Lied«, das durch den Raum tönt und in allem Existierendem widerhallt, eine Art Summen oder Brummen ist. Dies war ein weiterer Grund, warum Bienen und Zikaden in vielen alten Traditionen als heilig galten (siehe S. 164 f); insbesondere von Bienen glaubte man, daß sie den Menschen die Gabe des Singens bringen, den »Honig der Musen«, wie z. B. Pindar es nannte.[7] Und wenn Sophokles sagt, daß »der Schwarm der Toten summt und aufsteigt«,[8] mag er sehr wohl darauf anspielen, daß diese Seelen sich in die kosmische Musik einschwingen. Im Weltbild des Hinduismus besteht das gesamte Universum aus Klang: *nada brahma*. *Nada* bedeutet »Klang, Sound« und ist verwandt mit *nadi*, »Strom, Fluß« aber auch mit »erklingen(d)«.[9] Dieser beständige Klangstrom geht aus Brahma hervor, der die reine Wurzel des Weltenbaumes ist; er ist der Schöpfer, der in der ganzen Schöpfung anwesend ist, und wird auch als das unsterbliche Selbst im menschlichen Wesen beschrieben (*Katha-Upanishad*, VI, 1).[10] Dieser göttliche »Klangstrom« manifestiert sich besonders in der heiligen Silbe *aum* oder *om*; die *Mundaka-Upanishad*[11] sagt, daß der Mensch, um eins mit dem höheren Selbst und dadurch mit dem Universum zu werden, das Singen der Silbe *aum* wie einen Bogen benutzen kann, auf den das Bewußtsein wie ein Pfeil gelegt wird, mit Brahman als dem Ziel.

Außer Trommeln, Pfeifen, Flöten und Saiteninstrumenten gab es in der Sakralmusik Anatoliens und Kretas auch sog. Schwirrhölzer, die einen konstanten Brummton erzeugen (engl. *bullroarers*, Sanskrit *nadá* bedeutet auch »Stier«) – die Musik der Sphären ist letztendlich nicht nur sanft wie Bienengesumm, sondern auch mächtig und gewaltig. Weitere rituelle Instrumente sind das Muschelhorn auf Kreta, die Bronzehörner in Irland (Dords)[12] und Germanien (Luren), und sie alle sind in der Lage, einen permanenten Bordun zu erzeugen wie das Didgeridoo der australischen Ureinwohner und der Schofar der jüdischen Tradition. Ein Schofar wurde – dem jeweils beabsichtigten rituellen Zweck zufolge – aus dem Horn eines Widders oder einer wilden Ziege hergestellt.[13] Wenigstens im zweiten Fall besteht somit auch eine symbolische Beziehung zum mythischen Füllhorn: Die Fülle der Früchte der Natur beginnt mit der »Fülle« der kosmischen Musik, mit dem innewohnenden Klang des Seins selbst.

Im nordischen Mythos besitzt Heimdallr, der personifizierte Weltenbaum und Urahn der Menschheit, ein Horn namens Gjallarhorn, von *giallr*, »erklingen(d)«, im Sinne eines sehr mächtigen Klanges. In der isländischen *Völuspa* ist Heimdallr auch der Wächter der göttlichen Ordnung, und er wird sein Horn blasen, wenn das Ende der Welt in Form des letzten Angriffs der »Riesen« naht. Er besitzt ein übernatürliches Gehör, und um alle Geräusche hören zu können, »legt er sein ›Ohr‹ an den Boden, wo die Baumwurzeln in den neun Reichen der Unterwelt jede Vibration aufnehmen und vor dem Kommen der Riesen warnen« (Dronke). Bis dahin jedoch dient sein Horn Mímir, dem Wächter der Borns der Weisheit an der Stammbasis von Yggdrasil, als Trinkhorn für eben genau diesen Met der Weisheit. Und es versorgt Yggdrasil selbst mit der göttlichen Flüssigkeit; in diesem Zusammenhang wird der Baum als *heidvanr* beschrieben, »an hellen Met gewöhnt«.[14]

Im Kontext der Sakralmusik des Altertums ist es nicht verwunderlich, daß auch die irischen Eibenpfeifen Bordun-Instrumente sind. In Zeremonien können solche Instrumente eine ehrfurchtsgebietende Atmosphäre für rituelle Handlungen erschaffen (Kirchenorgeln erfüllen dieselbe Aufgabe) und klingen auch genausogut als tonale Grundlage für Melodiestimmen (einschließlich der menschlichen). Musik und Tanz haben seit Anbeginn eine wichtige Rolle im religiösen Ausdruck der Menschheit gespielt, und das haben sie auch in den in dieser Studie erwähnten Traditionen getan. So begaben sich die Anhänger des Dionysos zu heiligen Bergstätten, um dort in seiner Festnacht bei Fackelschein zur Musik von Flöten und dem Tympanon (einer Art Kesselpauke) zu tanzen; auch vor dem Großen Mysterium von Eleusis wurde die ganze Nacht getanzt (siehe S. 173), wahrscheinlich zu ganz ähnlicher Instrumentierung; auf dem kretischen Berg Dikte ließen die Kureten den Klang von »Kybeles Zymbeln die Luft erfüllen«, ein Brauch,

***42.5** Musik im alten Anatolien*

Kybeles Kult ist bekannt für seine Betonung der Musik; zwei Bronzefigurinen von Musikern aus West- und Zentralanatolien, 8.-6. Jahrhundert v. Ztr. Im Hintergrund die Figur einer Rahmentrommelspielerin (getöntes Schwarzweißfoto), dieser Typus findet sich in ganz Mesopotamien, Griechenland, Thrakien und auch in Anatolien, wo Kybele selbst oft als Trommlerin dargestellt wurde. Uruk, Seleuzidenzeit, 323-140 v. Ztr.

der auf die alten Bergmutter-Kulte Kleinasiens zurückgeht – auch bei den Phrygern blieb die Göttin Kybele stark mit ihren Musikern verbunden. Im griechischen Arkadien wurde die »Singende Artemis« seit früher Zeit verehrt und manchmal selbst als ein Saiteninstrument spielend dargestellt.[15] Als die Gründer der griechischen Stadt Messene (siehe S. 172f) die Mysterienschriftrolle unter der Eibe gefunden hatten und die verstorbenen Ahnen anrufen wollten, »arbeiteten sie mit keiner anderen Musik als bötischen und argivischen Flöten« (Pausanias).[16]

Im 1. Jahrhundert n. Ztr. beschrieb Apollonius von Tyana goldene »Gebetsräder« (*íynges*, siehe Abb. 41.12), die an einem der Tempel Apollos in Pythos hingen: Sie »erklangen mit den überzeugenden Tönen von Sirenenstimmen«.[17]

NUMEROLOGIE UND GEOMETRIE

Die Grundlage der Musik ist die Harmonie der Zahlen. In verschiedenen Traditionen der Alten Welt galt eine Folge heiliger Zahlen als Schlüssel zu den Geheimnissen der Schöpfung; dieselben Proportionen, die sich in Tonleitern und Akkorden finden, existieren auch in den Formen und Proportionen der Natur (z. B. den Spiralen von Muscheln, den Proportionen von Schmetterlingsflügeln oder dem menschlichen Skelett) wie auch der Architektur (z. B. in den altägyptischen und altgriechischen Tempeln).[18] Die Architektur, der Rhythmus des bäuerlichen Jahres und auch der Festkalender waren den Rhythmen der Natur und den Bewegungen der Himmelskörper angepaßt. Pythagoras (ca. 580 – ca. 500 v. Ztr.) war der erste, der Kunst, Musik, Psychologie, Philosophie, Ritual, Mathematik und sogar Athletik in einer einzigen Harmoniewissenschaft zu vereinen suchte.[19] Ein Ausflug in die pythagoräische Gedankenwelt oder auch nur den Bereich der Numerologie würde den Rahmen dieses Buches sprengen, aber eine kurze Betrachtung derjenigen Zahlen, die unmittelbar in den Überlieferungen zum Weltenbaum vorkommen, ist notwendig (die Zahl Neun wurde bereits im vorigen Kapitel behandelt).

Die Sechs und die Sieben

In der indoeuropäischen Kosmologie, in der die Zahl Drei von großer Bedeutung ist, hat der Weltenbaum drei Wurzeln und drei Hauptäste. Dies geht einher mit vor-indoeuropäischen Symbolen aus Europa, Asien und dem Nahen Osten, die den Baum so darstellen; die Matrix dieser Gestalt ist ein sechstrahliger Stern (siehe Abb. 32.1, 37.7 und 41.9). Nicht zufällig stellt dieser Stern auch die sechs Richtungen des dreidimensionalen Raumes dar (die vier Richtungen des Kompaß plus oben und unten). Aber das Geheimnis des sechstrahligen Sterns ist, daß er ein Zentrum hat, welches die Sieben repräsentiert: ein Tor zur inneren Welt, welche über den dreidimensionalen Raum hinausgeht. In der jüdisch-christlichen Tradition z. B. spiegelt sich das in den sechs Tagen der Schöpfung und dem siebten, an dem Gott ruhte.[20] Die Sechserrosette erscheint oft in Kathedralen und Kirchen, die der Jungfrau Maria geweiht sind; für die Zisterzienser der Abbaye de Sylvanès in Südfrankreich ist die Rosette ein Symbol des Mitgefühls Marias.[21] Die vedischen Hymnen sprechen von *rta*, dem Rhythmus des sich drehenden Sternenhimmels, der auch den Rhythmus von Tag und Nacht beinhaltet; der Löwe ist das Symbol für das solare, ewige Licht, und die Schlange repräsentiert den Zyklus der Mondphasen.[22] Die Schlange hat sieben Windungen für die sieben Hüllen der Vergänglichkeit; in der hellenistischen Welt wurden diese mit den sieben Planetensphären

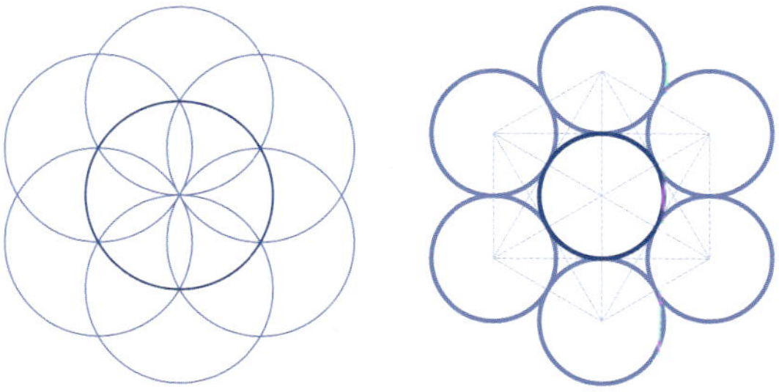

Diagramm 15 **Die Beziehung der Sechs und der Sieben in der Geometrie**

In einem sechsfältigen Kreis entsteht immer ein Zentrum als siebentes Element. Zum Motiv der »Rosette« (links) vergleiche Abb. 32.1, 32.3e–h und 44.12–13.

Diagramm 16 **Die Beziehung der Sechs und der Vier in der Geometrie**

Der sechstrahlige Stern zeigt den Weltenbaum als die vier Himmelsrichtungen, die aus der Weltensäule hervorgehen (links). Das keltische Kreuz (rechts) kann als dieselbe Struktur verstanden werden, nur von oben betrachtet: Die Ansicht der Weltenachse wandelt sich so von einer senkrechten Linie zu einem Punkt in der Mitte. Ähnlich verhält es sich mit den griechischen Gebetsrädern (Abb. 41.12).

identifiziert, nach denen die Wochentage benannt sind[23] – ein Erbe der alten mesopotamischen Astronomen.

Die Zwölf und die Dreizehn

Die Zwölf als kosmologische Zahl geht zurück auf die frühen mesopotamischen Astronomen/Astrologen, für die die zwölf Zeichen des Tierkreises grundlegende kosmische Mächte waren, die alles Leben auf der Erde beeinflussen.[24] In der Alten Welt drückte sich die große Bedeutung dieser Zahl auf vielfältige Weise aus: Das alte Sumer bestand aus einer Konföderation aus zwölf Stadtstaaten; die Etrusker in Italien gründeten zwölf Städte um einen heiligen See und Hain;[25] der griechische Olymp hat zwölf Götter; die germanischen Asen sind zwölf höhere Mächte, die

42.6
Von der »Silberleier« aus dem Königsgrab von Uruk ist kein ursprüngliches Holz erhalten geblieben, sondern nur die Silberverschalung. Sumer, ca. 2450 v. Ztr.

die irdische Ebene lenken – um nur einige zu nennen. Des weiteren hat der Tag zwölf Stunden, das Jahr zwölf Monate, der Kreis 360 = 12 x 30 Grad (oder 5 x 72, denn 72 ist 6 x 12, und diese Zahlen waren heilig in Sumer). Die Kreise des Raumes und der Zeit sind also in zwölf unterteilt, und somit ist die Zahl, die die Mittelachse des kosmischen Rades repräsentiert – den Punkt der Stille (das Tor zwischen Zeit und Ewigkeit, zwischen physischem und psychischem Raum) –, die Dreizehn. *Eiwaz*, »Eibe«, ist die dreizehnte Rune im Älteren Futhark. Es gibt keinen Grund, diese Zahl abergläubisch mit Unglück zu verbinden: Als Christus seine – zwölf – Jünger lehrte (»wie gewohnt«[26] im heiligen Hain von Gethsemane), war der Meister die dreizehnte Person im Kreis der zwölf.

Vor langer Zeit wurde das Spektrum der Tonhöhen innerhalb der Oktave in zwölf Halbtonschritte unterteilt. Die dreizehnte Note ist der erste Ton auf der nächsthöheren Oktave – symbolisch betrachtet eine Rückkehr zur Wurzel aber auf einer höheren Ebene, denn der Aufstieg der Tonleiter ist kein Kreis, sondern eine Spirale.

Im von Platon beschriebenen Weltbild (s. S. 195–6) besteht die Welt aus neun konzentrischen Sphären. Dies sind die sieben Sphären der in der Alten Welt bekannten Himmelskörper (Sonne, Mond, Merkur, Venus, Mars, Jupiter und Saturn), die achte und äußerste Sphäre ist das Universum (mit seinen zwölf Regionen des Zodiaks) und die neunte, innerste Sphäre ist die Erde.[27] Neun ist die Zahl der Erde (und somit des Weltenbaumes, wie er von den Bewohnern dieser Erde beschrieben wird). In der hellenistischen Tradition, vielleicht schon früher (im pelasgischen Griechenland oder Anatolien), wurden die neun Musen oder Bergmütter mit diesen Sphären verknüpft.

Musik, wie auch die Geometrie, erfordert genaues »Maß«: das der Frequenz (Tonhöhe) und das der Zeit (Metrum und Rhythmus). Es gibt eine Parallele zwischen dem germanischen »Baum guten Maßes«, dem japanischen Eibenszepter *(shaku)*, das auch als Längenmaß dient (siehe S. 211), und der griechischen Schicksalsgöttin Nemesis, die in einer Hand einen heiligen Zweig hält und in der anderen einen Maßstab:[28] Das persönliche Schicksal, das sie zuweist, ist ein Teil der »größeren Symphonie« der Musik der Sphären.

Und der Nektar der Götter, der Dichtermet, ist am Ende vielleicht gar keine mythische Flüssigkeit, sondern die »göttliche Musik«, die aller physischen Materie und Schwingung zugrundeliegt. (Jüngere Gedanken zu diesem Thema finden sich im Feld der Quantenphysik.)

42.7 *Kithara-spielende Muse; hellenistisches Marmorrelief aus Manyas, 2. Jahrhundert v. Ztr.*

WANDERUNGEN

Die Idee, einen geweihten Baum umziehen zu lassen, taucht lange vor 1880 auf, obwohl die Umsetzung der alten Eibe von Buckland-in-Dover eine durchaus einzigartige Angelegenheit war. Das älteste literarische Dokument, das den Umzug eines Baumes erwähnt, ist jedoch über 4.000 Jahre älter.[1] In einer der sumerischen Schöpfungsmythen (»Der Huluppu-Baum«) steigt Inanna, die Königin des Himmels, hinab und nimmt die Erscheinung einer jungen (sterblichen) Frau an. Als sie so am unteren Euphrates spazierenging, wurde sie eines kümmerlichen jungen Baumes gewahr. »In den ersten Tagen, in den allerersten Tagen«, direkt nach der Erschaffung der Welt und der Trennung der Himmel, der Erde und der Unterwelt, war dieser Baum (vermutlich von den Göttern) am Ufer des Euphrats gepflanzt und von seinem Wasser getränkt worden. Aber der Südwind hatte an ihm gezerrt, und die Wasser hatten ihn schließlich weggetragen. Inanna …

***43.1** Heiliger Baum in einer Wagenprozession; babylonisches Siegel*

Pflückte den Baum vom Fluß und sprach:
»Ich werde diesen Baum nach Uruk bringen.
Ich werde ihn in meinem heiligen Garten pflanzen.«
Inanna umsorgte den Baum mit ihrer Hand.
Sie festigte die Erde um den Baum mit ihrem Fuß.[2]

Ob der hier besungene Baum ein gewöhnlicher Baum der Flußniederungen war (z. B. eine Weide oder Pappel) – aber warum sollte ein kümmerliches Exemplar so viel Aufmerksamkeit erregen, wenn es inmitten vieler anderer steht? – oder eine in Sumer sehr selten gesehene Art (wie etwa ein Eibensämling, der auf wunderbare Art vom Amanusgebirge herabgeschwemmt worden war) bleibt offen, denn das Wort *Huluppu* konnte bisher nicht gedeutet werden. In Inannas Tempelgarten jedoch wächst der Sämling zu einem Abbild des Lebensbaumes heran, mit einer Schlange, »die nicht beschwört werden« kann, an seinen Wurzeln und dem mythischen Vogel Anzu (meist als Adler mit Löwenkopf dargestellt) in seiner Krone. Darüber hinaus richtet »die dunkle Jungfer Lilith ihr Heim im Stamm ein« – Lilith ist eine Gestalt, die sehr viel später in der hebräischen Tradition dämonisiert wurde,[3] ihr Name geht aber einfach auf das sumerische *lil*, »Geist«, zurück und es ist nicht schwer, die Parallele zur kretischen Göttin zu sehen, die dem Baum als Geist (in Taubengestalt) innewohnte. Im Verlauf dieser Erzählung hilft der Held Gilgamesh der Inanna, den Baum von diesen drei Bewohnern zurückzufordern. Er fertigt ihr dann einen Thron (Königinnentum und Hoheit symbolisierend) und ein Bett (Weiblichkeit symbolisierend) aus dem Baumstamm – oder bedeutet dies, daß sie nun den Stamm bezieht wie Lilith vor ihr? Zum Dank gibt die Göttin ihm zwei Zeremonialobjekte, die ebenfalls aus dem Holz des Baumes gemacht sind und vermutlich Insignien des Königtums darstellten.[4]

Bäume in Bewegung erscheinen in Wort und Bild in der gesamten Alten Welt.[5] Ein babylonisches Siegel z. B. zeigt eine Prozession mit einem Handwagen, auf dem sorgfältig ein kleiner heiliger Baum festgezurrt ist, gefolgt von einem Priester und einem geflügelten Pferd. Die Szene erinnert an Tacitus' Bericht einer jährlichen Prozession unter einigen germanischen Stämmen im 1. Jahrhundert n. Ztr.: Ein geweihter bootsförmiger Karren wurde in einem heiligen Hain verwahrt, bis der Priester »die Ankunft der Göttin im Heiligtum bemerkte«,[6] die sich dann auf diesem Karren von zwei Kühen gezogen zu einem freudvollen Umzug durch die Dörfer begab. Am Ende wurde sie

***43.2** Minoisches Siegel aus Kreta*

43.3 Nadelbaum auf einem Schiff – bronzezeitliche Ritualszene oder Auswanderungslegende? Bohuslan, Schweden

»vom Priester dem Hain zurückgegeben«. Tacitus macht keinerlei Aussage darüber, was eigentlich sich auf dem Karren befand, aber allseits wurde seither angenommen, daß es sich um ein menschengestaltiges Götzenbild gehandelt hätte – obwohl Tacitus an anderer Stelle sagt, daß die Germanen glaubten, »daß es der Erhabenheit der Himmlischen nicht gemäß sei, sie in Wände einzuschließen oder irgendwie der menschlichen Gestalt nachzubilden« (Germania, 9).

In diesem Zusammenhang ist ein Motiv erwähnenswert, das sich auf römischen Münzen von ca. 41 v. Ztr. findet. Drei weibliche Gestalten stehen auf zeremonielle Weise nebeneinander, und auf ihrer Schulterhöhe befindet sich ein Sockel oder eine Art Tablett mit fünf jungen Bäumen. Die linke Figur hält einen Bogen, die rechte eine Lilie. Die Vorderseite dieser Münzen trägt das Wort *lariscolus*, die verniedlichte Form von *larix*, »Lärche«, allerdings ist kein Lärchenkult aus Italien bekannt. Mythologen haben dieses Motiv mit dem Hain der Diana (siehe S. 189, 210) in Verbindung gebracht, aber dabei zugegeben, daß die Bäumchen nicht die geringste Ähnlichkeit mit Eichen haben.[7] Die Szene könnte sich auf eine Zeit und Symbolik beziehen, die bereits im 1. Jahrhundert weitgehend in Vergessenheit geraten war.

Anders als Zeremonien in heiligen Hainen oder unter alten Bäumen erforderten Rituale in Höhlen

43.4 Drei Frauen und fünf Bäume in einer Ritualszene; römische Denare, 1. Jh. v. Ztr.

gewisse Veränderungen des Baumes oder zumindest seines Standortes. So zeigen die minoischen Bilder aus den Höhlen der kretischen Berge Ida und Dikte Sämlinge oder Setzlinge der heiligen Baumart (die vermutlich in Form eines oder mehrerer reifer Individuen außerhalb der Höhle wuchs), die in Töpfe gepflanzt auf den Altären stehen. Eine ähnliche Praxis kann für die Initiationshalle von Eleusis vermutet werden und ist sicher belegt für Anatolien; eine hethitische Keilschrifttafel sagt *ta* ^{GIS}*eye siunas parna petanzi*, »sie bringen Eibenbäume zum Haus Gottes«.[8]

Das Transportieren junger Bäume war nicht nur Teil jährlicher Feste, sondern auch von Völkerwanderungen. Auf den frühen Migrationen der Völker (siehe Kap. 35 und 36) wurden höchstwahrscheinlich auch die heiligen Bäume mitgeführt, genauso wie die Viehherden, das Saatgut und die Sämlinge der Nahrungspflanzen: Die große Mehrzahl derjenigen Pflanzenarten (bzw. ihrer Vorläufer), die heute die Menschheit ernähren, stammt aus den felsigen Lebensräumen, in denen sich die Höhlen der frühen Menschen befanden.[9] Der Ackerbau wurde zwar in den Flußtälern entwickelt, aber seine Samen kamen aus den Bergen! Darum kann mit Sicherheit angenommen werden, daß auch die Saat (oder Stecklinge) des heiligen Baumes immer mit auf Reisen ging. Die Szene, die auf den oben erwähnten römischen Münzen gezeigt wird, kann eine Ahnung davon geben, wie der zeremonielle »Abschied« (oder die Ankunft) heiliger Bäume ausgesehen haben könnte.

In mythologischer Sprache ist ein Sämling ein »Kind« der Elternbäume,[10] ein Steckling aber der Baum selbst (nur sehr wenige Baumarten können sich so vermehren, die Eibe gehört dazu). Vor dem Hintergrund des neolithischen Erbes der Mythologisierung und Vergöttlichung einzelner Pflanzenarten ist es nicht verwunderlich, daß auch rituell wichtige Baumarten bei ihren mythologischen, d. h. personifizierten, Namen genannt werden (z. B. die Familie der irischen »Göttin« Dana, S. 208). Vielleicht waren die Bergmütter ursprünglich uralte Bäume auf ihren jeweiligen Bergen – was auch das wiederholte Vorkommen von Pollen (siehe unten) in Heilige Hochzeit- und Krönungsritualen erklären würde. Ein verbreitetes Motiv in den Mythen der Welt ist die Abstammung der Menschheit von göttlichen Wesen über eine heilige Pflanze oder ein heiliges Tier; im germanischen

43.5 *Danaë, den »goldenen Schauer« empfangend. Wie sonst kann man Pollen darstellen? Geschnitzter Amethyst, 5. oder 4. Jahrhundert v. Ztr.*

Mythos z. B. ist Heimdallr, der von neun Wurzelmüttern geborene Weltenbaum, der Urahn der Menschen. Erst in späterer Zeit wurden solche Baum-»Persönlichkeiten« allmählich zu menschengestaltigen »Göttern« oder legendären Menschen; ein interessantes Beispiel für diesen Vorgang ist Danaë von den Danäern.

Die Danäer waren ein seefahrendes Volk, das (vermutlich) aus Lybien/Ägypten stammte und im Jahre 1510 oder 1509 v. Ztr. in der östlichen Peloponnes (Griechenland) landete.[11] Pausanias zufolge[12] verband man Danaos und seine Nachkommen mit einem heiligen Hain am Pontinos, einem Kalksteinberg an der südwestlichen Grenze der Ebene von Argos (Peloponnes). Im nahen Lerna beruhten ihre Riten auf Dionysos' Abstieg in die Unterwelt und auch auf den Mysterien der Demeter von Lerna, die in einer Einfriedung zelebriert wurden, welche den Ort markierte, an dem Hades und Persephone in den Tartaros hinabgestiegen seien. Danaos' Töchter, die Danaiden, waren Priesterinnen, und man schrieb ihnen sogar zu, daß sie es waren, die die Mysterien der Demeter im frühen (pelasgischen) Griechenland eingeführt hatten. Die Mutter eines der größten Helden in den griechischen Mythen war Danaë, eine Tochter Danaos' in der vierten Generation. Sie wurde von Zeus geschwängert, der in Gestalt eines »goldenen Schauers« zu ihr kam. Dies wird meist als ein Regenschauer interpretiert, aber zu jenem Zeitpunkt befand sich Danaë in einer unterirdischen Bronzekammer, durch deren winziges Fenster kein Regen hätte seitwärts einfallen können. Dieser merkwürdige Ort scheint eine Referenz[13] an den besonderen Charakter der danäischen Grabkammern zu sein, die mitunter mit Bronze dekoriert waren. Es läßt vermuten, daß die danäischen Fruchtbarkeitsriten unterirdisch oder in Höhlen begangen wurden. Auch Homer berichtet, daß, als Zeus Hera[14] auf dem Gipfel des trojanischen Ida umarmte, glitzernde Tautropfen aus der goldenen Wolke fielen, die sie umgab (vergleiche das Goldene Vlies, S. 206). Im Falle von Danaë begegnen wir Zeus, »dem Strahlenden«, erneut in seiner Erscheinungsform als goldene, befruchtende Wolke. Später in der Mythe werden Danaë und ihr Sohn von Argos weggeschickt, und zwar in einer Art Truhe (»Arche«). Auch Apollo (als der delphische Lorbeerbaum) war in einem vergleichbaren Behälter nach Delos gekommen. Die Danäer jedoch stachen wieder in See: Eine Abteilung der Danaoi, die Daunioi, ließen sich in Apulien in Italien nieder. Die Verbindung zu den irischen Tuatha dé Danaan besteht nicht nur im Namen, sondern auch im engen Verhältnis dieser Völker zu Grabhügeln – und zu Bäumen.[15]

Es war während der »Herrschaft« der Tuatha dé Danaan, daß die fünf heiligen Bäume Irlands gepflanzt wurden. Schon die Namen dieser Bäume – Eo Rossa, Eo Mugna, Bile Tortan, Bile Uisnig und Craeb Daithi – lassen vermuten, daß wenigstens

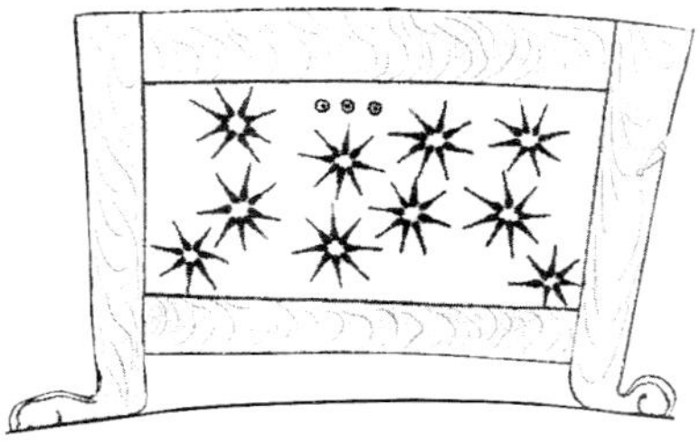

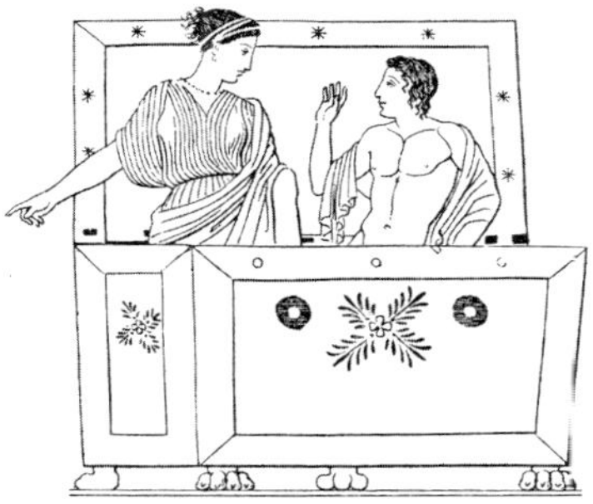

43.6 - 43.7 *Die Truhe von Danaë und Perseus ist oft mit Nadelzweigen und kleinen »Äpfeln« dekoriert. Griechische Vasenmalereien, 5. Jahrhundert v. Ztr.*

zwei, wenn nicht vier von ihnen Eiben waren, denn *eo* ist »Eibe« und *bile* »heiliger Baum«. In den mittelalterlichen Niederschriften werden sie als Eichen und Eschen bezeichnet, aber in der Legende heißt es, daß alle fünf aus *einem* Zweig mit drei Arten Früchten hervorgingen: Äpfel, Eicheln und Nüsse. In den irischen *Dindshenchas* wird einer der fünf, Eo Mugna, gepriesen als »gesegnet mit verschiedenen Tugenden, mit drei Sorten Früchten, der Eichel und der dunklen, schmalen Nuß und dem Apfel«.[16] Die irische Legende *The Settling of the Manor of Tara* (»Die Besiedlung des Landgutes von Tara«) erzählt, wie ein geheimnisvoller Botschafter aus der Anderswelt bei einer Versammlung der irischen Adligen erscheint. Seine Mission hat mit der Sonne zu tun, er ist verantwortlich für ihr Aufgehen und Sinken und selbst von einem Strahlen umgeben wie »eine leuchtende Kristallader«.[17] Vor seiner Abreise übergibt er Fintan einen magischen, fruchttragenden Zweig, den Fintan einpflanzt und aus dem schließlich die fünf heiligen Bäume Irlands hervorgehen. In jeder der fünf Provinzen Irlands stand einer dieser Bäume; heute ist allgemein anerkannt, daß sie für jedes Gebiet die *axis mundi*, die Weltachse, repräsentierten. Die irische Legende beschreibt den ursprünglichen Zweig als einen »goldenen vielfarbigen Zweig aus Libanonholz«.[18] Dies mag sehr wohl erst im Mittelalter von hochgebildeten, in den klassischen Mythen bewanderten Schriftgelehrten dazugedichtet worden sein, aber andererseits: Falls es jemals eine menschliche Migration (wie die der Danäer) gab, die Irland mit

43.8 *»Eicheln« und »Äpfel«*

jungen Bäumchen einer besonderen genetischen Abstammungslinie erreichte, so würde man erwarten, genau diese Art von Echo in den Legenden zu finden. (Nur hätten die mittelalterlichen Redakteure Taurus oder Amanus statt Libanon sagen sollen.)

Ein überraschendes Motiv erscheint im 7. Jahrhundert in Reliefs auf roten Tongefäßen auf der Insel Rhodos und in Karien (heute südwestliche Türkei),[19] dem Mutterland der Leto (siehe S. 184). Es zeigt den heiligen Baum, der von einem Kentauren an einen Mann mit einer Doppelaxt übergeben wird. Aber die Szene hat nichts Festliches, und die andere, leere Hand, die der Kentaur erhebt, unterstreicht die Bedrohung, die von dem Bewaffneten ausgeht. Die Drohgebärde ist sogar noch offensichtlicher auf einem Tonfragment von der Karischen Küste, auf dem der Axtträger außerdem ein Schwert schwingt. Für unsere Studie ist

43.9 - 43.10 *Kentauren übergeben den heiligen Baum; Tonfragmente aus Karien, Kleinasien, 7. Jahrhundert v. Ztr.*

es zweitrangig, ob die Kentauren lediglich eine mythologische Erfindung waren oder eine Bruderschaft von Einsiedlern, die in der Heilkunst bewandert waren[20] (vergleiche die Daktylen und Kureten, S. 184 – 5) und möglicherweise einen uralten Baumkult bewahrten. Von Interesse ist die Tatsache, daß plötzlich die Idee dokumentiert wird, daß der heilige Baum durch Gewalt den Besitzer wechselt. Was zuvor Teil friedlicher Zeremonien (Initiations- und Krönungsrituale) war, wird nun gleichsam mit dem Schwert am Hals erzwungen. Wir wissen nicht, wer diese Aggressoren waren, aber sie kennzeichnen das Ende eines Zeitalters.[21] Im selben Jahrhundert wird der Schrein der Muttergottheit Leto (Kybele, Artemis) in Ephesos vom heiligen Baum in einen Tempel verlegt, den Frauen nicht einmal mehr betreten dürfen (!). Über die folgenden Jahrhunderte wird der Baum zunehmend der Vergessenheit anheimfallen.

Im 3. Jahrhundert v. Ztr. dann zeigen Münzen aus derselben Region, wie der heilige Baum der Göttin gefällt wird.[22] Ende der Geschichte.

a b c

43.11 *Zwei Schlangen (a) verteidigen den heiligen Baum einer Göttin, der dennoch gefällt wird von zwei Männern, von denen einer davonrennt; Kupfermünzen aus Lykien (a) und Karien (b, c), Kleinasien, 3. Jahrhundert.*

43.12 *(unten) Reiner Eibenwald in Wiltshire*

44.1 *Idyllische Szenerie im Garten von Preen Manor, Shropshire*

KAPITEL 44

ZEHN HUNDERT ENGEL

Das Kommen des Christentums veränderte einige Aspekte der Beziehung von Mensch und Natur. Für uns ist von besonderem Interesse, daß die Verehrung von Bäumen und Quellen unterdrückt wurde (was dagegen heutzutage kaum diskutiert wird, ist, daß es auch das Blutopfer beendete: Unzählige Tiere waren auf den Altären der Antike geschlachtet und/oder verbrannt worden). Der Eibe gelang es langfristig, einen gewissen ehrvollen Status auf den Kirch- und Friedhöfen vieler Länder zu bewahren. Dieses Kapitel beleuchtet die Beziehung einiger christlicher Gruppen und Individuen zu diesem Baum.

Einige der ersten Mönche in Irland und Wales lebten in alten hohlen Bäumen, die ihnen als Heim aber auch als Kanzel dienten. So lebte z. B. ein Einsiedler in einer hohlen Eibe nahe einer bronzezeitlichen Hügelanlage im Tal des Dee bei Rhydyglafes, und von St. Kevin heißt es, er lebte für sieben Jahre um 510 in einem hohlen Baum. Einige Einsiedeleien wuchsen zu stattlichen Klöstern an, und die Bedeutung der Bäume in ihrer frühen Geschichte mag zu irischen christlichen Ortsnamen wie Killure, Cell Iubhar, Cell-eo (»Kirche der Eibe«) und Killeochaille (»Kirche des Eibenwaldes«) beigetragen haben. Clonmacnoise

44.2 *Gemauerte Stufen führen zur (schon lange nicht mehr benutzten) »Kanzel« in der hohlen Eibe von Nantglyn, Denbighshire, Wales.*

hatte einen riesigen Eibenbaum, möglicherweise von St. Ciaran selbst gepflanzt (es sei denn, der Ort wurde bereits um seines besonderen Baumes Willen ausgesucht). Diese Eibe wurde im Januar 1149 vom Blitz getroffen, und man sagt, das Unglück tötete nicht weniger als 113 Schafe, die unter dem Baum Schutz gesucht hatten. Die zisterziensische Abtei Iubhar Cinn Trágha (»der Eibenbaum am Kopf des Strandes«, heute Newry, Co. Down), brannte 1162, achtzehn Jahre nach ihrer Gründung durch St. Patrick, nieder.[1] St. Columba (Columcille), der Gründer der Einsiedelei auf Iona (»Eibeninsel«), gilt als ein besonderer Freund der Eibe. Seine Kirche stand direkt neben einer Eibe, über die ein Columba zugeschriebenes Gedicht sagt:

Dies ist die Eibe der Heiligen
Wo sie immer mit mir zusammenkamen
Zehn Hundert Engel
Über unseren Köpfen, dicht Seite an Seite.

Lieb ist mir dieser Eibenbaum
Wenn nur ich dort an seinen Platz gesetzt wäre!
Zu meiner Linken war er ein angenehmer Schmuck
Wenn ich in die Schwarze Kirche eintrat.[2]

Columba – der lateinische Name bedeutet »Taube« – predigte außerdem unter einer weit ausladenden Eibe auf der Insel Bernera in den Hebriden. Die Leute von Mull und Morven setzten in ihren kleinen Booten über, während die Leute von Lismore zu Fuß kamen, und alle versammelten sich unter der Eibe, um Columba predigen zu hören. Der Baum stand direkt am Rand einer Klippe über dem Ozean. Daß eintausend Menschen unter seine Krone paßten, könnte übertrieben sein, aber verschiedene Quellen bestätigen eine ungewöhnliche Größe.[3] Es wird berichtet, daß der Laird (Clanhäuptling) Campbell of Loch Nell sie um 1770 fällen ließ.[4]

Im Gegensatz zu dem traurigen Verlust auf Bernera ist die Ruine der Kathedrale von Dunkeld in Perthshire, Schottland, immer noch von stattlichen alten Eiben umstanden. Im 7. Jahrhundert, nachdem Columba dorthin gegangen war, entwickelte sich Dunkeld zu einem wichtigen Zentrum des Christentums, und im 9. Jahrhundert wurde es unter Kenneth MacAlpin, dem ersten König Schottlands nach der Vereinigung der Schotten und Pikten, zum Haupt der Keltischen Kirche. Dunkeld wurde 1325 zur Kathedrale erhoben und gewann an kirchlicher Bedeutung, bis es in der Reformation im 16. Jahrhundert zerstört

44.3 *Die alten Eiben an der Nordseite der Ruine der Kathedrale von Dunkeld, Perthshire, Schottland*

44.4 *Eines der Fenster von Dunkeld Cathedral, umrahmt von Zweigen einer der Eiben im vorigen Bild*

wurde. Einige alte Eiben überlebten die Zeiten der Unruhen, und andere wurden seither nachgepflanzt.[5]

Auch noch im Hochmittelalter spendeten Eiben Schutz, z. B. während der ersten Jahre der Fountains Abbey in Yorkshire, die 1132 von Thurston, dem Erzbischof von York, gegründet wurde. Eine Gruppe von Mönchen aus der Benediktinerabtei von York wollte nach den strengeren Regeln des St. Bernard[6] leben (denen auch die Zisterzienser und Tempelritter folgten) und wählte als Standort für ihre neue Abtei ein abgelegenes Feld, das von sieben alten Eiben überragt wurde. Bis die ersten Gebäude bezugsfertig waren, lebten, aßen und beteten die Mönche unter diesen Bäumen, welche nach Dr. John Burton in seinem *Monasticon Eboracense* (1758) »so dicht nebeneinander stehen, daß ihre Überdeckung fast einem reetgedeckten Dach gleichkommt«.[7] Der größte der sieben Bäume fiel im Jahre 1658 und zeigte ca. 1.200 Jahrringe, was vermuten läßt, daß die Bäume bei Abteigründung etwa 700 Jahre alt waren. Heute leben noch zwei der alten Eiben, die größere hat einen Stammumfang von ca. 663 cm (30 cm über dem Boden, 2002). In jüngerer Zeit wurden fünf neue Eiben gepflanzt, um die ursprüngliche Siebenzahl wiederherzustellen.

Wie auch Fountains Abbey so hatte die Zisterziensergründung in Ystrad Fflur (anglisiert: Strata Florida) in Ceridigion, Wales, einstmals eine Fülle von Eibenbäumen. In den späten 1530ern erwähnt John Leland »xxxix great hue trees« um die Klosterruine.[8] Von diesen neununddreißig stehen heute noch zwei, ihr Umfang entspricht in etwa dem der großen Eibe von Fountains Abbey. Ein dritter alter Baum erscheint zuletzt auf einer Radierung von 1874; die anderen sechsunddreißig müssen entfernt worden sein (vor 1741 – eine Radierung aus diesem Jahr läßt keine spezifischen Baumarten mehr erkennen), denn natürlicher Verlust zu einem so hohen Prozentsatz ist unwahrscheinlich. Es ist möglich, daß man die drei alten Bäume von Ystrad Fflur in Anerkennung ihres hohen Alters stehen ließ und auch, weil Dafydd ap Gwilym (ca. 1320 bis ca. 1380), der Nationaldichter von Wales, als unter einem dieser Bäume begraben galt und gilt.

Eine weiterer Standort uralter Eiben, der die Aufmerksamkeit der Zisterzienser auf sich zog, ist das Tal von Borrowdale im Lake District (siehe Abb. 27.4–5),

44.5 *Fountains Abbey und seine Eiben*

44.6 *Die alte Eibe von Waverley Abbey, Surrey, der ersten Zisterzienserkolonie in England*

44.7 Der Gedenkstein des gefeierten walisischen Dichters Dafydd ap Gwilym am Fuße einer der beiden uralten Eiben von Ystrad Fflur, Wales

44.8 Ein Tempelritterkreuz auf einem Grabstein in Ystrad Fflur

das von den Zisterziensern von Furnass Abbey (Cumbria) vom 12. Jahrhundert bis zur Reformation unter Heinrich VIII. verwaltet wurde. In Südengland steht eine weibliche Eibe, die für ihre ungewöhnliche Stammform bekannt ist (Umfang am Boden ca. 640 cm), auf dem Gelände der Waverley Abbey, die 1128 als erste Niederlassung der Zisterzienser in Britannien gegründet wurde. Der Gründer der Einsiedelei, Bischof William of Winchester, war durch Heirat mit Walter de Clare verwandt, dem Lord of Chepstow, der drei Jahre später, 1131, die zweite Niederlassung in England und die zweite in Wales begründete: Tintern Abbey. Sie liegt in einem Areal mit reichen *Taxus*-Vorkommen, nämlich den Ufern des Flusses Wye in Monmouthshire.

Weniger offensichtlich als die Verknüpfungen der Zisterzienser mit der Eibe sind die der Tempelritter. Die Tempelritter stellen den berühmtesten mittelalterlichen Militärorden der Christenheit dar und waren als Organisation eng mit den Zisterziensern verbunden.[9] Natürlich finden sich in den Manuskripten beider Orden keine Hinweise auf Botanik, und dennoch trifft die moderne Eibenforschung wiederholt auf den Templerorden (voller lateinischer Name: *pauperes commilitones Christi Templique Solomonici*, »Die armen Soldatengefährten Christi und des Tempels von Salomon«), insbesondere auf den Britischen Inseln. Hugo Conwentz (1855-1922), der gefeierte Pionier der Eibenforschung und des Naturschutzes,[10] grub an verschiedenen Orten auf den Britischen Inseln und in Deutschland nach fossilen und halbfossilen Überresten von *Taxus* und sagte, daß er niemals Eiben an vorgeschichtlichen Befestigungsanlagen gepflanzt gefunden hatte, aber oft an denen der mittelalterlichen Ritter.[11] Der Reisende von heute kann immer noch Eiben an Templerstätten finden, sogar ohne zu graben.

44.9 Das Wappen der Zisterzienserabtei von Sylvanès, Aveyron, Südfrankreich, zeigt die Taube und die fleur-de-lis (die eventuell gar nicht »Lilie« bedeutet, sondern fleur-de-luce, *»Blume des Lichts«; ein Symbol, das sich aus der Lebensbaum-»Rosette« entwickelte, vergl. Abb. 32.3).*

Vielleicht bereits im Jahre 1128 – ein Jahr, bevor die Templerregeln beim Konzil von Troyes (Champagne, Frankreich) überhaupt formuliert wurden (im neunten Jahr des Ordens, als er, wie man sagt, nur neun Brüder umfaßte[12]) – erließ Dabid mac Maíl Choluim (David I, reg. 1124 – 53) einen königlichen Erlaß, der den Templern die Kapelle und das Anwesen von Balantravach (Midlothian, Schottland) überschrieb. Die Templer errichteten hier ihr Hauptquartier für Schottland, und der Ort hieß bald nur noch Temple. Heute befindet sich hinter der Kirchenruine von Temple eine Eibenallee. Die Bäume sind jedoch deutlich jünger als die alte Gründung – jedenfalls das, was man von ihnen über der Erdoberfläche sehen kann.

44.10 *Die Eibenallee in Temple, Midlothian, Schottland (September 2004)*

In Südfrankreich steht eine stattliche Eibe in La Couvertoirade, einer Burg der Templer, die Teil der Kommandozentrale von Sainte-Eulalie war, einer der frühesten Templergründungen in Westeuropa. Obwohl der Baum kaum älter ist als vierhundert Jahre, ist er trotzdem bemerkenswert, denn im Départment Ayveron gibt es praktisch keine Eiben. Wer also pflanzte diese und warum?

44.11 *Der Stamm der einzigen Eibe in La Couvertoirade, Südfrankreich, erscheint so fest wie der steinerne Turm der Templerburg.*

44.12 *Ein uraltes Symbol über dem Altar der Templerkirche in La Couvertoirade (vergl. Abb. 32.3)*

Die einstige Anwesenheit der Tempelritter im irischen Iubhar Cinn Trágha (»der Eibenbaum am Kopf des Strandes«, siehe oben) kann aufgrund lokaler Ortsnamen wie Templegowan, Templetown und Templepatrick vermutet werden. Eine weitere alte Eibe stand in Hartburn, Northumberland, der regionalen Templer-Kommandozentrale für Nordengland. 1836 maß J. C. Loudon einen Stammumfang von 495 cm. Gut zehn Jahre später jedoch wurde der Baum zerstört, als ein anderer auf ihn fiel.[13]

Die offizielle Geschichte der Tempelritter endet am 2. Mai 1312 mit der Auflösung des Ordens durch Papst Clemenz V. Das plötzliche Verschwinden vieler Brüder und insbesondere des vermuteten »Schatzes« des Ordens zog endlose Spekulationen und Geschichten nach sich. Innerhalb von fünf Jahren nach Auflösung der Templer entstanden auf der Iberischen Halbinsel zwei neue Militärorden,[14] während die Geschehnisse in Schottland – einem weiteren Land, in dem überlebende Tempelritter angeblich Zuflucht fanden – nicht so klar erkennbar sind. Die die Auflösung des Templerordens betreffende päpstliche Bulle übertrug all seine Besitztümer an die Johanniter; in Schottland jedoch könnte man gewissermaßen von einer Fusion der beiden Orden sprechen, aus der The Order of St John and the Temple hervorging.[15] Ein Ort, der regelmäßig mit der obskuren Geschichte der Templer nach ihrer Auflösung in Verbindung gebracht wird, ist das Dorf Roslin in Midlothian, im Südosten Schottlands. Die dortige Kirche wurde im 15. Jahrhundert von William Sinclair gestaltet, einem Mitglied der in Schottland ansäßigen Adelsfamilie St. Clair, die von normannischen Rittern abstammte; als ihr Geburtsort gilt St Clare in Pont d'Eveque (ein weiterer Ortsname, in dem die Eibe vorkommt) in der Normandie. Aus dieser Familie (St Clair, später Sinclair) entstammten die Earls von Roslin. Verschiedene

44.13 *Mittelalterlicher Grabstein eines Pilgers nach Santiago de Compostela; Languedoc, Südfrankreich*

44.14 *Die alte Eibe von Rosslyn Castle, Midlothian, Schottland*

Quellen verbinden diese Familie mit den Tempelrittern, aber die einzigen wirklich dokumentierten Verbindungen sind die zu den schottischen Freimaurern (die einen »Templer«-Einweihungsgrad haben, daher wahrscheinlich die Verwirrung). William Sinclair, First Earl of Caithness (1455–76), Third Earl of Orkney (bis 1470) und Baron of Roslin (1410–84) war der Erbauer der Kapelle von Rosslyn. Ein späterer William Sinclair of Roslin war der Großmeister der Grand Lodge of Scotland und außerdem ein »Ritter des Goldenen Vlieses«.

Es ist so gut wie unmöglich, die Ereignisse und Verknüpfungen im Schottland des 15. Jahrhunderts zu rekonstruieren; klar dagegen ist, daß im 18. Jahrhundert ein ganz enormes Interesse an den mittelalterlichen Templern aufflammte. Dies lag an dem allgemeinen Aufkommen von Geheimgesellschaften in Westeuropa (insbesondere die schottischen und die deutschen Freimaurer) sowie der aufkommenden Bewegung der Romantik, die ebenfalls eine Faszination für die Vergangenheit hatte.[16] Heute wird Rosslyn Chapel von Freimaurern aus aller Welt besucht, weil seine Architektur und die Steinmetzarbeiten voller freimaurerischer und templerischer Symbole sind. Die Kapelle hat dreizehn Säulen, die zwölf Bögen bilden (siehe numerologische Symbolik, S. 233). Rosslyn Chapel ist berühmt für zwei dieser Säulen:

44.15 *Die junge Eibe bei der Rosslyn Chapel*

die Säule des Lehrlings und die Säule des Meisters (die zu beiden Seiten der Säule des Reisenden stehen), die die feinsten Steinmetzarbeiten tragen. Die Säule des Lehrlings wird von vielen als eine Darstellung des Baumes des Lebens interpretiert.[17]

Es gibt eine junge Eibe auf dem Grundstück von Rosslyn Chapel und eine alte beim Rosslyn Castle, das früher der Sitz der Sinclairs war. Viele moderne Legenden ranken sich um die Frage, wo wohl in den Gewölben dieser Burg der »Templerschatz« verborgen sein mag. Ein wahrer Schatz dagegen steht über dem Erdboden: Die alte Eibe ist weiblich und hat einen Stammumfang von 397 cm (2004). So dicht, wie sie vor der Außenmauer der Burg steht, ist es höchst erstaunlich, daß sie die verschiedenen Angriffe der Geschichte und v. a. den Beschuß und die Brandschatzung der Burg durch Cromwells Truppen überstanden hat. Narbengewebe in etwa 4,5 m Höhe läßt aber den Verlust einiger Hauptäste in der Vergangenheit vermuten.

Im April 2005, beim Besuch von Assisi, dem Geburtsort des heiligen Franziskus in Umbrien, Italien, erlebten wir eine Überraschung: Direkt am Haupteingang zum Franziskanerkloster, am Hauptweg, auf dem die Besucher und Pilger sich zur Basilika begeben, ist eine kühle, schattige Ecke, in der die Mönche Eiben in Töpfen ziehen. Ein handbemaltes Holzschild spiegelt den guten Geist, in dem diese Gärtner ihr Werk tun, es sagt *Pax et Bonum*, »Frieden und Güte«. Einige Restaurants in Assisi scheinen die Botschaft (und die Töpfe) zu übernehmen und haben kleine Eiben an der Tür oder entlang der Fassade zwischen den Tischen. Ansonsten ist dieser Teil Umbriens eindeutig

44.16 *Statue des Jesus Christus bei Marias Kirche von Rieubach-Raynaude, Frankreich*

zu heißtrocken für *Taxus*, und mit nur 400 m über dem Meer liegt Assisi weit unter der natürlichen Verbreitungszone der Baumart. Aber schließlich ist Franziskus (1181/2–1226), der Heilige, der mit Tauben sprach, nicht nur der Patron Italiens, sondern wurde 1979 von Papst Johannes Paul II. zum Schutzheiligen der Ökologie erklärt! Assisi selbst ist eine sehr alte Stadt, die bis auf die Etrusker zurückgeht und in deren Zentrum sich ein römischer Tempel an Minerva erhalten hat (Minerva war ursprünglich die etruskische Göttin Menerva, später Menrva[18]). Die ursprüngliche kleine romanische Kirche des Franziskus (und seiner weiblichen Zeitgenössin St Clare) wurde 1569 schützend mit der Santa Maria degli Angeli umbaut, die »Heilige Maria der Engel«.

44.17 Taxus-*Verjüngung durch die Franziskaner, Assisi (April 2004)*

44.18 *Möge die Pflege von Bäumen* Pax et Bonum, *»Frieden und Güte«, in der Welt vermehren!*

45.1 *Alte (weibliche) Eibe vor »Marias Kirche der reinen Empfängnis«, mit Kreuzwegstationen hinter dem Hauptgebäude; Rieubach-Raynaude, Frankreich*

KAPITEL 45

»ERKENNE DEN GESUNDEN TAG«

DIE JUNGFRAU MARIA

Auch die Geschichte der Verehrung der Jungfrau Maria (der Mutter von Jesus von Nazareth) überschneidet sich mit der Kulturgeschichte der Eibe. Das beginnt an keinem geringeren Ort als Ephesus (an der ägäischen Küste der westlichen Türkei, identisch mit dem griechischen Ephesos), jener Stadt, die von den Amazonen gegründet worden sein soll und von der aus sich die Verehrung der »Mutter der Götter« (Leto/Kybele; man beachte den Plural »Götter«) über die gesamte griechische Welt und später das römische Imperium (als *Mater Idaia*) ausgebreitet hatte. Der große ephesianische Tempel der Artemis war allerdings im Jahre 262 n. Ztr. von einfallenden Goten zerstört worden und wurde nie wieder aufgebaut. Nach der christlichen Legende kam die Jungfrau Maria mit dem Apostel Johannes nach Ephesus und verbrachte dort den Rest ihres Lebens.[1] Im Jahre 431 fand das Konzil von Ephesus in der großen, Maria geweihten Doppelkirche statt und erklärte die Jungfrau zur »Mutter Gottes« *(Theotokos)*. Dies war ein nötiger und kluger Schachzug im verbissenen kirchlichen Kampf um die Frage, ob Christus von Natur aus Mensch oder Gott sei,[2] und auch eine

45.2 Die uralte Eibe in La Haye-de-Routot (Dépt. Eure, Frankreich) ist ein Schrein der Jungfrau Maria.

Maßnahme, um den weitverbreiteten Marienkult zu rechtfertigen.

Und zu »rechtfertigen« gab es so einiges. In einer Zeit weitgehender Unterdrückung anderer Religionen (was auch Göttinnenkulte mit einschloß) wurde die Jungfrau Maria zur alleinigen Erbin der öffentlichen Verehrung des göttlichen Weiblichen. Sogar schon vor dem Römischen Reich,[3] und noch mehr während seiner Dauer, hatten sich Göttinnenkulte aus dem östlichen Mittelmeerraum (wie die der Isis, Venus/Aphrodite oder Kybele) über ganz Europa verbreitet und die einheimischen Kulte still ersetzt oder waren mit ihnen verschmolzen. Nun änderte sich der Name erneut, aber das Bild blieb dasselbe: die unsterbliche jungfräuliche Mutter und ihr göttlicher Sohn – Madonna und Kind. Wie Aphrodite *Urania* und Isis vor ihr, wurde Maria zur »Königin des Himmels«; sie erbte Isis' blauen Umhang, der das Universum repräsentiert, und Inannas fünfzackigen Stern, der sich an der Decke von Rosslyn Chapel genauso findet wie an den Wänden von Marias Kirche in Rieubach-Raynaude und im Kreis von zwölf Pentagrammen als Sternenkrone Marias in Loreto wie auch in Le Puy (dieser Kreis aus zwölf goldenen Sternen ist auch das Emblem des heutigen Europa). Und wie ihre Vorgängerinnen schützt und führt Maria nicht nur im Licht, sondern auch durch die Dunkelheit: An vielen Orten wandelten sich Göttinnen wie die schwarze Isis, die schwarze Kybele und Aphrodite *Melaenis* (»die Schwarze«) zur Schwarzen Madonna.[4] Später, im 12. und 13. Jahrhundert, nahm die Verehrung der Jungfrau Maria (und auch weiblicher Heiliger) noch enorm zu.[5] Sie war auch die erklärte und hochverehrte Schutzheilige des Zisterzienserordens, des Deutschen Ordens sowie des Templerordens – ein Umstand, der noch weiter zu ihrer Popularität beitrug. Dies war das Zeitalter, als die gotischen Kathedralen gebaut und »Unserer Dame«/Notre Dame geweiht wurden.

Notre Dame

Anders als in Wales, Südengland und Nordspanien (Asturien, Cantabrien[6]), ist die Eibe in den Kirchhöfen Frankreichs sehr selten; tatsächlich erscheint das

45.3 Die Schwarze Madonna in der Krypta der Kathedrale von Chartres

Diese Holzstatue gilt vielen als die Kopie einer vorchristlichen Figur und wird Notre Dame de Sous-Terre, »Unsere Dame der Unterwelt«, genannt. Die Kathedrale von Chartres hat übrigens neun Türme und neun Türen (Walchensteiner 2006).

***45.4** Die Statue der Jungfrau Maria in der hohlen uralten Eibe von St Rémy sur Orne, Normandie, Frankreich*

gesamte Land – abgesehen von wenigen (berühmten uralten) Eiben auf Friedhöfen in der Normandie und natürlich dem Wald von Ste. Baume – fast eibenfrei.[7] Somit ist es umso erstaunlicher, dann doch Eiben an geweihten Orten zu finden, und viele von diesen sind der Jungfrau Maria geweiht, auch in ihrer Gestalt als Schwarze Madonna. So wurden (erst vor knapp zweihundert Jahren) sechs Eiben am Eingang der Abtei von St Yved und Notre Dame in Braine (Picardie, Arr. Soissons) gepflanzt.[8] Und der Eingang zu Marias »Erhobener Kirche der reinen Empfängnis« (Eglise Elevée de l'Immaculée Conception) in Rieubach-Raynaude (Midi-Pyrénnées, Arr. de Pamiers) wird von einer stattlichen und gesunden Eibe (Umfang 247 cm) bewacht (Abb. 45.1). In diesen Tieflanden nördlich der Pyrenäen (Rieubach befindet sich unter 300 m Seehöhe) sind selbst im größeren Umkreis keine *Taxus*-Bäume bekannt, und die Befruchtung dieses reich mit Arillen behangenen weiblichen Baumes ist selbst schon fast ein Wunder – aber schließlich ist dies ja auch ein geweihter Ort, an dem die jungfräuliche Empfängnis zelebriert wird! Die Gegend um Rieubach-Raynaude ist reich an neolithischen Dolmen, und etwas über einen Kilometer entfernt befinden sich die berühmten prähistorischen Höhlen von Mas d'Azil.

Le Puy en Velay (Haute-Loire, Frankreich) ist seit Jahrtausenden ein wichtiger religiöser Ort. Überragt wird die Stadt von zwei eindrucksvollen Felsbergen aus vulkanischem Gestein: der eine wird von einer dem Erzengel Michael geweihten romanischen Kapelle gekrönt, die einen romano-gallischen Tempel an Merkur ersetzt hat (der seinerzeit den keltischen Belenos ersetzte), der andere von der Notre-Dame de France. Auf einem Ausläufer dieses zweiten Berges steht eine romanische Kathedrale zu Ehren der Schwarzen Jungfrau, wo zuvor eine christliche Kirche um eine prähistorische Steinsetzung (einen Dolmen) herum errichtet worden war (statt diese zu ersetzen, was die übliche Vorgehensweise war).[9] Der römische Name der Stadt war Anisium, »Stadt der Ana«. Die keltische Göttin Ana in Le Puy war Dia Ana *(déesse Ana)*, »Göttin Ana«, daher die Zusammenziehung Diana – ihr Tempel am Fuße des Felsens von Merkur/Michael steht immer noch. Nach der Christianisierung wurde die Stadt als Podium Sanctae Mariae bekannt, und im örtlichen okzitanischen Dialekt wurde *podium*

***45.5** Junge Eiben vor der Kathedrale von St Yved und Notre Dame, Braine, Frankreich*

45.6 *Junge* Taxus-*Bäumchen auf dem Hügel der Anis, auch Rocher Corneille (»Krähenberg«) genannt, in Le Puy en Velais. Im Hintergrund die Statue der Notre-Dame de France*

zu *pog*, »Bergspitze«, und schließlich zu franz. *le Puy*. Der Unterweltaspekt der Anis/Ana erscheint auch im bretonischen Wort *anaon*, welches die Toten bezeichnet (vergleiche den Namen des walisischen Totenreiches *Annwn*).[10] Die weibliche Gottheit von Le Puy hieß auch Mélusine oder Mala Lucina, was sowohl »Mutter des Lichts« als auch »Dunkelheit – Licht« bedeuten kann.[11] Ihr göttlicher Sohn Gargan war ein Psychopomp (Seelengeleiter), der die Seelen in die Unterwelt leitete (daher der römische Merkur vor Ort); er wurde gelegentlich als widderköpfige Schlange dargestellt.[12]

Im Laufe seiner langen christlichen Geschichte wurde Le Puy von mindestens sechs Päpsten und fünfzehn Königen besucht. 1096 bestimmte der Herzog von Toulouse, daß vor der Schwarzen Madonna auf dem Hochaltar ein immerwährendes Licht brennen sollte.[13] Mit solch einer Geschichte schien Le Puy eine gute Wahl für die Errichtung der Notre-Dame de France im Jahre 1860. Diese riesige Statue einer Madonna mit Kind ist 16 m hoch (ohne Sockel) und wiegt 110 Tonnen. Sie wurde aus dem Eisen von 213 Kanonen aus der Schlacht von Sewastopol (Krimkrieg) gegossen[14] und auf der Spitze des Berges der Anis aufgestellt.

Zur großen Überraschung für den Reisenden in dieser praktisch eibenlosen Region steht ein wunderbarer Eibenbaum am Fuße des Rocher Saint-Michel (des Felsens des Hl. Michael), ein männlicher Baum mit 268 cm Stammumfang, und zwar an der Westseite des vulkanischen Kegels. Womöglich unter Mithilfe dieses Baumes haben sich viele jüngere Eiben im Laufe der letzten Jahrzehnte über die Stadt verteilt, im März 2005 sahen wir ihre Kronen über verschiedene Gartenmauern ragen. Kleine Sämlinge haben auch in verschiedenen Mauerritzen gewurzelt, am eindrucksvollsten sind drei kleine Eiben, die kurz unter dem oberen Rand der 15 m hohen Mauer aus

45.7 *Rocher Saint-Michel (»Felsen des Erzengels Michael«) mit der romanischen Kapelle auf der Spitze und der männlichen Eibe am Fuße; Le Puy en Velais, Frankreich*

den Fugen sprießen, die den hochliegenden Place de For nach Süden hin begrenzt (dieser Platz dient der Kathedrale für Zeremonien unter freiem Himmel). In wenigen Jahren werden sie über den Mauerrand ragen und den Zeremonien zuschauen. Merkwürdigerweise sind die drei ganz gleichmäßig über die Breite der Mauer verteilt. Einige etwas ältere Eiben haben begonnen, den Hügel der Anis zu besiedeln; man begegnet ihnen beim Aufstieg zur Statue der Notre-Dame de France.

Madonna Lauretana

Loreto ist ein kleine Stadt nahe Ancona an der italienischen Adria und aufgrund der Santa Casa, des »Heiligen Hauses der Jungfrau«, einer der berühmtesten Pilgerorte der Welt. Der Legende nach war die Santa Casa in Nazareth durch den Einfall der Türken 1291 von Zerstörung bedroht, als herbeigesandte Engel es wegtrugen und auf einem Hügel in Dalmatien (heute Kroatien) deponierten. 1294 wurde es noch einmal auf solch wunderbare Weise versetzt: über die Adria hinweg in einen Lorbeerhain (*lauretum*, daher Loreto) im Hügelland bei Recanati. Die Archäologie hat inzwischen die nahöstliche Herkunft der Casa bestätigt,[15] der Eingriff der Engel jedoch geht vermutlich auf die Adelsfamilie der del Angeli zurück, die zu jener Zeit über Epirus herrschten und den Transport nach Italien finanzierten.[16] Die erste Versetzung dagegen gilt als ein Werk von »Rittern, die einem Militärorden angehörten, der die heiligen Stätten und Reliquien im Mittelalter verteidigte«.[17]

Was die Casa für das Christentum so bedeutungsvoll macht, ist, daß eben diese Steine Zeuge waren sowohl von Mariä Verkündigung (d. h., der Erzengel Gabriel erschien dem Mädchen Maria und kündigte ihr ihre gottgegebene Schwangerschaft an) als auch der Fleischwerdung des Wortes.[18] Wie Papst Johannes Paul II. in seinem Brief zur Siebenhundertjahrfeier von Loreto hervorhebt, ist »der zweite Moment des Mysteriums der Fleischwerdung« Marias Ja-Wort (»... möge mir geschehen, wie du sagst« Lukas 1: 38). Dadurch wurde Maria, in den Worten Johannes Paul II., »zur ersten Gläubigen in das neue Bündnis [der Vergebung der Sünden durch Gott, der seinen Sohn sandte], so ›schritt sie voran in der Pilgerschaft des Glaubens‹«.[19] Johannes Paul ermutigt alle, ihrem Beispiel im eigenen Herzen zu folgen: »Auf diese Weise, ohne physisch zu gehen, lebt man seine eigene geistige Pilgerschaft.«[20]

Aufgrund des Klimas gibt es absolut keinen *Taxus* in der Gegend von Loreto, aber dennoch wird der Ort hier erwähnt, und zwar aus zwei Gründen. Erstens lassen sich einige Elemente der Ikonographie der Schwarzen Madonna von Loreto auf vorchristliche Göttinnen zurückführen und haben so eine Geschichte von etwa sechstausend Jahren (siehe Kasten nächste Seite).[21] Der zweite Grund ist eine Zeile in der Litanei von Loreto, einem Text, der auf das 13. und 12. Jahrhundert zurückgeht.[22] In diesem Gebet wird die Madonna wie folgt gepriesen:

Mächtigste Jungfrau
Gnadenvollste Jungfrau
Spiegel der Gerechtigkeit
Sitz der Weisheit
Born unserer Freude
Gefäß des Geistes
Gefäß der Ehre
Gefäß der Hingabe
Mystische Rose ...

Die folgenden zwei Zeilen nennen sie *Turris davidica*, »Turm Davids« (im Hinblick auf ihre Herkunft aus dem Hause David), und *Turris eburnea*. Das Bild eines trutzigen Turmes als Gleichnis für eine zarte Jungfrau mag überraschen, aber ein Turm ist Sinnbild für vollendete Stärke, wie ein Fels im Sturm. Der Begriff *eburnea* jedoch hat Generationen von Kommentatoren rätseln lassen. In vielen populären Versionen des Gebets wird diese Zeile heute sogar ausgelassen, denn die Argumente für »Elfenbeinturm« haben nie überzeugt: Die wenigen Bibelstellen, in denen Elfenbein vorkommt, bezeichnen entweder einen ausgeprägt erotischen Kontext (die glatte Haut von Liebenden im *Lied Salomons*, 5: 14 und 7: 4) oder Einlegearbeiten, z. B. die in Salomons Thron (1. Kön. 10: 18) – nichts, daß der Größe und Bedeutung eines Turmes der Stärke auch nur entfernt ähnen würde. Im mittelalterlichen Italien jedoch war der alte Begriff *ebura* für »Eibe« zumindest einigen Menschen noch verständlich (siehe S. 140).[23] Auch wenn die Eibe im und nach dem Mittelalter noch viel von ihrer einstigen Bedeutung verlor, war sie doch immer noch ein allgemein-europäischer Friedhofsbaum und ein Sinnbild für langes Leben und Unsterblichkeit. Da die

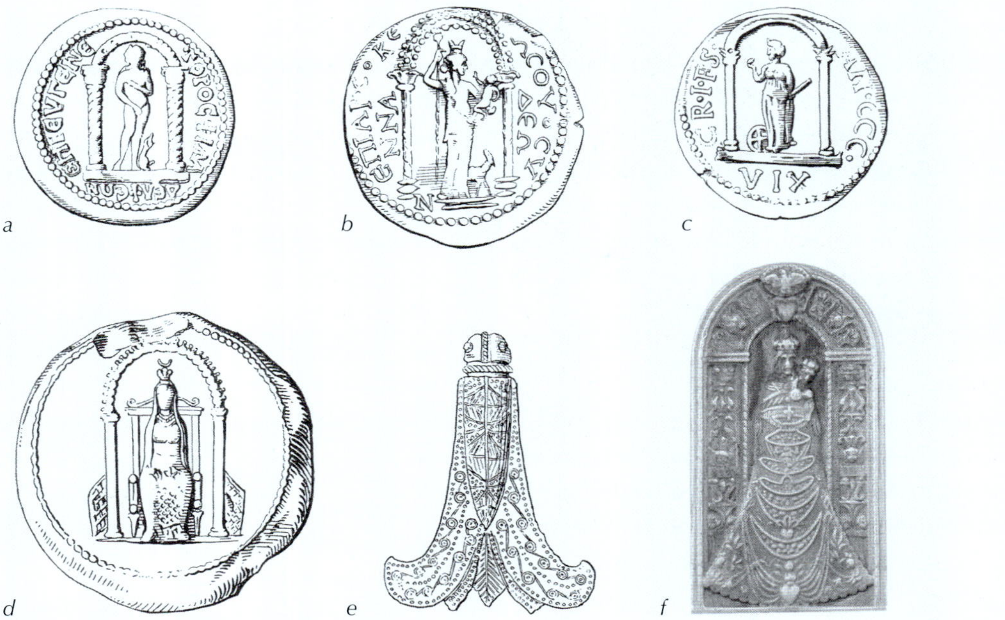

45.8 *Die Symbolik in den Gestaltungselementen der Schwarzen Madonna von Loreto*

Bereits lange vor der romanischen Epoche repräsentierte der Rundbogen über einer weiblichen Gottheit das Universum und sie als Himmelskönigin. Diese Beispiele von griechischen Kupfermünzen (aus der Zeit des Römischen Reiches) zeigen Aphrodite (a), eine Göttin mit Kind, wahrscheinlich Semele und Dionysos (b), Nemesis (c) und Isis (d) unter einem Rundbogen.

Die Gestaltung des »dalmatinischen Umhanges«, der ein integraler Bestandteil der Erscheinung der Madonna von Loreto ist, erinnert an die Zikadentalismane aus Ephesos, Mykene und vielen Orten auf dem Balkan, in Griechenland und nördlich des Schwarzen Meeres (siehe S. 166). Dieses Stück aus der Völkerwanderungszeit (e) wurde in Ungarn gefunden.

Kirchhof-Eibe ein Symbol der Wiederauferstehung von Jesus Christus ist, welch besseres Sinnbild hätte man hier für Maria, die »Mutter Gottes«, finden können, die ihm ja das Leben geschenkt hat? Im persönlichen Leben eines Gläubigen (Pilger oder Einwohner Loretos) konnte ein »eibener Turm« einen festen Felsen symbolisiert haben und einen, der *nicht* von der Zeit abgetragen wird (!). Die Assoziation von Göttin und Turm erinnert auch an die turmhohe Statue der Artemis von Ephesos – eine Göttin, die zweifellos mit *Taxus* assoziiert ist (siehe S. 167) – und die vielen kleinen Repliken, die sie mit einer Krone zeigen, die aus einem einfachen oder doppelten Turm besteht, auf dem sich ein Tempel befindet.[24] In ihrem »dalmatinischen Umhang«[25] wirkt die heutige Statue der Jungfrau von Loreto (die aus geschwärztem Zedernholz der ursprünglichen Statue nachgebildet wurde[26]) durchaus wie eine Art Turm. Dieser Umhang ist mit einer Sequenz von sieben meist mondsichelförmigen Schalen oder Gefäßen bestickt,[27] die die geistige Bedeutung des Empfangens und Empfänglichseins betonen. Es bedarf kaum einer Erläuterung, warum der »Weg« dieser Schalen zu Füßen der Jungfrau beginnt und an ihrem Herzen endet. In Kontemplation des Herzens der Madonna kann man seine eigene »geistige Pilgerschaft« leben.

MARIA MAGDALENA

Die französischen Forstbehörden sind sich einig darüber, daß der Eibenmischwald von Ste Baume in der Provence das bedeutendste Eibenvorkommen Frankreichs ist. Über ca. 138 Hektar stockt er auf den Hängen unterhalb jenes Kalksteinfelsens, in dem sich die legendäre Höhle Maria Magdalenas befindet. Der Wald wird als eines der ältesten Waldgbiete Frankreichs gepriesen und ist mindestens 2.000 Jahre alt. Die ältesten Baumindividuen darin sind eindeutig die Eiben, aber keine teilt das hohe Alter des Waldes

45.9 *Himmelfahrt der Maria Magdalena in Ste Baume; nachmittelalterliche Radierung*

selbst: Viele der ältesten Eiben werden auf etwa 500 Jahre geschätzt, und ein einziger auf etwa 800. Keiner der Laubbäume von Ste Baume ist älter als 200 Jahre, da zur Zeit der Französischen Revolution 1789 in großem Maß eingeschlagen wurde (was bedeutet, daß die Revolutionäre die Eiben stehen ließen (!) – aus heute völlig unbekannten Gründen). Die *Taxus*-Verjüngung hier ist so gut, daß hin und wieder einige Forstbeamte in Sorge geraten, der Buchennachwuchs könnte unterdrückt werden. Der gegenwärtige Förster Christian Vacquié ist sich jedoch der einzigartigen Stellung der Eibe – sowohl botanisch als auch kulturell – bewußt und hat viel dafür getan, Antipathien gegen diese Baumart zu zerstreuen. Frankreich hat begonnen, stolz auf die Eiben von Ste Baume zu sein.

Die Verehrung einer Göttin in Ste Baume geht vermutlich bis ins Neolithikum zurück. Als phokäische Griechen (nicht zu verwechseln mit den Phöniziern aus der Levante) um das Jahr 600 v. Ztr. das nahegelegene Massalia (heute Marseilles) gründeten,[28] weihten sie Ste Baume der Göttin Artemis.[29] Ihre Heimatstadt, Phocaea, war eine griechische Kolonie an der ägäischen Küste Kleinasiens, nur etwa 100 km von Ephesos entfernt. Der Gründungslegende von Massalia zufolge waren die Phökäer von einem Orakel angewiesen worden, eine Führerin vom großen Tempel der Artemis in Ephesos mit auf die Reise zu nehmen. So waren sie zuerst nach Ephesos gesegelt und nahmen dort Aristarche, »eine Frau, die in sehr hoher Ehren gehalten wurde« (Strabo), als auch eine Reihe von Kultbildern, darunter eine hölzerne Statue der vielbrüstigen Artemis, an Bord. Über dem Hafen von Massalia errichteten sie dann einen Tempel für die Göttin, und Aristarche wurde die Hohepriesterin.[30]

Wie der Kult der Maria Magdalena in der Provence begann, ist nicht geklärt.[31] Nach der französischen Legende flohen Maria, ihr Bruder Lazarus und einige Begleiter vor Verfolgung aus dem Heiligen Land, überquerten das Mittelmeer in einem kleinen Boot und landeten in Saintes Maries-de-la Mer bei Arles. Maria Magdalena kam dann nach Marseilles, wo sie das Evangelium verbreitete, und zog sich schließlich in die Kalksteinhöhle von Ste Baume (von provencalisch *baumo*, »heilige Höhle«) zurück, wo

45.10 *Die junge Eibe am Eingang zu Maria Magdalenas Höhlenkirche*

45.11 *Maria Magdalena; Buntglasfenster (Ausschnitt) der Höhlenkirche von Ste Baume*

sie noch dreißig Jahre lebte. Eine nachmittelalterliche Radierung zeigt die Himmelfahrt der Maria Magdalena, und der niedrige Habitus der Bäume im Vordergrund ließe sich so interpretieren, daß der Wald damals von jungen bis reifen Eiben dominiert wurde. Das monastische Leben in Ste Baume begann mit St. Cassien im 5. Jahrhundert, und seither gibt es dort eine Einsiedelei bzw. ein Kloster.[32] Eine Wand verschließt heute den Eingang der Höhle und gibt ihm die äußere Erscheinung einer Kirche, aber das Innere ist naturbelassen. Das Leben der Magdalena wird in sieben atemberaubenden Buntglasfenstern dargestellt, die Pierre Petit zwischen 1976 und 1981 schuf.[33] Rechts neben der Eingangstür haben die Mönche in jüngster Zeit eine Eibe gepflanzt.

Die wahre Identität von Maria Magdalena ist ein Rätsel, da die Bibel nicht deutlich macht, ob Maria Magdalena, Maria von Bethanien und die Frau, die Jesu' Füße salbte, ein und dieselbe Person sind. Ihre (vermutete) Identifizierung mit Maria von Bethanien jedoch brachte auch die Assoziation mit »der Frau, die ein unmoralisches Leben führte« (Lukas 7: 37). Kirchenväter des 3. und 4. Jahrhunderts verstanden diese Unmoral als »Unkeuschheit«, und Papst Gregor I. nannte sie dann eine Sünderin *(peccatrix)*, die bereut hatte, aber selbst er nannte sie nicht eine Prostituierte *(meretrix)* – das besorgte der spätere Volksglaube, und bis in das 20. Jahrhundert gewann diese Idee unter Schriftstellern und Künstlern an Beliebtheit. Nichts könnte ferner sein von dem Bild, das das Evangelium der Maria in den 1945 gefundenen Nag Hammadi Schriftrollen von ihr zeichnet. Dort scheint sie eher eine Auserwählte gewesen zu sein. Der Apostel Levi fragt: »Wenn der Heiland sie würdig gemacht hat, wer seid dann ihr, sie abzulehnen? Sicherlich kennt der Heiland sie sehr gut. Darum liebte er sie mehr als uns.« Und sie war es, die die zwölf Apostel lehrte, »was vor ihnen verborgen« war, d. h., was sie das erste Mal nicht verstanden hatten, als Jesus selbst es gesagt hatte.[34] Die Jungfrau Maria war die erste *im Glauben*, Maria Magdalena war die erste, die das Evangelium *verstand*.

So wurde Maria Magdalena zu einem Sinnbild des Bedauerns über die Eitelkeiten der Welt. Und welcher wahre Christ kann sich nicht mit tiefster Sympathie im Herzen mit der Frau identifizieren, die Christi Füße mit ihren Tränen wusch, sie mit ihrem Haar trocknete und dann mit kostbarem myrrheversetztem Olivenöl salbte?[35] Es ist genau diese Demut und Liebe – jener Geist, der seit jeher durch die Taube symbolisiert wird –, die man auch heute noch unmittelbar spüren kann, wenn man Magdalenas Höhle in Ste Baume betritt. Denn seit annähernd zwei Jahrtausenden haben Pilger an diesem Ort ihr Herz geöffnet und ihre Seele aufgeladen.

KUAN YIN

In Asien heißt die Gottheit der Gnade Kuan Yin, mit vollem Namen Kuan Shih Yin, »Sie, die das Weinen der Welt hört«. In China ist sie die verbreitetste und geliebteste Gottheit überhaupt. Sie ist dieselbe Göttin, nach der die Eibe in Südwestchina *Kuan Yin sha* hieß (siehe S. 142).

Diese Figur läßt sich bis zum *Saddharma Pundarika Sutra* oder Lotus-Sutra zurückverfolgen, einem Schlüsseltext des Mahayana-Buddhismus, der in

Sanskrit im 1. Jahrhundert n. Ztr. geschrieben wurde. Darin erscheint ein Bodhisattva namens Avalokitesvara, »Der Herr, der das Weinen der Welt berücksichtigt«, der sein Mitleid ausgießt über diejenigen, die Erlösung suchen vom Rad des Leidens. Das Lotus-Sutra, in dem Avalokitesvara zu Kuan Shih Yin wurde, war einer der ersten buddhistischen Texte, die ins Chinesische übersetzt wurden. Als ab dem 5. Jahrhundert n. Ztr. Statuen dieses Bodhisattvas in China auftauchten, war Kuan Shi Yin noch immer männlich, wenn auch sehr anmutig und mitunter sogar androgyn. Während des 8. und 9. Jahrhunderts geschah jedoch etwas Revolutionäres: die Verwandlung eines männlichen Bodhisattvas in eine Göttin der Gnade.[36] Das liegt in der komplexen religiösen Landschaft Chinas zu jener Zeit begründet und auch in dem Bedürfnis in großen Teilen der Bevölkerung nach einer weiblichen Gottheit, nachdem der Konfuzianismus seit dem 5. Jahrhundert n. Ztr. die weiblichen und schamanischen Elemente aus Religion und Kultur entfernt hatte. Kuan Yin wurde weiblich in Nordwestchina während der T'ang Dynastie (618 – 907 n. Ztr.) in den Gebieten entlang der Seidenstraße, die ein kultureller Schmelztiegel waren, in dem Buddhismus und Taoismus, Schamanismus und Bon (die indigene tibetische Religion), Christentum, Manichäismus, Islam und Zoroastrismus Seite an Seite existierten. Eine besondere Rolle in der Entwicklung der weiblichen Kuan Yin spielte der Taoismus mit seiner Verehrung einer »Königin-Mutter des Westens«[37] – der Westen ist in chinesischer Tradition »die Richtung des Paradieses, der wahren Mystiker und des Mysteriums selbst«.[38] Ein weiterer Einfluß kam mit den nestorianischen Christen aus Persien, und ein weiterer christlicher Impuls folgte viel später, als portugiesische und spanische Jesuiten im späten 16. Jahrhundert Renaissance-Statuen der Madonna nach China brachten. Diese begannen sofort, die chinesischen Künstler und Porzellanmaler zu inspirieren, was sie auch immer noch tun. Kuan Yin verbreitete sich ostwärts über China, erreichte Hong Kong und Taiwan und auch Korea und Japan, wo sie als Kannon bekannt ist.[39] Sie findet sich gleichermaßen in buddhistischen, taoistischen und Shinto-Heiligtümern (und Privathäusern).[40]

Siehe, ich bin gekommen aus Mitgefühl an deinem Schicksal und Kummer; siehe, ich bin hier, um dir Gunst und Hilfe zu erweisen; gib dein Weinen und Klagen auf, lege all deinen Schmerz hinweg und erkenne den gesunden Tag, der durch meine Vorsehung verheißen ist.

Die Göttin Isis, in Lucius Apuleius, *Metamorphosen* (2. Jahrhundert n. Ztr.)

45.12 *Statue der japanischen Göttin Kannon (Kuan Yin); Eibenholz, zeitgenössische Arbeit von Shigeru Murayama, Hida Distrikt, Japan*

Eiben auf dem Gelände von Wakehurst Place, Sussex, wo sich das Millennium Seed Project von Kew Gardens befindet

Anhänge

ANHANG I

BOTANISCHES GLOSSAR

abaxial: von der Sproßachse abgewandt, rückseitig
Achsel: der obere Winkel zwischen der Sproßachse und einem seitlichen Organ (z. B. Blatt, Samenschuppe)
Adventivsproß: belaubter Trieb, der an beliebigen Stellen aus dem Kambium durch die Rinde bricht
Arillus: ein meist fleischiges Gewebe, das die Eizelle mit der Plazenta im Eibehälter verbindet, mitunter teilweise oder ganz den Samen bedeckend
Astsenker: Äste, die dem Boden entgegenwachsen, sich bewurzeln und als neue Pflanze entwickeln
Bedecktsamer (Angiospermen): Blütenpflanzen, deren Reproduktionsorgane (Fuchtknoten) von Fruchtblättern eingeschlossen sind. In dem Fruchtknoten wird die Eizelle befruchtet und entwickelt sich innerhalb eines Eibehälters zu einem Samen
dichotom: Gabelungen in zwei mehr oder weniger gleichmäßige Zweige
einhäusig: eingeschlechtige männliche und weibliche Blüten getrennt, aber auf derselben Pflanze
Endosperm: Nährgewebe, das den Embryo im Samen versorgt
fastigiat: mit aufrechten Ästen, die dicht anliegen
Frucht: Organ, das sich zur Samenreife aus dem Ovar entwickelt
gefingert: Blätter, bei denen die Blattfiedern von einem Punkt ausgehen
gemäßigte Zone: Klimazone zwischen der subpolaren und der subtropischen Zone. In den gemäßigten Zonen beider Hemisphären finden sich die großen Laub- und Nadelwälder
Innenwurzel: bei *Taxus* eine Wurzel, die vom Stammkambium gebildet wird (meist im oberen Teil des Stammes), sich durch das Splintholz schiebt und dann abwärts durch das sich zersetzende Kernholz eines hohl werdenden Stammes wächst
Kambium: Zellteilungsschicht, die für das sekundäre Wachstum von Stämmen und Wurzeln verantwortlich ist. Bringt zum Stammesinneren sekundäres Xylem und nach außen sekundäres Phloem hervor
Kernholz: besteht aus Xylemzellen, die kein Wasser mehr leiten, sondern zu Stützgewebe umstrukturiert worden sind; daher ist Kernholz sehr belastungs- und widerstandsfähig
Konifere: zapfentragender Baum
laubabwerfend: Blätter, die nur während einer Vegetationsperiode (z. B. im Sommer) am Baum bleiben
länglich: länger als breit, mit den Seiten fast parallel über den größten Teil der Länge

lanzettlich: wie eine Speerspitze am breitesten in der Mitte und zur Spitze hin verjüngend

Leitbündel: spezialisiertes Transportgewebe im Innern eines Pflanzenorgans (Stamm, Blatt, Wurzel), aus Xylem und Phloem bestehend

Markstrahlen: Gewebe, das die radiale und horizontale Wasserversorgung im Splintholz gewährleistet

morphologisch: die (Pflanzen)-Gestalt und ihre Organe betreffend

Mykorrhiza: Wurzelsymbiose von Baum und Pilz

Nacktsamer (Gymnospermen): Blütenpflanzen, deren Reproduktionsorgane (Fruchtblätter) sich auf der Oberfläche von Zapfenschuppen befinden

Osmose: das physikalische Gesetz, mit dem höhere Pflanzen ihren Wasserinnendruck erhalten

Parenchym: Pflanzengewebe aus undifferenzierten und unspezialisierten Zellen

Phloem: Transportgewebe für die von der Pflanze durch die Photosynthese gebildeten Zucker und weitere organische Substanzen

Photosynthese: der Prozeß, in dem alle grünen Pflanzen Sonnenenergie verwerten, um Wasser und Kohlendioxid in energiereiche organische Substanzen (Kohlenhydrate) umzuwandeln

phytogenetisch: von Pflanzen gebildet

phytosoziologisch: pflanzensoziologisch

Samen: befruchtete Eizelle, die nach zahlreichen Zellteilungen den Pflanzenembryo beherbergt

Samenanlage (Eizelle): das Organ, das sich nach der Befruchtung zum Samen entwickelt

Spaltöffnung (Stoma, *Pl.* Stomata): winzige Pore in der Epidermis eines Blattes (oder Stengels), durch die der Gasaustausch für die Photosynthese stattfindet

spannrückig: mit Längswülsten versehen

Spiralverdickungen: anatomische Aussteifungen der Tracheiden, die bei *Taxus* besonders stark entwickelt sind und erheblich zu der außergewöhnlichen Elastizität des Eibenholzes beitragen

Splintholz: Schicht aus Xylemzellen, die Wasser und Mineralien transportiert

Steckling: eine der wichtigsten Arten der künstlichen Pflanzenvermehrung aufgrund der Fähigkeit, fehlende Organe zu ergänzen.

Tracheiden: die Wasser und Mineralien transportierenden Zellen von Koniferen

vaskulär: mit spezialisierten Transportgeweben (siehe *Phloem, Xylem, Zentralzylinder*)

Wald gemäßigter Zone: von Natur aus herrschender Vegetationstyp (Laubwald, Misch- und Nadelwald) zwischen dem 25. und dem 50. Breitengrad beider Hemisphären

Xylem: Transportgewebe für Wasser und Mineralien

Zentralzylinder: das im Inneren von Stamm, Ästen, Zweigen verlaufende Transportgewebe aus Xylem und Phloem

zweihäusig: mit männlichen und weiblichen Blüten auf verschiedenen Pflanzen

Zytoplasma: der gesamte Inhalt einer Pflanzenzelle (d. h. innerhalb der Zellmembran) außer dem Zellkern

Eibenwurzelstock auf kristallinem Granitgestein, Gut von Freiherr von Poschinger, Frauenau, Bayerischer Wald

CLASSIFICATION OF *TAXUS* (TAXACEAE) SPECIES AND VARIETIES

INCLUDING KEY CHARACTERISTICS AND NATURAL GEOGRAPHICAL DISTRIBUTION

By Richard Spjut,
World Botanical Associates, Bakersfield,
CA 93380-1145, 21 July 2006

I. *Wallichiana* Group

stomata bands scarcely differentiated from marginal and midrib cells, the abaxial leaf surface conspicuously papillose*; leaf epidermal cells usually red in dried specimens; leaf mesophyll with bone-like spongy parenchyma cells.

***Wallichiana* Subgroup** leaf epidermal cells quadrangular to tall rectangular; second-year branchlets usually reddish purple to reddish orange; stomata usually periclinal**; bud-scales usually persistent and conspicuous at base of branchlets.	*stomata: 12 or more rows per band*	***T. wallichiana*** Zuccarini scales at base of branchlets less than 2mm long Nepal to SW China	var. *wallichiana* abaxial leaf epidermal cells not enlarged towards margin, papillae marginal NE India, Nepal, Bhutan, Myanmar, Sichuan, Hubei
			var. *yunnanensis* (W.C. Cheng & L.K. Fu) C.T. Kuan abaxial leaf epidermal cells enlarged towards margin, papillae medial NE India, Nepal, Tibet, Myanmar, Yunnan
		T. suffnessii Spjut ineditus scales at base of branchlets relatively large, 2–3mm long; Myanmar	
	stomata: less than 12 rows per band	***T. globosa*** Schlechtendal abaxial leaf margin scarcely differentiated SE United States (Florida) to El Salvador	var. *globosa* abaxial marginal and midrib cells sinuous Mexico to El Salvador
			var. *floridana* (Nuttall ex Chapman) Spjut ineditus abaxial marginal and midrib cells relatively straight SE United States (Florida), NW Mexico
		T. brevifolia Nuttall abaxial leaf margin with enlarged cells; stomata in 4–7 (9) rows Pacific NW	var. *polychaeta* Spjut ineditus cones appear stipitate, wormlike. CA, WA
			var. *reptaneta* Spjut ineditus scandent layering shrubs
		T. florinii Spjut ineditus abaxial leaf margin with enlarged cells; stomata in 7–10 (12) rows Yunnan, Sichuan	

(I. Wallichiana Group continued)

***Chinensis* Subgroup** leaf epidermal cells wider than tall, elliptical to wide rectangular; second-year branchlets usually yellowish green; stomata often anticlinal**; bud-scales variable.	*Leaves linear to oblong*	***T. obscura*** Spjut ineditus flexuous branchlets, leaves drying dark metallic green above, dull rusty greenish orange below; leaves and branchlets crowded, overlapping Myanmar, China (Fujian, Taiwan), Philippines, Indonesia (Sumatra, Sulawesi)
		T. phytonii Spjut ineditus rigid branchlets; leaves drying dark metallic green above, abaxial surface with yellowish-green stomata bands bordered by reddish midrib and margins; branchlets and leaves not or scarcely overlapping. Nepal, NE India, Thailand, China (Yunnan, Taiwan), Philippines (Luzon)
		T. rehderiana Spjut ineditus rigid branchlets; leaves drying glossy green to olive green above, duller green on abaxial surface, becoming increasingly more curled from upper mid region to apex Vietnam, Taiwan, Sulawesi
	Leaves oblong or broad linear and slightly elliptical	***T. chinensis*** (Pilger) Rehder scales lacking or minute at base of branchlets Vietnam, China (Guangxi, Gansu, Yunnan, Sichuan, Guizhou, Hubei, Anhui, Zhejiang)
		T. ocreata Spjut ineditus scales numerous and tightly adhering to base of branchlets, tooth-like Yunnan, Sichuan
		T. scutata Spjut ineditus scales many and loosely attached at base of branchlets, overlapping like pointed terracotta roof tiles, loosely attached, spreading and falling off. Yunnan, Sichuan, Hubei

II. *Sumatrana* Group
stomata bands sharply differentiated from marginal and midrib cells, the abaxial leaf surface often drying reddish along margins and on midrib, lacking papillae along margins 8–36 cells across; leaf epidermal cells usually red or orange in dried specimens; leaf mesophyll with bone-like spongy parenchyma cells
T. celebica (Warburg) H.L. Li large lanceolate, plane green leaves. Bhutan, NE India, Vietnam, China (Tibet, Yunnan, Sichuan, Ningxia Huizu, Guizhou, Fujian, Zhejiang), Indonesia (Sulawesi)
T. kingstonii Spjut ineditus rusty orange leaves and branchlets India (Khasi Hills), Myanmar, China (Tibet, Gansu, Shaanxi, Sichuan, Yunnan, Taiwan)

* **mammillose/papillose**. Sharp *et al.* (1994) define mammillose or mammillate as 'prominently convex-bulging'; thus, this is more like the whole breast, not just the nipple, in contrast to papilla which they define as 'a cell ornamentation, a microscopic protuberance of various forms', which I compare to a pimple. Mammilla in *Taxus* develops as a single rounded lens (breast) like protuberance usually on the upper (adaxial) leaf epidermal cells and along the leaf margins (easily visible with a hand lens), but mammillae also appear in a different form (bulging cell cuticle or thin lens-like protuberance) on the lower (abaxial) epidermal midrib cells of *T. mairei* (only evident under the microscope, 250–400 x). Papillae in *Taxus* are numerous pimple-like projections, visible only under a microscope, often aligned in two rows on each cell. The papillae may be so close together that they become partially fused (concrescent), or in some species, e. g., *T. celebica*, papillae on a cell appear quite small and distinctly separate.

** **anticlinal** (vs. **periclinal**). Oriented perpendicular to the general line of development. Epidermal cells and stomata rows all run lengthwise, and usually the axis of the stomata as well, but in the *Chinensis* Subgroup, stomata often appear anticlinal, i. e., the stomata (a donut-like hole appearing squeezed along two opposing sides), have their longer axis (of the pore) pointed towards the leaf margins.

(II. Sumatrana Group continued)

T. mairei (Lemée & Léveillé) S. Y. Hu ex T. S. Liu enlarged epidermal cells along leaf abaxial midrib, appearing mammillose leaves elliptical to oblong	var. *mairei* isodichotomous* branching China (Sichuan, Yunnan, Anhui, Guizhou, Guangxi, Jiangxi, Fujian, Hunan, Zhejiang, Taiwan)
	var. *speciosa* (Florin) Spjut ineditus anisodichotomous* branching India (Khasia Hills), China (S Shaanxi, Sichuan, NE Yunnan, Guizhou, N Guangxi, Hunan, Guangdong, W Hubei, Jiangxi, Zhejiang)
T. sumatrana (Miquel) De Laubenfels leaves pucker [becoming contracted and wrinkled] on drying	var. *sumatrana* leaves drying dark brownish green above Thailand, China (Taiwan), Philippines, Indonesia (Sulawesi, Sumatera)
	var. *atrovirens* Spjut ineditus leaves green when dried Nepal, India (Khasia), China (Zhejiang)
	var. *concolorata* Spjut ineditus leaves papillose across midrib and marginal cells to 6 cells from margins Philippines, Indonesia (Sumatera)

III. Baccata Group

stomata bands partially differentiated from marginal and midrib cells; the dried abaxial leaf surface often green along margins and on midrib; papillae variable in development; leaf epidermal cells usually clear in dried specimens; leaf mesophyll usually with spherical to ellipsoidal spongy parenchyma cells.

***Baccata* Alliance** abaxial surface of leaves mostly papillose between margins and stomata bands, usually lacking across 8 or fewer cells from margins Euro-Mediterranean	***T. baccata*** Linnaeus leaves along one side of a branchlet mostly parallel, overlapping more than criss-crossing, straight or bending upwards	
	1 — Baccata Complex branchlets often dividing at less than 70° angle, reddish orange to purplish; leaves mostly linear, spreading outwards from branchlets along two sides in one plane; male cones in loose aggregates, or solitary	var. *baccata* leaves slightly overlapping along one side of a branchlet, generally not spreading more than 60° from branchlets, uniformly plane to slightly recurved along margins Euro-Mediterranean
		var. *washingtonii* (hortus ex Richard Smith) Beissner leaves closely parallel but not overlapping along one side of a branchlet, often spreading 45–90°, usually more strongly recurved along margins in upper third (*T. recurvata*, which is sometimes similar, is distinguished by the leaves sharply bent downwards near apex) Europe, SW Asia (Syria, Turkey)

* **anisodichotomous/isodichotomous.** *Aniso*, Greek, generally a prefix, in regard to unequal, in contrast to *iso* meaning equal. Dichotomous means having two divisions or dividing into two. In Spjut 1996 isodichotomous is defined as 'branches' that 'divide more or less equally into secondary branches', and anisodichotomous as branches showing a distinct dominance with secondary smaller divisions.

(III. Baccata Group continued)

***Baccata* Alliance** abaxial surface of leaves mostly papillose between margins and stomata bands, usually lacking across 8 or fewer cells from margin Euro-Mediterranean	***2 — Elegantissima Complex*** branchlets spreading to recurved, yellowish green to yellowish orange; leaves bending upwards, male cones often reflexed or pendulous	var. ***elegantissima*** hortus ex C. Lawson branchlets not wide spreading; leaves turned upwards near ends of branchlets, in hair-like tufts Euro-Mediterranean
		var. ***jacksonii*** (Paul) Gordon with regularly pinnately arranged branchlets, the branchlets often wide spreading, flexuous; leaves strongly convex across adaxial surface Euro-Mediterranean
		var. ***variegata*** Weston branchlets wide spreading and rigid; leaves spreading upwards Europe
	3 — Ericoides Complex branchlets mostly ascending to erect, yellowish orange; leaves usually not in one plane but appearing radial, overlapping; male cones in terminal subglobose aggregates	var. ***erecta*** Loudon branches and leaves stiffly ascending, leaves crowded, somewhat spreading radially, mostly green Portugal, Spain
		var. ***ericoides*** Carrière branchlets appearing pendulous, fastigiate, with radial spreading oblong leaves Morocco
		var. ***pyramidalis*** C. Lawson with isodichotomous* branching; leaves spreading somewhat radially, mostly straight, yellowish green, often falling off by the third year Euro-Mediterranean
		var. ***subpyramidalis*** Jacques ex Carrière seed wider than long, obconic or four-lobed Iran
	4 — Glauca Complex branchlets variable in orientation, often reddish orange to yellowish orange; leaves overlapping and bending upwards; male cones in loose aggregates, or reflexed and racemose; arillocarpia** often in pairs	var. ***dovastoniana*** Leighton branchlets crowded or spreading digitately near apex of main branch, often drooping; uppermost leaves often spreading upwards or towards the end of branchlet Euro-Mediterranean
		var. ***fructo-lutea*** Loudon aril yellow SW Asia (Caucasus), Europe (Ireland)?, Japan?
		var. ***glauca*** Carrière branchlets recurved, drying yellowish orange as also evident on abaxial surface of leaves Euro-Mediterranean

** **arillocarpia** (*arillus*, fleshy outgrowth around seed; *karpos*, fruit). Defined in Spjut, 'A systematic treatment of fruit types' (1994, *Memoirs of the New York Botanical Garden*, 70), 'A fruit of the Pinopsida characterized by a seed being covered by a fleshy aril as in species of Cephalotaxaceae and Taxaceae. Typical: *Taxus baccata*.'

(III. Baccata Group continued)

Alliance	Complex	Species	Variety
***Baccata* Alliance** abaxial surface of leaves mostly papillose between margins and stomata bands, usually lacking across 8 or fewer cells from margins. Euro-Mediterranean		***T. contorta*** Griffith dried leaves with reddish, eggshell-like parenchyma cells	var. *contorta* leaves usually long linear, narrow to wide spreading Afghanistan, Pakistan, India, W Nepal, China (SW Tibet)
			var. ***mucronata*** Spjut ineditus leaves oblong to short linear and wide spreading Nepal, Bhutan, China (SW Tibet) (?)
		T. fastigiata Lindley leaves imbricate, spreading radially, recurved	var. *fastigiata* tall plants, narrow and cylindrical in outline. Ireland, Scotland, England (?)
			var. ***nana*** (Carrière) Spjut ineditus small shrubs up to 60 cm high; leaves dark green. Europe
			var. ***sparsifolia*** (Loudon) Spjut ineditus branchlets spreading to ascending, leaves yellowish to olive green; tall shrubs or trees. Scotland, England
		T. recurvata hortus ex C. Lawson leaves crisscrossing more than overlapping, often curved along the blade downwards, and often sharply bent downwards near apex	var. *recurvata* branchlets recurved; leaves up to 12 times longer than wide; Europe, SW Asia (Caucasus)
			var. ***intermedia*** (Carrière) Spjut ineditus branchlets straight to flexuous; leaves up to 12 times longer than wide Euro-Mediterranean
			var. ***linearis*** (Carrière) Spjut ineditus leaves 12 to 20 times longer than wide. Europe (Madeira, England, Germany, Hungary, Bulgaria, Austria), SW Asia (Syria, Turkey)
***Cuspidata* Alliance** abaxial surface of leaves mostly without papillae between margin and stomata band, 8–24 cells across; temperate E Asia except *T. canadensis*.	***1—Canadensis* Complex** leaves spreading mostly in two ranks	***T. canadensis*** Marshall leaves spreading along petiole near branchlet Atlantic North America, Euro-Mediterranean	var. *canadensis* branching nearly pinnate, terminal branchlets often isodichotomous; leaves linear
			var. ***adpressa*** (Carrière) Spjut ineditus low spreading shrubs with oblong leaves and occasional alternate branchlets
			var. ***minor*** (Michaux) Spjut ineditus leaves overlapping, strongly curved, not distinctly in two ranks; branchlets often recurved
		T. cuspidata Siebold & Zuccarini leaves sharply bent along petiole near blade; branching mostly pinnate; branchlets thick, leaves relatively thick, uniformly recurved along margins South Korea, Japan (Hokkaido)	
		T. biternata Spjut ineditus leaves sharply bent near petiole, branching mostly ternate; branchlets thin; leaves thin, appearing pinched inwards in upper third when dry. Widespread in temperate E Asia; China (NE Manchuria), Russia (SE region), North Korea, South Korea, Japan	

(III. Baccata Group continued)

***Cuspidata* Alliance** abaxial surface of leaves mostly without papillae between margin and stomata band, 8–24 cells across; temperate E Asia except *T. canadensis.*	***2 — Unbraculifera Complex*** leaves spreading radially on erect to ascending branchlets, at least near apex	***T. caespitosa*** Nakai leaves mostly imbricate, usually bending upwards along petiole	var. ***angustifolia*** Spjut ineditus branches prostrate with erect branchlets; leaves linear, relatively narrow, up to 2mm wide Japan, Korea
			var. ***caespitosa*** branchlets dense, short, ascending to erect; leaves oblong Japan
			var. ***latifolia*** (Pilger) Spjut ineditus branchlets wide spreading or trailing, not densely compacted; leaves oblong to broad linear Korea, Japan, SE Russia, NE China
		T. umbraculifera (Siebold ex Endlicher) C. Lawson leaves more or less decussate on ascending to erect branchlets, or appearing two-ranked on horizontal branchlets, sharply reflexed	var. ***umbraculifera*** diffusely branched shrubs or trees Japan, Manchuria
			var. ***hicksii*** (Rehder) Spjut ineditus columnar; branchlets crowded, ascending to erect Japan
			var. ***microcarpa*** (Trautvetter) Spjut ineditus typically a low shrub with branches spreading radially from a central point, all flat against the ground, or shrubs with branches spreading above ground but very much divided leaves generally not or only slightly overlapping in two ranks, except near apex Korea, Manchuria, Japan
			var. ***nana*** (hortus ex Rehder) Spjut ineditus low densely branched shrub with radially spreading leaves China (Shanxi), Japan

Eiben in den Bergen von Yusmarg, Kaschmir, Indien (ganz links), El Cielo in Tamaulipas, Mexikos nördlichstem Nebelwald (links), und im Hyrcanischen Wald, Iran (oben)

Regionale Namen der Himalaja-Eibe
nach Narayan 2002

Gurung salin
Nepali barma salla, bham salla, bung, luinth, pate salla, silangi, thingre salla
Newari la swan
Sherpa chyangsing
Tamang sigi

ANHANG III

WICHTIGE VORKOMMEN DER EUROPÄISCHEN EIBE

Die Europäische Eibe kommt in ganz Europa vor. Ihre nördliche Verbreitung reicht von den Britischen Inseln über Norwegen (ca. 63° n. Br.) und Schweden nach Finnland (61° n. Br.), die östliche Grenze verläuft von der Bucht von Riga (Lettland) über Bialowiecza (belorussisch-polnische Grenze) entlang des 23. Längengrades über die östlichen Karpaten und schließt den Schwarzmeerraum ein, wo *Taxus* auf der Krim und entlang der nördlichen Türkei vorkommt. Die südliche Ausdehnung umfaßt Portugal und die europäischen Mittelmeeranrainerstaaten, aber auch Madeira, das Atlasgebirge (Algerien, ca. 33° n. Br.), den nördlichen Pontus, das Taurus- und das Amanusgebirge (Südtürkei, Nordsyrien), den gesamten Kaukasus sowie das Elbursgebirge im Nordiran. Innerhalb dieses riesigen Gebietes fehlt *Taxus* in den Regionen, die von kontinentalem Klima geprägt sind (d. h. Osteuropa, anatolisches Hochland, ungarische Tiefebene), und im Hochgebirge (zentrale Alpen, zentrale Karpaten) (siehe auch Kap. 4). Die Ökologie unterscheidet elf Typen von Pflanzengesellschaften (Tabelle 10).

Tabelle 10 Eibenwaldtypen *(T. baccata)*[1]

1	Ungarische Eibenwälder (Bakonygebirge)
2	Karpatische Eibenwälder
3	Eibenwälder der deutschen u. böhm. Mittelgebirge
4	Eibenwälder an den Alpenrändern
5	Kroatische Eibenwälder
6	Eibenwälder Griechenlands (Balkan)
7	Eibenwälder der Türkei
8	Eibenwälder im Kaukasus, auf der Krim und im Iran
9	Iberische und italienische Eibenwälder
10	Algerische Eibenwälder
11	Eibenwälder des nordeuropäischen Tieflandes

In einigen Ländern steht *Taxus baccata* auf der Roten Liste der bedrohten Arten (z. B. in Tschechien, der Slowakei, Bulgarien, Rumänien, Rußland, Iran) und in verschiedenen Ländern steht die Art unter Schutz (z. B. Deutschland, Österreich, Polen, Tschechien, der Slowakei, Rumänien, Rußland), allerdings in unterschiedlichen Graden. In Italien z. B. stehen nur einzelne monumentale Altbäume unter Schutz auf der nationalen Ebene, aber in den meisten Verwaltungsbezirken des Landes steht die Art unter Schutz auf Regionalebene; zusätzlich sind Buchenwälder mit *Taxus* und *Ilex* unter dem Natura-2000-Abkommen als »Orte von regionaler Wichtigkeit« (SIC = Siti di Importanza Comunitaria) geschützt.[2] In der Schweiz ist *Taxus* nicht geschützt, aber das Management der Eibenverjüngung und der Holzproduktion wird von den einzelnen Kantonen sehr nachhaltig und sorgfältig gehandhabt. Einzelne alte Bäume stehen unter Schutz, und in zwei Kantonen – Basel Land und Schaffhausen – ist die Art als solche geschützt.[3] Im Kaukasus sind einige Wälder auch innerhalb der Naturschutzgebiete durch politische Unruhen und Militäroperationen gegen die Widerstandskämpfer, die sich in den Bergen versteckt halten, gefährdet. Noch besorgniserregender ist die Situation im Iran, wo die Hyrkanischen Wälder durch Holzraubbau in großem Stil, Waldbrände und die traditionelle Waldweideform bedroht sind: Zwischen 1970 und 2000 wurden mindestens 27 % der Waldfläche von Hyrkanien zerstört.[4] Trotz des gesetzlichen Schutzes, den *Taxus* genießt, und der Bemühungen von Naturschützern hält die Entwaldung an.

Weitere Vorkommen (weltweit) unter
http://www.worldbotanical.com/taxus_baccata.htm#baccata
Ständig erweiterte Liste der Standorte von *Taxus baccata*:
www.ancient-yew.org/baccata-stands/shtml
Ausführliche Informationen über die uralten Eiben Britanniens:
www.ancient-yew.org

Tabelle 11 **Wichtige Standorte der Europäischen Eibe (*Taxus baccata* L.) in einzelnen Ländern und Regionen**[5]

Land	*Ort*	*Fläche in Hektar (ha)*	*Stamm-Anzahl*	*Bemerkungen*
Irland	Reenadinna Forest, Killarney Nat. Park			
	25 ha Regenwald; hohe Dichte reifer Eiben auf dünnem Boden oder sogar direkt in den Spalten des nackten Kalksteins			
Britannien	Castle Eden Dene, Co. Durham	22	...	steile Kalksteinhänge mit Esche, Hasel und hoher Dichte reifer Eiben. Der Name (*Œden*) stammt vom sächs. *yoden*, »Eibental«.
	Kingley Vale, West Sussex	150	30.000	Nat. Naturschutzgebiet; ca. 70 uralte Eiben; Lehmboden mit Flint auf Kreide. Der Name stammt von den bronzezeitlichen Grabhügeln auf der Hügelkuppe.
	Druids Grove, Norbury Park, Surrey			Mehr als 20 gr. Eiben mit Stammumfängen bis 7 m auf Kreidehängen
	Newlands Corner, Surrey			23 uralte Eiben (Stammumfänge 4–7 m) verstreut über ca. 50 ha; Lehmboden mit Flint auf Kreide
	(privater) Eibenwald, Wiltshire	56	...	fast reiner Eibenwald mit vielen alten bis uralten Bäumen (siehe Abb. S. 238–9)
Spanien[6]	Mt Sueve, Asturien	200	8.000	gegenwärtig bedroht
	Sierra Tejeda (Umbría de la Maroma), Málaga		...	181 Bäume (gezählt 1997)
	Sierra de Guara, Huesca Provinz	...	...	Eiben an steilen Flussufern; einige erreichen 18 m Höhe[7]
	Misaclós, Montagut, Girona	4–5	...	Eibenmischwald mit *Pinus sylvestris* und *Quercus ilex* in 330–350 m Seehöhe; höchste Eibendichte: 400 Bäume auf 0,5 ha; älteste Eiben 40 cm Stammdurchmesser
Frankreich	Ste Baume, Provence	138	...	
	Eibenmischwald am Nordhang; im Jahre 1882 wurden 4.000 Eiben gezählt, von denen 2.700 30–45 cm Stammdurchmesser hatten; heute wird der dickste Baum (80 cm) auf ca. 800 Jahre geschätzt, die anderen auf ca. 500; geschützt seit 1838, nun auch unter NATURA 2000.[8]			
Korsika	(verschiedene)	...	900	
	Reife und alte Eiben an verschiedenen Standorten, v. a. südlich von Corte, südöstlich von Calvi und westlich von Porto-Vecchio, auch im Norden (Cap Corse), Süden (Montagne de Cagna), Osten (San Giovani di Moriani) und Westen (Piana) der Insel			
Italien und Sardinien	*Taxus* erscheint als Waldbaum über die gesamte Länge Italiens, bes. in Gebirgszonen; gegenwärtig erfolgt eine nationale Zählung. Nach Britannien haben Italien und Sardinien wahrscheinlich die größte Anzahl alter und uralter Eiben in (West-)Europa. Zu den Standorten zählen Ucca 'e Grille, Sos Niberos, Bono (Sardinien): Stammumfang 705 cm, Höhe 11 m; Nattari, Urzulei, Nuoro (Sardinien): Stammumfang 530 cm, Höhe 22 m; Valle Naforte, Sezze LT, Lazio: Stammumfang 500 cm, Höhe 15 m; Fonte Avellana, Serra Sant'Abbondio PU, Marche: Stammumfang 475 cm, Höhe 15 m (siehe Abb. 28.8, 41.2).[9]			
Schweiz	Es gibt relativ viele junge Eiben in der Schweiz: Insgesamt schätzt man den Bestand des Landes auf ca. 700.000 Eiben mit BHD (Brusthöhendurchmesser) über 10 cm; davon stehen ca. 50.000 im Hörnli-Gebiet (St. Gallen/Thurgau/Zürich). In der Region um Zürich gibt es etwa 70.000 Jungeiben mit über 4 cm BHD.[10]			
Deutschland	Paterzell	90	1.600	30 ha davon sind öffentliches Naturschutzgebiet
	Rudolstadt	128	6.000	hauptsächlich junge Bäume
	Lengenberg	23	4.500	hauptsächlich junge Bäume
	Wasserberg Gössweinstein	10	4.100	hauptsächlich junge Bäume

	Ort	*Fläche*	*Stammanz.*	*Bemerkungen*
Österreich[11]	Pichlwald, Vöcklabruck, Oberösterreich			2,6 ha Eibenmischwald in 480–530 m Seehöhe; Hänge am Seeufer
	Stiwollgraben, bei Graz, Steiermark			17,0 ha Eibenmischwald in 580–700 m Seehöhe
	Hinterstein, Kufstein, Tirol			28,4 ha Eibenmischwald in 900–1.050 m Seehöhe
Tschechien	Krivoklát	...	5.000	hauptsächlich junge Bäume
	Moravian Karst	...	2.000	hauptsächlich junge Bäume
	Stechovice	...	418	hauptsächlich junge Bäume
	Kanice, Domazlice	...	200	Eiben im Mischwald um den Gipfel des Netreb
Polen	Wierzchlas	18	3.500	hauptsächlich junge Bäume
Slowakei	Harmanec	860	(160.000)*	** Ältere Zahlen, zwischenzeitlich haben sich die Bestände dramatisch reduziert, in Harmanec z. B. insbesondere durch Rehwildverbiß, natürliche Sterblichkeitsraten, usw. Waldstatistiken sind ohnehin mit Vorsicht zu betrachten, da Wälder nicht statisch sind, sondern sich in fortwährender Veränderung befinden.*
	Gader	513	(17.000)*	
	Plavno	27	(9.000)*	
	Slovensky raj	230	1.560	
	Lucivná	...	1.000	
Ungarn	Bakony	287	(120.000)*	
Rumänien	Forest Tudora	125	1.095	
	Forest Comarnic	4	1.025	
	Dosu Stoglui	...	763	
	Cenaru	383	741	
	Cartsoara	25	600	
Bulgarien	Vitosha	...	276	
Ukraine	Knyazhdvir (Kolomyja)	30	22.000	Eiben bis 30 cm Stammumfang (1976) im Unterstand eines von Buche (80 %) und Tanne (*A. alba*, 20 %) dominierten Mischwaldes, der nicht älter ist als 100 Jahre; steile Sandsteinhänge[12]
	Ugolka	208	10.000	hauptsächlich junge Bäume
Griechenland	Die erste nationale *Taxus*-Inventur in Griechenland (1995) zeigt, dass die Art seltener wird, aber immer noch an 173 Standorten (mit selten mehr als 50 Bäumen) zu finden ist, hauptsächlich im zentralen und nördlichen Teil des Landes, mit kleinen natürlichen Vorkommen auch in der Peloponnes und auf der Insel Evia; in diesen Wäldern sind Buche, Tanne, Schwarzkiefer und Eiche vorherrschend, in Begleitung der Eibe oft Wacholder und Weißdorn; 80 % der Eibenvorkommen stocken in Schluchten (meist in 500–1.500 m Seehöhe), besonders entlang des Pindos Gebirgszuges, um den Olymp, Rodopi und den Cholomontas in Halkidiki.[13]			
Krim	57 Eibenvorkommen sind bekannt; Mischwälder mit Eiche, Buche, Weissbuche und Wacholder[14]			
Türkei	Meist an Hängen zwischen 1.000 und 1.900 m Seehöhe. Entlang der Schwarzmeerküste: Alapli; Yenice; Düzce; Rize; Kürtün (Gümüshane); Ayancik (Sinop); Yedigöl über Devrek (1.000 m Seehöhe), Bolu; Demirköy. Im Süden: Hatay (1.800–1.900 m Seehöhe), Amanusgebirge; Provinz Canakkale im Kazgebirge; Provinz Denizli am Akdag (1.800 m Seehöhe); Icel, Kilikische Pforte (Gülek Bogaz).[15]			
	Alapli (bei Eregli), Zonguldak	200	...	200 ha mit *Taxus* im 11.000 ha grossen Naturschutzgebiet; Tal mit uralten Eiben (siehe Abb. S. 215) im offenen Buchen-Eichen-Eiben-Mischwald

	Ort	*Fläche*	*Stammanz.*	*Bemerkungen*
	Yenice, Karakuk			
	uralte Eiben zwischen Eiche, Buche *(Fagus orientalis*), Tanne (*Abies bormulleriana*), Kiefer (*P. nigra* und *P. sylvestris*); das Naturschutzgebiet ist berühmt für seine alten Buchsbäume (*Buxus* sp.).			
Kaukasus	Allein im westlichen Kaukasus gibt es 130 (!) Eibenvorkommen, von denen das Naturschutzgebiet Batzara (auch Batzvara genannt) in Kakhetien (ca. 80 km nordnordwestlich von Tiblisi in Georgien) das grösste ist. Batzara steht seit dem von Königin Tamara (siehe S. 142) im 12. Jh. erlassenen Gesetz unter Schutz, davor war es ein heiliger Wald der lokalen Bevölkerung, heute ist es ein Europäisches Biosphärenreservat.[16]			
	Batzara	237	220.000	
	Der Eiben-Buchenwald in 900–1.500 m Seehöhe liegt in der Bazari-Schlucht, die 3.000 ha umfasst; *Taxus* dominiert 11 ha mit 80 % der Holzmasse; nur ca. 13.000 Eiben sind älter als 100 Jahre, einzelne Bäume sind 1.500–2.000 Jahre alt[17]			
	Chosta	190	...	
	Mischwald mit Eibe, Buche, Lorbeer, Eiche, Esche, Weissbuche, Linde und Ahorn, Unterstand Buchsbaum, meist auf Kalksteinhängen in Ost- oder Nordostlage; 15 ha der Fläche haben 50–90 % Eibe, weitere 36 haben 10–40 %; die Mehrzahl der Eiben ist ca. 600 bis ca. 1.000 Jahre alt; wenig Naturverjüngung[18]			
	Sotschi	301	...	grösste Eibe hat ca. 2 m Stammdurchm. und 30 m Höhe.[19]
Iran	Der Hyrcanische Wald bedeckt die Nordlagen des Elburs-Gebirges, ausgerichtet auf das Kaspische Meer, das ein mildes und feuchtes Klima bewirkt (600–2.000 mm jährlich).[20] Er ist riesig – seine ursprüngliche Grösse beträgt ca. 1,3 Millionen Hektar – und ein wirklich einzigartiger Biotop, da er in der letzten Eiszeit nicht vereiste und somit 10 Millionen Jahre Zeit hatte, eine reiche Baumartenvielfalt zu entwickeln. Vorherrschend sind Laubbäume – orientalische Buche, Weissbuche, kaspische Erle (*A. subcordata*), kaspische Eiche (*Qu. castaneifolia*) und Samtahorn (*A. velutinum*) – mit einem Unterstand aus Buchsbaum (*B. hyrcana*) und Eibe (zwischen 900 und 2.000 m Seehöhe).[21]			
	d'Afra-Takhté, östliches Elburs-Gebirge	150	...	
	hohe *Taxus*-Dichte, insbesondere auf ca. 28 ha bei Punearam (über 75 % der Bäume sind Eiben); durchschnittl. Stammdurchmesser 60 cm,[22] Alter der Eiben 500–800 Jahre; wenig Naturverjüngung[23]			
	Arasbaran (bei Kallaleh), Aserbeidschan[24]	...	...	

ANHANG IV

THEOPHRAST ÜBER DIE EIBE

Auszüge aus der *Naturgeschichte der Gewächse*

III. X. 2: Die Eibe [milos] hat nur eine Sorte, sie ist geradewachsend, wächst schnell an und ist wie die Weißtanne [*elate*], außer daß sie nicht so hoch wird und mehr Äste hat. Auch ihr Blatt ist wie das der Weißtanne, aber glänzender und weniger steif. Was das Holz anbelangt, in der arkadischen Eibe ist es schwarz oder rot, in der vom Ida leuchtend gelb und wie das der stacheligen Zeder, weswegen behauptet wird, daß betrügerische Händler es für dieses Holz ausgeben, denn es ist vollständig Kernholz, nachdem die Rinde entfernt worden ist. Auch die Rinde ähnelt der stacheligen Zeder in Rauheit und Färbung. Die Wurzeln sind schlank und flach. Der Baum ist selten um den Ida, aber kommt häufig in Makedonien und Arkadien vor. Er trägt eine Frucht, die etwas größer als eine Bohne ist, sie ist rot und weich. Man sagt, daß Lasttiere sterben, wenn sie von den Blättern fressen, während Wiederkäuer keinen Schaden nehmen. Sogar Menschen essen mitunter die Frucht, die süß und harmlos ist.

III. IV. 5: Weißtanne und Eibe blühen kurz vor der Sonnenwende ... sie tragen Frucht nach dem Untergang der Plejaden. Tanne und Aleppo-Kiefer knospen etwas früher, etwa fünfzehn Tage, aber fruchten [ebenfalls] nach dem Untergang der Plejaden, wenn auch proportional früher als Weißtanne und Eibe.

ANHANG V

ÜBER FRAZERS *DER GOLDENE ZWEIG*

Kaum ein anderer Baum oder eine andere Pflanze in der Welt hat solch einen Reichtum an Religionsgeschichte, Mythologie und Folklore wie die Eibe. Aber warum wird sie in Büchern und Arbeiten über diese Wissensgebiete fast nie erwähnt?

Der »natürliche« Niedergang der Anerkennung und Würdigung dieser besonderen Baumart, der – hauptsächlich durch allgemeine kulturelle und religiöse Entwicklungen bedingt – bereits in der Frühgeschichte begann, ist in Teil II dieses Buches dokumentiert. Ein anderer Grund liegt darin, daß selbst im nachmittelalterlichen Island die Kenningar der skaldischen Dichtkunst nicht mehr verstanden wurden und die Verweise auf den Weltenbaum in der *Lieder-Edda* und anderen nordischen Texten – die »Eibe« und »Esche« erwähnen (siehe Kap. 41) – nun ausschließlich als »Esche« interpretiert wurden. Texte und Zeichnungen der folgenden Jahrhunderte reproduzierten in endloser Folge die Mär von der »Weltenesche«; so gibt es nun »historische Dokumente« dazu und so mancher Akademiker beharrt stur auf dieser Interpretationsweise. Die fast völlige Abwesenheit von *Taxus* in der Mythologie und Religionsforschung des 20. Jahrhunderts jedoch beruht weitgehend auf einem Mann und seinem höchst einflußreichen Buch: Sir James Frazer und sein Werk *The Golden Bough [Der Goldene Zweig]*, das die Eibe nicht erwähnt.

Geschrieben zwischen 1886 und 1889 erschien *Der Goldene Zweig* zum ersten mal im Jahre 1890. Eine stark erweiterte zwölfbändige Fassung erschien von 1907 bis 1915, und eine gekürzte Version 1922. Diese Studie der Religionen des Altertums machte Sir James George Frazer (1854–1941) zu einem der Gründerväter der modernen Anthropologie. Sie schuf die Fundamente für zahllose Arbeiten in den Bereichen Anthropologie, Ethnologie, Soziologie, Bibelforschung, Mythologie und verwandten Feldern. Sie versorgte auch die Literatur des 20. Jahrhunderts mit Rohmaterial: Autoren wie William Butler Yeats, T. S. Eliot, D. H. Lawrence und James Joyce, um nur einige zu nennen, wurden von ihr sehr beeinflußt.[1] Jedoch weist *Der Goldene Zweig* sehr schwerwiegende Mängel auf und »wurde von Historikern und Theologen, den eigentlichen Experten auf seinem Gebiet, *nie* akzeptiert«.[2] Und sobald die junge Anthropologie ihre Grundregeln formuliert hatte – genaueste persönliche Feldarbeit, angemessene Berücksichtigung des Kontextes einer Beobachtung und Vermeidung einer hochmütigen Einstellung gegenüber (»primitiven«) Stammesgesellschaften – zeigte sich, daß Frazer gegen alle verstoßen hatte: Ohne seine (wilde Mischung verschiedenster) Quellen zu verifizieren[3] sammelte und verglich er Elemente aus der europäischen Volksüberlieferung der »einfachen Bauern« des 19. Jahrhunderts mit Ritualen der »Wilden«, d. h. zeitgenössischer Stammesgesellschaften, und mit dem »primitiven« Bewußtsein der frühen und vorgeschichtlichen Religionen. Warum kein Stückchen des so reichhaltigen Eibenmaterials Eingang in Frazers voluminöses Buch fand, ist höchst eigenartig und nicht leicht, zu erklären. Konnte er wirklich von nichts gewußt haben? Oder verschwieg er etwas?

Zum einen wählte Frazer sein veröffentlichtes Material so aus, daß es seine besondere selbstgewählte Mission unterstützte: zu zeigen, daß das Christentum aus denselben Wurzeln hervorgegangen war wie die »heidnischen« Religionen. Zweitens war Frazer, wie viele seiner Zeit, ergriffen von einer mythologischen »Eiche-und-Mistel-Romantik«.[4] Betreffs der botanischen Identifizierung des mythischen Goldenen Zweiges versteifte sich Frazer auf die Mistel – mit lediglich drei (und völlig unzusammenhängenden) Argumenten: der Tötung des nordischen Gottes Baldur durch einen Mistelzweig, Plinius' (unverifizierte und phantasievolle) Geschichte vom gallischen Druiden, der mit goldener Sichel Eichenmisteln schneidet (siehe S. 148f), und Vergils Erwähnung in der *Aeneis* (siehe S. 210). Wie Frazers Biograph Robert Ackerman sagt: »Obwohl Vergil den Goldenen Zweig nicht mit der Mistel gleichsetzt sondern lediglich einen Vergleich anstellt, erklärt Frazer ihn zur Mistel: ›... gesehen durch den Nebel der Poesie oder des allgemeinen Aberglaubens‹.«[5] Aber Frazer wußte auch selbst, wie wackelig seine Mistel-Theorie eigentlich war: »Das Weißgelb der Mistelbeeren genügt kaum, den Namen [Goldener Zweig] zu rechtfertigen ... Vielleicht hat sich der Name in Bezug auf das satte goldene Gelb entwickelt, daß ein geschnittener Zweig nach einigen Monaten der

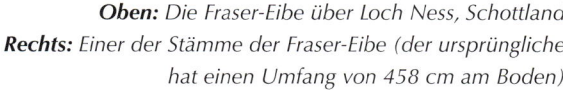

***Oben:** Die Fraser-Eibe über Loch Ness, Schottland*
***Rechts:** Einer der Stämme der Fraser-Eibe (der ursprüngliche hat einen Umfang von 458 cm am Boden)*

Aufbewahrung annimmt«.[6] Aber Vergil betonte gerade, daß der Zweig *am Baume* golden war.

Frazer war außerdem ein begeisteter Anhänger der These von der »heiligen Eiche«. Die heiligen Bäume Griechenlands *(drus)*, die im Laufe der Zeitalter *auf Papier* zu »Eichen« *(drys)* geworden waren, die heiligen Bäume der Bibel, die zu »Eichen« übersetzt worden waren (siehe Kap. 30), Plinius »Eiche« des gallischen Druiden – sie alle verschmolzen nahtlos in Frazers *opus grande*, um als heilige Eiche die heilige Mistel zu tragen. So sagt Frazer, daß die indoeuropäischen Völker »allgemein« ihre heiligen Feuer mit Eichenholz genährt hätten, und weil im ewigen Feuer im Hain von Nemi auch Eichenholz gebrannt hätte, sei der heilige Baum von Nemi die immergrüne Eiche gewesen, »der heilige Baum des Jupiter«.[7] Dies ist doppelt unlogisch, denn (1) ist die Baumart, deren Holz zeremoniell verbrannt wird, nicht allein deshalb die allerheiligste Baumart[8] – das Konzept des heiligen Baumes umfaßt gewöhnlich ein Tabu, diesem zu schaden, also würde man ihn nicht sich selbst zu Ehren verbrennen (schon gar nicht, wenn es sich um eine uralte Eibe in einem Eichenmischwald handelt), und (2) ist der Baum des Himmelgottes (Jupiter) ganz gewiß nicht der Baum der anatolischen Mutter der Götter aus dem Taurusgebirge (Frazers »taurische Diana«),[9] der dieser Hain geweiht war. Des weiteren berücksichtigte Frazer (wie auch Robert Graves ein halbes Jahrhundert nach ihm) nicht die verschiedenen immergrünen Eichenarten des Mittelmeerraumes (siehe S. 146–9).

Abgesehen davon konnte Frazer nicht wissen, was wir heute über *Taxus* wissen. So waren die gesamten hethitischen Belege in unentzifferbaren Keilschrifttafeln verschlossen (bis zum Durchbruch Hroznys 1915, siehe S. 144). Auch vollzog sich Frazers Arbeit am *Golden Bough* genau in der Zeit, als die dendrologische Diskussion in England begann, das mögliche Alter der uralten Bäume Britanniens drastisch zu reduzieren und jede andere Meinung lächerlich zu machen – es war eine Zeit der Demystifizierung der Eibe, und kein »vernünftiger« viktorianischer Gentleman hätte sich dagegen gestellt.

Andererseits ist es kaum vorstellbar, daß Sir James nichts von der kulturellen Bedeutung der Eibe gewußt haben sollte, spielt sie doch in seiner eigenen schottischen Familiengeschichte eine herausragende Rolle: Die Eibe ist das traditionelle Clan-Abzeichen des Fraser-Clans[10] und auf dem Land der Frasers steht ein außergewöhnlicher Eibenhain, der für Generationen der zeremonielle Treffpunkt des Clans war. Er besteht aus etwa dreißig Bäumen, die aus den Wurzeln einer einzigen Eibe hervorgegangen sind. Würde jemand, der so interessiert an altem Brauchtum ist, wie J. G. Frazer es war, an den eigenen Familienbräuchen (und in der Folge an Eiben in christlichen Einsiedeleien, bei den Templern und schottischen Freimaurern usw.) vorbeisehen? Was auch immer die Gründe waren, die Abwesenheit der Eibe in Frazers Buch führte auch zu ihrer Ignorierung durch so wichtige Autoren wie Sir A. B. Cook und andere Historiker und Anthropologen der damaligen in Cambridge ansässigen »Myth and Ritual School«, die von Frazer inspiriert wurde,[11] und später auch durch Joseph Campbell, Mircea Eliade und viele andere einflußreiche Autoren des 20. Jahrhunderts.

Trotz seiner Schwächen und vieler überholter Ansichten wird *Der Goldene Zweig* weiterhin – selbst in jüngsten botanischen und dendrologischen Arbeiten – als Standardwerk zur Religionsgeschichte benutzt.

NÜTZLICHE ADRESSEN

Die **Ancient Yew Group** (**AYG**, Uralte Eiben Gruppe) wurde gegründet, um auf Britanniens einzigartiges Eiben-Erbe aufmerksam zu machen und ebenso auf die Bedrohungen, denen viele dieser Bäume immer noch ausgesetzt sind. Die Website der AYG, unterstützt vom Tree Register und der Conservation Foundation, ging im Juni 2005 online. Die große und wachsende Anzahl von Menschen, die dort Hilfe zur Rettung bedrohter Bäume suchen, macht deutlich, wie wichtig es ist, diejenigen zu informieren und weiterzubilden, die die Entscheidungsgewalt über das Schicksal einzelner Bäume haben. Mehr als 80 % der ältesten Eiben Britanniens wachsen auf Kirchengelände der Church of England und der Church of Wales. 2006 begann die AYG, mit den Eibenfreunden aus Deutschland zusammenzuarbeiten.

Kontakt: The Ancient Yew Group, Vine Cottage, 3 Ham Green, Pill, North Somerset, BS20 0EY, England. www.ancient-yew.org

Das **Tree Register of the British Isles** verwaltet seit 1988 die Hinterlassenschaft des legendären Baumexperten Alan Mitchell, der Daten über etwa 100.000 Einzelbäume auf handgeschriebenen Karteikarten angesammelt hatte. Das inzwischen digitalisierte Archiv enthält Angaben zu über 150.000 der bemerkenswertesten Bäume Britanniens und Irlands. Aufgenommen werden Bäume, die besondere botanische (Alter, Größe, Wuchsform usw.) oder geschichtliche Merkmale haben. Mit großer Überzeugung unterstützte das Tree Register von Anfang an die Website der AYG (www.ancient-yew.org) als erste Homepage, die nur einer einzigen Baumgattung gewidmet ist.

Kontakt: The Tree Register, 77a Hall End, Wootton, Bedford, MK43 9HL, England. www.tree-register.org

Die von David Bellamy gegründete **Conservation Foundation** setzt sich für verschiedene Projekte ein, vorrangig den Schutz von Ulmen und von Eiben. Bereits 1986 veranstaltete sie The Yew Tree Campaign, und in den späten 1990ern das Millennium Yews Projekt, in dem Tausende von britischen Kirchengemeinden (auch Schulen, Kindergärten usw.) Stecklinge der ältesten und ehrwürdigsten Eiben erhielten – was Eibenbewußtsein in die Gemeinden trug und zudem die genetischen Codes der bemerkenswertesten Bäume verbreitete. Gegenwärtig läuft das Yew Guardianship Project, in dem sich jede/r (in Britannien ansässige) Bürger/in als »Wächter« einer oder mehrerer örtlicher alter Eiben registrieren lassen kann.

Kontakt: The Conservation Foundation, 1 Kensington Gore, London, SW7 2AR, England. www.conservationfoundation.co.uk

Die **Friends of the Trees** wurden im März 2003 gegründet und erlangten im November desselben Jahres den Status der Gemeinnützigkeit von den englischen Behörden. Ihre Hauptanliegen sind, sich für die Würde der Bäume einzusetzen (d. h. der Bäume Recht, auch dort zu existieren, wo sie nicht nur dem Menschen »von Nutzen« sind) und Orte zu schaffen, an denen Menschen aller Religionen (oder keiner) sich und der Natur begegnen können. Die Gruppe trägt außerdem den Friends of the Trees Yew Fund, welcher die Ancient Yew Group finanziell unterstützt und die Hälfte der Autorenhonorare aus diesem Buch empfängt.

Die deutschen **Freunde der Bäume e.V.** (www.freunde-der-baeume.de) sind mit den Friends of the Trees eng verschwistert und haben praktisch dieselben Ziele und eine fast identische Satzung. Die Unterschiede sind regional bedingt: Aufgrund der großzügigen Spenden des Neue Erde Verlages hat die deutsche Gruppe bereits ein Waldstück im Elsaß, welches sie als Sanktuarium pflegt. Die englischen Freunde hingegen haben (noch) kein Land und pflanzen stattdessen Impulse im nationalen Bewußtsein.

Kontakt: Friends of the Trees, The Secretary, 269 Melbourne Court, Battlefield, Newcastle on Tyne, NE1 2AU, England. www.friendsofthetrees.org.uk

Die Eibenfreunde wurden 1994 von den beiden Forstmeistern Hubert Rößner und Thomas Scheeder gegründet. Die Gruppe organisiert seither jährlich eine internationale Eibentagung mit angeschlossener Exkursion, zuletzt in Südengland, davor im Kaukasus, in Polen und in der Slowakei, meist jedoch in Deutschland, Österreich oder der Schweiz. Die annähernd 300 Mitglieder sind überwiegend Fachleute aus der Forstwirtschaft, Botanik und Dendrologie, aber auch viele private Liebhaber dieser Baumart. Das Jahrbuch »Der Eibenfreund« ist ein wichtiges internationales Medium des Informationsaustausches. Kontakt: Dr. Thomas Scheeder, Gartenstr. 20, D-71706 Markgröningen. tscheeder@freenet.de

DANKSAGUNG

Mein tiefster Dank geht an meine Lebensgefährtin Elaine Vijaya; ohne sie wäre das Schreiben dieses Buches nicht möglich gewesen.

Vielen Dank an alle, die vor mir kamen und deren geduldige und passionierte Arbeit es mir möglich machte, dort weiterzumachen, wo sie aufhören mußten. Dazu gehören frühe Pioniere wie John Lowe und Hugo Conwentz und Zeitgenossen wie Dr. Thomas Scheeder, Hubert Rößner und Christian Wolf, in England die Mitglieder der AYG, namentlich Andy McGeeney, Tim Hills, Paul Greenwood und Toby Hindson – ohne die vielen Jahre ihrer Arbeit, die diesem Buch vorausgegangen sind, hätte ich niemals den Mut gehabt, solch eine enorme Aufgabe anzugehen.

Für ihre professionelle Unterstützung danke ich ganz besonders Dr. Arthur Brande, Leiter des Labors für Historische Ökologie am Institut für Ökologie der Technischen Universität Berlin, und Prof. Ladislav Paule, Forstfakultät Zvolen (Slowakei), für ihre Kommentare zu den botanischen Abschnitten. Vielen Dank auch an Dr. Ulrich Pietzarka, Forstbotanischer Garten Tharandt, und Prof. Mikhail Pridnja, Universität von Sotschi (Rußland), für zusätzliche Revision und Inspiration. Mein tiefster Dank geht an Prof. Ronald Hutton, Department of History an der Universität Bristol, an Dr. Robert J. Wallis, Richmond the American International University in London, und an Graham Harvey, Open University, für ihre Kommentare zu meiner Kultur- und Religionsgeschichte; und an Dr. Helen Nicholson, Cardiff University, für ihren Rat zur Kirchengeschichte. Vielen Dank an Dr. Frank Depoix, Universität Mainz, für die Elektronenmikroskopaufnahmen und an Dr. Necmi Aksoy für die Organisation der Türkeireise, inklusive der Verabredungen mit den Forstmeistern von Düzce, Alapli und Yenice und den Botanikern der Universitäten von Düzce und Istanbul. Besten Dank an Prof. Bartomoleo Schirone, Universität von Tuscía, Italien, Prof. Mauro Ballero, Universität von Cagliari, Sardinien, Franz Tod und Dr. Berthold Heinze in Österreich und Urs Leuzinger und Prof. Christoph Leuthold in der Schweiz. In Spanien möchte ich Bosco Imbert, Ignacio Abella, Enrique Garcia Gomáriz und Dr. Sven Muetke Regneri (Universität Madrid) danken. Auch war es eine große Freude, mit den Mitgliedern des amerikanischen Native Yew Conservation Council zu kommunizieren, namentlich Dr. Stanley Scher, Shimon Schwartzschild, Hal Hartzell und auch Dr. David Pilz. Was Japan anbelangt, geht mein größter Dank an Chris Worrall dafür, daß er meine rechte (und linke!) Hand im Land der aufgehenden Sonne war und auch für seine phantastischen Fotos. Weiterer Dank geht an Prof. Gunnar D. Hansson in Göteborg, Schweden, Dr. Peta Hayes am Natural History Museum in London und an Hiroyuki Tanouchi und Miwa Murata von der japanischen Forstkommission (FFPRI). – Falls sich trotzdem Fehler eingeschlichen haben sollten, liegt das gewiß nicht an ihnen, sondern an mir.

Für regionale Studien oder »einfache« Übersetzungen möchte ich Dr. Haraldur Erlendsson, Caitlin Matthews, Cornelia Wunsch, Pierette Housdon, Jehanne Mehta, Laura Ridolfi, Gabriel Millar und Yvan Rioux, Christine Konrad und Martin Trilk, Norbert Drews, Ceridwen Lentz sowie Varda Zisman danken; für chinesische Recherchen Zhihui Holzhäuser, Liting Guo, Jian Sheng und Jörg Wenzel. Vielen Dank auch an all die anderen hilfsbereiten Menschen, die hier leider nicht alle erwähnt werden können.

Besonderer Dank an meine Gastautoren Dr. Margaret Redfern, Andy K. Moir und Russell Ball sowie natürlich an Prof. David Bellamy und Robert Hardy für ihre Unterstützung. Und an alle Photographen und Künstler, deren erstaunliche Arbeiten dieses Buch einzigartig machen, an Jaz Media in Cheltenham für optimale Scanarbeit, an den Verlag Neue Erde, der dieses Projekt von Anfang an unterstützt hat, an Marguerite Baumann und die Druckerei für ihre Sorgfalt – und nicht zuletzt an Sie, die Leser!

Fred Hageneder,
Stroud, Mai 2007

BILDNACHWEIS

PHOTOGRAPHIE

Abkürzungen

AAT = Amt für Archäologie des Kantons Thurgau, Schweiz
BM = British Museum, London
HM = Hull and East Riding Museum, Humberside, England
MC = Museo Archeologico Nazionale di Cagliari, Cagliari, Sardinien
MI = Museum des Alten Orients, Istanbul, Türkei
ML = Musée de Lodève, Lodève, Frankreich
MP = Museo Archeologico Nazionale dell'Umbria, Perugia, Italien
MS = Ittireddu, Civico Museo Archeologico ed Etnografico, Sassari, Sardinien
SMB = Ägyptisches Museum und Papyrussammlung, Staatliche Museen zu Berlin

Ich danke diesen Organisationen für ihre Genehmigungen, meine Fotos von Objekten in ihren Sammlungen in diesem Buch reproduzieren zu dürfen.

Ignacio Abella Abb. 30.3–4. **Necmi Aksoy** Abb. 40.3, 40.8. **Dan Barton u. Tony Tickle** Abb. 26.9. **Bridgeman Art Library** Abb. 33.14 (HM). **Margarete Büsing** Abb. 39.3 (SMB). **Canterbury Archaeological Trust** Abb. 22.4–6. **Christopher Cornwell** S. 1, 10–11; Abb. 7.1, 26.10–12, 41.1, 41.8. **Frank Depoix** S. 6: 1. v. li.; Abb. 6.6, 6.7, 7.2–4, 7.5–6, 9.2, 10.3, 18.9–10. **Dragon Design** Abb. 1.3, 24.4 (Satellitenbilder: Reto Stockli, NASA Earth Observatory), 40.2 (Satellitenbild: GeoEye). **Enrique Garcia Gomariz** Abb. 4.1. **Chris Gomersall** Abb. 14.1 (m. frdl. Gen. v. RSPB Images). **Paul Greenwood** S. 7 ganz rechts; Abb. 5.6, 6.3, 10.4, 16.1, 30.10, 41.17, 44.14. **Fred Hageneder** S. 6: 3. u. 4. v. li., 7: 2. v. re. (BM), Abb. 3.1, 4.2, 5.1, 5.3, 5.4, 5.8, 6.1, 6.2, 6.4, 8.7, 13.3–4, 13.9, 15.9, 16.3, 16.9, 19.2–5, 19.8–12, 21.6, 21.12–13, 23.4, 24.6, 30.2, 30.7–8 (BM), 30.11–12, 31.1–2, 31.3 (MP), 32.1 (BM), 32.3h (BM), 33.6 (BM), 33.8 (BM), 34.2 (MC), 34.4 (MS), 35.3, 37.1–3, 37.21, 37.24 (BM), 37.25, 38.6 (MC), 38.9, 39.11, 40.4–5, 40.6 (MS), 40.11 (BM), 41.2, 41.4, 41.9–10, 41.13, 42.5 (BM), 42.6 (BM), 42.7 (MI), 43.8, 44.3–4, 44.8, 44.10–12, 44.13 (ML), 44.15, 44.16–18, 45.1, 45.5–7, 45.8f, 45.10–11. **Cliff Hansford** Abb. 16.5. **Hal Hartzell** Abb. 21.1–2. **Jürg Hassler** Abb. 24.9. **Berthold Heinze** S. 265, right. **Tim Hills** Abb. 3.2, 6.5, 18.5–6, 19.6, 20.6, 21.5, 21.7–10, 21.15–16, 28.2, 29.2, 29.4, 34.3, 37.16, 44.1–2, 45.2, 45.4. **Toby Hindson** Abb. 21.17, 24.3. **Historisches Museum der Pfalz, Speyer** Abb. 39.1. **Josef Hsalek** Abb. 14.11. **Lubomir Hsalek** Abb. 14.2–3. **Biblioteka Jagiello'nska, Krakau** Abb. 23.5. **Robin Jones** Abb. 12.2. **Thomas Kellner** Abb. 21.3–4. **Doug Larson** Abb. 20.2. **Gerry McCann** Abb. 29.15 (www.scran.ac.uk). **Andy McGeeney** S. 2, 6: 5. v. li., 7: 3. v. re., 96–7, 271: li. u. re.; Abb. 1.1, 4.3, 5.5, 5.9a–c, 14.4–5, 14.10, 15.2a, 16.2, 16.4, 17.1–2, 18.3, 18.8, 19.7, 19.13–14, 19.16, 21.11, 21.14, 26.2, 26.4, 26.8, 27.4–5, 29.1, 29.3, 29.5, 30.13, 30.16, 32.6, 33.1, 33.3–5, 33.19, 34.6–8, 35.1, 36.1, 36.3, 37.26, 38.1, 38.10, 39.6–10, 41.3, 42.1, 44.5–7. **Jehanne Mehta** Abb. 34.12. **Archie Miles** Abb. 3.3, 34.1. **Reinhard Mosandl** S. 265 li. **Natural History Museum** Abb. 2.2. **Rob Nicholson** S. 265 Mitte. **Hugh Palmer** Abb. 26.7. **Edward Parker** S. 4, 256–7; Abb. 28.5. **photos.com** Abb. 13.5–6, 13.8, 13.12–13, 30.15. **Ulrich Pietzarka** Abb. 11.4–5. **Vladimír Rajda** Abb. 17.3. **Margaret Redfern** Abb. 15.2b, f, g. **Yvan Rioux** Abb. 24.7. **Hubert Rößner** Abb. 11.3, 13.2, 19.1, 20.5, 24.4–5, 30.9, 33.16–17, 37.17–18, 38.7–8. **Blazej Stanislawski** Abb. 41.6. **Ulrich Stehli** Abb. 23.2–3. **Franz Steiner** Abb. 45.3. **John Sunderland** Abb. 42.2–3 (m. frdl. Gen. v. Margaret Gowen & Co. Ltd). **Swedish Museum of Natural History** Abb. 2.1. **Franz Tod** Abb. 24.10. **Fernando Vasco** S. 8. **Christian Wolf** S. 5, 6: 2. v. li., 7: 4. v. re., 258, 259; Abb. 5.2, 5.7, 8.1–6, 8.8, 9.1, 10.1, 11.1, 12.1, 13.1, 13.7, 13.10–11, 14.6–9, 14.12–13, 16.6–8, 18.1–2, 18.4, 18.7, 20.3–4, 24.12, 26.3, 30.1, 38.11–12, 39.5, 43.12. **Chris Worrall** S. 9; Abb. 10.2, 15.1, 15.5–8, 20.1, 20.7, 26.1, 29.6–14, 31.4, 33.12, 33.18, 39.12–15, 41.14–16, 45.12.

Die einzigen (farb)manipulierten Bilder sind: S. 4; Abb. 24.3, 41.9–10, 42.5.

ILLUSTRATIONEN UND DIAGRAMME

Hans Diebschlag Abb. 27.1, 27.3 (Hans Diebschlag, 3 West View Gardens, East Grinstead, RH19 4EH; www.diebschlag.com). **Dragon Design** Diagr. 1 nach Pietzarka 2005, 2–4 nach Scheeder 1994, 5–6 nach Rajda 1992 und 2005, 7 nach Hindson 2000, 8 nach Meredith o. J., 9 nach Fred Hageneder, 11 nach Thomas u. Polwart 2003, 12 nach Kaya 1998, 38.3, 13 nach Sanofi Aventis, 14–16 nach Fred Hageneder; Abb. 33.7 nach Gimbutas 1995, 37.6 nach Schliemann 1880, 41.12 nach Cook 1914. **Jan Fry** Abb. 27.6. **Seán Goddard** Abb. 41.7. **Fred Hageneder** Abb. 32.3g nach Goff 1963, 36.2, 36.4–5 nach Goff 1963, 37.9–13, 39.2 nach Gurney 1952, 39.4 nach Schefold 1989. **Nicole Melis** Abb. 25.1–4. **Andy K. Moir** Diagr. 10a–b. **Sidney Rust** Abb. 29.16. **Elaine Vijaya** Abb. 11.2 nach Thomas und Polwart 2003, 33.9–11 nach Gimbutas 1995, 34.9, 34.10–11 nach Gimbutas 1995, 37.5 nach Butterworth 1970, 37.7 nach Wirth 1979, 38.4 nach Butterworth 1970, 40.6 nach Gimbutas 1995, 41.5 nach Waddington 1997.

Hinweise auf etwaige Auslassungen nimmt der Verlag dankend entgegen.

ANMERKUNGEN

Abkürzungen

KUB = Keilschrift-Urkunden aus Boghazköy

KBo = Keilschrift-Texte aus Boghazköy

o. J. = ohne Jahr

subsp. = Unterart

var. = Varietät

Zitate aus englischsprachigen Titeln wurden vom Autoren ins Deutsche übertragen.

TEIL I

Kapitel 1: Baccata – »die Beerentragende«

1 Wie das *Strasburger Lehrbuch der Botanik*, 35. Auflage; siehe Sitte (2002).

2 Krüssmann (1979) z. B. gliedert *Taxus* in acht Arten: (1) *T. baccata* in Europa, (2) *T. brevifolia* Nutt. an der Westküste Nordamerikas, (3) *T. canadensis* Marsh. im Nordosten von Nordamerika, (4) *T. celebica* (Warburg) L. in China (ansonsten bekannt als *T. chinensis* Rehd.), (5) *T. cuspidata* Sieb. und Zucc. in Japan, (6) *T. floridana*, (7) *T. globosa* in Mittelamerika, und (8) *T. wallichiana* im Himalaja (sowie eine Varietät, *T. wallichiana* var. *chinensis*, und eine Form, *T. cuspidata* f. *latifolia*).

Für Pilger (1916) sind es lediglich Unterarten, zu denen er zwei weitere hinzufügt: *T. baccata* subsp. *floridana* Nutt. in Florida und *T. baccata* subsp. *globosa* Schlechtd. in Mexiko. Krüssmanns *T. cuspidata* und *T. celebica* entsprechen Pilgers *T. baccata* subsp. *cuspidata* var. *latifolia* und *T. baccata* subsp. *cuspidata* var. *chinensis*. Wenigstens teilweise gibt man heute Pilger recht, denn die meisten gegenwärtigen Autoren sehen *cuspidata* in Japan und dem östlichen China sowie Korea, während die Bäume Südwest-Chinas nun in der Regel zur Himalaja-Eibe, *T. wallichiana* Zucc. (bzw. *T. baccata* subsp. *wallichiana* Pilg.), gestellt werden.

Der/die Bearbeiter in Engler (1960) betrachtet dagegen die außereuropäischen Arten als Varietäten von *T. baccata*, und ähnlich sieht Hess (in Leuthold 1980, Dumitru 1992. S. 8 f) eine einzige Art mit sieben geographischen Sippen. Auch Voliotis (1986) geht von einer einzigen Art aus.

3 Bolsinger u. Jaramillo, S. 17.

4 Thomas u. Polwart 2003.

5 Spjut war ein botanischer Berater des USDA Agricultural Research Service bei der Auffindung und Entwicklung von Taxol als Antikrebsmittel (siehe Kap. 21).

6 www.worldbotanical.com/Nomenclature.htm#nomenclature; www.worldbotanical.com/Introduction.htm#introduction; www.worldbotanical.com/TAXNA.HTM

Kapitel 2: Evolution und Klimageschichte

1 Website der University of San Francisco (www.bss.sfsu.edu, January 2004).

2 Emberger 1968, S. 583

3 Brande 2001a, S. 24, nach Mai 1995.

4 Harris 1961.

5 Ebenda, S. 112-14. »The leaf cuticle of *Marskea* resembles *Taxus* in its stomatal ramparts and papillose stomatal bands, and also in the ridges outside these bands, but differs in its monocyclic stomata. Its cell walls when wavy differ from the normal form of *Taxus* and are more like those of the Triassic fossil *Paleotaxus rediviva* Nathorst (see Florin 1944), though in other respects the cuticle of *Paleotaxus* is very different.« (Harris, S. 113).

6 Thomas u. Polwart 2003, S. 513.

7 Brande 2001a, S. 25.

8 Brande 2003, S. 58f.

9 Pers. Gespräche mit Mitgliedern der Forstfakultät Düzce, Türkei.

10 Brande 2001a, S. 26.

11 Thomas u. Polwart 2003, S. 514.

12 Brande 2001a, S. 26.

Kapitel 3: Der »Ur-Baum«

1 Pridnja 2000, S. 28.

2 Kelly 1981.

3 Leuthold 1998, S. 364.

4 Ebenda, S. 362-3.

5 Leuthold 1998.

Kapitel 4: Klima und Höhenlage

1 Carruthers 1998.

2 Tittensor 1980, S. 244f.

3 Wetterstation Hohenpeißenberg.

4 Pers. Kommunikation mit N. Frank, Ph.D., Westungarische Universität.

5 Pridnja 2002, S. 147.

6 Ebenda.

7 Ebenda.

8 Korori et al. 2001.

9 Gemessen bei Manavgat; Mayer et al. 1986, S. 182f.

10 Ebenda.

11 Ebenda.

12 Pietzarka 2005, 3.2.2.

13 Moir 1999.

14 Pietzarka 2005, 4.1.10.

15 Thomas und Polwart 2003, S. 499.

16 Pietzarka 2005, 2.3.

17 Ebenda, 3.3.2.

18 Thomas und Polwart 2003, S. 498-9.

19 Carruthers 1998.

20 Tittensor 1980, S. 244-5.

21 Wetterstation Hohenpeißenberg.

22 Siehe Anm. 4.

23 Pridnja 2002, S. 147.

24 Ebenda.

25 Ebenda.

26 Korori et al. 2001.

27 Gemessen bei Manavgat; Mayer et al. 1986, S. 182-3.

28 Ebenda.

29 Durchschnitt der meteorologischen Stationen Mukteswar und Shimla, Nordindien; Yadav u. Singh 2002.

30 Pisek et al. 1967.

31 Szaniawski 1978, S. 61.

32 Lange in Dumitru 1992, S. 74.

33 Núñez-Regueira et al. 1997.

34 Groves und Rackham 2001, S. 218, 236.
35 Thomas und Polwart 2003, S. 490; Pridnja 2000b, S. 28.
36 Meine eigenen Beobachtungen, vergl. auch Leuthold 1980, 1998.
37 Beobachtungen von Hubert Rößner, Bayern.
38 Williamson 1978.
39 Thomas u. Polwart 2003, S. 490; Voliotis 1986.

Kapitel 5: Pflanzengemeinschaften

1 Thomas und Polwart 2003, S. 492–3.
2 Heinze 2004. Dies belegen auch Berichte über Eibenvorkommen in der Slowakei (Jaloviar 1998; Korpel 1996; Saniga 1996).
3 Pietzarka 2005, 4.1.1, nach Heinze 2004. Vergl. auch Scheeder 1996, Stahr 1982, Willerding 1968.
4 Leuthold 1980.
5 Pietzarka 2005, 4.1.
6 Ebenda, 4.2.
7 Ebenda, 3.6.2.
8 Larcher 2001.
9 Pietzarka 2005, 4.1.5, 4.2.1.
10 Ebenda.
11 Ebenda, 4.2.2.
12. Kanngiesser 1906; Roloff 1998; Scheeder 1994.
13. Pietzarka 2005, 4.1.11.
14. Ebenda, 4.2.1.
15 »Dies gilt sowohl für das Individuum mit Hilfe von verschiedenen Investitionen in die Sicherung des eigenen Überlebens als auch für die Population mit verschiedenen Mechanismen zur Erhaltung einer hohen genetischen Vielfalt.« (Pietzarka 2005, 6)
16 Ebenda.
17 Ebenda, 4.1.7.
18 Thomas und Polwart 2003, S. 492.
19 Dumitru 1992, S. 37–8.
20 Newbould 1960.
21 Thomas und Polwart 2003, S. 494.
22 In der Sierra Nevada in Spanien sind es eher die spanische Berberitze *(Berberis hispanica)* und wilde Rosenarten, aber hauptsächlich Wacholder *(J. communis, J. sabina)*. Garcia et al. 2000.
23 Watt in Thomas und Polwart 2003, S. 493.
24 Kelly 1981.
25 Darunter *Vaccinium myrtillus, Dryopteris dilatata und Oxalis acetosella*.
26 Pilkington et al. 1994.
27 Wilks in Thomas und Polwart 2003, S. 513.
28 Pilkington in Thomas und Polwart 2003.
29 Tittensor 1980, S. 260.

Kapitel 6: Die Wurzeln

1 Dumitru 1992, S. 60; Thomas und Polwart 2003.
2 Kelly 1981.
3 Thomas und Polwart 2003, S. 492.
4 Tittensor 1980, S. 244.
5 Dumitru 1992, S. 60–1.
6 Ballero et al. 2003.
7 Attems-Heiligenkreuz in Dumitru 1992, S. 62.
8 Szaniawski 1978, S. 59.
9 Howard et al. 1998.
10 Larson 1999.
11 Löblein 1995.
12 »So weist zum Beispiel Frischbier (2001) eine deutlich engere Korrelation zwischen Wurzelwachstum und Strahlungsgenuß als zwischen Höhenzuwachs und Strahlung nach. Untersuchungen zum Durchmesserzuwachs der Eibe legen ebenfalls einen positiven Einfluß des Strahlungsgenusses auf diesen Parameter nahe (DiFazio et al. 1997; Hofmann 1989; Scheeder 1994; Worbes et al. 1992).« (Pietzarka 2005, 3.8.2. Auch 4.1.3).
13 Pietzarka 2005, 4.1.10.
14 Ebenda, 4.1.6.
15 Löblein (1995) untersuchte Eiben in Stadtstandorten.
16 Für eine tiefergehende Abhandlung der Wurzelanatomie siehe Hejnowicz S. 43f in Bartkowiac et al. oder Scheeder 1994, S. 23f.
17 Prof. Gaper, Mykologe, durch pers. Kommunikation mit Prof. L. Paule, Forstfakultät, Zvolen, Slowakien.
18 Korori et al. 2001.

Kapitel 7: Die Blätter

1 Auch unterhalb des Kompensationspunktes wird Photosynthese betrieben, sie ist jedoch geringer als die Atmung des lebenden Gewebes.
2 Z. B. 2500 lux bei –3°C und 3300 lux bei –4°C (Szaniawski 1978, S. 57).
3 Muhle (1978) gibt die Länge der Triebe, die Eibenkeimlinge unter versch. Lichtbedingungen entwickeln, mit 2,5 cm im Vollschatten, 3,0 cm bei 10 – 20 % relativer Lichtstärke, 6,0 cm bei 60 % relativer Lichtstärke, aber nur 4,5 cm in der Freifläche an, woraus geschlossen wurde, daß ein Halbschatten mit etwa 60 % der Freilandstrahlung optimal für die Eibe sei. Muhle hat aber *sonnengewohnte Setzlinge aus der Baumschule* abrupt in unterschiedlich stark beschattete Waldstandorte versetzt, was die Brauchbarkeit seiner Ergebnisse in Frage stellt.
4 Pietzarka 2005.
5 Ebenda, 3.2.2.
6 Ebenda, 3.6.1.1, bezugnehmend auf Larcher 2001.
7 Pietzarka 2005, 3.6.2.
8 Ebenda, 3.6.2.
9 Ebenda, 3.7.1.1, 3.7.2.
10 Kurz bei der Europäischen Eibe, bei der Japanischen Eibe dagegen ist die Spitze länger. Nicht stechend bezieht sich hier v. a. auf die Weichheit aller Eibennadeln.
11 Nadeln werden an älteren Trieben nicht neu gebildet, es sei denn, diese haben Knospen angelegt, was ja gerade bei Eibe jedoch oft der Fall ist.
12 Szaniawski 1978
13 Außer bei der Eibe fehlt das sklerenchymatische Hypoderm nur bei der Kanadischen Hemlocktanne *(Tsuga canadensis)*, der Purpur- oder Pazifischen Weißtanne *(Abies amabilis)*, der Sumpfzypresse (*Taxodium distichum*), der Chinesischen Sumpfzypresse *(Glyptostrobus heterophyllus)* (Kircher et al. 1908), sowie beim Urwelt-Mammutbaum *(Metasequoia glyptostroboides)*.
14 Hejnowicz 1978, S. 41; Scheeder 1994, S. 22.
15 Pietzarka 2005, 3.8.2; Larcher 2001.
16 Pietzarka 2005, 4.1.9.
17 »Schattentoleranz ist nach Kozlowski et al. (1990) jedoch nur das beobachtbare Ergebnis einer ganzen Reihe von physiologischen Anpassungen, vor allem auf biochemischer Ebene (geringere Gehalte an Rubisco-, ATP-Synthetase und anderen Gliedern in der Elektronentransportkette), die unter anderem zu geringeren Kapazitäten beim Elektronentransport und damit der CO_2-Fixierung führen. Die Erfolge dieser Anpassungen liegen in geringerer Dunkelatmung und geringerem Lichtkompensationspunkt. ... Ihre Anpassungsfähigkeit bezüglich einer besseren Ausnutzung dieser Ressource ist also gering, sie errei-

chen jedoch, daß die höheren Strahlungsintensitäten ihnen weniger schaden (Larcher, 2001).« (Pietzarka 2005, 4.1.9).
18 Hejnowicz 1978, S. 41; Scheeder 1994, S. 22.
19 Scheeder 1994, S. 35; Pietzarka 2005.
20 Di Sapio et al. 1997; Dempsey u. Hook 2000 sowie Salisbury (1927) in Polwart et al.
21 Dempsey und Hook 2000.
22 Mitchell 1998.
23 Kartusch und Richter 1984.
24 Parker 1971.
25 »Die Effektivität der Photosynthese liegt während dieser günstigen Perioden sogar über derjenigen der eigentlichen Vegetationszeit.« (Pietzarka 2005, 4.1.7).
26 Pietzarka 2005, 3.8.1.4.
27 Pietzarka 2005, 3.8.2, nach Strauss-Debenedetti und Bazzaz 1991.
28 Pisek et al. 1967, 1968, 1969. Die Netto-Photosynthese von *Taxus* wurde in den österreichischen Alpen in 550 m ü. d. M. bei Innsbruck gemessen. Das Optimum lag bei 10.000 lux = 0,1 cal/cm²/min).
29 Szaniawski 1978.

Kapitel 8: Die Blüten

1 Thomas und Polwart 2003, S. 503.
2 Leonhardt et al. 1998.
3 Thomas und Polwart 2003, S. 503.
4 Frank 2003.
5 Dieser Einwand stammt von Dr. Pietzarka (pers. Kommunikation). Pietzarka identifizierte in seinen Test-Eibenschulen bis zu 9 % einhäusige Pflanzen. (Klimadaten Tharandt: siehe Kap. 11, Anm. 8).
6 Kirchner et al. 1908; Rößner 1996.
7 Svenning und Magård 1999.
8 Pietzarka 2005, 3.5.2.
9 Pietzarka 2005, 4.1.5, nach Rohde 1987.
10 Cao et al. 2004; Lewandowski et al. 1995; Thoma 1992, 1995.
11 Lange et al. 2001.
12 Vgl. die ausführliche Darstellung in Pietzarka 2005, 4.1.2
13 Thomas und Polwart 2003, S. 503.
14 Beschrieben auch bei Kirchner et al. 1908.
15 Pietzarka 2005, 4.1.5, nach Rohde 1987.
16 Hejnowicz 1978, S. 44-5.

Kapitel 9: Bestäubung und Befruchtung

1 Hejnowicz 1978, S. 48.
2 Ebenda, S. 48; Thomas und Polwart 2003, S. 501.
3 Hejnowicz 1978, S. 45-51.
4 Dark 1932; Sax u. Sax 1933; Lövkvist 1963, zitiert in Moore 1982
5 Sax u. Sax (1933). Details der Meiose bei *T. baccata* finden sich in Dark (1932).
6 Hejnowicz 1978, S. 50-1.

Kapitel 10: Der Samen

1 Thomas und Polwart 2003, S. 503.
2 Smal und Fairley 1980b.
3 Suszka in Thomas und Polwart 2003, S. 501.
4 Herrera, ebenda.
5 Ebenda.
6 Hulme 1997 sowie Smal u. Fairley 1980 in Thomas u. Polwart 2003, S. 502
7 Für Samenöle und -eiweißreserven in *T. baccata* siehe Wolff et al. (1996), Allona et al. (1994).
8 Hulme und Borelli sowie Melzack und Watts in Thomas und Polwart 2003.
9 Detz u. Kemperman (1968), Herrera (1987), Suszka (1978) sowie Brzeziecki u. Kienast (1994) in Thomas u. Polwart 2003
10 Pers. Kommunikation mit Prof. Paule, Forstfakultät Zvolen, Slowakien.

Kapitel 11: Verjüngung

1 Thomas und Polwart 2003, S. 504.
2 Williamson in Thomas und Polwart 2003, S. 505.
3 USDA 1948; Suszka, 1978.
4 Thomas und Polwart 2003, S. 505.
5 Pietzarka 2005, 3.1.1.2.
6 Wahrscheinlich eine der Ursachen für die Verjüngungsprobleme, die Prof. Pridnja aus einigen Beständen im Kaukasus meldet.
7 Pietzarka 2005, 3.1.1.2 und 3.3.1.3, nach Gregorius u. Degen 1994; Rajewski et al. 2000
8 Alles Nachfolgende bezieht sich auf Naturverjüngung von *Taxus baccata* in Freiflächen des Forstbotanischer Gartens Tharandt. Klimadaten: Höhe: 250–280 m ü. NN. Langjähriges Mittel der Lufttemperatur 7,9°C. Durchschnittl. Jahresniederschlag 736 mm. Januar-Temperatur: 9,8 – 16,6°C, Juli-Temperatur: 26,4–31,5°C.
9 Pietzarka 2005, 3.2.2.
10 Übrigens auch bei der Weißtanne: Für die ersten 3–5 Jahre liegt die Priorität auf Tiefwurzel und Seitentrieben und nicht im Höhenwachstum.
11 Pietzarka 2005, 3.4.1.1.
12 Ebenda, 3.5.
13 Ebenda.
14 Roloff 1989; Roloff und Pietzarka 2001.
15 Roloff 1989; Roloff et al. 2001.
16 Dies bezieht sich auf Pietzarkas Probeflächen in Tharandt, Pietzarka 2005, 3.4.1.3.
17 Ebenda, 3.4.2.
18 Ebenda.
19 Korpel 1996.

Kapitel 12: Ein wirksames Gift

1 Hauptwirkstoffe sind Taxin A, B und C und Taxan-Tetraol im Pseudoalkaloidgemisch. Die Summenformel von Taxin ist $C_{37}H_{51}O_{10}N$. Die Teilformel $C_6H_6 \cdot CH(NMe_2) \cdot CH_2 \cdot CO \cdot O \cdot C_{24}H_{34}O_6 \cdot O \cdot CO \cdot CH_3$ bringt Taxin in die Nähe der Herzgifte in *Digitalis, Strophanthus* und der Krötengifte (Bufotoxin) (Callow et al., 1931). Auch Dumitru 1992, S. 98.
2 Persönliche Mitteilung von Dr. H. Osthoff.
3 Erdtman und Tsuno 1969.
4 Elsohly et al. in Thomas und Polwart 2003.
5 Daher resümiert der Artikel: »Systematische Untersuchungen über die Akkumulation bioaktiver Taxane in kultivierten Eiben konnten keine generelle Wechselbeziehung zwischen botanischen (waldbaulichen) Merkmalen und der Ansammlung bestimmter Taxoide aufzeigen [...], was vermuten läßt, daß die Bildung von Taxanen das Ergebnis eines komplexen und immer noch kaum verstandenen Wechselspieles genetischer und umweltbedingter Faktoren ist.« (Ballero et al., 2003, S. 35)
6 Thomas u. Polwart 2003, S. 506. Vgl. auch Waldemar Zank auf der Dendrologentagung am 29.10.1994 in Potsdam, Zus.fass. v. Dr. O. Hermann. *Der Eibenfreund* 2 (1996), S. 82.
7 Krenzelok et al. 1998.
8 Van Ingen et al. 1992.
9 Dumitru 1992, S. 104.
10 Jensen in Dumitru 1992, S. 109.

11 Dumitru 1992, S. 104, 108.
12 Thomas u. Polwart 2003, S. 506, bezugnehmend auf eine franz. Untersuchung von Charles Cornevin, 1892. Cornevins Wert für das Pferd (2 gr) wurde modifiziert nach Dumitru 1992, S. 103.
13 Ebenda.
14 »Das Laub gilt als noch giftiger, wenn es verwelkt ist oder getrocknet wurde (Elwes u. Henry 1906; Williamson 1978), aber nach Cooper u. Johnson (1984) sind sie [die Nadeln] ›so giftig wie die frische Pflanze‹« Thomas u. Polwart 2003, S. 506
15 Thomas und Polwart 2003; Williamson (1978); Osthoff (2001).
16 Osthoff 2001, S. 71.
17 Moir 2004, S. 5, nach W. Johnson 1908.
18 Pers. Kommunikation mit Prof. Paule, Forstfakultät Zvolen, Slowakien.
19 Williamson 1978, S. 43.
20 Theophrast, *Enquiry into Plants*, III, X, 2, in Hort (Übers.) 1916.
21 Vergil *Ecl.* IX, 30. Diese Bemerkung weist außerdem darauf hin, daß Korsika im 1. Jh. n. Ztr. bemerkenswerte Eibenvorkommen gehabt haben muß.
22 Plinius XVI, X, in Hartzell 1991, S. 15.
23 Dioskurides, zitiert in Voliotis (1986), S. 47.
24 Lowe (1897), S. 136, bezugnehmend auf Plutarch.
25 Dumitru 1992, S. 107.
26 Gulland et al. 1931.
27 Kukowka 1970, in Dumitru 1992, S. 96. Auch Graeter 1994.
28 Pers. Kommunikation mit Betroffenen.

Kapitel 13: Säugetiere

1 Tittensor 1980.
2 Dumitru 1992, S. 81; Thomas und Polwart 2003, nach Mysterud und Ostbye 1995.
3 Thomas und Polwart 2003, nach Lowe 1897, Watt 1926, Williamson 1978.
4 Watt 1926.
5 Williamson 1978, S. 63.
6 Ebenda, S. 84.
7 Ebenda, S. 83.
8 Bartkowiak 1978.
9 Williamson 1978, S. 83.
10 Thomas und Polwart 2003, nach Bartkowiak 1978, auch Williamson 1978.
11 Hassler 2003.
12 Thomas und Polwart 2003, nach Mehlman 1988.
13 Tittensor 1980; Smal und Fairley 1980a.
14 Hulme 1996; Hulme und Borelli 1999.
15 Hulme 1997.
16 Thomas und Polwart 2003, nach Hulme 1997.
17 Rößner 2001.
18 Rößner, in pers. Kommunikation.
19 Williamson 1978, S. 28ff.
20 Thomas und Polwart 2003; Rößner 2001.
21 Williamson 1978, S. 68–9, 77.
22 Schroeder, in Stern 1979, S. 256.
23 Hassler 2003.

Kapitel 14: Vögel

1 Williamson (1978) berichtet, daß allherbstlich allein 2000 Rot- und Wacholderdrosseln vom Kingley Vale Naturschutzgebiet angezogen werden, und zwar aufgrund der »Eiben- und Weißdornfrüchte (und in geringerem Ausmaß vom Spindelbaum, Liguster und Hartriegel)«, S. 126.
2 Thomas und Polwart 2003 nach Bartkowiak 1978; Fuller 1982; Snow und Snow 1988; Hulme 1996.
3 Nach USDA (1948), Suszka (1978) und Namvar u. Spethmann (1986) wird die Keimfähigkeit von Eibensamen erhöht, wenn sie den Verdauungskanal von Vögeln durchwandert haben. Die Saatbehandlung mit heißem Wasser oder schwefeliger Säure zum Aufbrechen der Samenhülle führt nicht zu höheren Keimraten (Suszka 1978). Heit (1969) dagegen sagt, daß es nicht der Verdauungssaft der Vögel ist, der der Keimung hilft, sondern die bloße Abtrennung des Arillenfleisches.
4 Larson 2000, S. 227, nach Vogler 1904.
5. Williamson 1978; Bartkowiak 1978; Snow und Snow 1988.
6. Snow und Snow 1988.
7 Bartkowiak 1978.
8 Williamson 1978, zitiert in Thomas u. Polwart 2003, S. 507.
9 Snow u. Snow 1988.
10 1952/53 in der Gegend von Pillnitz bei Dresden; Snow u. Snow (1988), nach Creutz 1952.
11 Dumitru 1992, S. 83, nach Schönichen 1933 und Namvar u. Spethmann 1986.
12 Snow u. Snow 1988, nach Creutz 1952.
13 Hulme u. Borelli 1999.
14 Rößner 2001.
15 Williamson 1978, S. 28, 126 - 7. Und Pridnja (2002) erwähnt Zugvögel in Eibenbeständen des Kaukasus.
16 Snow u. Snow 1988.
17 Thomas u. Polwart 2003, S. 507.
18 Snow u. Snow 1988.
19 Nach Snow u. Snow (1988), die ihre Daten in den Chilterns, Südengland, erhoben.
20 Ebenda; Barnea et al. 1993.
21 Williamson 1978, S. 128.
22 Ebenda, S. 77, 131.
23 Williamson, S. 134, bezugnehmend auf Simms 1971.
24 Scher 1998; Wolf 2002; Huf 2002.
25 Im Plesswald bei Bovenden, Deutschland. Dumitru 1992, S. 80.
26 Wolf 2002, S. 172.
27 Scher 1998.
28 Dr. Scher, Dept. of Environmental Science, Policy and Management, University of California, Berkeley, in Scher 1998.
29 Scher 1998, S. 414; Wolf 2002, S. 175.
30 Huf 2002, nach einem ornithologischen Artikel von Prof. E. Martini, Kronberg, Deutschland.
31 Wolf 2002, S. 173.
32 Ebenda.

Kapitel 15: Wirbellose

1 Daniewski et al. in Thomas und Polwart 2003, S. 508.
2 Diese Stimulation ist zweifellos chemischer Natur und beinhaltet natürlich erzeugte Pflanzenhormone und/oder Stoffe, die vom Insekt abgegeben werden. Die genauen Mechanismen für diese sowie alle anderen Insektengallen sind jedoch unbekannt.
3 Für *T. taxi* ist dies jedoch nicht belegt. Und es gibt keine unter dem Mikroskop sichtbare Verletzung der Zellwände (persönliche Kommunikation mit Dr. Redfern).
4 Heath 1961 in Redfern 1975, S. 530.
5 »Der gefährlichste Parasit auf *Taxus baccata* in Europa« (Skuhravá 1965), zitiert in Siwecki 1978
6 Redfern und Hunter 2005, S. 86.
7 Natürlich *kontrolliert* sie den Wirt nicht im engeren Sinn des Wortes – sie *folgt* einfach der Bevölkerungsdichte des Wirtes.

8 Redfern 1998, S. 25.
9 Ebenda, S. 26.
10 Thomas und Polwart 2003, S. 508. Siehe auch Coutin 2003.
11 Rößner, persönliche Kommunikation.
12 Hassler (2003) in der Schweiz; und für das andalusische Hochland in Spanien hat Hulme (1997) zwei Arten arillusverzehrender Ameisen identifiziert: *Cataglyphis velox* Sants. und *Aphaenogaster iberica* Em.
13 Kirchner et al. 1908.

Kapitel 16: Schädlinge

1 Swift et al. 1976, in de Vries und Kuyper 1990.
2 Lewandowski et al. 1995.
3 Das Eibenvorkommen erstreckt sich über 8,5 ha im nördlichen Teil des Fürstenwaldes, 600 – 700 m ü. d. M., in einer Waldgesellschaft mit dominierend Buche und Kiefer, daneben Fichte und Lärche.
4 Hassler et al. 2004.
5 Strouts und Winter in Thomas und Polwart 2003.
6 Thomas und Polwart 2003, S. 508.
7 Strouts und Winter 1994.
8 Ebenda.
9 Strouts 1993; Strouts und Winter 1994.
10 De Vries und Kuyper 1990.
11 Darunter zwei, die sich eigentlich auf den Wacholder spezialisieren: *Amylostereum laevigatum* und *Kavinia alborividis*. Wacholder und Eibe teilen nicht nur gelegentlich einen vergleichbaren Lebensraum (arme Böden), sondern weisen auch einen relativ hohen pH-Wert des Holzes auf, *Juniperus* 5,15 und *Taxus* 5,65 (die anderen Koniferen liegen in der Regel unter 5). Aber solche pH-Messungen müssen mit Vorsicht betrachtet werden, da die Stoffwechselaktivität der Pilze den Säuregehalt ändern kann.
12 Selten wurde diese Pilzart auch auf Laubblattpflanzen gefunden (Rosaceae, Ericaceae), aber die Exemplare auf *Taxus* zeigen unter dem Mikroskop andere Merkmale und könnten nach de Vries u. Kuyper eine eigene Sippe darstellen.
13 British Mycological Society Fungal Records Database (BMSFRD), in Thomas u. Polwart 2003, S. 508.
14 De Vries und Kuyper 1990.
15 *C. psilaspis* Nalepa: Eriophyidae.
16 Duncan et al. 1997.
17 Siwecki 2002.
18 Skorupski und Luxton 1998.

Kapitel 17: Vitalität

1 Von dem schweizer Elektrotechniker und Elektrotherapeuten Eugen Konrad Müller (1853 – 1948); Hageneder 2004, S. 45.
2 Langzeituntersuchungen der bio-elektrischen Felder einer Ulme und eines Bergahorns an der University of Yale zwischen 1943 und 1966, geleitet von Harold Saxton Burr; ebenda.
3 Siehe Hageneder 2004, S. 45 ff.
4 Vladimír Rajda, Elektrodiagnostika, Smetanova 947, CZ-69701 Kyjov, Tschechische Republik.
5 Nach Rajda (2004) durchschnittliche Pflanzenvitalität in Mitteleuropa (1980 – 2002) 68 %; Deutschland (1993 – 1999) 68 % (mit Eichen in Nordrhein-Westfalen (1999) 86 %, Pappeln in Hessen (1993) 95 %, Buchen in Hessen (1993) 45 %); Durchschnitt in Tschechien 68 % (Standorte unmittelbar bei Industriegebieten 29 – 37 %); Eichen in Österreich (Weinviertel 1998) 59 %, Kiefern in Österreich 42 %; Mexiko (1995): Kiefern 93 %, Eichen, Tannen und Zedern 73 – 79 %, Apfel- und Aprikosenbäume 100 %.
6 Rajda 1992, 1995, S. 351; vergl. auch Hageneder 2004.
7 Von H. S. Burr, siehe Anm. 2.
8 Auch Burr hatte eine allgemeine artspezifische Charakteristik entdeckt; Hageneder 2004, S. 46.
9 Rajda 1992, 1995, 2004, 2005.
10 V. Rajda in einem Brief an den Autor, Frühsommer 2004. Es war dieses Ergebnis, das Herrn Rajda zu seiner zwölfmonatigen *Taxus*-Studie bewegte.
11 Rajda 2005.
12 Persönliche Kommunikation des Autors mit Herrn Rajda, September/Oktober 2005.

Kapitel 18: Das Holz

1 Kucera 1998, S. 330.
2 In kontinentalem Klima, z. B. in Bayern, an die zwei Monate später.
3 Moir 1999.
4 Dumitru 1992, S. 50.
5 *Taxus*-Wert aus Thomas und Polwart 2003, S. 500; Lincoln 1986 nennt 670 kg/m^3. Der hier genannte Mammutbaum ist *Sequoia sempervirens*, die Kiefer *P. sylvestris*, Buche und Eiche die nordwesteuropäischen Arten (Desch 1974; Lincoln 1986).
6 Pietzarka 2005, 4.1.3, nach Korpel und Paule 1976.
7 Nach Alan Mitchell (1972) beginnen alle Eiben ab 15 Fuß (4,57 m) Stammumfang, hohl zu werden. Neuere Felddaten aus den letzten 30 Jahren zeigen jedoch klar, daß dieser Vorgang auch in Stämmen mit wesentlich geringerem Umfang einsetzen kann. Es ist also unmöglich, ein Baum-*Alter* für den Beginn dieses Prozesses festzulegen. Das Hohlwerden kann nach etwa 300 Jahren einsetzen (Moir, pers. Komm.) oder erst nach 1000 Jahren (Pridnja, siehe nachfolgendes Kapitel) – *es gibt keine Regel.*
8 Tabbush und White 1996.
9 Die Adventivtriebe hinterlassen im Holz dunkle Punkte, die im Furnierhandel als »Pfeffer« sehr geschätzt sind
10 Hejnowicz 1978, S. 35-6.
11 Pietzarka 2005, 3.8.2.
12 Kucera 1998, S. 332, Tafel 1.
13 Hejnowicz 1978, S. 40; Scheeder 1994, S. 22.

Kapitel 19: Regenerationsfähigkeit

1 Dies ist das Prinzip des theoretischen Modells. Bei Waldbäumen geht die Jahrringbreite oft noch zusätzlich zurück, weil sich durch den dichten Bestand die Krone verkürzt und dadurch weniger assimiliert, was ein geringeres Dickenwachstum nach sich zieht.
2 White 1998 S. 2.
3 Chetan und Brueton 1994, Anh. 3.
4 Die Zuwachsförderung durch Nährstoffaufnahme am Boden aufliegender und bewurzelter Zweige und Äste ist unumstritten, andererseits aber noch nicht vollständig untersucht worden. Es ist nicht bekannt, in welchem Zeitmaß Tochter- und Mutterbaum voneinander unabhängig werden (und es ist ohnehin fraglich, ob sich für die vielseitige Eibe dafür eine Regel aufstellen ließe). Solange Nährstoffe zwischen ihnen ausgetauscht werden, wird auch die »Verbindungsbrücke« (der Senkerast) weiterwachsen. Hier besteht noch Forschungsbedarf.
5 White 1998, S. 2. Am häufigsten geschieht dies jedoch einfach durch den Wegfall von Schattenbäumen in der Oberschicht des Waldes.
6 Hindson kombinierte seine empirischen Daten und Neuvermessungen (u. a. eine vollständige Neuvermessung von 21 alten Eiben in Hampshire, von denen die meisten nicht bei Chetan u. Brueton 1994 genannt sind, aber u. a. bei Lowe 1897

erscheinen) mit bekannten Pflanzdaten bis zu 800 Jahre alter Eiben sowie mit den Baumlisten Allen Merediths und schuf so eine erweiterte Datenbank, um das Alter einer Eibe mit ihrem Umfang in Zusammenhang zu bringen. Siehe Hindson 2000.

7 Scheeder 2000, S. 68.

8 Interviewt von John Craven für eine Folge der BBC-Serie »Countryfile«, 1991

9 Hindson, Toby: *Death by pollarding*. Unveröffentlichtes Essay, zugänglich über die Homepage der AYG: www.ancient-yew.org

10 Siehe Anm. 4.

11 Tabbush und White (1996, S. 198) zufolge.

12 Green 2003.

13 In der Neuzeit wurden Innenwurzeln zum ersten Mal 1833 vom dem englischen Pastor William Bree in einem Artikel des *Natural History Magazine* erwähnt. Er leistete auch einen Beitrag zu Loudons *Arboretum et Fructicetum Britannicum* von 1842, in welchem er seine Beobachtungen zum Regenerationsvermögen der Eibe mit den Worten schloß: »In den Fällen, in denen sich dieser Vorgang abspielt, mag die Existenz eines Eibenbaumes an einer bestimmten Stelle so lang andauern wie die Welt besteht.« Später gerieten die Existenz von Innenwurzeln sowie die lange Lebensdauer der Eibe fast vollständig in Vergessenheit, bis diese Phänomene 1974 durch Allen Meredith wiederentdeckt wurden. Für eine ausführliche Darstellung siehe Chetan u. Brueton 1994, S. 23ff.

Kapitel 20: Altersschätzung an Eiben

1 Für seine eigenen Berechnungen zur Eibe vermaß de Candolle nicht mehr als drei junge Bäume (von 71, 150 und 280 Jahren) und schrieb daraufhin in *Physiologie Végétale* (1831), die Wachstumsrate von *Taxus* läge »pro Jahr etwas über einer Linie im Durchmesser in den ersten 150 Jahren und etwas darunter in den folgenden hundert« (Bowman 1837, S. 29). Für sehr alte Eiben vermutete er einen jährlichen Durchschnitt von einer Linie im Durchmesser (eine Linie ist ein Zwölftel Zoll = 2,117 mm). Das entspricht einer halben Linie im Radius, also einer Ringbreite von 1,05 mm. Dazu gab er an, daß diese Daumenregel das Alter von uralten Eiben wahrscheinlich unterschätzen würde.

2 Ermutigt durch de Candolles Anmerkung über die mögliche Unterschätzung des Alters alter Eiben, modifizierte J. E. Bowman (in Schriften 1835 – 37) de Candolles Formel, da sie »alte Eiben jünger macht, als sie sind« und »den jüngeren ein zu hohes Alter anrechnet« (Bowman 1837, S. 35). Bowman bevorzugte zwei Linien für den Durchmesser (ca. 2 mm Ringbreite) für junge Bäume, gar drei Linien in satten Böden, bis ein Stammdurchmesser von etwa 60 cm erreicht sei. Weiterhin schlug er eine »mittlere Wachstumsgeschwindigkeit für die wahrscheinliche Übergangsphase vom schnellen Wachstum der Jugend zum langsameren Wachstum der Reifejahre« vor, die im Alter von ca. 150 – 250 Jahren stattfinden würde (ebenda, S. 32 f.). Seine Formel für alte Eiben führt zu höheren Altern als die von de Candolle. Die alte Eibe von Darley Dale in Derbyshire z. B., zu seiner Zeit mit einem Stammfußumfang von 27 Fuß (9,4 m), hätte nach de Candolles Formel ein Alter von 1356 Jahren gehabt, nach Bowman von 2006 Jahren.

3 In seinem Buch *Yew-Trees of Great Britain and Ireland* (1897) spricht Lowe von den »fehlgeleiteten Ansichten« (ebenda, S. 35) de Candolles, und verwirft Bowman vollständig (S. 37: »absolut nutzlos«). Lowe warf de Candolle vor, nur »verkümmerte und krankhaft gewachsene« (S. 46) Bäume gemessen zu haben, fand für seine eigenen Untersuchungen Exemplare mit rasantem Wachstum, behauptete, daß Eiben auch in hohem Alter nicht langsamer wachsen würden, und kam zu der gegenteiligen Schlußfolgerung: »... im großen und ganzen nimmt das Wachstum sogar zu, mit einer Geschwindigkeit, die ebenso groß und in vielen Fällen noch viel größer als bei jungen Bäumen ist« (S. 61f). Seine Formel ist ein durchschnittlicher Durchmesserzuwachs von einem Fuß (30,48 cm) in 60 – 70 Jahren, das entspricht einer durchschnittlichen Jahresringbreite von 2,18 – 2,54 mm. Um beim Beispiel der vorgehenden Anmerkung zu bleiben: Die Eibe von Darley Dale war nach Lowe höchstens 612 Jahre alt..

4 Obwohl Professor Eddelbüttel (1935/1937, S. 149 - 50) einen Eibenstumpf mit mehr als 1000 Ringen auf 55 cm Radius (durchschnittl. Ringweite unter 0,55 mm) gesehen hatte, als auch ein Segment einer Stammscheibe mit 55 Ringen auf 12,5 cm (durchschnittl. Ringweite 0,23 mm; Krause 1884, Trojan 1903 in Edelbuettel S. 150), blieb sein oberstes Ziel, die Überschätzung des Alters junger Eiben zu vermeiden. Er mißtraute den Daten langsamen Wachstums alter Eiben und verallgemeinerte das schnelle Wachstum junger Bäume.

5 Paul Tabbush und John White von der britischen Forstbehörde haben gezeigt, daß die mögliche Verzerrung von Altersschätzungen durch Stammfusionen gering ist und vernachlässigt werden kann (solange der ursprüngliche Kreis junger Bäume nicht größer als 1 m im Durchmesser war). Sie illustrierten das mit einem Beispiel von Richard Williamson, der von 1963 bis 1978 Forstwächter in Kingley Vale war. Er beschrieb eine gefällte Eibe mit 37 cm Stammdurchmesser, die sieben Zentren mit 21 bis 53 cm Umfang aufwies. Jedes dieser Zentren war 46 Jahre alt. Nach Whites Formel für Stämme mit einem *einzelnen* Kern würden 37 cm nach etwa 69 Jahren erreicht werden – eine Schätzung, die in der Tat um 50 % zu hoch liegt. Wenn es aber um die Frage geht, ob der hohle Stamm einer uralten und riesigen Eibe in seiner Jugend mehrere Zentren im Kern hatte, machen die 23 Jahre unseres Beispieles kaum noch einen Unterschied. Außerdem würde die Phase der eigentlichen Verschmelzung von Kambium und Rinde eine Verzögerung des Wachstums bewirken, die im obigen Beispiel noch gar nicht berücksichtigt ist.

6 Kirchner et al. 1908, S. 65.

7 *Encyclopedia Britannica* 1984, S. 915.

8 Selbst in Cambridge und Oxford verbeitete sich so die *Meinung* der »Vortäuschung« hohen Alters. Erst seit 1994 kann diese Sichtweise mit Hilfe der Daten und Argumente Allen Merediths (in Chetan u. Brueton) wieder angezweifelt werden.

9 Pilcher et al. 1995.

10 Siehe Bibliographie: Chetan u. Brueton 1994. Merediths Liste wurde seither in die ausgeweitete Eibendatenbank der AYG (Ancient Yew Group) integriert, die öffentlich über die Homepage www.ancient-yew.org zugänglich ist.

11 White 1994.

12 White 1998, S. 2.

13 Tabbush und White 1996, S. 202.

14 Moir 1999.

15 Tabbush 1997.

16 Moir 1999.

17 Hindson, Toby 2003, *A Longditudinal Study of Monnington Walk* (unveröffentlichtes Manuskript).

18 Gemessen von Paul Greenwood, AYG.

19 Standort: Bartin, Ulus Ilcesi, Kumluca Orman Isletme Sefligi, Kumluca Serisi, Yenisencay, Türkei.

20 Larson 1999.

21 Larson 2000, S. 91f. und pers. Komm. 2003

22 Larson, persönliche Korrespondenz mit dem Autor, August 2004.

23 Pridnja 2002, S. 152.
24 Persönliche Korrespondenz mit dem Autor, Januar 2004.
25 Lowe 1897, S. 45.

Kapitel 21: Grüne Denkmäler

1 Thomas u. Polwart 2003, S. 515.
2 Svenning u. Magård 1999.
3 In Bayern z. B., siehe Ludwig u. Bauer 2000.
4 Scheeder 1994, S. 106.
5 Thomas u. Polwart 2003, S. 516.
6 Goodman u. Walsh 2001, S. 56. Siehe auch Videnseek et al. (1990).
7 Goodman u. Walsh 2001, S. 51, 54-61, 131, 208.
8 1991: Über 385.000 kg von *federal lands*, weitere 102.000 von *State lands*, und 238.000 von privaten Grundstücken. 1992 dann war das Verhältnis zwischen öffentlichem und privatem Land 1:1. (Goodman u. Walsh, S. 229f).
9 In den USA waren dies der National Environmental Policy Act von 1969, der Endangered Species Act von 1973, der National Forest Management Act von 1976 und der Federal Land Policy and Management Act von 1976. (Goodman u. Walsh 2001, S. 88).
10 Franklin et al. 1981.
11 Ebenda, S. 40, in Goodman u. Walsh 2001, S. 103.
12 Vermutlich Carl Oskar Drude (1852 – 1933), der erste Direktor des Botanischen Gartens der Technischen Universität Dresden.
13 Persönliche Kommunikation mit Richard Williamson.
14 Die Staatliche Stelle für Naturdenkmalpflege in Preussen wurde 1906 in Danzig gegründet und 1911 nach Berlin 1911 verlegt (Scheeder u. Brande 1997).
15 Hartzell 1991, in Goodman u. Walsh 2001, S. 87.
16 Darüber hinaus gibt es eine Reihe kleinerer Firmen, die gelegentlich auf *federal lands* Eibenrinde »sammeln«, seit das Exklusivrecht von Bristol-Myers Squibb auslief. Die Roseburg District Zweigstelle des BLM (Bureau of Land Management) z. B. erlaubte 2002 solche Tätugkeiten, was jedoch die Kritik einer wachsamen Umweltorganisation, des Oregon Natural Resources Council, provozierte (persönliche Kommunikation mit Dr. David Pilz, Oregon State University, September 2005).
17 Goodman u. Walsh 2001, S. 1.
18 Shemluck et al. 2003.
19 Scher 2000, nach dem World Conservation and Monitoring Centre (WCMC) 1999: Tree Conservation Database. http://wcmc.org.uk/cgi-bin/SaCGI.cgi/trees.exe
20 Scher 2000, nach WWF 1998, und Walter u. Gillitt 1997.
21 Ebenda.
22 Ebenda.
23 Ebenda.
24 Scher 2005a. Zu genetischer Kontamination siehe auch Scher 2005b und 2005c.
25 Etwa 85 % der alten Eiben im Vereinigten Königreich stehen auf Friedhöfen und »gehören« entweder der Church of England oder der Church of Wales. Keine dieser beiden Organisationen hat bisher landesweite Richtlinien oder spezielle Ratschläge zum Schutz alter Eiben herausgegeben. »Statt dessen bleibt die Entscheidungsgewalt auf die lokale Ebene delegiert. Die örtlichen Kirchenräte (PCC = Parochial Church Councils) müssen ihre zuständige Diözese für größere Arbeiten an der Kirche oder im Kirchhof im Voraus um Genehmigung bitten. Aber sowohl die Diözese als auch die Gemeindeversammlung haben höchstwahrscheinlich keinen Eibenexperten in ihren Reihen. Oft ist den Entscheidungsträgern überhaupt nicht klar, wie wichtig ihre Eibe ist. Es gibt keine zentrale Liste von Experten, die man um Rat fragen könnte, und auch keinen zentralen Fonds, um Rat und Tat von Fachleuten zu vergüten. Zudem haben alle Angst vor den Unfall- und Sicherheitsbestimmungen.« (Anderson 2005)
26 Simmonds 1979.
27 In seiner Alan Mitchell Memorial Lecture 2000.

TEIL II

Kapitel 22: Die Kunst des Überlebens

1 Tittensor 1980, S. 249, bezieht sich auf die südenglischen South Downs, aber ich denke, diese Aussage ist für ganz Nordwesteuropa gültig.
2 Milner 1992, S. 42.
3 Beckhoff 1963 und Wetzel 1966 benennen fünf der sieben Fundorte: Holmegaard IV (ein Ort in Dänemark, nach dem dieser Bogentypus benannt ist), Ochsenmoor/Dümmer, Satrup/Förstermoor, Aamosen/Muldberg I, und Barleben/Kr. Wolmirstedt. Ich habe 2004 eine ganze Reihe (vornehmlich nord-) deutscher Museen angeschrieben, konnte aber nicht in Erfahrung bringen, ob seit 1966 weitere Bögen gefunden worden sind (außer dem von Ötzi natürlich).
4 Beckhoff 1963.
5 Wetzel 1966.
6 Siehe auch Adler 1915; Reinerth 1926.
7 Earwood 1993; Dumitru 1992, S. 113f.
8 Thomas u. Polwart 2003, S. 514.
9 Maiden Castle in Dorset: neolithisch, ca. 2500 – 2000 v. Ztr., und früheisenzeitlich, ca. 400 – 200 v. Ztr. (Thomas u. Polwart 2003, S. 514); Whitehawk Camp, Brighton: neolithisch; Holdenhurst, Hampshire: bronzezeitlich (Tittensor 1980, S. 249).
10 Tittensor 1980, S. 249.
11 Thomas u. Polwart 2003, S. 515, nach Mitchell 1990.
12 Niederwil/Gachnang TG Egelsee; Robenhausen, Pfäffikersee; Seeberg BE Burgäschisee Süd; Horgen ZH Scheller, Zürichsee.
13 Scheeder 1994, S. 50.
14 Milner 1992, S. 43. Dies war allerdings nicht das übliche Verfahren. Leider gibt Milner keine Quelle für diese Information an.
15 Die genaue Datierung, wie sie vom zuständigen Hull and East Riding Museum im März 2001 veröffentlicht wurde: F1 (Boot Nr.1): 1880 – 1680 v. Ztr., F2: 1940 – 1720 v. Ztr., F3: 2030 – 1780 v. Ztr. Siehe Homepage des Ferriby Boats Vereins, www.ferribyboats.co.uk. Siehe auch Wright u. Churchill 1965.
16 Meiggs 1982, S. 408. Die Königliche Barke befindet sich inzwischen in ihrem eigenen Gebäude, dem Solar Boat Museum direkt vor (südlich) der Cheops-Pyramide.
17 Siehe www.canterburytrust.co.uk
18 Siehe Hageneder 2004.
19 Ausgrabungsorte Wurt Elisenhof (8. bis 11. Jh.) an der Mündung der Eider, Schleswig-Holstein, sowie Wollin (10.–12. Jh.) am Stettiner Hafen, Pommern, Polen (Dumitru 1992, S. 121).

Conwentz (1898; 1921) nennt 18 Eibengefäße (von der spätrömischen bis in die Wikingerzeit) im Museum von Oslo, 26 Artefakte (Eimer, Messer, Bögen) im Nationalmuseum von Dänemark in Kopenhagen und weitere Gegenstände in den Museen von Stockholm und Lund (Schweden), Kiel, Berlin und Hannover. 2005 (also fast ein Jahrhundert nach Conwentz) schrieb ich etwa zehn deutschen Museen an, ob sie (noch) Eibenartefakte beherbergen würden, aber alle Antworten waren negativ.

20 Scheeder 1994, S. 51.

21 Bögen aus dem Holz der Pazifischen Eibe sind für folgende Stämme belegt: Costanoan, Flathead, Hanaksiala, Hoh, Karok, Klamath, Mendocino, Montana, Nitinaht, Okanagan-Colville, Oweekeno, Paiute, Pomo, Kashaya, Coast Salish, Shasta, Thompson und Yurok (Moerman 1998, S. 552).

22 Eibenbögen und -pfeile oder -pfeilspitzen waren bekannt unter den Bella Coola, Chehalis, Haishais, Kitasoo, Klallam, Makah, Quileute, Quinault, Samish, Snohomish und Swinomish (ebenda).

23 Harpunen oder deren Schäfte: Hoh, Makah, Nitinaht, Quinault, Coast Salish, Samish, Swinomish (ebenda).

24 Moerman 1998, S. 551f. Siehe auch Hartzell 1991, S. 132-49.

25 Hartzell 1991, S. 136. Den Gebrauch von Eibenholz in Rehfallen im alten Griechenland beschreibt Xenophon (ca. 427–355 v. Ztr.) in *The Sportsmann*, IX, 18, in Dakyns (Übers.).

Kapitel 23: Der Langbogen

1 Hardy 1992, S. 11–4.

2 Die Yurok, Hupa, Karok, Shasta, Maidu, Wintu und Yahi (Hartzell 1991, S. 145).

3 Hartzell 1991, S. 142, 143.

4 Hardy 1992, S. 13. »Es befinden sich vier ägyptische Langbögen im British Museum [...]. Sie stammen aus dem Zeitraum zwischen 2300 und 1400 v. Ztr.; drei von ihnen scheinen aus Akazienholz gefertigt worden zu sein.« (S. 22)

5 Hardy 1992, S. 17.

6 Ötzis Bogen war im Begriff seiner Fertigstellung, wurde aber nie vollendet. Sein Besitzer hatte außerdem eine Bronzeaxt mit Eibengriff bei sich, die er wahrscheinlich auch zur Arbeit am Bogen benutzte. Das Bogenholz enthält 28 langsam gewachsene Jahrringe (Spindler 2004).

7 Der Rotten Bottom Bogen wurde vom Oxford University Radiocarbon Accelerator Unit auf 4040 - 3640 v. Ztr. datiert (Sheridan, ohne Jahr).

8 Hardy 1992, S. 17.

9 Hardy 1992, S. 19f.

10 Sheridan, ohne Jahr.

11 Scheeder 2000, S. 68.

12 Gefunden bei Lupfen, Württemburg (Hardy 1992, S. 30).

13 Hardy 1992, S. 26.

14 In der *Mary Rose* fand man 138 Eibenlangbögen und ca. 6.000 Tudor-Pfeile in unterschiedlichen Graden der Erhaltung. Nur die Hornnocken von den Bogenenden (in die die Sehnen eingehakt wurden) waren im Salzschlick zersetzt worden (bis auf einen einzigen, der in einer Ansammlung metallischer Ablagerungen konserviert worden war). Einige dieser Bögen sind jetzt im Museum des Portsmouth Historic Dockyard ausgestellt (Hardy 2003). Siehe www.maryrose.org

15 Scheeder 1994, S. 41.

16 »Einst, im Jahre 354, wurde ihre [der Römer] Rheinüberquerung durch Schauer von Alemannenpfeilen vereitelt, und 34 Jahre später wurde der römische Angriff auf Neuss durch einen Pfeilhagel »so dicht wie von Arkebusen« zurückgeschlagen (Hardy 1992, S. 21).

17 2003, S. 18. Die ganze dramatische Geschichte des Langbogens findet sich in Hardy 1992.

18 Lowe 1897, S. 118–9.

19 Hardy 1992, S. 49f.

20 Zitiert in Hartzell 1991, S. 39.

21 Lowe 1897, S. 120.

22 *Encyclopedia Britannica* 2004. Die Frage der genauen Anzahl der Kämpfer wird in großer Tiefe von Curry 2005 behandelt.

23 Scheeder 2000, S. 72. Zur Währung: Bis 1971 war 1 Pfund Sterling gleich 20 Shilling gleich 240 Pence. (In mittelalterlichem Latein hieß das Pfund *libra,* daher das L-Symbol: £.) Zu Bogenpreisen siehe auch Strickland u. Hardy 2005, S. 42–3.

24 Scheeder 2000, S. 72. Zu Leben und Arbeitsmethoden der Bogenmacher siehe Strickland u. Hardy 2005, S. 20–5.

25 Hardy 1992, S. 129.

26 Ebenda, S. 83.

Kapitel 24: Die Katastrophe

1 Diese Formulierung ist von Robert Hardy (1992, S. 53) und bezieht sich auf die Regierungszeit Edward III., hat aber zweifellos für einen weit längeren Zeitraum Gültigkeit.

2 Und relativ billig: Eine Ladung 180 Dutzend spanischer Bogenstäbe für 36 Pfund Sterling ist belegt (Strickland u. Hardy 2005, S. 42).

3 Das wirkliche Ausmaß des europäischen Eibenbogenstabhandels scheint *englischen* Historikern völlig unbekannt zu sein, ist aber seit Hilf (1921, 1926) in deutschen und polnischen Quellen relativ gut dokumentiert.

4 Die Engländer bevorzugten das dichte Eibenholz aus den Alpen und auch jenes, das von den Ostseehäfen kam, die Qualität dieser Ware wurde durch »die Kälte in diesen Ländern« (ein zeitgenössischer Autor, zitiert in Hardy 1992) erklärt. Als allerbestes Eibenholz galt jedoch das italienische, gepriesen als das »prinzipiell beste und beanspruchbarste Holz, aufgrund der Hitze der Sonne ...«.

5 Scheeder 1994, S. 43; Scheeder 2000, S. 72.

6 Hartzell 1991, S. 42.

7 Dieser Erlaß wurde 1511 von Heinrich VIII. bestätigt (Scheeder 1994, S. 43). Ein Hinweis auf *anhaltende* umfangreiche Eibenimporte aus dem Mittelmeerraum.

8 Chetan u. Brueton 1994, S. 80.

9 Nach Akten aus dem Hofkammerarchiv in Wien sollen solche interkulturellen Geschäfte wiederholt vorgekommen sein. Auch die Holländer sollen nach dem holländisch-türkischen Friedensvertrag 1612 den Türken Eibenbogenholz verkauft haben (Scheeder 1994, S. 45).

10 Der Rheinländische Gulden oder Florin (fl.) ist nicht identisch mit dem Holländischen Gulden oder Gold Florin derselben Periode. Die große Anzahl kleiner Staaten mit eigener Währung im Europa des 16. Jahrhunderts macht es unmöglich, hier einfach Preisvergleiche zu geben, ohne sie mit langwierigen Erklärungen zu versehen.

11 Scheeder 1994, S. 45.

12 Die Hatfield Papers von 1572 nennen vier Hauptquellen für Eibenstäbe: Deutschland und Österreich (über das Bistum Salzburg), die Schweiz, das östliche Baltikum (Danzig und Reval) sowie Italien (Venedig) (Scheeder 2000, S. 73).

13 Scheeder 1994, S. 48.

14 Abgesehen von ihren erträglichen »Nebenbeigeschäften« war Stockhammer der kaiserliche Sekretär von Karl V. (reg. 1519–56) und Fürer der kaiserliche Berater (Küchli 1987).

15 Scheeder 1994, S. 45–7; Scheeder 2000, S. 72–3.

16 Ein seltenes Belegstück ist ein Brief von 1530, in dem sich der oben erwähnte Monopolhalter Lurtsch bei der österreichischen Hofkammer darüber beschwert, daß ein schweizerisches Unternehmen, von Kammerzins und Forstgeld frei, große Mengen von Eibenstäben auf den Markt in Antwerpen brächte und die Preise verdürbe (Scheeder 2000, S. 72).

17 Strickland u. Hardy 2005, S. 25.
18 Scheeder 2000, S. 72.
19 Scheeder 1994, S. 46.
20 Scheeder 1994, S. 48.
21 Scheeder 1994, S. 49-50, nach Mutschlechner u. Kostenzer 1973, S. 277-8.
22 Roger Asham: *Toxophilus*, 1545, zit. in Lowe 1897, S. 131.
23 Scheeder 2000, S. 76.
24 Scheeder 2000, S. 75.
25 Williamson 1978, S. 39.
26 Zitiert in Lowe 1897, S. 125; auch Williamson 1978, S. 49f.
27 Nach einer anderen Quelle jedoch nahm ein Bogenschützenkontingent noch Teil an der Belagerung von Rey 1627. Und für 1601 und 1602 sind die letzten Eibenexporte aus Hamburg-Stade belegt (Scheeder 2000, S. 80).

Der Eibenlangbogen taucht noch einmal in der Geschichte auf, als der englische König Charles I. 1629 seinen Gebrauch im Bürgerkrieg verordnet. Das letzte Zeichen seines militärischen Gebrauchs kommt dann von der Belagerung von Devizes (Wiltshire) durch Cromwell (Williamson 1978, S. 40).

Kapitel 25: Ein wirksames Heilmittel

1 In jüngerer Zeit wurden die Europäische sowie die Pazifische Eibe auch als neue Heilmittel der klassischen Homöopathie getestet (siehe J. Sherr in der Bibliographie). Jedoch gibt es bisher zu wenig Praxis-Erfahrung, um hier eine Beschreibung dieser Mittel präsentieren zu können.
2 Moerman 1998, S. 552f. Siehe auch Hartzell 1991, S. 136.
3 Moerman 1998, S. 552f. Siehe auch Hartzell 1991, S. 136.
4 Moerman 1998, S. 551. Siehe auch Hartzell 1991, S. 136f, S. 139.
5 Williamson 1978, S. 45.
6 Dumitru 1992, S. 105.
7 Osthoff 2001.
8 Dumitru 1992, S. 105.
9 Dumitru 1992, S. 105.
10 Manandhar 2002.
11 Osthoff 2001, S. 72.
12 Manandhar 2002. Brandis 1874, in Lowe 1897, S. 139.
13 Wujastyk 2003, S. 195.
14 Hoernle 1893 - 1912.
15 Persönliche Kommunikation mit dem Produktmanager für Taxotere von Sanofi-Aventis, Guildford, Surrey im Mai 2005.
16 Guchelaar et al. 1994, zitiert von Castello, Maria u. Kellmel, Kelly, Homepage der Wilkes University.
17 Sowohl Sanofi-Aventis (Taxotere) als auch Bristol-Myers Squibb (Taxol) bieten sowohl dem medizinischen Personal als auch dem Patienten reichhaltige Informationen an. Siehe ihre Websites www.taxotere.com und www.bms.com.
18 Der im Vereinigten Königreich als gemeinnützig anerkannte Verein Friends of the Trees z. B. erhält solche Anfragen – und verweist meist auf die Homepage der AYG, www.ancient-yew.org, die geeignet ist, bei der Reiseplanung zu helfen.
19 Siehe Hageneder 2004, S. 33, Abb. 8.
20 Der französische Chemiker Pierre Potier (22. August 1934 bis 3. Februar 2006) war Mitte der 80er Jahre der erste, der die Möglichkeit der Semisynthese von Paclitaxel sah, einige Jahre später tatsächlich ein Vorläufer-Molekül entdeckte (DAB-III), sowie einen Weg fand, daraus in nur wenigen Schritten ein semi-synthetisches Taxan zu erzeugen, das tumor-aktiver ist als Paclitaxel selbst. Potiers Arbeit hat Tausende von Eiben gerettet, und noch mehr Menschenleben.
21 Gradishar et al. 2005.

Kapitel 26: Für die Sinne

1 Jablonski 2001, Sommer 1998.
2 Llewellyn 1997, S. 61.
3 Gravetye Manor ist heute ein Luxushotel. Die Gärten sind nur dienstags und freitags öffentlich zugänglich. Siehe www.gravetyemanor.co.uk
4 Jablonski 2001.
5 Hermann 2000.
6 Jablonski 2001.
7 Jablonski 2001, nach Brande 2001.
8 Dumitru 1992, S. 124.
9 Ebenda, S. 119.
10 Die anderen Hölzer waren Zypresse, Wacholder und Eiche (Baumann 1999, S. 37, nach Pausanias).
11 Scheeder 1994, S. 50f; Dumitru 1992, S. 122-5.

Kapitel 27: Dichtkunst

1 *The White Devil.* Alle folgenden Gedichte sind aus der exzellenten Übersicht in Hartzell (1991, S. 243-79) zitiert, und vom Autoren ins Deutsche übertragen.
2 *The Complaint.*
3 *Endymion* I. 731-3.
4 IV. i. 28-9; Übers. nach Fontane 1873.
5 *Romeo und Julia*, V, iii, 3-7.
6 *Voices from things growing in a churchyard*, in Hartzell 1991, S. 262.
7 Ackroyd 2006.
8 *Reflections.*
9 Holme 1982, S. 556.
10 *Burnt Norton, Wasteland, Dry Salvage, Little Gidding.*
11 *Ash Wednesday*, Abschn. IV.
12 *Poems by William Wordsworth,* zitiert und übersetzt in *Der Eibenfreund* 12: 189-90.
13 *In Memoriam* 2, 1-16, Übersetzung: Schönichen 1950.
14 *The Moon and the Yew Tree.*
15 Bisher unveröffentlichtes Gedicht, Februar 2000; Übersetzung durch den Autoren. Das englische Original ist unter www.spirit-of-trees.de/dichtkunst zu finden.

Kapitel 28: Sympathie

1 Chetan u. Brueton 1994, S. 243-4.
2 Zitiert aus Band 3 (1873) von Fontanes vierbändigem Werk, das zwischen 1862 und 1882 erschien. In *Der Eibenfreund* 8: S. 36-41.
3 Dr. Arthur Brande in seinen Bemerkungen zu Fontane 1873, *Der Eibenfreund* 8: S. 41-3.
4 Das Herrenhaus, Leipziger Straße 3; jetzt der Sitz des Deutschen Bundesrates, mit einer alten Platane, zwei Robinien sowie einigen Ahornen und Roßkastanien, aber ohne Eiben.
5 Zitiert in *Der Eibenfreund* 8: S. 36.
6 Ebenda, S. 40.
7 Brande 2001, S. 33.
8 Die Kosten dieser Maßnahme waren ursprünglich mit 8000 Reichsmark veranschlagt worden, wovon der Magistrat der Stadt 2000 zugesagt und die Bevölkerung 4805 gespendet hatte; der Rest mußte von der Senckenbergischen Stiftung, die den Botanischen Garten unterhielt, aufgebracht werden. Erst Jahre später sickerte durch, daß die realen Kosten des Umzuges sich aufgrund unvorhergesehener Schwierigkeiten auf 28.000 Reichsmark belaufen hatten (Scheeder 1994, S. 53-65).
9 Einem Artikel über die Eibenforschungen der Senckenbergischen Stiftung zufolge, der in den *Frankfurter Nachrichten* vom 9. Juni 1907, also während der Frankfurter Baumverpflanzung, erschien.

10 Dumitru 1992, S. 133, nach Quantz 1937.
11 Dr. Arthur Brande in seinen Bemerkungen zu Fontane 1873, *Der Eibenfreund* 8: S. 41-3.
12 Fontane 1873, *Der Eibenfreund* 8: S. 37.
13 Brande (2001, S. 33), den damaligen Bundesratspräsidenten K. Biedenkopf zitierend, der im Juli 2000 im Hinblick auf die ehemalige Wohnstätte der Familie Mendelssohn-Bartholdy versprach, »eine von den Nazis entfernte Gedenktafel an den Komponisten werde wieder angebracht und eine Eibe im westlichen Garten gepflanzt. Unter solchen Bäumen wurde 1826 vor dem Palais der »Sommernachtstraum« uraufgeführt.« Quelle: Lippold, F. E.: »König Kurt will noch eine Eibe pflanzen lassen. Bundesratspräsident Biedenkopf inspizierte das neue Domizil des Bundesrates in Berlin«. *Berliner Morgenpost*, 18. Juli 2000, Berlin.
14 »To Minnie«, *A Child's Garden of Verses*, 1885; zitiert in Rodger et al. 2003.
15 »The Manse«, *Memories and Portraits*, 1887; zitiert in Rodger et al. 2003.
16 Zitiert in Chetan u. Brueton 1994, S. 171.
17 Persönliche Kommunikation mit A. Meredith. Siehe auch Chapman u. Young 1979, S. 127; Dunbar 1970, S. 64, 168.
18 Das Erscheinungsjahr seines Buches *On the Origin of Species*.
19 Im Mai 1848 schrieb Darwin in einem Brief an J. D. Hooker: »I shall never rest easy in Down church-yard before I die« (zitiert in Desmond u. Moore 1991, S. 357).
20 Darwin am 15. Juni 1881 in einem Brief an Hooker (Croft 1989, S. 108).
21 Desmond u. Moore 1991, S. 664.
22 Chetan u. Brueton 1994, S. 194.
23 Die »älteste« Eiche stand im Spessart und erwies sich bei ihrer Fällung 1957 als 588 Jahre alt. Die meisten alten Eichen sind hohl und die Zählung von Jahresringen ist daher unmöglich. Siegler in Bach 2004; auch Dieterle 1999.
24 Chetan u. Brueton 1994, S. 191, nach Holt 1982.
25 Chetan u. Brueton 1994, S. 193, nach Wilks 1972.
26 Eine gute Zusammenfassung des Eibenmaterials im Robin Hood-Sagenkreis findet sich in Chetan und Brueton 1994, S. 190–4.

Kapitel 29: Heiligtümer

1 Hansard 1841.
2 Zitiert in Chetan und Brueton 1994, S. 77.
3 Hutton 1991, S. 271, und persönliche Kommunikation.
4 Morris 1989, S. 79.
5 Einige Beispiele: 567 beklagte das Konzil von Tours heidnische Neujahrsfeierlichkeiten sowie religiöse Aktivitäten an Felsen, Bäumen und Quellen; ein Treffen in Auxerre in den 580ern drängte auf die Abschaffung des Schwörens von Eiden bei Dornbüschen, Stechpalmen *(Ilex)* oder Quellen; 665 in Toledo wurden die heidnischen Neujahrsbräuche erneut verdammt; um 640 warnte Eligius, Bischof von Noyon, Lichter an Tempeln, Steinen, Quellen oder Bäumen aufzustellen; usw. usw. Die allgemeinen Trends aus der katholischen Obrigkeit fanden meist ihr zügiges Echo in den Landes- oder Regionalgesetzen (Morris 1989, S. 60).
6 Persönliche Kommunikation mit Ronald Hutton, 2006.
7 Lowe 1897, S. 99, nach John Evelyns *Sylva* (1664), Nichols *Extracts from Church-warden's Accounts* (1797), Bradys *Clavis Calendaria*.
8 Kent: Lowe 1897, S. 99–100. Wales: persönliche Kommunikation mit A. Meredith.
9 *Encyclopedia Britannica* 2004.
10 Hageneder 2004, S. 190, nach Davies 1911, S. 55.
11 John Mason Neale gehörte nicht zu jenen Protestanten, die sich gegen den katholischen Ritualismus stellten. Im Gegenteil war er ein großer Hymnodist und Erforscher der reichen vorchristlichen Wurzeln katholischer Bräuche. Er gründete eine religiöse Gemeinschaft anglikanischer Frauen, wofür er rundum verdammt und verhämt wurde; ebenso für seine Beschäftigung mit alter griechischer Liturgie, was ihm vor allem gewisse Protestanten übelnahmen.
12 Zitiert in Cornish 1946, S. 42.
13 Dumitru 1992, S. 94.
14 Coleridge in Holme 1982, S. 214.
15 Der Brauch, zum Richtfest eines neuen Hauses einen immergrünen Kranz an den First zu hängen, ist immer noch lebendig. Zumindest in Mittel- und Süddeutschland war der Baum dafür einst die Eibe (persönliche Kommunikation mit A. Meredith, 2004).
16 Persönliche Kommunikation mit A. Meredith.
17 *Encyclopedia Britannica* 2004.
18 Als der Buddhismus im 6. Jh. nach Japan kam, versuchte er nicht, Shinto zu unterminieren oder gar zu ersetzen. Buddhistische Tempel wurden mitunter sogar direkt neben Shinto-Schreinen errichtet, und es wurde verkündet, daß es keinen grundlegenden Widerstreit zwischen den beiden Religionen gäbe. Seither hat der Shintoismus viele buddhistische Heilige in den »Pantheon« seiner *kami* aufgenommen (Littleton 2002).
19 Ebenda.
20 Ebenda.
21 Persönliche Kommunikation mit Chris Worrall.
22 Hageneder 2006, Kap. »Zypresse«.
23 Mit Dank an die hervorragenden Recherchen von Chris Worrall in Japan.
24 Ich bin C. Worrall sehr dankbar für diese Information.
25 Wilson 1929, S. 219. In Wilsons Tagen lebten in einigen dieser Klöster bis zu 2000 Mönche, und viele Tausend Pilger kamen alljährlich aus allen Teilen Chinas und Tibets und sogar aus Nepal.
26 In den höheren Lagen (1800 – 3000 m) bestanden die Tempel vollständig aus der reichlich vorhandenen örtlichen Silbertanne *(Abies delavayi)*. Die einzigen anderen Bäume, die in den Tempelgärten in dieser Höhe wachsen konnten, waren Hemlock *(Tsuga yunnanensis)*, Zwergwacholder *(Juniperus squamata)* und die Chinesische Eibe (ebenda, S. 225).
27 Persönliche Kommunikation mit dem Eibenforscher Paul Greenwood der AYG.
28 Moerman 1998, S. 552.

Kapitel 30: Geheimnisse der Namen

1 Dumitru 1992, S. 100.
2 Vergil: *Georg.* 2, 448, in Fallon (Übers.) 2004; Plinius: XVI, 10, 51 in Jones 1960.
3 In Dumitru 1992, S. 100.
4 Zitiert in Lowe 1897, S. 137.
5 Henslow 1906, S. 51 n.2.
6 Grimm 2004.
7 Alessio 1957, Chetan u. Brueton 1994, Cortés et al. 2000, de Vries 1977, Dumitru 1992, Hageneder 2004, Hassler 1999, Scheeder 1994.
8 Ivanov (1964): *Problemy indoevropejskogo jazykoznanija*, 40-4, in Puhvel 1984.
9 Pytheas, Diodorus Siculus, Strabon, in Cunliffe 2002, S. 94–5, 106.
10 York hieß ursprünglich Eborakon, ein Name, der zuerst ca. 150 n. Ztr. bei dem griechischen Geographen Ptolemy auftaucht

und der wahrscheinlich auf das altbritische Eboracon zurückgeht. Als der römische Befehlshaber Agricola hier sein Hauptquartier der römischen Legionen aufschlug, wurde der Name zu Eboracum und Eburacum latinisiert, und die Region hieß nun Eburach. In walisischen Dokumenten des 9. Jahrhunderts erscheint es als Caer Ebruac und Caer Ebrauc. Die Angelsachsen, die es Eferwic (ca. 897) und Euorwic (ca. 1150) nannten, spielten dabei mit einer weiteren Bedeutung: *eofor*, »Eber«. Unter den Dänen und Wikingern wurde es zu Iórvik (962), später Iórk, und schließlich im 13. Jahrhundert zu York (Reaney 1964, S. 24).

11 »How many yews grow in Novum Eboracum?«, in »To the Editor«, *The New York Times*, 11. April 2006.

12 Waddington 1997, S. 221.

13 Mawer 1920.

14 Die Burg Chateau d'If in der Taxiana insula nahe Marseilles ist wesentlich jüngeren Datums, mag aber auf ältere lokale Traditionen hinweisen.

15 Bertoldi 1928; Alessio 1957.

16 Beispiele: Ewden (»Eibenweide«), Ewe Down, Ewel (»Eibenquelle«), Ewen, Ewetree, Ewhurst, Ide (von *ida*), Ideford, Ifold (»Eibental«), Ivegill (»Eibental«), Iwode, Uley, Youlton (alle drei »Eibenwald«) in England; Ystrad Yw (»Tal der Eibe«) in Wales; Co. Mayo (»Tiefland der Eibe«, von Maigh Eo) und die Iveragh Halbinsel (Co. Kerry) in Irland; Udale (»Eibental«, von nordisch *ydalr*) in Schottland; Jåtten (von *Ja*, »Eibe«, und *-túna*, »Eibenhain«) in Norwegen; Eibenberg, Eibenhorst, Eibensbach, Eibenstock, Eibsee in Deutschland; Eibengraben, Ibach, Iberg, Eyholz, Eiwald, Jona, Yverdon, Yvonand in der Schweiz (Alessio 1957, Chetan 1994, de Vries 1977, Hassler 1999, Scheeder 1994).

17 Bezugnehmend auf Dioskurides, *De materia medica*, »die Eibe, die in Narvonia [Spanien] wächst ...«, und Strabon IV, 202, in Dumitru.

18 Julius Caesar: *De bello Gallico*, V, 24, in Deissmann 1980.

19 Bertoldi 1928. Es gibt keine Belege dafür, ob der Stamm direkt nach dem Baum benannt war oder nach einem (legendären) Führer oder (göttlichen) Ahnen – dessen Name, Lemos, »Ulme«, dann ohnehin wieder auf einen Ulmenkult hinweisen könnte.

20 Julius Caesar: *De bello Gallico*, VI, 13, in Deissmann 1980.

21 Es gibt weder historische noch archäologische »harte Fakten« dafür, daß Chartres sich im Gebiet des von Caesar erwähnten Waldes der Karnuten befindet; man sollte jedoch zum Vergleich den Fall von Le Puy, heranziehen, siehe S. 249–51.

22 Julius Caesar: *De bello Gallico*, VI, 31, in Deissmann 1980.

23 Dumitru 1992, S. 106.

24 *Encyclopedia Britannica* 2004.

25 Persönliche Kommunikation mit Prof. M. Pridnja, September 2005.

26 Pande 1965, S. 39.

27 Lowe, 1897, S. 98, nach Brandis 1874.

28 *Sha* ist ein allgemeines Wort für Nadelbaum; der gleichlautende Begriff *sha* für »negative Energie« im Feng Shui ist völlig anderer Herkunft.

29 Elwes u. Henry 1906, S. 108.

30 Kawase 1975.

31 Japanisch war ursprünglich nur eine gesprochene Sprache, später entlehnte man die chinesischen Schriftzeichen als Grundlage für ein eigenes Schriftsystem. Da jedoch chinesische Zeichen mit chinesischer Aussprache für japanische Wörter mit japanischer Aussprache verwendet wurden, ergab sich, daß jedes Zeichen *mindestens* auf zwei verschiedene Weisen ausgesprochen werden kann.

Kunungi ist übrigens auch der gebräuchlichere Name für die Japanische Sägezahn-Eiche *(Qu. acutissima)* – die Verwirrung von Eibe und Eiche scheint ein weltweites Phänomen zu sein!

32 www.oncotherapy.co.jp/corporate/onco.html

33 Hoffner 1998, S. 11.

34 Meiggs 1982, S. 73. Mari ist das heutige Tall al-Hariri in Syrien. Eibe und Buchsbaum wurden oft in Einlegearbeiten für feinste Möbelstücke kombiniert.

35 Die über zweihundert fragmentierten Keilschrifttafeln, die in Uruk, Nimrud, Ashur und insbesondere Ninive gefunden wurden, sind allesamt Kopien einer Version des Epos, die sich vom 9. bis zur Mitte des 3. Jahrhunderts v. Ztr. nicht veränderte (Schrott 2004, S. 16).

36 *Almug* = 'lmg, *elammaku* = lmk. Modernes Hebräisch für Eibe ist übrigens *tekesus*, deutlich ein Derivat des lateinischen *taxus*.

37 1. Könige 10: 11–12. Verwendet wurde ausschließlich die *Oxford Study Bible* (siehe Suggs et al. in der Bibliographie), weil diese die verläßlichste und am besten recherchierte Übersetzung in eine nordeuropäische Sprache ist.

38 Das Hebräische besitzt kein Wort für »Holz«; der Originaltext nennt dafür alle Baumnamen im Plural: *almugim*, »Eibenbäume«. Weil der Schreiber von Buch 1. Könige *algumim* anstatt *almugim* zu Pergament brachte, wurde es bis vor kurzem für Sandelholz aus Indien gehalten. Es konnte aber inzwischen gezeigt werden, daß das Sanskritwort *algummim* für Sandelholz späteren Ursprungs ist (Greenfield, J. G. u. Mayhofer, M. »The algummim/almuggim problem re-examined«, Suppl. to *Vetus Test.* 6 (1967), S. 83–9). Es ist auch sehr zweifelhaft, so Meiggs (1982), ob es zu jener frühen Zeit überhaupt Handel zwischen dem Nahen Osten und Indien gab.

39 Zu *Taxus* im Libanon-Gebirge, siehe S. 200.

40 1. Könige 6: 29–35; siehe auch Hageneder 2004, S. 110.

41 Diese Begebenheit wird in der Bibel zweimal erwähnt. In Chroniken 2, 2: 8 (hier zitiert) ist es die legendäre Königin von Saba, die Salomon diese Geschenke darbringt, während es in Chroniken 2, 9: 8 eher so klingt, als ob es die Diener Hirams sind, die diese Güter bringen. In beiden Fällen kommt die Schiffsladung nicht aus Tyros (Phönizien), sondern aus Ophir am Roten Meer, was offensichtlich die Saba-Version bekräftigt. Auch wurde dies von R. Meiggs so ausgelegt, daß es sich hierbei doch um den Import *südlicher* Hölzer handeln könne (siehe Anm. 38), obwohl Henslow (S. 48) schon 1906 gewarnt hatte, daß ein Halt in Ophir nicht zwangsläufig bedeute, daß auch das almug-Holz von dort kam. Die Königin von Saba hätte z. B. – selbst per Karawane von Eloth (heute Elat am Golf von Akaba) nach Jerusalem reisend – leicht einen Unterhändler nach Tyros senden können, um über das Eibenholz zu verhandeln und es eventuell sogar zeitig zur Ankunft der Königin in Jerusalem verschiffen zu lassen. Schließlich war die Ladung nicht übermäßig groß (es ging um Hocker und Musikinstrumente).

Auch die alten Texte aus Ugarit sprechen vom Gebrauch von almug für Harfen und Lauten, und so fügt Meiggs hinzu, für die Identifizierung von almug »sollte man eher nach einem wertvollen Hartholz als nach Bauholz suchen. Die Seltenheit dieses Holzes wird in beiden Berichten hervorgehoben ...« (S. 486f) Doch sogar Meiggs dachte nicht an die Eibe, weil er immer noch in südlicher Richtung nach diesem Baum suchte.

42 Josephus, *Antiq.*, VIII, 7, 1, in Henslow 1906, S. 48.

43 Meiggs 1982, S. 105.

44 Untersuchung durch Dr. Layard, in Henslow 1906, S. 49.

45 Sayce 1893. Die Anlage von Palastgärten und königlichen

Arboreten war sehr beliebt unter den Königen Babyloniens, Assyriens und Persiens, ihre Residenzen waren nicht so kahl, wie es die Ruinen heute vermuten lassen. Schließlich gehörten die Hängenden Gärten von Babylon (angelegt 8.–6. Jh. v. Ztr.) zu den Sieben Weltwundern. Der alte Orient erfand auch die Allee (Demandt 2002, S. 49).

46 Meiggs 1982, S. 486.

47 Die *Oxford Study Bible* übersetzt korrekt: »For a sword devours all around you« – »Denn ein Schwert verschlingt alles, was dich umgibt« (Jer. 46: 14).

48 Henslow 1906, S. 52.

49 Die Schriften Theophrasts sind älter als die griechische Bibel.

50 Variationen sind *smilos, mylos, thymalos* (Dioskurides). Gelegentlich benutzten auch römische Autoren das griech. *smilax,* und umgekehrt taucht in griechischen Texten gelegentlich *taxos* auf (Dumitru 1992; auch Koch 1879).

51 Henslow 1906, S. 50f.

52 Ebenda.

53 Nach H. Rößner, der mit griechischen Förstern sprach.

54 Darum erwähnt er in seiner Fußnote einen Begriff, der an anderer Stelle erscheint: »Zedernblut« für -harz (Hrozny 1924, S. 18).

55 KUB XII 20. 9; auch einen »Birnbaum«, VII 44 Vs. 13. Vorschlag von Brandenstein in Puhvel 1984.

56 Otten, Goetze, Güterbock und H. A. Hoffner in Puhvel 1984.

57 Szabó in Puhvel 1984.

58 In Puhvel 1984.

59 KUB XXIX 1 IV 18, in Puhvel 1984.

60 Ivanov 1969, 1973, S. Friedrich 1970a, 1970b in Puhvel 1984.

61 Puhvel 1984, bezugnehmend auf Puhvel (1980): *Kratylos,* 25: 136–7.

62 Deutlich die beste Quelle zu diesem Thema ist Meiggs 1982.

63 Siehe Hageneder 2006, »Zeder«, »Zypresse«, »Wacholder«.

64 *J. foetidissima, excelsa,* und, seltener, *drupacea.*

65 Ein ganz ähnliches Problem existiert hinsichtlich der Unterscheidung von Zypresse, Wacholder und Kiefer in alten Texten (Meiggs 1982, Anh. 3).

66 Siehe Anhang IV.

67 Die Transportrouten des Holzhandels waren »international«, die Herkunftsgebiete für »Zedernholz« immer dieselben. Z. B. baute König Esarhaddon (680–669 v. Ztr.) in Ninive mit »Zeder« vom Libanon und eventuell auch aus dem Hermon-Gebirge; König Tiglath-Pileser III. baute seinen Palast in Nimrud mit Zedernbalken aus dem Amanus, aus Libanon und eventuell ebenfalls aus dem Hermon-Gebirge (Meiggs 1982, S. 77–8).

68 Im 1. Jahrtausend v. Ztr. verlagerte sich die Baum-des-Lebens-Symbolik der Babylonier und Assyrer deutlich zur nährenden Dattelpalme (Hageneder 2004, S. 95; Hageneder 2006, »Dattelpalme«).

69 Brosse 1994, S. 231. Zu *drus* als Allgemeinbegriff siehe auch Dieterle 1999, V.

70 Nach Demandt (2002, S. 78), stammt griech. *drys,* »Eiche« (s. a. Meiggs 1982, S. 45) von dem indoeuropäischen *deru,* welches ursprünglich jeden Baum meinte. Die Wortwurzel bezeichnet etwas Festes, Solides und findet sich auch in griech. *dendron,* »Baum«, welches verwandt ist mit altindisch *dru,* altpersisch *dauru,* gotisch *triu,* keltisch *derva,* irisch *dair,* englisch *tree,* althochdeutsch *tar.*

Im Altgriechischen wurde *drys* oft für die gesamte Eichengattung benutzt, »aber ganz klar auch als eine einzelne Art betrachtet« (Meiggs 1982, ebenda) – wir wissen bloß nicht, welche! Ein Eichengeist hieß übrigens *Dryade* (nicht *Druade*).

71 Ebenda, S. 420.

72 Ebenda, S. 421.

73 Ovid, *Metamorphosen,* VIII, 743–5, 758, und 761–2: *cuius ut in trunco fecit manus inpia vulnus, haud aliter fluxit discusso cortice sanguis;* in von Albrecht (Übers.) 1994.

74 White 1912.

75 Plinius, *Nat. Hist.* 16, 8 in Jones (Übers.) 1960.

76 Die Buche kommt südlich von Thessalien nicht vor (Meiggs 1982, S. 454).

77 Groves u. Rackham 2003, S. 48, 156; Meiggs 1982, S. 45, 109.

78 Die ältesten Keramikscherben, die in Dodona gefunden wurden, stammen aus der frühen Bronzezeit (ca. 2500 – 2100/1900 v. Ztr.), Stein- und Bronzeäxte, auch Doppeläxte (Labrys-Typ) datieren von ca. 1650 v. Ztr., und die ältesten architektonischen Überreste stammen aus dem 13. bis 10. Jh. v. Ztr. Die Archäologie kann aber keine Auskunft darüber geben, ob Dodona von Anbeginn an eine religiöse Stätte war oder nicht. Die Interpretation der dodonäischen Bronzedolche und (Doppel-)Äxte als Kultgegenstände ist umstritten, Gegenstände mit eindeutig religiösem Bezug erscheinen erst ab dem 6. Jh. v. Ztr. Andererseits muß religiöse Aktivität nicht zwangsläufig immer materielle Spuren hinterlassen: Zu keiner Zeit scheint es in Dodona eine Opfergrube oder auch nur einen Altar gegeben zu haben. Die Rolle des bronzezeitlichen Dodona als reiner Siedlung scheint auch schon deswegen sehr fraglich, weil es in und um die Stätte keinerlei Gräber gibt (Dieterle 1999, V).

79 Erst im späten 5. Jh. v. Ztr. wurde für Zeus ein kleiner Steintempel errichtet ... und ein Jahrhundert später von König Pyrrhos in großem Stil erneuert. Pyrrhos errichtete auch eine weitläufige Mauer um das Orakel und den heiligen Baum selbst, fügte Tempel an Herakles und Dione hinzu, schuf weitere Gebäude und begründete ein jährliches Fest mit athletischen Wettstreits, musikalischen Darbietungen sowie einem Theater, das größer war als die meisten Theater im heutigen Europa. Im Jahre 219 v. Ztr. fielen die Ätoler ein und brannten den Tempel nieder. Dodona wurde unter König Philip V. von Makedonien wieder aufgebaut, erholte sich aber nie vollständig. 167 v. Ztr. wurde es erneut zerstört und 31 v. Ztr. unter dem röm. Kaiser Augustus wieder aufgebaut. Als Pausanias (I. 18) Dodona im 2. Jh. n. Ztr. besuchte, war vom heiligen Hain noch ein einziger Baum übrig. Pilger konsultierten das Orakel jedoch noch bis ins späte 4. Jh., als unter dem christlichen Kaiser Theodosius I. alle alten Religionen verboten und deren Tempel vernichtet wurden. Der letzte Baum des Haines von Dodona wurde 391 von einem Illyrer gefällt. Dodona blieb jedoch ein religiöses Zentrum; für Jahrhunderte blieb es Bischofssitz, bis dieser nach Ioannina verlegt wurde. (Dieterle 1999, I.3)

80 Dieterle 1999, V, nach Petersmann 1986, S. 74–82.

81 Herodot, *Histories* 2, 54–7, in Waterfield 1998.

82 Cook 1925, S. 214–5. Trotz seines Alters bleibt Cooks gigantisches Werk *Zeus* eine Schatztruhe der Information, und ich glaube, daß die klassischen Texte und archäologischen Fundstücke, auf die Cook sich bezieht, ohnehin nicht »altern«, auch wenn ihre Übersetzung oder Datierung von Zeit zu Zeit korrigiert wird.

83 Cook 1914, S. 362ff, 524. Die Homerische *Hymne an Apollo* (93), bezeichnet sie allerdings als eine der Hauptgottheiten (in March 1998, »Dione«).

84 Hammond 1967, S. 18.

85 Demandt 2002, S. 78.

86 Dieterle 1999, VI, nach Herzhoff 1990.

87 Meiggs 1982, S. 25.

88 Homer (*Iliad,* XVI, 768) nennt *phagos* in Gemeinschaft mit

der Kornelkirsche *(Cornus mas)* und der Blumenesche *(Fraxinus ornus)* und spezifiziert somit einen Ökotopen, der der Valonea-Eiche nicht zusagt, wohl aber der Makedonischen Eiche *(Quercus trojana)* – und *Taxus baccata*.

In offenem Gelände kann *Quercus trojana* zu einem stattlichen Baum von ca. 18 m Höhe heranwachsen. Ihre Blätter sind ganzrandig und erinnern etwas an die der Buche. Sie ist nicht immergrün, aber hält ihr welkes, kupferfarbenes Laub bis spät in den Frühling (Dieterle 1999, VI, nach Herzhoff 1990).

89 Das Nachpflanzen der heiligen Eiche von Dodona wird in Dieterle 1999, V ausführlich behandelt. Die zu vermutenden Pflanzzeiten fallen in die Perioden 1400–1200 v. Ztr., 800–600 v. Ztr. und ca. 200 v. Ztr. Interessanterweise deckt sich das zweite Datum mit der Ankunft der Selloi und der Konversion der Stätte zum Zeuskult.

90 Meiggs 1982, S. 19-28.

91 Ebenda, S. 421f.

92 Ebenda, S. 24-5.

93 Plinius, *Hist. Nat.*, XVI, 249, in Matthews 1996, S. 21.

94 Über die Absurdität, Plinius' Passage als Aussage über die gesamte keltische Welt zu verallgemeinern, siehe auch Roux 1996 (S. 580ff, sowie Hageneder 2004, S. 181-2). Ironischerweise ist es ein römischer Militärkommandant – Plinius befehligte eine Kavallerieschwadron am Rhein, war dann kaiserlicher Agent *(procurator)* u. a. in Spanien, und kehrte schließlich als Kommandant des Marinehauptquartiers nach Rom zurück –, der die Vorstellungen vieler Anhänger der »keltischen Tradition« in der Neuzeit fehlgeleitet hat.

95 Siehe Hageneder 2004, S. 107-8, 130; Hageneder 2006, »Terebinthe«.

96 Zohary 1995, S. 108.

97 Cook 1925, S. 682.

98 Siehe Hageneder 2006, »Apfel«.

99 Irische Legende: *Dindshenchas*; *The Settling of the Manor of Tara;* vergl. S. 238. Auch in der Gründungslegende von St. Baglan, nacherzählt im walisischen *Mabinogion* als auch in einem Manuskript des 18. Jh. in der Bodleian Library, »The Response of Anthony Thomas, Incumbent of Baglan, to Queries by Edward Lloyd, 1700«, zitiert in Chetan u. Brueton 1994, S. 232-3.

100 Ebenda, S. 228, 230-2.

101 Demandt 2002, S. 22.

102 Der »Wechsel« von Fruchtbäumen wurde schon 1922 von Mackenzie vorgeschlagen. Siehe auch Harris 1919.

103 Demandt 2002, S. 22.

104 Persönliche Kommunikation mit Ronald Hutton 2006.

105 Untersucht von der biophysikalischen Abteilung der Leeds University (Chetan u. Brueton 1994, S. 159-60).

Kapitel 31: Der große Übergang

1 Siehe Hageneder 2006.

2 *Topog. Hibern.*, dist. iii. cap. x. Hg. J. E. Dimock, London 1867; zitiert in Lowe 1897, S. 96.

3 Morris 1989, S. 79; auch persönliche Kommunikation mit A. Meredith.

4 www.ancient-yew.org

5 Persönliche Kommunikation mit Dr. Robert Brus, Abt. für Wald und erneuerbare Waldresourcen, Universität von Ljubljana. Die *älteste* Eibe Sloweniens steht allerdings außerhalb von Kirchengelände im Wald; siehe Abb. 24.7.

6 *Hydriopathia* oder *Urne burials*, iv, zit. in Lowe 1897, S. 98.

7 Eibenteile (Blätter und Holz) wurden in Grab Nr. 85 in Amesbury, Wiltshire (ca. 2000 v. Ztr.), von R. S. Newall, F. S. A. gefunden.

8 Tacitus: *Germania*, 27, in Fuhrmann (Übers.) 1995; auch in Hageneder 2004, S. 167.

9 Gerstenberg bei Gommern, Sachsen-Anhalt; Leuna. Merseburg-Querfurt, Sachsen-Anhalt; Häven/Jarchow, Parchim, Mecklenburg-Westpommern; Haina, Thüringen; Haßleben, Sömmerda, Thüringen; Heiligenhafen, bei Oldenburg, Schleswig-Holstein; Varpelev, Seeland, Dänemark; Osztrópataka und Stráze, Slowakien; Linton Heath, Cambrideshire, und Roundway Down, Wiltshire, beide England (Hellmund 2005).

10 Zitiert in Lowe 1897, S. 98.

11 *Thebaid*, VIII, 9-10, zitiert in Lowe 1897, S. 98: *Neclum illum (in Amphiarum) aut trunca lustraverit obvia taxo Eumenis*, zitiert in Lowe 1897, S. 98. Eumenis ist kein Eigenname sondern die Einzahl der *Eumeniden*, der »Gütigen«, einem damals gebräuchlichen Namen für die Furien.

12 Dumitru 1992, S. 90. Die frühe Vorherrschaft der Zypresse über die Eibe als mediterraner Friedhofsbaum läßt sich durch das Klima erklären: Die meisten Siedlungen (und somit die Friedhöfe) befanden sich in den Küstengebieten, wo es zu heiß und trocken für *Taxus* ist.

13 Lucan (39 – 65 n. Ztr.), in Spanien geborener römischer Dichter; Silius Italicus (ca. 25–101 n. Ztr.), Latinischer Dichter; Seneca der Jüngere (ca. 4 – 65 n. Ztr.), in Spanien geborener römischer Philosoph (in Dumitru 1992, S. 90).

14 Die klassischen griechischen Quellen nennen vier Unterweltflüsse, Styx, Phlegethon, Acheron und Cocytus, die sich alle in der zentralen Ebene des Hades treffen. Dort steht der heilige Baum der Unterwelt (vergl. Kapitel 38, Anm. 85), der ansonsten auch im Zusammenhang mit Acheron genannt wird. Dieser Fluß, und nicht der heute viel bekanntere Styx, ist der Grenzfluß der griechischen Originaltexte, über den der Fährmann Charon die Seelen der Verstorbenen von dieser Welt in die nächste schiffte.

15 Liber quartus, 432-3: *Est via declivis, funesta nubila taxo: ducit ad infernas per muta silentia sedes.* Melville in seiner Übersetzung (Oxford World's Classics) schreibt sogar »tödliche Eiben«, ein Ausdruck, der noch mehr – falsche – Gefühle beschwört als von Albrechts (1994) »trauernde Eiben«. Das lateinische *funesta* weist in diesem Zusammenhang lediglich auf eine zeremonielle Verbindung der Bäume mit den Riten des Übergangs; das *Oxford Latin Dictionary* sagt über *funesta*: »of or concerned with death or mourning, funereal«)

16 Pridnja 2000b, und persönliche Kommunikation.

17 *Slovo o polku Igoreve*, episches Gedicht, zwischen 1185 und 1187 komponiert.

18 Kayacik u. Aytug 1968.

19 Pinie (*Pinus* = Kiefer) war das hauptsächliche Bauholz der Region. Wacholderholz wurde hier für die (dem Erdreich ausgesetzten) Außenwände gewählt, weil es stark ist und lange haltbar; das Kiefernholz war geeigneter für die künstlerischeren Arbeiten im Inneren der Kammer (Meiggs 1982).

20 Die Paravents befinden sich nun im Museum von Ankara.

21 Die Proben stammten von den Überresten von fünf oder sechs Särgen aus einer Grabungsstätte in der Nekropole von Meir bei Qousieh (Kast, Cusae, Aphroditopolis) in der ägyptischen Provinz Siout.

22 Die Grabräuber vermischten Grabbeigaben der 12., 11. und 6. Dynastie (Beauvisage 1895, 1896).

23 Dumitru 1992, S. 118.

24 Hartzell 1991, S. 135-6.

Kapitel 32: Der Baum des Lebens

1 Eliade 1996, Kap. 8. Für eine tiefer gehende Abhandlung des Lebensbaumes siehe Butterworth 1970, Hageneder 2004.

2 Hageneder 2004, S. 80–89.
3 Z. B. Eliade 1958, Butterworth 1970, Cook 1992, Brosse 1994, Hageneder 2004.
4 Eliade 1996, S. 286.
5 Abgesehen vom Banyan (*Ficus bengalensis*) in Indien, aber das ist eine völlig andere Klimaregion.
6 Hathor: Hageneder 2004, S. 97–100; Yakut: Butterworth 1970, S. 1 ff.
7 Wirth 1979, S. 422 und Tafel 152.

Kapitel 33: Zeitlose Symbole

1 Echte Symbole, wie der Begründer der Analytischen Psychologie C. G. Jung (1875–1961) einst hervorhob, sind nicht einfach *Zeichen*, die gelernt werden müssen (wie z. B. Verkehrszeichen), sondern eher Schlüssel, die bestimmte Potentiale der menschlichen (unterbewußten) Seele erschließen oder aktivieren. Sie haben eine vergleichbare Wirkung auf jedes menschliche Wesen, unabhängig von Religion oder Kulturkreis. Einige dieser Symbole mögen zuerst in der Steinzeit erschienen sein, wirken aber heute noch genauso.
2 Inspiriert von Eliade 1996.
3 Green 1995, S. 169. Abgesehen von ihren vielen metaphysischen Bedeutungen, ist die Schlange auch die »Herrin des Wassers. In der Erde lebend, zwischen den Wurzeln der Bäume, Quellen, Moore und Wasserwege aufsuchend, gleitet sie selbst mit einer Wellenbewegung« (Campbell 1959, S. 10). Und in den Lüften beherrschen die Schlangen und Drachen vieler Legenden die Wolken und versorgen so die Welt mit Wasser (Eliade 1996, S. 170).
4 Zum Mond als männliche Figur und als Reptil siehe Eliade 1996, S. 167. Schlangen galten auch als die Spender aller Fruchtbarkeit.
5 Siehe Hageneder 2004, S. 78–9; Campbell 1964, S. 259.
6 Siehe Kap. 36. Campbell (1959, S. 388) jedoch sagt, daß der Mythos der Schlange und der jungen Frau um 7500 v. Ztr. auftauchte und wahrscheinlich nur die Weiterentwicklung einer noch älteren Grundform ist.
7 Hageneder 2004, S. 168.
8 Auch die biblische Schlange tat nichts anderes, als sie die Verbannung Adam und Evas aus dem Garten Eden bewirkte, bevor diese sich am Baum des Lebens vergreifen konnten.
9 Campbell 1964, S. 416.
10 Eliade 1996, S. 288, 290–1.
11 Apollo: Campbell 1964, S. 20; Asklepios: Pausanias, II. 28. I, in Levi 1979.
12 Siehe Green 1995, S. 169–71.
13 »Da die Schlange eine Epiphanie des Mondes ist, erfüllt sie dieselbe Funktion.« (Eliade 1996, S. 165).
14 Etana wird mitunter mit dem historischen König gleichen Namens identifiziert, der in der ersten Hälfte des 3. Jahrtausends Kish in Südmesopotamien regierte (Butterworth 1970, S. 149).
15 Nacherzählt in Rolleston 1993, S. 97–8.
16 Abgebildet in Gimbutas 1995, S. 214.
17 Andere vorwiegend mit Göttinnen verbundene Vögel sind Wasservögel wie Enten und Gänse (im heutigen China immer noch Symbole für Fruchtbarkeit und Glück), der Kranich, der Storch (siehe Abb. 41.11) und eine Reihe von Singvögeln (»geflügelte Himmelsboten«), aber auch Raben und Krähen (meist Boten der Todesgöttin, besonders in keltischer Überlieferung).
18 Butterworth 1970, S. 218.
19 Eliade 1978, S. 135. Ich bin mir bewußt, daß Eliades Werk aus verschiedenen Gründen kritisiert wird, aber dies schmälert meines Erachtens nach nicht die Gültigkeit seiner in dieser Studie verwendeten Aussagen.
20 Gimbutas 1995, 18.3.
21 Green 1995, S. 172.
22 In den Tempeln der Aphrodite wurden Tauben gehalten (Campbell 1959, S. 328), und in einer frühen rotfigurigen Vasenmalerei (ca. 5. Jh. v. Ztr.) hält die Göttin eine Taube in ihrer Hand (Campbell 1964, S. 27).
23 Butterworth 1970, S. 218.
24 Englische Arbeiten zur Religionsgeschichte sprechen in der Regel von *dove*, was meist »weiße Taube« bedeutet. The *Encyclopedia Britannica* (2004) definiert *dove* als »zur Taubenfamilie, Columbidae (Ordnung Columbiformes) gehörigen Vogel« und erwähnt, daß das Symbol der »Friedenstaube« von der Felstaube abgeleitet ist: »The names pigeon and dove are often used interchangeably. Although ›dove‹ usually refers to the smaller, long-tailed members of the pigeon family, there are exceptions: the domestic pigeon, a rather typical pigeon, is frequently called the rock dove and is the bird portrayed and called the ›dove of peace‹.«
25 Campbell 1959, S. 143.
26 Der hethitische Sonnengott Tesup z. B. wurde als Stier verehrt (Graves 1955, 42.4). Vergl. Kap. 41, Anm. 72.
27 Green 1996, S. 32.
28 Bogazköy; Hassuna Keramik, s. Kap. 36.
29 Green 1995, S. 125.
30 Graves 1955, 18.6.
31 Billington und Green 1996, S. 169.
32 Graves 1955, 7.b.
33 Green 1995, S. 169.
34 Z. B. Green 1995, S. 126.
35 Billington und Green 1996, S. 37.
36 Ebenda, S. 33.
37 Ebenda, S. 30.
38 Hesiod, *Theogonie*, 312, in Davidson 1998, S. 50. Auf ähnliche Weise wird der ägyptische Totengott Anubis, der die Seelen der Toten geleitet, mit Hundekopf dargestellt.
39 Cook 1925, S. 141–2. Siehe die Ausstellungsstücke im Museum von Cagliari.
40 Cook 1925, S. 44, Anm. 2, nach Philolaos *frag*. 12.
41 *De ant. nym.*, 18, in Ransome 1937, S. 107.
42 Ebenda.
43 Noch in den mittelalterlichen walisischen Gesetzen heißt es: »Der Ursprung der Bienen liegt im Paradies, und aufgrund der Sünde des Menschen kamen sie von dort, und Gott gab ihnen seinen Segen, und darum kann die Messe nicht ohne Wachs gesprochen werden.« (*Dull Gwent Code*, Buch 2, Kap. 27, in Ransome 1937, S. 196). Weit verbreitet unter den Darstellungen keltischer Muttergöttinnen aus Gallien, Deutschland und Britannien (Arrington, Cambridgeshire) ist der Bienenkorb-Kopfschmuck (Green 1995, S. 110).
44 Der Honig als vom Himmel fallend findet sich z. B. bei Hesiod, Aristoteles, Vergil, in den indischen Veden und im nordischen Mythos.
45 Eine spätpaläolithische Felsmalerei in der Grotte von Araña, Bicorp, Valencia, Spanien, zeigt eine menschliche Figur, die auf der Spitze einer rudimentären Leiter stehend Honig sammelt, während sie von Bienen umschwärmt wird (Ransome 1937, Abb. 2). In der Mitte des 4. Jahrtausends v. Ztr. erscheint die Biene als das Emblem des Königs von Unterägypten; von dort läßt sie sich durch die gesamte ägyptische Geschichte bis zur römischen Periode verfolgen. Die Orphiker studierten den Bienenstaat als die ideale Republik (Graves 1955, 2.2, 5.b, 5.1, 27.2), und für Vergil besaßen Bienen einen Anteil an der göttlichen Vernunft und am Lebensatem, der im Äther seinen Ursprung hat, welcher von Gott durchdringen ist (*Georgics*, IV,

220-7, in Fallon (Übers.) 2004).

In der Bronzezeit spielte Bienenwachs eine wichtige Rolle in der weit verbreiteten sog. *cire perdue* Metallguß-Methode. Dabei wird die gewünschte Gestalt aus Wachs geformt, mit Ton ummantelt und dieser dann mit flüssigem Metall ausgegossen, welches umgehend den Wachs herausschmilzt (siehe Abb. 38.6).

46 *Gilgamesh* VIII, Zeile 216, in George 1999.

47 Ransome 1937, S. 119-20, after Prophyrios, *De Abstin.*, II. 20

48 Z. B. bemerkt das Plutarch, *Banquet*, 106, in Ransome 1937, S. 119.

49 Ransome 1937, S. 120.

50 »Die Flüsse sind ein Strom aus Honig, Im Lande von Mannanan, Sohn des Ler« (zitiert in Ransome 1937, S. 189) – allerdings war der Dichter zu betrunken, wie ich glaube, um zu erwähnen, daß der Honig *doch* fermentiert war.

51 Auch Apollo, in seinem heiligen Hain in Epiros, hatte Schlangen (Aelian, *De Nat. Anim.*, xi. 2, in Ransome 1937, S. 128), und nur der jungfräulichen Priesterin war es erlaubt, sich (nackt) der runden Einfriedung zu nähern, um die Reptilien mit Honigkuchen zu füttern. Für Schlangen wurden diese übrigens immer mit Gerste zubereitet. Honigkuchen gab es auch für die heiligen Schlangen des Asklepios in Epidauros, und Honigkuchen wurden am Schlangenschrein von Olympia als Weihegaben dargebracht (Pausanias, VI. 20. 2, in Levi 1979). In der *Aeneis* (VI, 420: siehe Lewis (Übers.) 1986), besänftigt die Sybille den schrecklichen Cerberus mit einem Honigkuchen (dieser allerdings aus Weizen) – wahrscheinlich ein Widerhall der traditionellen Honiglibationen an Persephone.

52 Campbell (1959, S. 143, 428) verweist auf die Kulturepoche von Halaf im oberen syrisch-türkisch-irakischen Piedmont und der syrisch-kilikischen »Ecke« des östlichen Mittelmeeres, in welcher sich die ältesten neolithischen Siedlungen (ab ca. 6000 v. Ztr.) befinden. Vergl. Kapitel 36.

53 Porphyrios, *De ant. nym.*, 18, in Ransome 1937, S. 96.

54 Ebenda; Kallimachus, *Hymn to Apollo*, 99, in Ransome 1937, S. 96.

55 Pindar, *Pythian Ode*, IV, 59, in Bowra (Übers.) 1969. Das Insekt findet sich auch auf Münzen aus Delphi, Ephesos, Kreta sowie einigen Ägäischen Inseln vom 5. bis zum 1. Jahrhundert v. Ztr. (Ransome 1937, S. 99 n. 1; plate vii; fig. 16.

56 Keinerlei Beziehung zu der asketischen jüdischen Sekte gleichen Namens, die in Israel zur Zeit von Jesus von Nazareth existierte!

57 Ransome 1937, S. 58, 96.

58 Ebenda, S. 129.

59 Hesiod zufolge war Mnemosyne, durch Zeus, die Mutter der Musen. Aber dies ist eine spätere Idee, die Musen sind älter als Zeus und »von unbekannter aber uralter Herkunft« (*Encyclopedia Britannica* 2004).

60 Pausanias, *Beschreibung Griechenlands*, II. 11. 4, in Levi 1979.

61 Hesiod, *Theog.*; 76, Pausanias, IX. 23. 2, in Levi 1979; Antipater von Sidon, *Greek Anthology*, VII, 13; VII, 34; XVI, 305.

62 Varro, III, 16, 7, in Ransome 1937, S. 84.

63 Ein dritter Baum steht in Rohrbach-Tobel bei Kempten im Allgäu, Bayern (Rößner 2004).

64 Siehe Kap. 30, Anm. 95.

65 *Georgics* IV, in Fallon (Übers.) 2004, und *Eclogues*, IX, 30, in Lewis (Übers.) 1983.

66 Zur Seele als Schmetterling oder Nachtfalter empfiehlt Cook (1925, S. 645, Anm. 4) O. Jahn, *Archäologische Beiträge*, Berlin 1847.

67 Eliade 1996, S. 183.

68 Die meisten Fundstücke stammen jedoch aus Gräbern. In der Ägäis fand man wunderschöne Schmetterlingsdarstellungen in Mykene (Abb. 32.3 e) und auf einer bronzenen Doppelaxt aus Phaistos, Kreta (Abb 33.21, Cook 1925, S. 643 - 5); Evans (1921 – 35) für seinen Teil vergleicht diese Schmetterlinge mit Siegeltypen der Phase Mittel-Minoikum III aus Zakro, Knossos (in Cook 1925, S. 645).

Goldanhänger, die Zikadenlarven oder -puppen repräsentieren, fand man in einer Reihe archaischer Gräber in Mykene, einem Grab des 5. Jahrhunderts bei Temrjuk am Asowschen Meer (einem nördlichen Ausläufer des Schwarzen Meeres) und in der Grotte von Pan und den Nymphen, Lychnospelia, am Berg Parnes. Goldbroschen von Zikaden fand man am Bosporus und auch im frühesten Artemision in Ephesos (Cook 1940, S. 252-4). Das Symbol erscheint auch auf Tetradrachmen aus dem Athen des 3. und 2. Jahrhunderts v. Ztr. Auch in deutscher Volksüberlieferung wurden die Seelen der Verstorbenen noch mit Grillen in Verbindung gebracht, die auch Heimchen genannt wurden, was ursprünglich ein Wort für Bienen war. In einer anderen deutschen Tradition wurden die ungeborenen Seelen von der Mutter Perchta von ihrem himmlischen Heim zur irdischen Welt geleitet, insbesondere in der *Perchtennacht* am 6. Januar (dem Ende der *Julzeit*, siehe S. 225). (Menzel 1870, S. 127; vergl. Mannhardt 1858, S. 424).

69 Gimbutas 1991, S. 48; Musès 1991, S. 133, 135 ff.

Kapitel 34: Geburt

1 Baumann 1986, S. 51, nach Sprengel 1971.

2 Baumann (1982, Nachdruck 1999, S. 51, vielleicht nach Sprengel 1971) sagt, daß immer noch einzelne Eiben »in den verwitterten Runsen des heute kahlen Berges« (Artemision) zu sehen seien. Bei meiner Exkursion im Oktober 2006 zu diesem Berg fand ich nicht die geringste Spur von *Taxus*. Der Berg ist auch nicht mehr kahl, aber die einzigen Bäume sind Tannen, Zypressen und eine Wacholderart mit auffällig leuchtenden rot-orangen Zapfen. Es könnten Letztere gewesen sein, die die Informanten von Baumann/Sprengel zu einem Mißverständnis verleitet haben (»Nadelbäume mit roten Früchten«). Das Gebiet ist deutlich zu heiß und trocken für wilden *Taxus*, aber von Menschenhand gut bewässerte Eiben könnten durchaus einst in Sanktuarien existiert haben.

3 Zudem wurde Artemis *Tauropolos* in Attika als eine Stiergöttin verehrt.

4 Baumann 1986, S. 51, nach Homer, *Iliad*, 24, 607 , in Fitzgerald (Übers.) 1974/1999.

5 Gimbutas 1995, 12.6.1. Ihr keltisches Pendant ist Brigit (Green 1995, S. 200), ihr germanisches Freyja (siehe S. 228).

6 Siehe auch Graves 1955, 89.b: »Auf Aegina wird sie [Artemis] als Aphaea verehrt, weil sie verschwand; in Sparta als Artemis, mit dem Titel »die Herrin des Sees«; und auf Kephallonia als Laphria; die Bewohner der Insel Samos benutzen ihren wahren Namen in ihren Anrufungen.«

7 Davidson 1998, S. 49.

8 Während der folgenden (und letzten) Jahrhunderte ihrer irdischen Laufbahn wurde Hekates Rolle zunehmend düsterer und schließlich darauf reduziert, in Mondnächten über dem Land zu spuken, mit ihren bellenden Hunden und den rastlosen Seelen der Toten im Gefolge. Hier besteht eine Parallele zur »Wilden Jagd« des germanischen Odin wie auch der des Arawn, des keltischen Herren der Verstorbenen; beide haben Hunde, Arawns metaphysische Meute ist weiß mit roten Ohren (vergl. Abb. 33.12). Hekate sank schließlich zur Figur einer angsterregenden bösen Hexe herab, bis sie vollends in Vergessenheit geriet. Hekate und die Eibe gleichen sich in ihrer

Funktion als Hüter der Schwelle zur Unterwelt, und auch die Reduzierung ihrer schwindenden Bedeutung auf die »Todesgöttin« bzw. den »Baum des Todes« stellt eine bemerkenswerte Parallele dar.

9 Graves (1955, 34.1) merkt an, daß der mächtige Wachhund nicht nur der Diener der Göttin sondern eine Erscheinungsform ihrer selbst sein könnte.

10 Die Stirn des Opferstieres »rauh mit Eibenlaub« (Valerius Flaccus, *Argonautica*, 1.730 , in Mozley (Übers.) 1998). Zur Verbindung der Unterweltgöttin mit der Eibe siehe das folgende Kapitel.

11 Dies wurde zuerst von Cameron (1981, S. 4f; auch in Gimbutas 1995, S. 265) vorgeschlagen.

12 Walker 1988.

13 Lucan (39 - 65 n. Ztr.), *Pharsalia*, I, 450-8, zitiert in Matthews 1996, S. 21.

14 Z. B. in den walischen Geschichten um Bran *(Mabinogion)* und den irischen um Dagda. Klassische Autoren waren sich nicht sicher, ob die Druiden die Idee Seelenwanderung von Pythagoras hatten (z. B. Ammanius Marcellinus, *Werke*, XV, 9, 8) oder umgekehrt (Diogenes Laertius, *Vitae*, Einleitung, I, 5: »Manche sagen, daß das Studium der Philosophie barbarischer Herkunft sei.«); beide in Matthews 1996, S. 19, 20.

15 Sokrates, Platon, und Aristoteles. Cicero sagte, Sokrates »brachte die Philosophie vom Himmel auf die Erde herab« (*Encyclopedia Britannica*).

16 Platon, *Phaidon*, 107E, übers. von F. Schleiermacher, S. 81.

17 *Olympian Ode*, II, 71 , in Bowra (Übers.) 1969. Pindar, der 518 oder 522 v. Ztr. in Böotien geboren wurde und nach 446 starb (wahrscheinlich um 438), war der größte Lyriker des alten Griechenland.

18 Ovid, *Metamorphosen*, I, 168-9, in von Albrecht (Übers.) 1994: *est via sublimis caelo manifesta sereno: lactea nomen habet candore notabilis ipso.*

19 Porphyrios (auch Porphyr), *De antr. nymph*, 28, in Cook 1925, S. 41. Insgesamt, sagt Cook, sind es »drei neoplatonische Autoren, die, eventuell aus einer gemeinsamen Quelle schöpfend, Pythagoras selbst den Glauben zuschreiben, daß die Milchstraße der Pfad ist, auf dem die Seelen kommen und gehen« (ebenda).

20 *Phaidros*, 246E-247C, übers. v. J. Wright, zitiert in Cook 1925, S. 44.

21. Macrob. comm. in somn. Scip. 1. 12. 1-3, zitiert in Cook 1925, S. 41-2. Die Klassiker sind nicht die einzigen, die auf die Milchstraße als Pfad der Seelen verweisen: »Die Basutos nennen sie den ›Pfad der Götter‹; [...] nordamerikanische Stämme kennen sie als ›den Pfad der Meister des Lebens‹, ›den Pfad der Geister‹, ›die Straße der Seelen‹, auf der diese zum Land jenseits des Grabes reisen, und wo die Lagerfeuer als hellere Sterne gesehen werden können.« (Cook 1925, S. 38, Tylor 1891 zitierend. Basutoland ist in Südafrika).

22 *Olympian Ode*, II, 72-7, in Bowra (Übers.) 1969.

23 Am Ostersonntag 1998 wurde die Freiwillige Feuerwehr von Kronberg im Taunus (Hessen) gerufen, weil »die Burg brennt«. Der falsche Alarm wurde durch Anwohner ausgelöst, die die Burg von gelben Rauchschwaden umhüllt sahen – die Schwaden erwiesen sich als die Pollenwolken der Eiben auf dem Burggelände (Briehn 2001).

24 Was recht erstaunlich ist, denn Pindar lebte etwa sieben Jahrhunderte, nachdem die »Dorische Wanderung« einen deutlichen Hang zum Patriarchat in Griechenland verbreitet hatte.

25 Der Satz »Die Milchstraße ist der Weg, den die Seelen zum *Hades im Himmel* überqueren« (meine Kursiven) wird Empedotimos von Syrakus zugeschrieben (Cook 1925, S. 43, auf Philop. in Aristot. *meteor.* verweisend). Des weiteren ist die Unterwelt im sumerischen Mythos – in dem viele der Hauptmotive der Mythologien der Welt zum ersten mal schriftlich auftauchen – auch ein Ort, an dem »das Herz sich erfreut« und man »den Göttern nahe« ist; nur derjenige, dessen Leichnam unbestattet in der Ebene liegt, »sein Schatten findet keine Ruhe im Jenseits« (Kramer 1961, S. 37). Zur Wichtigkeit der *richtigen* Bestattungsriten siehe das nächste Kapitel, Anm. 8.

Kapitel 35: Die Mysterien

1 Die Überreste von Messene liegen nördlich der heutigen Stadt Messíni. Messene wurde wahrscheinlich 369 v. Ztr. gegründet, nach dem Sieg von Athen und des Böotischen Bundes über Sparta in der Schlacht von Leuktra 371 v. Ztr. Messene bot den Nachkommen der vormals im Exil lebenden Messener einen befestigten Stadtstaat, der von Sparta unabhängig war (*Encyclopaedia Britannica*).

2 Pausanias, *Beschr. Griechenlands*, IV. 26. 6, in Meyer 1954.

3 Ebenda, 7-8. Ebenso von Interesse ist Levis Fußnote über die Zinnrolle: »Das Mysterium, das auf dünnes Metall graviert ist, erinnert an gewisse Vers-Inschriften der Orphiker darüber, wie man nach dem Tode unsterblich wird. Sie wurden auf sehr dünnem Gold gefunden und waren mit den Toten beerdigt worden. Wenigstens eine davon ist im Britischen Museum, aber sie wird nicht ausgestellt.« (Levi 1979, S. 163) – Falls Sie in Ihrem Leben nach dem Tode einem unsterblichen Museumsdirektor begegnen sollten, können Sie ihn fragen, warum.

4 Der Tempel wurde von dem dänischen Archäologen Ejnar Dyggve ausgegraben und publiziert (1948) und enthielt einige prächtige ornamentale Arbeiten in bemalter Terrakotta (Levi 1979, vol. II, S. 176 n. 143).

5 Die überraschende Personifikation der Zinnrolle als eine »Greisin«, die in einer »Bronzekammer« (dem Bronzekrug) eingeschlossen ist, kann eine dichterische Metapher für den Kult der Göttin sein, der zum Stillstand gekommen war, oder auf ein metaphysisches Verständnis verweisen: Die Priester oder Priesterinnen der Artemis werden ein so wichtiges Objekt zweifellos mit den angemessenen Ritualen und Beschwörungen vergraben haben. Dazu könnte gehört haben, einen Schutzgeist oder Wächter für den Bronzekrug zu bestimmen.

6 Pausanias, IV. 27. 5, in Levi 1979.

7 Ebenda, 27. 6-7.

8 Ein ethnologischer Vergleich: Nach den Lehren der Huichol-Indianer in den Bergen Mexikos (Eliot Cowan zufolge, der bei traditionellen Huichol-Schamanen in die Lehre ging) sind die *korrekten* Bestattungsriten eine unbedingte Voraussetzung dafür, daß ein Mensch in *seiner eigenen* Kulturgemeinschaft wiedergeboren wird. Es ist ja einleuchtend, daß die Menschen einer jeglichen Kultur oder Stammesgemeinschaft, in der man an Wiedergeburt glaubt, bestrebt sein sollten, daß die hervorragendsten und wohltätigsten Persönlichkeiten aus ihrer Mitte – z. B. große Könige, Krieger, Priester oder Künstler – in ihrem eigenen Volk wiedergeboren werden und nicht innerhalb einer anderen ethnischen Gruppe. Das wird im allgemeinen überhaupt nicht bedacht, wenn Historiker die exzessiven Bestattungsfeiern und pompösen Grabmonumente des Altertums einfach als Gigantomanie vermeintlich egozentrischer Herrscher abtun. Mit einer gewissen Wahrscheinlichkeit war es in einigen Fällen so, daß die betroffene Gesellschaft diese Ehrerbietung auch darbringen *wollte* (zumal die harte Arbeit ohnehin meist von Sklaven verrichtet wurde). Vielleicht wünschten einige dieser Könige und Königinnen sogar weniger Prunk als die Zeit gebot – geschah in unserer Zeit Charles Darwin nicht etwas ganz Ähnliches (siehe S. 126-7)?

9 Das Gelände scheint im 16. Jh. v. Ztr. erstmals besiedelt worden zu sein, die frühesten architektonischen Überreste im Tempelbezirk stammen aus dem 15. Jh. v. Ztr. (Eliade 1978, S. 293). Abgesehen von kurzen Unterbrechungen (z. B. durch die persische Invasion Griechenlands) wurden die Mysterien bis 395 v. Ztr. kontinuierlich abgehalten. Danach verfiel die verlassene Stätte, bis im 18. Jh. die heutige Stadt Eleusis (griech. Lepsina) gegründet wurde, die jetzt ein Industrievorort von Athen ist.
10 Die beste Zusammenfassung der Mysterien findet sich in Mylonas 1961, Kap. 9.
11 Ebenda, S. 244.
12 Ebenda, S. 226. Die Athener Regierung drohte allerdings auch mit sehr ernsten Strafen selbst für den unabsichtlichen teilweisen Bruch der Schweigepflicht, aber die Historiker sind sich einig, daß es mehr der Respekt vor den Gottheiten war als die Gesetzgebung, die die Lippen verschlossen hielt.
13 In der Frühgeschichte von Eleusis war die Initiation den Ortsansässigen und den Athenern vorbehalten; im 7. Jh. v. Ztr., als Eleusis unter Athener Regierungsgewalt fiel, wurden die Mysterien allen Griechen geöffnet, und später im Römischen Reich auch allen römischen Bürgern (Mylonas 1961, S. 248, vergl. Eliade 1978, S. 294).
14 Campbell 1959, S. 183f; Graves 1955, 24; Cook 1914, S. 229-31.
15 Diodorus, V, 48, zitiert in Mylonas 1961, S. 280.
16 Siehe auch die indonesische Hainuwele-Mythe sowie die japanische vom Tod der Nahrungsgöttin Ohogetsu-hime (Naumann 1996, S. 62).
17 Eine wichtige Beobachtung, die Eliade (1978, S. 293) gemacht hat.
18 Mylonas 1961, S. 238. Graves zufolge ist Hades ein »hellenistisches Konzept von der Unausweichlichkeit des Todes« (1955, 31.2). Wenn das stimmt, wäre die Hochzeit von Hades mit Persephone ein wunderbares Beispiel für den religiösen Synkretismus im alten Griechenland: Der männliche Gott der indoeuropäischen »Invasoren« vereint sich mit der Göttin der einheimischen Bevölkerung. Der Moment, in dem Hades auszieht, um Kore zu entführen, illustriert, daß das männliche Prinzip allein die Unterwelt nicht regieren kann – alles in allem bleibt es die uralte Göttin des Todes und der Geburt, die die Geheimnisse der Unsterblichkeit behält.
19 Mylonas 1961, S. 276.
20 Einzig und allein P. Foucart, in *Les Mystères d'Éleusis* (1914), schlug vor, daß als Teil der Einweihungsriten Mysterienszenen aufgeführt wurden, die eine simulierte Reise in die Unterwelt enthielten. Mylonas widmet dieser Möglichkeit die Diskussion, die sie verdient, kann ihr aber am Ende nicht zustimmen, weil in Eleusis nicht das geringste Anzeichen von unterirdischen Kammern oder Korridoren gefunden wurde (Mylonas 1961, S. 265, 268). Allerdings wären die Grotte Ploutons oder das Telesterion, die Halle der Initiation, durchaus geeignete Räumlichkeiten gewesen, um eine *mentale* Reise in die Unterwelt anzuleiten; die Eindrücklichkeit einer solcher Erfahrung wäre unterstützt worden durch die vorbereitenden Lehren, Übungen und rituelle Anrufungen, das tagelange Fasten, und das zeremonielle Trinken des Opfertrankes *kykeon* (der aus Gerstenwasser mit Minze bestand und, soweit wir wissen, keine psychoaktiven Substanzen enthielt). Sibirische Schamanen klettern auf dem Weltenbaum in die höheren und niederen Welten und hinterlassen auch keine archäologischen Spuren! Ein essentielles Element, das zu ihrer Trance führt, ist physische Erschöpfung – die in Eleusis durch den über 22 km langen Pilgerweg und die ekstatische Tanznacht erreicht worden ist.
21 Wie auch Eliade (1978, S. 296) sagt: »In Eleusis zeitigte Demeter eine andere religiöse Dimension als jene ihres [landesweiten] öffentlichen Kultes.«
22 In Campbell 1959, S. 186. Sophokles sagt: »Dreifach glücklich sind jene Sterblichen, welche diese Riten gesehen haben, bevor sie in den Hades abreisen; denn sie allein erwartet dort ein wahrhaftiges Leben; für die anderen ist alles dort von übel.« (*Fragm.* 719 (Dindorf), zitiert in Mylonas 1961, S. 285). Auch Pindar spricht von *Sehen:* »Glücklich ist derjenige, der diese Riten gesehen hat, wenn er in die hohle Erde hinabsteigt; denn er kennt das Ende des Lebens und seinen gottgesandten Beginn.« (*Fragm.*, 102, ebenda). Isokrates legt dar, daß Demeter den Athenern ein doppeltes Geschenk verlieh: die Gabe der Früchte der Erde und die Gabe der Mysterien (*Paneg.* 28); und sogar der römische Politiker, Jurist und Gelehrte Cicero stimmt in das Lob ein, wenn er schreibt, daß Athen der Welt nichts Edleres und Göttlicheres gegeben hat als die Eleusinischen Mysterien (*De Legibus*, 2, 14, 36; beide zitiert in Mylonas 1961, S. 270).
23 Ansonsten war die Myrte im alten Griechenland der Aphrodite geweiht, und Myrtenkränze wurden oft bei Hochzeiten getragen ((*Paneg.* 28); und, »Myrte«).
24 »Wreaths with ribbons«, Mylonas 1961, S. 252.
25 Willetts 1962, S. 160, nach Plinius, *Nat. hist.*, 23 159-60, 24.50, 21.126, in Jones 1960.
26 Campbell 1959, S. 287.
27 Cook 1914, S. 228-9.

Kapitel 36: Ursprünge

1 Larson et al. 2004, S. 89.
2 Ebenda, S. 33, 59.
3 Ebenda, S. 91.
4 Außerdem bezeichnen die vom Menschen bevorzugten Orte mit reichlich Höhlen und Wasser (vergl. ebenda, Abb. 18, 44) auch genau die Gebiete mit feuchten Schluchten und Hängen, die *Taxus* in wärmeren Klimazonen benötigt (sogar auf den kühl-feuchten Britischen Inseln finden sich Eiben an Wasserfällen).
5 Abgesehen allerdings vom Atlasgebirge in Nordwestafrika.
6 Die Deutung dieser Höhlenmalereien als »religiös« kann nur anzweifeln, wer das heutige Wissen um die Rolle des Schamanismus in ursprünglichen Jagdkulturen ignoriert. Siehe Campbell 1959, S. 299-347.
7 *Encyclopedia Britannica* 2004: »Mittlerer Osten (seit der Steinzeit)«, Abschnitt »Mesolithisch – Neolithisch: Das Erscheinen bäuerlicher Gemeinschaften«.
8 Goff 1963, S. 1-2.
9 Ebenda, S. 8.
10 Ebenda, Abb. 71-122.
11 Die »Neolithische Revolution« umfaßt auch die anderen kulturtragenden Elemente der Hochzivilisation, nämlich Flechthandwerk, Töpferei, Metallurgie, das Rad, den Kalender, Mathematik, Königtum, Priesterschaft, Steuersystem, Buchhaltung, ... (Campbell 1959, S. 404).
12 Ebenda, S. 142-3, 403; Halaf-Stufe: siehe auch *Encyclopedia Britannica* 2004, »Mesopotamien«.
13 Campbell 1959, S. 142-3, 428; zu Kreta auch Graves 1955, 8.2.
14 Hoffner 1990, S. 11.
15 Das Taurusgebirge wurde vermutlich nach dem hurritischen Sturmgott Taru (Haas 1977, S. 61) benannt; vergl. griech. *tauros* und lat. *taurus*, »Stier«.
16 Siehe Eliade 1978, S. 139.
17 Der babylonische Name *Ishtar* (siehe unten) erscheint

allerdings auch als Bezeichnung vieler lokaler Göttinnen. Ihr hurritischer Name war Shanshka (ebenda, S. 140).

18 Siehe Haas 1977, S. 133–61.

19 KUB XXV 31 Vs. 5-6. Auch: »vom Altar ... sie den *eya*-Baum«, KBo XXIII 49 IV 5, 6. Puhvel 1984.

20 KUB XXV 33 I 7–8, ebenda.

21 KUB XIII 8 Vs. 9, ebenda.

22 KUB XXVII 67 IV 9–10, ebenda.

23 KBo XXII 236, 9–11, ebenda.

24 Vergl. Hageneder 2006, »Terebinte«.

25 Ein ganz ähnlicher Gedenkbaum wurde für die Kinderopfer der amerikanisch-britischen Irak-Invasion 2004 im National Memorial Arboretum in Staffordshire, England, geweiht. www.friendsofnma.org.uk

26 Persönliche Kommunikation mit botanischen und ethnobotanischen Beobachtern, Istanbul, Oktober 2004.

Kapitel 37: Die Bergmütter

1 Tempel der Ersten Dynastie von Ur in al-Ubaid, in Kramer 1963, S. 29, 152.

2 Goff 1963, S. 224, nach Thureau-Dangin 1907. Identität von Ninmah und Ninhursag: Kramer 1963, S. 122.

3 Zu prähistorischen kaukasischen Elementen im japanischen Erbe siehe Blacker 1996, S. 178.

4 Kallimachus, *Hymme an Artemis* 1–2, in Graves 1955, 22.b.

5 Beispiele sind der »Thron von Nahat« in Armenien; Tuzuk-Dagh bei Ikonion in Lykien; Kizil-Dagh, ein abgelegener Hügel bei Kara-Dagh, dem »schwarzen Berg«, einem Ausläufer des Taurus; die Altäre und Throne der Kybele auf der Hochebene von Doghanlu, der phrygischen Stadt des Midas; Tantalus auf dem Berg Sipylos in Lydien und der Felsthron am südöstlichen Hang des Koressos bei Ephesos (Cook 1914, S. 136–8).

6 Cook 1914, S. 136.

7 Der bekannten Bergkulte des Zeus gibt es fast einhundert (Cook 1914, S. 165; Cook 1925, App. B).

8 Cook 1914, S. 141. Bei den Phrygiern »erschien Kybele unter den Namen Artemis und Rhea in den großen Städten an der Westküste Kleinasiens (Türkei), während die Römer sie Magna Mater [›Große Mutter‹] und die Gallier sie Berecynthia nannten, unter anderen Namen« (Billington und Green 1996, S. 70).

9 In der olympischen Theologie galten die Musen als die neun Töchter der Vereinigung von Zeus mit der Göttin Mnemosyne (»Erinnerung«), bei der er neun Nächte lag, aber es ist klar, daß die Verehrung der Musen weit älter war als die des hellenistischen Zeus.

10 Pausanias erwähnt Olympia, Megalopolis, Messene und Tegea.

11 Cook 1925, S. 548; *Encyclopedia Britannica*, »Ursa Major«.

12 Vergleiche die Schamanen der sibirischen Tschuktschen, nach denen sich beim Polarstern ein Loch befindet, »durch das es möglich ist, sich von einer Welt in die andere zu begeben. Es gibt mehrere Ebenen oder Stockwerke von Welten, eine über der anderen« (Butterworth 1970, S. 4).

13 Cook 1914, S. 104. Allezeit behielten die Musen ihre ausgeprägte Verbindung zur Musik.

14 *Encyclopedia Britannica* 2004.

15 Demandt 2002, S. 89.

16 Ebenda, S. 90.

17 Platon, *Politeia*, 14, 617, in Waterfield (Übers.) 1993; Namensübersetzungen aus Graves 1955, 10.1.

18 In Troja III–V (ca. 2100–1900 v. Ztr.) z. B. fand Heinrich Schliemann um die 18.000 (!) Terrakotta-Spindeln, die meisten mit symbolischen Ritzungen (unter einer großen Vielzahl von Motivgruppen ist das »Zweigmuster« dabei ein stets wiederkehrendes Thema; Abb. 37.6 zeigt Schliemanns Katalognummern 1902, 1904, 1910 und 1933). Sie waren als Votivgaben hergestellt und neu, ohne jegliche Gebrauchsspuren, dargebracht worden (Schliemann vermutet, an eine mit dem Spinnen assoziierte Göttin wie Athene *Ergané*). Ähnliche Spinnwirtel wurden über ganz Europa gefunden: in Italien (Villanova bei Bologna; Castione und Campeggine bei Parma; im Distrikt Modena; bemerkenswerterweise aus der Zeit König Numas, siehe »Diana«, S. 189), Ungarn (Szihaloin im Distrikt Borsod), Polen (Zywietz bei Oliva/Gdansk), Deutschland (Neubrandenburg, Schwerin), Schweiz (steinzeitliche Siedlung von Moeringen, Bieler See), und der griechischen Insel Thera (Schliemann 1881, S. 229–30).

19 Graves 1955, 6.3.

20 Dodds 1951, S. 18.

21 Dumitru 1992; Baumann 1986.

22 Graves 1955, 6.3.

23 Hageneder 2004, S. 170.

24 Bates 1996.

25 Wyrd wird ausführlich behandelt in Bates 1996.

26 Dodds 1951, S. 20 (Anm. 30) 1992.

27 Zitat aus Cook 1940, S. 446, nach J. Grimm 1882, Band 1, S. 265 ff. Der Zusammenhang der wohltätigen Holden mit den Seelen der Verstorbenen war im germanischen Kulturkreis weit verbreitet. Die Herauskristallisierung einer Führerin der Holden (Frau Holda/Holle), die die von ihr geführten Wesen im Volksglauben schließlich zurückdrängte, ist jedoch späteren Datums, wahrscheinlich nicht älter als die christliche Ära. Ihr Name ist verwandt mit der nordischen Göttin der Unterwelt, Hel, und geht auf das althochdeutsche *helan*, »verbergen, bedecken« zurück, was vermutlich auf die Bedeckung der Leichname verweist und auch auf die Schleier trauernder Frauen (oder Göttinnen). Es könnte sich aber auch auf die Unsichtbarkeit der »befreiten Seelen Verstorbener« (Meyer 1910, S. 114) beziehen. In christlicher Zeit wurde der Name *Hel* verzerrt zu *Hölle*, einem Ort ewiger Bestrafung.

28 Munch 1926, S. 310, in Cook 1940, S. 447.

29 Willetts 1962, S. 148–97.

30 Die ältesten Belege für Kultorte in den Bergen Kretas sind von ca. 2100–1900 v. Ztr. (Eliade 1978, S. 132).

31 Willetts 1962, S. 191. Aufgrund dieser Attribute ist es weder erstaunlich, daß einige Quellen sogar Hekate als die Mutter der Britomartis nennen, noch daß verschiedene Elemente dieser Tradition später in den Kult der Artemis übernommen wurden.

32 Robertson-Smith (in Guthrie 1962, S. 84 n. 1) setzt Leto mit der semitischen Allath (Alilat) gleich – vergl. hebräisch Elath als einen Beinamen der Asherah, siehe unten.

33 Vergleiche Pausanias (X. 12. 4, in Levi 1979): » verwilderte Orte nannte man *Idai*«.

34 Im Jahre 1460 v. Ztr., nach klassischen Quellen, die Cook (1925, S. 949) aufführt.

35 Eliade 1978, S. 131; auch S. 251.

36 Graves 1955, 53.2.

37 Cook 1925, S. 934, auf Pythagoras' Besuch in der Grotte verweisend.

38 Eliade 1978, S. 251.

39 Willetts 1962, S. 197.

40 Ida: Cook 1925, S. 938; Dikte: siehe Kasten S. 186–7.

41 Cook 1925, S. 949, nach seiner Übersetzung der *Iliad*, XIV, 286–8.

42 Siehe Anhang IV.
43 Er fährt fort: »... und ein weiterer, kleiner, steht nicht weit davon, und eine ganze Anzahl umsteht eine Quelle, die die Quelle der Echse genannt wird, etwa zwölf Furlongs entfernt. Es gibt auch einige in den Hügeln des Ida, in derselben Gegend, im Distrikt Kindria und in den Bergen um Praisia« (III, 3, 4). Die Eröffnung dieser Passage ist jedoch verwirrend: Er nennt den Baum *aigeiros* (was gewöhnlich als Schwarzpappel übersetzt wird) und, nachdem er sagt, daß die Arkadier jeden Bergbaum *außer* dem *aigeiros* als fruchttragend bezeichnen – von dem er selbst andernorts (III, 14, 2) sagt, daß er weder Frucht noch Blüte zu haben scheint –, gibt er dennoch einige Beispiele von fruchttragenden *aigeiros*-Bäumen in den Bergen Kretas, insbesondere in der Region des Ida. Hat er diese Bäume selbst gesehen und identifiziert oder mußte er sich auf Berichte verlassen? *Aegeiros/aigeiros* war auch ein Synonym für den Baum der Unterwelt (s. Kap. 38, Anm. 82, und Kapitel 39, Anm. 58). Plinius übrigens machte es wieder falsch (siehe S. 147f) und nannte diesen Baum Weide (*Nat. hist.* , 16, 110, Anh. B, in Cook 1925, S. 529).
44 Sir Arthur Evans fand in der Diktischen Höhle die Überreste eines Libations-Tischchens mit drei becherartigen Vertiefungen (Ransome 1937, S. 120). Siehe Evans 1901b, S. 113.
45 Graves 1955, 7.3. Graves (1955, ch. 56) zufolge erhielten das Ionische Meer als auch die hellenistischen Ionier ihren Namen von Io (ebenda, 7.6).
46 Graves (1955, 7.3) bemerkt, daß Melisseus eine Form von Melissa sein könnte, der Göttin (oder ihrer Priesterin) als »Bienenkönigin«.
47 Diodorus Siculus, V, 70; Kallimachus, *Hymne an Zeus*, 49. Ein folkloristisches Überbleibsel davon findet sich in einem Manuskript aus dem 2. Jahrhundert n. Ztr. oder später, das eine Geschichte erzählt, in der die Diktische Grotte von heiligen Bienen bewohnt wird (in Cook 1925, S. 928 f).
48 Diodorus Siculus, V, 63, in Ransome 1937, S. 93.
49 Graves 1955, 7.3.
50 Auf Kreta wurden Apollo und Artemis auch beim Abschluß von Verträgen angerufen sowie bei der Vereidigung neuer Bürger in verschiedenen kretischen Städten (Willetts 1962, S. 191).
51 In Strabons Zeit verstand man die Idäischen Daktylen generell als »Zauberer und Diener der Mutter der Götter« (Willetts 1962, S. 99, nach Strabon 10.473).
52 Ebenda, S. 175.
53 So wie die minoische »Jungfrau« und Vegetationsgöttin Ariadne, »die sehr heilige« (ebenda, S. 194).
54 Graves 1955, 1.d.
55 Hestia, Demeter, Hera, Hades und Poseidon.
56 Vergil, *Georgics*, IV, 63 , in Fallon (Übers.) 2004.
57 Graves 1955, 7.b.
58 Campbell 1964, S. 50-4; Cook 1940, S. 403-8, nach Evans 1925 und 1925-35, Band 3.
59 Campbell 1964, S. 50-2; im Folgenden halte ich mich weitgehend an seine Interpretation, wie sie in Campbell 1964 wiedergegeben ist.
60 Zur spirituellen Bedeutung von Vögeln siehe Campbell 1959; Eliade 1978, S. 163, Anm. 2.
61 Keilschrifttext von ca. 2050 v. Ztr., Kramer 1956, S. 172-3, zitiert in Campbell 1964, S. 53.
62 Cook 1925, S. 929.
63 Graves 1955, 58.2; Cook 1925, S. 524.
64 Willetts 1962, S. 167; Cook 1914, S. 525.
65 Willetts 1962, S. 160.
66 Graves 1955, §58, vergl. auch 111.f.
67 In den olympisch geprägten Mythen ist Európe eine junge Frau oder Prinzessin, die von Zeus, in Gestalt eines großen weißen Stieres, von der Küste von Tyros (Phönizien) nach Kreta entführt wird. Dort, nun in Gestalt eines Adlers, vergewaltigt er sie in der Krone eines alten Baumes.
68 Die Vorstellung, daß die Jungfrau auf dem Stier an einer kretischen *Küste* angekommen sein muß, führte wiederholt zu Vermutungen über einen Baum der Flußufer oder Naßwiesen, aber die Weide verträgt keine salzige Luft. Theophrast (I, 9, 5) erhielt einen Bericht über eine Platane *(Platanus)*, im Distrikt Gortyna, die angeblich der Baum von *Európe* und Zeus gewesen war. Dies klingt jedoch eher nach lokaler Volksüberlieferung, viele Jahrhunderte nach der Zeit, in der solche Rituale *(hieros gamos)* stattgefunden haben dürften.
69 Aber nicht aus etymologischen Gründen: Der Name der Göttin hat nichts mit englischen Dialekten für Eibe (z. B. *eu, eure*) zu tun. Ihr Name, *Európe*, bedeutet in etwa »weit-äugig«; Graves (1955, 58.2) und Cook (1925, S. 537) haben das als eine Metapher für den Vollmond interpretiert.
70 Zum Beispiel auf einer sizilianischen Münze des 5. Jahrhunderts v. Ztr. (Cook 1940, S. 175).
71 Graves 1955, 18.3. Ich benutze Graves' *Greek Myths (Griechische Mythen)* sehr vosichtig, hauptsächlich wegen seiner Zusammenfassungen der Geschichten (welche recht gut auf die klassischen Quellen verweisen) und in Vermeidung seiner Interpretationen.
72 Darüber hinaus zeigt der Name Anchises (Ankh-Isis) eine mögliche Verbindung mit der ägyptischen Isis auf (ebenda).
73 Cook 1940, S. 177.
74 Graves 1955, 18.4; auch Cook 1940, S. 171. Vergl. die germanische Freyja, S. 228.
75 Cook 1925, S. 872.
76 Pausanias (II. 10. 4, in Levi 1979) beschreibt eine Statue der Aphrodite von Sikyon, Korinth, die eine Mohnblüte in einer und einen »Apfel« in der anderen Hand trug, wofür verschiedene Autoren (z. B. Cook 1925; Levi 1979) sie mit Demeter und den Eleusinischen Mysterien assoziierten. Die Doppelrolle der Aphrodite als Liebes- wie auch als Todesgöttin weist auf das uralte Thema vom *Tod als Liebe*. In der griechischen Volksüberlieferung fand Cook Überbleibsel davon in Volksliedern, die als das erste Erlebnis von Männern nach dem Tode die Einführung in Persephones Brautkammer beschreiben, und für Frauen die Vereinigung mit Hades selbst. Der Tod war das Resultat eines Erlasses der Moiren und dieses erste Zwischenspiel das Ergebnis der Unterweltgottheiten, die wieder einmal mehr einen neuen Liebespartner forderten. Die Redewendung »Wen die Götter lieben, stirbt jung« war durchaus wörtlich gemeint (1925, S. 1164-6).
77 Als das »Lebensrad« spielte es außerdem eine wichtige Rolle in der Alchimie (siehe Hageneder 2004, Abb. 91) und erscheint auch als zehnte Karte der Großen Arkana in den Tarot-Karten.
78 Cook 1914, S. 268-74. Zur etruskischen Kultur als aus Kleinasien stammend siehe Cook 1940, S. 259.
79 Die babylonische Ishtar wird gewöhnlich mit der sumerischen Inanna gleichgesetzt; ihr Name jedoch scheint sich aus dem der sumerischen Mutter der Götter, Ashratum, entwickelt zu haben, die die Gemahlin des Schöpfergottes An(u) war (Patai 1990, S. 37) und die noch in akkadischen Texten der Mittleren Bronzezeit erscheint. Keel und Uehlinger (1998, S. 22) sehen im Namen *Ashratum* den Vorläufer des Namens *Asherah*. Ein Keilschrifttext aus Ugarit nennt die kannanitische Asherah »Mutter der Götter« (Eliade 1978, S. 151).
80 Patai 1990, S. 57, 302 (Anm. 24).
81 Keel und Uehlinger 1998, S. 19-30.

82 Patai (1978, S. 55) nennt Beispiele, so »Er ruft Asherah und ihre Kinder, Elath und die Schar ihrer Verwandten«.
83 *Astarte* und *Anath* wurden von den Ägyptern des 14. Jahrhunderts v. Ztr. (Amarna-Briefe) als zwei verschiedene Gottheiten mißverstanden; Anath entwickelte sich zur ägyptischen Kriegsgöttin Neith, während »Astar von Syrien« eine Göttin des Heilens wurde (Patai 1990, S. 56, 61).
84 Vergl. Patai 1990, Abschnitt »›Church‹-less Judaism«, S. 25-7.
85 So konnte es selbst noch im 2. Jh. n. Ztr. dazu kommen, daß Juden wie Nichtjuden Jahweh mit Zeus-Sabazios (der Herr Sabaoth) identifizierten (und verehrten), der selbst bereits eine Fusion griechischer und syrischer Himmelsgötter war (Campbell 1964, S. 273).
86 Alles, was die Anhänger des Jahweh – auf hebräisch *Adonai*, »der Herr«, genannt – dazu tun mußten, war, den kanaanitischen Baal, den »Herren«, durch ihn zu ersetzen. Obgleich die identischen Beinamen sicherlich dabei halfen, verlief dieser Prozeß anscheinend nicht immer friedlich: Während der Regierungszeit König Ahabs (873 – 852 v. Ztr.) z. B. – der selbst eine »heilige Säule« für Asherah errichtet hatte und dessen Gemahlin Jezebel Tochter des Königs von Sidon und Hohepriesters der Göttin war (1. Könige 16:31-2) – lud der biblische Prophet Elias »die 450 Propheten des Baal« zu einem Regenmacherwettbewerb auf den Berg Karmel, wo er sie dann gefangennehmen, ins Tal hinabschleppen und beim Flusse Kischon abschlachten ließ (1. Könige 19 – 45). Die 400 Anhänger der Asherah hingegen, die auch anwesend waren, blieben unverletzt und frei. (Zur Übertragung von Bibeltexten siehe Kap. 30, Anm. 37.)
87 »Die Verehrung der Asherah und ihres Liebhabers Jahweh [...] war ein integraler Bestandteil des religiösen Lebens im alten Israel bis zu den Reformen unter König Joshiah im Jahre 621 v. Ztr.,« sagt Raphael Patai in seiner maßstabsetzenden Studie *The Hebrew Goddess [Die hebräische Göttin]* und schließt, daß »die eine Art religiöser Verehrung, mit der sich die Israeliten regelmäßiger beschäftigten als mit jeder anderen, war der Kult der Göttin Asherah, symbolisiert und repräsentiert durch ihre geschnitzten hölzernen Idole« (1978, S. 39, 53).
88 Ebenda, S. 40.
89 In abwechselnden Phasen von monotheistischem Jahwismus und panreligiösem Synkretismus zog die Kultsäule der Göttin *(ashera)* unter den verschiedenen Königen Judäas wiederholt in den Tempel von Jerusalem ein und wieder aus. Die endgültige Vertreibung kam 621 v. Ztr. mit der Reform König Joshiahs (ebenda, S. 39-41, 46-50).
90 Jeremias 17:2-3; vergl. 2. Könige 18:4; 2. Chroniken 31:1.
91 Die *ashera*-Säulen werden als »heilige Stangen« beschrieben und wurden von den Anhängern der Göttin entweder »hergestellt«, »aufgerichtet« oder sogar »gebaut« und andererseits von ihren Feinden »gefällt«, »zerbrochen« oder »verbrannt« (siehe Patai 1990, S. 296 Anm. 9). Nur ein einziges Mal wird eine *asherah* in den Schriften als »gepflanzt« bezeichnet (Deut. 16: 21), und nur eine andere Stelle benutzt ein Wort, das »entwurzeln« bedeuten kann (Micha 5:14).
92 Bereits in den 1940ern hatte man insgesamt über 300 Terrakottafigurinen und -gemmen, die eine nackte weibliche Gestalt darstellten, gefunden (Patai 1990, S. 58).
93 Patai 1990, S. 59. Der letzte Hinweis auf jüdische Verehrung einer Göttin (hier Astarte) findet sich in einem Brief aus einem jüdischen Militärlager in Oberägypten, der auf die Zeit von 419 bis 400 v. Ztr. datiert werden konnte (ebenda, S. 65 f).
94 Die Möglichkeit, daß das Fischgrätenmuster schlicht eine geometrische Dekoration darstellt, kann ausgeschlossen werden. In der religiösen Ikonographie dieser Epoche – und insbesondere auf solchen Miniaturen mit sehr begrenztem Platz aber von großer magischer Bedeutung – hat generell jedes Gestaltungselement symbolischen Wert.
95 Siehe Hageneder 2004; Hageneder 2006, »Dattelpalme«.
96 In dieser Region gab es generell kaum Ackerbau über einer Seehöhe von 500 m (Meiggs 1982, S. 54).
97 Das soll nicht bedeuten, daß irgendjemand, der an den »hohen Plätzen« Israels mit dem Kult der *asherah* zu tun hatte, irgendetwas über die Eibe gewußt haben würde; die Tradition wäre lediglich ein Überbleibsel einer früheren Epoche gewesen – mit zunehmend verlorenem Sinngehalt.
98 Maulbeer-Feige, Persea, Akazie, Tamariske, Terebinthe (Hageneder 2004, 2006).
99 Über *Taxus* auf dem Libanon siehe S. 200.
100 Patai 1990, S. 60, nach Albright 1943, S. 139. Man geht von der nördlichen Herkunft dieser Töpfer aus, weil Israel das südlichste Gebiet der kanaanitisch-phönizisch-syrischen Religion war.
101 Keel und Uehlinger 1998, S. 24.

Kapitel 38: Götter und Helden

1 Das sumerische Wort für »lieben« ist ein zusammengesetztes Verb mit der wörtlichen Bedeutung »die Erde messen«, »einen Platz vermessen« (Kramer 1963, S. 250).
2 Auf dem »Berg von Himmel und Erde, dem Ort, wo die Sonne aufging« – die Vergangenheitsform zeigt hier den ewigen Ort des Ursprungs an.
3 Cook 1914, S. 3.
4 Campbell 1964, S. 273-5.
5 Die Verbindung von Zeus mit der Eibe erscheint auch in Aristophanes' *Die Vögel* (Zeile 216, in Rogers 1979), geschrieben 414 v. Ztr. Der Wiedehopf sagt darin zur Nachtigall, daß ihr reiner Klang durch das Eibendickicht *(smilakos)* zum Throne Zeus' *(Dios)* aufsteigt, wo ihm Apollo lauscht. (Es war wahrscheinlich wegen der Nennung Apollos, daß Rogers *Dios* hier als »himmlisch« übersetzt, anstatt es auf Zeus allein zu beziehen; Mit »Geißblatt« weicht Rogers auch von der üblichen Übersetzung von *smilakos* ab.)

Eine klassische römische Vasenmalerei zeigt Jupiter, das römische Äquivalent zu Zeus, mit einem Eibenkranz auf dem Kopf. Er trägt einen Donnerkeil und lehnt sich auf einen knotigen Stab. Ihm gegenüber steht der Gott Hermes, der seinen Caduceus erhebt, während er die Seelen zweier Krieger wiegt. Der Stil der Ausführung allein erlaubt die Identifikation von *Taxus* hier nicht, aber die Symbolik der Szene zeigt die Schwelle zur nächsten Welt (Didron 1907, S. 180, Abb. 218).
6 Später war dies ein wichtiger Berührungspunkt zwischen der alten Religion und dem Christentum (Cook 1925, S. 1167-9, 1177).
7 1925, S. 1176.
8 Platon, *Politeia*, 616b, c, in Otto et al. 1978.
9 Ebenda, 614c-616a.
10 Siehe Butterworth 1970, Tafel II, obere Reihe, 3. Bild; Tafel XXVI unten.
11 Siehe Singh u. Hageneder 2006.
12 Butterworth 1970, S. 129.
13 University of Georgia Libraries: »*Taxus*«, nach Sir Joseph Hooker (1854), 1: 168, 191; 2: 25. http://djvued.libs.uga.edu/QK488xE4/1f/trees_of_britain_and_ireland_vol_1.txt.
14 Buddhistische Missionare aus Indien kamen schon lange vor Alexander nach Griechenland.
15 Butterworth 1970, S. 100.
16 Hermes und Pan retten Zeus – nachdem die drei Moiren

die Schlange mit den »Früchten der Unterwelt« geschwächt haben (Apollodorus: I. 6. 3, in Hard (Übers.) 1997).

17 Typhon wurde in einer Höhle geboren, weil entweder die Korykische Höhle als ein Ort genutzt wurde, an dem andere Bewußtseinszustände einfacher erreicht werden konnten, oder weil Typhons »feurige Kraft im Innenraum des Körpers gespürt wurde« (Butterworth 1970, S. 99) oder beides. Es ist »praktisch sicher« (ebenda), daß Trance-Erfahrungen zum Kult in der Korykischen Höhle gehörten.

Die Korykische Höhle ist eigentlich keine Höhle, sondern eine enorme Kluft in einer zerklüfteten Hochebene aus Kalkgestein. Einige der Steilwände sind über 60 m tief und dicht mit Bäumen und Sträuchern bedeckt, die von verschiedenen Wasserläufen bewässert und vom Schatten der Klippen kühlgehalten werden. Am südlichen und tiefsten Ende weitet sich der unebene Boden zu einer richtigen Höhle, die vom Rauschen unterirdischer Wasseradern erfüllt ist. Der Höhleneingang wird teilweise von den Ruinen einer byzantinischen Kirche blockiert, die einst einen alten Tempel ersetzte. Ein zweiter, größerer, erhob sich einst über dem westlichen Abhang (Frazer 1906, S. 69-71).

18 Hoffner 1990, S. 10-14. Zur Yogapraxis in Westasien im 3. und 2. Jahrtausend v. Ztr. siehe Butterworth 1970.

19 Schon die Hethiter (außerhalb der Einsiedeleien) sahen die Schlange/den Drachen als ein negatives Sinnbild (nämlich für Dürre und Unfruchtbarkeit), das vom wohltätigen Sturm- (und Regen)gott überwunden werden mußte.

20 Larson et al. 2004, S. 60.

21 Homer, *Odyssee*, XII, 68, in Ransome 1937, S. 99.

22 Plinius, *Nat. Hist.* 16.110 (in Willetts 1962, S. 168 n. 141), nach Theophrast (3.13.7, Hort (Übers.) 1916), der *helix* für »Weide« gebrauchte.

23 Guthrie 1962, S. 73-87.

24 Cook 1925, S. 459, Swindler 1913 zitierend.

25 Nach dem griechischen Mythos geschah dies allerdings in Delos (Eliade 1978, S. 268).

26 Ransome 1937, S. 99.

27 Herodot 4, 33, in Waterfield 1998; auch Pausanias I. 31. 2, in Levi 1979.

28 Guthrie 1962, S. 75-6, 78; Cook 1925, S. 493-7.

29 So reisen sowohl der griechische Odysseus als auch der sumerische Gilgamesch dem Nordwind entgegen, um zur vertikalen Passage in die Unterwelt zu gelangen.

30 Pindar, *Tenth Pythian Ode*, in Bowra (Übers.) 1969.

31 Andere Quellen sahen die Hyperboräer sogar im Kaukasus, im fernsten Osten (Tibet) oder im fernsten Westen (Britannien) (Guthrie 1962, S. 79-80).

32 Vier Städte mit Namen Apollonia allein in Makedonien (Cook 1925, S. 499-500).

33 Die bereits in der Bronzezeit intensiv genutzt wurde (ebenda, S. 494).

34 Aufgrund der Verbindung Apolls mit den Hyperboräern aber auch mit Schwänen und mit Bernstein erwog A. H. Krappe bereits 1942 (*Class. Phil.* xxxvii, S. 353 - 4) »daß Apollo mit Sicherheit etwas von einem Gott der friesischen Nordseeküste absorbiert hatte« (Guthrie 1962, S. 82). Zu Apollos Bezug zur Sonne vergleiche den schwedischen Vorgeschichtler E. Oxenstierna (1958), der Ullrs Name als »der Helle, Strahlende« deutet und ihn mit Sonne und Fruchtbarkeit verknüpft.

35 Hageneder 2004, S. 171.

36 Diederichs 1984, S. 276.

37 Ein Eid-Ring (*at hringi Ullar*) wird aber nur ein einziges mal erwähnt: *Atlakvida* 30, 8, ein nordisches Gedicht im Codex Regius (Dronke 1969, S. 65).

38 Dumitru 1992, S. 93.

39 Herodot I, 173, in Guthrie 1962, S. 83.

40 Siehe Guthrie 1962, S. 83-4.

41 Siehe die volle Diskussion in Guthrie 1962, S. 82-7; auch Dodds 1951, S. 69. Daß Apollo aus Kleinasien stammte, wird auch durch die Tatsache illustriert, daß er im Trojanischen Krieg mit den Trojanern *gegen* die Griechen kämpfte.

42 Inschriften auf vier hethitischen Altären, 1936 von Hrozny entziffert (Guthrie 1962, S. 86).

43 KBo VI 2 II 62, in Puhvel 1984. Zu Säulen vergl. Kap. 41, Anm. 9.

44 Vor allem, so Guthrie (1950, S. 87), ist Apollo der Abwender von Übel *(Apotropaios)*, der Gott der Reinigung *(Katharsios)* und der Gott der Prophetie.

45 VI, 24, in Butterworth 1970, S. 133-4.

46 Um 1200 v. Ztr. brachten einwandernde Phrygier Dionysos aus Thrakien nach Kleinasien (Nilsson 1950, S. 567-9).

47 Hutton 2001, S. 73-4.

48 Harris 1916, S. 9, nach Athenaeus (Blütezeit ca. 200 n. Ztr.) und Euripides, *Bacchae* 703. Euripides nennt rote Früchte: »Ergrüne mit smilax! Werde rot mit Beeren!« (107-8 , in Grene und Lattimore 1959).

49 Dodds 1951, S. 270.

50 Um so mehr, als Dionysos' Kult in Phrygien »offenkundig von einheimischen Elementen [des alten Anatolien] beeinflußt war« (Nilsson 1950, S. 569).

51 Cook 1925, S. 271-7.

52 Pherekydes von Leros (Leros ist eine kleine gebirgige Insel vor der Südwestküste der Türkei), in Cook 1925, S. 274.

53 Graves (1955, 27.b) plaziert den Berg Nysa in Helikonien, die thrakische Mythe ist jedoch nicht geographisch zu verstehen, sondern eine Anspielung auf den Weltenberg.

54 Zum Ende des 2. Jahrtausends v. Ztr. wurde der Gilgamesh-Epos auch außerhalb Mesopotamiens oft kopiert; man fand Abschriften in Hattusa (der Hauptstadt der Hethiter, heutiges Bogazkale, Türkei), in Achet-Aton (der Residenz des Pharaos Echnaton, heute Tell el-Amarna) in Ägypten, in Ugarit (Ras Shamra) an der syrischen Küste und in Meggido in Palestinä (George 1999, S. xxvi).

55 Sein sumerischer Name ist Bilgames.

56 Der nächste war dann Jesus Christus, am Ostersamstag etwa im Jahre 30 v. Ztr.

57 Das biblische Erech.

58 George 1999, S. xxxi.

59 Schrott 2004, *Gilgamesh* VIII, Zeilen 213-218. Schmetten meint Ghee, geschöpfte Butter.

60 Zuerst von Schrott vorgeschlagen.

61 Meiggs 1982, S. 410-20.

62 *Gilgamesh*, V, 6. George (1999, S. 39) übersetzt »Thron der Göttin«, Schrott (2004, S. 213) »der thron der Ishtar«.

63 George 1999, S. 153, 164.

64 Version B, »Ho, Hurrah«, Zeile 152, in George 1999, S. 166. Der sumerische Name des Riesen ist Huwawa.

65 Ishchali Tafel, 38-9; in Schrott 2001, S. 218; auch George 1999, S. 46.

66 *Gilgamesh*, V, 154, in George 1999, S. 42; Schrott 2001, S. 216.

67 *Gilgamesh*, V, 10, in George 1999, S. 39; Schrott (2001, S. 213) übersetzt *ballukku*-trees als Styrax-Bäume.

68 *Gilgamesh*, V, 9; ebenda.

69 Siehe z. B. Groves und Rackham (2001, S. 150) über das Klima der israelischen Negev-Wüste im Holozän, die von 4500 bis 1000 v. Ztr. ungefähr doppelt so viel Niederschläge hatte wie heute.

70 Einige sumerische Gedichte erwähnen den Osten, was in der Regel als das Zagrosgebirge an der persischen Grenze (heute Iran) gedeutet wird – eine Region, deren kontinentales Klima deutlich zu heiß und trocken für *Taxus* ist. Es ist aber zu bedenken, daß der »Osten« in der sumerischen Dichtung nicht geographisch zu verstehen ist, sondern als Symbol der aufgehenden Sonne und der Richtung des Paradieses (vergl. die »Tore der Sonne«, Kap. 34). Die babylonischen Versionen beziehen sich auf den Berg Sirion und den Libanon (Tafel V, 134). Die *Encyclopedia Britannica* (2004, »Syria«) interpretiert den »Zedernberg« als Amanusgebirge.

71 So war z. B. die nahegelegene Stadt Carchemish um das 18. Jh. v. Ztr. ein Holzhandelszentrum, von dem aus »höchstwahrscheinlich anatolisches Holz den Euphrates hinabgeflößt wurde« (*Encyclopedia Britannica* 2004, »Carchemish«).

72 Eine Zwischenform ist Kybebe (Gimbutas 1982, S. 197).

73 Die Geschichte ist deswegen aber keine frühe Version des »Geschlechterkampfes«. Der riesenhafte Wächter und der Hain selbst standen unter dem persönlichen Schutz des Gottes Enlil, desselben Enlil, zu dessen Tempel die beiden »Helden« den gefällten heiligen Baum bringen. Es ist eben diese Beleidigung Enlils, die seinen Zorn und den des göttlichen Rates hervorruft, und schließlich zu Enkidus Tod führt.

74 Genesis 6: 11 – 9, 19.

75 Die Taube erscheint auch in der griechischen Version der Sintflut-Legende (Graves 1955, 38.c), der Zweig aber nicht.

76 Ebenda, 38.3.

77 Apollodorus, *The Library of Greek Mythology*, II, 5, 11, in Hard (Übers.) 1997.

78 Graves 1955, 133.a.

79 Ebenda, 122 f; Pausanias II. 31. 13, in Levi 1979.

80 Graves 1955, 145.e, nach Sophokles (496 – 406 v. Ztr.).

81 Z. B. ebenda, 89.7.

82 Die Olive *(Olea europaea)* erscheint als kleiner Baum von 10 – 15 m Höhe und oft mit einem knorrigen Stamm oder als 2 (– 5) m hoher Busch mit dichten, dornigen Zweigen. Die kultivierte Art, var. *europaea*, wird gewöhnlich von den Niederungen in Seehöhe bis zu 400 m angebaut, selten in 600 – 700 m ü. d. M. Ihre vermeintliche Abstammung von der »wilden Olive«, var. *oleaster* oder var. *sylvestris*, wird seit langem kontrovers diskutiert. Zohary 1975 (in Davis 1978, S. 156) präsentierte eine plausible Theorie, nach der die kultivierte Art wahrscheinlich durch wiederholte Auswahlverfahren der hochgradig ölproduzierenden Genotypen gezüchtet wurde. Sämlinge der kultivierten Olive kehren oft zur Wildform zurück, mit der die kultivierte auch hybridisiert und auf die sie oft gepfropft wird. Die Wildform stammt wahrscheinlich ursprünglich aus den Küstengebieten des Mittelmeeres als auch des Schwarzen Meeres (Davis 1978, S. 155-6).

83 1925, S. 467.

84 Levi 1979, Band 2, S. 237 Anm. 124.

85 Sehr viel später, im Rom des 4. Jahrhunderts n. Ztr., sagt Servius, daß sich Herakles einen Kranz von dem Baum flocht, den Hades in Elysion zum Gedenken an seine Geliebte, die Nymphe Leuke, pflanzte (in Graves 1955, 134 f). Es ist jedoch offensichtlich, daß ein personifizierter Hades, der für eine vergangene Geliebte einen Baum pflanzt, eine spätere sentimentale Zutat ist. Ein Baum im Mittelpunkt der Unterwelt war schon *immer* da, es ist der Weltenbaum, der alle Welten miteinander verbindet. Er wurde nicht von einer antropomorphen Gottheit gepflanzt, sondern ist integraler Bestandteil der metaphysischen Struktur des Universums; und in den Baumtraditionen ist dies ein immergrüner Baum und keine Pappel.

86 Levi 1979, S. 215 n. 59.

87 Pindar, *Olympian* III, in Bowra (Übers.) 1969; Pausanias, V. 7. 6-7, in Levi 1979.

88 Guthrie 1962, S. 76.

89 Levi 1979, S. 215 n. 59.

90 Brosse 1994, S. 231.

91 Herakles' enger Gefährte, Idas, war sogar nach dem heiligen kretischen Berg benannt, und die Statue der Schlange zeigte außerdem das Füllhorn der Amaltheia (Willetts 1962, S. 52).

92 Pausanias, VI. 20. 1-5, in Levi 1979, und Anm. 168, S. 343.

93 Graves 1955, 138.i, o. Außerdem zäunte Herakles einen heiligen Hain für Zeus ab und errichtete darin sechs Altäre, je einen für jedes Paar der Olympischen Götter – offenbar eine Zutat aus hellenistischer Zeit, die die Gründung der Spiele dem *dorischen* Herakles zuschrieb.

94 Pausanias, V. 16. 2-4, in Levi 1979.

95 Graves 1955, 53.5; Pausanias, V. 4. 6, in Levi 1979, und Anm. 26, S. 205.

96 Äpfel blieben der Preis bei den Pythischen Spielen (Cook 1925, S. 490 Anm. 5).

97 Pausanias, V. 8. 5, in Levi 1979. Später dann wurde die Olive selbst ersetzt, und zwar durch den Lorbeerzweig.

Kapitel 39: Königtum

1 Campbell 1964, S. 6.

2 Im minoischen Kreta z. B. für acht oder neun Jahre (Campbell 1959, S. 427-8); in anderen Regionen konnte es sich sogar um nur ein Jahr handeln (Hoffner 1990, S. 11), Graves (1955) schlägt sogar die Existenz eines Sommer- und eines Winterkönigs vor.

3 Doht 1974, S. 27-9, 145, 245 Anm. 60, 263 Anm. 185.

4 Haas 1977, S. 11-14; Hoffner 1990, S. 11.

5 KUB XXIX 1 I, in Haas 1977, S. 11-12.

6 KUB XXIX 1 IV 17-20, in Puhvel 1984.

7 KUB XXIX A 27-35, in Hoffner 1990, S. 18.

8 So wissen wir z. B. über das Eibenbaumritual von Nerik, daß der König und ein Priester rituell mit Rinder- und Schafshäuten umgingen (Haas 1977, S. 153).

9 KBo III 8 III 9, und 27, in Puhvel 1984.

10 Haas 1977, S. 67.

11 Haas 1977, S. 117, 119.

12 KUB XXIX 1 I 50-II 8, in Haas 1977, S. 55 (zitiert ohne Haas' Kursivierungen); auch Wilde 1999, S. 123.

13 Womöglich erschienen sie als Triade; es gibt aber viele andere lokale Namen für die Schicksalsgöttinnen (Haas 1977, S. 54).

14 Ebenda.

15 Ebenda, S. 56.

16 Lokale oder regionale Anspielungen auf Zeus' (also des Himmelsgottes) Vereinigung mit einer Erdgöttin sind derart zahlreich, daß Graves vorschlägt, daß »Zeus« dabei eher einen *Titel* darstellt als den Namen einer personifizierten Gottheit. Dasselbe würde auch für den halbgöttlichen hellenistischen Helden Herakles und seine vielen amourösen »Abenteuer« gelten.

17 KUB XVII 10 IV 27-8, in Puhvel 1984.

18 Es sei daran erinnert, daß der Liebhaber der Göttin oft als Schäfer zur Heiligen Hochzeit erscheint, z. B. der sumerische Dumuzi, wenn er sich mit Inanna trifft, oder Anchises mit Aphrodite.

19 Andere sind das Goldenen Lamm des Atreus (Cook 1914, S. 405-9) und eine Volkssage aus Epiros, die von Cook (1914, S. 412) erwähnt wird. Auch in Etrurien erhöhte das Goldene Vlies den Wohlstand (ebenda, S. 403). Siehe auch *Cupid und Psyche*, S. 208.

20 Pindar, *Pythian* IV, in Bowra (Übers.) 1969; Apollodorus I. 3, in Hard (Übers.) 1997.
21 Cook 1914, S. 238, 244. Wegen ihres Schlangenwagens nennt Graves (97.2) sie »eine korinthische Demeter«.
22 Graves 1955, §152.
23 Ebenda, 157.c, 157.1.
24 Eine Verbindung der Argo mit dem indoeuropäischen Himmelsgott wird gewöhnlich mit dem prophetischen Balken im Schiffsbug begründet, der von »Zeus' Eiche« in Dodona stammte. Aber der Baum von Dodona muß ebenfalls dringend hinterfragt werden, siehe Kasten S. 148.
25 Graves 1955, 149.d.
26 Eliade 1978, S. 300.
27 Graves 1955, 53.a, nach Diodorus Siculus, Sophokles, Apollonius Rhodius.
28 Ebenda, §149, 152.j, 151.f.
29 Ebenda, 151.c.
30 Apollonius, IV, 1132, in Ransome 1937, S. 101; Graves 1955, 144.b.
31 Cook 1914, S. 164. War Zeus *Melosios*, der »Hüter der Schafe«, auch der Hüter der »Äpfel«?
32 Hunter 1998, S. 102-3.
33 In Haas 1977, S. 118.
34 Apuleius, *Metamorphoses* 6, 11-13, in Cook 1914, S. 404.
35 Pausanias, I. 12. 1, in Levi 1979.
36 Green 1995, S. 70.
37 Ebenda, S. 70-88.
38 Diese Identifizierung ist wahrscheinlich, aber nicht gesichert (Green 1995, S. 82).
39 Dames 1996, S. 62, 80.
40 Campbell 1964, S. 301. Allerdings könnte *Tuatha dé Danann* als ein Sammelbegriff für die frühen irischen Naturgottheiten nicht älter sein als das Mittelalter (Dames 1996, S. 67). Es heißt, die Tuatha dé Danann hätten sich in die Unterwelt zurückgezogen; die irische Volksüberlieferung verbindet sie mit den prähistorischen Grabhügeln und hat die *tuatha* zu Feen verniedlicht – wie auch das heutige Emblem von Irland oder *Ierne*, der »Eibeninsel«, nicht mehr der »bleibende« Baum ist *(Búannan)*, sondern ein kleines Kraut: das Kleeblatt *(Shamrock)*.
41 Hageneder 2004, S. 363f; Dames 1996, S. 62, 77, 80.
42 Hageneder 2004, S. 364.
43 Le Roux und Guyonvarch (1996, S. 500-1) schlagen vor, daß »kämpfen« sich hier sowohl auf Eibenholzwaffen als auch die magischen Ogham-Stäbe beziehen kann (siehe die Ogham-Rune für Eibe, Abb. 41.10). Dieser Beiname Dagdas wurde auch auf das Sakralkönigtum bezogen und so zu einem Titel vieler irischer Hochkönige.
44 Ellis 1987.
45 Green 1995, S. 31; Edel und Wallrath 2005, S. 122.
46 In Chetan und Brueton 1994, S. 224.
47 Das *f* ist stumm, daher klingen beide Worte gleich (Doht 1974, S. 16).
48 Campbell 1964, S. 31.
49 Ebenda, S. 74.
50 Aeneas selbst war das Kind einer Heiligen Hochzeit, empfangen auf dem heiligen Berg Ida, wo sein königlicher Vater in der Gestalt eines Schäfers der Bergmutter Aphrodite begegnete.
51 *Encyclopedia Britannica* 2004, »Aeneas«.
52 Vergil, *Aeneid*, VI, 106-7, in Lewis (Übers.) 1986.
53 Ebenda, 164, 169-70.
54 Ebenda, 193, 203-5, 209.
55 Vergil *verglich* ihn lediglich mit der Mistel, ein Punkt, der von Frazer ganz enorm fehlgedeutet wurde, siehe Anhang V. Vergils Biograph Peter Levi zeigt klar, daß die Mistel in Vergils Text nur eine Parabel ist (1998, S. 182).
56 Die griechischen Kolonisten von Cumae kamen um 750 v. Ztr. aus Euböa (J. Griffin, in Lewis 1986, S. 421 Anm. 2).
57 Zum lateinischen Wortlaut siehe Kap. 31. Anm. 10. Ist dies lediglich Statius' Interpretation von Vergil oder hatte er noch andere Quellen?
58 Cook 1925, S. 418 Anm. 5 (nach Val. Max. I, 2, 1). *Egeria* ist die lateinische Form von griech. *Aegeria*, dem Unterweltbaum; siehe Diskussion zu Herakles' Scheiterhaufen, S. 202.
59 Daß die Assoziationen von Gottheiten mit Bäumen nicht unabänderlich festgesetzt waren, sieht man auch daran, daß Diana in unmittelbarer Nachbarschaft von Nemi zur Göttin der Buche wurde (Cook 1925, S. 420 Anm. 1).
60 Kawase 1975. Vergleiche die babylonische Tradition, nach der das königliche Szepter ein Ast des Weltenbaumes ist (Doht 1974, S. 145).
61 Kawase 1975.
62 Allerdings sind die Schriftzeichen für das Szepter und das Längenmaß unterschiedlich, nur die Aussprache ist die gleiche. Die Länge des Längenmaßes variierte in der Vergangenheit und wurde 1891 festgelegt. Das kaiserliche shaku ist etwa 1 shaku lang, aber das könnte Zufall sein. Übrigens hat die Shakuhachi, die traditionelle Flöte der japanischen Musik, eine Länge von 1,8 shaku. (C. Worrall. Vergl. auch Kap. 38, Anm. 1).
63 Die von Worrall konsultierten japanischen Quellen verweisen auf »Takeuchi Dokument« (*Takeuchi Bunsho*).
64 Die Vorfahren der heutigen Japaner und der Ainu benutzten einfache Holzbögen. Seit den ersten Jahrhunderten n. Ztr. vereinigt die Konstruktion der japanischen Bögen diese Holzbögen mit den zwei Arten der traditionellen chinesischen Kompositbögen. Japanische Langbögen sind ungefähr 210-270 cm lang und äußerst elegant (Hardy 1992, S. 183).
65 Littleton 2002, S. 46. Zur Rabensymbolik siehe Kap. 33, Anm. 17, den Raben des Bran, Kap. 45, Anm. 8, und den Raben des Odin.
66 Naumann 1996, S. 82-6.
67 In Hartzell 1991, S. 130, nach *Columbia University Contributions to Anthropology*, 26: 125.

Kapitel 40: Der Tanz der Amazonen

1 Ukrainischen Archäologen zufolge sind 25 % der skythischen Gräber, die Waffen als Grabbeigaben enthalten, solche von Frauen (Wilde 1999, S. 57).
2 Homer, Hesiod, Plutarch, Strabon, Apollodorus, Pausanias und andere.
3 Ein gutes Beispiel ist die Sybille Herophile, eine Priesterin des Apollo, die »anscheinend vor dem Trojanischen Krieg geboren wurde«. In Delphi zeigte man Pausanias einen Fels, wo sie oft gestanden und ihre Orakel gesungen hatte. In Trance nahm der Gott von ihr Besitz, und in ihrer *Hymne an Apollo* »nennt sie sich selbst Artemis als auch Herophile«. Anderswo in ihrer Orakeln beschreibt sie sich als Tochter eines Schäfers und einer der unsterblichen Nymphen vom Berg Ida: »Ich wurde geboren von einem Mann und einer Göttin, Schlächter von Seeungeheuern und unsterbliche Nymphe, Berg-empfangen von einer Mutter vom Ida, Und mein Land ist meiner Mutter heilig, Die rote Erde von Marpessos, der Fluß Aideneus« (Pausanias, X. 12. 1-4, in Levi 1979).
4 Ausgrabungen von Renate Rolle; das Grab vom Ende des 2. Jahrtausends v. Ztr. ist in Georgien; in Wilde 1999, S. 48. Amazonen galten als ansässig am Fuße des Kaukasus (Graves 1955, 131.k, nach Strabon und Servius).
5 Lazistan.

6 Graves 1955, 131.e.
7 Hauptsächlich in der Geschichte der Argo, siehe vorstehendes Kapitel.
8 Graves 1955, 131.3.
9 *Karadeniz Eregli*, S. 10.
10 Persson 1950, S. 143.
11 Zitiert aus Kallimachos' *Hymne an Artemis*, 237, in Cook 1925, S. 405.
12 Persson 1950, S. 143.
13 Baumann 1982, S. 37
14 Ebenda, S. 143; Graves 1955, 131.d.
15 Willetts 1962, S. 186.
16 Dies ist jedenfalls die *ephesianische* Sichtweise; der Kult des Apollo (z. B. in Lykien) ist älter als des Gottes Ankunft in Ephesos.
17 Kallimachos (ca. 305 v. Ztr. bis ca. 240 v. Ztr.) ist der einzige Klassiker, der den Baum näher bestimmt, aber sein *phagos* (siehe Kasten S. 148) wurde bereits von Graves (1955, 131.5) angezweifelt, weil Kallimachos als Ägypter nicht genug über nördliche Bäume gewußt habe. Jedenfalls lebte Kallimachos Jahrhunderte nachdem der Baumschrein gegen einen steinernen Tempel ausgetauscht wurde. Übrigens war für Graves selbst der ephesianische Baum eine Dattelpalme, weil für ihn alle Göttinnen der Antike Varianten der Isis waren (in seinen Tagen war die anatolische Forschung noch jung).
18 Vergil, *Georg*. 2, 112–3, in Fallon (Übers.) 2004: »Bacchus liebt weite, offene Hochlande, und Eibe eine kalte, nördliche Lage«.
19 Cook 1925, S. 962.
20 Willetts 1962, S. 185, nach Lethaby 1917. Vergleiche die Versammlung der Daktylen (siehe S. 184) auf dem nahegelegenen Ida im Jahre 1460 v. Ztr.
21 Sowohl im älteren als auch im jüngeren Tempel stand eine einzelne Säule direkt hinter dem Abbild der Göttin, wahrscheinlich als ein »architektonischer Ersatz für den heiligen Baum« (Cook 1925, S. 405).
22 Ebenda, S. 609.
23 Siehe Hageneder 2004, S. 82–4.
24 Cook 1925, S. 515–16, 609.

Kapitel 41: Der Weltenbaum

1 Diese Quellen sind (a) die isländischen Sagas, hauptsächlich aus dem 12. Jahrhundert; (b) Kurzgedichte isländischer Skalden, von denen einige bis ins 9. Jahrhundert zurückreichen; (c) Gedichte über mythologische Themen aus dem *Codex Regius* (13. Jh.), besser bekannt als die *Ältere Edda* oder *Lieder-Edda*; und (d) eine von dem isländischen Politiker, Historiker und Dichter Snorri Sturluson um 1222 – 3 verfaßte und als *Lieder-Edda* bekannte Abhandlung (Davidson 1993, S. 7–8).
2 Der ausgeprägte apokalyptische Charakter der *Völuspa* läßt jedoch auf einen christlichen Einfluß schließen. Siehe Dronke 1997, S. 93 – 101; Collins 1983, 1987; Momigliano 1988.
3 Die hier verwendeten Übersetzungen entstammen der klassischen Übersetzung durch Felix Genzmer (in Diedrichs (Hg.) 1984), im Zweifelsfalle lehnen sie sich aber an die Pionierarbeit der Oxforder Gelehrten Ursula Dronke. Dronke ist sicherlich nicht die bekannteste Edda-Gelehrte, aber ich beschränke mich in diesem Kapitel weitestgehend auf ihre Arbeit, weil ihre *Poetic Edda* (1997) mir 2005 vom isländischen Árni Magnússon Institute als die beste erhältliche (englische) Übersetzung empfohlen wurde.
4 In der altisländischen Literatur erscheint *Heimdallr* sowohl mit einem einfachen als auch mit doppeltem *l*.
5 Dronke 1997, S. 107. »The god Heimdallr as a hypostasis of the world axis« wird im gleichnamigen Kapitel in der Doktorarbeit von C. Tolley an der Universität Oxford (1993, S. 326–61) ausführlich diskutiert.
6 Dronke 1997, S. 109. Auch in *Gylfaginning*, in Diederichs 1984, S. 144.
7 Dronke (1997, S. 110) erklärt *ívidia* als »Riesin, die in einem Wald, Baum oder einer Baumwurzel lebt«.
8 Der einzelne Buchstabe I oder Y als Name für die Eibe ist relativ weit verbreitet im mittelalterlichen Nordwesteuropa, z. B. auch als Name der Insel Iona, die in mittelalterlichem Schottisch einfach I oder Hi hieß. Das nordische *i- (iv-)* für »Eibe« mag an der Entwicklung des französischen *if* beteiligt gewesen sein, zumindest in der Normandie (meine Vermutung). Scheeder (1994, S. 7) und auch Dumitru (1992, S. 93) erwähnen **iwa-widja*, »Eibenbaum«, als eine mögliche Wurzel für *ividi*.
9 Dronke 1997, S. 32. Vergleiche die germanischen Irmin-Säulen, die den Weltenbaum repräsentierten (siehe Hageneder 2004, S. 173–4), mit den griechischen *Hermae*, Holzpfosten, die dem Hermes geweiht waren (die Namen *Hermes* und *Irmin* stammen aus derselben Wortwurzel). Wie Heimdallr ist Hermes der Sohn göttlicher Schwestern: Seine Mutter ist Maia, eine der *Plejaden* oder heiligen Tauben (vergl. »Dodona«, S. 148).
10 Ebenda, S. 31–2. Dronke spricht hier von »Existenz«, denn *miot* findet sich gewöhnlich in einem sehr praktischen, hauswirtschaftlichen Kontext wie der Instandhaltung der Unterkunft oder der Vorausberechnung des winterlichen Brennstoffbedarfs.
11 Vergleiche das japanische Längenmaß shaku (S. 213) mit der heiligen Flöte, der Shakuhachi, und Kapitel 39, Anm. 62.
12 Von griech. *a-mbrosia*, »nicht sterbliche Nahrung«, und *nék-tar*, das »Tod-Besiegende«, oder *né-kta*, das »Nicht-Tote«, allesamt auf die Nahrung der Götter Bezug nehmend (Cook 1940, S. 497).
13 Zu keltischen Parallelen siehe Hageneder 2004, S. 186–8.
14 In späteren indische Quellen jedoch wächst Soma *als eine Pflanze* auf dem mythischen Weltberg (Oberlies 1998, S. 245) – Die Verlagerung von Baum zu Pflanze ergab sich wahrscheinlich als ein Resultat menschlicher Migration (Doht 1974, S. 271).
15 Siehe Butterworth 1970, Kap. 5.
16 Siehe Hageneder 2004, S. 219; Dronke 1997, S. 127.
17 Das andere Vorkommen von *askr* steht im Zusammenhang mit Heimdallrs Horn (Füllhorn-Thematik) und mit Mímir, dem Geist der Quelle (Strophe 45).

Eine griechische Parallele zur Heiligkeit des Taus ist das jährliche Fest der »Tau-Träger« (Arrhephóroi). Zur Sommermitte, eventuell sogar in der Nacht des letzten Vollmonds des attischen Kalenderjahres, wurde ein Sakralobjekt von einer kleinen Prozession in ein unterirdisches Heiligtum getragen und ein anderes hervorgeholt. Beide Gegenstände waren eingewickelt und geheim. In Athen führte der Prozessionsweg vom Heiligtum der »Aphrodite der Gärten« am Fuße der Nordseite der Akropolis zu einer nahegelegenen Kultgrotte hinab. Die beiden weißgekleideten Mädchen (zwischen 7 und 11 Jahre alt), die das Objekt trugen, das ihnen von der Priesterin der Athena (hier klar in ihrer ursprünglichen Rolle als Bergmutter) übergeben worden war, wurden jedesmal ein ganzes Jahr lang vorbereitet. In Eleusis und Mytilene stand das Ritual der Tau-Träger in Verbindung mit Demeter und Kore und wurde als »die allerheiligsten Mysterien« bezeichnet. Dieser Ritus – zu dem auch heilige Schlangen gehören, Aphrodite als Bergmutter, die Taube als Verkörperung der Göttin, die Fruchtbarkeit der Erde sowie die Geburt eines göttlichen Kindes namens Erichthónios, »eigentliches Kind des Bodens« – wurde von

Cook (1940, S. 165-81) eingehend untersucht, und er kommt zu dem Schluß, daß die Arrhephóroi symbolisch den heiligen Samen des Himmelsvaters (Tau oder Pollen?) in den Schoß der Erde trugen.

18 In den vedischen Hymnen wird Soma oft als *madhu*, Sanskrit für »Met«, bezeichnet (Ransome 1937, S. 137).

19 Auf Vergleiche der Arillen mit Honig in der Literatur wurden zuerst von A. Meredith (o. J.) hingewiesen.

20 Reiner Eibengeist (45 %) wird immer noch von der Edelbrennerei Dirker in Deutschland hergestellt.

21 *Cannabis,* heimisch in Zentralasien, ist in China seit ca. 1500 v. Ztr. bekannt, erreichte die Skythen ca. 700 v. Ztr. und die mitteleuropäischen Kulturen etwa 300 Jahre (Lewington 2003, S. 76). In Griechenland wurde Aphrodite mit dem Schlafmohn (s. Kap. 37, Anm. 75) und der Schwarzen Alraune *(Mandragora)* assoziiert (Harris, o. J.). Auch der Fliegenpilz wird mit Soma verknüpft (Eliade 1978, S. 438); er ist eine heilige Pflanze in vielen schamanischen Traditionen Eurasiens.

22 In Berger und Holbein 2003; in Nepal gehört die Eibe zu den *dhupi*, Pflanzen, die in schamanischen Ritualen verbrannt werden. Unter verschiedenen Eingeborenenstämmen des pazifischen Nordwestens von Nordamerika werden Eibenblätter geraucht (siehe S. 137).

23 *»dvi er oldr bazt, at aptr uf heimtir hverr sitt ged gumi«, Havamál* 14.

24 Doht 1974, S. 244; bis in die Gegenwart hieß der große schwedische Wintermarkt *disting*. Zwei Quellen erwähnen jedoch den Spätherbst/Winteranfang als Datum eines *disablet* (*Víga-Glúms Saga* 6 und *Egils Saga* 44, in Davidson 1993, S. 113; Doht 1974, S. 27), aber das könnte sich auf ein zusätzliches, aus speziellen Gründen abgehaltenes *disablot* bezogen haben.

25 Doht 1974, S. 29, 245.

26 Ebenda, S. 30, 154, bezugnehmend auf Adam von Bremens Bericht aus dem 11. Jahrhundert.

27 Dumitru 1992, S. 93.

28 Davidson 1993, S. 107.

29 Ebenda, S. 113. Die Verbindung der Dísir mit den Riten des Sakralkönigtums erklärt auch die Erscheinung der altsächsischen *ides* als weibliche Geistwesen in den Zweiten Merseburger Zaubersprüchen (Grimm 1883, in Davidson 1998, S. 23), während der Dichter des *Beowulf* »den Begriff durchgängig mit Königinnen und der Macht, zu herrschen, assoziiert« (Davidson 1998).

30 Die Betonung liegt auf »wenn«: Ich erschloß *ídia* aus *ividia* und *dia* (*i* = Eibe, *vid* = Baum, *dia* = Geist, Göttin).

31 *Völ.* 7, 2; 57, 2. »Eibental« in Scheeder (1994, S. 7). Dronke (1997, S. 23) jedoch übersetzt *Idavelli* mit »wirbelnde Ebene« (im Sinne von Wasserabläufen). Dumitru (1992, S. 93) nennt weitere (kontroverse) Eibenworte im nordischen Mythos: Asgard wird vom Fluß Ifing, »Eibenfluß«, beschützt; die Namen der Gottheiten Yngwinn und Ingun könnten sich aus **Igwanaz*, »Eibengott«, und **Ig-wano*, »Eibengöttin«, entwickelt haben.

32 Die Etymologen mögen mir verzeihen, ein germanisches Wort von einem anatolischen abzuleiten; ich glaube, daß ein kultureller Kontext die Regeln der Sprachentwicklung außer Kraft setzen kann. Völker, die miteinander Kontakt haben, übernehmen Ideen und das dazugehörige Vokabular, insbesondere Namen. Findet man Namen wie Jesus Christus oder Coca Cola heute nicht in fast jeder Sprache der Welt?

33 Cook 1925, S. 950.

34 Besonders natürlich in der »Neolithischen Revolution« (siehe S. 178 und Kapitel 36, Anm. 11) die sich zwischen ca. 7000 und 3000 v. Ztr. vom Balkan westwärts über Europa ausdehnte.

35 Und nicht nur in Eurasien. Als ethnologischer Vergleich seien hier die Kogi-Indianer in den Bergen Kolumbiens (Südamerika) genannt, in deren Kosmologie die Neun von zentraler Bedeutung ist: »Jede der neun Welten hat ihre Mutter, ihre Sonne und ihren Mond, und auf allen Welten leben Wesen« (Julien 2005, S. 13).

36 Willetts 1962, S. 99 Anm. 211.

37 Graves 1955, 38.c.

38 Kallimachos, *Hymne an Artemis*, in Graves (1955 22.d). In diesem Alter wurden auch die Mädchen auf ihre Initiation in Artemis' Tempel in Brauron in Attika vorbereitet.

39 Graves 1955, 6.a.

40 *Völ.*, 53. Vergl. *Wafthrudnismál* 43: »Durch neun Welten bin ich nach Niflheim [dem Totenreich] hinabgekommen«.

41 Graves 1955, 14.5, 149.e. Ein ähnliches Fest wurde in Myrine begangen (ebenda, 149.3).

42 Willetts 1962, S. 99.

43 Ein angelsächsisches Erntegebet, das christliche Elemente mit älteren mischt, in Davidson 1998, S. 6´.

44 Weinreb 1999, S. 67.

45 Webster 1998.

46 Persönliche Kommunikation mit einem Schamanen aus Ulan-Ude, in Hageneder 2003.

47 *Havamál*, in Hageneder 2004, S. 171.

48 Doht 1974, S. 233.

49 *»Gunnlod mér gaf gullnom stóli á drykc ins dyra miadar«, Havamál* 105, in Doht 1974, S. 40–1. Die andere Version der Sage befindet sich in Snorris *Skáldskaparmál* (beide in Doht 1974, S. 36–44).

50 Zwei bekannte skaldische Kenningar für Gold sind »das Bett…« und »das Feuer der Schlange« (Davidson 1993, S. 60).

51 Es heißt, die Langobarden hätten Odin in Schlangenform verehrt (Doht 1974, S. 51).

52 Bates 1996.

53 *Yggr*, »der (Ehr-)Furchterregende«, ist einer von Odins anderen Namen. In der Hindu-Tradition heißt der Weltenbaum *Asvattha*, »Wohnsitz des Pferdes« (Dronke 1997, S. 126). Schamanen der sibirischen Buryat erzählen immer noch von mystischen Pferdereisen, die sich in ihrer Trance ereignen (vergl. Kap. 35, Anm. 20).

54 Coles 1998, S. 169. Vergl. **Ig-wano*, »Eibengöttin«, Anm. 31.

55 Kalibriert; ebenda.

56 Das sogenannte »Image 3«. Die Beine dieser Figur passen am besten in die beiden Löcher am Bug des Roos Carr »Bootes«, was darauf hinweisen könnte, daß diese Figur eine Art Führer der Gruppe darstellte.

57 So auch bei der Kiefernholzfigurine aus Dagenham, Ost-England (ebenda).

58 »Es ist vielleicht am wahrscheinlichsten, daß er [Ullr] Odin in anderer Erscheinung war, oder vielmehr, daß Odin eine spätere Form des uralten Gottes Ull[r] darstellte« (ebenda, S. 168). Während des 1. Jahrtausends n. Ztr. dann nahm Odins Beliebtheit ab und machte Raum für Thor (und seine Eiche). Der Aufstieg des Thor, so Coles, »könnte eine Distanzierung vom Schamanismus anzeigen, wahrscheinlich – aber nicht notwendigerweise – durch die Verbreitung des Christentums beeinflußt« (S. 170).

Das Herz der Krönungsstätte in Navan Fort (das keltische Emain Macha), Co. Armagh, Irland, besteht aus sechs konzentrischen Kreisen (knapp 40 m im Durchmesser) von Holzpfählen um eine einzelne Säule, die man als Weltensäule interpretieren könnte. Der Eichenstamm, der (laut dendrochronologischen Untersuchungen) im Jahre 94 v. Ztr. in dieser Position eingelassen wurde (Cunliffe 1997, S. 206), bezeichnet vielleicht das Aufkommen des irischen Donnergottes, ähnlich dem Aufstieg Thors in Germanien.

59 Hageneder 2004, S. 174.

60 Wirth 1979, S. 160.

61 Ebenda, S. 160, 462.

62 Cleasby und Vigfusson 1975, S. 326.

63 Chetan und Brueton 1994, S. 131; Dumitru 1992, S. 92.

64 Mit der Inschrift *edoeboda*, die »Kehre zurück, Botschafter!« bedeuten könnte (Chetan und Brueton 1994).

65 Le Roux und Guyonvarch 1996, S. 184.

66 Dasselbe wurde auch über den Berg Dikte auf Kreta gesagt (Scholiast über Kallimachos' *Hymne an Zeus*, 11-12, in Butterworth 1970, S. 29).

67 Das Schwindelerregende der unmittelbaren Nähe der Weltenachse wird auch im Gilgamesh-Epos ersichtlich; im heiligen Hain der Göttin spricht Enkidu zu Gilgamesh: »Dies ist ein Ort, wo mysteriöse Dinge geschehen, wo wir den Halt verlieren und alles ins Rutschen kommt.« (*Gilgamesh* V, in Schrott 2001, S. 214).

68 Vergleiche die Galaxis als rotierende »Spiralburg« *(spiral castle)* in der walisischen bardischen Tradition.

69 Als Teil der Vorbereitungen beschwört Kirke Boreas, den Nordwind (der aus der Richtung des Polarsternes bläst, siehe S. 182). Sie hüllt Odysseus und auch sich selbst in eine passende Robe und verschleiert ihren Kopf (*Od.* 10.545); so wird sie wie Kalypso, »die Verschleierte«. Hier beginnt eindeutig ein Ritual, aber Homer hatte kein Interesse, es festzuhalten und läßt den Rest aus (Butterworth 1970, S. 30).

70 Butterworth 1970, S. 8, 28 - 30. Bei seiner Wiederkehr grüßt Kirke ihn mit den Worten »ihr, die ihr zweimal sterbt, während andere Menschen nur einmal sterben« (*Od.* 12.22). Butterworth (S. 180) hebt den Initiationscharakter dieses Geschehens hervor, wenn er sagt: »Daß eine tiefgehende Erfahrung hinter der Geschichte von Odysseus' und seiner Mannen Reise auf die Insel der Kirke liegt, mag allein aus diesen Worten geschlossen werden. Die, die zweimal sterben, werden auch zweimal geboren.« Vergl. Dionysos, S. 199.

71 Siehe auch Butterworth 1970, S. 180-1.

72 Im Gegensatz zu dem gegenwärtig (besonders in der feministischen Theologie) weit verbreiteten Klischee, nach dem die »sanften« Gezeiten des Mondes ein Emblem des »weiblichen Prinzips« sind und die »harten, linearen« Sonnenstrahlen als typisch für das Männliche gesehen werden, war es im Altertum genau andersherum: viele Göttinnenkulte verknüpften die unvergänglich scheinende Sonne mit dem Archetyp der ewigen Mutter und das Zu- und Abnehmen des Mondes mit dem Tod und der Wiedergeburt des mythischen Sohnes, des Vegetationsgottes. Der »männliche« Mond, der über das Element Wasser herrscht, war in erster Linie der Bringer des befruchtenden Regens.

Es waren dann die (patriarchalen) Indoeuropäer – die ironischerweise genau das Feindbild vieler Anhänger von Marija Gimbutas oder Robert Graves darstellen –, die die uralte Symbolik umkehrten und das Weibliche mit dem Mond und der Nacht assoziierten und ihre eigenen strahlenden Helden, Könige und Eroberer mit der glorreichen Sonne.

73 Cook 1914, S. 241; siehe auch Cook 1925, S. 252. Vergl. auch Gawain, den » Falken des Lichts« in der Arthus-Legende.

74 Vergleiche den ägyptischen Horus. Die Anhänger des Mithras sahen Helios, Kirkes Vater, als einen solchen Vogel (ebenda, S. 240).

75 Sogar unter der Erde (z. B. als Odin Gunnlod in ihrer unterirdischen Höhle besucht), deutet Gold eine helle, angenehme und großzügige Atmosphäre an.

76 Campbell 1991, S. 122; Dronke 1997, S. 107.

77 15-16, in Butterworth 1970, S. 126.

78 Naumann 1996, S. 85. Zum Mythos der Webhalle: ebenda, S. 74-7.

79 Diese verschiedenen Optionen kommen dadurch zustande, daß die japanische Religion nie zu einem konformen Ganzen vereint wurde (Naumann 1996, S. 14).

80 Ebenda, S. 77, Vonessen (1992, S. 40 f) zitierend.

81 *Helgakvida Hundingsbana*, ein Gedicht in der *Lieder-Edda*, zitiert in Davidson 1998, S. 119-20.

82 Dronke 1997, S. 141. Die japanische »Königin des Himmels« besitzt ein Halsband, das aus den Plejaden besteht (Naumann 1996, S. 84). Aphrodite besitzt einen Gürtel, der mächtig genug ist, einen von Zeus geworfenen Blitzschlag abzulenken (Graves 1955, 18.f).

83 *Skaldskaparmál* 1, 18.

84 Davidson 1998, S. 104, 167.

85 Dronke 1997, S. 43. Seidr war eine »professionelle Tätigkeit ... dafür geschaffen, das Unbekannte zu ergründen«, und zwar »mittels Kommunikation mit Geistern und der Erforschung ihrer Welt« (ebenda, S. 133).

86 Davidson 1998, S. 141. Vielleicht war Demeters Kultgetränk in Eleusis doch fermentiert, vergl. Kap. 35, Anm. 20.

87 Davidson 1998, S. 176.

88 In der Wikingerzeit wurde »die nie versagende Tötungsgewalt Odins« als Schlachtengott durch »die nie versagende Regenerationsgewalt Freyjas« im Gleichgewicht gehalten (Dronke 1997, S. 44).

89 So scheint z. B. Freyjas Gemahl Odr ein Doppel des Odin zu sein (Davidson 1998, S. 169). Dronke (1997, S. 123-4) unterscheidet zwischen *ond* als dem atmenden Geist, der Leben einhaucht und mit dem Individuum vergeht, und *odr* als Geist oder Seele, welche »beständig in einem anderen Leben erneuert wird« (falls die angemessenen Opfer dargebracht werden). Freyja als *Gattin* des Odr spricht also für sich selbst.

90 Davidson 1998, S. 8-10, 182.

91 Dronke 1997, S. 44.

92 Davidson 1993, S. 107.

93 Ebenda, S. 73. Dronke (1997, S. 43-4) hebt hervor, daß die Asir den Pakt mit den Vanir brauchten, da sie Freyjas Kraft, Leben in die Welt zu bringen, benötigten (siehe Anm. 88). Mit ihr »war der Tod nichts als die nötige Voraussetzung zur Erneuerung des Lebens, ein Opfer, das die Zukunft sicherte. So wurde Freyja, im soziologischen Sinne, der Götter ›Opferpriesterin‹ (wie Snorri sagt).« Idun scheint genau diesen Aspekt der Freyja zu personifizieren. (Idun erscheint in Snorris *Skáldskaparmál* und in einem früheren skaldischen Gedicht aus dem 9. oder frühen 10. Jahrhundert, dem *Haustlong.)*

94 Diederichs 1984, S. 179.

95 Ebenda, S. 243.

96 Dronke 1997, S. 43.

97 Hageneder 2004, S. 263; vergl. Hesiods »Bronze-Rasse« [ein kriegführendes Volk der Bronzezeit], die von Eschenbäumen gefallen sein soll (*Werke und Tage*, 109-201, in Graves 1955, 5.d).

98 Dronke 1997, S. 12. (In Diederichs: Strophen 15-16.)

99 »Ein goldenes Abbild der »Braut der Wanen« (*Vanabrudr Freyja),* deren Göttlichkeit sich typischerweise in einer Vielzahl bestimmter Gestalten mit bestimmten Namen manifestiert« (ebenda, S. 41).

100 *Há* bedeutet »hoch, groß«, *hárr* »haarig« in einem würdigen Sinn, d. h. weise durch Alter (ebenda, S. 130).

101 Ebenda, S. 131-2.

102 Der berühmte »Refrain« aus der *Völuspa*.

Kapitel 42: Harmonien

1 Gowen 2004 (www.mglarc.com).

2 Zumindest in Europa: Es gibt einen Hinweis auf ein frühchinesisches Instrument von ca. 1500 v. Ztr., das einer mit einem Kürbis verbundenen Panflöte ähnelt, aber es handelt sich lediglich um eine Zeichnung (Gowen 2004).

3 O'Dwyer 2004.

4 *Odyssee*, zitiert in Campbell 1964, S. 169.

5 Butterworth 1970, S. 8.

6 Platon, *Politeia*, 617b, in Otto et al. 1978.

7 Hesiod war der erste, der Namen für die einzelnen Musen hinterließ: Clio, Euterpe, Thalia, Melpomene, Terpsichore, Erato, Polymnia (Polyhymnia), Urania und Calliope, welche die oberste war. Viele dieser Namen haben mit Musik zu tun (denn *Musik* wird von den *Musen* inspiriert): Melpomene ist die »Sängerin«, Polymnia »Die der vielen Hymnen«, Calliope »Sie mit der schönen Stimme«; und – da der Tanz in der Regel in Begleitung der Musik auftauchte – Terpsichore ist die »Wirblerin des Tanzes«. Alle vier Jahre wurde den Musen zu Ehren in Thespiae beim Berg Helikon ein Fest gehalten, das auch Wettbewerbe *(Museia)*, vermutlich in Gesang und Instrumentalmusik, umfaßte. Die Musen waren wohl zuerst die ursprünglichen Schutzgöttinnen der Dichter und Musiker, doch über die Jahrhunderte weitete sich ihre Sphäre auch auf alle freien Künste und Wissenschaften aus (*Encyclopedia Britannica* 2004).

8 *Fragm*. 795, Nauck, in Ransome 1937, S. 107.

9 Berendt 1983, S. 23.

10 In Hageneder 2004, S. 119.

11 2.2.3-4, in Butterworth 1970, S. 133-4.

12 O'Dwyer 2004.

13 Butterworth 1970, S. 43.

14 Dronke 1997, S. 48-9, 136, 145.

15 Artemis *Hymnia* (Pausanias, *Beschreibung Griechenlands*, VIII. 5. 11, in Levi 1979).

16 Pausanias IV. 27. 6-7, in Levi 1979.

17 Zitiert in Cook 1914, S. 258. Apollo, so scheint es, spielte eine Schlüsselrolle in der Musik der Sphären. In Aristophanes' *Die Vögel* (Zeilen 219-24, in Rogers 1979) lauscht Apollo den Echos des Gesangs der Nachtigall (der durch ein Eibendickicht in das göttliche Reich dringt, siehe Kap. 38, Anm. 5) und antwortet mit Musik auf seiner Leier, »den Tanz des himmlischen Chores in Bewegung setzend«.

18 Doczi 1981.

19 Campbell 1964, S. 185.

20 Vergl. Hageneder 2004, S. 82 und Abb. 28, 29c, 31, 33a, 46, 48, 50, 57.

21 Örtliches Informationsblatt. Die Abtei wurde 1098 gegründet.

22 Die Symboltiere des Dionysos sind der Stier, der Löwe und die Schlange (Graves 1955, 129.1).

23 Campbell 1964, S. 265-6.

24 Campbell (1964, S. 259) zufolge wurden die Grundlagen der Astrologie zwischen ca. 4300 und 2150 v. Ztr. gelegt.

25 Ebenda, S. 309.

26 Lukas 22, 39, Johannes 18, 1 f; siehe auch Hageneder 2004, S. 199-200.

27 Das umfassende Wissen, das die alten Kulturen über die Himmelsbewegungen hatten, macht es schwer, zu glauben, daß sie nicht gewußt haben sollten, daß auch die Erde sich um die Sonne dreht. Die Antwort mag damit zu tun haben, daß sie gar *kein Interesse* daran hatten, wie die rein physische Struktur des Sonnensystems »von außen« aussieht. Wir befinden uns nicht außerhalb.

28 Cook 1914, S. 271.

Kapitel 43: Wanderungen

1 Der Inanna-Zyklus »könnte jederzeit zwischen 1900 und 3500 v. Ztr., entstanden sein, oder sogar noch früher« (Kramer und Wolkstein 1983, S. 136).

2 Zitiert ebenda, S. 4-5.

3 In der hebräischen Legende war Lilith die erste Braut Adams. Aber sie bestand auf ihrer Ebenbürtigkeit mit dem männlichen Geschlecht und »verweigerte es, sich mit ihm zu paaren, weil sie nicht unter ihm liegen wollte« (ebenda, S. 142). Sie zog es vor, den Garten Eden zu verlassen und anderorts zu leben. Dies war natürlich zu viel Feminismus für die hebräischen Patriarchen des 1. Jahrtausends v. Ztr.: Lilith wurde dämonisiert und durch die »gehorsamere« Eva ersetzt (gehorsam jedenfalls, bis – wieder einmal – die Schlange des Weges kam).

4 »Aus den Wurzeln des Baumes fertigte Inanna einen *pukku* für ... [Gilgamesh]. Aus der Krone des Baumes fertigte Inanna einen *mikku* für Gilgamesh, den Helden von Uruk« (zitiert ebenda, S. 9). Diese Gegenstände konnten bisher nicht identifiziert werden. Butterworth (1970, S. 143) schlägt eine »Schamanentrommel« und den dazugehörigen Schlagstock vor, weil diese magischen Objekte (in der Episode *Gilgamesh, Enkidu und die Unterwelt*) auf unersichtliche Weise in die Unterwelt fallen und Enkidu gesandt wird, sie zurückzuholen.

5 Zu den historisch gesicherten Fällen von Transporten lebender Bäume gehören die Expedition der Pharaonin Hatschepsut (reg. ca. 1472-1458 v. Ztr.), um Myrrhenbäume aus dem Lande Punt zu holen, die Baumparks der persischen und assyrischen Könige sowie der Ableger von Buddhas »Baum der Erleuchtung« (ein Pipal, *Ficus religiosa)*, der im 3. Jh. v. Ztr. vom König Aschoka dem König von Sri Lanka, König Tissa, gesandt wurde (Hageneder 2006, S. 101).

6 *Germania*, 40, beschreibt die Prozession mit der Erdgöttin Nerthus, die bei den norddeutschen Stämmen der Reudigner, Avionen, Anglier, Variner, Eudosen, Suardonen und Nuitonen verehrt wurde.

7 Cook 1925, S. 403. Römische Denari im British Museum.

8 KBo 2689 II 30, in Puhvel 1984.

9 Z. B. wachsen wildes Einkorn *(Triticum monococcum)* und wilder Emmerweizen *(T. dicoccoides)*, zwei Vorformen des kultivierten Weizens, immer noch auf den Kalksteinhängen des Taurusgebirges. Weitere Pflanzen, von denen Pollen, Sporen oder Saatgut in Höhlen gefunden wurden, die in prähistorischer Zeit bewohnt waren, sind Kamille, Reis, Gerste, Linse, Erbse, Kartoffel, Süßkartoffel, gemeine Bohne, Mais und Paprika. Andere Nahrungspflanzen, die ursprünglich auf hartem Kalkmuttergestein auf Hängen, Geröllhalden, in Bergschluchten und -spalten in verschiedenen Teilen der Welt zuhause waren, sind Hafer, Spargel, Ackerbohne, Kirchererbse, Kohl, Gurke, Zucchini, Kürbisse, Zwiebel und Karotte, um nur einige zu nennen (Larson et al. 2004, S. 21-3, 36).

10 Die sexuelle Fortpflanzung ist dem Menschen seit dem Neolithikum gut bekannt, als durch Zucht und Auslese unsere heutigen Getreide-, Oliven- und Dattelarten hervorgebracht wurden.

11 Dieses Datum stimmt mit dem in der Archäologie beobachteten plötzlichen Wechsel von Schacht- zu *Tholos*-Gräbern überein. Homer nannte dieses Volk *Danaoí*, die ägyptischen Quellen *Daanaou*; generell wurden sie als absolute Meister in Bewässerungstechniken gesehen. Zur Herkunft ihres Namens wurde Sanskrit *danu*, »Flüssigkeit, Feuchtigkeit, Tropfen«, vorgeschlagen; der Name findet sich auch in vielen Flüssen, z. B. den vier Hauptströmen, die in das Schwarze Meer münden: Dunarea (Donau), Dnister, Dnipro und Don (Cook 1940, S. 362-70).

12 II, 36.8–37.2, 38.4.
13 Bereits von W. Helbig (1887, S. 440, in Cook 1940, S. 364) vorgeschlagen.
14 Ebenda, S. 180; die hellenisierten Namen für dieses heilige Paar auf dem Ida sind Aphrodite und Anchises.
15 Cook (ebenda, S. 367) erwähnt vier Veröffentlichungen zwischen 1884 und 1911, die die mögliche Verbindung der irischen und griechischen Danäer behandeln.
16 *Dind.* III, »Mag Mugna«.
17 Chetan und Brueton 1994, S. 231.
18 Ebenda.
19 Pithos-Fragmente aus Datscha, Karien, im Museum Berlin (ein ähnliches Stück wurde auf Rhodos gefunden); 1896 von F. Dümmler beschrieben, in Cook 1925, S. 614–17.
20 Der griechische Begriff *Kentavros*, von *kentima*, »Stickerei«, und *avra*, »Aura« (das Energiefeld eines Lebewesens), weist auf eine ganzheitliche Medizin, die das Wesen des Menschen in sich und auch mit dem Kosmos in Einklang zu bringen trachtete (vergl. auch die Symbolik des Webens und den kosmischen Webstuhl, Kap. 37 und 41). Das Bild eines menschlichen Oberkörpers auf einem Pferdeleib mag symbolisieren, daß menschliches Bewußtsein und Willenskraft die vitalen und instinktiven Kräfte lenken. Der Gott des Heilens, Asklepios, hatte seine Kunst von dem Kentauren Chiron empfangen.
21 Der Axtträger, vermutet man, ist entweder der hethitische Himmelsgott oder sein hellenisierter Nachfolger, Zeus *Labráyndos*. Aber da die Abbildungen jegliche zeremonielle Würde vermissen lassen, könnte es sich hierbei um die Darstellung historischer (und nicht mythologischer) Ereignisse handeln.
22 In Cook 1925, S. 680–1.

Kapitel 44: Zehn Hundert Engel

1 Chetan und Brueton 1994, S. 53, 218; auch Hageneder 2004, S. 188.
2 Chetan und Brueton 1994, S. 217–18
3 Paul Greenwood, auf die *Inverness Transactions* verweisend.
4 Hutchison 1890.
5 Im Oktober 2004 maß ich die beiden stärksten Stämme der Kathedralenbäume mit 408 cm (Baum am Westeingang) und 362 cm Umfang (Baum vor der Mitte der Nordwand). Außerhalb des Zaunes an der Westseite befinden sich mindestens noch zwei weitere Eiben dieses Kalibers im Unterholz.
6 Siehe Anm. 9.
7 Nach dem Mönch Hugh of Kirkstall, der zwischen 1225 und 1247 auf Bitte Johns, des Abtes von Fountains Abbey, die gesamte Gründungsgeschichte aufzeichnete (Chetan und Brueton 1994, S. 91).
8 Zitiert in Bevan-Jones 2002, S. 62. Mehr über Ystrad Fflur ebenda, S. 62–75.
9 Hugh de Payns, einer der Gründer des Templerordens, war ein Ritter von Graf Hugh de Champagne (Aube departement, nordöstliches Frankreich); Graf Hugh war ein Freund des Hl. Bernard, des Gründers und Abtes des Zisterzienserklosters Clara Vallis oder Clairvaux, und er hatte dem Orden Land geschenkt. Die Regeln des Templerordens waren von Bernard verfaßt und 1129 auf dem Konzil von Troyes in der Champagne (der Residenz von Graf Hugh) verabschiedet worden. Graf Hugh war bereits 1125 den Templern beigetreten (Nicholson 2001, S. 22, 28).

Beide Orden, Zisterzienser und Templer, folgten (einer strengen Version) der »Regel des Hl. Benedikt« und den traditionellen Vorschriften und Gottesdiensten des Klosterlebens. Beiden Orden teilten das Ideal von Armut und Einfachheit und bauten eher schmucklose Gebäude, die dies reflektierten.
10 Brande 2004.
11 »Taxus«, in den University of Georgia Libraries (s. Kap. 38, Anm. 11).
12 Neun Brüder: Erzbischof William of Tyre zufolge, der zwischen 1165 und 1184 schrieb (Brande 2004, S. 23).
13 Lowe (1897, S. 86), nach dem Pastor J. Kershaw, 1895.
14 Der Christus-Orden in Portugal und der Orden von Montesa in Valencia, Aragon, Spanien (Nicholson 2001, S. 231).
15 Da die früheren Tempelritter nicht den Johannitern beitraten, war es keine Fusion im vollen Sinne. Es war eher so, daß die Johanniter den Namen des Templerordens nicht von den ihnen überschriebenen Templer-Besitztümern entfernten, und von Ländereien, die Templerprivilegien (Freiheit von gewissen Steuern und Abgaben) genossen, sagte man weiterhin, sie hätten »Templerrecht« (persönliche Kommunikation mit Helen Nicholson).
16 Es waren »die deutschen Freimaurer, die in den 1760ern die Idee verbreiteten, daß die Templer geheimes Wissen und magische Kräfte besessen haben müssen, die sie im sogenannten Tempel Salomons in Jerusalem erworben hatten. Diese Weisheit und Macht, so behaupteten sie, waren in geheimer Linie bis zu den gegenwärtigen Freimaurern weitergereicht worden!« (Nicholson 2001, S. 240).
17 Die Friends of Rosslyn haben verschiedene Bücher zum Thema veröffentlicht; siehe z. B. die Bibliographie in www.wikipedia.org, Knights Templar, Rosslyn.
18 Adkins und Adkins 1996, S. 153.

Kapitel 45: »Erkenne den gesunden Tag«

1 Cimok 2000, S. 144.
2 Die Alexandrinische Schule, geleitet vom Patriarchen Cyril, betonte Christi göttliche Natur, die Schule von Antiochia (in Syrien) sah ihn vorrangig als idealen Menschen und betonte seine Menschlichkeit (ebenda, S. 195).
3 Hauptsächlich durch phönizische und griechische (Handels-)Niederlassungen.
4 Begg 1996, S. 16–102. Es gibt etwa 450–500 Schwarze Madonnen in Europa, allein in Frankreich etwa 180.
5 Nicholson 2001, S. 142–4.
6 Abella 2001.
7 Siehe die *Taxus*-Verbreitungskarte auf der Website der französischen Waldbehörde: http://junon.u-3mrs.fr/msc41www/pltcli/PC9049.html.
8 Der Name des Ortes erinnert an den keltischen Gott Bran, der aus dem walisischen *Mabinogion* bekannt ist. Sein Tier, der Rabe, erscheint als gußeisernes Denkmal im Mittelpunkt eines Brunnens am Ortseingang. (Die Jungfrau von Braine ist allerdings keine Schwarze Madonna.)
9 Der Dolmen wurde seither entfernt, aber im ganzen ist Le Puy ein außergewöhnliches Beispiel für den sanften und friedvollen Übergang von alten zu nachfolgenden Religionen (Derderian 1992). Die Kathedrale von Le Puy wurde im 11. und 12. Jahrhundert erbaut. Bei der Heilquelle an der Rückseite der Kathedrale befindet sich unter den Steinmetzarbeiten auch eine Schlange. Der andere Name des Hügels der Anis ist Rocher Corneille, der »Hügel der Krähe«, ein Name, der an den dunklen Aspekt der (keltischen) Göttin erinnert (vergl. Braine, Anm. 8, und die Black Annis-Sagen aus Leicestershire, Begg 1996, S. 56, 86). Im Wappen der Notre Dame de France befindet sich nicht die Taube, sondern die Krähe.
10 Derderian 1992, S. 103–5.
11 *Mala*, »Mutter« aber auch »schwarz«, griech. *melas*, »schwarz«, *lucine*, »Licht« (lat. *lux*) – wie von Derderian (1992, S. 27) vorgeschlagen. In anderen Traditionen Galliens war

Melusine oder Lucine die Gespielin des keltischen Lichtgottes Lugh (ebenda).
12 Ebenda, S. 24.
13 Begg 1996, S. 213.
14 Die Statue wurde am 12. September 1860 vor 120.000 Pilgern eingeweiht (L'Office de Tourisme de l'Agglomération du Puy-en-Velay, 03/04).
15 Die Mauerstruktur und Bearbeitung der Steine sind typisch nabatäisch (Santarelli 1997, S. 8 - 11). Die Tatsache, daß die Casa nur drei Wände hat, weil sie gegen eine Felswand mit Grotteneingang gebaut worden war, birgt die Möglichkeit, daß es gar kein privates jüdisches Familienhaus (von »Marias Eltern«) gewesen war, sondern ein kleiner Schrein oder Tempel, der erst später vom Christentum übernommen wurde.
16 Ein Dokument vom September 1294 bestätigt, daß Niceforo Angelo, Herrscher über Epirus, anläßlich der Heirat seiner Tochter mit Filippo di Taranto (Philip II. von Anjou), dem König von Neapel, ihr »die heiligen Steine vom Haus unserer Herrin, der jungfräulichen Mutter Gottes«, in die Mitgift gab (ebenda, S. 13).
17 Santarelli, ohne Datum, örtliche Informationsbroschüre, verlegt von der Universal Congregation of the Holy House, Loreto.
18 Wie es auf dem Altar von Loreto geschrieben steht: *Hic Verbum caro factum est.*
19 Der Papst zitiert hier das Zweite Vatikanische Konzil, *Lumen gentium*, 58 (in Santarelli 1997, S. 42).
20 »... die ihre Inspiration und Richtung aus dem Mysterium gewinnt, daß sich im Heiligen Haus vollzog.« Aus der »Botschaft an die Nonnen in klösterlichen Orden«, gegeben im Heiligen Haus am 10. September 1995 (ebenda).
21 Siehe die Halaf-Stufe, Kapitel 36.
22 Unterhaltung des Autoren mit mönchischen Gelehrten in Loreto. Die folgenden Auszüge stammen aus der *vollständigen* Version der Litanei, publiziert von Giorgio Basadonna: *Commento alle invocazioni delle Litanie Lauretane.*
23 Siehe Kap. 30; auch Alessio 1957.
24 Siehe Abbildungen in Cook 1925, S. 406.
25 Der Umhang (oder zumindest das Stickereimuster) kam angeblich 1294 mit der Casa zusammen aus Dalmatien.
26 Die ursprüngliche Holzstatue verbrannte 1921 bei einem Unfall und wurde durch eine Replika aus Holz von einer im Vatikan gewachsenen Libanonzeder ersetzt (Begg 1996, S. 242).
27 Als eine Struktur aus sieben übereinanderliegenden Ebenen erinnert der Umhang sowohl an die siebenfältige Robe der sumerischen Göttin Inanna als auch an die Architektur der mesopotamischen Tempel, der Ziggurate.
28 Cunliffe 2002, S. 4-5.
29 Persönliche Kommunikation mit (und verschiedene französische Artikel von) Christian Vaquier, dem gegenwärtigen Förster von Ste Baume, 2005.
30 Cunliffe 2002, S. 6 ff, nach Strabon. Bisher wurde kein Tempel gefunden.
31 Offiziell wurde ihr Leichnam am 9. September 1279 in Kloster Saint-Maximin-la-Sainte-Baume, Provence, entdeckt, in dessen Basilika (13. Jh.) er immer noch verwahrt wird Aber dieses Thema ist seit langer Zeit umstritten, so unterstützte z. B. Gregor von Tours (*De miraculis*, I, xxx) die Version, nach der sich Maria Magdalena (wie auch die Mutter Jesu) nach Ephesus zurückgezogen hätte und die keinerlei Verbindung mit Gallien erwähnt.
32 Kassianiten 415 - 1079, Benediktiner 1079 - 1295, Dominikaner seit 1295.
33 Im *Guide to the Sainte-Baume* des örtlichen Museums (Écomusée de la Sainte-Baume), wird Petit als ein »Jünger des Lichtes« der Association of Journeymen, Catéchisme de lumière, beschrieben.
34 Levi, das Evangelium der Maria (18: 10 - 15) zitierend; »was vor ihnen verborgen war«: 10: 8; siehe auch 9: 21 - 4 und 17: 16-22 (in Robinson 1990, S. 524-7).
35 Zu Bedeutung und Symbolik dieser Bäume siehe Hageneder 2006, »Olive« und »Myrrhe«.
36 Ausführliche Diskussion in Palmer et al. 1995, S. 3-53.
37 Während der Zeit der streitenden Reiche (403-221 v. Ztr.) und insbesondere während der Han Dynastie (206 v. Ztr.-220 n. Ztr.) erschienen vor dem generellen schamanischen Hintergrund Chinas verschiedene Texte, die eine »Königin-Mutter des Westens« erwähnen. Sie repräsentierte vermutlich eine ganze Reihe lokaler Göttinnen, zu denen »eine Lehrerin, eine Richtungsgöttin, Geister der heiligen Berge, eine göttliche Weberin, eine Schamanin und eine Sternengöttin« gehörten. (Cahill 1993, S. 13, zitiert in Palmer et al. 1995, S. 14).
38 Zitat aus Palmer et al. 1995, S. 14.
39 Sie erreichte Japan (sowohl in männlicher als auch weiblicher Form) während des 7. bis 9. Jahrhunderts mit buddhistischen Pilgern, die aus China heimkehrten (ebenda).
40 Als Beschützerin allen Lebens wird Kuan Yin manchmal mit Armbrust oder Pfeil und Bogen und einem abschreckend aussehenden Schild dargestellt (ebenda, S. 42 - 3, 45 [Abb.]). Nur in Japan, wo sie als Kannon bekannt ist, gibt es eine Überlieferung, nach der sie dreiunddreißig Erscheinungsformen hat (elf für jede der drei Welten: den Himmel, die Lüfte und die Erde). Drei von ihnen sind nichtmenschlich: eine Schlange, ein geflügeltes, vogelähnliches Geschöpf und ein Drache. Ryushin Kannon, die »Schlangen-Kannon«, verbindet die geistige und die materielle Welt und kann unvorstellbare Distanzen in Raum und Zeit überbrücken (ebenda, S. 45).

ANHÄNGE

Anhang III: Wichtige Vorkommen ...

1 Paule et al. 1993, nach Majer 1971. Paule et al. fahren fort: »In den meisten Fällen korrespondieren die Pflanzengesellschaften mit dem *Taxo-Fagetum* mit bestimmten Untereinheiten, z. B. *Taxo-Fagetum bakonyicum, Taxo-Fagetum carpaticum* usw. [1, 2, 3, 4, 7, 9, 10] oder *Tilieto-Taxetum* [5], *Fagetum orientalis – submontanum taxetosum* [6], *Euonymo-Taxetum* [8] und *Cephalantero-Taxetum balticum* (oder *Fagetum boreo-atlanticum* nach Myczkowski (1961)) [11].«
2 Persönliche Kommunikation mit Prof. B. Schirone.
3 Persönliche Kommunikation mit J. Hassler.
4 Korori et al. 2001.
5 Osteuropäische Daten aus Paule et al. 1993. Andere Daten, falls nicht anders angegeben, von den jeweiligen Standortverwaltungen.
6 Persönliche Kommunikation mit Bosco Imbert, Universität von Navarra, und Ignacio Abella.
7 Tenorio et al. 2005, S. 202-6.
8 Persönliche Kommunikation mit Monsieur Christian Vacquié, Forstwärter von Ste Baume; auch *Der Eibenfreund* 1: 39.
9 Persönliche Kommunikation mit Prof. B. Schirone.
10 Andere wichtige Eibenvorkommen befinden sich in Graubünden bei Sagogn (Palius da Tuora; Cauma Su; Uaul da Salums); in St. Gallen bei Pfäfers (Gigerwald), Mosnang (Brue-

derwald) und Kirchberg (Iddaberg Burgwald); in Thurgau bei Hüttlingen (Griesenberger Tobel); in Aargau bei Baden (Unterwilerberg; Brenntrain); in Solothurn bei Oftringen (Engelberg); in Neuenburg bei Neuchâtel (Gorges du Seyon); im Wallis bei Saint-Maurice (Bois noir) und bei Naters (Blindtal); und in Neuenburg bei Boudry (Areuse-Schlucht) (persönliche Kommunikation mit Jürg Hassler, nach A. Rudow, ETHZ/BAFU, 2009, 2013-24, und Kurt Pfieffer).

Mehr über *Taxus* in der Schweiz in Hassler, Jürg (1999): »Die Eibe (*Taxus baccata* L.)«, Haldenstein (Schweiz), Selbstverlag. Zum Bestellen schreiben Sie bitte an Jürg Hassler-Schwarz, Sum Curtgins 9, CH-7013 Domat Ems, Schweiz.

11 Persönliche Kommunikation mit Dr. Berthold Heinze, Federal Research Centre for Forestry, Wien.

12 Boratynski et al. 2001.

13 Kassioumis et al. 2004. Voliotis (1986) nennt außerdem die folgenden Bergregionen: Voras; Tzena; Paikon; Kerkini, Orvilos; Falakron; Pangaeon; Athos; Vermion; Vourinos; Tymfi; Lakmos (Peristeri); Athamanika Ori; Koziakas; Agrafa; Pieria; Ossa; Pilion; Tymfristos; Oxya, Oita; Giona; Parnassos, Kyllini; Oligyrtos, Chelmos; Maenalon; Parnon; Dirphys; Xerovouni; Skotini; Ochi (Euböa); Hypsarion in Thasos; Fengari in Samothraki; auch Kryoneri; Olympias; nordöstliches Chaldiki; Perivoli, Grevena; Aghia Paraskevi; Trikala; Imathia; Parnassos.

14 Pridnja 2002.

15 Davis 1978, Aksoy 1998.

16 Pridnja 2000a, 2002.

17 Pridnja 2000b.

18 Pridnja 2000a, 2002.

19 *Der Eibenfreund* 1: 44.

20 Lickl und Heinze 2001.

21 Sagheb-Talebi und Lessani 2001. Koniferen außer *Taxus* sind rar, nur Zypressen und Wacholder in einigen höheren und trockeneren Standorten (Lickl und Heinze 2001).

22 Nach einer Erhebung von 1971; *Der Eibenfreund,* 1: 44.

23 Sagheb-Talebi und Lessani 2001.

24 Shanjani 2001.

Anhang V: Über Frazers *Der goldene Zweig*

1 Ausführliche Diskussion in Vickery 1973.

2 Hutton 1991, S. 326.

3 Ackerman 2002, S. 46.

4 Frazer war keinesfalls allein in seinem Glauben an die Mistel und die Eiche. Seit die Druiden-Revivals im 16. und 17. Jahrhundert sich der Mistelschneidegeschichte von Plinius dem Älteren angenommen hatten, verbreitete sich der »Mythos« von der Mistel unaufhörlich. 1834 z. B. schrieb der junge William Crawford Williamson in der ersten Version seines Ausgrabungsberichts zum bronzezeitlichen Grab des »Gristhorpe Man« (heute im Rotunda Museum, Scarborough), die im Eichensarg gefundenen »Beeren« seien zweifellos Mistelbeeren. Im Jahre 1865 fanden sich diese Mistelbeeren sogar in J. B. Davis' und J. Thurnams *Crania Britannica* (Vorläufer der *Encyclopedia Brit.*), wurden 1872 aber von Williamson selbst (der inzwischen Professor für Naturgeschichte am Owen's College, Manchester, war) stillschweigend aus der dritten Version seines Grabungsberichtes genommen. Zu recht, denn eine Untersuchung an der University of Bradford, Department of Archaeological Sciences, im November 2006 hat ergeben, daß die Kugeln noch nicht einmal pflanzlichen Ursprungs sind.

5 Ackerman 1987, S. 108; Frazer-Zitat auch in der gekürzten Fassung des *Goldenen Zweiges*, S. 703.

6 Frazer 1993 (1922), S. 704.

7 Ebenda, S. 163.

8 Und auch nicht diejenige, von der Kränze geflochten werden: Dionysos könnte immer noch als Eibengeist verstanden worden sein, auch wenn seine Anhänger sich mit Efeulaub und Weinblättern schmückten (die letztendlich größer und prunkvoller sind als Eibennadeln).

9 Eine weitere Verbindung zwischen Nemi und den alten östlichen Religionen erscheint bei Ovid (*Metamorphosen*, XV, 506 ff, in von Albrecht (Übers.) 1994) und bei Pausanias (II. 27. 4; II. 32. 8, in Levi 1979). Der mythische Prinz Hippolytus »stirbt« bei einem Pferdewagenunfall, der durch einen *elaos*-Baum verursacht wird (siehe S. 202), wird dann von Diana/Artemis wiederbelebt und zum »König« oder Priester in Dianas heiligem Hain erhoben. Sein neuer Name ist Virbius, von *vir bis*, »zweimal ein Mann«, »zweimal geboren« (Graves 1955, 101.1) – ein Name, der an die Initiationsriten des Zeus auf Ida und des Dionysos erinnert. Eine Spur dieser Tradition findet sich im römischen Kalender, wo es vom Hl. Hippolytus heißt, er sei am 13. August – Dianas Tag (!) – von Pferden zu Tode geschleppt worden (Campbell 1964, S. 155).

10 Von allen schottischen Clans ist der Fraser-Clan der einzige, der die Eibe als Clan-Abzeichen hat. (Für eine vollständige Liste der schottischen Clans und ihrer Bäume siehe Hageneder 2004, Fußnote S. 192-3.)

11 Siehe Ackerman 2002.

Die Eibe von Fortingall, Illustration aus dem 19. Jahrhundert

BIBLIOGRAPHIE

BOTANIK

Ahrens, T. G. (1933). »Schutz der britischen Eiben«, *Naturschutz*, 14: 249

Akkemik, Ünal, Aytug, Burhan u. Güzel, Sercay (2004). »Archaeobotanical and dendroarchaeological studies in Ilgarini Cave (Pinarbasi, Kastamonu, Turkey)«, *Turkish Journal of Agriculture and Forestry*, 28: 9–17

Aksoy, Necmi (1998). »Monumental trees of Turkey«, 16: *Koca Ardunç; The Karaca Arboretum Magazine*, IV, 4 November

—— (2000). »Porsuk Agaci (*Taxus baccata* L.)«, *Lamin' ART*, Agustos-Eylül, Sayi, 9

Alessio, G. (1957). »Stratificazione dei nomi del tasso (*Taxus baccata* L.) in Europa«, *Studi Etruschii*, 25: 219–64

Allona, I., Collada, C., Casado, R. u. Aragoncillo, C. (1994). »Electrophoretic analysis of seed storage proteins from gymnosperms«, *Electrophoresis*, 15: 1062–7

Ballero, M., Loi, M.C., van Rozendaal, E. L. M., van Beek, T. A., Cees van der Haar, Poli, F. u. Appendino, G. (2003). »Analysis of pharmaceutically relevant taxoids in wild yew trees from Sardinia«, *Fitoterapia*, 74: 34–9; auch erhältlich unter www.elsevier.com/locate/fitote

Barnea, A., Harborne, J. B. u. Pannell, C. (1993). »What parts of fleshy fruits contain secondary compounds toxic to birds and why?«, *Biochemical Systematics and Ecology*, 21: 421–9

Bartkowiak, S. (1978). »Seed dispersal by birds«, in Bartkowiak *et al.* (1978), 139–46

——, Bugala, W., Czartoryski, A., Hejnowicz, A., Król, S., Rodo, A. u. Szaniawski, R.K. (Hg.) (1978). *The Yew* –Taxus baccata L. Warsaw, Foreign Scientific Publications, Department of the National Center for Scientific and Technical, and Economic Information (for the Department of Agriculture and the National Science Foundation, Washington, DC) [Poln. Ausgabe: *Cis pospolity* – Taxus baccata *L. Nasze Drzewa Lesne*, 3]

Benfield, Barbara (2006). »A study of the lichens on some yews in eastern Devon«, unveröffentl. Manuskript, erhältlich unter www.ancient-yew.org/articles.shtml

Bolsinger, Charles u. Jaramillo, Annabelle E. (1990). »*Taxus brevifolia* Nutt. – Pacific Yew«, *Silvics of Forest Trees of North America* (durchges. Ausgabe). Portland, Pacific Northwest Research Station

Boratynski, A., Didukh, Y. u. Lucak, M. (2001). »The yew (*Taxus baccata* L.) population in Knyazhdvir Nature Reserve in the Carpathians (Ukraine)«, *Dendrobiology* 2001, 46: 3–8

Bowman, J. E. (1837). »On the longevity of the yew«, *The Magazine of Natural History and Journal of Zoology, Botany, Mineralogy, Geology and Meteorology*, 2, 1: 28–35, 85–90

Brande, A. (2001). »Die Eibe in Berlin einst und jetzt«, *Der Eibenfreund*, 8: 24–43

—— (2003). »Postglaziale *Taxus*-Nachweise und Waldtypen in den nördlichen Kalkalpen (Niederösterreich)«, *Der Eibenfreund*, 10: 52–62

Brandis, D. (1874). *Illustrations of the Forest Flora of North-west and Central India*, London, W. H. Allen

Browicz, Kazimierz u. Zielinski, Jerzy (1982). *Chorology of Trees and Shrubs in South-west Asia and Adjacent Regions*, Band 1. Warschau, Polish Scientific Publishers

Brzeziecki, B. u. Kienast, F. (1994). »Classifying the life-history strategies of trees on the basis of the Grimian model«, *Forest Ecology and Management*, 69: 167–87

Callow, R.K., Gulland, J. M. u. Virden, C. J. (1931). »Physiologically active constituents of the yew, *Taxus baccata*. I. Taxine«, *Journal of the Chemical Society* (1931) 2138–49

Cao, C. (2002). »Untersuchungen zur genetischen Variation und zum Genfluß bei der Eibe (*Taxus baccata* L.)«, Magisterarbeit, Georg-August-Universität Göttingen

Carruthers, T. (1998). *Kerry – A Natural History*, Cork, Collins Press

Christison, R. (1897). »The exact measurement of trees. (Part 3) The Fortingall Yew«, *Transactions of the Botanical Society of Edinburgh*, 13: 410–35

Conwentz, H. (1892). »Die Eibe in Westpreußen – ein aussterbender Waldbaum«, *Abhandl. z. Landeskunde der Provinz Westpreußen*, Danzig

—— (1898). »Die Eiben in der vorgeschichtlichen Zeit«, *Korrespondenzblatt für Anthropologie*, Kiel

—— (1921). »Über zwei subfossile Eibenhorste bei Christiansholm, Kreis Rendsburg«, *Berichte der deutschen Botanischen Gesellschaft*, 39: 384–90

Cooper, M. R. u. Johnson, A. W. (1984). *Poisonous Plants in Britain and their Effects on Animals and Man*, Ministry of Agriculture, Fisheries and Food, Reference Book 161, London, HMSO

Cortés, Simón, Vasco, Fernando u. Blanco, Emilio (2000). *El libro del Tejo (*Taxus baccata L.*) – Un proyecto para su conservación*, Madrid, Edita Arba

Coutin, Remi (2003). »Faune entomologique de l'if, *Taxus baccata*«, *Insectes*, 128 (1): 19–22

Creutz, G. (1952). »Misteldrossel und Seidenschwanz«, *Ornithologische Mitteilungen*, 4: 67

Daniewski, W. M., Gumulka, M., Anczewski, W., Masnyk, M., Bloszyk, E. u. Gupta, K. K. (1998). »Why the yew tree *(Taxus baccata)* is not attacked by insects«, *Phytochemistry*, 49: 1279–82

Dark, S. O. S. (1932). »Chromosomes of *Taxus, Sequoia, Cryptomeria* and *Thuya*«, *Annals of Botany*, 46: 965–77

Davis, P. H. (1965/1978). *Flora of Turkey and the East Aegean Island*, 1. und 6. Band, Edinburgh, Edinburgh University Press

Dempsey, D. u. Hook, I. (2000). »Yew *(Taxus)* species – chemical and morphological variations«, *Pharmaceutical Biology*, 38: 274–80

Desch, H. E. (1974). *Timber – Its Structure and Properties*, London, Macmillan

Detz, H. u. Kemperman, J. (1968). »Zaaikalender van coniferen en loufhoutgewassen«, *Proefstation Boksoop Jaarboek*, 163–74

Di Sapio, O. A., Gattuso, S. J. u. Gattuso, M. A. (1997). »Morphoanatomical characters of *Taxus baccata* bark and leaves«, *Fitoterapia*, 68: 252–60

DiFazio, S. P., Vance, N. C. u. Wilson, M. V. (1997). »Strobilus production and growth of Pacific yew under a range of overstorey conditions in western Oregon«, *Canadian Journal of Forest Research*, 27: 986–93

Dumitru, A. (1992). »Die Eibe (*Taxus baccata* L.) – Eine botanisch-ökologische sowie medizinische und kulturhistorische Betrachtung«, Diplomarbeit Forstwiss., Universität München

Duncan, R. W., Bown, T. A., Marshall, V. G. u. Mitchell, A. K. (1997). »Yew Big Bud Mite«, *Forest Pest Leaflet*, 79, Victoria BC, Canadian Forest Service, Pacific Forestry Centre

Eddelbüttel, H. (1935/1937). »Zur Altersbestimmung von Eiben«, *Mitteilungen der Deutschen Dendrologischen Gesellschaft*, 47: 147–54; 49: 47–51

Elsohly, H. N., Croom, E. M. Jr, Kopycki, W. J., Joshi, A. S., Elsohly, M. A. u. McChesney, J. D. (1997). »Taxane contents of *Taxus* cultivars grown in American nurseries«, *Journal of Environmental Horticulture*, 15: 200–5

Elwes, H. J. u. Henry, A. (1906). *The Trees of Great Britain and Ireland*, Edinburgh, Privatdruck

Emberger, Louis (1968). *Les Plantes Fossiles*, Paris, Masson & Cie

Engler, A. (Hg.) (1960). *Die natürlichen Pflanzenfamilien, Band 13. Gymnospermae*, 199–211

Erdtman, H. u. Tsuno, K. (1969). »*Taxus* heartwood constituents«, *Phytochemistry*, Band 8, 931–2

Evelyn, John (1664). *Sylva – A Discourse of Forest Trees*, London, Martyn & Allestry

Ezard, John (1995). »Relics of ancient forest found«, *Guardian*, 7 February

Ferguson, D. K. (1978). »Some current research on fossil and recent taxads«, *Review of Palaeobotany and Palynology*, 26: 213–26, Amsterdam, Elsevier

Florin, R. (1931/1944). *Untersuchungen zur Stammesgeschichte der Coniferales*, Part 1

Frank, Norbert (2003). »Eiben (*Taxus baccata* L.) im Bakony-Wald – einst und jetzt«, *Der Eibenfreund*, 10: 20–5

Franklin, Jerry F., Cromack, K. Jr, Denison, W., McKee, A., Maser, C., Sedell, J., Swanson, F. u. Juday, G. (1981). »Ecological characteristics of old-growth Douglas-fir forests«, General Technical Report PNW-118, Portland OR, USDA (Forest Service)

Fritts, H. C. (1971). »Dendroclimatology and dendroecology«, *Quaternary Research*, 1: 419–49

Fuller, R. J. (1982). *Bird Habitats in Britain*, Calton, Staffs, T. u. A. D. Poyser

García, D., Zamora, R., Hódar, J. A., Gómez, J. M. u. Castro, J. (2000). »Yew (*Taxus baccata* L.) regeneration is facilitated by fleshy-fruited shrubs in Mediterranean environments«, *Biological Conservation*, 95: 31–8

Graeter, Carlheinz (1994). »Eibe und Knabenkraut – Baum des Jahres, Wildpflanze des Jahres«, *Main-Post*, 30/31 July

Green, Ted (2003). »The Ancient Oaks of the British Isles – The Remnants of Europe's Rainforests«, Alan Mitchell Lecture 2003, London, Conservation Foundation

Gregorius, H.-R., Degen, B. (1994). »Estimation of the extent of natural selection in seedlings from different *Fagus sylvatica* L. populations: application of new measures«, *Journal of Heredity*, 85: 183–90

Groves, A.T. u. Rackham, O. (2001). *The Nature of Mediterranean Europe – An Ecological History*, New Haven/London, Yale University Press

Guchelaar, H. J., ten-Napel, C. H., de Vries, E. G. u. Mulder, N. M. (1994). »Clinical, toxological and pharmaceutical aspects of the antineoplastic drug taxol: a review«, *Clinical Oncology -R- Coll Radiology*, 6: 40–8

Gulland, J. M. u. Virden, C. J. (1931). »Physiologically active constituents of the yew, *Taxus baccata*. Teil II. Ephedrine«, *Journal of the Chemical Society*, 2148–51

Hassler, Jürg (1999). *Die Eibe* (Taxus baccata *L.*), Haldenstein, Switzerland, the author

—— (2003). »Die Bedeutung der Tiere bei der Verbreitung der Eibensamen«, *Der Eibenfreund*, 10: 118–20

Hassler, J., Schoch, W. u. Engesser, R. (2004). »Auffällige Stammkrebse an Eiben (*Taxus baccata* L.) im Fürstenwald bei Chur (Graubünden, Schweiz)«, *Schweizer Z. Forstwesen*, 155/9, 400–3

Harris, T. M. (1961). *The Yorkshire Jurrasic Flora 1: Thallophyta–Pteridophyta*, London, The British Museum

Heath, G. W. (1961). »An investigation into leaf deformation in *Medicago sativa* caused by the gall midge *Jaapiella medicaginis* Rübsaamen (Cecidomyiidae)«, *Marcellia*, 30: 185–98

Hegi, G. (1981). »Familie Taxaceae. 1. *Taxus*«, *Illustrierte Flora von Mitteleuropa*, Band I, Teil 2: 126–34

Heinze, B. (2004). »Zur Populationsbiologie der gemeinen Eibe (*Taxus baccata*)«, *Austrian Journal of Forest Science*, 121: 47–59

Heit, C. E. (1969). »Propagation from seedpart. Part 18. Testing and growing of popular *Taxus* forms«, *American Nurseryman*, 129 (2): 10–11, 118–28

Hejnowicz, A. (1978). »The yew – Anatomy, embryology and karyology«, in Bartkowiac *et al.* (1978), 33–54

Hermann, W. (2000). »Die Stammpflanze der Säuleneibe *Taxus baccata* ›fastigiata‹ (=*T.* ›hibernica‹)«, *Der Eibenfreund*, 7: 82

Herrera, C. M. (1987). »Vertebrate-dispersed plants of the Iberian peninsula: a study of fruit characteristics«, *Ecological Monographs*, 57: 305–31

Hertel, H., Kohlstock, N. (1996). »Genetische Variation und geographische Struktur von Eibenvorkommen (*Taxus baccata* L.) in Mecklenburg-Vorpommern«, *Silvae Genetica*, 45: 290–4

Hindson, Toby (2000). »The growth rate of yew trees: An empirically generated growth curve«, Alan Mitchell Lecture 2000, London, Conservation Foundation

Hofmann, M. (1989). »Das Naturwaldreservat Huckstein – Baumwachstum und Flora als Ausdruck geomorphologischer Standortprägung«, Diplomarbeit, Georg-August-Universät Göttingen

Howard, P. J. A., Howard, D.M. u. Lowe, L.E. (1998). »Effects of tree species and soil physico-chemical conditions on the nature of soil organic matter«, *Soil Biology and Biochemistry*, 30: 285–97

Huf, Karl (2002). »Specht hämmert im Kronthal einzigartige Lochmuster in Eiben«, *Der Eibenfreund*, 9: 174–5

Hulme, P. E. (1996). »Natural regeneration of yew (*Taxus baccata* L.) Microsite, seed or herbivore limitation«, *Journal of Ecology*, 84: 853–61

—— (1997). »Post-dispersal seed predation and the establishment of vertebrate dispersed plants in Mediterranean scrublands«, *Oecologia*, 111: 91–8

—— u. Borelli, T. (1999). »Variability in post-dispersal seed predation in deciduous woodland: relative importance of location, seed species, burial and density«, *Plant Ecology*, 145: 149–56

Huntley, B. u. Birks, H. J. B. (1983). *An Atlas of the Pollen Flora 13000-0BP*, Cambridge, Cambridge University Press

Jaloviar, P. (1998). »Struktur und Naturverjüngung der Eibe in verschiedenen Waldbestandstypen der Slowakei«, *Der Eibenfreund*, 5: 45–56

Kanngiesser, F., (1906). »Über Lebensdauer und Dickenwachstum der Waldbäume, Band 3, *Taxus baccata*«, *Allgemeine Forst- und Jagd-Zeitung*, 36: 253–5

Kartusch, B. u. Richter, H. (1984). »Anatomische Reaktionen von Eibennadeln auf eine Erschwerung des Wassertransports in Pflanzenkörper«, *Phyton*, 24: 295–303

Kassioumis, K., Papageorgiou, K., Glezakos, T. u. Vogiatzakis, I. N. (2004). »Distribution and stand structure of *Taxus baccata* populations in Greece: Results of the first national inventory«, *Ecologia Mediterranea*, 30, 2: 27–38

Kawase, M. (1975). »Japanese yew (*Taxus cuspidata*)«, *Proceedings of the International Taxus Symposium*, Horticulture Series 421, A1–A5

Kaya, Zafer (1998). »Anit Agacin Hatira Defteri«, *Kasnak Mesesi ve Türkiye Florasi Sempozyumu*, Universät Istanbul (Orman Botanigi Anabilim Dali)

Keen, R. A. (1958). »A study of the genus *Taxus*«, *Dissertation Abstracts*, 18: 1196–7

Kelly, D. L. (1981). »The native forest vegetation of Killarney, south-west Ireland – an ecological account«, *Journal of Ecology*, 69: 437–72

Kirchner, O., Loew, E. u. Schröter, C. (1908). *Lebensgeschichte der Blütenpflanzen Mitteleuropas*, Band 1. 60–78. Stuttgart, Ulmer

Koch, K. (1879). *Die Bäume und Sträucher des alten Griechenlands*, 41: *Eibe*, Stuttgart, Enke

Korori, S. A. A., Matinizadeh, M. u. Teimouri, M. (2001). »Untersuchungen über Eibe (*Taxus baccata* L.) Mycorrhizen im Norden des Iran«, *Der Eibenfreund*, 8: 165–7

Korpel, S. (1996). »Das geschützte Eibenvorkommen ›Pavelcovo‹, seine Zustandsanalyse, die naturschützerische und forstliche Bedeutung«, *Der Eibenfreund*, 3: 21–32

Korpel, S. u. Paule, L. (1976). »Die Eibenvorkommen in der Umgebung von Harmanec, Slowakei«, *Archiv für Naturschutz und Landschaftsforschung*, 16, 123–39

Krenzelok, E. P., Jacobsen, T. D. u. Aronis, J. (1998). »Is the yew really poisonous to you?«, *Journal of Toxicology, Clinical Toxicology*, 36: 219–23

Krüssmann, G. (1985). *Manual of Cultivated Conifers*, Portland, Timber Press

Kucera, L. J. (1998). »Das Holz der Eibe«, *Schweizerische Zeitschrift für Forstwesen* 149 (5)/*Der Eibenfreund*, 4: 328–39

Kukowka, A. (1970). »Über die Gefährlichkeit der Eibe (*T. b.*)«, *Landarzt*, 46 (7)

Lange, O. L. (1961). »Die Hitzeresistenz einheim. immer- und wintergrüner Pflanzen im Jahreslauf«, *Planta*, 56 (6)

Lange, S., Rajewski, M., Leinemann, L. u. Hattemer, H. (2001). »Fremdpaarung im Wald – Das Liebesleben der Eibe«, *Forschung, Magazin der Deutschen Forschungsgem.*, 4 (2001): 10-3; auch in *Der Eibenfreund*, 9: 113–16

Larcher, W. (2001). *Ökophysiologie der Pflanzen. Leben, Leistung und Stressbewältigung der Pflanzen in ihrer Umwelt*, Stuttgart, Ulmer Verlag

Larson, Doug (1999). »Ancient Stunted Trees on Cliffs«, *Nature*, 398, 1 April

—— (2000). *Cliff Ecology: Pattern and Process in Cliff Ecosystems*, Cambridge, Cambridge University Press

——, Matthes, U., Kelly, P.E., Lundholm, J. u. Gerrath, J. (2004). *The Urban Cliff Revolution – New Findings on the Origins and Evolution of Human Habitats*, Ontario, Fitzhenry & Whiteside

de Laubenfels, D. J. (1988). »Coniferales«, *Flora Malesiana*, 10 (3): 337–453, Leiden, Nationaal Herbarium Nederland

Leonhardt, U., Paul, M. u. Wolf, H. (1998). »Eibenwald bei Schlottwitz«, *Der Eibenfreund*, 5: 65–71

Leuthold, C. (1980). »Die ökologische und pflanzensoziologische Stellung der Eibe (*Taxus baccata*) in der Schweiz«, *Veröffentlichungen des Geobotanischen Instituts der ETH, Stiftung Rübel*, Zürich, 67: 1–217

—— (1998). »Die pflanzensoziologische und ökologische Stellung der Eibe (*Taxus baccata* L.) in der Schweiz – Ein Beitrag zur Wesenscharakterisierung des ›Ur-Baumes‹ Europas«, *Der Eibenfreund*, 4: 349–71

Lewandowski, A., Burczyk, J. u. Mejmartowicz, L. (1995). »Genetic structure of English yew (*Taxus baccata* L.) in the Wierzchlas Reserve: implications for genetic conservation«, *Forest Ecology and Management*, 73: 221–7

Lewington, A. u. Parker, E. (2000). *Alte Bäume: Naturdenkmäler aus aller Welt*, Augsburg, Weltbild Verlag

Lickl, E. u. Heinze, B. (2001). »Eiben im Elburs – Ein kleines Vorkommen im Wald von Kheyrudkenar«, *Der Eibenfreund*, 8: 90-91

Lincoln, W. A. (1986). *World Woods in Colour*, London, Stobart & Son

Löblein, I. (1995). *Einfluss von innerstädtischen Bodenverhältnissen auf das Durchwurzelungsverhalten von Eiben*, Prüfungsarbeit Staatsexamen Univers, Münster

Lowe, John (1897). *The Yew-trees of Great Britain and Ireland*, London, Macmillan

Ludwig, A. u. Bauer, M. (2000). »Die Eibennachzucht im Bayerischen Staatswald«, *Der Eibenfreund*, 7: 63–6

Majer, A. (1971). *A Bakony tiszafása [Yew forest of Bakony]*, Budapest, Akadémia Kiadó

Manandhar, Narayan P. (2002). *Plants and People of Nepal*, Portland, Timber Press

Mayer, Hannes u. Aksoy, Hüseyin (1986). *Wälder der Türkei*, Stuttgart/New York, Gustav Fischer

Mehlman, P. T. (1988). »Food resources of the wild Barbary macaque *Macaca sylvanus* in high-altitude fir forest Ghomaran Rif Morocco«, *Journal of Zoology* 214: 469–90

Melzack, R. N. u. Watts, D. (1982). »Variations in seed weight, germination, and seedling vigour in the yew (*Taxus baccata* L.) in England«, *Journal of Biogeography* 9: 55–63

Mitchell, A. F. (1972). *Conifers in the British Isles*, London, HMSO/Forestry Commission

Mitchell, A. K. (1998). »Acclimation of Pacific yew (*T. brevifolia*) foliage to sun and shade«, *Tree Physiology*, 18: 749–57

Mitchell, F. J. G. (1990). »The history and vegetation cynamics of a yew wood (*Taxus baccata* L.) in S.W. Ireland«, *New Phytologist*, 115: 573–7

Moir, A. K. (1999). »The dendrochronological potential of modern yew (*Taxus baccata*) with special reference to yew from Hampton Court Palace, UK«, *New Phytologist*, 144: 479–88

Moore, D. M. (1982). *Flora Europaea Check-List and Chromosome Index*, Cambridge, Cambridge University Press

Muhle, O. (1978). »Rückgang von Eiben-Waldgesellschaften und Möglichkeiten ihrer Erhaltung«, *Bericht des Symposiums des Internationalen Vereins für Vegetationskunde in Rinteln*, 483–501

Myczkowski, S. (1961). »Zespoly lesne rezerwatu cisowego Wierzchlas« [Waldgesellschaften des Eibenschutzgebietes Wierzchlas], *Ochrona przyrody*, 27: 91–108

Mysterud, A. u. Ostbye, E. (1995). »Roe deer *Capreolus capreolus* feeding on yew *Taxus baccata* in relation to bilberry *Vaccinium myrtillus* density and snow depth«, *Wildlife Biology*, 1: 249–53

Namvar, S. u. Spethmann, W. (1986). »Die Eibe«, *Allgemeine Forstzeitung (AFZ)*, 1986 (23): 568–71

Newbould, P. J. (1960). *The Age and Structure of the Yew Wood at Kingley Vale*, Wye, report, Wye, NCC

Núñez-Regueira, L., Rodríguez Añón, J. A. u. Proupín Castiñeiras, J. (1997). »Calorific values and flammability of forest species in Galicia. Continental high mountainous and humid Atlantic zones«, *Bioresource Technology*, 61: 111–9

Parker, J. (1971). »Unusual tonoplast in conifer leaves«, *Nature*, 234: 231

Paule, L., Gömöry, D. u. Longauer, R. (1993). »Present distribution and ecological conditions of the English yew (*T. b.* L.) in

Europe«, unveröffentl. Bericht für die International Yew Resources Conference, Berkeley, CA, 12.–13. März 1993. [In deutscher Sprache: Paule, L., Radu, S., Stojko, S. M. (1996). »Eibenvorkommen des Karpatenbogens«, *Der Eibenfreund,* 3: 12-20]

Pietzarka, Ulrich (2005). »Zur ökologischen Strategie der Eibe (*Taxus baccata* L.) – Wachstums- und Verjüngungsdynamik«, Dissertation an der Fakultät Forst-, Geo- und Hydrowissenschaften der Technischen Universität Dresden

Pilcher, J. R., Baillie, M. G. L., Brown, D. M., McCormac, F. G., MacSweeney, P. B. u. McLawrence, A. S. (1995). »Dendrochronology of subfossil pine in the north of Ireland«, *Journal of Ecology*, 83 (4): 665–71

Pilger (1916). »Die Taxales«, *Mitteilungen der Deutschen Dendrologischen Gesellschaft*, 25: 1–30

Pilkington, N., Proctor, J. u. Reid, K. I. (1994). »The Inchlonaig yews, their tree epiphytes, and their tree partners«, *Glasgow Naturalist*, 22: 365–73

Pisek, A., Larcher, W. u. Unterholzner, R. (1967). »Kardinale Temperaturbereiche der Photosynthese und Grenztemperaturen des Lebens der Blätter verschiedener Spermatophyten. I. Temperaturminimum der Nettoassimilation, Gefrier- und Frostschadensbereiche der Blätter«, *Flora*, 157: 239–64

—— *et al.* (1968). »Kardinale Temperaturbereiche ... part 2. Temperaturmaximum der Netto-Photosynthese und Hitzeresistenz der Blätter«, *Flora*, 158: 110–28

—— *et al.* (1969). »Kardinale Temperaturbereiche ... part 3. Temperaturabhängigkeit und optimaler Temperaturbereich der Netto-Photosynthese«, *Flora*, 158: 608–30

Pridnya, Mikhail (1998). »Pflanzensoziologische Stellung und Struktur des Khosta-Eiben-Vorkommens im Kaukasus-Biosphärenreservat«, *Schweizerische Zeitschrift für Forstwesen*, 149: 5; auch in *Der Eibenfreund*, 4: 387–96

—— (2000a). »Pflanzensoziologische Stellung und Struktur des Chosta-Eibenvorkommens im West-Kaukasus Biosphärenreservat«, *Der Eibenfreund*, 7: 22–7

—— (2000b). »Eibenvorkommen im Kaukasus«, *Der Eibenfreund*, 7: 28–9

—— (2001). »Ursachen des Rückganges der Eibenvorkommen im West-Kaukasus und Massnahmen zu ihrer Erhaltung. (Forschungskonzeption)«, *Der Eibenfreund*, 8: 148–52

—— (2002). »*Taxus baccata* in the Caucasus region«, *Der Eibenfreund*, 9: 146–66

Prioton, J. (1976/77). »Nouvelle contribution à l'étude de l'if (*Taxus baccata* L.) en France et dans quelques pays limitrophes. Necessité de sa protection«, Castelnau-le-Lez

—— (1979). »Étude biologique et écologique de l'if (*Taxus baccata* L.) en Europe et Occidentale«, *La Forêt Privée*, 128: 19–34; 129: 19–37

Quantz, B. (1937): »Eibenschutz in Hannover und Thüringen vor 70–75 Jahren«, *Naturschutz*, 18 (4): 76–9

Rajda, Vladimír (1992). »Electro-Diagnostics of the health of oak trees«, *Ustav systematicke a ekologicke biologie CSAV*, Brno, Czech Republic

—— (1995). »Die Elektrodiagnostik bei Bäumen als ein neues Verfahren zur Ermittlung ihrer Vitalität«, *Austrian Journal of Forest Science*, 114: 348–61

—— (2004). »Metabolische Energie und Elektrodiagnostik der Pflanzenvitalität«, Talk at the 10th International Conference Elektrochemischer Qualitätstest BTQ

—— (2005). »Die Eiben – Nadelbäume mit hoher metabolischer Energie und Vitalität [Yew trees – Conifers with high metabolic energy and vitality]«. Unveröffentlichte Arbeit

Rajewski, M. u. Lange, S. (1997). »Genetische Strukturen in verschiedenen ontogenetischen Stadien der Eibe (*Taxus baccata* L.)«, Diplomarbeit, Georg-August-Univ. Göttingen

Rajewski, M., Lange, S., Hattemer, H. H. (2000). »Reproduktion bei der Generhaltung seltener Baumarten – Das Beispiel der Eibe (*Taxus baccata* L.)«, *Forest Snow and Landscape Research*, 75: 251–66

Redfern, Margaret (1975). »The life history and morphology of the early stages of the yew gall midge *Taxomyia taxi* (Inchbald) (Diptera: Cecidomyiidae)«, *Journal of Natural History*, 9: 513–33

—— u. Askew, R. R. (1998). *Plant Galls. Naturalist's Handbooks 17*, Slough, The Richmond Publishing Co.

—— u. Hunter, Mark D. (2005). »Time tells: long-term patterns in the population dynamics of the yew gall midge, *Taxomyia taxi* (Cecidomyiidae), over 35 years«, *Ecological Entomology*, 30: 86–95

Rohde, M. (1987). »Untersuchungen über die Pollenverteilung in einem Eibenbestand.« Diplomarbeit, Georg-August-Universität Göttingen

Roloff, A. (1989). *Kronenentwicklung und Vitalitätsbeurteilung ausgewählter Baumarten der gemäßigten Breiten*, Frankfurt, J. D. Sauerländer

——. (1998). »Biologie und Ökologie der Eibe (*Taxus baccata* L.)«, in *Tagungsband ›Internationale Eibentagung‹ 1998*, Tharandt, TU Dresden; auch in *Der Eibenfreund*, 5: 3–16

—— u. Pietzarka, U. (2001). »Die Gemeine Esche (*Fraxinus excelsior* L.) – Baum des Jahres 2001«, *Mitteilungen der Deutschen Dendrologischen Gesellschaft*, 86: 73–84

——, —— u. Schmidt, C. (2001). »*Juniperus communis* Linné«, in Schütt, P., Weisgerber, H., Schuck, J., Lang, U., Roloff, A. u. Stimm, B. (Hg.), *Enzyklopädie der Holzgewächse*, 26: 1–11. Landsberg, Ecomed Verlag

Rößner, H. (1996). »Paterzeller Eibenwald: Erinnerungen, Beobachtungen, Vermutungen«, in Kölbel, M. u. Schmidt, O. (Hg.) »Beiträge zur Eibe«, *Berichte aus der Bayrischen Landesanstalt für Wald und Forstwirtschaft*, 10: 48–55

—— (2001). »Bemerkungen zur Diplomarbeit von Patrick Insinna (1999) ›Analyse von Altbestand und Naturverjüngung der Eibe im Naturschutzgebiet von Paterzell‹«, *Der Eibenfreund*, 8: 157–63

Sagheb-Talebi, K. u. Lessani, M.-R. (2001). »Das Eibenvorkommen im Iran«, *Der Eibenfreund*, 8: 85-89

Sainz, M. J., Iglesias, I., Vilariño, A., Pintos, C. u. Mansilla, J. P. (2000). »Improved production of nursery stock of *Taxus baccata* L. through management of the arbuscular mycorrhizal symbiosis«, *Acta Horticulturae*, 536: 379–84

Salisbury, E. J. (1927). »On the causes and ecological significance of stomatal frequency, with special reference to the woodland flora«, *Philosophical Transactions of the Royal Society of London*, B, 216, 1–65

Saniga, M. (1996). »Zustand, Struktur und Regenerationsprozesse im Eibenreservat ›Harmanecka tisina‹«, *Der Eibenfreund*, 3: 33–7

Sax, K. u. Sax, H. J. (1933). »Chromosome number and morphology in the conifers«, *Journal of the Arnold Arboretum*, 14: 356—74 (and two end plates)

Schaede, R. u. Meyer, F. H. (1962). *Die pflanzlichen Symbiosen*, 3. Aufl., Stuttgart, Fischer

Scheeder, Thomas (1994). *Die Eibe (Taxus baccata L.) – Hoffnung für ein fast verschwundenes Waldvolk*, Eching, IHW-Verlag

—— (1996). »Ursachen des Rückganges der Eibenvorkommen und die Möglichkeit des Schutzes durch forstlich integrierten Anbau«, in Kölbel, M. u. Schmidt, O. (Hg.), »Beiträge zur

Eibe«, *Berichte aus der Bayrischen Landesanstalt für Wald und Forstwirtschaft* 10: 9–16

Scher, S. u. Schwarzschild, B. S. (1998). »The role of non-governmental organizations in protecting the threatened Pacific Yew – a case history«, *Der Eibenfreund*, 5: 57–62

—— (1998). »Do browsing ungulates diminish avian foraging? – Studies of woodpeckers in forest understorey communities of central Europe and western North America show cause for concern«, *Der Eibenfreund*, 4: 411–19

—— (2000). »Weltweite Eibenvorkommen (*Taxus*) neu betrachtet«, *Der Eibenfreund*, 6: 109–18

—— (2005a). »YewCon2005 Meeting Report«, *Der Eibenfreund*, 12: 117–23

—— (2005b). »Genetic diversity of yew trees in China: Questions raised …«, *Der Eibenfreund*, 12: 124–7

—— (2005c). »Gene flow in yew (*Taxus*) *(hongdoushan)*. A geographic information system (GIS) approach to identify populations at risk and estimate gene transport from introduced to native *Taxus* populations in China«, *Der Eibenfreund*, 12: 128–30

Schirone, B., Bellarosa, R. u. Piovesan, G. (Hg.) (2003). *Il tasso – Un albero da conoscere e conservare*, Penne (PE), Cogecstre Edizioni

Schönichen, W. (1933). *Dt. Waldbäume und Waldtypen*, Jena, Gustav Fischer

Shanjani, P. (2001). »Quantitative und qualitative Untersuchung von Eiben-Peroxidasen in den Wäldern Arasbaran und Gorgan, Iran«, *Der Eibenfreund,* 8: 164

Sharp, A. J., Crum, H. u. Eckel P. (Hg.) (1994). *The Moss Flora of Mexico*, Band 2, New York, The New York Botanical Garden Press

Shemluck, M. J., Estrada, E., Nicholson, R. u. Brobst, S.W. (2003). »A preliminary study of the taxane chemistry and natural history of the Mexican yew, *Taxus globosa* Schltdl.«, *Boletín de la Sociedad Botánica de México*, 72: 119–27

Simms, Eric (1971). *Woodland Birds*, New Naturalist Series 52, London, Collins

Sitte, P., Weiler, E.W., Kadereit, J.W., Bresinsky, A. u. Körner, C. (2002). *Lehrbuch der Botanik für Hochschulen*, Begr. von E. Strassburger. Heidelberg/Berlin, Spektrum Akad. Verlag

Siwecki, R. (1978). »Diseases and parasitic insects of the yew«, in Bartkowiak *et al.* (1978), 103–9

—— (2002). »Krankheiten und parasitäre Insekten bei der Eibe«, *Der Eibenfreund*, 9: 120–6

Skorupski, M. u. Luxton, M. (1998). »Mesostigmatid mites (Acari: Parasitiformes) associated with yew *(Taxus baccata)* in England and Wales«, *Journal of Natural History*, 32, 419–39

Smal, C. M. u. Fairley, J. S. (1980a). »Food of wood mice and bank voles in oak and yew woods in Killarney, Ireland«, *Journal of Zoology*, 191: 413–18

—— u. —— (1980b). »The fruits available as food to small rodents in two woodland ecosystems«, *Holarctic Ecology*, 3: 10–18

Snow, B. u. Snow, D. (1988). *Birds and Berries: A Study of an Ecological Interaction*, Calton, Staffs, T. & A.D. Poyser

Spjut, R. (1996). »*Niebla* and *Vermilacinia* (Ramalinaceae) from California and Baja California«, *Sida Botanica Miscellany*, 14: 27

Stahr, R. (1982). »Untersuchungen zum Vorkommen der Eibe (*Taxus baccata* L.) im Tharandter Gebiet«, Diplomarbeit, Tharandt, TU Dresden

Stern, Horst (1979). *Rettet den Wald*, München, Kindler

Stewart, W. N. (1983). *Palaeobotany and the Evolution of Plants*, Cambridge, Cambridge University Press

Strauss-Debenedetti, S. u. Bazzaz, F. A. (1991). »Plasticity and acclimation to light in tropical Moraceae of different successional positions«, *Oecologia*, 87: 377-87

Strouts, R. G. (1993). »Phytophthora root disease«, *Arboriculture Research Note* 58/93/PATH, Farnham, Surrey, Arboricultural Advisory and Information Service

—— u. Winter, T.G. (1994). »Diagnosis of Ill-Health in Trees«, *Research for Amenity Trees*, 2, London, HMSO/Forestry Commission

Suszka, B. (1978). »Generative and vegetative reproduction«, in Bartkowiak *et al.* (1978), 87–102

Svenning, J.-C. u. Magård, E. (1999). »Population ecology and conservation status of the last natural population of English yew *Taxus baccata* in Denmark«, *Biological Conservation*, 88: 173–82

Swift, M. J., Healy, I. N., Hibberd, J. K., Sykes, J. M., Bampoe, V. u. Nesbitt, M. E. (1976). »The decomposition of branchwood in the canopy and floor of a mixed deciduous woodland«, *Oecologia* 26: 138–49

Szaniawski, R. K. (1978). »An outline of yew physiology«, in Bartkowiac *et al.* (1978), 55–63

Tabbush, P. (1997). »Estimating the age of churchyard yews«, *Proceedings from Veteran Trees: Habitat, Hazard or Heritage?*, Royal Agricultural Society of England and the Royal Forestry Society, March 1997

Tabbush, P. u. White, J. (1996). »Estimation of tree age in ancient yew woodland at Kingley Vale«, *Quarterly Journal of Forestry*, 90: 197–206

Tansley, A. G. u. Rankin, W. M. (1911). »The plant formation of calcareous soils. B. The sub-formation of the Chalk«, in Tansley, A. G. (Hg.), *Types of British Vegetation*, Cambridge, Cambridge University Press, S. 161–86.

Tenorio, M. C., Juaristi, C. M. u. Ollero, H. S. (Hg.) (2005). *Los Bosques Ibéricos – Una Interpretación Geobotánica*, Barcelona, Editorial Planeta

Thoma, S. (1992). »Genetische Variation an Enzymgenloci in Reliktbeständen der Eibe (*Taxus baccata* L.)«, Diplomarbeit, Georg-August-Universität Göttingen

—— (1995). »Genetische Unterschiede zwischen vier Reliktbeständen der Eibe (*Taxus baccata* L.)«, *Forst und Holz*, 50: 19–24

Thomas, P. A. u. Polwart, A. (2003). »Biological Flora of the British Isles. *Taxus baccata* L.«, *Journal of Ecology*, 91: 489–524

Tittensor, R. M. (1980). »Ecological history of yew (*Taxus baccata* L.) in southern England«, *Biological Conservation*, 17: 243–65

United States Dept. of Agriculture (1948). *Woody-Plant Seed Manual*, Miscellaneous Publication no. 654. Washington DC, USDA, Forest Service

—— (1974). *Seeds of Woody Plants in the United States*. Agricultural Handbook 450. Washington DC, United States Department of Agriculture, Forest Service

Van Ingen, G., Visser, R., Peltenburg, H., van der Ark, A. M. u. Voortman, M. (1992). »Sudden unexpected death due to *Taxus* poisoning. A report of five cases, with review of the literature«, *Forensic Science International*, 56: 81–7

Vidensek, N., Lim, P., Campbell, A. u. Carlson, C. (1990). »Taxol content in bark, wood, root, leaf, twig, and seedling from several *Taxus* species«, *Journal of Natural Products* 53 (6): 1609–10

Vogler, P. (1904). »Die Eibe (*Taxus baccata* L.) in der Schweiz«, *Jahrbuch der St. Gallischen Naturwissenschaftlichen Gesellschaft für das Vereinsjahr 1903*, 436–91

Voliotis, D. (1986). »Historical and environmental significance of the yew (*T. b.* L.)«, *Israel Journal of Botany*, 35: S.47–52
Vor, T. u. Lüpke, B. v. (2004). »Das Wachstum von Roteiche, Traubeneiche und Rotbuche unter verschiedenen Lichtbedingungen in den ersten beiden Jahren nach der Pflanzung«, *Forstarchiv*, 75: 13–19
de Vries, B.W.L. u. Kuyper, T.W. (1990). »Holzbewohnende Pilze auf Eibe (*Taxus baccata*)«, *Zeitschrift für Mykologie*, 56 (1): 87–94
Walter, K.S. u. Gillitt, H.J. (Hg.) (1997). *IUCN Red List of Threatened Plants*, Gland, Switzerland, World Conservation Union
Watt, A.S. (1926). »Yew communities of the South Downs«, *Journal of Ecology*, 14: 282–316
White, James W. (1912). *Flora of Bristol*, Bristol, Wright & Sons
White, John (1994). *Estimating the Age of Large Trees in Britain*, Information note 250, Farnham, Surrey, Forestry Commission
—— (1998). *Estimating the Age of Large and Veteran Trees in Britain*, Information Note FCIN12, November 1998. Edinburgh, Forestry Commission; auch erhältlich unter www.forestry.gov.uk
Willerding, W. (1968). »Beiträge zur Geschichte der Eibe (*Taxus baccata*) – Untersuchungen über das Eibenvorkommen im Plesswalde bei Göttingen«, *Plesse-Archiv*, 3: 97–155
Wilks, J.H. (1972). *Trees of the British Isles in History and Legend*, London, Muller
Wilson, E.H. (1929). *China – Mother of Gardens*, Boston, The Stratford Co.
—— (1916). *The Conifers and Taxads of Japan*, Cambridge, MA, Publications of the Arnold Arboretum, 8.
Wolf, Christian (2002). »Anmerkungen zu den Spechteinschlägen in der Eibe«, *Der Eibenfreund*, 9: 169–74
Wolff, R.L., Deluc, L.G. u. Marpeau, A.M. (1996). »Conifer seeds: oil content and fatty acid composition«, *Journal of the American Oil Chemists Society*, 73: 765–71
Worbes, M., Hofmann, M., u. Roloff, A. (1992). »Wuchsdynamik der Baumschicht in einem Seggen-Kalkbuchenwald in Nordwestdeutschland (Huckstein)«, *Dendrochronologia*, 10: 91–106
Yadav, Ram R. u. Singh, Jayandra (2002). »Tree-ring analysis of *Taxus baccata* from the Western Himalaya, India, and its dendroclimatic potential«, *Tree-Ring Research*, 58 (1/2): 23–9
Yaltirik, Faik u. Efe, Asuman (1994). »Dendroloji ders Kitabi«, *Orman Endüstri Mühendisligi Bölümü Ögrencileri icin*. Yayin University no. 3836, Yayin Faculty no. 431

KULTUR

Abella, Ignacio (2001). »La magia de los Árboles«, Übers. H. Rößner, in *Der Eibenfreund*, 8: 104–21
Ackerman, Robert (1987). *J.G. Frazer: His Life and Work*, Cambridge, Cambridge University Press
—— (2002). *The Myth and Ritual School: J.G. Frazer and the Cambridge Ritualists*, New York, Routledge
Ackroyd, Peter (2006). »The poets who built the modern world«, *The Times*, 14 January 2006, 12–13
Adkins, Lesley u. Adkins, Roy A. (1996). *Dictionary of Roman Religion*, Oxford, Oxford University Press
Adler, B. (1915). »Die Bogen der schweizer Pfahlbauer«, *Anzeiger für Schweizer Altertumskunde*, Band XVII
von Albrecht, Michael (1994). *Ovid: Metamorphosen*, Stuttgart, Reclam
Albright, William. F. (1943). »The excavations of Tell Beit Mirsim«, 3, *Annual of the American Schools of Oriental Research*, 21–32
Alessio, G. (1957). »Stratificazione dei nomi del tasso (*Taxus baccata* L.) in Europa«, *Studi Etruschii*, 25: 219–64
d'Alviella, Count Eugene Goblet (1894). *The Migration of Symbols*, Westminster, Archibald Constable & Co.
Anderson, Fiona (2005). »Yews under Threat«, *Tree News*, Autumn/Winter 2005
Bach, Axel *et al.* (2004). »Lebenskünstler Baum«, script for *Quarks & Co.*, Köln, Westdeutscher Rundfunk
Bates, Brian (1996). *The Wisdom of the Wyrd – Teachings for Today from Our Ancient Past*, London, Rider
Baumann, H. (1999). *Die griechische Pflanzenwelt in Mythos, Kunst und Literatur*, München, Hirmer
Beauvisage, G. (1895). »Cercueils pharaoniques en bois d'if«, *Extrait des Annales de la Societé Botanique de Lyon*, 20: 33–8
—— (1896). »Recherches sur quelques bois pharaoniques. I. Le bois d'if«, *Recueil de Traveaux Relatifs à la Philologie et à l'Archéologie Egyptiennes et Assyriennes*, 23: 78–90
Beckhoff, K. (1963). »Die Eibenholz-Bogen vom Ochsenmoor am Dümmer«, *Die Kunde*, 1963, 63–81
Begg, Ean (1996). *The Cult of the Black Virgin*, London, Penguin Arkana
Berendt, J.-E. (1983). *Nada Brahma – Die Welt ist Klang*, Reinbek, Rowohlt
Berger, M. u. Holbein, U. (2003). »Eibe: *Taxus* spp. – Eine psychoaktive Gattung?«, *Entheogene Blätter* 10: 108–15
Bertoldi, V. (1928). »Sprachliches und kulturhistorisches über die Eibe und den Faulbaum«, *Wörter und Sachen*, 11: 145–61
Bevan-Jones, R. (2002). *The Ancient Yew*, Bollington, Windgather Press
Billington, Sandra u. Green, Miranda (Hg.) (1996). *The Concept of the Goddess*, London, Routledge
Blacker, Carmen (1996). »The mistress of the animals in Japan: Yamanokami«, in Billington u. Green (Hg.) (1996)
Boardman, J. (1961). *The Cretan Collection in Oxford: The Dictaean Cave and Iron Age Crete*, Oxford, Clarendon Press
Bowra, C.M. (Übers.) (1969). *Pindar: The Odes*, London, Penguin Classics
Brande, A. (2001). »Die Eibe in Berlin einst und jetzt«, *Der Eibenfreund*, 8: 24–43
—— (2004). »Hugo Conwentz 1855-1922«, *Der Eibenfreund*, 11: 168–72
Briehn, Georg (2001). »Die Eiben im Kronberger Burggelände«, in *Kronberger Burgbote* 2001: 42–3, reprinted in *Der Eibenfreund*, 9: 132–3
Brosse, Jacques (1994). *Mythologie der Bäume*, Düsseldorf, Walter-Verlag
Butterworth, E.A.S. (1970). *The Tree at the Navel of the Earth*, Berlin, Walter de Gruyter
Cahill, Suzanne (1993). *Transcendence and Divine Passion – The Queen Mother of the West in Medieval China*, Stanford CA, Stanford University Press
Cameron, Dorothy O. (1981). *Symbols of Birth and Death in the Neolithic Era*, London, Kenyon-Deane
Campbell, Joseph (1959). *The Masks of God: Primitive Mythology*, New York, Penguin Compass

—— (1964). *The Masks of God: Occidental Mythology*, New York, Penguin Compass
—— (1991). »The mystery number of the Goddess«, in Campbell u. Musès (Hg.) (1991), 55–130
—— u. Musès, Charles (Hg.) (1991). *In All Her Names – Explorations of the Feminine in Divinity,* San Francisco, Harper Collins
Chapman, Geoff u. Young, Bob (1979). *Box Hill*, Lyme Regis, Serendip
Chetan, Anand u. Brueton, Diana (1994). *The Sacred Yew – Rediscovering the Ancient Tree of Life through the Work of Allen Meredith*, London, Penguin Arkana
Cimok, Fatih (2000). *Biblical Anatolia – From Genesis to the Councils*, Istanbul, A Turizm Yayinlari
Cleasby, Richard u. Vigfusson, Gudbrand (1975). *An Icelandic–English Dictionary*, Oxford, Oxford University Press
Coles, Bryony (1998). »Wood species for wooden figures: a glimpse of a pattern«, in Gibson *et al.* (1998), 163–73
Collins J. J. (1983). »Sybilline oracles (2nd cent. BC–7th cent. AD)«, in Charlesworth, J.H. (Hg.), *The Old Testament pseudo-epigrapha I: Apocalyptic Literature and Testaments*, 317–472, London, Bantam Doubleday Dell
—— (1987). »The development of the Sybilline tradition«, in Haase, W. (Hg.) *Aufstieg und Niedergang der römischen Welt*, Teil 2, Band 20, I, 421–59, Berlin, De Gruyter
Conwentz, H. (1898). »Die Eibe in der vorgeschichtlichen Zeit«, Vortrag am 8.12.1897, *Correspondenz, Blatt der deutschen Gesellschaft für Anthropologie, Ethnologie und Urgeschichte*, 29: 13–14
—— (1921). »Über zwei subfossile Eibenhorste bei Christiansholm, Kreis Rendsburg«, *Berichte der Deutschen Botanischen Gesellschaft*, 39: 384–90
Cooper, J. C. (1978). *An Illustrated Encyclopedia of Traditional Symbols*, London, Thames & Hudson
Cook, Arthur Bernard (1914). *Zeus – A Study in Ancient Religion*, Band 1, Cambridge, Cambridge University Press
—— (1925). *Zeus – A Study in Ancient Religion,* Band 2, Cambridge, Cambridge University Press
—— (1940). *Zeus – A Study in Ancient Religion,* Band 3, Cambridge, Cambridge University Press
Cook, Roger (1992). *The Tree of Life – Image of the Cosmos*, London, Thames & Hudson
Coote, H. C. (1878). *The Romans in Britain*, London, F. Norgate
Cornish, Vaughn (1946). *The Churchyard Yew and Immortality*, London, Frederick Muller Ltd
Croft, L. R. (1989). *The Life and Death of Charles Darwin*, Elmwood, Chorley
Cunliffe, Barry (1997). *The Ancient Celts*, Oxford, Oxford University Press
—— (2002). *The Extraordinary Voyage of Pytheas the Greek*, New York, Walker Books
Curry, Anne (2005). *Agincourt – A New History*, Stroud, Tempus
Dakyns, H. G. (Übers.) (o. J.). *The Sportsman by Xenophon*
Dallimore, W. (1908). *Holly, Yew and Box*, London, John Lane
Dames, Michael (1996). *Mythic Ireland*, London, Thames & Hudson
Davidson, Hilda E. (1993). *The Lost Beliefs of Northern Europe*, London/New York, Routledge
—— (1998). *Roles of the Northern Goddess*, London/New York, Routledge
Davies, Jonathan C. (1911). *Folk-Lore of West and Mid-Wales*, Aberystwyth, *Welsh Gazette* Offices
Deissmann, Marieluise (Hg., Übers.) (1980). *Caesar: De bello Gallico/Der Gallische Krieg*, Stuttgart, Reclam
Demandt, A. (2002). *Über allen Wipfeln – Der Baum in der Kulturgeschichte*, Köln/Weimar/Wien, Böhlau
Derderian, Jacques (1992). *Le Puy: Haut lieu ésotérique. Capitale des enfers ou Jérusalem céleste?* Paris, Éditions Dervy
Desmond, A. u. Moore, J. (1991). *Darwin*, London, Michael Joseph
Didron, A. N. (1907). *Christian Iconography, or The History of Christian Art in the Middle Ages*, Band 2, London, George Bell & Sons
Diederichs, Ulf (Hg.) (1984). *Germanische Götterlehre: Nach den Quellen der Lieder und der Prosa-Edda* (Übers. F. Genzmer u. G. Neckel), Köln, Diederichs Gelbe Reihe
Dieterle, Martina (1999). »Dodona – Religionsgeschichtliche und historische Untersuchungen zu Entstehung und Entwicklung des Zeus-Heiligtums«, Dissertation, Univ. Hamburg
Doczi, György (1981). *The Power of Limits*, Boulder, CO, Shambala
Dodds, E. R. (1951). *The Greeks and the Irrational*, Berkeley and Los Angeles, University of California Press
Doht, R. (1974). *Der Rauschtrank im germanischen Mythos*, Wiener Arbeiten z. germanischen Altertumskunde und Philologie 3, Wien, Halosar
Dronke, Ursula (1969). *The Poetic Edda*, Band 1: *Heroic Poems*, Oxford, Oxford University Press
—— (1997). *The Poetic Edda*, Band 2: *Mythological Poems*, Oxford, Oxford University Press
Dunbar, Janet (1970). *J.M. Barrie – The Man Behind the Image*, London, Collins
Dyggve, Ejnar (1948). *Das Laphrion – Der Tempelbezirk von Kalydon*, Kopenhagen, Ejnar Munksgaard
Earwood, Caroline (1993). *Domestic Wooden Artefacts in Britain and Ireland from Neolithic to Viking Times*, Exeter, University of Exeter Press
Edel, M. u. Wallrath, B. (2005). *Die Kelten – Europas spirituelle Kindheit*, Saarbrücken, Neue Erde
Eliade, Mircea (1978). *A History of Religious Ideas – From the Stone Age to the Eleusinian Mysteries,* Band 1, Chicago, IL, University of Chicago Press
—— (1996). *Patterns in Comparative Religion*, Lincoln NE/London, University of Nebraska Press
Ellis, P. B. (1987). *A Dictionary of Irish Mythology*, London, Constable
Evans, Sir Arthur J. (1901a). *The Mycenaean Tree and Pillar Cult and its Mediterranean Relations*, London, Macmillan
—— (1901b). »Mycenaean tree and pillar cult«, *Journal of Hellenic Studies*, 21, 99–204
—— (1925). »A signet ring from Nestor's Pylos and a royal hoard from Thisbe in Boeotia«, *Journal of Hellenic Studies*, 45: 17–24
—— (1921–35). *The Palace of Minos – A Comparative Account of the Successive Stages of the Early Cretan Civilization as Illustrated by the Discoveries at Knossos*, 4 Bände, London, Macmillan
Fallon, Peter (Übers.) (2004). *Virgil: Georgics*, Oxford, Oxford University Press
Fitzgerald, R. (Übers.) (1974/1999). *Homer: Iliad*, Oxford, Oxford University Press
Fontane, Theodor (1873). *Wanderungen durch die Mark Brandenburg*, Band 3, Berlin, Havelland (Auszug in *Der Eibenfreund*, 8: 36–41)
Frazer, Sir James G. (1906). *Adonis, Attis, Osiris – Studies in the History of Oriental Religion*, London, Macmillan
—— (1993). *The Golden Bough – A Study in Magic and Religion,* Nachdr. v. 1922, Ware, Herts, Wordsworth Editions

Fuhrmann, Manfred (Übers.) (1995). *Tacitus: Germania*, Stuttgart, Reclam

George, Andrew (Übers.) (1999). *The Epic of Gilgamesh*, London, Penguin Classics

Gibson, Alex u. Simpson, Derek (Hg.) (1998). *Prehistoric Ritual and Religion*, Stroud, Sutton

Gimbutas, Marija (1982). *The Goddesses and Gods of Old Europe – 6500–3500 BC – Myths and Cult Images*, London, Thames & Hudson

—— (1991). »The ›monstrous Venus‹ of prehistory – Divine creatrix«, in Campbell u. Musès (Hg.) (1991), S. 25–54

—— (1995). *Die Sprache der Göttin – Das verschüttete Symbolsystem der westlichen Zivilisation*, Frankfurt, Zweitausendeins

Goethe, Johann W. von (1819). *West-oestlicher Divan*, London, Oswald Wolff]

Goff, Beatrice L. (1963). *Symbols of Prehistoric Mesopotamia*, New Haven/London, Yale University Press

Goodman, J. u. Walsh, V. (2001). *The Story of Taxol – Nature and Politics in the Pursuit of an Anti-cancer Drug*, Cambridge, Cambridge University Press

Gowen, Margaret (2004). *4000-year-old music? Unique Prehistoric Musical Instrument Discovered in Co. Wicklow*, Margaret Gowen & Co., Dublin 17 May 2004

Gradishar, W. J. *et al.* (2005). »Phase III trial of nanoparticle albumin-bound paclitaxel compared with polyethylated castor oil-based paclitaxel in women with breast cancer«, *Journal of Clinical Oncology*, 23/31: 7794–803

Graves, Robert (1955). *The Greek Myths*, Band 1 & 2, Harmondsworth, Penguin

Green, Miranda (1995). *Celtic Goddesses – Warriors, Virgins and Mothers*, London, British Museum Press

—— (1998). *Exploring the World of the Druids*, London, Thames & Hudson, 1997

Grene, D. u. Lattimore, R. (Hg.) (1959). *The Complete Greek Tragedies: Euripides V*, Chicago, University of Chicago Press

Grimm, Jakob (1882). *Teutonic Mythology*, London, George Bell

Grimm, Jacob u. Grimm, Wilhelm (2004). *Deutsches Wörterbuch – Elektronische Ausgabe der Erstbearbeitung*, Frankfurt a.M., Zweitausendeins

Gupta, Sankar Sen (Hg.) (1965). *Tree Symbol Worship in India*, Calcutta, Indian Publications

Gurney, O. R. (1952). *The Hittites*, London, Penguin/Pelican

Guthrie, W. K. C. (1950/1962). *The Greeks and their Gods*, London, Methuen

Gwynn, Edward (Hg.) (1903–35). *The Metrical Dindsenchas*, Band 1–5, Dublin, Hodges, Figgis

Haas, Volkert (1977). *Magie und Mythen im Reich der Hethiter*, Band 1, Hamburg, Merlin

Hageneder, Fred (2004). *Geist der Bäume – Eine ganzheitliche Sicht ihres unerkannten Wesens*, 3. Aufl., Saarbrücken, Neue Erde

—— (2003). »Sacred trees in Siberian shamanism (Buryat tradition)«, *Friends of the Trees Research Paper* 001, April 2003. Unveröffentl. Essay (erhältlich unter www.friendsofthetrees.org.uk)

—— (2006). *Weisheit der Bäume – Mythos, Geschichte, Heilkraft*, Stuttgart, Frankh-Kosmos

Hammond, N. G. L. (1967). *Epirus – The Geography, the Ancient Remains, the History and the Topography of Epirus and Adjacent Areas*, Oxford, Oxford University Press

Hansard, G. A. (1841). *The Book of Archery*, Dallington, The Naval and Military Press

Hard, Robin (Übers.) (1997). *Apollodorus: The Library of Greek Mythology*, Oxford, Oxford University Press

Hardy, Robert (1992). *Longbow – A Social and Military History*, Sparkford, Patrick Stephens

—— (2003). »Longbow«, *Living History*, August 2004, 14–19

Harris, J. Rendel (o. J.). *The Origin of the Cult of Aphrodite*, repr. 1999 by Holmes Publishing, Edmonds, WA

—— (1916). *The Ascent of Olympus*, Manchester, Manchester University Press

—— (1919). *Origin and Meaning of Apple Cults*, Manchester, Manchester University Press

Hartzell, Hal Jr. (1991). *The Yew Tree – A Thousand Whispers*, Eugene, OR, Hulogosi

Helbig, W. (1887). *Das homerische Epos aus den Denkmälern erläutert*, Leipzig, Teubner

Hellmund, Monika (2005). »Geböttcherte Eibenholzeimer aus der römischen Kaiserzeit – Funde von Gommern, Ldkr. Jerichower Land, Sachsen-Anhalt«, *Der Eibenfreund*, 12, 157–64

Henslow, George (1906). *Plants of the Bible*, London, Samuel Bagster

Herzhoff, B. (1990). »FHGOS – Zur Identifikation eines umstrittenen Baumnamens«, *Hermes*, 118: 257–72, 385–404

Hilf, R. B. (1926). »Die Eibenholzmonopole des 16. Jahrhunderts«, *Vierteljahrsschrift für Sozial- und Wirtschaftgeschichte* 18: 183–91

Hoenn, K. (1946). *Artemis – Gestaltwandel einer Göttin*, Zürich, Artemis

Hoernle, August F. R. (Hg.) (1893–1912). *The Bower Manuscript; Facsimile Leaves, Nagari Transcript, Romanised Transliteration and English Translation with Notes*, Archaeological Survey of India. [Reports]: New Imperial Series, 22

Hoffner, H. A. Jr (1998). *Hittite Myths*, Society of Biblical Literature, Writings from the Ancient World Series, Atlanta GA, Scholars Press

Holmes, Richard (1982). *Coleridge*, Oxford, Oxford University Press

Holt, J. C. (1982). *Robin Hood*, London, Thames & Hudson

Hooker, Sir Joseph (1854). *Himalayan Journals; or Notes of a Naturalist*, 8 Bände, London, John Murray

Hort, Arthur (Übers.) (1916). *Theophrastus: Enquiry into Plants*, Loeb Classical Library, Cambridge, MA/London, Harvard University Press

Hrozny, B. (1917). *Die Sprache der Hethiter*, Leipzig, J. C. Hinrichs

—— (1924). *Das hethitische Ritual des Papanikri von Kowana*

Hunter, R. (Übers.) (1998). *Apollonius of Rhodes: Jason and the Golden Fleece (The Argonautica)*, Oxford, Oxford University Press

Hutchison, Robert (1890). »On the old and remarkable yew-trees of Scotland«, *Proceedings of the Antiquaries of Scotland*

Hutton, Ronald (1991). *The Pagan Religions of the Ancient British Isles – Their Nature and Legacy*, Oxford, Blackwell

—— (2001). *Shamans – Siberian Spirituality and the Western Imagination*, London/New York, Hambledon & London

Jablonski, Eike (2001). »Die Bedeutung der Eibe im Gartenbau«, *Der Eibenfreund*, 8: 60–9

Johnson, W. (1908). *Byways in British Archaeology*, Cambridge, Cambridge University Press

Jones, W.H.S. (Übers.) (1960). *Pliny: Natural History*, London, Heinemann

Julien, Eric (2005). *Le chemin des neuf mondes – Les indiens kogis de Colombie peuvent nous enseigner les mystères de la vie*, Paris, Editions Albin Michel

Karadeniz Eregli '99, 11-12-13 Haziran, local town magazine published by the official Festival Committee

Kayacik, Hayrettin u. Aytug, Burhan (1968). »Gordion Kral Mezari'nin Agac Malzemesi Üzerinde Ormancilik Yönünden Arastirmalar« [Eine Studie der Holzarten im Königlichen Grab von Gordion mit besonderer Referenz zum Waldbau], A, 18, Universität Istanbul (Orman Fakültesi Dergisi)

Keel, Othmar u. Uehlinger, Christoph (1998). Gods, Goddesses, und Images of God in Ancient Israel, Edinburgh, T. & T. Clark. [Dt. Ausgabe: *Göttinnen, Götter und Gottessymbole*, Freiburg, Herder (1992)]

Koch, K. (1879). *Die Bäume und Sträucher des alten Griechenlands*, Stuttgart, Enke

Kramer, Samuel Noah (1956). *From the Tablets of Sumer*, Indian Hills, CO, Falcon's Wing Press

—— (1961). *Sumerian Mythology – A Study of Spiritual and Literary Achievement in the Third Millennium B.C.*, Philadelphia, PA, University of Pennsylvania Press

—— (1963). *The Sumerians – Their History, Culture, and Character*, Chicago/London, University of Chicago Press

—— u. Wolkstein, D. (1983). *Inanna – Queen of Heaven and Earth, Her Stories and Hymns from Sumer*, New York, Harper & Row

Küchli, Christian (1987). *Auf den Eichen wachsen die besten Schinken – Zehn intime Baumporträts*, Zürich, Im Waldgut

Lethaby, W. R. (1917). »The earlier temple of Artemis at Ephesus«, *Journal of Hellenic Studies*, 37: 1–16

Levi, Peter (Übers.) (1971). *Pausanias: Guide to Greece*, Band 1 & 2 (durchges. Ausgabe 1979), London, Penguin Classics

—— (1998). *Virgil – His Life and Times*, London, Duckworth

Lewington, Anna (2003). *Plants for People*, London, Eden Project Books, Transworld Publishing

Lewis, C. D. (Übers.) (1983). *Virgil: Eclogues*, Oxford, Oxford University Press

Lewis, C. D. (Übers.) (1986). *Virgil: The Aeneid*, Oxford, Oxford University Press

Littleton, C. Scott (2002). *Understanding Shinto – Origins, Beliefs, Practices, Festivals, Spirits, Sacred Places*, London, Duncan Baird

Llewellyn, Roddy (1997). »Genius with a wild streak – William Robinson ›invented‹ modern gardening«, *Mail on Sunday*, 30 March

Loudon, J. C. (1841–4). *Arboretum et Fruticetum Brittanicum*, 8 Bände, London, Longman *et al.*

Mackenzie, D. A. (1917). *Myths of Crete and Pre-Hellenic Europe*, London, Gresham

—— (1922). *Ancient Man in Britain*, London, Blackie & Son; repr. 1996, London, Senate

Mannhardt, Wilhelm (1858). *Germanische Mythen*, Berlin, F. Schneider

March, Jenny (1998). *Dictionary of Classical Mythology*, London, Cassell

Markale, Jean (1989). *Die Druiden – Gesellschaft und Götter der Kelten*, München, Goldmann

Matthews, Caitlín u. John (2003). *Encyclopaedia of Celtic Wisdom – A Celtic Shaman's Sourcebook*, London, Rider

Matthews, John (1996). *The Druid Source Book*, London, Blandford

Mawer (1920). *Place-names of Northumberland and Durham*, Cambridge, Cambridge University Press

Meiggs, Russell (1982). *Trees and Timber in the Ancient Mediterranean World*, Oxford, Oxford University Press

Melville, A. D. (Übers.) (1986). *Ovid: Metamorphoses*, Oxford, Oxford University Press

Menzel, Wolfgang (1870). *Die vorchristliche Unsterblichkeit*, Leipzig

Meredith, Allen (o. J.). »The Secret Seed«, unveröffentlichtes Manuskript

Meyer, E. (1954). *Pausanias: Beschreibung Griechenlands*, Zürich, Artemis

Meyer, R. M. (1910). *Altgermanische Religionsgeschichte*, Leipzig, Quelle & Meyer

Mills, A. D. (1998). *Oxford Dictionary of English Place-names*, Oxford, Oxford University Press

Milner, J. E. (1992). *The Tree Book – The Indispensible Guide to Tree Facts, Crafts and Lore*, London, Collins & Brown

Moerman, Daniel E. (1998). *Native American Ethnobotany*, Portland OR, Timber Press

Momigliano, A. (1988). »From the pagan to the Christian sybil: prophecy as history of religion«, in Dionisotti, A.C., Grafton, A. u. Kraye, J. (Hg.), *The Uses of Greek and Latin: Historical Essays*, 3–18. Warburg Institute Surveys and Texts, 16, London, Warburg Institute

Morris, Richard (1989). *Churches in the Landscape*, London, Dent

Mozley, J. H. (Übers.) (1967). *Statius I: Thebaid I–IV*, Loeb Classical Library, Cambridge, MA/London, Harvard University Press

Mozley, J. H. (Übers.) (1969). *Statius II: Thebaid V–XII*, Loeb Classical Library, Cambridge, MA/London, Harvard University Press

Mozley, J. H. (Übers.) (1998). *Valerius Flaccus – Argonautica*, Loeb Classical Library, Cambridge, MA/London, Harvard University Press

Müller-Beck, H. (1991). »Die Holzartefakte«, in Waterbolk u. van Zeist (Hg.) (1991), 13–233

Munch, P. A. (1926). *Norse Mythology* (Übers. S. B. Hustvedt), New York, American-Scandinavian Foundation

Museo Archeologico Nazionale dell'Umbria (2005). »Perugian urns from the late third century to the first century BC«, Informationsblatt

Musès, Charles (1991). »The ageless way of Goddess – divine pregnancy and higher birth in ancient Egypt and China«, in Campbell u. Musès (Hg.) (1991), 131–64

Mutschlechner, G. u. Kostenzer, O. (1973). »Zur Natur- und Kulturgeschichte der Eibe in Nordtirol«, *Veröffentlichungen des Tiroler Landesmuseums Ferdinandeum* 53: 247–87

Mylonas, George E. (1961). *Eleusis and the Eleusinian Mysteries*, Princetown, New Jersey, Princetown University Press

Naumann, Nelly (1996). *Die Mythen des alten Japan*, München, Beck

Nicholson, Helen (2001). *The Knights Templar – A New History*, Stroud, Sutton

Nilsson, Martin P. (1950). *The Minoan-Mycenaean Religion and its Survival in Greek Religion*, 2. durchges Ausgabe, Lund, Biblio & Tannen

Oberlies, Thomas (1998). *Die Religion des Rigveda*, Wien, Nobili Research Library

O'Dwyer, Simon (2004). *Prehistoric Music of Ireland*, Stroud, Tempus

Osthoff, H. (2001). »Medizin aus der Eibe«, *Der Eibenfreund*, 8: 70–5

Otto, Walter F. (Hg.) (1976). *Platon: Sämtliche Werke, Band 3: Phaidon, Politeia*, Hamburg, Rowohlt

Oxenstierna, Eric Graf (1958). *Die Nordgermanen*, Nachdr. (o. J.), Essen, Phaidon

Palmer, Martin, Ramsay, Jay u. Kwok, Man-Ho (1995). *Kuan Yin – Myths and Prophecies of the Chinese Goddess of Compassion*, London/San Francisco, Thorsons

Pande, Trilochan (1965). »Tree-worship in ancient India«, in Gupta (1965), 35–40

Patai, Raphael (1990). *The Hebrew Goddess*, Detroit, MI, Wayne State University Press

Persson, A. W. (1950). *The Religion of Greece in Prehistoric Times*, Sather Classical Lectures, Band 17, Berkeley/Los Angeles, University of California Press

Petersmann, H. (1986). »Der homerische Demeterhymnus, Dodona und südslawisches Brauchtum«, *Wiener Studien*, 99, 1986, 69–85

Puhvel, Jaan (1984). *Hittite Etymological Dictionary*, Band 1–2, Berlin/New York/Amsterdam, Mouton

Rashid, Subhi A. (1984). *Musikgeschichte in Bildern, Band 2: Musik des Altertums/Lieferung 2: Mesopotamien*, Leipzig, VEB

Ransome, Hilda M. (1937). *The Sacred Bee in Ancient Times and Folklore*, London, George Allen & Unwin

Reaney, P. H. (1964). *The Origin of English Place-names*, London, Routledge & Kegan Paul

Reinerth, H. (1926). *Die jüngere Steinzeit der Schweiz*, Augsburg, Filser

Robinson, J. M. (Hg.) (1990). *The Nag Hammadi Library in English*, San Francisco, Harper

Rodger, D., Stokes, J. u. Ogilvie, J. (2003). *Heritage Trees of Scotland*, London, The Tree Council

Rogers, B. B. (Übers.) (1979). *Aristophanes II: The Peace, The Birds, The Frogs*, Loeb Classical Library, Cambridge, MA/ London, Harvard University Press

Rolleston, T. W. (1993). *The Illustrated Guide to Celtic Mythology*, London, Studio Editions

Rößner, H. (2004). »Was wir noch nicht über die Eibe wissen«, *Der Eibenfreund*, 11: 60–70

Roux, Françoise le, u. Guyonvarch, Christian-J. (1996). *Die Druiden*, Engerda, Arun

Santarelli, G. (1997). *Loreto in Art and History*, Ancona, Edizioni Aniballi

Sayce, A. H. (1893). *Assyria: Its Princes, Priests and People*, London, The Religious Tract Society

Scheeder, Thomas (2000). »Zur anthropogenen Nutzung der Eibe (*Taxus baccata* L.)«, *Der Eibenfreund*, 7: 67–81

—— u. Brande A. (1997). »Die Bedeutung der Eibenforschung von Hugo Conwentz für die Geschichte des Naturschutzes«, *Arch. Für Nat.- Lands* 36: 295–304

Schefold, K. u. Jung, F. (1989). *Die Sagen von den Argonauten, von Theben und Troja in der klassischen und hellenistischen Kunst*, München, Hirmer

Schleiermacher, F. (Übers.) (1987). *Platon: Phaidon*, Stuttgart, Reclam

Schliemann, Heinrich (1880). *Ilios – The City and Country of the Trojans*, John Murray, London

Schrott, Raoul (2004). *Gilgamesh*, Frankfurt am Main, Fischer

Shéaghdha, Nessa ní (Hg.) (1967). *Tóruigheacht Dhiarmada agus Ghráinne* [»Die Verfolgung von Diarmuid und Grainne«], Dublin, Irish Text Society

Sheridan, Alison (o. J.). »The Rotten Bottom Bow: The Story of Britain's Oldest Bow«, unveröffentl. Arbeit (Dr A Sheridan, Archaeology Department, National Museums of Scotland, Chambers Street, Edinburgh EH1 1JF)

Sherr, J. u. Dynamis School (2002). *Dynamic Provings – Volume II*, Dynamis Books, Malvern

Simek, R. (1993). *Dictionary of Northern Mythology*, Cambridge, D. S. Brewer

Simmonds, Norman (1979). »Warblington Church Guide«

Singh, Satya u. Hageneder, Fred (2006). *Baum-Yoga*, Saarbrücken, Neue Erde

Sommer, Siegfried (1998). »Die Eibe in der Lanschaftsarchitektur – früher und heute«, *Der Eibenfreund*, 5: 17–22

Spindler, Konrad (2004). »Der Eibenholzbogen des Mannes im Eis/The Yew Bow of the Man in the Ice«, *Austrian Journal of Forest Science*, 121/1: 1-24

Sprengel, K. (Hg.) (1971). *Theophrasts Naturgeschichte der Gewächse*, Darmstadt, WBG

Stadler, J. (1981). »Eigenschaften und Verwendung von Eibenholz (T. b. *L.*)«, Diplomarbeit, Forstw.-Fak. München, Inst. für Holzforschung

Stehli, Ulrich (2004). »Der englische Langbogen«, in *Das Bogenbauer-Buch – Europäischer Bogenbau von der Steinzeit bis heute*, Ludwigshafen, Angelika Hörnig, 132–66

Strickland, M. u. Hardy, R. (2005). *The Great Warbow – From Hastings to the Mary Rose*, Stroud, Sutton

Suggs, M. J., Sakenfield, K. D. u. Mueller, J. R. (Hg.) (1992). *The Oxford Study Bible – Revised English Bible with the Apocrypha*, New York, Oxford University Press

Swindler, M. H. (1913). *Cretan Elements in the Cult and Ritual of Apollo*, Bryn Mawr, Bryn Mawr College

Tolley, C. (1993). »A comparative study of some Germanic and Finnic myths«, Doktorarbeit Phil., Oxford

Tylor, E. B. (1891). *Primitive Culture*, London, John Murray

Underwood, G. (1969). *The Pattern of the Past*, Old Woking, Pitman

Vickery, J. (1973). *The Literary Impact of* The Golden Bough, Princeton, Princeton University Press

Vonessen, F. (1992). *Signaturen des Kosmos – Welterfahrung in Mythen, Märchen und Träumen. Gesammelte Aufsätze*, Witzenhausen, Die Graue Edition

de Vries, J. (1977). *La Religion des Celtes*, Paris, Payot

Waddington, C. (1997). *Land of Legend*, Wooler, Northumbria, County Store

Walchensteiner, K. R. (2006). *Die Kathedrale von Chartres – Ein Tempel der Einweihung*, Saarbrücken, Neue Erde

Walker, Barbara G. (1988). *The Women's Dictionary of Symbols and Sacred Objects*, San Francisco, HarperCollins

Warneck, I. (2000). »*Die Eibe* – Taxus baccata«, *Der Eibenfreund*, 7: 55–6

Waterbolk, H. T. u. van Zeist, W. (Hg.) (1991). *Niederwil: Eine Siedlung der Pfyner Kultur*, Band 4: *Holzartefakte und Textilien*, Bern, Academica Helvetica

Waterfield, R. (Übers.) (1993). *Plato: Republic*, Oxford, Oxford University Press

—— (Übers.) (1998). *Herodotus: The Histories*, Oxford, Oxford University Press

Webster, R. (1998). *Chinese Numerology – The Way to Prosperity and Fulfillment*, St Paul, MN, Llewellyn

Weinreb, Friedrich (1999). *Zahl – Zeichen – Wort: Das symbolische Universum der Bibelsprache*, Weiler/Allgäu, Thauros

Wetzel, G. (1966). »Ein Eibenholzbogen von Barleben, Kr. Wolmirstedt«, *Ausgrabungen und Funde* 11: 9–10

Wilde, Lyn W. (1999). *On the Trail of the Women Warriors*, London, Constable

Wilks, J. H. (1972). *Trees of the British Isles in History and Legend*, London, Frederick Muller

Willetts, R. F. (1962). *Cretan Cults and Festivals*, London, Routledge & Kegan Paul

Williamson, R. (1978). *The Great Yew Forest – The Natural History of Kingley Vale*, London, Macmillan

Williamson, W. C. (1834). *Description of the Tumulus lately opened at Gristhorpe, near Scarborough*, Scarborough, C. R. Todd (1. Aufl.)

—— (1872). *Description of the Tumulus opened at Gristhorpe, near Scarborough*, Scarborough, S.W. Theakston (3. Aufl.)
Wilson, E. H. (1929). *China – Mother of Gardens*, Boston, MA, Stratford Co.
Wirth, Herman (1979). *Die heilige Urschrift der Menschheit*, Band I–XII, Frauenberg, Mutter Erde Verlag
Wordsworth, W. (1803). »Yew Trees«, *Poems by William Wordsworth, Including Lyrical Ballads, and the Miscellaneous Pieces of the Author*, Band 1, 303–4. London, 1815. (Nachdr. 1989, Woodstock Books, Oxford.) In *Der Eibenfreund*, 12: 189–91
Wright, E.V. u. Churchill, D.M. (1965). »The boats from north Ferriby, Yorkshire, England, with a review of the origins of the sewn boats of the Bronze Age«, *Proceedings of the Prehistoric Society*, 31: 1–24
Wujastyk, Dominik (2003). *The Roots of Ayurveda – Selections from Sanskrit Medical Writings*, London, Penguin Classics
Zohary, Michael (1983). *Pflanzen der Bibel*, Stuttgart, Calwer

INDEX

Kursive Zahlen verweisen auf Illustrationen, halbfette auf Tabellen und Diagramme.